钻完井工程

主　编：步玉环

副主编：柳华杰　郭胜来　郭辛阳

U0213818

石油工业出版社

图书在版编目（CIP）数据

石油百科 . 开发 . 钻完井工程 / 步玉环主编 . —北

京：石油工业出版社，2022.8

ISBN 978–7–5183–4436–9

Ⅰ . ① 石… Ⅱ . ① 步… Ⅲ . ① 石油开采 – 基本知识 ②

钻井工程 – 基本知识 ③ 完井 – 基本知识 Ⅳ . ① TE

中国版本图书馆 CIP 数据核字（2020）第 265866 号

石油百科（开发）·钻完井工程

Shiyou Baike（Kaifa）·Zuanwanjing Gongcheng

出版发行：石油工业出版社

（北京安定门外安华里 2 区 1 号　100011）

网　　址：www.petropub.com

编辑部：（010）64523583　　图书营销中心：（010）64523633

经　　销：全国新华书店

印　　刷：北京中石油彩色印刷有限责任公司

2022 年 8 月第 1 版　2022 年 8 月第 1 次印刷

710×1000 毫米　开本：1/16　印张：34

字数：650 千字

定价：200.00 元

（如出现印装质量问题，我社图书营销中心负责调换）

《中国石油勘探开发百科全书》

总 编 委 会

主　　　任：刘宝和

常务副主任：沈平平　魏宜清

副　主　任：贾承造　赵政璋　袁士义　刘希俭　白泽生　吴　奇

　　　　　　赵文智　李秀生　傅诚德　李文阳　丁树柏

委　　　员：（按姓氏笔画排序）

　　　　　　马　纪　马双才　马家骥　王元基　王秀明　石宝珩

　　　　　　田克勤　刘　洪　齐志斌　吕鸣岗　余金海　吴国干

　　　　　　张　玮　张　镇　张卫国　张水昌　张绍礼　李建民

　　　　　　李秉智　宋新民　汪廷璋　杨承志　邹才能　陈宪侃

　　　　　　单文文　周　虬　周家尧　孟慕尧　岳登台　金志俊

　　　　　　咸玥瑛　姜文达　禹长安　胡永乐　胡素云　赵俭成

　　　　　　赵瑞平　秦积舜　钱　凯　顾家裕　高瑞祺　章卫兵

　　　　　　蒋其垲　谢荣院　潘兴国

主　　　编：刘宝和

常务副主编：沈平平　魏宜清

副　主　编：张卫国　孟慕尧　高瑞祺　潘兴国　单文文

学术委员会

主　　　任：邱中建

委　　　员：（按姓氏笔画排序）

　　　　　　王铁冠　王德民　田在艺　李庆忠　李德生　李鹤林

　　　　　　苏义脑　沈忠厚　罗平亚　胡见义　郭尚平　袁士义

　　　　　　贾承造　顾心怿　康玉柱　韩大匡　童晓光　翟光明

　　　　　　戴金星

秘　书　长：沈平平

副秘书长：傅诚德

能源安全是关系国家经济社会发展的全局性、战略性问题，对国家繁荣发展、人民生活改善、社会长治久安至关重要。党的十八大以来，习近平总书记提出"四个革命、一个合作"能源安全新战略，为我国新时代能源发展指明了方向，开辟了能源高质量发展的新道路。

能源是国家经济、社会可持续发展最重要的物质基础之一，当前全球能源发展处于从化石能源向低碳的可再生能源及无碳的自然能源快速转变的过渡期，能源结构呈现出"传统能源清洁化，低碳能源规模化，能源供应多元化，终端用能高效化，能源系统智能化，技术变革全面化"的总体趋势。尽管如此，油气资源仍是影响国家能源安全最敏感的战略资源。随着我国经济快速发展，油气对外依存度不断加大，2021年已分别达到72.2%和46.0%。因此，大力提升油气勘探开发力度和加强天然气产供储销体系建设，关系到国家能源安全和经济社会稳定发展大局，任务艰巨、责任重大。

近年来，随着油气勘探开发理论与技术的进步，全球油气勘探开发领域逐渐呈现出向深水、深层、非常规、北极等新区、新领域转移的趋势。中国重点含油气盆地面临着勘探深度加大、目标更为隐蔽、储层物性更差、开发工程技术难度增加等诸多挑战。因此，适时地分析总结我国在油气勘探、开发和工程技术等方面的新理论、新技术、新材料以及新装备等，并以通俗易懂的百科条目形式使之广泛传播，对于提升广大石油员工科学素养、促进石油科技文化交流、突破油气勘探开发关键技术瓶颈等方面意义重大。《石油百科（开发）》共10个分册，是在2008年出版的《中国石油勘探开发百科全书》基础上，通过100多位专家学者的共同努力，按照《开发地质》《油气藏工程》《钻完井工程》《采油采气工程》《试井工程》《试油工程》《测井工程》《储层改造》《井下作业》和《油气储运工程》10个专业领域分册，对油气勘探开发理论、技术、工程等方面进行了更加全面细致的梳理总结，知识体系更加完整细化，条目数量大幅度增加，并适当调整了原有条目内容和纂写形式，进一步完善并总结了当前在非常规与深水深地油气等储层勘探开发新进展，增加了更多的原理或示意插图，使词条描述更加清晰易懂，提高了词条描述的准确性与可读性，拓宽了百科全书读者范围，充分满足了基层石油工人、工程技术人员、科研人员以及非石油行业读者的查阅需要。《石油百科（开发）》的编纂出版，提升了《全书》内容广泛性与实用性，搭建了石油科技文化交流平台，推动了油气勘探开发技术创新，是我国石油工业进入勘探开发瓶颈期的一项标志性石油出版工程，影响深远。

当前，我国油气资源勘探开发研究虽取得了重大进展，但与国外先进水平仍有一定差距。习近平总书记站在党和国家前途命运的战略高度，做出大力提升油气勘探开发力度、保障国家能源安全的重要批示，为我国石油工业的发展指明了方向。我们要高举中国特色社会主义伟大旗帜，继承与发扬石油工业优良传统，坚持自主创新、勇于探索、奋发有为，突破我国石油勘探开发领域"卡脖子"的技术难题，为实现中华民族伟大复兴中国梦贡献更大的石油力量。中国的石油工业任重而道远，这套《石油百科（开发）》的出版必将对中国石油工业的可持续发展起到积极的推动作用。

中国工程院院士

　　《中国石油勘探开发百科全书》（包括综合卷、勘探卷、开发卷和工程卷，简称《全书》）于 2008 年出版发行，《全书》出版后深受读者欢迎，并且收到不少读者的反馈意见。石油工业出版社根据读者的反馈意见以及考虑到《全书》已出版十几年，随着油气勘探开发理论与技术不断创新、发展，涌现了大量的新理论、新技术、新材料以及新装备，经过调研以及和有关专家研讨后决定在《全书》的基础上按专业独立成册的方式编纂《石油百科（开发）》。

　　《石油百科（开发）》包括《开发地质》《油气藏工程》《钻完井工程》《采油采气工程》《试井工程》《试油工程》《测井工程》《储层改造》《井下作业》和《油气储运工程》10 个分册，总计约 6500 条条目，主要以《全书》工程卷和开发卷为基础编纂而成。和《全书》相比，《石油百科（开发）》具有如下特点：《石油百科（开发）》每个专业独立成册，做到专业针对性更强；《全书》受篇幅限制只选录主要条目，而《石油百科（开发）》增补了大量条目（增加一倍以上），尽量做到能够满足读者查阅需求，实用性更强；《石油百科（开发）》增加了大量的图表，以增加阅读性；有针性地增加了非常规、深水深地以及极地油气等难动用储层勘探开发理论与技术的条目。

　　百科全书的组织编纂是一项浩繁的工作。2016 年 11 月，石油工业出版社在山东青岛中国石油大学（华东）组织召开了《石油百科（开发）》编纂启动会，成立了由 30 多位专家教授组成的编委会，全面展开《石油百科（开发）》编纂工作。为了使《石油百科（开发）》的撰写、审稿和编辑加工能按统一标准规范进行，石油工业出版社组织编印了《石油百科编写细则》，之后又先后编印了《石油百科编写注意事项》《石油百科·编辑要求》，推动了各分册工作的顺利进行。

　　《石油百科（开发）》由中国石油大学（华东）蒲春生教授牵头，由陈明强、何利民、李明忠、廖锐全、范宜仁、步玉环、国景星、尹洪军教授分别担任 10 个分册的主编。在编纂过程中，采取主编责任制，每个分册主编挑选 3~4 名参编人员作为分册副主编，组成编写小组。2017—2020 年期间，编委会每年定期召开两次编审讨论会，对《石油百科（开发）》各分册的阶段初稿进行研讨，及时解决撰写过程中遇到的困惑和难点，使《石油百科（开发）》的编纂工作得以顺利进行。经过全体编写人员的共同努力和辛勤工作，于 2020 年 6 月完成了《石油百科（开发）》的初稿，并由石油工业出版社责任编辑进行了初审，专家组成员对《石油百科（开发）》初稿进行了仔细、认真地审阅，并提出了许多十分宝贵的修改意见和指导性建议。在此基础上，结合专家审阅意见，各分册编写小组进行了最后修改完善与提升，陆续完成了《石油百科（开发）》终稿，编纂经历了近 4 年时间。

为了确保条目的准确性和权威性，由中国科学院和中国工程院石油勘探、开发、工程方面的院士及资深专家组成《石油百科（开发）》专家组，对《石油百科（开发）》各分册框架及条目进行了认真的审核，在此表示诚挚的谢意！

《石油百科（开发）》涉及内容广泛，参加编写人员众多，疏漏之处在所难免，敬请读者批评指正。

《石油百科（开发）》编委会

凡　例

1.《石油百科（开发）》是在《中国石油勘探开发百科全书》（简称《全书》）开发卷和工程卷的基础上编纂而成，增加了大量条目和对原来条目进行修改完善。

2.《石油百科（开发）》按专业独立成册，包括《开发地质》《油气藏工程》《钻完井工程》《采油采气工程》《试井工程》《试油工程》《测井工程》《储层改造》《井下作业》和《油气储运工程》10个分册。分册之间的交叉条目，在不同分册各自保留，释文侧重本专业内容。

3. 条目按照学科知识体系分类排列，正文后面附有条目汉语拼音索引。条目是本书的主体，是供读者查阅的基本单元，可以通过"条目分类目录"和"条目汉语拼音索引"进行查阅。

4. 条目一般由条目标题（简称条头）、与条头对应的英文、条目释文、相应的图表和作者署名等组成。有些条目提供了推荐书目，读者可以进一步阅读相关内容。

5. 作者署名原则为：完全采用《全书》的条目其署名为原条目作者；对《全书》条目修改的其署名为原条目作者和修改作者；新增加条目其署名为条目撰写作者。

6. 条目内容涉及其他条目，或与其他条目互为补充时，本书提供了"参见"方式，在正文中用蓝色楷体标出，方便读者查阅相关知识。

7. 当一个条目有多种叫法时，在正文中用"又称××"表示，并用斜体标出。又称条目收录到"条目汉语拼音索引"中，并且用楷体加"*"标出。

总 目 录

条目分类目录

钻井分类及钻井方法

岩石性质及地层压力特性

钻井设备及工具

钻 井 流 体

钻井工艺技术

完井工程

钻井工程设计

钻井井下复杂与事故

海洋钻井

钻井分类及钻井方法

【钻井工程 drilling engineering】 利用石油钻井设备从地面开始沿设计轨道钻穿多套地层到达预定目的层（油气层或可能油气层），形成油气采出或注入所需流体（水、气、汽）的稳定通道（即油气井），并在钻进过程中和完钻后，完成取心、录井、测井和测试工作，取得勘探、开发和钻井所需各种信息的系统工程。

为了安全快速地完成一口井的钻井任务，施工前必须精心做好钻井设计。钻井设计通常包括钻井地质设计和钻井工程设计两个部分。钻井地质设计一般包括井号，井别，井位，设计井深，钻井依据和目的，地层与构造，目的层及设计位置，各种地质录井、取心、测井及中途测试的内容与要求，地层压力预测，钻井液性能要求，可能的工程事故与地质因素，井身结构与完井方法等，作为钻井工程设计的依据。钻井工程设计包括钻井到完井过程中的各个工艺技术的设计、工期设计、钻井费用预算以及 HSE 设计等。

📝 推荐书目

龙芝辉，张锦宏.钻井工艺原理［M］.北京：石油工业出版社，2019.
陈庭根，管志川.钻井工程理论与技术.2 版［M］.青岛：中国石油大学出版社，2017.

（步玉环　周煜辉）

【油气井 oil and gas well】 专门为勘探或开发石油和天然气而钻的井。常见的油气井分类方法有 4 种：按地质目的分为地质勘探井与开发井两类，地质勘探井包括普查井、构造井、参数井、预探井、详探井、评价井等，开发井包括生产井、热采井、注水井和注气井等；按井眼轨道的形态分为直井与定向井两类；按完钻井深分为：浅井、中深井、深井、超深井、特超深井；按照钻井施工的工艺分为：常规直井和特殊工艺井。

（周煜辉　步玉环）

【直井 vertical well】 地面井口位置与钻达目的层的井底位置的地理坐标一致，并且井眼从井口开始始终保持垂直向下钻进至设计深度的井。在实际钻井施工中，受到地层和工艺等多方面的影响，不可能钻出完全垂直的井，通常所说的直井是指接近垂直的井。为保证地质目的实现和钻井施工的顺利，直井井眼轨道应符合以下两条要求：

（1）实钻井底要落在地质允许范围之内。允许偏移范围是一个以地下井位为圆心有一定半径的一个圆形区域。此圆半径，根据井深不同，可从几十米到上百米。

（2）井眼轨道的全角变化率不超过规定值。一般规定不允许超过 3°/30m。

（周煜辉）

【浅井 shallow well】 完钻井深小于 2500m 的油气井。其深度划分的标准会随着科学技术的发展而有所加深。一般油气层埋藏深度较浅，钻遇到地层多为胶结疏松的黏土、散沙、砂砾、泥岩和泥沙岩。在钻进过程中易出现漏失和垮塌，形成不规则的井眼，固井施工时易出现顶替效率低，水泥环与地层界面胶结质量差等问题。由于井浅，钻井遇到的复杂问题少，对钻井技术的要求稍低，完钻周期短。

（步玉环 马 睿）

【中深井 middle-deep well】 完钻井深在 2500～4500m 之间的油气井。中深井钻遇的地层较多，地层特性的变化较大，而且区域性很强，为此井眼轨迹的变化受到地层特性、钻具的倾斜与弯曲的影响较大，在钻井过程中需要进行合理的井眼轨迹控制；在钻进和固井作业过程中要做到尽量避免井漏、井涌现象的发生；井眼形状及井壁摩擦力作用对管柱的作用、井内管柱自重伸缩都比浅井明显，判断和计算管柱受力比浅井考虑的因素复杂，在操作时也较困难。固井作业时井底温度会超过 120℃，达到高温固井的状态，要求水泥浆体系的抗高温能力强，保证高温作业下足够的稠化时间、低失水、抗高温强度衰退。

（步玉环 马 睿）

【深井 deep well】 完钻井深在 4500～6000m 之间的油气井。在深井以及超深井、特超深井等钻井一般要穿过多套地层，这些地层跨越的地质年代较多、变化较大，相应的地质条件错综复杂。同一井段可能包括压力梯度相差较大的地层压力体系和复杂地层，施工一口井中需要预防和处理几种不同性质的井下复杂情况，再加上深部地层高温、高压、高地层应力等，使井下复杂的严重程度和处理复杂问题的难度大大加剧。要求：破岩钻头具有高温下的强耐磨性，有利于提高机械钻速；钻柱及固井套管柱在井下受力复杂，管柱运动减阻耐磨是管柱力学需要解决的重要问题；钻井过程中钻井液在高温高压条件下具有良好的流动、携岩功能，低失水性能、页岩水化抑制性和防塌性；固井施工作业时间长，要求的水泥浆体系的稠化时间加长，这又与温度升高使得水泥浆稠化时间缩短相互矛盾，选择合理的抗高温缓凝剂、降失水剂、分散剂、稳定剂、高温强度增强剂、防气窜剂成为提高固井质量的关键。

（步玉环　马　睿）

【超深井　ultra-deep well】　完钻井深在 6000～9000m 之间的油气井。超深井一般具有以下特点：（1）地层硬度高，研磨性强，可钻性差，致使钻头寿命短，机械钻速低。（2）构造高陡，井斜问题突出。（3）井壁失稳严重，空气钻进及气液转换过程中地层易坍塌。（4）岩性多变，岩石坚硬，跳钻严重，气体钻井中断钻具事故频繁发生。要求详见深井，各项技术中采用的抗温、抗压能力比深井更高，难度更大。

（步玉环　马　睿）

【特超深井　extra-deep well】　完钻井深大于 9000m 的油气井。特超深井一般井下条件较超深井更为复杂，地层硬度高，可钻性差，发生井下复杂情况及事故的概率更大，而且井漏和井涌并存现象更为严重。要求详见深井，钻完井各项工作的作业中要求抗温、抗压能力比"超深井"更高，难度更大。

（步玉环　马　睿）

【特殊工艺井　non-conventional well】　除用常规钻井工艺所钻直井之外的井的统称。主要包括定向井、水平井、侧钻井、大位移井、分支井、地质导向井等。特殊工艺井钻井过程的轨迹控制技术可以保证有效钻达目的层，从而达到提高单井产量、经济采收率以及提高油田的整体开发效益的目的。

（步玉环　马　睿）

【定向井　directional well】　设计的目标点与井口不在同一铅垂线上的井。地面井口位置与钻达目的层的井底位置的地理坐标不一致，两者之间存在一定的水平位移。定向井可以避开多种地面（滩海、湖泊、沼泽、山地、城镇等）或地下（如盐丘）的障碍去勘探开发埋藏在其下的油气藏、提高油气井单井产量及油气采收率、大幅度减少工业占地、利用已报废的井侧钻、钻救援井制服井喷失控井等，在石油工业中具有广泛的用途（见图）。

　　定向井的井眼轨道是一条平面（二维）或空间（三维）曲线。按照井眼轨道的不同形状，定向井包括以下 6 种井型：常规定向井、大斜度井、水平井、大位移井、丛式井、分支井。

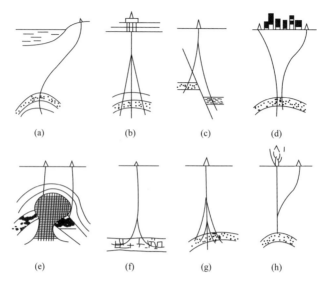

定向井在油气田勘探开发中的应用

（a）勘探海底油田；（b）海上利用平台钻井；（c）控制断层；（d）地面条件限制；（e）盐丘附近钻井；
（f）增大出油量；（g）多底井；（h）救援井

此外，根据特定目的定向井还有：

（1）救援井：在地面距井喷失控井一定距离，所钻达的地层与井喷失控井的喷层相贯通的定向井，用于对井喷失控井进行压井作业。

（2）多目标井：要钻达几个地质目标的定向井。

（3）三维井：由于井眼轨道需要地下绕障或要钻达多个靶区等原因，在设计井眼轨道中具有变方位内容的定向井。

（周煜辉　步玉环）

【大斜度井 highly deviated well】　最大井斜角在 60°～86° 之间的定向井。可从目标点处打大斜度井进行勘探、开发，还可用于打救援井，可开采不能立井架地点的地下资源，同一平台可以打多口大斜度井，可以有效控制含油面积，节省搬迁成本，但打大斜度井一般成本较高。

大斜度井钻井存在的主要问题在于：管柱受力复杂，起下钻、下套管困难，给钻头加压困难，弯曲交变应力大；井眼轨迹控制要求高；钻井液密度选择范围小，易出现井漏和井塌，井内钻井液液柱的激动压力和抽吸压力增大；岩屑下沉距离短，携带困难，容易形成岩屑床；完井电测井下缆线作业困难；套管居中困难，容易造成窜槽，影响固井质量。

（周煜辉　柳华杰）

【水平井 horizontal well】 最大井斜角达到或接近 90°（一般不小于 86°），并在目的层中维持一定长度的水平井段的特殊定向井。有时为了某种特殊的需要，井斜角可以超过 90°，"向上翘"。一般来说，水平井适用于薄的油气层或裂缝性油气藏，目的在于增大油气层的裸露面积。

根据曲率半径的大小可将水平井分为：

长半径水平井：设计井眼曲率小于 6°/30m 的水平井；

中半径水平井：设计井眼曲率为 6°～20°/30m 的水平井；

中短半径水平井：设计井眼曲率为 20°～60°/30m 的水平井；

短半径水平井：设计井眼曲率为 60°～300°/30m 的水平井；

超短半径水平井：井眼从垂直转向水平的井眼曲率半径为 1～4m 的水平井。

按水平段特性和功能可分为阶梯水平井、分支水平井、鱼骨状水平井、多底水平井、双水平井和长水平段水平井等。

水平井开发油气田的优势在于：单井可以扩大泄油面积，减小油气流动阻力；增加在油气层中的井段长度，增加储量控制范围；可以有效避开或减少水锥和气锥对开采效率的影响；在裂缝性油气藏可以有些沟通多个裂缝，增加泄油面积及储量控制。水平井开发可以提高油井产能和采收率。

（步玉环　柳华杰）

【大位移井 extended reach well】 水平位移和垂深之比值等于或大于 2 且测量深度大于 3000m 的井，或水平位移大于 3000m 的井。又称延伸井或大位移延伸井。如井眼轨道最后一段符合水平井特征，则称为大位移水平井。

由于多种类型的油气藏需要，从不变方位角的大位移井又发展了变方位角的大位移井，这种井称为多目标三维大位移井。

大位移井的主要用途在于：（1）海油陆采、海油陆探。利用陆地钻井，进行海上油气田的开发或勘探，降低钻井成本，同时，最大限度地降低由于台风带来的钻井设备及人员安全的风险。（2）利用现有平台开采边际小油田，降低开发成本。海上有些小油田如单独开发建造平台成本很高，经济效益低。如果这些小油田在已有生产平台的钻井能力范围以内，就可以用钻大位移井的方法，钻到小油田的井位上，利用现有生产平台的生产设施进行采油，可以节省大量投资。（3）多目标大位移井开采多个断块油气藏。在一个固定平台上，用大位移井把许多断块油气藏串联起来，可节省大量重复建设的费用。（4）在已生产油气田的外围有许多要进一步扩大勘探的目标，根据目前钻大位移井的能力，200km² 的范围内都有可能用现有的生产平台上的钻井装备进行钻探，可大幅降低勘探费。

（步玉环　周煜辉　郭胜来）

【丛式井 cluster well】 在同一钻井井场或钻井平台上按一定井口间距钻出两口或两口以上的一组井。该组井眼可以一口或几口采用直井，大多数井眼采用定向井，分别钻达地下目标位置。即一组定向井，它们的井口是集中在一个有限范围内，如海上钻井平台、沙漠中钻井平台和人工岛等。

与钻单个定向井相比较，丛式井可大大减少钻井成本，并能满足油田的整体开发要求。丛式井广泛应用于海上油田开发、沙漠中油田开发等。丛式井主要有以下优点：可满足钻井工程上某些特殊需要，如制服井喷的抢险井；可加快油田勘探开发速度，节约钻井成本；便于完井后油井的集中管理，减少集输流程，节省人、财、物的投资。

丛式井的技术关键在于：（1）防碰问题。防碰问题是确保密集井口丛式井组安全、快速施工的核心问题。防碰工作贯穿密集井口丛式井组钻前准备、工程设计和施工的各个环节。为了最大限度降低井眼碰撞风险，降低钻井难度及钻井总成本，必须对丛式井钻井工程设计及施工方案进行整体优化，包括人工岛或钻井平台位置优选（数目、位置、待钻井隶属关系）、井眼轨道设计及施工顺序优化、井眼轨迹误差分析及交碰风险识别、井眼交碰风险随钻监测及绕障等。（2）造斜点的合理选择。造斜点要选在地层均一、可钻性好的地层，但密集型丛式井为降低稳斜段的井斜角，造斜点尽量浅，相邻井的造斜点相互错开50m，平台从外到里造斜点依次加深，造斜点的相互错开，有助于防碰和避免磁干扰。

（步玉环　周煜辉　柳华杰）

【分支井 multilateral well】 从一个主井筒中侧钻出 1 个或几个子井眼，且各井眼分别钻达各自目的层（可以是同一层，也可以是不同的层）的井。这些子井眼轨迹可以是任意的，但多数是水平井或大斜度井。

按井型分为分支定向井和分支水平井；按钻井方式分为新井预开窗分支井和老井侧钻分支井。新井预开窗分支井是在地面将套管加工出窗口，然后下入井中并固井，再下入斜向器从预开窗处侧钻分支井的井。按造斜半径分为四类：长半径分支井、中半径分支井、短半径分支井和超短半径分支井。

分支井的技术关键在于：保证交汇处地层的稳定性，实现分支井眼与主井眼的机械连接性；利用井下工具实现液力封隔，保证主、分支井眼的压力完整性；选择性再进入任何一个分支井眼。

（步玉环　周煜辉）

【地质勘探井 exploratory well】 为确定油气藏是否存在，圈定油气藏边界，并对油气藏进行工业评价，取得油气开发所需要的地质资料而钻的井。主要包括普查井、构造井、参数井、区域勘探井（预探井）、油田勘探井（详探井）。由于对井下情况不清楚，并为了获取详细的地层资料，地质勘探井钻进速度较慢，成本较高。

（步玉环　柳华杰）

【普查井 reference well】 在区域普查阶段，地质资料缺乏的情况下，为验证物探成果，提供地球物理参数，了解所钻地层的沉积特征和生油储油封盖情况，进而指导找油方向而部署的区域探井。又称基准井。一般应部署于盆地的主体部位，使用大型钻机，尽可能钻达基岩，以便取得盆地完整的地层剖面。

（步玉环　马　睿）

【构造井 structural well】 为了解地下地质构造特征、编制某一标准层或目的层的构造图而钻的井。其目的是检查地下有无潜在的储油气构造或圈闭。其井深一般较浅，钻穿标准层即可。多在详查阶段进行，以便为进一步勘探准备条件。构造井的数目依据构造的大小及复杂程度而定。现在由于地震勘探技术水平的提高，对构造井的需求减少了许多。但是，对于断层众多、构造复杂或得不到良好反射的地区，仍然需要钻较多的构造井。

（步玉环　马　睿）

【参数井 parameter well】 油气区域勘探阶段，在已完成了地质普查或物探普查的盆地或坳陷内，为了解一级构造单元的区域地层层序、厚度、岩性、生油、储油和盖层条件、生储盖组合关系，并为物探解释提供参数而钻的井。

参数井是普查井的补充，与普查井比较，参数井所要解决的问题更为具体。通过参数井可获取地层的岩性、岩相、生油和储油资料，以及地层的密度、层速度、电阻率、磁化率等数据。钻井过程中取心量少于普查井，一般取心率为30%～50%。

（步玉环　马　睿）

【区域勘探井 preliminary prospecting well】 油气地质勘探部门为了解地层的时代、岩性、厚度、生储盖层的组合情况，区域地质构造，进而了解地层的含油气性、生油源岩及其赋存情况，以发现油气藏并进一步探明含油气边界和位置、油气层结构等为目标所钻的各种探井。又称预探井。是探井类之一，具有较大的投资风险。预探井能否获得发现，取决于物探精度、地质研究程度和该区客观上是否存在油气藏。

（步玉环　马　睿　柳华杰）

【油田勘探井 detailed exploration well】 在区域勘探井控制的含油面积上，为了详细查明油藏构造形态，油层结构、层数、厚度及其变化，油、气、水地下分布规律，获取油层物性、压力、油藏驱动类型及油藏面积等资料，为编制油田开发方案提供必要参数而钻的探井。又称详探井。主要任务是在经过初探大体圈定的含油面积内，进一步钻探和开辟生产实验区，详细研究油气藏的地质特征（含油层变化规律，压力系统和产量动态，油、气、水情况），算准储量，为油藏开发取得全部必要的数据。

（柳华杰　马　睿）

【开发井 development well】 当地震精查构造图可靠、评价井所取的地质资料比较齐全、探明储量的计算误差在规定范围以内时，根据编制的该油气田开发方案，为完成产能建设任务按开发井网所钻的井。

一个地区有无油气，除了各种地质探测外，再经过详探井的确定，如果油气含量足够，就可打开发井。开发井包括两类：一类是为采油或采气所钻的生产井、注入井；另一类是为保持产量并研究开发过程中地下情况变化所钻的调整井、扩边井、检查井等。

（柳华杰　马　睿）

【生产井 production well】 专门为开采石油和天然气而钻的井或者由其他井转为采油、采气的井。生产井包括：油井（oil well）和气井（gas well）。相对而言气井套管柱的气密封性和抗内压强度的要求比油井的要高。依据井下管柱完整性、环空流体性质、环空带压情况等进行划分，并结合现场实际管理需要，对生产井实行分类管理。

依据以上分类原则，把生产井分成两大类：

（1）正常生产井；

（2）特殊生产井。主要包括套管环空压力异常井、井下含落鱼井、未安装井下安全阀井和套管变形井。

（步玉环　马　睿）

【油井 oil well】 专门为开采石油而钻的井或者由其他井转为采油的井。又称采油井。是石油天然气资源开发的生产井的主要类型。以油层埋藏深度的不同深浅就有较大差异，建井的难易程度也具有很大的差异。井深越深，钻遇的地层越多、越复杂、出现的井下复杂情况也就越多，难度就越大。

（步玉环　郭胜来）

【气井 gas well】 专门为开采天然气而钻的井或者由其他井转为采气的井。又称采气井。与油井（Oil well）相似，以气藏埋藏深度越深，钻遇的地层越多、越复杂、出现的井下复杂情况也就越多，钻井的难度就越大。由于气体的扩散性、流动滑脱性及膨胀传压性，气井套管柱的气密封性和抗内压强度的要求比油井的要高。

（步玉环　郭胜来）

【注入井　injection well】　在油田开发过程中，为保持或恢复油层压力，或为了提高油气采收率，在油田边缘或内部所钻的用于往油层中注水、注气或注蒸汽的井。注入井为油藏流体的产出提供了能量来源。注入井根据注入流体的不同分为：注水井、注气井和注蒸汽井。

注入井在油田生产中的作用至关重要：一方面通过注入井不断地补充油层能量，保持地层压力，使油井保持旺盛的生产能力；另一方面是注入的水、气、蒸汽也作为油的排驱剂，将油向生产井的井筒处推进。因此注入井的平稳注入有利于油田的平稳可持续发展。

（步玉环　马　睿）

【注水井　water injection well】　用来向油层注水的井。可以是生产井转换而成的，也可是专门为此目的而钻的井。在油田开发过程中，通过专门的注水井将水注入油藏，保持或恢复油层压力，使油藏有较强的驱动力，以提高油藏的开采速度和采收率。注水井的深浅依据需要注水层位的深度而定，该类井的钻井方法、难度特点、对完井的要求等均与油井类似。由生产井转换而成的注水井，通常是将低产井或特高含水油井或边缘油井转换成注水井。适用于含泥质量较少的砂岩油藏。

（步玉环　郭胜来）

【注气井　gas injection well】　用来向油气层注气的井。可以是生产井转换而成的，也可是专门为此目的而钻的井。根据油田开发方案或调整方案设计，为保障油井正常生产，通过注气井向油气层内注气，保持或恢复油层压力，使油气藏具有较强的驱动力，以提高油藏的开采速度和采收率，或者注入气体用在气体回注和维持气顶状况。与气井相似，以气藏埋藏深度越深，钻遇的地层越多、越复杂、出现的井下复杂情况也就越多，钻井的难度就越大。注气井对套管柱的气密封性和抗内压强度的要求比产气井的要求还高。对于含泥质量较多的砂岩油气藏，注水开发容易引起油气藏层内的泥质膨胀、堵塞地层孔隙通道，为此需要进行注气开发。注入的气体可以采用天然气、CO_2 气体或其他气体。

（步玉环　郭胜来）

【注蒸汽井 steam injection well】 稠油热采蒸汽吞吐采油或者蒸汽驱采油，为了降低原油的黏度和流动阻力，向稠油地层中注入高温高压水蒸气或蒸汽与 CO_2 复合蒸气的井。稠油热采过程中，注蒸汽采油的蒸汽温度可以达到 300℃ 甚至 380℃，套管受热要伸长，但由于水泥固结，限制套管自由伸长，因而在套管内部产生压应力。温度升越高越多，压应力就越大，当压应力超过材料的屈服极限时，套管就要断裂；或者使得水泥环同时被拉断，造成井口的抬升。为了避免以上现象的发生，一般采用预应力固井，即在注水泥前或水泥浆凝固前，给套管提拉一定的拉力，使套管内部预先产生拉应力，从而平衡（减小）套管受热膨胀时所产生的压应力，防止原油热采过程中套管膨胀损坏。

（步玉环　郭胜来）

【调整井 adjustment well】 在已投入开发的油田中，以开发层系或井网调整为主要目的所钻的井。又称加密井。它是提高油田储量动用程度，实现油田稳产的重要措施之一。

一般在油气田投入开发若干年后，已有油气井的产能降低，为提高储量动用程度，提高采收率，需要分期钻一批调整井。调整井的井位选取、数量的多少、调整井的井型等，需要根据油藏剩余储量的计算、油气田开发调整方案需求以及地面条件来具体确定，并加以实施。

调整井的主要目的是建立油田合适的注采关系，最大程度提高油田产量，完善油田开发井网。

（步玉环　马　睿）

【特殊用途井 special purpose well】 除用常规钻井钻的勘探井和开发井之外的用作其他用途的井的统称。主要包括检查井、观察井和救援井等。特殊用途井的钻井过程控制技术要求比常规井更加严格，该类井的实施可以保证提高单井产量和经济采收率，提高油田的整体开发效益，对事故井快速、有效处理。

（步玉环　马　睿）

【检查井 inspection well】 在油藏开发到一定时期，为了了解油层的油水分布状况与开发效果，需要取得开发区内油层的岩心，以研究油层动用状况和剩余油分布而特别设计的录取资料的井。检查井一般采用密闭取心方法对油层部位全部取心，重点研究油层的油水分布状况和油水饱和度变化，以对油藏的储量动用情况和剩余油分布进行研究评价。

（步玉环　柳华杰）

【观察井 observation well】 对某些特殊类型油藏（如凝析油气藏、稠油油藏、高凝油藏等）或某些开发试验区，为监测观察油藏注采动态而特别设计的井。观察井一般不承担注水或采油的生产任务，只作为动态监测资料的录取使用（一般监测压力、温度较多）。

（步玉环　柳华杰）

【救援井 relief well】　因为事故的发生在原井眼上无法进行正常作业，需要从地面一定距离（井喷失控井）处钻与井喷失控井相贯通的定向井，或者在原井眼内进行侧钻（钻具落井打捞成本很高）钻达目的层的侧钻井。一般用于对井喷失控井进行压井作业，或处理钻具落井无法顺利打捞但又必须钻达目的层的作业。

　　井喷救援井应选在距喷井 300～500m 范围内的上风方向，定向钻至井喷层的 5～10m 范围内，下套管固井。然后在对应层位射孔，用压裂车压裂，使两井在喷层连通。此时从救援井注入压井液，压井液在喷井中随油气一同上升，至一定高度，在喷井中建立起足以平衡地层压力的液柱压力，油气无法进入井筒，井喷便被制止。如果喷井已失去利用价值，可以从救援井注入水泥，将喷井封死，以救援井代替喷井进行生产。

　　侧钻救援井需要在落鱼以上选择合适的地层进行侧钻造斜。

（步玉环　蒋希文）

【破岩方法 rock breaking methods】　钻井过程中钻头破碎岩石的方法。根据破岩方式不同，钻井分为冲击钻井、旋转钻井和旋冲钻井三种。新的钻井方法还在继续探索中，如激光钻井、电弧钻井、等离子射流钻井、腐蚀钻井、爆炸钻井和火焰喷射钻井等。

（周煜辉）

【冲击钻井 percussion drilling】　利用顿钻钻机使钻杆和钻绳产生上下往复动作，从而带动在其下端的钻头对井底冲击破碎岩石的钻井方法。又称顿钻钻井。破碎的岩屑用捞砂筒捞到地面，然后再继续冲击钻进。顿钻钻井法分杆式顿钻和绳式顿钻 2 种。杆式顿钻利用钻杆把钻头送到井底；绳式顿钻则利用绳索将钻头送到井底。最早的顿钻设备是用竹、木制成的，包括井架、绞盘、绳索、竹弓、捞砂筒等，以后为钢铁替代。顿钻钻机的动力，最早是人力及牲畜力，以后逐步被蒸汽机、柴油机替代。顿钻钻井设备简单，操作容易，钻井成本低。不使用钻井流体，油层不会受到伤害，适用于钻浅层的低压油气藏。顿钻钻井是用钻头冲击岩石破岩，对钻凿坚硬地层更为有利。缺点是钻井速度低，不能用于钻较深的井和高压油气井等。

（周煜辉　步玉环）

【旋转钻井 rotary drilling】 使钻头在一定的轴向压力（钻压）下旋转，将岩石切削或碾压成碎屑，并通过循环钻井流体将岩石碎屑带到地面的钻井方法。与冲击钻井法相比可大幅度提高钻井效率及适应各种复杂的井下地层情况，已替代冲击钻井法成为主流钻井方法。

自 1901 年旋转钻井法用于石油钻井以来，旋转钻井方法不断发展，形成了以下三种钻井方式：

（1）转盘钻井方式。通过地面转盘驱动钻柱及钻头旋转进行钻井。

（2）顶部驱动钻井方式。用顶部驱动钻井装置代替转盘带动钻柱及钻头旋转进行钻井。20 世纪 80 年代开发出顶部驱动钻井装置后，得到了非常好的发展。顶部驱动钻井装置的优点是：在钻进过程中用接立根来代替接单根，减少了钻进过程中的接单杆时间；在起下钻过程中可很快地和井下钻具连接及循环钻井流体，减少了转盘钻井方式需从大鼠洞中提出水龙头及方钻杆的操作；可进行倒划眼操作，从而提高了预防及处理井下复杂情况及事故的能力。

（3）井下动力钻具钻井方式。在钻头上方接井下动力钻具（涡轮钻具、螺杆钻具等），通过高压钻井液驱动井下动力钻具转子带动钻头旋转（整个钻柱及动力钻具外壳可以不转）进行钻井。特点是：① 可以提高钻头转速，从而提高机械钻速。转盘或顶部驱动钻井方式因受钻柱强度的制约，转速一般在 60～120r/min，最高不超过 180r/min，而井下动力钻具转速一般在 200～400r/min 之间。② 钻柱可不转动，受力情况大为改善，减少了钻具的磨损及折断事故。③ 井下动力钻具外壳可不转，可制成带小角度弯角的弯外壳（或在其上端接弯接头），提供了控制钻头钻进方向的手段，从而在钻井工程中开辟了定向钻井这一新的广阔的技术领域。当外壳的弯角小于 1° 时，还可用转盘或顶部驱动钻井装置带动钻柱旋转，以减少钻柱与井壁的摩阻及进一步提高钻井效率。

📝 推荐书目

龙芝辉，张锦宏.钻井工艺原理［M］.北京：石油工业出版社，2019.

陈庭根，管志川.钻井工程理论与技术.2 版［M］.青岛：中国石油大学出版社，2017.

（周煜辉）

【旋冲钻井 rotary percussion drilling】 在旋转钻井的基础上，再加上一个冲击器，使钻头在冲击动载和旋转的联合作用下破碎岩石的钻井方法。从实际使用结果看，这种钻井方法适用于钻硬岩石及深部地层，在浅部及泥页岩中较旋转钻井方法效果不明显，是对旋转钻井方法的一种补充。

（周煜辉）

岩石性质及地层压力特性

【沉积岩 sedimentary rock】 在地壳表层的温度和压力条件下，在水、大气、生物、生物化学及重力的作用下，主要为母岩风化的产物，同时也有火山物质、生物以及宇宙物质，大都经过搬运作用、沉积作用以及沉积后的成岩作用所形成的岩石。曾称水成岩。由颗粒形状、大小不一的矿物和岩石碎屑胶结而成，是组成地球岩石圈的三种岩石中主要岩石之一，在地表中，沉积岩占75%。沉积岩是石油天然气的主要储层——已发现油气储量的99%以上集中在沉积岩中，而沉积岩又以碎屑岩和碳酸盐岩为主。其物理性质具有不均匀性，这种性质可导致井眼轨迹或井壁的不稳定。

（步玉环 梁岩 董杰）

【碎屑沉积岩 clastic sedimentary rock】 母岩风化后的碎屑物质经机械沉积作用、胶结物质胶结后形成，且由50%以上的碎屑物（包括矿物和岩石的碎屑）胶结组成的岩石。大多为机械破碎的产物经搬运沉积而成。

按碎屑颗粒大小分为：砾岩（>2mm）、砂岩（0.0625~2mm）、粉砂岩（0.00329~0.0625mm）和泥岩（<0.00325mm）。其中砾岩又可分为集块岩（>64mm）、火山角砾岩（64~2mm）和凝灰岩（<2mm）、粗砾岩（256~64mm）、中砾岩（64~4mm）、细砾岩（4~2mm）；砂岩又可细分为巨粒砂岩（2~1mm）、粗粒砂岩（1~0.5mm）、中粒砂岩（0.5~0.25mm）、细粒砂岩（0.25~0.1mm）、微粒砂岩（0.1~0.0625mm）；粉砂岩又可分为粗粉砂岩（0.0625~0.0312mm）和细粉砂岩（0.0312~0.0039mm）。

按照胶结物的类型分为泥质、钙质（灰质）、硅质和铁质等碎屑岩，不同胶结物的岩石强度不同，其强度由大到小排列为硅质>钙质>铁质>泥质，其中泥质和钙质最为常见，其次是硅质。

按照胶结物与碎屑颗粒的排布方式可以分为基底胶结、孔隙胶结和接触胶结三类，如图所示。

  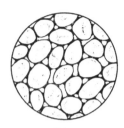

(a) 基底胶结   (b) 孔隙胶结   (c) 接触胶结

碎屑沉积岩

　　碎屑沉积岩是最常见沉积岩之一，在陆相沉积物中，分布广、物性好，是主要的储层岩石。而泥岩由于组成岩石的颗粒粒径小，致使岩石孔隙度小于5%，几乎不渗透，可以作为盖层存在。

（步玉环　梁　岩）

【化学沉积岩 chemical sedimentary rock】　母岩风化产物中的溶解物质通过化学作用沉积下来经成岩作用形成的晶质岩石。如铝质岩、铁质岩、锰质岩、硅质岩、磷质岩、碳酸盐岩、硫酸盐岩、盐岩、可燃性有机岩等，其中在钻井过程中钻遇的碳酸盐岩、硫酸盐岩和盐岩为主。其中碳酸盐岩主要包括：石灰岩（主要成分为石灰石，$CaCO_3$）和白云岩［主要成分为白云石，$MgCa(CO_3)_2$］；硫酸盐岩主要包括硬石膏（$CaSO_4$）、石膏（$CaSO_4 \cdot 2H_2O$）；盐岩主要包括$NaCl$、KCl。化学沉积岩矿物颗粒嵌合连接，强度高，渗透率低。碳酸盐岩为重要的油气储层。

（步玉环　梁　岩）

【变质岩 metamorphic rock】　地壳中已形成的岩石在高温、高压及化学活动性流体的作用下，使原岩石的成分、结构、构造发生改变所形成的岩石。变质岩形成于地壳较深部位，后来由于地壳抬升遭受剥离才露出地面，因此变质岩在地面的分布范围较小，也不均匀。

　　按原岩类型来分，变质岩可分为两大类：（1）原岩为岩浆岩经变质作用后形成的变质岩为正变质岩；（2）原岩为沉积岩经变质作用后形成的变质岩为负变质岩。

　　根据变质作用类型和成因，变质岩可分为：（1）接触变质岩（代表性岩石有角岩和矽卡岩）；（2）区域变质岩（常见的有片麻岩、片岩、千枚岩、石英岩、大理岩等）；（3）动力变质岩（包括压碎岩、角砾岩、糜棱岩等）。

（步玉环　梁　岩）

【岩浆岩 magmatic rock】 岩浆冷凝后形成的岩石。又称火成岩。按其产状可分为侵入岩和喷出岩两大类。常见的岩浆岩有花岗岩、花岗斑石、流纹岩、正长石、闪长石、安山石、辉长岩和玄武岩等。

按其产状岩浆岩可分为喷出岩和侵入岩，在地下的称侵入岩，分深成岩（常见的有花岗岩、闪长岩等）和浅成岩（常见的有辉绿岩、煌斑岩等）；喷出地面的称火山岩（有玄武岩、流纹岩等）。岩浆岩石质坚硬，强度高。

（步玉环 梁 岩）

【岩石力学参数 rock mechanics parameters】 描述岩石在各种机械力作用下表现出的变形与破坏的参数。石油钻井工程领域关注的岩石力学参数主要有：岩石强度、岩石杨氏模量和岩石泊松比等，它们随岩石所含矿物成分变化而变化，常见岩石力学性能指标见表。

不同岩石力学参数指标

岩性	单轴抗压强度 MPa	杨氏模量 MPa	泊松比
白云岩	330	65000	0.26
中砂岩	50	6000	0.33
细砂岩	80	20000	0.25
煤	40	4000	0.38
泥岩	160	25000	0.32
石灰岩	220	32000	0.28
盐岩	16	2000	0.32

（董 杰）

【抗压强度 compressive strength】 岩石承受垂直压应力而被压碎时的强度，计量单位为MPa。将钻井过程中从井下取出的岩心，在实验室制作成标准岩石样品，安装在专用压力机上进行测定，测定方法为：

（1）单轴抗压强度测定：将岩石样品放在岩石试验压力机压板之间，利用液压系统给岩样施加轴向压力直至破坏，同时记录压力和相应变形量。

（2）三轴抗压强度测定（见图）：将加工好的岩心样品置于高压容器中，并将它安装在专用压力机上，油压系统向岩石样品施加围压至设计值并保持恒定，

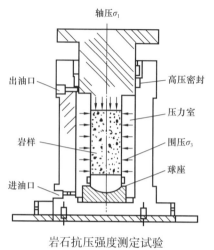

轴压σ_1

出油口

高压密封

压力室

岩样

围压σ_3

球座

进油口

岩石抗压强度测定试验

液压系统向岩石样品逐步施加轴向压力直至破坏，通过传感器测量岩石样品的压力与相应变形量。一般情况下，围压值设定为岩石上覆压力的三分之二。

三轴抗压强度大于单轴抗压强度，而且随着围压的增加而具有逐渐增大的趋势。

（董 杰 步玉环 梁 岩）

【抗拉强度 tensile strength】 岩石试件在单向拉伸条件下试件达到破坏的极限强度，用σ_t表示。它在数值上等于破坏时的最大单位面积拉应力。由于试件制作和实现单轴拉伸加载的困难，很少采用直接拉伸试验，大多采用劈裂法间接拉伸试验测定岩石抗拉强度，$\sigma_t = -\dfrac{P}{\pi r_0 t}$，见图。岩石中微裂隙在压力下闭合而产生摩擦，因此，用劈裂法测定的抗拉强度略高于直接拉伸试验测定值。

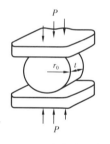
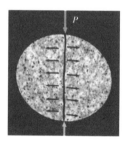

巴西劈裂试验（抗拉强度）示意图

根据试验，岩石的抗拉强度比抗压强度来要小得多，一般岩石的抗拉强度为抗压强度的 1/10～1/20，甚至最坚硬的岩石也只有 30MPa 左右，许多岩石的抗拉强度小于 2MPa。

（步玉环 柳华杰 梁 岩）

【抗剪强度 shear strength】 岩石产生剪断时的极限强度，反映材料抵抗剪切滑动的能力，在数值上等于剪切面上的切向应力值，即剪切面上形成的剪切力与破坏面积之比。又称剪切强度。是岩石力学中需要研究的重要指标之一，尤其在壁稳定性的研究上比抗压和抗拉强度更有意义，根据莫尔—库伦强度理论，岩石抗剪强度可用凝聚力和内摩擦角来表示，它们可以通过室内的剪切试验确定。通常岩石的剪切试验可分为抗剪断试验、抗剪试验（或称摩擦试验）以及抗切试验（在剪切面上不加法向载荷的情况下剪切）三种。

推荐书目

楼一珊，金业权.岩石力学与石油工程［M］.北京：石油工业出版社，2011.

（步玉环 梁 岩）

【抗弯强度 flexural strength】 岩石抵抗弯曲不断裂的能力拉应力值。又称弯曲强度。通常大于直接拉伸试验得出的抗拉强度值，由棱柱体、圆柱体或圆盘形岩石试件的弯曲试验测定（见图）。一般采用三点抗弯测试或四点测试方法评测。其中四点测试要两个加载力，比较复杂；三点测试最常用。其值与承受的最大压力成正比。

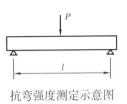

抗弯强度测定示意图

（步玉环　梁　岩）

【弹性模量 elastic modulus】 岩石在弹性范围内应力与应变之比。通常是在实验室通过标准岩石样品进行测试。首先在钻井取出的岩心或地面的地层露头采集原始样品，然后按规范要求制成标准岩石试验样品，最后在仪器上进行测试。

　　模拟井下条件的测试方法是三轴压力应变试验，在对岩石样品施加稳定的围压条件下，逐步增加轴向载荷直至破坏，测量载荷与相应变形量等数据，最后可通过计算得到岩石抗压强度、弹性模量和泊松比。

（董　杰　梁　岩）

【泊松比 Poisson's ratio】 岩石受力后的水平应变（径向应变）和垂直应变（轴向应变）之比。为无量纲值。测试方法参见弹性模量。岩石泊松比的变化范围很大，由 0.1～0.4。但大多数岩石，特别是岩浆岩的泊松比，平均约为 0.25。通过三轴试验结果发现，岩石的泊松比随围压的增加而增大，并且围压增加到一定值以后趋于常数，其值小于 0.5，随岩石的不同而异。

（步玉环　梁　岩）

【岩石弹性 rock elasticity】 在消除外部致变应力后，岩石能立即完全地恢复其原始的外形和尺寸的性质。是岩石的一种变形特性，常与受力状态和所处的环境有关。

　　衡量岩石弹性的指标主要是弹性模量和泊松比。

（步玉环　梁　岩）

【岩石脆性 rock brittleness】 岩石受力破坏时所表现出的一种固有性质，表现为岩石在宏观破裂前发生很小的应变，破坏时全部以弹性能的形式释放出来的性质。岩石脆性是储层力学特性评价、井壁稳定性评价及水力压裂效果评价的重要指标。

　　在压裂过程中，脆性指数表征岩石发生破裂前的瞬态变化快慢（难易）程度，反映的是储层压裂后形成裂缝的复杂程度。通常，脆性指数高的地层性质硬脆，对压裂作业反应敏感，能够迅速形成复杂的网状裂缝；反之，脆性指数低的地层则易形成简单的双翼型裂缝。因此，岩石脆性指数是表征储层可压裂性必不可少的参数。

但是当前还没有标准的、统一的岩石脆性定义及测试方法。岩石的脆性虽然没有明确的定义，但以下性质已达成共识：

（1）破坏发生于低应变条件；

（2）脆性破坏形态由内部微裂纹主导控制；

（3）抗压与抗拉强度的比值高；

（4）高回弹能；

（5）内摩擦角大。

（步玉环　梁　岩）

【岩石塑性 rock plasticity】 岩石在外力作用下，发生形变，外力继续增加，形变继续增大，当外力超过岩石的弹性极限时，即使外力取消，岩石也不能完全恢复到原来的形状，一部分变形被保留下来。此种残留变形称塑性变形（永久变形）。

岩石破碎前所消耗的总能量与弹性变形所消耗的能量之比称为岩石塑性系数（K_n）。按塑性系数的大小将岩石分为 6 级，见表。

岩石塑性系数

岩石塑性级别	1	2	3	4	5	6
塑性系数 K_n	1	1～2	2～3	3～4	4～6	6～∞

$K_n=1$，脆性岩石；

$1<K_n<6$，塑脆性岩石；

$K_n\geq6$，塑性岩石。

（步玉环　梁　岩）

【岩石静态弹性参数 static elastic parameters of rock】 通过对岩样进行静态加载测其变形得到的参数。采用静态杨氏模量和泊松比表示。室内试验结果表明，动、静态杨氏模量相关性较强，而动、静态泊松比之间的关系不明显。一般来说，岩石动态模量大于静态模量，软岩石动、静态模量差别大，随着围压的增大，动、静态弹性参数间的差别缩小。

（步玉环　梁　岩）

【岩石动态弹性参数 dynamic elastic parameters of rock】 通过测定声波或超声波在岩样中的传播速度，计算得到的岩石弹性参数。采用动态杨氏模量和泊松比表示。动态弹性参数获取方便、迅速、成本低。动、静态载荷的应变幅值和载荷频率不同，静态属于无限低频率的大应变（$10^{-5} \sim 10^{-3}$）载荷，声波为小应变载荷。正是由于动、静态载荷的这种差别，才使得岩石对动、静态载荷的响应不同，其动、静态弹性参数也不同。

（步玉环　梁　岩）

【岩石硬度 hardness of rock】 岩石抵抗外物侵入其表面的能力指标。它是影响机械方法破碎岩石效果的基本量值。按测量方法不同，主要有刻划硬度、侵入硬度和回弹硬度三种。

刻划硬度最常用的是 1824 年由奥地利矿物学家摩氏（F.Mohs）提出的以十级标准矿物互相刻划法。按硬度由小到大的十级标准矿物是：1—滑石，2—石膏，3—方解石，4—萤石，5—磷灰石，6—长石，7—石英，8—黄玉，9—刚玉，10—金刚石，见表。测定矿物硬度时，如果被测定的矿物能被某一级标准矿物所刻划而留下痕迹，不能被低一级的标准矿物所刻划，则该矿物的硬度便在这两级之间。决定岩石的硬度时，是以组成该岩石的诸矿物硬度按含量加权平均而得出。

十种标准矿物的侵入硬度

矿物名称	滑石	石膏	方解石	萤石	磷灰石	长石	石英	黄玉	刚玉	金刚石
摩氏硬度	1	2	3	4	5	6	7	8	9	10
赫兹硬度，MPa	50	140	920	1100	2370	2530	3080	5250	11500	25000
史氏硬度，MPa	50	204	1170	1600	2410	2930	4830	5020	7100	
巴氏硬度，MPa	30	160	840	1280	1600	2870	4450	4930	5420	

侵入硬度用特制工具（压头）在载荷作用下侵入岩石表面，以达到规定的破碎程度时的临界压强作为硬度指标。常用的有赫兹硬度、史氏硬度和巴氏硬度。

回弹硬度是用工具冲击岩石表面，当岩石表面的弹性变形恢复时，工具将被弹出，以这种回弹能力来度量岩石的硬度。这种硬度与岩石的弹性模量有较好的相关性。常用的有肖氏硬度和回弹锤硬度。

（步玉环　梁　岩）

【岩石润湿性 rock wettability】 液体在分子力作用下，沿岩石表面展开（或铺展）的现象。在岩石表面滴一滴液体，如液体沿岩石表面散开，如图 1（a）所示，则称此液体润湿了岩石表面；若液体成液滴状存在于岩石表面，则称此液体不能润湿岩石表面，如图 1（b）所示。

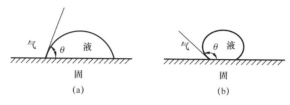

图 1　岩石润湿性

液体对固体的润湿程度通常用润湿角（或接触角）θ 表示，如图 2 所示。过三相周界点对液滴界面所做切线，该切线与液固界面所夹的角称为润湿角。润湿角一般规定从极性大的液体一面算起。

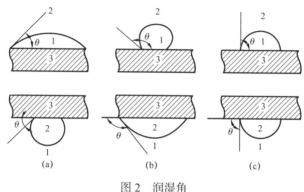

图 2　润湿角

$\theta=0°$ 表示液体完全润湿岩石；$\theta<90°$ 表示液体润湿岩石；$\theta=90°$ 表示中间润湿；$\theta>90°$ 表示液体不润湿岩石；$\theta=180°$ 表示液体完全不润湿岩石。

不同的油藏、不同的储层，甚至不同的部位，可能具有不同的润湿性。影响储层岩石润湿性的因素有岩石矿物组成、流体组成、矿物表面粗糙度等。

（步玉环　梁　岩）

【岩石可钻性 rock drillability 】　在钻进时岩石抵抗钻头破碎的能力，反映切削岩石的难易程度。用 1 级到 10 级表示，级值越低岩石越好钻。岩石可钻性分级方法至今世界上尚无统一的方案和标准，常用的方法有微型钻头试验法和统计分析法。在中国普遍采用的方法是微型钻头试验法。

　　微型钻头试验法　从 1978 年开始，中国学者通过长期研究，提出以钻速测试法作为岩石可钻性分级方法。基本要点是：用直径 31.25mm 微型牙轮钻头或 PDC 钻头，以 910N 钻压和 56r/min 转速，在测试岩石样品上钻深度 2.4mm 的孔眼，以钻进所耗时间用来计算和确定岩石可钻性的级值。这种方法已被中国石油行业标准采纳。

岩石可钻性分级的中国石油行业标准规定，以钻速测试法划分地层岩石可钻性级别，将测试试验中得到的钻进时间 T，取以 2 为底的对数值作为可钻性级值 K_d，即：

$$K_d = \log_2 T$$

将岩石可钻性级值 K_d 划分为 10 级（特殊地层允许超越），与 K_d 整数相对的数值称作地层级别（见表）。

可钻性级值 K_d	$K_d < 2$	$2 \leqslant K_d < 3$	$3 \leqslant K_d < 4$	$4 \leqslant K_d < 5$	$5 \leqslant K_d < 6$	$6 \leqslant K_d < 7$	$7 \leqslant K_d < 8$	$8 \leqslant K_d < 9$	$9 \leqslant K_d < 10$	$K_d \geqslant 10$
地层级别	I	II	III	IV	V	VI	VII	VIII	IX	X

利用声波测井资料可解释岩石力学参数，室内试验又可以建立岩石可钻性与岩石力学性能相应关系，因而能够利用声波测井资料间接建立岩石可钻性地质剖面。对于一个新的钻探地区，需要及时修正声波测井所建立的岩石可钻性剖面。

统计分析法　把沉积盆地或构造作为一个地层整体，根据钻井现场生产和岩样试验数据，统计出所有地层岩石可钻性级值的平均值，然后逐个地层抽样计算级值波动范围，进而分别获得所有地层岩石可钻性的级值。

（董　杰）

【岩石研磨性 rock abrasiveness 】　岩石磨损钻头的能力，表征岩石的耐磨程度参数。在钻井过程中，钻头和岩石产生连续或间歇的接触和摩擦，从而在破碎岩石的同时，钻头本身也受到岩石的磨损而逐渐变钝和损坏。岩石对钻头的磨损一般属于表面的研磨性磨损。

盐岩、泥岩和一些硫酸盐岩、碳酸盐岩属于研磨性最小的岩石。石灰岩、大理岩和白云岩属于低研磨性的岩石。岩浆岩的研磨性一般属于中等或较高，要看这些岩石中所含长石和石英成分的多少，以及粒度粗细和多晶矿物间的硬度差而定，含石英成分少、粒度细、组成矿物间的硬度差小的，研磨性也较小些；反之，则研磨性较高。含有刚玉矿物成分的岩石应属于高研磨性的岩石。沉积碎屑岩的研磨性主要视其石英颗粒的含量及其胶结硬度而定，石英颗粒含量越多，粒度越粗，胶结强度越小者，其研磨性越高；反之，如石英颗粒含量少，颗粒细，胶结强度大的岩石，则其研磨性应较低。此外，矿物颗粒有尖角、边棱的岩石的研磨性比含有圆滑形状颗粒的岩石的研磨性要高些。

钻头被磨损，一方面增加了钻头的消耗，同时也降低了碎岩的效率。岩石研磨性对钻头寿命、生产效率、钻探成本直接产生影响，是选择钻头、设计钻头、确定规程参数、制定生产定额的主要依据之一。

（步玉环　梁　岩　柳华杰）

【岩石非均质性 rock heterogeneity】 岩石成分、结构和构造在各不同方向上或在某一个方向上存在的不均匀分布特性，是岩石物理力学性质之一。又称岩石不均质性或岩石非均匀性。岩石的非均质性，使得岩石在某一个方向上或某个位置上的结构特点、受力状况具有差异，导致了钻井的井眼轨迹或井壁的不稳定。在力学性质上表现为，同一岩块的若干试样，尽管形状和尺寸完全相同，强度各不相等，离散程度较大。岩石非均匀程度取决于矿物颗粒的结晶程度、外形、颗粒大小、形状及相互结合的方式、岩石所存在的孔隙状况、胶结物的胶结类型、沉积成岩时的环境条件和后期构造运动的影响程度等。

（步玉环　梁　岩）

【岩石物性参数 rock physical parameters】 岩石的力学、热学、声学、电学、放射性等各种参数和物理量。

力学参数包括孔渗特性、机械特性（硬度、弹性、压缩性、拉伸性、可钻性、剪切性、塑形等）。

热学参数包括岩石的比热、热容量、导热系数、热扩散系数等。

声学参数主要指横波与纵波的传播速度与储层岩性之间的关系。

电学参数主要指岩石的导电性与储层岩性、储油物性或含油饱和度之间的关系。

放射性指利用岩石中含有的放射性元素特性进行放射性测井，以研究岩心特性。

从钻井工程的角度上，主要关注的是岩石密度、岩石力学参数和岩石可钻性。

📝 推荐书目

杨胜来，魏俊之.油层物理学［M］.北京：石油工业出版社，2004.

（陈明强）

【孔隙度 rock porosity】 岩石的孔隙体积与其总体积的比值。又称岩石孔隙率。用公式表达为：

$$\phi = \frac{V_{\mathrm{p}}}{V_{\mathrm{t}}} \times 100\% = \frac{V_{\mathrm{t}} - V_{\mathrm{m}}}{V_{\mathrm{t}}} \times 100\% = \frac{V_{\mathrm{p}}}{V_{\mathrm{p}} + V_{\mathrm{m}}} \times 100\%$$

式中：ϕ 为孔隙度，%；V_{p} 为岩石孔隙体积，cm^3；V_{m} 为岩石骨架体积，cm^3；V_{t} 为岩石总体积，cm^3。

根据孔隙流动特征不同分为：总孔隙度 ϕ_{t}（也称为绝对孔隙度）、有效孔隙度和流动孔隙度，见表。

孔隙度的分类

类别	定义	公式
总孔隙度 ϕ_{t}	岩石的总孔隙体积（包括连通的和不连通的孔隙体积）V_{tp} 与岩石总体积（外表体积）V_{t} 的比值	$\phi_{\mathrm{t}} = \dfrac{V_{\mathrm{tp}}}{V_{\mathrm{t}}} \times 100\%$
有效孔隙度 ϕ_{e}	岩石中相互连通的孔隙体积 V_{ep} 与岩石总体积 V_{t} 的比值	$\phi_{\mathrm{e}} = \dfrac{V_{\mathrm{ep}}}{V_{\mathrm{t}}} \times 100\%$
流动孔隙度 ϕ_{f}	流体能在岩石孔隙中流动的孔隙体积 V_{fp} 与岩石总体积 V_{t} 的比值	$\phi_{\mathrm{f}} = \dfrac{V_{\mathrm{fp}}}{V_{\mathrm{t}}} \times 100\%$

以上三种孔隙度的关系是：$\phi_{\mathrm{t}} > \phi_{\mathrm{e}} > \phi_{\mathrm{f}}$。在油气田勘探开发中常用的是有效孔隙度和流动孔隙度。

通常，砂岩的孔隙度在 10%～40% 之间，碳酸盐岩的孔隙度在 5%～25% 之间。按照孔隙度值来评价储层时常用的砂岩储层的孔隙度评价标准是：小于 5%，极差；为 5%～10%，差；为 10%～15%，中等；为 15%～20%，好；大于 20%，极好。对碎屑岩来说，影响孔隙度的因素主要有：颗粒排列方式、分选性和磨圆度、胶结物与泥质杂基、岩石的压实程度和后生作用等。

（李秉智　步玉环）

【渗透率 permeability】　在一定压差下岩石允许流体通过的能力。黏度（μ）为 1mPa·s 的流体，在 0.1MPa 的压差（Δp）作用下，通过长度（L）为 1cm、截面积（A）为 $1cm^2$ 的岩石，当流量（q）为 $1cm^3/s$ 时，该岩石的渗透率为 1D。测定岩石渗透率的达西定律通用公式为：

$$q = \frac{KA\Delta p}{\mu L} \quad \text{或} \quad K = \frac{q\mu L}{A(p_1 - p_2)}$$

利用此公式时，需满足以下条件：
（1）岩石的孔隙空间 100% 被一种流体饱和；

（2）流体与岩石不发生物理化学反应；

（3）流体在岩石的孔隙空间的渗流为层流。

根据在岩石中流动流体的相数和状态将渗透率分为绝对渗透率、有效渗透率和相对渗透率；根据岩石的构造形态将渗透率分为裂缝渗透率、溶洞渗透率和双重介质渗透率；根据岩石中流体渗流的空间方位，将渗透率分为水平渗透率、垂直渗透率和平面径向流渗透率等。

由于储层类型和储层流体性质的差别，国际上还没有统一的储层渗透率评价标准，中国各油田常按各自特点制定储层评价标准，使用的标准见表。

渗透率评价表

渗透率 K, mD	储层评价	渗透率 K, mD	储层评价
>1000	渗透性极好	10～100	渗透性较差
500～1000	渗透性好	1～10	渗透性差
100～500	渗透性中等	<1	渗透性极差

影响渗透率的因素主要包括：岩石结构和构造特征、岩石孔隙结构、压实作用、胶结作用、溶蚀作用和构造（地应力）作用。

推荐书目

秦积舜，李爱芬.油层物理学.2版［M］.青岛：中国石油大学出版社，2003.

（李秉智）

【孔道直径 rock hole and channel diameter】 岩石中一条或多条沿一定方向延伸孔洞或通道的直径。孔道直径可以表征岩石孔道的大小。孔道直径越大，油气在孔道中的运移的摩擦阻力越小，流动也就越容易，产量就越高，最终采收率相对也越高。若在孔隙通道的某些部位具有很多较小直径的吼道存在，则油气流动的阻力增加，甚至流动极为困难，产量和采收率也会大大降低。一般采用铸体薄片法、压汞法和扫描电镜法进行测定。

（步玉环 梁 岩）

【孔喉直径 pore throat diameter】 岩石中沟通孔隙与孔隙之间狭窄通道的直径。孔喉直径可以用来表征孔隙喉道的大小，单位为 μm。可以通过铸体薄片的显微镜观察或图像分析仪的自动扫描获得的孔隙直径大小及分布和驱替型毛管力曲线（最好是压汞毛管力曲线），求出喉道大小及分布。

对于岩石来说，渗透率的大小主要取决于孔喉直径，而不是孔隙直径。有可能孔隙直径较大，但孔喉直径较小，孔喉直径越小，岩石的渗透率越低，油气流动越困难。

（步玉环　梁　岩）

【地层流体 reservoir fluid】　岩层骨架间存在的液体和气体。液体包括油和水，气体包括天然气、CO_2、H_2S 和 N_2 等。地层流体受沉积环境和地质运动影响。地层流体物性主要有密度、压力、含水饱和度、含油饱和度和含气饱和度等。对于地层流体，钻井工程的关注点与石油地质有一定差异。

地层流体参数可用室内试验、试井和测井等方法测量。（1）室内试验测量项目有：蒸馏法测岩层含水、油和气饱和度，称重法测地层流体密度。（2）试井测量项目有：压力试井法测地层流体压力和密度。（3）电阻率和 γ 测井法测地层含水、油和气饱和度。（4）声波时差法测地层流体密度，声波时差值越小，地层流体密度越大，见表。

地层流体密度与声波时差值的关系

地层流体	矿化度 mL/m^3	液体密度 g/cm^3	声波时差值 $\mu s/m$
淡水	0～6000	1.000～1.003	620
微淡水	7000～50000	1.004～1.028	612
盐水	60000～330000	1.033～1.193	608

试井和测井方法比室内岩样试验更接近岩层在井下的环境条件，在实际生产应用时，以试井和测井方法所取得数据为主，室内岩样试验数据为辅。地层流体密度与岩层骨架密度一样，用于计算上覆岩层压力。

（董　杰）

【地层水 formation water】　在地层中自然存在的水的统称。在油气田地层中，根据水在油气藏的不同位置和存在状态，可分为边水、底水、层间水、共存水和束缚水等。束缚水是油藏形成时残余在孔隙中的水，它与油气共存但不参与流动，因此称为束缚水。

地层水是与石油天然气紧密接触的地层流体，边水和底水常作为驱油的动力，而束缚水尽管不流动，但它在油层微观孔隙中的分布特征直接影响着油层含油饱和度，因此研究地层水对油气田的勘探、开发和提高采收率有十分重要的意义。

了解地层水的性质和组成有以下意义：（1）可以判断边水流向，判断断块的连通性，分析油井出水原因；（2）研究注入水的配伍性、分析储层伤害原因和程度；（3）为油田污水处理及排污设计提供依据；（4）根据油田水型判断沉积环境。

（陈明强）

【原油 crude oil】 从地下开采出来，未经加工的石油。原油是一种可燃的天然液态矿物，是以碳氢化合物为主的复杂混合物。原油的化学元素组成大致是：含碳80%～90%，含氢10%～14%，含氧、硫、氮等一般约1%，有时可达2%～3%或更多。此外还含有微量的氯、碘、磷、钾、钠、铁、镍等。

原油的主要成分：烷烃（C_5～C_{16}）、环烷烃、芳香烃，少量其他化合物（如氧、硫、氮等的化合物），沥青、脂肪酸、环烷酸等。

石油的商品性质指标：相对密度、黏度、凝固点、含蜡量、胶质、沥青质、含硫量、馏分组成。在不同地区，甚至同一地区的不同层位，原油的化学组成和物理性质往往不同。随着原油原始溶解气油比的增加其密度越低，黏度越小。

在油藏开发过程中，地层原油的组成及其物理和物理化学性质均有所改变。

（步玉环 梁 岩）

【天然气 natural gas】 从地下采出的、在常温常压下呈气态的可燃与不可燃气体的统称，是以烃类为主并含少量非烃气体的混合物。大多数天然气为可燃气体，主要成分为气态烃类，含有少量的非烃类气体。但有的天然气，非烃类气体含量超过90%。

按照矿藏特点，天然气可分为油藏伴生气和非伴生气。油藏伴生气是伴随原油共生，与原油同时被采出；非伴生气包括纯气藏气和凝析气藏气，它们在地层中均为单一气相。纯气藏的天然气的主要成分是甲烷，但含有少量乙、丙、丁烷和非烃气体。凝析气藏天然气（井口流出物）除含有甲烷、乙烷外，还含有一定数量的丙、丁烷及戊烷以上和少量的 C_7～C_{11} 的液态烃类。而油藏伴生气的组成与除去凝析油以后的凝析气藏天然气类似。

按天然气组成分类，可分为干气和湿气或贫气和富气等。

（1）干气：井口流出物中，在标准状态下 C_5 以上的重烃液体含量低于 $13.5cm^3/m^3$ 的天然气。

（2）湿气：井口流出物中，在标准状态下 C_5 以上的重烃液体含量超过 $13.5cm^3/m^3$ 的天然气。

（3）富气：井口流出物中，在标准状态下 C_3 以上的重烃液体含量超过 $94cm^3/m^3$ 的天然气。

（4）贫气：井口流出物中，在标准状态下 C_3 以上的烃类液体含量低于 $94cm^3/m^3$ 的天然气。

按天然气中 H_2S 和 CO_2 等酸性气体含量，分为酸性天然气和洁气等。

（陈明强）

【地层压力特性 formation pressure characteristics】 地层的地层压力、地层破裂压力、地层坍塌压力、地应力各项压力指标，是钻井工程设计的重要依据。是油气井井身结构和钻井液密度设计的关键。在进行钻井液设计时，既要保证能压稳地层，同时保证井壁稳定，不发生坍塌、缩径，又要保证不压漏地层。准确预测地层各项压力值是钻井工程设计的基础。

（步玉环　梁　岩）

【地层压力 reservoir pressure】 岩层骨架间存在的液体和气体所承担的那部分压力，是内部孔隙流体压力。又称地层孔隙压力。地层在相对平衡和稳定状态下，岩层骨架是弹性体，其内部孔隙流体压力可以传递给骨架，骨架承受的上覆岩层压力也可传递给孔隙流体，这是一个可逆的互相转换过程。地层压力是影响钻井工程作业最敏感的地质因素之一，是钻井工程设计和施工的重要依据。

正常地层压力等于从地表到该地层的静水柱压力，压力系数为1。例如，地层水密度 $1.03g/cm^3$，地层压力梯度 $0.0103MPa/m$，井深1000m处地层压力为10.3MPa。

地层压力小于正常地层压力的称为异常低压地层；地层压力大于正常地层压力的称为异常高压地层。这两种情况的地层压力均为异常地层压力。异常地层压力形成的主要原因有：（1）压实作用。在岩层沉积进程中，出现沉积速率过快和地层渗透率变差的条件，造成岩层孔隙中部分流体与外界不连通的隔绝状态。地层继续沉积使岩层埋藏深度和压实作用增加，岩层孔隙流体支撑了增加的上覆压力载荷，形成了异常高压地层。（2）水热增压作用。泥岩地层在地热作用下，随着埋深增加，温度升高，地层孔隙流体一旦出现与外界隔绝环境，其压力就会急剧上升而形成异常高压地层。（3）蒙脱石脱水作用。沉积初期，地层中黏土矿物蒙脱石不断吸附层间自由水，其内部晶格相应膨胀。随着地层不断沉积，压实作用增加，迫使蒙脱石吸附的层间自由水排入孔隙中。当地层继续沉积导致埋深增加和温度升高时，便形成异常高压地层。（4）地质运动使深部地层抬升，如盐丘刺穿等地质现象，也会形成异常高压地层。

地层压力的预测监测方法主要有地震声波时差法和 dc 指数计算法。实测方法有钻杆测试和试井。

（董　杰　步玉环）

【上覆岩层压力 overburden pressure】 覆盖在该地层上面的岩石和岩石孔隙中流

体总重力所造成的压力。其计算公式为：

$$p_o = \int_0^H 0.00981 \rho_r \mathrm{d}h$$

式中：p_o 为上覆岩层压力，MPa ；H 为所求地层的垂直深度，m ；ρ_r 为岩石密度，g/cm³。

地层的埋藏深度越深，岩石的密度越大，孔隙度越小，上覆岩层压力就越大。

（步玉环　梁　岩）

【地层静液压力 formation hydrostatic pressure 】 静止液体中的任意点液体所产生的压力，是液柱密度和垂直高度的函数。考虑地层中的孔隙是可以上下连通的，若地层的孔隙内充满液体，则地层某深度处由于液柱压力作用就表现为静液压力，另外，钻井过程中钻井液的液柱同样在井底产生静液压力。静压梯度定义为单位垂直高度静压的变化，用等效钻井液密度表示，单位 g/cm³。计算式为：

$$p_h = 10^{-3} \rho g H$$

$$G_h = \frac{10^{-3} p_h}{gH}$$

式中：p_h 为液柱高度为 H 时的静液柱压力，MPa ；G_h 为静液柱压力梯度，g/cm³ ；ρ 为流体密度，g/cm³ ；g 为重力加速度，9.81m/s² ；H 为液柱的垂直高度，m。

静液压力梯度的大小与液体中所溶解的矿物及气体的浓度有关。在油气钻井中所遇到的地层水一般有两类：一类是淡水或淡盐水，其静液压力梯度平均为 0.00981MPa/m ；另一类为盐水，其静液压力梯度平均为 0.0105MPa/m。

在钻井过程中，钻井液形成的静液压力一般自转盘方钻杆补心算起，则有：

$$p_h = 10^{-3} \rho_m g D$$

式中：ρ_m 为钻井液密度，g/cm³ ；D 为转盘方补心至目的层的垂直深度，m。

（步玉环　梁　岩）

【地层破裂压力 formation fracture pressure 】 在钻井作业过程中，井壁岩石能承受的钻井液液柱压力的最大值。当钻井液液柱压力达到这一值时会使地层破裂，发生钻井液漏失。正常情况下地层破裂压力随井深的增加而增加，每单位深度增加的破裂压力值叫做地层破裂压力梯度 G_f。

地层破裂压力是钻井和压裂设计的基础，准确地预测、检测地层破裂压力，对于预防漏、喷、塌、卡等钻井事故的发生及确保油气井压裂增产施工的成功有着重要的意义。常用的地层破裂压力预测方法是 Hubbert & Willis 法、Mathews & Kelly 法、Eaton 法、黄荣樽法。地层破裂压力监测方法是液压试验法。其中，预测方法中黄荣樽法考虑的因素最全，最为准确，但需要一些参数的室内获取，为此也最繁琐。要求得实际的地层破裂压力，最好的方法是进行漏失试验，即在下技术套管固井后，再次开钻钻穿第一个砂层时做压漏试验，求取地层的实际破裂压力。

📝 推荐书目

陈庭根，管志川．钻井工程理论与技术．2 版［M］．青岛：中国石油大学出版社，2017.

（步玉环　董　杰）

【基岩应力 bedrock stress】 岩石颗粒与颗粒之间的应力。又称骨架应力，或有效上覆岩层压力。上覆岩层压力与地层压力、基岩应力的关系是：

$$p_o = p_p + \sigma$$

式中：p_o 为上覆岩层压力，MPa ；p_p 为地层压力，MPa ；σ 为骨架应力，MPa。

（步玉环　梁　岩）

【地应力 geostess /crustal stress】 存在于地层中的未受工程扰动的天然应力。又称岩体初始应力、绝对应力或原岩应力。是引起井眼井壁变形和破坏的根本作用力。产生地应力的原因十分复杂，主要与地球的各种运动过程有关。

地应力可按三维方向将其分解为三个主地应力：垂向地应力、最大和最小水平地应力。上覆地层重力给地层施加正压力，形成了垂直主地应力，即上覆岩层压力；上覆岩层压力在水平方向产生的侧压力和地质构造运动产生的构造应力之和，构成了水平地应力。由最大水平地应力和最小水平地应力表征。一般情况下水平地应力小于垂直应力。

地应力的检测方法有：（1）测井法、小型水力压裂法和岩样实验检测法。利用声波时差测井可获得上覆岩层密度，进而可计算出垂直主地应力；（2）通过小排量水力压裂，测算出地层最大和最小水平主地应力；（3）利用凯塞尔效应法、声波测井法可以确定最大与最小水平主地应力大小，利用地磁法和井眼形状测井法可测定最大与最小主地应力方向。

在钻井设计和施工中应考虑地应力的存在和影响，尤其在大位移井和水平井井眼轨迹设计和控制中要考虑地应力因素。

📝 推荐书目

楼一珊，金业权．岩石力学与石油工程［M］．北京：石油工业出版社，2011.

（董　杰　步玉环　梁　岩）

【**地层坍塌压力 formation collapse pressure**】 地层钻开后，在特定的地层压力状态与钻井条件下，维持井壁稳定所需的最小液柱压力。井壁坍塌是在钻井过程中经常遇到的一个问题，它不仅与地层岩性、产状、抗剪切破坏强度、应力状态、矿物组成等客观因素有关，而且与钻井流体类型和性能、浸泡时间、施工工况等人为因素有关。地层坍塌压力的大小可能高于地层孔隙压力，也可能低于地层孔隙压力。对于泥页层来说，地层坍塌压力的大小随钻井流体类型和性能、浸泡时间等人为因素的变化而变化，因此，包含有泥页岩的地层，在某种钻井液条件下存在地层的坍塌周期。确定地层坍塌压力的方法一般以岩石强度测定结合测井资料确定。解决井壁坍塌问题的手段，一般是物理方法（如适当提高钻井液密度或用管柱封隔等）与化学方法（优选钻井液类型，控制钻井液滤失量和抑制岩石水化膨胀等）相结合。

（董 杰 步玉环）

【**安全密度窗口 security density window**】 地层破裂压力与地层压力（或地层坍塌压力）之间的差值，是地层允许钻井液液柱压力变化的范围。是油气井井身结构和钻井液密度设计的主要依据之一。

在同一个压力系统的地层环境下钻进，如果钻井液密度偏低，其液柱压力小于地层孔隙压力（即地层压力）或地层坍塌压力时，可能导致井眼缩径或井壁坍塌，地层液体进入井筒，钻井液性能被破坏，甚至发生井涌和井喷；如果钻井液密度偏高，液柱压力大于地层破裂压力时，岩石可能出现应力破裂引发井漏。为了实现安全快速钻进，必须设计合理的井身结构，控制钻井液密度并加强性能维护，使钻井液液柱压力在安全密度窗口之内。

（董 杰）

【**压力过渡带 pressure transition zone**】 正常压力地层与异常高压地层之间的井段。上部地层的孔隙压力为常压，其压力梯度为静水压力梯度；下部地层的孔隙压力为异常高压，其压力梯度偏向于上覆岩层压力梯度曲线方向增加。

压力过渡带和异常高压层的压力明显高于常压地层的压力，压力过渡带是异常高压地层的盖层，某井井深—压力剖面图（见图）中的压力过渡带代表厚页岩层。这一页岩层具有很低的孔隙度，使得孔隙空间的流体具有超压特征。由于页岩层的渗透率很低，以致页岩层内及其下部超压层的流体不会通过页岩层向上流动，从而形成有效圈闭。因此，油藏的盖层不是完全不渗透的，但一般情况下其渗透率极低。

如果盖层是厚页岩层，则地层压力是逐渐增加的，这为检测地层超压提供了途径。但如果盖层是不渗透的结晶盐（无渗透率），则不会存在压力过渡带，

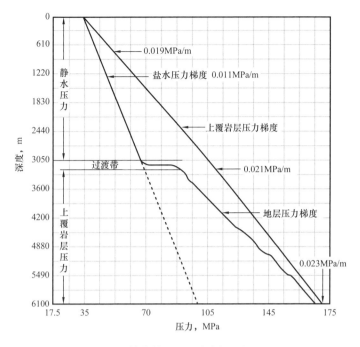

某井井深—压力剖面图

就无法检测压力在盖层的逐渐变化。

推荐书目

陈庭根，管志川.钻井工程理论与技术.2版［M］.青岛：中国石油大学出版社，2017.

（步玉环　柳华杰）

【地层压力特性评价 formation pressure characteristics evaluation 】 利用合理的技术与手段对地层压力特性进行预检测的方法。包括地层压力的预测、地层压力的监测、地层破裂压力的预测（Hubbert & Willis 法、Mathews & Kelly 法、Eaton 法和黄荣樽法）、地层破裂压力的监测（液压试验法）。

（步玉环　柳华杰）

【地层压力预测 formation pressure prediction 】 主要通过资料分析结合各种技术手段对地层压力进行预测，地层压力预测的准确程度是压力控制的前提和基础，是钻井地质设计的重要组成部分。当前常用的有地震法、测井法、钻井资料分析法及测井—地震联合法等预测方法。

地震法预测是利用地震的速度资料，根据它与地层孔隙压力的关系计算出地层压力，这对无钻井资料可提供的新探区极为重要。这种方法简单易行，国内外普遍重视这一方法的研究和使用。由于地震法预测压力的计算公式是根据某一局部地区的实际资料建立起来的，所以，其各计算参数不具有普遍意义。此方法适用于砂泥岩地层，其他地层及深度超过6000m的深部地层还有待研究。

测井法主要是根据泥岩的压实程度直接反映地层压力变化的方法，所以可用泥岩孔隙度来量度地层压力。直接用于评价地层压力的常用测井方法包括声波测井法、感应电导率测井法、密度测井法和中子测井法等。利用测井资料判断和计算地层压力有许多优点：（1）可以对一口井的纵向地层剖面作连续的地层压力评价；（2）在地质构造比较了解的地区，如果已钻探一口井或多口井，就能借助这些井的测井资料得到单井和区域的纵横向地层压力随深度变化的分布规律；（3）可将这些检测资料与地震资料的压力预测及随钻压力检测资料进行综合分析，提高压力预测精度。测井法评价地层压力是以泥岩测井参数与深度的变化关系为基础，对砂泥岩剖面以外的储集层是不适用的。在全部的测井方法中，声波测井法在理论分析、实际应用情况等方面均表明，它在定性判断异常压力、定量计算地层压力上都是最好的一种测井方法。它的优点在于受井眼条件、地层水矿化度、温度变化等影响小，取值简单，计算简便，精度高。常用声波时差法来评价地层压力。

（步玉环　梁　岩）

【**声波时差** interval transit time 】　声波在单位距离（或长度，以m为单位）上传播所用的时间（以μs为单位）。声波时差是岩石声学测量记录的基本参数之一，是声波速度的倒数，在物理学上又称为慢度，在岩石物理和声波测井中习惯称为声波时差，有时简称时差。声波在岩石中传播有纵波和横波两种形式，而且其速度不同，因此能够测量记录到岩石的纵波时差和横波时差。通常是根据实验室考察来评价影响岩石声波时差的各种因素。

岩性特别是岩石矿物成分是影响岩石纵波声速或纵波声波时差的主要因素，部分岩石的密度、杨氏弹性模量和纵波声速与纵波声波时差的数值见表。

岩性相同的岩石，特别是沉积岩，如砂岩，其纵波声速或纵波声波时差与孔隙度有关。实验结果表明，在砂岩的孔隙度变化范围为10%～30%，胶结物含量变化不大时，砂岩的孔隙度与纵波声波时差大体上呈线性关系，所以可根据声波时差测量结果估算砂岩孔隙度。

沉积岩胶结物的种类和含量也对纵波声波时差有影响。铁质、碳酸钙质、硅质胶结物能使砂岩的纵波声波时差减小，而泥质胶结物则使砂岩的纵波声波时差增大。岩石孔隙中流体的种类（石油、天然气和水）、相态（液态、气态）和数量，岩石孔隙的形状等因素也对声波时差有影响。另外，天然岩石的自然存在条件，如温度、压力、所处构造的部位、风化情况也对岩石声波时差有影响。

部分岩石的密度 ρ、杨氏弹性模量 E、纵波声速 v_p 和纵波声波时差值 Δt_p

岩石或矿物	ρ，g/cm³	E，N/m²	v_p，m/s	Δt_p，μs/m
玄武岩	2720	68.5	5930	169
石灰岩	2700	57.9	6130	163
石膏	2260	35.3	4790	209
石英	2650	75	5370	186
砂岩	2610	51	4900	204
页岩	2250	—	2439	410

影响岩石的横波声波时差的因素主要是岩石固相部分（骨架）的弹性力学性质，如矿物成分、胶结物的弹性模量等，而与岩石孔隙中流体的性质关系不大，甚至有些与纵波声波时差变化规律不一致的特征。

（楚泽涵）

【地层压力监测 formation pressure monitoring】 钻井前地层压力的预测值可能有一定的误差，在钻井过程中需要利用钻井资料对地层进行实时监测，以便对地层压力的预测值进行校正。地层压力监测是录井工作的重要组成部分，是保护油气层，保证钻井安全，实施科学钻井的重要手段。地层压力监测方法主要包括机械钻速法、d 指数法及 dc 指数法、标准化（正常化）钻速法和页岩密度法等。dc 指数法应用广泛，获得了良好的经济效果。

推荐书目

陈庭根，管志川.钻井工程理论与技术.2 版［M］.青岛：中国石油大学出版社，2017.

（步玉环 梁 岩）

【dc 指数法 dc exponent method】 利用泥、页岩压实规律和压差（即井底的钻井液柱压力与地层压力之差）对机械钻速的影响理论来检测地层压力的方法。又称修正 d 指数法。在 d 指数法的基础上发展起来的一种地层压力监测方法，实质上是机械钻速法。这个方法在国内外已得到广泛的应用。

d 指数法可以检测异常高压的出现和定量求压，但 d 指数法的最大弱点是没有考虑钻井液密度的变化对 d 指数的影响。也就是，当钻入高压层时，如果使用的钻井液密度加大了，则 d 指数反映不明显，也不真实，往往造成地层压力的低估。dc 指数法正是把钻井液密度的影响加以校正，从而提高了求压的准确性和精度。dc 指数按下式计算：

$$dc = d \frac{\rho_n}{\rho_d}$$

式中：d 为 d 指数；ρ_n 为正常地层压力的当量钻井液密度，g/cm^3；ρ_d 为使用的钻井液密度，g/cm^3。

实际使用中的检测方法与 d 指数法相同。dc 指数法对砂泥岩剖面最为有效，钻井参数的选择对 dc 指数法的应用有较大影响。

（步玉环　梁　岩）

【Hubbert & Willis 法　Hubbert & Willis method】 1957 年 Hubbert 和 Willis 根据岩石水力压裂机理和实验作出推论，在发生正断层作用的地质区域，地下应力状态以三维不均匀主应力状态为特征，且三个主应力互相垂直。最大主应力 σ_1 为垂直方向，大小等于有效上覆岩层压力（即骨架应力），最小主应力 σ_3 和介于 σ_1 与 σ_3 之间的主应力 σ_2 在水平方向上互相垂直，最小主应力 σ_3 的大小等于（1/3～1/2）σ_1。地层所受的注入压力或破裂传播压力必须能够克服地层压力和水平骨架应力，地层才能破裂。即：

$$p_f = p_p + \left(\frac{1}{3} \sim \frac{1}{2} \right) \left(p_o - p_p \right)$$

式中：p_f 为地层破裂压力；p_p 为地层孔隙压力；p_o 为上覆岩层压力。

Hubbert 和 Willis 从理论和技术上为检测地层破裂压力奠定了基础。但是，由于很少在正断层区域钻井，所以 Hubbert 和 Willis 的理论在工业应用中受到限制。

（步玉环　梁　岩）

【Mathews & Kelly 法　Mathews & Kelly method】 1967 年 Matthews 和 Kelly 根据海湾地区的一些经验数据，提出的检测海湾地区砂岩储集层破裂压力的方法。他们选择最小破裂压力等于地层压力，最大破裂压力等于上覆岩层压力。如果实际破裂压力大于地层压力，则认为是由于克服骨架应力所致。骨架应力的大小与地层压实程度有关，并非固定为（1/3～1/2）σ_1。地层压得越实，水平骨架应力越大。根据地层破裂压力与地层压力和骨架应力之间的关系，则有

$$p_f = p_p + K_i \left(D \right) \left(p_o - p_p \right)$$

式中：p_f 为地层破裂压力，MPa；p_p 为地层孔隙压力，MPa；p_o 为上覆岩层压力，MPa；$K_i \left(D \right)$ 为骨架应力系数。

$K_i \left(D \right)$ 是井深的函数，与岩性有关，通常泥质含量高的砂岩比一般砂岩的

应力系数要高。在正常地层压力情况下，$K_i(D)$随井深增加而增加。如遇异常高压，地层的压实程度降低，地层压力增大，则$K_i(D)$减小。

（步玉环　梁　岩）

【Eaton 法　Eaton method】　1969 年 Eaton 发表的计算地层破裂压力的方法。这种方法把上覆岩层压力梯度作为一个变量来考虑，并且把泊松比也作为一个变量引入地层破裂压力梯度的计算中。一般来说，在一个弹性体的极限之内，它在纵向压力的作用下将产生横向和纵向应变。横向应变和纵向应变之间的比值被定义为泊松比。把岩石作为弹性体考虑，那么泊松比就反映了岩石本身的特性。然而 Eaton 的泊松比不是作为岩石本身特性的函数，而是作为区域应力场的函数来考虑。Eaton 的泊松比即为水平应力与垂直应力的比值。上覆地层仅作为压力源，并且岩石周围受水平方向的约束而不发生水平应变，导出水平应力和垂直应力之间的关系如下：

$$\sigma_3 = \sigma_2 = \frac{\mu}{1-\mu}\sigma_1$$

得到

$$p_f = p_p + \frac{\mu}{1-\mu}\left(p_o - p_p\right)$$

式中：σ_1 为垂直主地应力；σ_2 为最小水平主应力；σ_3 为最小水平主应力；p_f 为地层破裂压力；p_p 为地层孔隙压力；p_o 为上覆岩层压力；μ 为地层泊松比。

Eaton 提出了上覆岩层压力梯度可变的概念。通过研究发现，由于上覆岩层压力梯度的变化，岩石的泊松比随深度成非线性变化。在破裂压力的计算中，上覆岩层压力起着重要作用，若能求得上覆岩层压力梯度的准确增量，可提高破裂压力的计算精度。

（步玉环　梁　岩）

【黄荣樽法　Huang Rongzun method】

中国石油大学黄荣樽教授在总结分析国外各种计算地层破裂压力方法的基础上，综合考虑各种影响因素，进行了严格的理论推导和一系列的室内实验，提出了预测地层破裂压力的新方法。计算公式如下：

$$p_f = p_p + \left(\frac{2\mu}{1-\mu} + K_{ss}\right)\left(p_o - p_p\right) + S_t$$

式中：p_f 为地层破裂压力；p_p 为地层孔隙压力；p_o 为上覆岩层压力；μ 为地层泊松

－35－

比；K_{ss} 为构造应力系数；S_t 为岩石的抗拉强度，MPa。

黄荣樽法有两个显著特点：

（1）地应力一般是不均匀的，黄荣樽法包括了三个主应力的影响。垂直应力可以认为是由上覆岩层重力引起的。水平地应力由两部分组成：一部分是由上覆岩层的重力作用引起的，它是岩石泊松比的函数；另一部分是地质构造应力，它与岩石的泊松比无关，且在两个方向上一般是不相等的。

（2）地层的破裂是由井壁上的应力状态决定的。深部地层的水压致裂是由于井壁上的有效切向应力达到或超过了岩石的抗拉强度。岩石抗拉强度是利用钻取的地下岩心，在室内采用巴西试验求得的（见抗拉强度）。构造应力系数 K_{ss} 对不同的地质构造是不同的，但它在同一构造断块内部是一个常数，且不随埋藏深度变化。构造应力系数是通过现场实际破裂压力试验和在室内对岩心进行泊松比试验相结合的办法来确定的。如果准确地掌握泊松比 μ 和破裂压力 p_f 以及抗拉强度 S_t，便能精确地求出构造应力系数 K_{ss}。

（步玉环　梁　岩）

【**液压试验法 hydraulic test**】　现场针对于某一地层实施液压试验准确有效地计算地层破裂压力的方法。又称漏失试验法。它是在下完一层套管，注完水泥和钻过水泥塞后进行的。液压试验时地层的破裂易发生在套管鞋处，因套管鞋处地层压实的程度比其下部地层的压实程度差。

液压试验步骤如下：

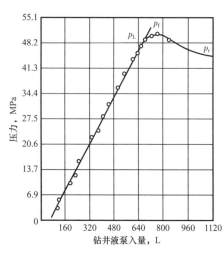

立管压力与钻井液泵入量（累计）的关系曲线

（1）循环调节钻井液性能，保证钻井液性能稳定，上提钻头至套管鞋内，关闭防喷器。

（2）用较小且固定的排量（0.66～1.32L/s）向井内注入钻井液，并记录各个时期的注入量及立管压力。

（3）作立管压力与钻井液泵入量（累计）的关系曲线（见图）。

（4）从图上确定各个压力值，漏失压力为 p_L，即开始偏离直线点的压力，其后压力继续上升；压力升到最大值，即为开裂压力 p_f；最大值过后压力下降并趋于平缓，平缓的压力称为传播压力，即 p_r。

（5）求地层破裂压力当量密度：

$$p_f = p_L + 0.00981 H \rho_d$$

式中：ρ_d 为试验用钻井液密度，g/cm^3；p_L 为漏失压力，MPa；H 为试验井深，m。

有时钻进几天后再进行液压试验时，可能出现试压值升高的现象，这可能是由于岩屑堵塞岩石孔隙喉道所致。试验压力不应超过地面设备和套管的承载能力，否则可提高试验用钻井液密度。液压试验法适用于砂泥岩为主的地层，对石灰岩、白云岩等硬地层的液压试验有待试验研究。

（步玉环　梁　岩）

钻井设备及工具

【石油钻机 drilling rig】 用于钻油气井以发现和开采地下石油、天然气的成套设备。简称钻机。通常由钻机起升系统、钻机旋转系统、钻井液循环系统、钻机动力驱动系统、钻机传动系统、钻机控制系统和钻机辅助设备等构成（见图）。

钻机应具有如下功能：（1）通过钻柱给钻头提供必要的转速、扭矩、钻压，以破碎井下岩石达到钻探的目的层。（2）循环系统应能及时清洗井底产生的岩屑，并使之及时携带到地面，以利钻头在井下继续钻进。并同时满足使用井下动力钻具钻井的需要。（3）起升系统能以一定速度起升井内钻柱和下放钻柱，并能下放套管柱。（4）在钻井过程中，钻柱可能在井中发生遇阻、遇卡等情况，钻机具有处理上述事故的能力。（5）作为生产"井"这样一个特殊产品的大型成套设备，钻完一口井后，就该搬到一个新井位，因此石油钻机必须具有良好的拆装和移运性。

按钻井能力的不同，钻机可分为浅井钻机、中深井钻机、深井钻机和超深井钻机；按驱动方式的不同，钻机可分为机械驱动钻机、直流电驱动钻机、交流变频电驱动钻机、机电复合驱动钻机和液压钻机；按搬家、安装、移运方式不同，钻机可分为撬装钻机、车装钻机、拖挂式钻机、整体移运钻机和直升飞机吊运钻机；按使用场合不同，钻机可分为陆地钻机、海洋钻机、沙漠钻机和极地钻机等。此外，尚有区别于常规钻机的斜直井钻机等。

石油钻机基本参数为：（1）名义钻深：钻机在规定的钻井绳数下，使用规定的钻杆柱时，钻机的经济钻井深度。（2）最大钩载：钻机在规定的最多绳数下，下套管、处理事故或进行其他特殊作业时，大钩不允许超过的载荷。此外，钻机基本参数还包括有：绞车额定功率、游动系统绳数、钻井钢丝绳直径、钻井泵单台功率、转盘开口直径、钻台高度及井架高度等。

现代钻井技术促进石油钻机发展的趋势为：（1）为适应在复杂地质情况下钻超深井、钻大位移井和大陆科学钻探工程的需要，石油钻机趋向大型化，

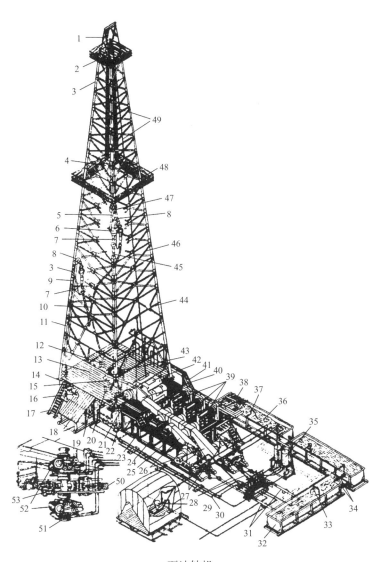

石油钻机

1—人字架；2—天车；3—井架；4—游车；5—水龙头提环；6—水龙头；7—保险链；8—鹅颈管；9—立管；10—水龙带；11—井架大腿；12—小鼠洞；13—钻台；14—架脚；15—转盘传动；16—填充钻井液管；17—梯子；18—坡板；19—底座；20—大鼠洞；21—水刹车；22—缓冲室；23—绞车底座；24—并车箱；25—发动机平台；26—泵传动；27—钻井泵；28—钻井液管线；29—钻井液配制系统；30—供水管；31—吸入管；32—钻井液池；33—固定钻井液枪；34—连接软管；35—空气包；36—沉砂池；37—钻井液枪；38—振动筛；39—动力机组；40—绞车传动装置；41—钻井液槽；42—钻井绞车；43—转盘；44—井架横梁；45—方钻杆；46—斜撑；47—大钩；48—二层平台；49—游绳；50—钻井液喷出口；51—井口装置；52—防喷器；53—换向闸门

钻机钻深能力达到 1.5×10^4 m、起升系统能力达到13500kN、绞车功率达到4412kW、钻井泵单台功率达到2206kW、转盘开口直径达到1540mm。（2）为适应减少搬家安装时间、提高运移性的要求，钻机向减少体积、质量上发展，研制新型车装、拖挂钻机。（3）环境、健康、安全对钻机提出新的要求。上述这些发展趋势，体现在钻机驱动方式上，大型钻机趋向交流变频电驱动；全液压钻机在减少体积、质量上具备明显优势，且具备占地少，注意防止污物排放，操作机械化程度高、噪声低等优点，成为钻机驱动方式另一发展方向。

（马家骥）

【**机械驱动钻机 mechanical drive rig**】 柴油机动力直接通过机械传动元件的不同组合去驱动各工作系统的钻机。通常由二至四台柴油机作为动力，并通过传动装置把多台柴油机的动力合在一起（俗称并车，见 钻机传动并车），并根据需要分别去驱动起升、旋转、循环三个工作系统。钻机传动装置（又称联动机）具有并车、减速和脱挂等功能。

柴油机均带液力变矩器或液力耦合器（统称液力传动）以保证并车链条的正常工作。钻机采用液力传动，性能柔和，减少冲击与振动，延长零部件寿命。液力变矩器无级调速可以提高绞车工作效率，尤其适宜起升系统工作，但变矩器存在工作效率较低的缺点，特别是在纯钻进需满足钻井泵与转盘的不同动力要求时，现场使用很不方便。

胶带传动用于钻机并车在中国钻机制造史上占有重要地位。胶带并车的主要优点是传动柔和、制造容易、维护保养方便，没有像链条传动那样的润滑问题，也没有漏油等烦恼。而且可以在其传动装置上带动交流发电机，既收到节能效果又可驱动钻台上的转盘装置。缺点是传动的能力较低，大功率传动时尺寸和质量都较大，工作一段时间后，胶带要伸长，限制了该传动元件在大型钻机上的应用。

根据传动装置是否能同时驱动钻机起升、旋转、循环三个系统，将其分为统一驱动、分立驱动、独立驱动三种。统一驱动的优点是所有柴油机都能去驱动起升、旋转、循环三个工作系统，动力互济性好，提高了钻机的可靠性，但安装找正工作量大，搬家安装时间长，大型钻机常采用统一驱动方式；独立驱动是起升、旋转、循环三个工作系统均用自身的柴油机驱动，安装找正工作量最少，搬家安装时间短，易于实现钻机的快速搬家安装，但各自所用柴油机没有互济性，如车装钻机都采用独立驱动方案。分立驱动介于二者之间，比如，用前面柴油机并车驱动起升系统和一台钻井泵，另外，再单独配一台机泵组，其优缺点也介于二者之间。中国在20世纪70~80年代普遍采用的大庆型钻机就采用分立驱动方案。在道路条件允许的情况下，可采用单独驱动方案以提高大型钻机移运性。

（马家骥）

【直流电驱动钻机 AC-SCR-DC drive rig】 用直流电动机驱动各工作系统的钻机。由 2~4 台柴油发电机组发出电压为 600V、频率为 50Hz（或 60Hz）的交流电并网至汇流排上，经可控硅（也称晶闸管，SCR）整流为 0~750V 的直流电去驱动绞车、转盘和钻井泵的直流电动机。

钻机直流电驱动系统主要由柴油发电机组及控制系统、直流电动机及控制系统、辅助电机及控制系统和控制台组成。钻机采用直流电驱动的优点为：传动柔和、调速特性好、操作灵活方便、控制容易实现安全连锁、智能化程度高；兼顾有所有动力互济，又各自单独驱动的长处，安装搬家方便、时间短；维护简单、可靠性高及污染较少、噪声较低。海洋钻机几乎全部采用直流电驱动。陆地上大型钻机采用直流电驱动的也较多。

（马家骥）

【交流变频电驱动钻机 AC-VFD-AC drive rig】 采用变频控制的交流电动机驱动各工作系统的钻机。由柴油发电机组发出电压为 600V、频率为 50Hz（或 60Hz）的交流电整流为直流电，然后再逆变为频率可调的交流电去驱动绞车、转盘和钻井泵的交流变频异步电动机。技术特点为：采用全数字化交流变频控制技术，气、电、液、钻井参数仪表的一体化设计，可实现钻机智能化司钻控制；采用宽频大功率交流变频电动机驱动，可实现绞车、转盘和钻井泵的全程调速；绞车为单轴齿轮传动，一挡无级调速，机械传动简单、可靠，主刹车采用液压盘式刹车，辅助刹车采用电动机能耗制动，可通过计算机定量控制制动扭矩；绞车采用独立电动机自动送钻控制技术，可实现自动送钻，对起下钻定量控制制动扭矩。

中国从 20 世纪 90 年代后期开始，相继研制成功 3000m、4000m、5000m、7000m、9000m、12000m 等交流变频电驱动钻机。交流变频驱动方式成为大型钻机发展趋势。

（马家骥　步玉环）

【液压钻机 hydraulic drilling rig】 由液压泵驱动液缸构成起升系统的钻机。通常由柴油机直接驱动液压泵，或者由柴油机带动交流发电机组，再通过交流电动机去驱动液压泵。采用液缸作为提升机构，取消了绞车、井架和游车等常规设备。一般由液缸、游动轭、提升钢丝绳、平衡器总成、液缸导向架、顶部驱动装置和液压系统等组成。

（马家骥）

【橇装钻机 skid-mounted rig】 钻机各部件通过橇装方式进行移运的钻机。除了移动方式之外，钻机的功能设备部件与常规钻机一致。通常采用普通吊车和卡车进行钻机搬家。

（马家骥　步玉环）

【车装钻机 self-propelled rig】 将钻机动力、传动装置和起升系统等装在车台上可自行行走的钻机。又称自走式钻机。结构特点为：要求采用高速柴油机加液力机械传动箱，以减轻车台上设备重量；对于绞车功率大于500kW的车装钻机，动力传动采用双机并车，并车方式有链条、圆柱齿轮和螺旋锥齿轮、万向轴三种；采用兼有主刹车功能和辅助刹车功能的气控水冷盘式刹车；转盘与绞车共用动力机；转盘传动采用垂直爬台链加螺旋锥齿轮的角传动箱，可实现转盘正倒转，配动力水龙头或顶部驱动钻井装置可克服垂直爬台链的缺点；井架为前开口式、双节套装，液压起升和伸缩；钻台底座为两节伸缩式，也可采用旋升式结构，移运时放下。

（马家骥）

【拖挂式钻机 trailer-mounted rig】 将钻机部件按道路条件组合成大部件，以拖挂方式移运的钻机。通常在戈壁、沙漠等地区使用。通常由绞车与其动力传动部分组成一个拖车单元，井架和底座组成另一个拖车单元，由牵引车拖到井场后，两者对接形成钻机起升系统，由绞车动力将井架起升。对于更高钻台要求的钻机，再用绞车自身动力将绞车拖升到高钻台。

（马家骥）

【整体移运钻机 unitary move rig】 将钻机或大组件做成一个整体进行移运的钻机。钻成排井组或用普通钻机打丛式井时，在地面条件允许的条件下，常用整拖或大组件整拖的方式以节省钻机移运与安装搬家时间。

在沙漠戈壁条件下，发展了用轮胎或履带装置移运的钻机整体移运技术。钻机整体被几个大千斤顶起，然后，两根大的方梁或大套管完全穿过钻机底座事先已改造好的孔内，该孔设置在钻机较低的底部梁的上方。当钻机底座被顶起后，将履带或轮胎装置放在方梁或套管两端的下方。最后，千斤顶降落，直到整套钻机坐到方梁或套管上，方梁或套管横跨在两个履带或轮胎装置上。这样就可以由牵引车将整套钻机或钻机的大组件一次整体移运（见图1）。

轮胎装置通常由四组组成，移运钻机时，就如四人抬轿。每一组轮胎装置与钻机底座一角用销轴相连。每组轮胎装置有四个轮胎与悬挂系统组成，其上装有液压缸，液缸同步加压，将整个钻机顶起。这种整体移运的底座的强度和刚度应适当加强，并在相应部位装设与轮胎装置连接机构（见图2）。通常，把液压千斤与轮胎装置组合在一起，称为轮胎拖座。

图 1　一次整体移运　　　　　图 2　采用轮胎拖座整体移运钻机

（马家骥）

【井架 derrick】　竖立于钻台上用于石油钻井时提升和下放钻具的起重架。由井架主体、天车台、二层台、立管操作台、下套管扶正装置及工作梯组成（见图），是钻机起升系统的重要组成部分，为钻机起升系统中的固定设备。当管柱悬挂在钻机大钩上时，整个管柱载荷就作用在井架上。在起下钻时，立根排靠在井架的二层台，并立在井架底座的立根盒上。对井架的使用要求为：应有足够的承载能力，以满足钻井和下套管等作业时起下或悬持钻柱和套管；应有足够的有效高度和空间，以安放有关设备、工具和钻杆（立根）等，有效高度太小会影响其起下操作的速度，内部空间太窄会使得游车上下运行不便及影响司钻的视野；应便于拆装、移运和维修。

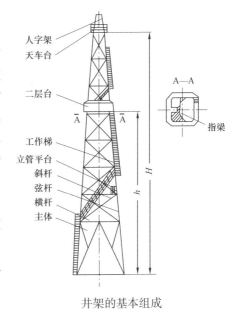

井架的基本组成

　　按井架主体结构可分为塔形井架、K形井架（前开口）和A形井架。主要技术参数为允许的最大钩载、井架高度等。容许的最大钩载直接反映了配套钻机的工作能力，井架高度反映的是排放立根是由几根钻杆组成。

（马家骥）

【塔形井架 tower derrick】　横截面为正方形或矩形结构的井架。典型的塔形井架的本体是由四扇平面桁架组成，每扇平面桁架又分成若干桁格，整个桁架可看作是由许多层空间桁架组成。整个井架是由单个杆体用螺栓连接成的可拆结构。依其前扇是否封闭，可分为闭式和开式两种。

闭式井架：从总体结构形式看，横截面为正方形，立面为梯形，整个井架除前扇有大门外，主体部分是一个封闭的整体结构，总体稳定性好，承载能力大。

开式井架：井架主体的横截面呈矩形，井架内部空间较闭式井架狭窄，但前面敞开，便于游车、大钩的上下运行以及立根的排放。除对井场有特殊要求的地方和海洋钻机外，陆地钻机的塔形井架均被具有整体起升功能的 K 形井架所代替。

（马家骥）

【K 形井架 cantilever mast】 横截面呈"K"字形的井架。安装在钻台的一侧。主要优点为：可以整体搬家，或者分成 5 或 6 段进行分段搬家；完井后整体放倒井架，到新井位后整体起升。起升时，大多采用人字架方式或采用扒杆方式起升。通常是利用钻机动力，通过钻机起升系统配合井架下部导向滑轮等实现井架整体起升。依起升方式的不同分为整体起升式 K 形井架、伸缩式 K 形井架和垂升式 K 形井架。

（马家骥）

【伸缩式 K 形井架 telescoping mast】 能将各段缩套在一起的 K 形井架。在井架放倒后，各段可以缩到一段内，使整体尺寸大大缩短，实现井架的整体移运。在高移运性的车装钻机和拖挂式钻机上得到普遍应用。伸缩井架时，先用液缸将水平放置在车装钻机顶部的呈回缩状态的井架顶起，然后再用液缸或用绞车自身动力将井架上段升起。用于拖挂式钻机上的伸缩式 K 形井架，当回缩状态井架被拖车拖到井位后，通常用拖车将井架上段拖出，然后再利用绞车动力将井架整体起升到位。

（马家骥）

【垂升式 K 形井架 bootstrap mast】 利用起升机构将各段垂直起升起来的 K 形井架。通常将井架按底座高度分为几段，在竖直方向逐段顶升。起升方式既可采用钻机自身动力通过起升井架滑轮组实现，也可采用单独的液压起升系统实现分段顶升。在海洋平台可采用平台吊机逐段吊升方式实现井架的起升。这种起升方式既克服了塔式井架拆装麻烦、高空作业工人劳动强度大、费时等缺点，又克服了整体起升式 K 形井架占地面积大的缺点，而且起升力小，不需起升配重，大大降低了井架底座的质量，应用广泛。

（马家骥）

【A 形井架 A-mast】 由两条大腿靠天车与井架上部附加杆件和二层台等连成"A"字形的井架。每根大腿都是由几段矩形或三角形断面组成的封闭的整体结构（见图）。采用水平安装、整体起升方式起升井架。两条大腿间联系较弱，整体稳定性不如 K 形井架。除在井架运输时对结构件尺寸有特殊要求的个别地区还有一定需求外，A 形井架已大多被整体起升式 K 形井架所取代。

（马家骥）

A 形井架

【井架底座 derrick substructure】 支承井架的金属结构件，底座上面为一平台，称钻台，在钻台下应有为井口装置（套管头、防喷器等）提供安装与操作的空间。

钻深井时，油气井井口压力较高，在钻台下要求安装大尺寸、高压力的防喷器组合；而进行欠平衡钻井时，有时还要加装旋转控制头，应加高钻台以满足安装所需井口装置的需要。常用高钻台井架底座主要有叠箱式底座、高台面式底座、双升式底座与旋升式底座四种。

叠箱式底座 由两个或三个侧箱叠装而成，结构简单，外形整齐，通过改变侧箱的高度和层数很容易获得不同的钻台高度。用前撑杆起升的 A 形井架一般都采用箱式或叠箱式底座。

高台面底座 通常用于机械驱动钻机，高台面底座下部是左、右两个基座。由支架将钻台面支撑到所需要的高度。井架支腿销装在基座上，可以实现井架低位水平组装，整体起升。与这种底座配套的绞车装在基座的后部，另外有一个较轻的猫头绞车放在钻台面上，待井架竖立后用游车大钩的动力将猫头绞车吊到钻台面上。猫头绞车和转盘的动力是通过万向轴或多排链条由钻机绞车供给的。罗马尼亚 F-500、F-400、F-320、F-200 钻机配备的都是高台面底座。中国 ZJ45J 钻机也采用了高台面底座。

旋升式底座 绞车在低位，用绞车自身动力先将井架拉起，随后，重新穿绳将后台拉起，再一次穿起升绳，将前台等拉到钻台高度的底座。另一种方式是在起升井架的同时，把前台一起拉起，如果绞车上钻台，就重新穿绳，将绞车提升至钻台高度，如果绞车是低位工作方案，就可做到一次穿绳，把井架及前台一次拉起，大大减少起前、后台倒钢丝绳工作量。

双升式底座 由一种平行四边形的连杆结构构成的底座。采用这种底座，使所有安装工作都可以在地面完成。双升式底座起升步骤为：用人字架和绞车自身动力将井架起升到竖直位置，继续用绞车动力或用底座本身自备的液压绞车和起升三脚架再将底座升起，将整台钻机升到钻井工作高度。其缺点是井架大腿坐在高钻台上，钻机工作时容易产生振动。

（马家骥）

【立根盒 pipe setback】 钻台上排放和容纳钻柱立根的装置。在起钻时，将井内钻柱卸成每两根（或三根）钻杆为一柱，立在钻台的立根盒中，上端靠在二层台的指梁上，这样的一柱钻杆称为立根或立柱。立根长度通常为24m左右。对于9m左右长度的单根钻杆，三根配成一个立根；对12m左右长度的单根钻杆，两根配成一个立根。除钻杆立根外，还有钻铤立根，起钻时也是立在钻台的立根盒内，上面靠在二层台指梁上。每个钻铤立根上面需有一个钻铤提升短节。

（步玉环　梁　岩）

【钻机起升系统 rig hoisting system】 石油钻机中完成起升功能的设备总成。由绞车、井架、井架底座、天车、游车、钢丝绳及大钩等组成。缠绕在绞车滚筒上的钢丝绳，通过由天车和游动滑车组成游动系统。把钻机动力系统的旋转运动转换为游车、大钩的往复运动，配合一些辅助设备、工具，如吊环、吊卡、卡瓦、吊钳及钻杆移运机构等，完成起下钻柱、更换钻头、控制送钻和下套管等功能。此外，有时还要进行处理井下复杂事故和辅助重物的吊升等。对于采用自升式井架的钻机，钻机起升系统还用于起放井架。对于具备捞砂滚筒的绞车，还用于中途测试、绳索取心及试油等。

（马家骥）

【绞车 drawworks】 多功能的起升机。是钻机起升系统的主要设备，也是整台钻机的核心部件，是钻机三大工作机之一。由主滚筒轴总成、主刹车、辅助刹车、猫头轴总成组成。主滚筒轴总成用于起、放管柱。主刹车的作用为：通过刹住滚筒悬持管柱，在下钻过程中控制下放速度；正常钻进时，控制滚筒转动，以调节钻压，送进钻具。辅助刹车的作用是用于下放管柱时刹慢滚筒，保持管柱以安全速度均匀下放。绞车主刹车用液压盘式刹车代替传统的带刹车，可提高滚筒刹车机构的可靠性、安全性，减少刹车副的磨损，进而减少了刹车机构维护保养工作量和易损件消耗，也大大减轻操作工人的劳动强度。带刹车的刹车鼓和盘式刹车的刹车盘通常都采用水冷却。轻型绞车上采用的盘式刹车的刹车盘，也有采用风冷，这进一步简化了结构。采用辅助刹车可减轻下钻时主刹车的负担，一般采用水刹车，对于重型钻机也有用电磁涡流刹车作为辅助刹车的。辅助刹车仅在下放管柱时使用，其与滚筒之间需要采用离合器连接。采用离合器可使在下放管柱时辅助刹车自动挂合，在起升空吊卡时辅助刹车自动脱开。

　　按照绞车轴数可分为单轴、双轴、三轴和多轴绞车；按配备的滚筒数目可分为单滚筒和双滚筒绞车；按照绞车提升速度可分为两速、四速、六速绞车。

随着交流变频驱动方式的采用，在大型绞车上出现了单一主起升功能的绞车。

（马家骥）

【防碰天车装置 crown block saver 】 为了防止在高速提升空吊卡时失误而导致的游车碰天车事故的安全装置。有钢丝绳式和过卷阀式两种。钢丝绳式防碰天车装置的工作原理为：在游车上行最高位置设置一钢丝绳，游车上行顶到该钢丝绳时，该钢丝绳拉动防碰天车控制阀的销轴剪断，控制杆端重锤下落，促使绞车滚筒离合器放气，并同时使刹车汽缸进气，将滚筒刹停，防止游车碰上天车。过卷阀式防碰天车装置的工作原理为：将防碰天车控制阀（此处叫过卷阀）放置在游车上行最高位置相对应的绞车滚筒钢丝绳缠绕的极限位置，当滚筒钢丝绳缠绕到此位置时，触动过卷阀，即立即使滚筒离合器放气并刹住滚筒，使上行的游车停止，达到天车防碰的目的。

（马家骥）

【猫头 cat head 】 绞车中装在绞车轴一端的小型辅助卷筒。钻井时，利用缠绕其上的猫头绳拉动吊钳上、卸管柱接头螺纹，或用来吊升小型物件。猫头主要有三种型式：（1）死猫头是最早出现的猫头，就是一个带两个轮缘的、用键固定在猫头轴两端的小滚筒。靠工人拉动缠绕在猫头上的猫头绳，实现其功能。操作简单，但工人劳动强度大，易发生乱绳、断绳事故，严重时会危及工人生命安全。（2）摩擦猫头，其结构较为简单，体积小，操作方便安全。但缺点是转速高，力量不足。对于难于卸开的接头螺纹，还得使用外端死猫头卸扣。（3）行星猫头克服了摩擦猫头转速高的缺点，使用起来省力、安全、操作灵活，可以实现正、反转，控制刹车的刹紧程度，即可以得到不同转速。缺点是结构比较复杂，力量不大，必须配合崩扣汽缸使用。随着井口操作机械化工具铁钻工、液气大钳、液压套管钳和动力小绞车的推广使用，新投产的绞车已不配猫头。

（马家骥）

【水刹车 hydraulic brake 】 钻井时，配合绞车主刹车减缓钻具下降速度的一种水力阻尼装置。通过离合器和绞车滚筒轴相连，下放钻具时其转子和绞车滚筒轴同轴转动，搅动存于水刹车内的水而使转速减慢。

（马家骥）

【电磁涡流刹车 magnetic eddy current brake 】 利用与绞车滚筒轴相连的转子随滚筒轴转动切割磁力线，产生涡流，形成制动扭矩，从而控制下钻速度的一种辅助刹车。特点是制动扭矩可调，在任意下钻载荷下可调得任意下钻速度。

（马家骥）

【盘式刹车 disc brake】 钻机主刹车的一种。液压盘式刹车装置是取代传统的带式刹车装置的新型石油钻井装备，可显著提高钻井作业能力和安全性，被誉为现代钻井装备的三大技术革新之一。盘式刹车的工作机理与传统的带式刹车有较大的不同，盘式刹车依靠刹车系统提供的液压力对刹车钳进行操纵以完成刹车动作。

相比带式刹车具有制动效能稳定、刹车灵敏性高、散热性能好、刹车力矩容量大等优点，提高了钻机的安全性和使用可靠性，降低了司钻的劳动强度，同时由于采用了液压系统作为操作动力，可以方便地实现液控或电控操作，便于远程控制，实现钻井作业自动化。

（马家骥）

【钢丝绳 wire rope】 钻机采用 6×19、外粗式钢丝绳，由 6 股、每股为 19 根钢丝组成，每股包括芯部一根钢丝，外面包含 9 根细钢丝，再外面包含 9 根粗钢丝。钢丝绳承受的载荷大，绳速快（达 90～150m/min），滑轮数量多，且受结构限制，滑轮尺寸不能太大，长期在露天条件下连续作业，有的地区还有盐碱、潮湿及腐蚀性气体，工作条件恶劣。失效方式为磨损、疲劳与腐蚀。按照 API 标准规定，钻机钢丝绳的安全系数，在最大钩载时应大于 2，在钻井时应大于 3。

（马家骥）

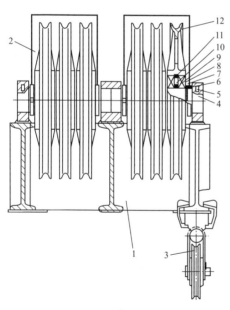

天车

1—底座；2—护罩；3—辅助滑轮；4—天车轴；5—定位销；6—圆螺母；7—隔环；8—盖；9—轴承；10—注油隔环；11—弹簧环；12—滑轮

【天车 crown block】 钻机起升系统中安装在井架顶部与游车组成复滑轮系统的定滑轮组。用来悬挂绞车钢丝绳，提升时复滑轮系统可减轻绞车的负荷。主要由天车架、滑轮、滑轮轴、轴承、轴承座和辅助滑轮等零件组成（见图）。

（马家骥）

【游车 traveling block】 钻机起升系统中与天车组成复滑轮系统的动滑轮组。游车主要由上横梁、滑轮、滑轮轴、左侧板、右侧板、销座、下提环、提环销和

侧护罩等零部件组成（见图）。滑轮数为
5～7 个。

（马家骥）

【大钩 hook】 在钻机钻进时，大钩悬挂水
龙头和钻具。起下钻时，悬挂吊环、吊卡，
用于起下管柱。大钩还可完成起吊重物、安
装设备和起、放自升式井架等工作。与游车
一起构成钻机起升系统的游动部分。是钻机
起升系统的主要设备。主要由钩身、钩杆、
钩座、提环、止推轴承和弹簧组成（见图）。
大钩的主要技术参数是最大载荷。

（马家骥）

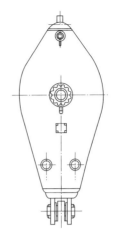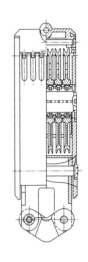

游车

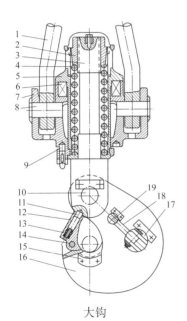

大钩

1—提环；2—螺母；3—钩杆；4—弹簧；5—套筒；
6—轴承；7—外壳；8—提环轴；9—制动销；10—
钩杆轴；11—安全销；12—安全销体；13—安全销
弹簧；14—转轴；15—镶口；16—钩身；17—挂吊
环轴；18—耳环；19—耳环轴

【钻机旋转系统 rig rotary system】 钻
机中实现旋转功能的设备总成。主要作
用是向井底钻头提供旋转动力。当采
用井下动力钻具钻井时，承受钻柱反扭
矩。一般旋转钻机其旋转系统主要由水
龙头、方钻杆、钻柱、转盘等装置组成。
对于顶部驱动钻机旋转系统主要由顶部
驱动钻井装置、钻柱组成。

（马家骥 步玉环）

【转盘 rotary table】 钻机旋转系统的
工作机。主要功能为：（1）钻井时，带
动钻柱和连接于钻柱下端的工具旋转；
（2）起下钻和下套管时，通过卡瓦或吊
卡承托全部钻柱重力或套管重力；（3）
完成进行卸钻头，上、卸扣时的旋扣等
转动作业；（4）用井下动力钻具钻
井时，转盘制动上部钻杆柱，承受反扭
矩。转盘实际上是一个结构特殊的角传
动减速箱，主要由水平轴、转台总成和
壳体组成。动力经水平轴上的法兰或链

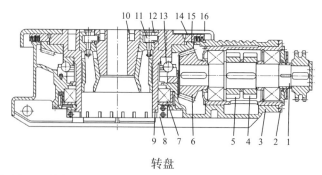

转盘

1—快速轴；2—轴承套；3—转盘底座；4，5—正、反制动轮；6—伞齿轮；7—防跳扶正轴承；8—调整螺母；9—转台；10—方补心；11—制动块；12—方瓦；13—主轴承；14—转台迷宫圈；15—大齿圈；16—盖子

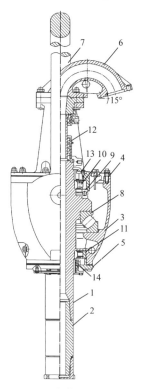

水龙头

1—中心管；2—接头；3—壳体；4—上盖；5—下盖；6—鹅颈管；7—提环；8—主轴承；9—防跳轴承；10—上扶正轴承；11—下扶正轴承；12—密封件；13—上机油密封件；14—下机油密封件

轮传入，通过圆锥齿轮传动转台，借助转台通孔中的方补心和小方瓦带动方钻杆、钻杆柱和钻头转动，同时，小方瓦允许钻杆轴向自由滑动，实现钻杆柱的边旋转边送进。起下钻或下套管时，钻杆柱或套管柱可用卡瓦或吊卡坐落在转台上。

（马家骥）

【水龙头 swivel】 钻机中连接方钻杆和水龙带用于悬持钻杆柱，并将钻井液注入到钻杆柱内的装置。通过提环挂在大钩上，可随大钩上提、下放；下接方钻杆，连接下井钻杆柱；上部通过鹅颈管与水龙带相连。主要由承载系统、钻井液循环系统和辅助系统构成（见图）。

在钻机正常钻进时，水龙头是钻机起升、旋转、循环系统相汇交的"关节"，在钻机构件中处于重要地位。水龙头的主要参数为：（1）最大载荷，为水龙头承载系统允许承受的最大载荷。通常等于钻机的最大钩载。（2）中心管通孔直径，通常为76mm。（3）最高转速，许用的最高转速应与转盘的最高转速相一致，通常为300r/min。（4）最大工作压力，许用的最高压力通常与钻机所配置的钻井泵、高压管汇、水龙带的最高工作压力相同。

把水龙头与方钻杆旋转短节结合为一体，就形成了一个既具有水龙头功能，又可在接单根时旋转上扣的新部件，称为两用水龙头。采用两用水龙头可提高接单根的效率。

（马家骥）

【动力水龙头 power swivel】 多为液压驱动，通常由动力机、液压泵、油箱、控制系统、液压管线和液马达旋转头（动力水龙头本体）组成（见图）。在负荷不重或特殊作业（不是常规大井眼）时，可代替普通水龙头、方钻杆、方补心和转盘，驱动钻杆柱旋转。

在修井机与车装钻机上使用动力水龙头，克服了垂直链条爬台的缺欠，提高了钻井效率。对小井眼和长筒取心作业，尤其受到现场欢迎。

包括动力机和整套控制系统的车装
动力水龙头

（马家骥）

【顶部驱动钻井装置 top drive drilling system】 连接到钻柱顶部替代转盘、方钻杆直接驱动钻柱进行钻井施工的动力装置。又称顶驱系统，简称顶驱。安装在钻机井架内部，悬挂在游车下，有的直接装在钻机大钩下部。动力一般为液压马达或电动机，为机电液一体化的钻机旋转设备。常规的转盘钻井是由转盘驱动方钻杆，带动钻柱使钻头旋转，而顶驱钻井是顶部驱动钻井装置直接驱动钻柱旋转，并沿井架内导轨向下送进，可完成和参与完成旋转钻进、倒划眼、循环钻井液、接单根或接立根、起下钻和下套管的中途上卸扣等。和转盘钻井方式相比，顶驱钻井效率更高，作业更安全，操作更省力，特别适合于深井、各种特殊工艺井和复杂井。顶驱钻井的优点是：

（1）起下钻过程中，钻柱遇阻，接上顶驱即可开泵循环，并使钻柱旋转，这样可减少起下钻时的卡钻事故。

（2）直接可接立根（三根钻杆组成一个立根）钻井，减少了上卸钻杆的时间，也使复杂地层接单根时遇卡事故几率大大下降。立根钻井可实现连续长筒取心一个立根，通常为27m左右；在钻定向井、水平井造斜、增斜、扭方位作业时，不需要频繁地校正工具面，提高了作业效率，改善了井眼质量。

（3）顶驱上配备的液控操作钻柱内防喷器，不论在起下钻和钻进过程中发生井涌，都能够遥控关闭，提高了钻井安全性。

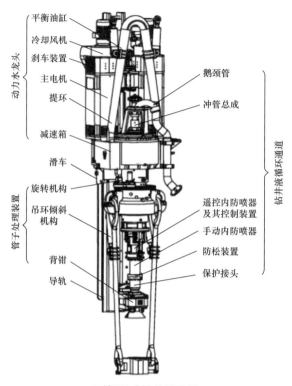

动力水龙头
平衡油缸
冷却风机
刹车装置
主电机
提环
减速箱

管子处理装置
滑车
旋转机构
吊环倾斜机构
背钳
导轨

鹅颈管
冲管总成

钻井液循环通道
遥控内防喷器及其控制装置
手动内防喷器
防松装置
保护接头

顶部驱动钻井钻装置

（4）顶驱提高了操作机械化程度，配合与其一体化设计的井口机械化机具，可减轻操作工人劳动强度，减少操作人员。

通常由主体、导轨及滑动架、控制及附件等构成。主体部分由动力水龙头和管子处理装置两部分组成。

按动力机不同，顶驱可分为直流电驱动顶驱、液压驱动顶驱和交流变频电驱动顶驱。按承载能力不同，顶驱可分为9000kN、6900kN、4500kN、1700kN等；在中国，顶驱按钻深能力分为12000m、9000m、7000m、5000m、3000m等顶驱。

大型顶驱驱动方式向交流变频驱动发展，高移运性钻机上配用全液压顶驱。同时应研制与顶驱一体化的二层台排放及井口操作机械化机具，减轻操作者劳动强度。

（马家骥）

【钻井液循环系统 drilling fluid circulation system】 钻井过程中实现钻井液由井口经钻柱中空到井底，清洗井底并将已被钻头破碎的岩屑沿钻柱与井壁或套管之间环形空间携出地面的系统。主要包括钻井泵、地面管汇、钻井液罐、钻井液净化设备等，钻井泵直接从钻井液罐或通过灌注泵从钻井液罐中吸入钻井液后，由泵的排出管排出，通过地面管汇，流经立管、水龙带、水龙头进入钻柱，再由钻头的水眼喷出，清洗井底并携带岩屑返回地面。返回地面的钻井液需经过钻井液固相控制系统清除有害固相后，再返回钻井液罐，完成一个循环过程（见图）。

循环钻井液的主要作用是清洗井底、携带岩屑、保护井壁和冷却钻头。在井下动力钻井中，循环系统还担负着传递动力提供高压动力液的任务，具体过程是钻井液通过钻柱流入井下动力钻具，将液力能转化为机械能，带动钻头旋转或冲击旋转钻进，然后再通过钻头水眼经钻柱与井壁或套管的环形空间返回地面。

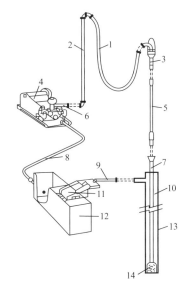

钻井液循环系统

1—水龙带；2—高压立管；3—水龙头；4—钻井泵；5—方钻杆；6—排出管线；7—钻柱；8—吸入管线；9—钻井液返出管线；10—井眼环空；11—振动筛；12—钻井液罐；13—井壁

（赵国珍　步玉环　梁　岩）

【钻井泵 drilling pump】钻井液循环系统中为钻井液不断循环提供动力的专用泵。多采用往复泵作为钻井泵。主要由曲柄、连杆、十字头、活塞杆、活塞、排出管、阀箱、吸入阀以及吸入管等组成。泵的曲柄（或曲轴）由动力机通过皮带轮（图中未示出）和齿轮传动。泵的工作原理是：当曲柄按图示方向旋转时，通过连杆、十字头带动活塞向右方运动，使缸内形成一定真空度，吸入池中的液体在液面压力作用下，打开吸入阀进入液缸，直到活塞移动到右死点为止，这是泵的吸入过程。曲柄继续转动，活塞开始向左方移动，缸内已吸入的液体受活塞挤压，压力升高，吸入阀随即关闭，排出阀被打开，液体经由排出阀流入排出管线，直到活塞移动到左死点为止，完成泵的排出过程。如此，曲柄每旋转一周，活塞将往复运动一次，曲柄连续旋转，液体将不断被吸入、排出。钻井泵实际上是将动力机的机械能转化为钻井液液能的转换装置。往复泵按其缸数可分为双缸泵、三缸泵和多缸泵，按其活塞单面或双面作用可分为单作用泵和双作用泵。

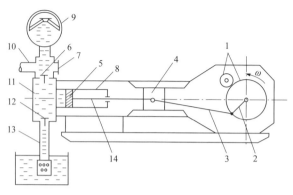

钻井泵结构示意图

1—传动齿轮；2—曲柄；3—连杆；4—十字头；5—活塞；6—排出阀；7—排出四通；8—缸套；9—空气包；
10—排出管；11—阀箱；12—吸入阀；13—吸入管；14—活塞杆

20世纪60年代以前，石油钻机多采用双缸双作用泵。此后，随着钻井工艺技术的发展，对泵的要求日益提高，具有功率大、压力波动小、质量尺寸小等特点的三缸单作用泵取代了双缸双作用泵。

钻井泵的主要技术参数包括排量、泵压、功率、冲数和冲程。

（赵国珍）

【振动筛 shale shaker】 一种筛选型的机械分离设备，为钻井液固相控制系统的第一级设备。用于清除较粗的固相颗粒。典型结构如图所示，主要由进液缓冲槽、激振电动机或激振器、筛框、减速弹簧或橡胶支承和底座等组成。作用原理是：通过激振电动机或带有偏心块（或偏心轴）的激振器产生周期变化的激振力，迫使支承在减振弹簧上的筛框带动筛网产生持续振动，从而使通过进液缓冲槽流到筛网上的钻井液进行固液分离，透过筛网的钻井液流入下一级固控装置，被筛除的固相颗粒则从网端排除。利用振动筛可以去除钻井液中大于74μm的固相颗粒。

振动筛

（赵国珍 柳华杰）

【水力旋流器 hydroclone】 利用水力旋流原理进行固液分离的装置。一般都放在振动筛之后，按分离粒度大小，分为除砂器和除泥器。水力旋流器壳体上为圆柱形下为圆锥形，圆柱部分侧面有切向进液口，顶部有溢流管，锥壳底部为排砂口。其作用原理为：含有固相的钻井液通过砂泵在一定压力作用下，以很高的速度沿切向进入水力旋流器圆柱蜗壳，钻井液由周边向中心造成强烈的涡旋运动，在离心力作用下进行固液分离，液流中较粗和较重的颗粒受离心力作用向筒壁沉降与液流一起螺旋向下，形成外旋流，固相由排砂口排出（见图）。与此同时，由于旋流越靠近中心，切向速度愈大，压力愈低，中部将形成负压空气柱，迫使分离后的钻井液以相同的旋向向上运动，形成向上的内旋流，并从上溢流口排出。

（赵国珍）

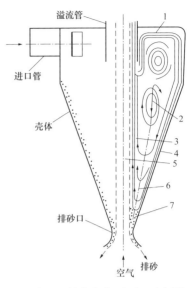

水力旋流器结构与作用原理示意图
1—盖下流；2—闭环涡流；3—内旋流；4—外旋流；5—空气柱；6—轴向速度零值锥面；7—经排砂孔排出的部分外旋流

【除砂器 desander】 钻井液固相控制系统的除砂装置。利用水力旋流原理分离粒度为 $44\sim74\mu m$ 的固相，为第二级固相控制设备。与除泥器的主要区别在于直径较大，分离粒度较粗。一般除砂器内径为 150～300mm，除泥器内径为 100～125mm，分离粒度为 $15\sim44\mu m$。单个除砂器处理量都较小，在实际应用中，多是两个或更多并联应用。

（赵国珍）

【除泥器 desilter】 钻井液固相控制系统的除泥装置。利用水力旋流原理分离粒度为 $15\sim44\mu m$ 的固相，为第三级固相控制设备。单个除泥器处理量都较小，在实际应用中，除泥器多是四个或更多并联应用。

（赵国珍）

【超级分离器 super separator】钻井液固相控制系统的除去较微小固相颗粒装置。利用水力旋流原理分离粒度为 $5\sim15\mu m$ 的固相，为第四级固相控制设备。可以出去钻井液中钻井地层产生的微小固相颗粒，使处理后的钻井液中固相含量更低，一般是在固相要求比较严苛的条件下才使用。

（步玉环 柳华杰）

【离心机 centrifugal】利用离心作用将钻井液的微小固相颗粒分离出来的设备。是钻井液固控系统中的第五级固控设备。可以清除 $2\sim5\mu m$ 之间的颗粒，一般是在固相要求比较严苛的条件下用来出去微米固相颗粒或者用来回收重晶石。

（步玉环 柳华杰）

【除气器 degasser】 钻井液固相控制系统中除去侵入钻井液中气体的设备。主要用于清除钻井液中小于1.59mm的气泡。要除去钻井液中的气体，必要的条件是要使气泡浮出液面。这可以通过降低液面压力、使液体铺开形成薄层或使液体冲击、翻滚等多种渠道来实现。真空式除气器主要由真空罐、真空泵、气液分离器、离心增压涡轮、伞形挡板、进液管、排液管以及电动机等组成。其工作原理是：通过真空泵抽汲，使真空罐内形成负压，含气钻井液在大气压力作用下，由进液管流入涡轮空心轴，再由空心轴上的进液孔甩出，在伞形挡板上铺开形成薄层并冲向罐壁，使钻井液中的气泡在负压、铺开薄层以及冲击条件下，由钻井液中逸出。气体经气液分离器由排气管排出。经除气后的钻井液则在涡轮离心压力作用下，由排出管排出。

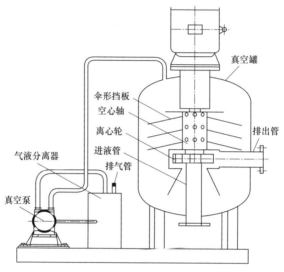

真空式除气器结构原理示意图

（赵国珍）

【钻井液罐 drilling fluid tank】 调配和储存钻井液用的装置统称。用来供给钻井泵所需要的钻井液，早期是在钻井泵前面挖土坑筑成，叫泥浆池。随着环保要求的提升，钻井液管理水平的提高和净化系统的改进，要求用钢板做成箱式钻井液池。

井场包括多个分体式的钻井液罐。对于只有三级固相控制设备的钻井液固控系统来说，振动筛下面的钻井液罐储存经过振动筛进行固相处理的钻井液；除砂器、除泥器下面储存的分别为对应处理的钻井液；钻井泵吸入口连接的钻井液罐是符合入井需求的钻井液；除泥器下面的钻井液罐与钻井泵吸入口之间有一个中间钻井液罐，主要用于钻井液调配。

（步玉环　梁　岩）

【**钻井液枪 mud gun**】 *钻井液固相控制系统*中用于冲刷搅拌钻井液防止钻井液沉淀的一种专用工具。旧称泥浆枪。钻井液枪的动力来源可以是钻井泵也可以是射流混装泵。

　　主要作用是对钻井液池中钻井液搅拌器无法搅拌到的死角进行冲刷、搅拌，对钻井液池中钻井液的充分搅拌混合，使钻井液中的固相颗粒均匀的悬浮，便于各级钻井液净化系统的分级分离。

　　从结构上钻井液枪可分为固定式和自转式两大类。从原理上钻井液枪分高压和低压两种类型：高压钻井泥浆枪排量小、压力大，一般由钻井泵支流供给液体；低压钻井泥浆枪排量大、压力小，一般由离心砂泵供给液体。

（步玉环　梁　岩）

【**钻井液旋流混合器 hydrocyclone blender**】 将添加剂加入钻井液并混合的钻井液配制设备。结构如图1所示，工作原理如图2所示。配制新钻井液或调节钻井液密度、黏度等性能都需要将钻井液材料如膨润土、重晶石或化学添加剂等通过钻井液旋流混合器进行充分混合，再加入钻井液罐中，以保证钻井液的良好性能。特别是在可能发生井喷的紧急情况下，要求在很短时间内，均匀地混合大量加重材料。

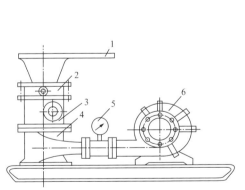

图1　钻井液旋流混合器结构

1—加料漏斗；2—蝶形闸阀；3—混合筒；
4—旋流蜗壳；5—压力表；6—砂泵

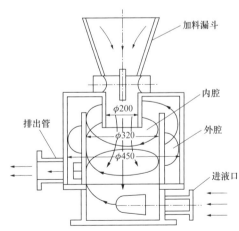

图2　钻井液旋流混合器工作原理示意图

（赵国珍）

【不间断循环钻井系统 continuous circulation system】 在接单根时依然能保证不间断地向井内管柱循环钻井液的设备。常规旋转钻井期间，接单根或立根时是无法进行钻井液循环的。不间断循环钻井系统主要由三个闸板防喷器、一个补偿器和管汇及控制系统构成，与顶部驱动钻井装置相配合，使上卸接头螺纹时钻井液始终向井内循环。

当内外螺纹接头分开时，利用位于接头上下方的半封闸板封住钻柱。松开接头后，顶驱上移，此时靠全封闸板与钻柱隔开。钻井液通过支管向全封闸板下注入钻井液。放掉上部压力后，顶驱接头即可与系统分开，以便去接新的单根。新单根插入该系统后，上半封闸板关闭，钻井液从立管进行循环，同时全封闸板打开。继续下放新单根，并与钻柱连接。采用不间断循环钻井系统的优点是：（1）可节省上卸钻杆接头的非生产时间；（2）可避免很多井下问题，减少发生井涌与井漏的可能性；（3）提高了钻井效率与施工安全。此系统更适合大位移井、欠平衡钻井及窄压力窗口钻井。

（马家骥）

【钻机动力系统 drill power system】 为钻机起升系统、钻井液循环系统、钻机旋转系统三大工作机组及辅助设备提供所需动力的系统。包括驱动系统和传动系统。

驱动设备，或称动力机组，提供各工作机需要的动力和运动。柴油机适应于在没有电网的偏远地区打井，电动机依赖于工业电网或者柴油发电机组发电。当采用直流电动机驱动时需要将交流电经可控硅整流变成直流电。

传动系统将动力机和各工作机联系起来，将动力和运动传递并分配给各工作机。对于柴油机驱动钻机来说，传动系统包括齿轮传动、皮带传动及万向轴传动。

钻机驱动设备类型的选择和传动系统的设计，必须满足钻井过程中各工作机对驱动特性及运动关系的要求，并具有良好的经济性。

（步玉环 梁岩）

【柴油发电机组 diesel generator sets】 以柴油机为原动机带动同步交流发电机发电的成套设备。由柴油机、发电机及其控制单元构成。电驱动钻机多采用柴油发电机组提供动力，即由柴油机来直接的或间接的驱动发电机，然后由电动机带动钻机的各个设备或部件。

钻井用柴油发电机组和钻机面临着相同恶劣的工作环境，同时工作时需要适应大负载冲击、经常"起停"的循环负载和长时间工作于轻载等工况，这对柴油发电机组的环境和负荷适应性提出了严苛的要求。

（步玉环 梁岩）

【柴油机 diesel】 以燃烧柴油来获取能量释放的发动机。柴油机工作时每个工作循环包括进气、压缩、做功、排气四个冲程。由德国发明家 Rudolf Diesel 于 1892 年发明，为了纪念这位发明家，柴油机的英文用 diesel 表示。

　　钻机用柴油机要求功率比较大，常用的 12V190 系列柴油机由济南柴油机厂生产的四冲程增压型柴油发动机，是一种用途广泛的高速大功率柴油机。它具有产量大、性能优、寿命长和成本低的特点，被作为石油勘探、发电等领域的主要动力机械，在我国得到了十分广泛的应用。

（步玉环　梁　岩）

【液力耦合器 hydraulic coupler】 一种用来将动力源（通常是发动机或电动机）与工作机连接起来，靠液体动量矩的变化传递力矩的液力传动装置。又称*液力联轴器*（见图）。具有起步平稳，减少冲击等优点。

　　根据用途的不同，液力耦合器分为普通型液力耦合器、限矩型液力耦合器和调速型液力耦合器。其中限矩型液力耦合器主要用于对电动机减速机的启动保护及运行中的冲击保护，位置补偿及能量缓冲；调速型液力耦合器主要用于调整输入输出转速比，其他的功能和限矩型液力耦合器基本一样。

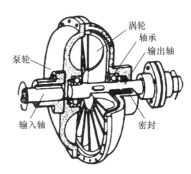

液力耦合器

　　根据工作腔数量的不同，液力耦合器分为单工作腔液力耦合器、双工作腔液力耦合器和多工作腔液力耦合器。根据叶片的不同，液力耦合器分为径向叶片液力耦合器、倾斜叶片液力耦合器和回转叶片液力耦合器。

（步玉环　梁　岩）

【井下动力钻具 downhole motor】 装在井下钻具底部驱动钻头旋转的动力机。可分为涡轮钻具、螺杆钻具、电动钻具和旋冲钻具。经常使用的井下动力钻具为螺杆钻具和涡轮钻具。

　　使用井下动力钻具的优点是：不像普通转盘钻井和顿钻钻井那样需要通过钻杆柱向钻头提供旋转动力，钻杆柱不旋转，可以减少钻杆与技术套管的磨损，这一点对于弯曲井眼尤为有利。钻井作业时无旋转钻杆柱的功率损失，传递到钻头上的比功率高。钻杆柱不旋转，尤其适合于定向井和水平井等钻井作业。

（马家骥　周煜辉　步玉环）

【涡轮钻具 turbine motor】 把钻井液的水力能经过叶轮转换为机械能的井下动力钻具。受井眼尺寸限制，不能像普通涡轮那样做得很大，一般都做成多级串

联，以增大输出扭矩。当钻井液在钻井泵驱动下通过涡轮副时，定子使钻井液

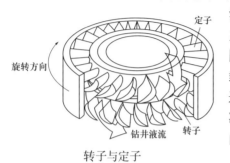

转子与定子

流偏转，冲击转子，使转子带动涡轮钻具主轴旋转，从而将转矩和转速传给钻头（见图）。涡轮钻具上的止推轴承用来承受轴向载荷；径向轴承对主轴起扶正作用。钻井液通过多级涡轮后其中将少量的液流去润滑和冷却轴承，其余的钻井液全部进入主轴下段内部空心流道，流经钻头喷嘴喷出。

（马家骥）

【螺杆钻具 positive displacement motor】 把钻井液的水力能经过螺杆机构转换为机械能而带动钻头旋转的井下动力钻具。又称正排量马达。可分为单瓣钻具和多瓣钻具两大类。由旁通阀、马达副、万向轴和传动轴总成等组成（见图1）。钻井泵泵出的钻井液（或压缩机供给的压缩空气）从钻杆柱进入螺杆钻具的马达副，在马达副两端形成压力降，推动马达副转子在定子腔内形成顺时针的旋转运动。通过万向轴和传动轴总成将转速、转矩传给钻头。改变马达副的定、转子瓣数，可使钻具特性发生改变。一般地说，转子瓣数为1的马达（简称单瓣马达）转速高，扭矩小，而转子瓣数多的马达（简称为多瓣马达）转速低，扭矩大（见图2）。

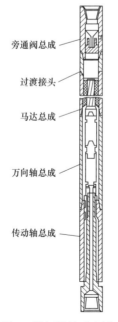

旁通阀总成

过渡接头

马达总成

万向轴总成

传动轴总成

图1 螺杆钻具示意图

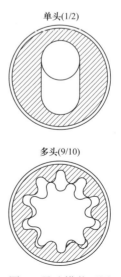

单头(1/2)

多头(9/10)

图2 马达横截面图

下钻时，位于钻具上方的旁通阀可以使钻井液充满钻具；起钻时，通过旁通阀将钻柱中的钻井液放空；螺杆钻具工作时，旁通阀自动关闭，使钻井液全部通过。

用于定向井和水平井钻井时应根据工艺要求配备弯接头，或者将万向轴壳体部分弯成 0.5°～3° 的角度，或做成地面可调角度的弯壳体，配合传动轴总成上的不同稳定器形式，形成导向钻具。铰接的导向钻具还被用来钻短曲率半径的水平井。

功率较大的加长马达、改进的万向轴和长寿命传动轴总成构成的新型螺杆钻具和转盘共同工作，已被广泛地用于直井钻井，对解决深井硬地层钻进效率低的问题，取得了明显的效果。

（马家骥）

【旋冲钻具 rotary percussion drilling motor】 利用钻井泵供给的钻井液，配合转盘实现钻头冲击、旋转钻进的井下动力钻具。冲击旋转钻进时，钻头上所需的钻压主要是为了保持冲击器的正常工作和保持钻头切削齿与地层表面经常和可靠的接触，以便改善冲击能量的传递条件。其所需钻压要比常规旋转钻低 20%～60%；钻头的旋转转速主要是使钻头切削刃在两次冲击之间移动一个不大的间距（视岩石的性质为 2～12mm），所需钻头转速比常规旋转钻低 40%～70%。钻头的磨损较小，延长了钻头的工作寿命，大大提高硬地层钻进的作业效率。

依据旋冲钻具上配备冲击器结构不同，旋冲钻具可以分为正作用式液动冲击器、双作用式液动冲击器和反作用式液动冲击器三种类型。

正作用式液动冲击器 特点是钻井液推动冲击锤下行冲击铁砧，而冲击器回程是靠复位弹簧的作用实现的。典型结构如图所示。钻井液推动处于上死点位置的滑阀 3 及冲锤 6 下行，此时滑阀弹簧 2 及锤弹簧（复位弹簧）5 被压缩，当滑阀的行程被限制后，冲击锤继续下行，并对铁砧 7 及钻头 8 造成冲击。此时滑阀早已与冲击锤分离，并在滑阀弹簧 2 的作用下返回上死点。钻井液则从滑阀与冲击锤分离的间隙进入冲击锤的内孔，并通过铁砧 7 进入钻头去清洗井底。此时，冲击锤在其复位弹簧的推动下回复到上死点。这样就使滑阀与冲击锤接触而导致钻井液通道被关闭，就在冲击锤上产生水

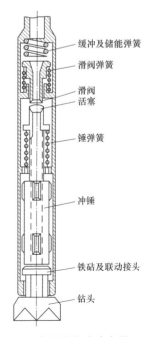

缓冲及储能弹簧
滑阀弹簧
滑阀
活塞
锤弹簧
冲锤
铁砧及联动接头
钻头

正作用式液动冲击器

击，泵压骤然增大，此高压液流推动滑阀与冲击锤一起下行。当滑阀被重新限位而和冲击锤分离后，冲击锤在其惯性力和液压力共同推动下，对铁砧和钻头实现第二次冲击。

双作用式液动冲击器　特点是冲击器的工作行程与冲击器的回程均是由钻井泵供给的液能实现的。依据原理不同又可分为两种：一种是利用一个典型的双稳射流元件将液流连续不断地分配到活塞的上端或下端，从而促使冲击器实现冲击行程与回程，称为射流式双作用液动冲击器；另一种是利用控制阀分别将连续液流分配到活塞的上端与下端，从而实现冲击锤的冲击行程和回程，称为阀式双作用液动冲击器。

反作用式液动冲击器　其结构原理恰好与正作用式液动冲击器相反。它是利用钻井泵供给的液能推动冲击器上行，同时压缩弹簧储存能量，冲击锤在工作行程开始时是靠冲击锤的重力和释放的能量对钻头实现冲击。旋冲钻具在地矿系统的钻探工作中得到了广泛的应用。

（马家骥）

【电动钻具 electric drilling motor 】　将电能通过井下电动机转换为机械能带动钻头旋转的井下动力钻具。主要由电动机、油补偿器、止推轴承和密封装置等组成。电动机内充满绝缘油，其内压力稍高于外界压力，以免钻井流体从密封装置处渗入。油补偿器装在电动机上面，止推轴承装在电动机下面。如采用减速器，则装在电动机与止推轴承中间。电动机轴是中空的，钻井流体从其中流过，并对电动机进行冷却。

电动钻具除能体现井下动力钻具一般的长处之外，其工作特性不受钻井液参数变化的影响。此外，电动钻具还可直接利用井下的电信号，容易实现钻井作业的智能化。缺点是，结构较复杂，制造较困难，需要特殊电缆，在使用刚性钻杆作业时，增加了电缆连接等操作，容易出故障，应用量较少。

（马家骥）

【钻机控制系统 rig control system 】　确保对整个钻机和各工作机构及其部件的准确、迅速控制，使整机协调一致工作的系统操控装备总成。钻机是一套大型的联动机组，钻机的控制系统是整套钻机必不可少的组成部分，是钻机的中枢神经系统。钻井时，必须严格按照工艺要求对钻机的各个部件进行灵活可靠的控制，以使钻机各机组协调的连续工作，准确完成钻井工艺过程。

钻机的控制系统按控制方式分为机械控制、气动控制、液压控制、电控制及综合控制等几种（最常用的是气动控制），较先进的作业机多以机械、电、气、液联合控制。机械控制设备有手柄、踏板、操纵杆等；气液动控制设备有气液元件、工作缸等；电控制设备有基本元件、变阻器、电阻器、继电器、微型控制等。

（步玉环　梁　岩）

【司钻控制台 driller console】　安装在钻台面上的钻机总控操作台。主要由各种气控阀件（气源总阀、三位四通气转阀）、气管线、压力表等组成（见图）。司钻可以通过钻机上的司钻控制台可以完成几乎所有的钻机控制，如总离合器的离合，各动力机的并车，绞车、转盘和钻井泵的起停，绞车的高低速控制等。

（步玉环　梁　岩）

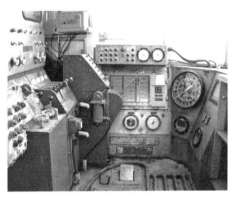

司钻控制台

【空气压缩机 air compressor】　一种用以压缩气体的设备。空气压缩机种类很多，用途也比较广泛，钻机中采用空气压缩机主要是供给钻机气控系统以压缩空气，用做动力源去驱动柴油机的启动气电动机、方钻杆旋扣器和动力大钳等。简称空压机，在现场常称为压风机。

钻机常用活塞式（往复式）空压机，由内燃机或电动机带动。空气在气缸中被活塞压缩而提高压力。多级空压机有几个气缸，每一气缸之后有冷却器，空气经一次压缩，压力及温度上升，然后进入冷却器中冷却。钻井设备所用的多为两级空压机。为了维持气控系统中的空气压力恒定，钻井设备中所用的空压机有自控系统，当压力低于规定时，空压机启动，当压力高于规定时，空压机停止运转。

（步玉环　梁　岩）

【钻头 drilling bit】　钻井过程中用于破碎岩石的工具。石油钻井常用钻头按类型分为刮刀钻头、牙轮钻头、金刚石钻头和聚晶金刚石复合片钻头等4种；按功用分为全面钻进钻头、取心钻头和特殊工艺用钻头（如扩眼钻头、定向井造斜用钻头等）。钻井中需要根据不同岩性和工艺要求合理选择钻头类型。

（马德坤）

【钻头 IADC 分类法 drill bit IADC classification】　国际钻井承包商协会（International Association of Drilling Contractors，IADC）制定的钻头分类标准。根据钻头类型的不同，分为 IADC 牙轮钻头分类和 IADC 金刚石钻头分类。

IADC 牙轮钻头分类方法　IADC 规定，每一类钻头用四位字码进行分类和编号，各字码意义如下：

第一位字码为系列代号，用数字1～8分别表示八个系列，表示钻头牙齿特征及所适用的地层。1～8表示的意义如下：

1—铣齿，低抗压强度高可钻性的软地层；

2—铣齿，高抗压强度的中到中硬地层；

3—铣齿，中等研磨性或研磨性的硬地层；

4—镶齿，抵抗压强度高可钻性的软地层；

5—强度的软到中硬地层；

6—高抗压强度的中硬地层；

7—镶齿，中等研磨性或研磨性的硬地层；

8—镶齿，高研磨性的极硬地层。

第二位字码为岩性级别代号，用数字1～4分别表示在第一位数码表示的钻头所适用的地层再一次从软到硬分为四个等级。

第三位字码为钻头机构特征代号，用数字1～9共计九个数字表示，其中1～7表示钻头轴承及保径特征，8与9留待未来的新结构钻头用。1～7表示的意义如下：

1—非密封滚动轴承；

2—空气清洗、冷却，滚动轴承；

3—滚动轴承，保径；

4—滚动、密封轴承；

5—滚动、密封轴承，保径；

6—滚动、密封轴承；

7—滑动、密封轴承，保径。

第四位字码为钻头附加结构特征代号，用以表示前面三位数字无法表达的特征，用英文字母表示。IADC已经定义了11个特征，用下列字母表示：

A—空气冷却；

C—中心喷嘴；

D—定心钻井；

E—加长喷嘴；

G—附加保径/钻头体保护；

J—喷嘴偏射；

R—加强焊缝（用于顿钻）；

S—标准铣齿；

X—楔形镶齿；

R—圆锥形镶齿；

Z—其他形状镶齿。

有些钻头，其结构可能兼有多种附加结构特征，则应选择一个主要的特征符号表示。

IADC 金刚石钻头分类方法 标准采用四位字码描述各种型号的固定切削齿钻头的种类、钻头体材料、钻头冠部形状、水眼（水孔）类型、液流分布方式、切削齿大小、切削齿密度等七个方面的结构特征。

编码中的第一位字码用 D、M、S、T 及 0 等描述有关钻头的切削齿种类及钻头体材料。具体为：D—天然金刚石切削齿；M—胎体，PDC 切削齿；T—胎体，TSP 切削齿；0—其他。

编码中第二位字码用数字 1～9 和 0 描述有关钻头的剖面形状，具体见表 1。表中 D 代表钻头直径，G 代表锥体高度。

表 1   金刚石钻头冠部形状编码定义

外锥高度 （G）		内锥高度（G）		
		高 $G>\frac{1}{4}D$	中 $\frac{1}{8}D \leqslant G \leqslant \frac{1}{4}D$	低 $G<\frac{1}{8}D$
高	$G>\frac{3}{8}D$	1	2	3
中	$\frac{1}{8}D \leqslant G \leqslant \frac{3}{8}D$	4	5	6
低	$G<\frac{1}{8}D$	7	8	9

编码中第三位字码用数字 1～9 或字母 R、X、O 描述有关钻头的水力结构。水力结构包括水眼种类及液流分布方式，替换编码为：R—放射式流道；X—分流式流道；O—其他形式流道。1～9 的具体定义见表 2。

表 2   金刚石钻头水力结构编码定义

液流分布方式	水眼种类		
	可换喷嘴	不可换喷嘴	中心出口水孔
刀翼式	1	2	3
组合式	4	5	6
单齿式	7	8	9

表 2 中水眼种类列出了三种，中心出口水孔主要用于天然金刚石钻头和 TSP 钻头。液流分布方式是根据钻头工作面上对液流阻流方式和结构定义的。刀翼式和组合式两种用突出钻头工作面的脊片阻流的方式，切削齿也安装在这些脊片上。脊片（包括其上切削齿）高于钻头工作面 1in 以上者划归刀翼式，低于或等于 1in 划归组合式。单齿式则在钻头表面没有任何脊片，完全使用切削齿起阻流作用。对于天然金刚石钻头和 TSP 钻头的中心出口水孔（编码为 3、6、9），为了更准确地描述其液流分配方式，使用了 R、X、O 三个替换编码。

编码中的第四位字码使用数字 1～9 和 0 表示切削齿的大小和密度，其中 0 为孕镶式钻头。定义见表 3。

表 3　金刚石切削齿大小和密度编码定义

切削齿大小	布齿密度		
	低	中	高
大	1	2	3
中	4	5	6
小	7	8	9

其中，切削齿大小划分的方法见表 4。编码中，未对切削齿密度作用作出明确的规定，只能在比较的基础上确定编码。

表 4　金刚石切削齿尺寸划分方法

切削齿大小	天然金刚石粒度，粒 / 克拉	人造金刚石有用高度，mm
大	<3	>15.85
中	3～7	9.5～15.85
小	>7	<9.5

（步玉环　梁　岩）

【刮刀钻头 drag bit】　采用刮刀片的钻头。旋转钻井中使用最早的一种钻头。通常由刮刀片、喷嘴、分水帽和钻头体四部分组成。有二刮刀（又称鱼尾钻头）、三刮刀和四刮刀钻头之分。适合在泥岩、砂岩、泥质砂岩、页岩等软或中软地层中使用。由于刮刀钻头采用的是较深吃入岩石条件下的旋转剪切破碎，钻进形成的井眼普遍具有井斜的现象，因此现在刮刀钻头已经不再现场中使用。但由于刮刀钻头的高效破岩特性，其结构和破岩形式应用到了 PDC 钻头上。

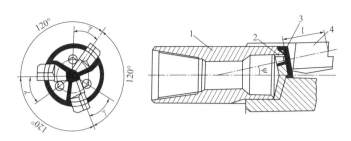

三刮刀钻头结构

1—上钻头体；2—硬质合金喷嘴；3—下钻头体；4—刮刀片（刀翼）

（马德坤　步玉环）

【牙轮钻头 roller bit】 由若干个牙轮组合成的钻头。由牙爪、牙轮、轴承和水眼等四部分组成（见图1和图2），牙轮旋转挤压破碎岩石。

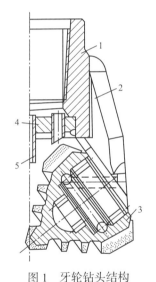

图 1　牙轮钻头结构 　　　　　　　　图 2　牙轮钻头外形

1—钻头体；2—牙爪；3—牙轮；4—分流头；5—水眼

中国根据牙轮钻头适应地层岩性软硬程度的不同分为 JR、R、ZR、Z、ZY、Y、JY 七种类型。其中 JR、R、ZR 三种适用于软到中软地层，Z 和 ZY 适用于中到中硬地层，Y 和 JY 适用于硬到极硬地层。但现在国际的牙轮钻头分类方式普遍采用 IADC 牙轮钻头分类法，我国石油行业为了国际化交流和对应方便，也基本采用 IADC 分类法进行牙轮钻头分类。见钻头 IADC 分类法。

按照牙齿镶装方式的不同，分为铣齿和镶齿牙轮钻头两类；按照水功率传递状况分为普通和喷射式两种类型；按照破岩功能来分可以分为普通式及滑动式两类。牙轮钻头使用范围广泛，从松软到坚硬地层均可适用。对较软地层来说，除靠牙齿的冲击和压碎作用来破碎岩石外，还可通过牙轮轴线的移轴、复锥和超顶的设计使牙轮在井底滚动的同时产生滑移，从而使牙齿对岩石产生剪切和刮挤作用，扩大对岩石的破碎效果。

铣齿牙轮钻头　又称钢齿牙轮钻头。其牙轮上的齿用专用铣床在钢体牙轮壳上铣出，然后在牙齿上烧焊一层耐磨铸造碳化钨合金。

镶齿牙轮钻头　在牙轮壳体上设计部位钻孔，然后将外圆磨好的碳化钨硬质合金齿采用过盈配合压入牙轮壳体孔内，再和钻头其他部件装配成镶齿牙轮钻头。

喷射式牙轮钻头　经过喷嘴产生射流的牙轮钻头。钻头的喷嘴用硬质合金或陶瓷等耐冲蚀材料制成。和普通牙轮钻头之间的区别在于喷嘴出口处液流的喷速大于60m/s，且射流直接射向井底，充分利用水力能量来清除井底钻屑，并起到一定的水力破岩作用。

滑动轴承牙轮钻头　这种钻头在轴承结构上作了较大改进，把原轴承中的滚柱轴承部分改成滑动轴承。这样，加大了牙爪的轴颈，并堆焊一层耐磨合金，牙轮相应内腔部位镶焊上耐磨的银锰合金，轴颈和牙爪之间组成一对不同材质的滑动摩擦轴承。牙轮和牙爪之间的锁紧作用仍用球轴承来实现，有的已改用开口的弹性锁环。牙轮和牙爪之间采用有效的密封系统，大大提高了钻头在井下的工作寿命。但这种钻头在使用时允许的转速较低，一般为40～110r/min。

（马德坤　步玉环）

【聚晶金刚石复合片钻头 polycrystalline diamond compact bit】　切削齿以锋利、高耐磨、能自锐的聚晶金刚石复合片为切削元件的钻头。简称PDC钻头。钻头所采用的PDC切削齿，具有高强度、高耐磨性和抗冲击能力，且切削齿刃口和刃面均具有良好的自锐性，在钻进过程中切削刃能始终保持锋利。按照钻头体的材料分为钢体钻头和胎体钻头。钻头冠部形状有抛物线形、浅锥形、短圆形等。大多数PDC钻头为刀翼式，这样有利于排出岩屑提高钻速，聚晶金刚石复合片的直径从13.44mm到25.4mm不等，针对不同地层软硬程度，选用的刀翼数、聚晶金刚石复合片尺寸和数量是不同的。PDC钻头在软到中等硬度地层中以剪切方式破碎岩石，采用较小钻压，即可获得较高的机械钻速。

聚晶金刚石复合片是在1500℃，6000～8000MPa的压力下，在压力机的高温高压腔中一次烧结出来的复合材料，复合片上部为聚晶金刚石薄层（0.762～4.06mm），是切削元件锋锐的刃口，硬度及耐磨性极高，但抗冲击韧性差。下部为碳化钨基片，其耐磨性仅为聚晶金刚石层的1/100，在钻井过程中易于形成

"自锐"，同时其抗冲击性好，为金刚石层提供良好的弹性依托。

（高学之　步玉环）

【金刚石钻头 diamond bit】 靠烧结或钎焊在钻头胎体上的金刚石颗粒或人造金刚石切削齿破碎岩石的钻头。破岩机理与牙轮钻头不同，是以犁削和切削方式破碎岩石。属于一体式钻头，整个钻头没有活动零部件，其结构主要包括金刚石切削齿、胎体、钢心、喷嘴和接头等部分（见图1）。按国际钻井承包商协会（IADC）金刚石钻头分类标准可分为天然金刚石钻头、聚晶金刚石复合片钻头、热稳定聚晶金刚石钻头和孕镶式金刚石钻头（见图2）。

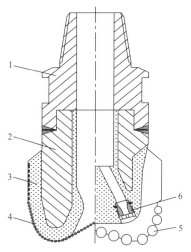

图1　金刚石钻头结构
1—接头；2—钢心；3—胎体；4—金刚石齿；5—PDC齿；6—喷嘴

　　天然金刚石钻头　以优质天然金刚石作为切削刃，以表镶方式将其直接烧结在抗冲蚀、耐磨性好的碳化钨胎体上。切削结构选用不同粒度金刚石，采用不同的布齿密度和布齿方式，以满足在硬至极硬地层钻井的需要。

　　聚晶金刚石复合片钻头　简称PDC钻头，是采用聚晶金刚石复合片（又称PDC片）作为切削齿，以钎焊方式将其固定到碳化钨胎体（或钢体）上的预留齿穴中。

(a) 天然金刚石钻头　　(b) PDC钻头　　(c) TSP钻头　　(d) 孕镶式金刚石钻头

图2　金刚石钻头

　　热稳定聚晶金刚石钻头　简称TSP钻头，采用了各种不同形状具有自锐作用的热稳定聚晶金刚石（TSP齿）。与PDC片相比，这种TSP齿具有良好的耐热性、抗破碎性及耐磨性，可耐1200℃的高温。TSP钻头与PDC钻头一样，其切削齿直接烧结在碳化钨胎体上。TSP钻头更适合于在带有研磨性的中等至硬地层快速钻井。

孕镶式金刚石钻头 以人造金刚石或小颗粒天然金刚石作为切削刃，以孕镶方式将金刚石混合在胎体粉内直接烧结成型的金刚石钻头。孕镶式金刚石钻头适用于硬、极硬地层。

（马德坤　高学之）

【**复合钻头 composite bit**】 融合了牙轮钻头以较慢的转速、较低的扭矩钻进和PDC钻头以大扭矩高转速钻进二者优点的钻头。取二者优点设计的复合钻头钻速更快，效果平稳，尤其在具有挑战的碳酸岩地层能够精准控制轨迹。

该钻头上牙轮的钻齿更尖锐、攻击性更强，可轻松破碎地层；PDC切削齿可清除岩屑，有效清洁井眼。复合钻头在更快钻进，确保控制井眼轨迹、保护切削齿的同时，降低了扭矩波动，减小了钻头和钻柱的磨损，增强了工具面控制能力。

（步玉环　梁　岩）

扩眼钻头

【**扩眼钻头 hole opener**】 为某些特殊作业专门设计的扩大井眼尺寸的钻头（见图）。分为张合式扩眼钻头和普通扩眼钻头。张合式扩眼钻头利用液压机构或依靠旋转离心力将切削部件张开，切削岩石，扩大井眼。切削部件可以是牙轮，也可以是刮刀片或金刚石刮刀片。普通扩眼钻头一般为侧面突起的金刚石刮刀片，或由直径大于领眼钻头的固定刀片或滚轮组成的钻头。

（马德坤）

【**射流钻头 jet bit**】 以流体力学为基础，利用不对称的喷嘴布置，使得造斜方向的喷嘴具有能量集中的大尺寸，而另外的喷嘴尺寸小或盲眼，固定转盘不旋转，得到需要的偏斜井眼的喷射式钻头。射流钻头是转盘钻定向钻井早期使用的造斜工具，也是全角调整式定向工具。从外形上看，与普通钻头没有什么区别，只是使用一个大喷嘴、两个小喷嘴。利用这种钻头造斜时，先要定向，开泵循环，则大喷嘴中喷出的强大射流会冲出一个斜井眼来，然后启动转盘，修整并扩大此斜井眼。如此反复即可不断造斜，得到想要井斜角度的井眼。射流钻头造斜，不能连续造斜，需要多次起下钻，工艺复杂，效率低。主要用于缺乏动力钻具的情况下在软地层中使用。

（步玉环　马　睿）

【**钻柱 drill string**】 在旋转钻井中，水龙头以下、钻头以上所连接管柱的统称。主要由方钻杆、钻杆段和下部钻具组合三大部分组成。钻杆段包括钻杆和钻杆接头，有时也装有扩眼器。下部钻具组合主要是钻铤和稳定器，也可能安装减振器、振击器、扩眼器及其他特殊工具。钻柱的具体组成根据钻井目的、要求、破碎岩石的特性、地层特点等的不同而具有一定的差异。

各部件间均由接头（钻杆接头、配合接头、钻铤两端的内外螺纹），以螺纹形式连接。钻柱下端连接钻头或井底动力机，上端连接水龙头或顶部驱动钻井装置。地面的动力和扭矩通过钻柱传递给钻头，钻井液亦可通过钻柱内部输送到井底，以进行洗井和钻进。某些特殊作业（如打捞、挤水泥、地层测试等），还可通过钻柱连接有关工具下入井内来完成。

（步玉环　梁　岩）

【钻具 drilling tools】钻井时除钻头以外下入井内所有柱形工具的总称。主要包括方钻杆、钻杆、钻铤、配合接头、稳定器、扩眼器和减振器等。

（周煜辉）

【方钻杆 kelly】用高级合金钢制成、截面为四方形或六方形而内孔为圆形的钻井专用厚壁管子。正常钻进时，方钻杆插入转盘，转盘通过方瓦、方钻杆补心带动方钻杆旋转。

方钻杆上端接头为左旋内螺纹与水龙头保护接头相接。方钻杆下端通过右旋外螺纹与保护接头相连。方钻杆保护接头的作用是大大减少方钻杆与钻杆接头连接的次数，从而减少方钻杆螺纹的磨损。

方钻杆依其截面形状分为四方与六方两种。小型钻机使用六方方钻杆，大型钻机使用四方方钻杆。

方钻杆主要作用：（1）转盘旋转钻进过程中传递扭矩；（2）承受井内钻柱的全部重量。

方钻杆特点是：（1）中空、断面外形为四边形或六边形（见图）；（2）上端反扣（左旋扣）、下端正扣（右旋扣）；（3）总长 12.19m，驱动部分长 11.25m，比单根钻杆长 2m 以上；（4）壁厚比钻杆大 3 倍。

方钻杆（四方）结构示意图

使用方钻杆要保证正直，否则易引起井眼偏斜，影响井身质量。常用的 API 方钻杆规格有 $2\frac{1}{2}$in（63.5mm）、3in（76.2mm）、$3\frac{1}{2}$in（88.9mm）、$4\frac{1}{4}$in（107.95mm）、$5\frac{1}{4}$in（133.3mm）、6in（152.4mm）等六种。

（马家骥　周煜辉　步玉环）

【**钻杆 drill pipe**】 用高级合金钢制成的无缝钢管。钻柱中最长的一段是钻杆，连接在钻铤和方钻杆之间，用于加深井眼和将转盘的扭矩传递至井下的钻铤和钻头，并形成循环钻井液的通道。分为有细螺纹钻杆和无细扣钻杆（见图1）。有细螺纹钻杆的杆体两端车有细螺纹，以连接钻杆接头。无细螺纹钻杆直接将接头用摩擦对焊方法焊于钻杆本体，接头分内、外螺纹接头（见图2和图3）。通常在钻井过程中使用的钻杆为无细螺纹钻杆。根据螺纹部分管壁加厚的位置不同，可分为内加厚和外加厚钻杆。进行倒扣作业时，常用车有反扣的钻杆，称为反扣钻杆。

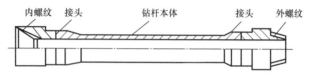

图1 钻杆结构示意图

图2 钻杆外螺纹接头

图3 钻杆内螺纹接头

在实际钻井过程中大量使用采用厚壁钢管制成的加重钻杆。加重钻杆用途比较多，作为普通钻杆使用可减少钻柱的疲劳破坏，以及起到扶正作用；可代替钻铤，以提高钻机的钻深能力，柔性比普通钻铤高，在弯曲井眼中使用可降低旋转扭矩和提升负荷；还可作为钻铤和钻杆之间的过渡段。

API标准规定钻杆的钢级为D级、E级、95（X）级、105（G）级及135（S）级，其中X级、G级和S级钻杆为高强度钻杆。每根钻杆长度在9m左右，壁厚9～11mm。

（步玉环　周煜辉）

【**钻杆接头 joint of drilling pipe**】 钻杆两端的接头。是钻杆的组成部分，分外螺纹接头和内螺纹接头。接头的一端用细螺纹（如钻杆本体有细螺纹）或摩擦对焊的方法与钻杆本体连接；另一端的粗螺纹具有一定锥度，与另一钻杆上的接头连接。在钻井过程中，接头处要经常拆卸，接头表面受到相当大的大钳咬合力的作用，所以钻杆接头壁厚较大，接头外径大于管体外径，并采用强度更高的合金钢。国产钻杆接头一般都采用 35CrMo 合金钢。

　　API 钻杆接头有新、旧两种标准。旧 API 钻杆接头是对早期使用的有细扣钻杆提出来的，分为内平式（IF）、贯眼式（HF）和正规式（REG）三种类型。内平式接头主要用于外加厚钻杆，其特点是钻杆内径与管体加厚处内径、接头内径相等，钻井液流动阻力小，有利于提高钻头水功率，但接头外径较大，易磨损。贯眼式接头适用于内加厚钻杆，其特点是钻杆有两个内径，接头内径等于管体加厚处内径，但小于管体部分内径。钻井液流经这种接头时的阻力大于内平式接头，但其外径小于内平式接头。正规式接头适用于内加厚钻杆。这种接头的内径比较小，小于钻杆加厚处的内径，所以正规接头连接的钻杆有三种不同的内径。钻井液流过这种接头时的阻力最大，但它的外径最小，强度较大。正规接头常用于小直径钻杆和反扣钻杆，以及钻头、打捞工具等。三种类型接头均采用"V"形螺纹，但扣形（用螺纹顶切平宽度表示）、扣距、锥度及尺寸等都有很大的差别。

　　随着对焊钻杆的迅速发展，细扣钻杆逐渐被对焊钻杆所取代，旧 API 钻杆接头由于规范繁多，使用起来很不方便。美国石油学会又提出了一种新的 NC 型系列接头（有人称之为数字型接头）。NC 型接头以字母 NC 和两位数字表示，如 NC50，NC26，NC31 等。NC（National Coarse Thread）意为（美国）国家标准粗牙螺纹，两位数字表示螺纹基面节圆直径的大小（取节圆直径的前两位数字）。例如 NC26 表示接头为 NC 型，基面螺纹节圆直径为 2.668in。NC 螺纹也为"V"形螺纹，具有 0.065in 平螺纹顶和 0.038in 圆螺纹底，用 V-0.038R 表示螺纹类型，可与 V-0.068 型螺纹连接。旧 API 标准中的全部内平（IF）及 4in 贯眼（4FH）均为 V-0.065 型螺纹。

　　NC 型接头在石油工业中应用越来越普遍，但现场仍使用部分旧 API 标准接头（内平、贯眼、正规）。

（步玉环　梁　岩）

【立根 stand】　在起下钻时，将井内钻柱卸成每两根（或三根）钻杆或钻铤为接卸柱单元。又称立柱。采用两根或三根为组合体进行接卸，可以节省接卸时间；同时，起钻时不能把钻杆、钻铤重新放回到地面，为了操作方便只能放在钻台面上，采用立根起钻可以节省占用空间。从井内起出以后，立根立在钻台的立杆盒中，上端靠在二层台的指梁上。立根长度通常为 27m 左右。对于 9m 左右长度的单根钻杆，三根配成一个立根；对 12m 左右长度的单根钻杆，两根配成一个立根。除钻杆立根外，还有钻铤立根，起钻时也是立在钻台的立杆盒内，上面靠在二层台指梁上。每个钻铤立根上面需有一个钻铤提升短节。

（步玉环　梁　岩）

【钻铤 drill collar】 用高级合金钢制成的厚壁无缝钢管。壁厚一般为钻杆的4～6倍，两端没有接头，而是直接有连接螺纹（见图），连接钻杆和钻头。钻铤长9.15/9.45m，壁厚23.8～100mm。特点是壁厚大，重量大，刚度大，承压能力比钻杆大很多。主要作用是利用自身在钻井液中的浮重给钻头施加钻压，传递扭矩，并形成钻井液循环的通道。钻铤本身刚度较大，配合使用稳定器，组成刚性钻柱，钻进时还可防止下部钻柱弯曲，避免造成井斜。钻铤的连接不用接头，而是直接用螺纹连接，钻铤的损坏主要是连接螺纹的损坏。

普通圆钻铤

依据钻铤外部形状可以分为普通圆钻铤、螺旋钻铤、方钻铤等。其中螺旋钻铤有效直径大、带有螺旋槽有利于岩石碎屑的携带，应用也最广泛。

（步玉环　周煜辉）

【无磁钻铤 non-magnetic drill collar】 使用非磁性奥氏体不锈钢或由K—蒙乃尔合金材料低碳高铬锰合金钢制成的基本没有磁性的钻铤。无磁钻铤需要经过严格的化学成分配比后精炼并通过锻造而达到其机械性能，具有良好的低磁导率、高强度的机械性能、极好的晶间耐腐蚀开裂性能和优异的耐磨性。

由于所有磁性测量仪器在测量井眼的方向时，感应的是井眼的大地磁场，因而测量仪器必须是一个无磁环境。然而在钻井过程中，钻具往往具有磁性，产生磁场，影响磁性测量仪器，不能得到正确的井眼轨迹测量信息数据。利用无磁钻铤可避免测量仪测量时受磁场的干扰。

（步玉环　马　睿　周煜辉）

【稳定器 stabilizer】 一种中间局部外径加大并加工有直条型或螺旋型沟槽的井下工具。用于在钻具中形成支点，在钻进时改变钻头受力方向。根据其最大外径和在下部钻具组合安放位置和数量的不同，在直井中能起到防斜和纠斜的作用，在定向井中能起到增、降、稳斜的作用。

稳定器是防斜钻具（如满眼钻具、钟摆钻具）的重要组成部分。其结构设计必须满足满眼钻具等的设计要点，具体应考虑以下几点：具有小的间隙、较多的支撑面、较高的耐磨性和足够的刚度，同时要有良好的钻井液循环通路。

国内外石油矿场所用稳定器类型繁多，以适应不同地质条件及钻井技术的要求。总的可分为三类，即旋转刮刀型（见图中 a～d）、不旋转橡胶套筒型（见图中 e）和牙辊扩大器型（见图中 f）。

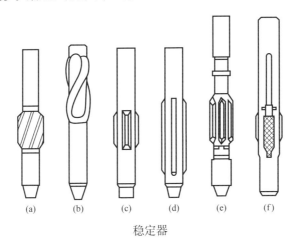

(a)　　(b)　　(c)　　(d)　　(e)　　(f)

稳定器

（步玉环　梁　岩　周煜辉）

【配合接头 crossover sub 】　连接不同螺纹类型和直径钻具的短节。多用于连接钻铤与钻铤、钻铤与钻头、钻铤与钻杆、方钻杆与钻杆以及连接取心钻具、打捞工具等。其螺纹则视被连接钻具的螺纹而定。

连接不同直径井下专用工具或管材的配合接头又称大小头。如用钻杆试下套管时，就用大小头连接钻杆和套管。大小头两端的螺纹是根据被连接部件的螺纹形式决定的。

（周煜辉）

【保护接头 protecting joint 】　用于保护接卸频繁的螺纹部位的短接头。作用是减少钻具由于接卸频繁造成的螺纹的磨损。适于经常上卸螺纹的位置。常用的有水龙头保护接头和方钻杆保护接头。

在转盘旋转钻井条件下，每接一个钻杆单根，方钻杆的下接头就需要进行两次的接卸，方钻杆下部接头螺纹极易发生损坏。为此，在方钻杆下部安装一个方钻杆保护接头，每次接卸变为保护接头与钻杆的连接。方钻杆保护接头一端具有粗牙内螺纹，另一端具有粗牙外螺纹。往往在保护接头外装上橡胶护箍，防止方钻杆摩擦防喷器内部和套管顶部。

水龙头保护接头与方钻杆上端接头相接。

（步玉环　梁　岩）

【减振器 vibration absorber】　一种安装在钻柱上能吸收来自井底产生的垂直振动的工具。在钻进过程中，尤其是在钻进硬岩层、破碎地层及软硬互层时，井下钻具的振动给钻井工作带来一系列危害，使钻头先期破坏，并易引起钻杆和钻铤疲劳断裂等事故。减振器可以吸收这种振动，从而改善井下钻具的工作状况。减振器种类很多，一般有钢丝减振器、橡胶减振器、弹簧减振器和气垫减振器等。

（周煜辉）

【井口工具 wellhead tools】　在井口进行起下和接卸钻具、套管等操作工具的统称，包括吊钳、吊卡、卡瓦、安全卡瓦、提升短节等。吊钳用于上、卸各类下井钻具螺纹。吊卡用以悬挂、提升和下放钻柱。卡瓦用于卡住钻柱并悬挂在转盘上。安全卡瓦配合其他井口工具接卸钻铤。提升短节与其他井口工具接卸钻铤。

（步玉环　梁　岩）

【吊环 elevator bail】　钻井过程中，用于悬吊吊卡的井口提升工具。两端分别是一个环形结构（见图1），上端挂在大钩两侧面，下端置于吊卡的耳环之内（见图2），以便悬吊、起升或下放钻杆、套管和油管等管柱。

图1　吊环结构示意图

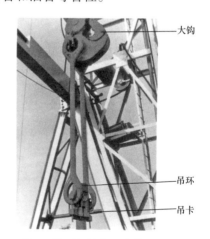

图2　吊环与吊卡配合使用示意图

（步玉环　柳华杰）

【吊卡 elevator】　钻井过程中，用于悬挂、提升和下放钻杆、套管和油管等管柱的工具。置于吊环的下环内，扣在钻杆接头、套管和油管接箍之下。依用途分为钻杆吊卡、套管吊卡和油管吊卡三类，依结构分为对开式（见图1）、侧开式（见图2）和闭锁环式（见图3）三种。

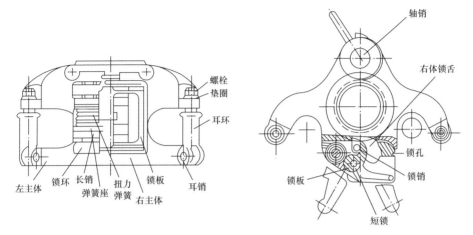

图1　对开式吊卡

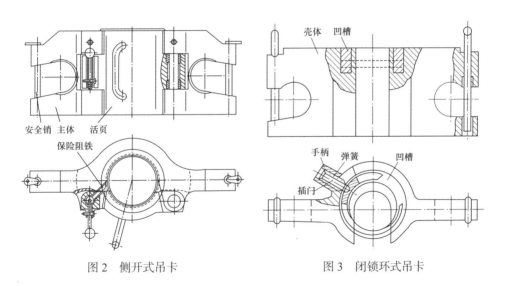

图2　侧开式吊卡　　　　　　图3　闭锁环式吊卡

对开式吊卡开合方便，质量较小，通常用于单吊卡配合卡瓦完成起下操作。

侧开式吊卡质量较大，用作双吊卡起下钻，适用于钻杆、套管和油管。

闭锁环式吊卡只用于油管。对于采用18°斜坡钻杆的吊卡，吊卡口部斜坡为18°，整个吊卡强度要加强。

（马家骥）

【卡瓦 slips】 钻井过程中起下钻时用于卡住和悬持钻柱、套管柱的工具。外形为下小上大的圆锥体，可楔落在转盘的内孔内；内壁合围成圆孔，其上装有卡瓦牙。钻杆卡瓦为铰链销轴连接的三片式结构（见图1）和多片式结构（见图2），钻铤卡瓦与套管卡瓦为铰链销轴连接的四片式结构。

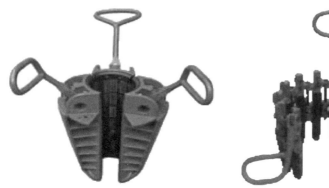

图1 三片式钻杆卡瓦

图2 多片式钻杆卡瓦

（马家骥 步玉环）

【安全卡瓦 safety slips】 起下钻铤的专用工具。又称安全卡子。没有接头台肩的钻铤和无接箍套管应使用安全卡瓦（见图1）以防止不慎从卡瓦中滑脱落井。

安全卡瓦主要由牙板套、卡瓦牙、弹簧、调节螺杆、螺母、手柄及连接销等组成（见图2）。通过增减牙板套的数量可以进行调整以适应夹持不同尺寸钻铤的需要。安全卡瓦由许多环节构成，每节的内表面上装有卡瓦牙，环节的数

图1 安全卡瓦

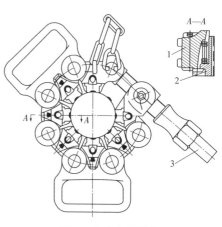

图2 安全卡瓦结构
1—牙板套；2—卡瓦牙；3—调节丝

量随钻铤直径不同而变，少则七八节，多则十余节。环节与环节之间由销钉铰链连接，呈带状，可曲可直。带状两端通过一副螺栓，螺母可以闭合，呈环状，抱在钻铤的外面。由于钻铤的两端没有接头，螺纹是直接车在管体上的。这样，在接卸钻铤时就无法使用吊卡把钻铤坐在转盘上，只能使用卡瓦。又由于起下钻铤时，钻柱重量总是较小，卡瓦抱紧力也就小，万一卡瓦失灵卡不住，就会将钻铤掉到井里，酿成事故。为了防止事故发生，在卡了卡瓦以后，还要在稍上位置再卡上安全卡瓦，相当于在钻铤端增加了一个接头台肩，万一卡瓦失灵，钻铤下掉，由安全卡瓦挡住。

（马家骥　梁　岩）

【动力卡瓦 power slips】　利用机械动力提、放卡瓦的装置。它包括工作缸（液缸或气缸）、可转动的摇臂及卡瓦提环。提环上下移动以提放卡瓦，在钻进时，卡瓦提环可摆向另一侧，离开井口。按结构不同分为外置式和内置式两种。

外置式动力卡瓦　操纵机构安装在普通转盘外部。动力卡瓦的基本元件是一个汽缸，其上装有一个操纵卡瓦上下动作的支架，压缩空气控制汽缸内活塞上下运动以使卡瓦卡住和松开管柱。而压缩空气通常由司钻通过脚踏板阀进行操作。

内置式动力卡瓦　整个卡瓦体都装在转盘内部，特制的卡瓦座取代了转盘的大方瓦。四片卡瓦体可沿卡瓦座内壁四条斜槽升降。汽缸驱动拨叉、滑环、导杆、提环、控制卡瓦体的升降。卡瓦体下降时向中心靠拢，可卡住管柱。卡瓦体上升时向外分开可松离管柱。

（马家骥　梁　岩）

【提升短节 lifting sub】　在起下钻铤时，接在钻铤的立根上用于钻铤的起吊与移运的专用工具。实际上，提升短节就是一段短钻杆，提升短节一端为与钻铤连接的螺纹，另一端为供吊卡卡住的台肩，有 90°和 18°两种。由于钻铤两端没有直径变大的接头，没有办法进行悬吊提升，采用安全卡瓦、卡瓦配合，首先在钻铤的顶部接一个提升短节，吊卡悬吊提升短节的接头进行钻铤的悬吊、起升。采用提升短节，在起钻铤时就不需要换吊卡。

（马家骥　步玉环）

【自动送钻装置 automatic driller】　绞车为带刹车时，以压缩空气作为动力来抬起带刹车的刹把，实现钻头的下放，而采用刹把的自重或弹簧使刹把下落，以减慢钻头的送钻速度，直至停止钻头的钻进，使井底钻头在恒钻压情况下进行送钻的装置。

空气动力的控制靠两个相反力的差动作用来实现的。一个是钢丝绳的张紧力通过死绳上的张力，给控制装置一个信号，去抬起刹把；另一个是滚筒的转速，它通过一个摩擦轮反映出来，从而给控制装置一个信号去刹紧刹车。存在不足之处：当快速钻进时，气动控制响应速度跟不上，致使效果不好，没能大面积推广应用。随着带刹车被盘式刹车代替，已很少应用。

（马家骥）

【吊钳 tongs】 用于拧紧或松开钻杆、套管连接螺纹的专用工具。又称大钳。用钢丝绳吊在井架上，钢丝绳的另一端绕过井架上的滑轮拉在钻台的下方并坠以重物，以平衡吊钳自重，并用于调节其工作高度。

　　普通吊钳（见图）主要由钳柄、吊杆、1 号扣合器、2 号固定扣合器、3 号长钳、4 号短钳、5 号扣合器和吊钳牙等组成。在 2 号固定扣合器、4 号短钳和3 号长钳的内面上各装有吊钳牙板四块，各钳头之间以铰链相互连接。换用不同规格的 5 号扣合器钳头，可用于不同尺寸的管柱。

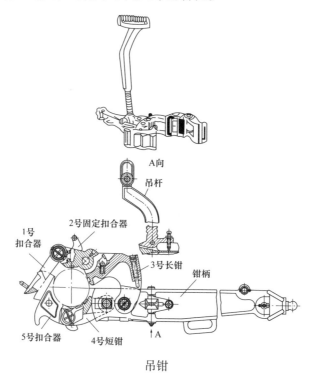

吊钳

（马家骥）

【背钳 back-up tongs】 用顶部驱动钻井装置钻井时钻杆上卸扣的专用工具，是管子处理机的重要组成部分。采用背钳可以随时随地的夹持钻杆并和旋转机构一起进行上卸扣作业。背钳工作时实际操作是首先运用背钳夹紧钻杆的接头与保护接头连接，然后顶驱的旋转头旋转进行上卸扣作业，在工作时产生的反扭矩则通过背钳支架传递到顶驱本体。在钻杆起下钻的过程中可能会遭遇阻卡，这时运用背钳可以快速将顶驱本体和钻杆连接，立即进行划眼或倒划眼，可以避免钻井事故。

背钳主要有环形背钳（见图1）和侧挂式背钳（见图2）两种形式。环形背钳能够实现结构的自动对中功能，不需要设计定心扶正机构，简化了背钳系统的机械结构，但维护和保养十分不便；侧挂式背钳更换钳牙与维修方便，背钳体还可以滑动以拆装保护接头、手动和自动防喷短节，存在的定心问题可以用扶正结构加以解决。

图 1　环形背钳

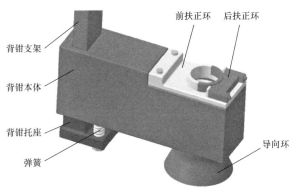

图 2　侧挂式背钳

（步玉环　梁　岩）

【**液气大钳** hydraulic-air power tongs】钻机上由液气控制实现旋扣和进行上卸接头螺纹的钻井机械化工具。又称*液压大钳、动力大钳*。可完成起下钻作业中上卸钻杆接头螺纹，正常钻进时卸方钻杆接头螺纹、上卸钻铤、甩钻杆及在钻机绞车全部失去动力时活动钻具。液气大钳的上、下钳合为一体（见图），下钳由汽缸推动钳头转动卡紧下部钻杆的内螺纹接头，上钳由液压马达通过行星齿轮减速驱动浮动钳头旋转，进而带动钳头内颚板夹紧，并带动钻杆旋转。驱动上钳的液马达的正、反方向旋转，即可实现钻杆的上、卸螺纹操作。

液气大钳

液气大钳钳头转速不同，其对应的钳头扭矩不同。转速有两挡，在高挡21～40r/min 时扭矩为 1070～5900N·m，在低挡 1.4～2.7r/min 时扭矩为 29500～100000N·m。

液压套管钳

通过更换钳头颚板，液气大钳可用于上卸 3½in、4½in、5in、5½in 钻杆和 8in 钻铤。

（马家骥　步玉环）

【液压套管钳 hydraulic casing tongs】 下套管时用于连接套管螺纹的钻井机械化工具（见图）。具有开闭型钳头，可方便地去卡住套管或脱开套管。采用液压马达驱动钳头，可根据不同尺寸套管上紧螺纹需要调节钳头的转速和扭矩。扭矩表可显示上紧螺纹的扭矩值。

（马家骥）

【方钻杆补心 kelly bushing】 用于与转盘方瓦配合，驱动方钻杆旋转的工具。简称方补心。外部与转盘的方瓦啮合，内部方孔与方钻杆啮合。与转盘方瓦的啮合方式为：一种是靠方补心的外方与方瓦的内方配合；另一种是靠方补心上的驱动销（四个）与方瓦上的销孔配合。滚子方补心（见图）上装有滚轮，方补心内的滚轮可以方便地进行更换，既可改变方补心的内方尺寸，也可改变内方的形状，对四方或六方的方钻杆都适用。滚子方补心可减少送钻时方钻杆与方瓦的摩擦从而降低对钻压给定的影响。

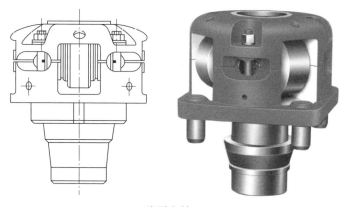

滚子方补心

（马家骥　步玉环　梁　岩）

【气动旋扣钳 air spinners】 起下钻时取代旋绳（或旋链）完成钻杆接头螺纹旋

扣的气动控制工具。主要由双向气马达、行星减速机构、夹紧机构和气控系统组成（见图）。

气动旋扣钳

动力经行星减速机构传给驱动滚轮。依靠铝质驱动滚轮与钻杆间摩擦力使钻杆旋转，实现上、卸螺纹的旋扣功能。夹紧机构由汽缸、增力杆、夹紧臂等组成。当活塞杆向前运动时，增力杆拉开，两个夹紧臂向中间收拢，使驱动滚轮抱紧钻杆。反之，夹紧臂向外张开，即放松对钻杆的夹持。

气动旋扣钳适用于 3½～5½in 钻杆。

（马家骥）

【铁钻工 iron roughneck】 由位于上部的旋扣钳和位于下部的液动扭矩钳组成的钻井机械化装置。装在位于钻机绞车和转盘之间的中轴线的导轨上，可手动操纵使其整体前后移动，或使钳头升降或倾斜，完成上卸钻具螺纹、接单根等功能。旋扣器用于螺纹旋扣；液动扭矩钳用于上紧、拧松接头螺纹。钳头可倾斜5°，便于在小鼠洞上方完成接单根作业。

早先的铁钻工尺寸大，占地且影响司钻的视野，使其在陆地钻机上的应用受到了局限。20 世纪末以来，新型铁钻工的总体高度从原来的 3.0m 降为 2.1m，且安装运移方式也由导轨式改为翻转式或自平衡机械臂式，使其在钻台的安装上有了更大的灵活性，也为铁钻工在陆地钻机的使用创造了条件。

（马家骥）

防喷盒

【防喷盒 splash box】 起钻时防止已提起钻杆柱内钻井液在卸开接头螺纹时溢出、污染钻台的一种工具。在钻杆柱刚卸松时，扣在接头螺纹部位，使上部钻杆柱内的钻井液流入防喷盒内，并通过下部出口流到钻井液循环系统中（见图）。

（马家骥）

【大鼠洞 large rat hole】 钻机的钻台面上用于起钻时放置方钻杆（带水龙头）的洞眼。位于井架左前方大腿与井口中心的联线上，并距井口中心约 2.6m。大鼠洞以 8°～12° 的倾角向井架大腿方向倾斜。鼠洞的主要部分是一根向井架中心倾斜并插入地下的套管（称鼠洞管）。大鼠洞管一般是用

254～305mm（10～12in）的套管作成，其长度一般为 16～17m。

（步玉环　梁　岩）

【小鼠洞 mouse hole】 位于钻机钻台面上，在转盘前面用来存放待接钻柱单根和连接单根的洞眼。为了区别存放方钻杆的大尺寸的洞眼而称为小鼠洞。小鼠洞的尺寸一般小于 254mm（10in），长度一般 8～8.5m，一般采用 10in 套管制成。可以存放待接钻铤或钻杆，垂直放置，下端一般具有盲板或塞子堵塞，避免钻铤或钻杆的下端插入泥中。

（步玉环　梁　岩）

【钻机仪表 rig meter】 钻机仪表显示、记录钻机各个工作机工作参数，用于指导钻机正常操作，并根据有关参数的变化，判断井下工作情况，主要有指重表、钻井泵压力表、转盘转速表、转盘扭矩表、钻井泵冲次表、吊钳扭矩表、机械钻速表、钻井液出口流量计、钻井液罐液位计和钻井参数显示记录装置等。

（马家骥）

【指重表 weight indicator】 显示井下钻柱的重力（即悬重）和施加在钻头上的压力（即钻压）的仪表。司钻可通过所显示的钻柱重力的变化，判断井下钻柱和钻头的工作情况。主要由死绳固定器、传感器、指针和记录仪组成（见图）。

　　钻机大钩承载情况的变化引起死绳拉力的变化，在传感器中转换为液压压力的变化，传到指重表和记录仪，引起弹性弯管胀缩变形，通过连杆及齿轮机构带动指重表指针转动，完成测重、显示及记录任务。指重表外圈刻度是灵敏表，内圈刻度是指重表，用两根指针分别指示。

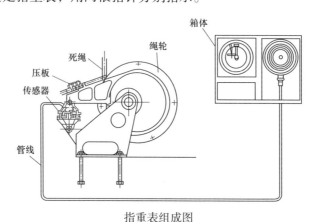

指重表组成图

（马家骥）

【转盘扭矩表 rotary torque indicator】 显示转盘工作时扭矩变化情况的仪表。司钻可根据转盘扭矩变化来判断井底钻头的工作情况。在电驱动钻机上，驱动转盘的电动机电流的大小及变化，就可直接反映出转盘扭矩的大小和变化。在机械驱动钻机上，通常是通过测量传动转盘的链条紧边偏移度的大小和变化来反映转盘扭矩的变化。由橡胶滚轮、杠杆、杠杆立柱、液缸、阻尼器、传动放大机构、指针等组成（见图）。该装置的一次仪表（传感器）装在转盘传动链条的下方。转盘工作时，转盘扭矩变化，使链条张紧并随之发生变化，这一变化就给链条下方的滚轮一个垂直作用力，通过杠杆传给液缸。此时液缸内液压压力经过阻尼器作用于弹性弯管，通过放大机构带动指针旋转，从表盘上即可显示转盘扭矩的变化。

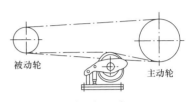

转盘扭矩表

（马家骥）

【机械钻速表 penetration rate indicator】 用来测量钻头钻井速度的仪表。进而可换算出井深和钻时等。常用的机械钻速表为绳索式，是在水龙头上固定一细钢丝绳，使该钢丝绳通过天车台下一固定滑轮，引向放在值班房内的传感机构（见图）。钢丝绳经传感机构内的导轮在小计量轮上绕一圈，然后再卷压在收放机构的小滚筒上，而该小滚筒通过齿轮传动与涡卷弹簧相连，计量轮轴一侧设有计量装置。

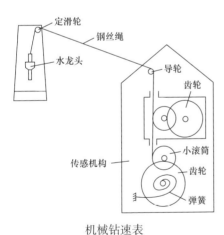

机械钻速表

工作时，钻柱下行，涡卷弹簧被卷紧；钻柱上行，涡卷弹簧利用储存能量将钢丝绳拉紧，实现信号传递。这时候，计量轮通过齿轮传动，带动电位器轴，使滑块改变电位同时，带动计量装置，可显示记录瞬时井深、钻时和机械钻速。小计量轮与计量装置之间装有离合器。钻进时合上离合器，而在非钻进时，断开离合器。

（马家骥）

【电动钻机优化钻井系统 electric rig operation automation system】 利用计算机对钻机工作参数进行采集、处理和对绞车、钻井泵、转盘等工作机工作参数进行优化的系统。用于提高绞车起下钻效率，钻进效率，保证绞车、钻井泵、转盘安全作业的程度。特点为：（1）采用可编程控制器（PLC）控制核心；（2）系统具有的灵活性，允许控制软件和硬件的专业化和改进，以满足各种操作参数和用户的特殊要求；（3）触摸屏上可显示操作数据、警示数值和各种菜单；（4）菜单包括各工作机操作参数，由司钻可以调定的参数，设备开机调定的参数等；（5）根据需要，司钻通过触摸屏可以从优化钻井程序切换为手动操作程序等。

主要包括游车控制器、数字司钻、软扭矩系统、软泵系统和钻杆防倒转控制器等。

（马家骥）

【电子司钻 electronic driller 】 以盘式刹车为控制对象，实现自动送钻的装置。主要由智能型控制器、液压刹车执行机构、电子司钻与盘刹接口、信号检测、离合器控制和系统操作及显示构成。

自动送钻过程中，以恒钻压为主要控制参数，以智能控制器为核心，以盘式刹车为执行机构，通过实时调节刹车钳缸油压，进而实时控制绞车滚筒刹车盘的制动力矩，从而实现钻柱均匀、平稳下放的微量控制，最终达到实时控制钻压目的。

电子司钻除可恒钻压控制外，还可进行恒钻速控制。可提高机械钻速15%～37%，延长了钻头寿命，钻压波动少从而提高取心质量及定向井的井眼质量，减轻司钻的劳动强度。

（马家骥）

【数字司钻 digital driller 】 通过绞车交流变频电动机反拖能耗制动进行自动送钻，从而根据选定的作业模式，动态并精确地控制钻压、转速和恒定压降的装置。

采用动态电动机反拖能耗制动作为刹车，控制精度高，此时盘式刹车不参与钻进过程的刹、放，仅作为驻车和紧急安全制动使用，大大降低了钻台上的噪声。

数字司钻的最新发展是控制电动机实现转速和钻压的优选，来获得两个参数的最佳组合，从而进一步提高钻井效率。

数字司钻应用于海洋浮动钻井装置上，可进一步发展为主动升降补偿技术。

（马家骥）

【游车控制器 travelling block controller 】 电驱动钻机起升作业安全控制装置。由装在滚筒轴上的编码器进而显示出的大钩速度及指重表显示出的大钩负荷来进行控制。将游车速度控制在一个安全范围内，设置天车和钻台两处的防碰保护。对于能耗制动的绞车，可在各种大钩负荷情况下保证游车以最高速度运转，从而缩短了起下钻时间。在有些需要限制大钩速度情况下，司钻可对其进行人为干预，甚至让其停止运动。

（马家骥）

【**软扭矩系统** dynamic soft torque system 】 用于减轻和消除钻进过程中由于钻头破岩以及钻柱与井壁之间的摩阻而引起钻柱剧烈扭转振动的系统。这类扭转振动会引起共振，还会由于井眼的狗腿、钻杆柱的润滑不良和井斜而加剧。工作原理为：根据钻杆直径、长度及井底钻具组合控制转盘（或顶部驱动钻井装置）电动机的转速，从而避免钻柱的扭转振动。此外，靠监视转盘（或顶部驱动钻井装置）电动机的转速和扭矩，还可以预测钻头使用情况和井下工况，据此提前发出相关警报，以减少钻头和井下事故。

采用软扭矩系统的优点：可使钻头受力均匀，延长钻头寿命，提高机械钻速；使钻柱受力均匀，减少疲劳破坏；减少由于所承受扭矩不均匀而导致卡滑现象直到扭断事故；能探测钻头使用情况直到遇卡事故并报警，减少井下事故。

（马家骥）

【**软泵系统** mud pump synchronizer 】 控制电驱动钻机上配备的多台泵，以相同泵速运行，且保持各台泵之间实现错相运行（即控制电驱动钻机上配备的多台泵，以相同泵速运行，且保持各台泵之间实现错相运行（即一台泵排量波峰刚好是另一台泵的波谷）的系统。是靠各个单台泵开关和各台泵配置的活塞位置传感器的共同作用，使多台泵排量不均现象互相弥补，而使泵排量不均度大大降低。

其上配置的触摸屏控制器还可显示实际立管压力、设计立管压力、泵冲次和累计冲次等数据。

采用软泵系统优点：（1）用 2 或 3 台钻井泵工作时，可降低压力波动 60%以上；（2）可提高 MWD（随钻测量）数据传输质量；（3）消除压力波动，进而延长钻井液系统零部件寿命；（4）当使用单泵时，可使该装置走旁路。

（马家骥）

【**钻杆防倒转控制器** drill pipe unwind controller 】 在正常钻进，钻头遇卡时，断掉驱动转盘（或顶部驱动钻井装置）的电动机的开关，井下钻柱在过扭矩作用下，会突然倒转，有可能造成井下钻杆倒扣，导致井下事故。发生上述情况时，钻杆防倒转控制器能有效地控制井下钻柱不发生倒转，进而避免因钻具倒扣而造成的井下事故。

安装在转盘（或顶部驱动钻井装置）电动机的控制线路中。正常工作时，转盘（或顶部驱动钻井装置）的电动机开关和限流器由 SCR（可控硅）或 VFD（变频）正常供电。当钻头遇卡，司钻将该电动机断开时，此时的控制器相当于一个电动机开关，限流器的电流就可从限定值逐渐减少到零，这样可以使钻具在逐渐减少的电动机扭矩作用下，不再像往常一样产生反转。该控制器就装在SCR或VFD控制器内。在司钻控制台上装有一个按钮和一个显示器。

采用钻杆防倒转控制器的优点：（1）提高了钻台的安全性；（2）当转盘或顶部驱动钻井装置突然停转时，不发生钻杆反转现象，避免了钻具倒扣及后面的打捞作业；（3）使用很方便，司钻可通过按动按钮，在钻具上卸扣时，控制线路自动走旁路，既提供钻机SCR或VFD接口，也可提供与软扭矩系统的接口。

国内大部分电驱动钻机上，均采用在转盘驱动装置上加装惯性刹车的办法来防止钻杆反转。此系统在国内钻机上应用不广泛。

（马家骥）

钻井流体

【钻井流体 drilling fluid】 钻井过程中所使用的具有多种功能的循环流体的总称。现场用得最多的是液相钻井流体，称为钻井液。最初的钻井液由最简单的泥土和水组成，"泥浆"就成为很长一段时间钻井液的代名词。实际上，现在这称呼既不正确更不准确。属于复杂的多相多级胶体——悬浮体分散体系，可以是固体分散在液体中，或是液体分散在另一种液体中，也可以是气体分散在液体中，或是液体分散在气体中形成的分散体系。基本成分由分散相＋分散介质＋化学处理剂组成。按连续相的种类可划分为：以淡水或盐水为连续相的水基钻井液（泡沫除外），以油为连续相的油基钻井液，以合成基液为连续相的合成基钻井液，以及以气体为循环介质的气基钻井流体等四大类。

水基钻井液包括不分散钻井液、分散钻井液、钙处理钻井液、聚合物钻井液、低固相钻井液、盐水钻井液、完井液和修井液。

油基钻井液包括反乳化钻井液（油包水钻井液）和普通油基钻井液。

气基钻井流体包括空气或天然气钻井流体、雾状钻井流体、泡沫钻井流体和充气钻井液。

合成基钻井液包括聚 α 烯烃和异构 α 烯烃、酯类、醚类。

钻井流体在钻井工程中的主要功用为：清除井底岩屑并携带至地面；冷却钻头和减少钻柱和井壁的摩阻；稳定井壁，抑制所钻遇泥页岩地层的水化膨胀，防止井塌；控制和平衡地层压力，防止喷、漏、卡、塌等井下复杂，减少对油气层的伤害；悬浮钻屑与加重剂，传递井下所钻地层和有关工程信息，传递水（气）功率，预防钻柱、套管和循环设备的腐蚀等。

📝 推荐书目

Ryen Caenn，et al. 钻井液和完井液的组分与性能［M］. 7 版 . 北京：石油工业出版社，2020.

（刘雨晴）

【钻井液体系 drilling fluid system】 根据钻井液的配方和工艺性能的不同，可将钻井液分成不同的类型，凡要求特定的配浆及维护工艺、具有特定的工艺性能的一类钻井液，即属于一种体系。

常用的钻井液体系分为水基、油基和含气钻井液三大系列。水基钻井液因使用方便、配制简单、价格低廉、对环境音污染较小而应用广泛；油基钻井液由于其良好的抗泥页岩水化膨胀缩径性能而主要应用于泥页岩水化缩径严重的区块和对油气层保护要求较高的井；含气钻井液主要用于钻易漏的低压地层（见气基钻井流体）。

（步玉环）

【钻井液 drilling fluid】 钻井时用来清洗井底并把岩屑携带到地面、维持钻井操作正常进行的流体。钻井液有多种性能来满足钻井安全作业的需要，其主要性能有密度、流变性、漏斗黏度、塑性黏度、动切力、静切力、滤失量、高温高压滤失量、含砂量、pH值、滤饼、固相含量、膨润土含量、润滑性、电稳定性等。

钻井液的主要功能：（1）携带钻头破碎岩石的岩石碎屑，从环空返至地面；（2）冷却和润滑钻头及钻柱；（3）钻井液失水，在井壁上形成滤饼起到造壁作用，维持井壁稳定；（4）利用钻井液的静液柱压力及在环空中的循环摩阻，控制地层压力；（5）在钻井液停止循环时，利用钻井液的静切力悬浮钻屑和加重材料，防止岩屑下沉而造成沉砂卡钻；（6）利用循环到地面的钻井液获得地层和油气资料，如利用油花或气泡判断油气层的存在，再如利用大块岩屑的上返判断井壁失稳等；（7）利用循环的钻井液携带水力能量，给钻头传递水功率，达到破岩或清洗井底的作用。

钻井液性能的维护和调整需加不同的处理剂来完成。

（步玉环　刘雨晴）

【水基钻井液 water–base drilling fluid】 以淡水或盐水为连续相，由膨润土（Bentonite）、各种钻井液处理剂、加重材料以及钻屑所组成多相分散体系的钻井液。膨润土和钻屑的平均密度均为2.6g/cm³，通常称它们为低密度固相；加重材料常被称为高密度固相，最常用的加重材料为API重晶石粉，其密度为4.2g/cm³。在水基钻井液中膨润土是最常用的配浆材料，主要起提黏切、降滤失和造壁等作用，将它和重晶石等加重材料称作有用固相，钻屑统称无用固相。在钻井过程中应尽量减少钻井液中的钻屑含量，膨润土的用量也不宜过大，否则会造成钻井液黏切过高，还会严重影响机械钻速，并对保护油气层产生不利影响。

水基钻井液包括不分散钻井液、分散钻井液、聚合物钻井液、低固相钻液、钙处理钻井液和盐水钻井液。随着科学技术的进步，研究发展了甲酸盐类水基钻井液、硅酸盐类钻井液、聚乙二醇水基钻井液、甲基葡萄糖甙水基钻井液等多种钻井液。

（刘雨晴）

【不分散钻井液 non-dispersed drilling fluid】 黏土含量小于 3%，钻井液中基本不包含分散成小于 1μm 的固相增黏颗粒的水基钻井液。不添加任何降黏剂和分散剂来分散钻屑和黏土颗粒。包括开钻用钻井液、天然钻井液及经处理的钻井液，通常用于表层井段或一次开钻。

（刘雨晴　步玉环）

【分散钻井液 dispersed drilling fluid】 使用淡水、膨润土和各种对黏土与钻屑起分散作用的处理剂（简称分散剂）配制而成的水基钻井液。典型的分散剂有木质素磺酸盐、褐煤和丹宁等。该钻井液中也常常加入特殊的化学剂来调整或保持其特殊性能，如以磺化栲胶、磺化褐煤和磺化酚醛树脂作为主要处理剂的三磺钻井液具有较强的抗温能力，适于在深井和超深井中使用。分散钻井液缺点是抑制性和抗污染能力较差，体系中固相含量高，对提高钻速和保护油气层有不利的影响。（见钻井液处理剂）

（刘雨晴）

【低固相钻井液 low solids drilling fluid】 总固相含量低于 10%（体积）、黏土固体含量控制在 3% 或更少、钻屑含量与膨润土的比值小于 2∶1 的钻井液。特点是用聚合物处理剂作为增黏剂或膨润土增效剂，有利于提高钻井速度。（参见钻井液处理剂）

（刘雨晴）

【非抑制性钻井液 non inhibitive drilling fluid】 用淡水、膨润土和各种对黏土和岩屑起分散作用的处理剂（简称分散剂）配成的水基钻井液。又称细分散性钻井液。是最早使用的、成本较低的一类钻井液体系。其中使用的分散剂种类较多，包含起降黏作用的分散剂（降黏剂类）以及起降滤失作用的分散剂（如CMC、聚阴离子纤维素、改型褐煤类等）。它的基本特点是通过黏土在水中高度分散来满足钻井液所需的流变性和滤失性等要求。

这种钻井液具有密度较高（超过 2g/cm³）、滤饼致密而坚韧、滤失低、抗温较高等优点。但是，其抑制性、保护油气层以及抗钙侵和盐侵的能力较差。另外，由于这种钻井液中黏土亚微米粒子（直径小于 1μm 的粒子）的含量高（可超过固相质量的 70%），因此对钻井速度有不利的影响。

为了保证这种钻井液的性能良好，要求钻井液中膨润土含量控制在 10% 以内，并且随密度增加和温度升高应相应减少；同时要求钻井液中的盐含量小于1%；pH值必须超过10，以使降黏剂的作用得以发挥。

这种钻井液适用于打深井（深度超过4500m的井）和高温井（温度在200℃以上的井），但不适用于打开油层、盐岩层、石膏层和大段泥页岩地层。

📝 推荐书目

陈庭根，管志川.钻井工程理论与技术［M］.青岛：中国石油大学出版社，2017.

（步玉环　柳华杰）

【抑制性钻井液 inhibitive drilling fluid 】以页岩抑制剂为主要处理剂配成的水基钻井液。又称粗分散钻井液。由于页岩抑制剂可使黏土颗粒保持在较粗分散的状态，是为了克服非抑制性钻井液的缺点（黏土亚微米粒子含量高和耐盐能力差）而发展起来的。

这种钻井液按页岩抑制剂的不同可为聚合物钻井液、钙处理钻井液、盐水钻井液、甲酸盐类水基钻井液、硅酸盐类钻井液等类型。

📝 推荐书目

陈庭根，管志川.钻井工程理论与技术［M］.青岛：中国石油大学出版社，2017.

（步玉环　柳华杰）

【聚合物钻井液 polymer drilling fluid 】 以某些具有絮凝和包被作用的高分子聚合物作为主要处理剂的水基钻井液。聚合物的作用是包被钻屑，防止钻屑膨胀分散，以及吸附在页岩的表面抑制页岩膨胀，还起增加钻井液的黏度并减少滤失的作用。由于聚合物的存在，该钻井液中所包含的各种固相颗粒可保持在较粗的粒度范围内，便于清除。有多种类型的聚合物可以起到以上作用，如聚丙烯酰胺类、纤维素类和天然胶质类等。该钻井液中还可以加入具有防膨作用的盐，如氯化钾或氯化钠，也可以加入小相对分子质量的季铵盐或有机盐，以便得到较好的页岩稳定性。

主要优点表现在：

（1）钻井液固相含量低，有利提高钻进速度，对油气层的伤害程度也较小。

（2）剪切稀释特性强。在一定泵排量下，环空流体的黏度、切力较高，具有较强的携带岩屑的能力；而在钻头喷嘴处的高剪切速率下，流体的流动阻力较小，有利于清洁井底，提高钻速。

（3）聚合物处理剂具有较强的包被和抑制分散的作用，有利于保持井壁稳定。

（刘雨晴）

【阴离子型聚合物钻井液 anionic polymer drilling fluid】以阴离子型聚合物为主要处理剂配成的水基钻井液。这种钻井液具有携岩能力强、黏土亚微米粒子含最少、水眼黏度（指钻头水眼处高剪速下的黏度）低、井壁防塌作用和保护油气层作用较好等优点，其与钾盐等复配使用时防塌性能更好。

为了保证这种钻井液的性能良好，要求钻井液的固相含量不超过 10%（最好小于 4%）；固相中的岩屑与膨润土的质量比控制在 2∶1～2∶3 的范围内；钻井液的动切力与塑性黏度之比控制在 0.48Pa/（mPa·s）附近。通常这种钻井液适用于井深小于 3500m、井温低于 150℃地层的钻井。

（步玉环　郭胜来）

【阳离子型聚合物钻井液 cationic polymer drilling fluid】以阳离子型聚合物为主要处理剂配成的水基钻井液。由于阳离子型聚合物具有中和页岩表面负电性以及包被作用，该类钻井液具有很强的稳定页岩的能力。此外，还可以加入阳离子型表面活性剂，它可扩散至阳离子型聚合物不能扩散进去的黏土晶层间而起到稳定页岩的作用。阳离子型聚合物钻井液特别适用于易塌泥页岩层的钻井。

（步玉环　郭胜来）

【两性离子聚合物钻井液 zwitterion polymer drilling fluid】以两性离子聚合物为主要处理剂配成的水基钻井液。由于两性离子聚合物中的阳离子基团可起阳离子型聚合物稳定页岩的作用，而阴离子基团则可通过其水化作用提高钻井液的稳定性，加上这种聚合物与其他处理剂的配伍性好，因此这种钻井液成为一种性能优异的钻井液。

（步玉环　郭胜来）

【非离子型聚合物钻井液 nonionic polymer drilling fluid】以醚型聚合物为主要处理剂的水基钻井液。不仅具有很强的抑制防塌能力，而且其润滑、防泥包、防卡性能突出，还有助于钻速的提高。

非离子型聚合物钻井液具有无毒、无污染、润滑性能好、防止钻头泥包和卡钻的能力强、对井壁有稳定作用、对油气层有保护作用等特点，特别适用于海上钻井和易塌泥页岩层的钻井。

（步玉环　郭胜来）

【钙处理钻井液 calcium treated drilling fluid】 加入含钙离子的处理剂所配制成的钻井液。其组成特点是体系中同时含有一定浓度（质量浓度）的钙离子和分散剂。钙离子通过与水化作用很强的钠膨润土发生离子交换，使一部分钠膨润土转变为钙膨润土，从而减弱水化的程度。分散剂的作用是防止钙离子引起体系中的黏土颗粒絮凝过度，使其保持在适度絮凝的状态，以保证钻井液具有良好、稳定的性能。该钻井液抗盐、抗钙的能力较强；并且对所钻地层中的黏土有抑制其水化分散的作用，可在一定程度上控制页岩坍塌和井径扩大，同时能减轻对油气层的伤害，但在高温条件下易发生胶凝和固化作用。

（刘雨晴）

【盐水钻井液 salt-water drilling fluid】 用盐水（或海水）作为分散介质（连续相），加入必要的处理剂和分散剂配制而成的钻井液。含盐量从1%（Cl⁻质量浓度为6000mg/L）至饱和（Cl⁻质量浓度为189000mg/L）。通常采用低浓度盐水、海水和油田采出水配制，是一类对黏土水化有较强抑制作用的钻井液。

饱和盐水钻井液是指钻井液中NaCl含量达到饱和时的钻井液，可以用饱和盐水配成，亦可先配成钻井液再加盐至饱和。主要用于钻其他水基钻井液难以对付的大段盐岩层和复杂的盐膏层，也可作为完井液和修井液使用。

盐水钻井液中也常常加入特殊的化学剂来调整或保持钻井液的特殊性能。例如，加入凹凸棒石、羧甲基纤维素、淀粉和其他化学剂来增加流体的黏度，提高清洁井眼的性能，减少流体的滤失。

（刘雨晴 步玉环）

【甲酸盐类水基钻井液 formate water-based drilling fluid】 将甲酸与氢氧化钠或氢氧化钾在高温高压下反应制成甲酸钠、甲酸钾、甲酸铯等碱性金属盐的水基钻井液。它是在盐水钻井液和完井液基础上发展起来的，除具有盐水钻井液的特点外，还具有以下优点：

（1）抑制性强，可有效地抑制泥页岩的水化膨胀和分散，也有利于减少钻井液对油气层的伤害。

（2）易生物降解，不会造成对环境的污染。

（3）钻具、套管等金属材料在这种钻井液中的腐蚀性小。

（4）不需要加重材料就可以配制成无固相或低固相的高密度钻井液。常温下甲酸钠和甲酸钾饱和水溶液的密度分别为 $1.34g/cm^3$ 和 $1.60g/cm^3$，甲酸铯饱和水溶液密度可高达 $2.3g/cm^3$，有利于提高机械钻速和保护油气层。

（5）具有良好的抗高温、抗污染的能力，并可以降低所使用的各类添加剂在高温条件下的水解和氧化降解的速度。

（刘雨晴）

【硅酸盐类钻井液 silicate drilling fluid】 以硅酸盐类作为主要处理剂的钻井液。现场用硅酸盐类钻井液体系基本上是在低固相聚合物钻井液溶入了可溶性硅酸盐，其基液既可以是淡水也可以是海水，或NaCl、KCl盐水。应用较多的是硅酸钠体系，而混合硅酸钠–钾和纯硅酸钾的体系（可进一步改善性能）还在探索中。

苏联与美国在 20 世纪 30 年代就开始研究硅酸盐类钻井液，并证实硅酸盐类钻井液具有较好的防塌效果，并在现场使用硅酸盐（15%～20%）钻井液。但由于该钻井液的流变与滤失性能不易控制，热稳定性不好（抗温达 100℃），对测井结果有影响，因而没有广泛应用。20 世纪 90 年代，随着对环保要求越来越严格，油基钻井液的使用受到限制。为了在使用水基钻井液的情况下解决井壁稳定问题，美国、英国等重新开始研究硅酸盐类钻井液，在现场应用中不仅较好地解决了井壁的稳定问题，而且较好地满足了环保方面的要求。

硅酸盐类钻井液稳定井壁机理如下：

（1）硅酸盐在水中可以形成不同大小的颗粒，其中有离子状态的、胶体状态的和分子状态的。这些颗粒通过吸附、扩散等途径结合到井壁上，封堵地层孔喉和裂缝。

（2）进入地层的硅酸根与岩石表面或地层水中的钙镁离子发生反应形成硅酸钙沉淀，吸附在岩石表面起封堵作用。

（3）进入地层中的硅酸根遇到 pH 值小于 9 的地层水之后，会生成凝胶封堵地层孔喉和裂缝。

（4）在温度低于 80℃时，硅酸盐钻井液稳定泥页岩的机理是通过氢键力、静电力和范德华力的叠加，吸附在泥页岩表面上稳定井壁，而当温度超过 80℃（在 105℃以上更明显）时，硅酸盐中的硅醇基与黏土矿物的铝醇基发生缩合反应，产生胶结物质，把黏土等矿物颗粒结合成牢固的整体，封固井壁。

（5）硅酸盐稳定含盐膏地层的机理，主要是硅酸根与地层中的钙镁离子发生作用，生成硅酸钙、硅酸镁沉淀，从而在含膏地层形成坚韧致密的封固壳来加固井壁。

（刘雨晴）

【水基泡沫钻井液 water-base foam drilling fluid】 以液体为连续相（或称外相），气体为分散相（或称内相），并添加适量发泡剂和稳定剂配制而成的钻井液。泡沫钻井液对渗漏地层有良好的防漏、堵漏效果，具有较强的净化能力，尤其在大斜度井段和水平井段的钻井过程中，解决了沉积井眼下侧的岩屑床等问题。泡沫钻井液适用于地层裂缝发育、漏失严重、低压以及超低压地层钻井。泡沫钻井液性能稳定，具有静液柱压力低、润滑性和携岩性能好、滤失量小、摩阻小等优点。

（步玉环）

【油基钻井液 oil–based drilling fluid】 以油（通常使用柴油或矿物油）作为连

续相的钻井液。主要使用油水比在（50～80）：（50～20）范围内的油包水乳化钻井液，含水量在 5% 以下的普通油基钻井液已较少使用。与水基钻井液相比较，油基钻井液的主要特点是能抗高温，有很强的抑制性和抗盐、钙污染的能力，润滑性好，并可有效地减轻对油气层的伤害等。已成为钻深井、超深井、大位移井、水平井和各种复杂地层油井用钻井液，但其配制成本较高，对环境造成一定污染，应用受到一定的限制。

油基钻井液包括油相钻井液和油包水乳化钻井液两种类型。通常所说的油基钻井液主要指以柴油或低毒矿物油（白油）作为连续相的油包水乳化钻井液。油基钻井液添加剂主要有：乳化剂，如硬脂酸钙、烷基磺酸钙、烷基苯磺酸钙、斯盘 -80；润湿剂，如十二烷基三甲基溴化铵、卵磷脂、石油磺酸铁；亲油胶体，如有机膨润土、氧化沥青、亲油褐煤（腐殖酸酰胺）；碱度控制剂，如熟石灰；加重剂，如重晶石粉、石灰石粉、铁矿粉等。

以柴油作为基础油的油基钻井液有一定的毒性，其毒性主要来自柴油中的芳香烃，芳香烃含量越高，毒性越大。低毒油基钻井液采用低毒矿物油作为基础油，符合环保要求。在选用基础油时，一般考虑以下三方面的因素：要求配成的钻井液能满足所钻井对其性能的要求；选用的基础油要有合适的闪点和燃点，以满足安全方面的要求；毒性应符合环保要求，对接触油基钻井液的操作者无伤害。

（刘雨晴）

【油相钻井液 oil–phased drilling fluid】 液相中只含有油的油基钻井液。取心作业时常采用油相钻井液。在作业过程中钻井液会从地层中得到水，但配制中并未添加淡水或盐水，通常只含有 3%～5% 在油中乳化的水。配制时需要加入较高浓度的胶凝剂来提高黏度，还需加特殊处理剂，包括乳化剂和润湿剂（通常为脂肪酸和胺衍生物）、高分子皂类、表面活性剂、有机胺类、有机黏土以及用来调节钻井液酸碱度的石灰等。

（刘雨晴）

【生物柴油钻井液 biodiesel drilling fluid】 以生物柴油为分散介质的基油钻井液。生物柴油是将各种生物的油脂以及废弃的动植物油脂、不能作为食用油的野生作物油等成本低廉的原料通过化学工艺制成可再生的生物燃料，其主要化学成分是脂肪酸甲酯。生物柴油钻井液处理剂主要有：乳化剂、润湿剂、亲油胶体、碱度控制剂和加重剂等。

生物柴油钻井液其性能和油基钻井液性能基本相同，在大位移井、水平井钻井过程中可以有效降低摩阻，同时对油气层具有良好的保护作用，但成本较油基钻井液低得多。

（步玉环　马　睿）

【油包水乳化钻井液 invert-emulsion drilling fluid】 以水滴为分散相，油为连续相，并添加适量的乳化剂、润湿剂、亲油胶体和加重剂等所形成的稳定乳状液体系。油包水钻井液一般通过水相活度控制，有利于井壁稳定，与全油基钻井液相比不易着火，配制成本有所降低，抗温可达 200～300℃。

（步玉环　郭胜来）

【合成基钻井液 synthetic drilling fluid】 以合成的有机化合物作为连续相，盐水作为分散相，并含有乳化剂、降滤失剂、流型改进剂的钻井液。合成有机化合物的主要种类是：酯类、醚类、聚 α- 烯烃类和异构化 α- 烯烃类。使用无毒并且能够生物降解的非水溶性合成有机物取代油基钻井液中的柴油，既保持了油基钻井液的各种优良性能，又能减轻油基钻井液排放时对环境造成的不良影响，尤其适用于海上钻井、水平井及大位移井钻井，以及特殊敏感井段及储集层钻井。

酯基钻井液　酯是有机植物脂肪酸在水存在的条件下，与醇反应并以酸为催化剂的产物，是最早发现有可能成为连续相的有机化合物。植物脂肪酸来源很广，如菜籽油、豆油、椰子油等。酯基钻井液最早在北海、挪威海域进行应用，先后钻了 10 口大斜度定向井均获得好的效果。

醚基钻井液　以醚为连续相，以盐水为分散相，再配合相应的乳化剂、降滤失剂等配成。醚类与酯类有相似的物理性能，是 R—OR 型有机化合物的总称，可以由醇类与酸反应生成。分子结构中没有活泼的烃基，性能较稳定，有较好的抗盐、抗钙、抗碱能力。

聚 α- 烯烃基钻井液　由 α- 烯烃聚合而成（注：凡碳碳双链（C=C）在第 1 和第 2 个碳原子之间的烯烃统称为 α- 烯烃，即双链处于端位的烯烃，如 α- 戊烯烃、α-18 碳烯烃）。含双链，可逐渐降解，其结构式为：

$$CH_3 - (CH_2)_n - CH - CH_2 - (CH_2)_m - CH_3$$
$$|$$
$$(CH_3)_p - CH_3$$

异构化 α- 烯烃基钻井液　异构化 α- 烯烃与聚 α- 烯烃是同系列产物，均由烯烃合成，唯一的区别在于线性 α- 烯烃是制备聚 α- 烯烃的中间产物。其成本相对较低，但相对毒性较大。

（刘雨晴）

【气基钻井流体 gas-based drilling fluid】 以气体或气液混合物作为循环介质的钻井流体。以气体为主要组分来达到低密度，包括干气钻井流体、雾化钻井流体、泡沫钻井流体和充气钻井液四种主要类型。对于低压裂缝油气田、稠油油气田、低压强水敏油气田、易漏失油气田及枯竭油气田等，其油气层压力系数往往低于0.8，钻井作业时应防止井漏和压差对油气层伤害，需要采用低密度气基钻井流体实现近平衡压力钻井或欠平衡钻井。气基钻井流体还可用于可钻性差的坚硬地层以提高机械钻度。

干气钻井流体 由气体（空气、天然气和氮气）、防腐剂和干燥剂组成。密度小，不存在液体。

雾化钻井流体 少量液体分散在空气介质中所形成的雾状流体。是干气钻井流体与泡沫钻井流体之间的一种过渡形式。是在空气流中加入发泡剂或配制好的发泡液，与地层水混合，可以用来包裹钻屑，防止形成泥环，达到清除钻屑的目的。可降低井内压力，大大提高机械钻速，延长钻头使用寿命；减少对敏感性产层的伤害，有效保护油气层。需要空气量大，一般比空气钻井多30%～40%，若空气量不足，井下易发生安全问题；在超深井使用时有时腐蚀钻具。适于在溶洞性地层和漏失地层钻进中使用。

泡沫钻井流体 以液体为连续相（或称外相），气体为分散相（或称内相），并添加适量发泡剂和稳定剂而形成的分散体系。具有非常强的携带能力。对组分要求为：

（1）气相多为空气、天然气、氮气及二氧化碳气。空气、天然气混合后易燃、易爆，多采用氮气或二氧化碳气。一般以空气、少量的液氮为气相。

（2）液相分为水基、醇基、烃基和酸基。一般的泡沫主要是水基泡沫，少量的酸基泡沫。

（3）发泡剂应起泡性能好，泡沫稳定性强，抗污染能力强，凝点低，易生物降解，毒性小，亲油亲水平衡值（HLB）在9～15范围内。

（4）稳定剂关系到泡沫寿命的长短，要求稳定剂使液膜保持一定强度和气体透过性。

在低压地层中可实行欠平衡钻井，有利于保护油气层；对岩心、岩屑污染小，有利于分析地层；机械钻速快，钻头使用寿命长；可在易漏地层钻井，宜在无水地层钻进，不适用于高压层及水层（产水量大于$10m^3/h$）。

充气钻井液 以水为连续相、气体为分散相，将气体（一般为空气）均匀地分散在钻井液中，并加入适量的发泡剂和稳定剂所形成的气液混合均匀而稳定的体系。密度范围为0.6～$1.08g/cm^3$，可由气液比来控制；要求基液有较好的质量，较低的切力，易充气、易脱气、气泡均匀稳定，气液不分层。充气钻井液是塑性流体，气液比增加，塑性黏度、切力增加，随着温度升高，同等气液比的钻井液塑性黏度下降，动切力增加；充气钻井时，必须计算井筒中充气钻井液的实际密度、起钻控制井底压力、最小气液排量及循环摩擦阻力等。适应低压油气藏开发，对付低压漏失层；有很好的携砂能力，有效防止漏失；机械钻速较高；有效地开发和保护油气层，提高产量。

📝 推荐书目

Ryen Caenn et al. 钻井液和完井液的组分与性能［M］. 7 版 . 北京：石油工业出版社，2020.
张振华，鄢捷年 . 低密度钻井流体［M］. 青岛：中国石油大学出版社，2004.

（刘雨晴）

【提速钻井液 accelerated drilling fluid 】 在钻井过程中，通过加入处理剂配制的能够提高钻井速度的钻井液。处理剂主要包含润滑剂、抑制剂、降失水剂、增黏剂、包被剂、流型调节剂、絮凝剂等，同时还包括较低的微米及亚微米颗粒含量。

主要提速途径一般为：（1）消除钻头泥包，清洁钻头，提高钻井液润滑性；（2）减少钻井液中微米及亚微米的颗粒含量；（3）滤液快速渗透作用。

（马　睿　步玉环）

【仿生钻井液 bionic drilling fluid 】 通过仿生学与钻井液化学的有机结合，能够在井壁表面形成具有较强内聚力和粘附性的凝胶"仿生壳"，以提高井壁岩石强度的钻井液。借鉴具有极强粘附能力的海洋贻贝足丝蛋白在深水岩石上牢固粘附、包被的现象，研发出具有相似特性的水溶性聚合物作为钻井液处理剂，并以此形成仿生钻井液新体系。仿生钻井液体系与井壁岩石接触后，其中的仿生处理剂可以"定点"自发固化形成强度较高的粘附性凝胶"仿生壳"，从而提高近井壁岩石强度并封堵岩石微孔隙，通过"强化、封堵、抑制"的协同作用实现内外因的统一，能够有效解决井壁失稳问题。

仿生钻井液体系中，抑制剂 CQ-YZF 通过离子交换作用嵌入黏土层间域，将相邻黏土晶层通过强氢键作用束缚在一起，从而极大地抑制黏土的水化膨胀，起到"微观"上的固壁作用；固壁剂 CQGBF 自发在泥页岩近表面吸附并通过"仿生基团"与泥岩表面的 Ca^{2+}、Mg^{2+} 等金属离子发生螯合交联反应，固化形成具有较强粘附性和内聚力的凝胶膜，即"仿生壳"，"仿生壳"能够提高泥页岩的胶结强度，实现泥页岩强化；封堵剂 CQ-NWD 可以随钻井液压力在泥页岩表面均匀铺展并相互连接形成极薄且几乎无缝的滤饼，有效封堵泥页岩纳—微米级尺度的孔隙和微裂缝。

📝 推荐书目

蒋官澄.仿生钻井液理论与技术［M］.北京.石油工业出版社，2018.

（步玉环　马　睿）

【堵漏钻井液 plugging drilling fluid 】 向钻井液中加入堵漏剂，实现漏失井段堵漏或者降低滤失在井壁形成屏蔽暂堵层以便保护储层的钻井液。堵漏钻井液能够有效封堵不同性质的漏失地层，快速有效的封堵钻进过程中产生的漏失等情况，降低钻井液损耗，减少储层伤害，稳定井壁。

钻井液中加入的堵漏剂主要包括超细碳酸钙、锯末、云母、核桃壳、橡胶粒、珍珠岩、贝壳碴、沥青粒、棉籽壳和纤维材料等。

（马　睿　步玉环）

【深水钻井液 deepwater drilling fluid 】 适应于水深超过500m深水钻井而配制的钻井液，与浅水区域相比，深水钻井面临的主要问题为：（1）海底页岩的稳定性差。在深水区中，由于沉积速度、压实方式以及含水量的不同，海底页岩的活性大，胶结性较差，易于膨胀、分散，导致过量的固相或细颗粒分散在钻井液中。（2）钻井液用量大。海洋钻井需要采用隔水管，隔水管体积一般高达159m³，加上平台钻井液系统，所以钻井液需要用量大。（3）井眼清洗难度大。深水钻井时，由于开孔直径、套管和隔水管的直径都比较大，如果钻井液流速不足就难以达到清洗井眼的目的。（4）水合物生成与分解的危险。海底较高的静水压力和较低的环境温度进一步增加了浅层气生成气体水合物的可能性，尤其是节流管线、钻井隔水导管以及海底的井口里，一旦形成气体水合物，就会堵塞气管、导管、隔水管和海底防喷器等，从而造成严重的事故。（5）温度过低。随着水深加大，钻井环境的温度也越来越低，在低温下，钻井液的黏度和切力大幅度上升，而且会出现显著的胶凝现象。

针对深水钻井面临的主要问题，深水钻井液应满足如下要求：（1）有效地抑制气体水合物的产生；（2）在大直径井眼（尤其是大位移井）中应具有良好的悬浮和清除钻屑的能力；（3）具有良好的页岩稳定性，有效稳定弱胶结地层；（4）低温下具有良好的流变特性；（5）能够满足环保的要求；（6）综合成本低。

深水钻井中常用的深水钻井液体系有：高盐/木质素磺酸盐钻井液、高盐/PHPAM（部分水解聚丙烯酰胺）聚合物加聚合醇钻井液、油基钻井液以及合成基钻井液等。

（步玉环　马　睿）

【抗高温钻井液 high-temperature resistant drilling fluid 】 适应于超深井钻井井底

温度在 140℃以上的钻井液。抗高温钻井液一般应用于超深井钻井，具有高温稳定性、良好的润滑性和剪切稀释特性，固相含量低、流变性好、高压失水量低、抗各种可溶性盐类和酸性气体的污染，有利于配制、处理、维护和减轻地层污染。对易吸水膨胀分散的地层，抗高温钻井液起到防塌、防缩和防漏作用。

（马　睿　郭胜来）

【加重钻井液 weighted drilling fluid 】　用加重材料（重晶石、铁矿粉、石灰石等）加重的钻井液。一般需要同时添加增黏剂提高其黏度及切力，以保证具有良好的悬浮加重材料的能力，还需要添加适当的降黏剂或稀释剂，使其具有良好的流动性。

加重钻井液一般作为钻开油气层之前的储备钻井液。一般油气层的压力较高，打开油气层时若不能及时调整钻井液的密度，会出现作用在井底的压力不能平衡地层压力，从而出现井口溢流的状况，为了加快处理溢流的时间，一般需要储备一些已经加重的钻井液，尽量缩短配制所需平衡地层压力的钻井液。

（步玉环　马　睿）

【钻井液处理剂 additive for drilling fluid 】　用于改善和稳定钻井液性能，或为满足钻井液某种性能需要而加入的化学添加剂。是钻井液的核心组分，往往很少的加量就会对钻井液性能产生很大的影响。有时将膨润土、重晶石等配浆原材料也纳入处理剂中。

钻井液原材料和处理剂的种类品种繁多，按功能可分为降滤失剂、增黏剂、降黏剂、乳化剂、页岩抑制剂、堵漏剂、缓蚀剂、黏土、润滑剂、加重剂、采油剂、消泡剂、泡沫剂、絮凝剂、解絮剂、pH 值控制剂和解卡剂等。

（刘雨晴）

【降滤失剂 filtrate reducer 】　能减少钻井液滤失量的钻井液处理剂。主要分为纤维素类、腐殖酸类、丙烯酸类、淀粉类和树脂类等。降滤失剂加入钻井液中，通过在井壁上形成低渗透、柔韧、薄而致密的滤饼，降低钻井液的滤失量。

在钻井过程中，钻井液的滤液侵入地层会引起泥页岩水化膨胀，严重时导致井壁不稳定和其他各种井下复杂情况，钻遇产层时还会造成油气层的伤害，需要在钻井液中加入降滤失剂，以控制滤失量。

纤维素类降滤失剂有羧甲基纤维素钠盐、聚阴离子纤维素；腐殖酸类有褐煤碱液、铬腐殖酸、磺甲基褐煤等；丙烯酸类有水解聚丙烯腈、水解聚丙烯腈铵盐、水解聚丙烯腈钠盐等；淀粉类有氧化淀粉、羧甲基淀粉、羟丙基淀粉等；树脂类有磺甲基酚醛树脂、磺化褐煤树脂等。

（刘雨晴）

【增黏剂 viscositier】 提高钻井液黏度和切力的钻井液处理剂。钻井过程中，为了保证井眼清洁和安全钻进，钻井液的黏度和切力必须保持在一个合适的范围。如果黏度低了，需加一定量的增黏剂来提高黏度。影响黏度的主要因素是：钻井液中的固相含量、黏土的含量及分散程度、电解质的类型及含量、增黏剂的加量。常用的增黏剂有：膨润土、羧甲基纤维素钠盐、XC 生物聚合物、羟乙基纤维素和乙烯基类聚合物等。

（刘雨晴）

【降黏剂 thinner】 能使钻井液的黏度及切力降低的钻井液处理剂。又称解絮凝剂和稀释剂。钻井液在使用过程中，常常由于温度过高、盐侵或钙侵、固相含量增加或处理剂失效等原因，使钻井液形成的网状结构增强，黏度和切力增加。若黏度、切力过大，则会造成开泵困难、钻屑难以除去或钻井过程中激动压力过大等现象，严重时会导致各种井下复杂情况。在钻井液使用和维护过程中，经常需要加入降黏剂，以降低黏度和切力，使其具有适宜的流变性。降黏剂的种类很多，根据其作用原理不同，可分为分散性降黏剂和聚合物降黏剂两种类型。常用的分散性降黏剂有丹宁酸钠、腐殖酸钠、栲胶碱液、铁铬木质素磺酸盐等；聚合物降黏剂有 XA-40、XB-40、XY-27 等。

（刘雨晴）

【乳化剂 emulsifier】 能促使油水乳化和使乳状液保持稳定的钻井液处理剂。属于表面活性剂的范围，表面活性剂是指加很小的量就能显著改变界面性质（降低溶剂的表面张力、改变表面润湿性、润滑性等）的物质。作用机理是：在油水界面形成一定强度的吸附膜，降低油水界面张力，增加分散介质的黏度，阻止分散相液滴聚并变大，使乳状液保持稳定。主要用于油包水钻井液、水包油钻井液和混油钻井液。常用的油包水乳化剂有：硬脂酸钙、烷基磺酸钙、烷基苯磺酸钙、斯盘 -80、石油磺酸铁和腐殖酸酰胺等；水包油乳化剂有：聚氧乙烯烷基苯酚醚、十二烷基苯磺酸、三乙醇胺、烷基磺酸钠和烷基苯磺酸钠等。

（刘雨晴）

【页岩抑制剂 shale-control agent】 防止或减轻页岩水化、膨胀及分散的钻井液处理剂。钻井过程中，由于地层泥页岩的水化、膨胀及分散，造成了井眼的不稳定，产生井径缩小或井径扩大，进而导致卡钻、测井困难、固井质量下降，严重影响钻井速度与质量。凡是能有效地抑制泥页岩水化膨胀和分散，主要起稳定井壁作用的处理剂均可称为页岩抑制剂，又称防塌剂。由于抑制机理不同，这类处理剂可以分为三种类型的产品：一是包被絮凝类，如聚阴离子纤维素、乙烯基聚合物；二是封堵裂隙类，如氧化沥青、磺化沥青、乳化沥青、腐殖酸钾、聚合醇类；三是无机和有机盐类，如氯化钠、氯化钾、氯化钙、硅酸钠、甲酸钠、甲酸钾、甲酸铯等。

（刘雨晴）

【堵漏剂 lost circulation material 】 能防止或减轻钻井液在井下漏失的材料。主要用于封堵漏失地层，以恢复钻井液的循环。常用的堵漏剂有三种类型：一是纤维状堵漏剂，这些材料的刚度较小，容易挤入发生漏失的地层孔洞中，产生很大的摩擦阻力，从而起封堵作用，如棉纤维、木质纤维、甘蔗渣和锯末等；二是薄片状堵漏剂，这些材料可平铺在地层表面，从而堵塞裂缝，如塑料碎片、赛璐珞粉、云母片和木片等；三是颗粒状堵漏剂，这类材料大多是通过挤入地层孔隙而起到堵漏作用的，如核桃壳、贝壳粉、蛭石和具有较高强度的碳酸盐岩石颗粒等。

（刘雨晴）

【缓蚀剂 corrosion inhibitor 】 能减轻或抑制钻井液对设备及管柱腐蚀作用的钻井液处理剂。钻井作业中，金属部件与含有电解质的钻井液相接触，往往会通过电化学过程而产生腐蚀。在钻遇含硫化氢地层时，会引起金属材料的氢脆和硫化物应力腐蚀。钻井液和地层中还有一些其他的腐蚀介质，会引起钻具不同程度的腐蚀。常用的缓蚀剂可分为无机和有机两大类。无机缓蚀剂有除氧剂亚硫酸钠、亚硫酸氢钠；除硫剂有碱式碳酸锌、海绵铁等。有机缓蚀剂有吸附型表面活性剂烷基氯化吡啶、烷基三甲基氯化铵；成膜型缓蚀剂有乙炔醇、丙炔醇等。此外，还可通过调整 pH 值等方法防止二氧化碳引起的腐蚀。

（刘雨晴）

【润滑剂 lubricant 】 提高钻井液润滑性的钻井液处理剂。影响钻井扭矩和阻力以及钻具磨损的主要可调节因素是钻井液的润滑性能，钻井液润滑剂主要用来降低摩擦系数，减少钻具扭矩，防止压差卡钻。钻井液的润滑性能通常包括滤饼的润滑性能和钻井液流体自身的润滑性能两方面。钻井液和滤饼的摩阻系数，是评价钻井液润滑性能的主要技术指标。钻超深井、大斜度井、水平井和丛式井时，钻柱的旋转阻力和提拉阻力会大幅度增大。常用的润滑剂有惰性固体润滑剂，如塑料小球、石墨粉、玻璃微珠；液体类润滑剂有矿物油、植物油和表面活性剂等，如柴油、白油、磺化棉子油、磺化蓖麻油、聚氧乙烯硬脂酸酯 -6、十二烷基苯磺酸三乙醇胺等。

（刘雨晴）

【加重剂 weighting material】 用于提高钻井液密度的钻井液处理剂。又称加重材料。是由不溶于水的惰性物质经研磨加工制备而成。为了平衡地层压力和稳定井壁，需将其添加到钻井液中以提高钻井液密度。加重材料应具备的条件是自身的密度大、磨损性小、易粉碎，并且应属于惰性物质，既不溶于钻井液，也不与钻井液中的其他组分发生相互反应。常用的加重剂有：（1）重晶石粉，是以硫酸钡（$BaSO_4$）为主要成分的天然矿石，密度可达 $4.2g/cm^3$；（2）石灰石粉，是以碳酸钙（$CaCO_3$）为主要成分的天然矿石，密度为 $2.7\sim2.9g/cm^3$，易与盐酸等无机酸类发生反应，生成可溶性盐；（3）铁矿粉和钛铁矿粉，前者主要成分是三氧化二铁（Fe_2O_3），密度 $4.9\sim5.3g/cm^3$，后者成分为三氧化二铁（Fe_2O_3）和二氧化钛（TiO_2），密度 $4.5\sim5.1g/cm^3$，这两种材料的硬度为重晶石的两倍，既耐研磨又有较强的磨损性。

（刘雨晴）

【絮凝剂 flocculant】 使钻井液中的胶体粒子和固体颗粒发生絮凝的钻井液处理剂。常指可使黏土悬浮液中的黏土颗粒聚集在一起形成网状结构的处理剂。絮凝剂会使钻井液中的一些细颗粒聚集在一起形成粒子团，从而易于靠重力沉降或固控设备将其清除，有利于保持钻井液的低固相。有些情况下，絮凝剂能使钻井液稠化，有提高黏度和切力的功能。常用的絮凝剂分为无机物和有机物两大类，无机物有氯化钠、熟石灰、石膏、纯碱、碳酸氢钠等；有机物有聚丙烯酰胺（PAM）、部分水解聚丙烯酰胺（PHPAM）、丙烯酰胺与丙烯酸钠共聚物，以及丙烯酸与丙烯酰胺、丙烯腈、丙烯磺酸钠的共聚物等。

（刘雨晴）

【解卡剂 pipe-freeing agent】 能解除钻柱黏卡的钻井液处理剂。大多数卡钻是由于钻井液液柱静压力与地层压力之间的压力差把钻柱抵向井壁造成压差卡钻，即压差黏附卡钻。出现这种卡钻的条件是钻井液静液压力大于地层压力，存在渗透性地层，且其上形成了较厚的滤饼，钻柱和滤饼接触。解卡剂中的油、渗透剂、表面活性剂等在浸泡黏卡的钻柱时，解卡剂通过破坏滤饼，渗透到钻柱周围，使钻柱表面具有亲油性，钻柱周围的压力达到平衡，从而得以解卡。常用的解卡剂有 SR-301，是由氧化沥青、油酸、环烷酸、OP-7、石灰及渗透剂JEC、柴油及水配制而成。

（刘雨晴）

【除钙剂 calcium remover】 能除去钻井液中钙离子的钻井液处理剂。主要用于清除钻井液体系中不必要的钙离子（Ca^{2+}）。某些地区的配浆水中含有较高钙离子，钻遇石膏（$CaSO_4$）层、膏泥岩时，大量的石膏进入钻井液中，有时钻水泥塞时，也有大量的钙离子进入钻井液中。钙离子对黏土颗粒的絮凝、聚结作用，使钻井液性能发生变化，需加入除钙剂及时清除钙离子。常用的除钙剂有碳酸钠、碳酸氢钠、硫酸铵、酸式焦磷酸钠等。

（刘雨晴）

【pH 值控制剂 pH control agent】 调整钻井液酸碱度的钻井液处理剂。钻井液体系的酸碱度对保持体系性能的稳定是十分重要的。钻井液体系一般为弱碱、碱性体系。部分降黏剂，如丹宁、铁铬木质素磺酸盐（FCLS）、褐煤等必须在碱性环境中才起作用。pH 值控制剂多为无机盐类和碱类，常用的有纯碱（Na_2CO_3）、碳酸氢钠（$NaHCO_3$）、烧碱（NaOH）、钾碱（KOH）等。

（刘雨晴）

【黏土 clay】 黏粒含量大于 30% 或塑性指数大于 17 的黏性土。塑性很强，粗略鉴别的标志是能将其搓成直径小于 1mm 的细长土条。主要是由黏土矿物（含水的铝硅酸盐）组成。某些黏土除含黏土矿物外，还含有不定量的非黏土矿物，如石英、长石等。许多黏土还含有非晶质矿物，如蛋白石、氢氧化铁、氢氧化铝等。大多数黏土颗粒的粒径小于 $2\mu m$，它们在水中具有分散性、带电性以及水化性，并可进行离子交换。这些性能都是在配制和处理钻井液时需要考虑的因素。

黏土中常见的黏土矿物有三种：高岭石、蒙皂石、伊利石（也称水云母）。不同的黏土矿物的化学组分和晶体结构是不同的。高岭石的氧化铝含量较高，氧化硅含量较低。蒙皂石的氧化铝含量较低，氧化硅含量较高。伊利石的特点是晶层中含有较多钾离子。钻井液配浆用的主要原材料膨润土是黏土的一种。

（刘雨晴）

【膨润土（钻井液）bentonite】 主要由钠蒙皂石组成的黏土。具有吸水性、悬浮性、膨润性、黏结性和造浆性高等特点，为配制钻井液的主要原料，在携带岩屑、保护井壁、冷却钻头、减少阻力和提高钻速方面具有良好的作用。钻井液中适当的膨润土含量可以提高钻井液的塑性黏度、静切力和动切力，增强钻井液对钻屑的悬浮和携带能力，降低滤失量，形成致密滤饼。常见钻井液的膨润土含量应保持在 20～60g/L 范围内。

（刘雨晴）

【封堵型防塌堵剂 blockinganti-sloughingagent】 通过堵塞井壁孔隙、降低孔隙度，从而阻缓水从井眼向地层迁移的钻井液处理剂。其种类包括沥青类防塌剂、聚合醇类防塌剂、铝化合物防塌剂和硅酸盐防塌剂。

沥青类防塌剂 这类防塌剂一般含有不溶于水的沥青颗粒，并且有一定的软化点。当井眼内有足够高的温度和压力时，它们就软化变形，并被挤入井壁微裂缝中，与滤饼一起有效地封堵地层。钻井工程中所使用的沥青类产品包括天然沥青、改性沥青、磺化沥青及乳化沥青等。沥青对水、酸及碱有很高的稳定性，在水中浸泡3年仅膨胀10%。但沥青类防塌剂的荧光较强，在不能将其荧光与地层原油的荧光区别开的情况下，不宜将其用于探井的钻进过程中。油溶性树脂也是靠地层温度和压力的作用而软化并封堵地层孔隙的。

聚合醇类防塌剂 已作为防塌剂应用的聚合醇包括聚乙二醇、聚丙二醇、乙二醇–丙二醇共聚物等。聚丙二醇的通式为 $HOCH(CH_3)CH_2O[CH_2CH(CH_3)O]_nH$，正如其他聚环氧烷类的非离子表面活性剂一样，聚合醇类也有浊点，即在常温下可溶于水。当温度超过一定范围之后，其分子便聚集成塑性的团粒，在井眼压力作用下被挤入井壁缝隙，并逐渐把缝隙堵住。因为井眼内钻井液的温度低于井底的地层温度，有时聚合醇在井眼内为溶解状态，在随滤液进入井壁缝隙之后，可能由于温度已达到浊点以上而析出来堵塞缝隙。pH值和压力对浊点的影响不大，而聚合醇加量、电解质种类和浓度对浊点的影响很大。加有该类防塌剂的钻井液被称为热活化钻井液乳浊体系（TAME）。

铝化合物防塌剂 铝的无机化合物在pH值为9～12的范围内一般极难溶解。为了使溶解态铝在水基钻井液中达到足够的浓度，有时以腐殖酸、灰黄霉酸与铝离子形成螯合物，称为铝复合物或氢氧化铝发生体（AHG）。它们在pH值达到10以上时可稳定存在于溶液中；当其从井眼进入井壁孔隙后，由于pH值降低而被析出并沉淀，即可产生封堵作用。有时使用碱性更高的铝酸钠，一般加量为0.5%～3%，并可与3%～15%的纸浆废液复配。其中的溶解铝也是在到达井壁孔隙时因pH值降低而产生沉淀从而起到封堵作用。但是，铝酸钠钻井液的碱度太高，性能很难控制，不可能有广泛的应用前景。

硅酸盐防塌剂 硅酸盐是指水溶性硅酸盐，主要是硅酸钠，也叫泡花碱或水玻璃，对于蒙脱石含量很高的地层可使用硅酸钾或硅酸钾钠（混合金属硅酸盐）防塌剂。其主要作用是由于孔隙流体的pH值小于9，或由于孔隙中存在许多钙镁离子，因此，当该类防塌剂到达井壁孔隙时立即生成硅酸凝胶或硅酸钙镁沉淀，将孔隙堵塞。

（步玉环　马　睿）

【消泡剂 defoamer】 能减少或抑制钻井液产生泡沫的钻井液处理剂。空气通过地面设备进入钻井液，来自地层中的气体侵入钻井液，某些处理剂在钻井液中所形成的气泡，都能影响钻井液的性能，导致钻井液黏度上升，密度降低，轻则钻井泵上水不好，重则可能引进井涌、井喷、井塌等井下复杂情况，需要添加消泡剂来除泡。常用的消泡剂有柴油、甘油聚醚、硬脂酸铝、泡敌、植物油的硫酸盐等。

（刘雨晴）

【泡沫剂 foamer；foaming agent】 使钻井液和其他流体产生泡沫的钻井液处理剂。泡沫是气体分散在液体中的分散体系，气体是分散相（不连续相），液体是分散介质（连续相）。气体和液体密度相差很大，在液体中气泡总是很快上升到液面，形成由少量液体构成的液膜分隔的气泡聚集物，即泡沫。纯液体是很难形成稳定的泡沫的，要使泡沫稳定，必须加入表面活性剂或聚合物等泡沫剂。在气—液界面上形成坚固的膜。常用的泡沫剂有四大类：表面活性剂类，如十二烷基磺酸钠、十二醇硫酸钠等；蛋白质类，如蛋白质、明胶等；固体粉末类，如炭粉、矿粉、黏土等；其他类，如聚乙烯醇、羧甲基纤维素钠盐、皂素等。

（刘雨晴）

【稳泡剂 foam stabilizer】 具有延长和稳定泡沫保持长久性能的表面活性剂。常见稳泡剂有：（1）大分子物质。如聚丙烯酰胺、聚乙烯醇、蛋白、多肽、淀粉、纤维素等。该类物质由于能够提高泡沫的黏度，降低泡沫流动性，从而具有一定的稳泡效果。但使用操作复杂，效果有限，发泡量降低。（2）硅树脂聚醚乳液类（MPS）。该类分子能够控制气泡液膜的结构稳定性，使表面活性剂分子在气泡的液膜有秩序的分布，赋予泡沫良好的弹性和自修复能力。优点：稳泡效果明显，使用方便。缺点是合成异构体多，难以控制，使用范围仅限于对十二烷基硫酸钠（K12），脂肪醇聚氧乙烯醚硫酸钠（AES），α-烯基磺酸钠（AOS）等阴离子表面活性剂的稳泡。（3）非离子表面活性剂。十二烷基二甲基氧化胺、烷基醇酰胺，该类物质稳泡机理是降低液膜阴离子表面活性剂阴离子基团的排斥力从而实现稳泡。稳泡效果一般，且十二烷基二甲基氧化胺和烷基醇酰胺产品五花八门，质量难辨，副产物和不利于稳泡的杂质较多。

（马　睿）

【杀菌剂 bactericide】 杀灭细菌或抑制钻井液中细菌生长繁殖的钻井液处理剂。钻井液中存在的细菌会使其中所含的一些处理剂如淀粉、生物聚合物、多糖类等发酵而失效。此外，这些细菌还会粘附在钻具或套管上，形成垢斑，使钻具产生电化腐蚀；还会使钻井液中所含的硫酸盐分解，产生硫化氢，同时使氢气逸出，加速钻具腐蚀。为了控制细菌的有害影响，必要时须在钻井液中加入杀菌剂。杀菌剂按化学成分可以分为无机杀菌剂（如氯、溴、次氯酸钠、铬酸盐、硫酸铜、汞和银的化合物等）、有机杀菌剂（如氯酚类、氯胺、季铵盐、醛类、烯醛类等）；按杀菌机理可分为氧化型杀菌剂和非氧化型杀菌剂。钻井液中常用的杀菌剂有甲醛、多聚甲醛、氯化苯酚等。

（刘雨晴）

【钻井液性能 performance of drilling fluid】 为了满足钻进不同地层安全钻进需求，钻井液需要具有适合钻井要求的物理、化学或组分含量等性能。

按照 API（America Petroleum Institute）推荐的钻井液性能测试标准，需要检测的钻井液常规性能有密度、漏斗黏度、塑性黏度、动切力、静切力、API 滤失量、HTHP 滤失量、pH 值、含砂量、固相含量、膨润土含量和滤液各种离子浓度。

（步玉环　马　睿）

【钻井液密度 density of drilling fluid】 单位体积钻井液的质量。钻井液密度是确保安全、快速钻井和保护油气层的一个十分重要的参数。通过密度的变化，可调节钻井液在井筒内的静液柱压力，以平衡地层孔隙压力。有时亦用于平衡地层构造应力，以避免井塌的发生。如果密度过高，超过地层破裂压力，易引起漏失，增加对地层的压持效应，不利于油层保护；而密度过低则容易发生井涌甚至井喷，还会造成井塌、井径缩小和携屑能力下降。在一口井的钻井工程设计中，必须准确、合理地确定不同井段钻井液的密度范围，并在钻进过程中随时进行检测和调整。通常用钻井液密度计来测定钻井液密度，精度应达到 $\pm 0.01 \text{g/cm}^3$。

（刘雨晴）

【流变性 drilling fluid rheology】 在外力作用下，钻井液发生流动和变形的特性，其中流动性是主要方面。通常用钻井液的流变曲线和塑性黏度、动切力、静切力、表观黏度等流变参数来描述。钻井液流变性是钻井液的一项基本性能，在解决下列钻井问题时起着十分重要的作用：（1）携带岩屑，保证井底和井眼的清洁；（2）悬浮岩屑与加重剂；（3）提高机械钻速；（4）保持井眼规则和保证井下安全。此外，钻井液的某些流变参数还直接用于钻井水力学的有关计算。

钻井液流变性的核心是研究各种钻井液的剪切应力与剪切速率之间的关系。

根据这种关系，钻井液可分为牛顿流体、假塑性流体、塑性流体、膨胀流体。广泛使用的多数钻井液为塑性流体和假塑性流体。

（刘雨晴）

【漏斗黏度 funnel viscosity】 用一定规格的漏斗，流出一定体积（500mL 或 946mL）的钻井液所花的时间（秒）来衡量钻井液黏度的大小，是一种相对黏度。漏斗黏度计多用于野外或小规模实验室。API 规定使用的漏斗黏度计称为"马氏漏斗（Marsh funnel）"，用该漏斗测定的钻井液相对黏度值以秒（s）为单位，为"API 秒"。

（刘雨晴）

【动切力 yield point】 反映钻井流体在层流条件下空间网架结构的强度，计量单位为 Pa。又称屈服值。物理意义是：钻井液在层流时黏土颗粒之间及高聚物分子之间的相互作用力（形成空间网状结构之力）。动切力的大小关系到钻井流体携带岩屑的能力，较大的动切力可用较小的环空上返速度就能携带粗颗粒岩屑。凡是影响钻井液形成结构的因素均会影响动切力，主要影响因素为：（1）钻井液中易水化膨胀和分散的膨润土愈多，动切力上升愈快；（2）NaCl、$CaCl_2$ 等电解质进入钻井液时亦增加动切力；（3）钻井液中加入降黏剂，易拆散网架结构，降低动切力。用直读式旋转黏度计测量值可确定动切力。

（刘雨晴）

【静切力 gel strength】 反映钻井液在静止状态下空间网架结构的强度，计量单位为 Pa。物理意义是：当钻井液静止时破坏钻井液内部单位面积上的结构所需的剪切力。随着静置时间的增长，钻井液内部结构序列逐渐趋向稳定，结构发育趋向完善，静切力也增大。衡量结构强度增长的快慢，规定静切力必须测量两次，API 标准规定测量静置 10s 和静置 10min 的静切力，分别称为初切力和终切力。静切力的大小反映了悬浮钻屑的能力。静切力大会造成恢复循环时开泵泵压过高。

（刘雨晴）

【表观黏度 apparent viscosity】 在某一流速梯度下剪切应力与相应流速梯度的比值。用六速直读式旋转黏度计在 600r/min 转动时测得钻井液读值的一半为该钻井液的表观黏度，其计量单位为"mPa·s"。表观黏度等于塑性黏度与由屈服值和流速梯度所决定的那部分黏度（结构黏度）之和，它反映两者的总黏滞作用，是"总黏度"的意思。表观黏度越大，流体流动的摩擦阻力越大。

（步玉环 郭胜来）

【**塑性黏度 plastic viscosity**】 钻井液连续网状结构的拆散速度等于恢复速度，并不再随剪切应力变化时的黏度，表征钻井液内摩擦性质的量度参数。可以采用塑性流体流变曲线斜率的倒数表示。塑性黏度是由流体在层流状态下体系中固相颗粒之间、固相颗粒与周围液相之间、液相分子之间的摩擦形成的。它受钻井液的固相含量、固相颗粒形状和分散程度、表面润滑性、液相黏度和高分子物质的浓度的影响。与钻井液的悬浮能力有直接关系。

📝 推荐书目

管志川，陈庭根.钻井工程理论与技术.2版［M］.青岛：中国石油大学出版社，2017.

（步玉环　马　睿）

【**动塑比 dynamic plastic ratio**】 钻井液的动切力与塑性黏度之比，反映了钻井液结构强度与塑性黏度的比例关系。动塑比的大小直接影响钻井液在环空中的流态和剪切稀释特性。动塑比大，流动过水断面较平缓，剪切稀释能力强，但流动阻力大，要求的泵压高。理想的动塑比值在0.36～0.48有利于钻井液流动及岩屑携带。

（柳华杰　步玉环）

【**钻井液失水 drilling fluid loss**】 在压力差的作用下，钻井液中的自由水向井壁岩石的裂隙或孔隙中渗透的现象。又称钻井液滤失。钻井液失水的两个前提条件是：存在压力差和存在裂隙或岩石孔隙。在失水过程中，随着钻井液中的自由水进入岩层，钻井液中的固相颗粒便附着在井壁上形成滤饼。

根据钻井过程的不同情况，存在不同类型的滤失，即瞬时滤失、动滤失和静滤失。

瞬时滤失　在钻头破碎岩石形成新的井眼而滤饼尚未形成的一段时间内，钻井液迅速向地层渗滤。瞬时滤失有利于提高钻速，但严重伤害油气层。

动滤失　在已形成的井眼内，随着钻井液的渗滤，在井壁上形成一层滤饼，并不断增厚、密实。同时，形成的滤饼又受到钻井液的冲刷和钻柱的碰撞、刮挤而遭到破坏。最终，滤饼形成速度等于破坏速度而达到平衡，此时滤饼厚度不变，滤失速率也保持不变，这种钻井液在井内循环流动时的滤失过程称为动滤失。

静滤失　钻井液在停止循环时的滤失过程称为静滤失。随着滤失过程的进行，滤饼逐渐增厚，滤失阻力逐渐增大，滤失速率逐渐减小。

（步玉环　马　睿）

【**滤失量 filtration**】 对钻井液进行压滤试验时，通过过滤介质和所形成滤饼的滤液体积。钻井液的滤失量越小，表明越易形成低渗透、柔韧、薄而致密的滤饼，从而有利于稳定井壁、保护油气层。影响滤失量的因素有：（1）随时间的增长滤失量增加，与时间的平方根成正比。（2）当过滤介质恒定时，滤失量将随压差的平方根成正比变化。（3）随温度上升，滤液黏度降低，滤失量增大。（4）滤饼薄而韧、致密，则滤失量降低。（5）钻井液中的黏土颗粒适当分散，则有利于滤失量降低。

滤失量分静滤失量和动滤失量，一般只要求测静滤失量。静滤失量分 *API* 滤失量和高温高压（*HTHP*）滤失量。API 滤失量为钻井液在常温、690kPa 压差、30min 下的滤失量。高温高压滤失量为钻井液在 150℃、3450kPa、30min 下的滤失量。高温高压条件对钻井液性能影响很大，它使钻井液中的黏土分散状态发生变化，使处理剂发生降解、交联等作用，也使液相的黏度、液相与井壁的相互作用发生变化，进而影响钻井液性能的稳定和井壁的稳定，所以对深井钻井液特别强调要有适当低的高温高压滤失量，一般要求在 10～20mL 之间。

（刘雨晴）

【钻井液含砂量 sand content of drilling fluid 】 钻井液中粒径大于 0.076mm 的悬浮固相的含量，以体积百分数计算。在钻井过程中，如果钻井液中含砂量高时，形成的滤饼质量差，引起滤失量增加，密度增加，同时增加对钻柱、循环管线、泵配件的磨损和冲蚀。一般情况下现场使用除砂器来控制含砂量。

（刘雨晴）

【钻井液滤饼 filter cake of drilling fluid 】 钻井液在过滤过程中沉积在过滤介质上的固相沉积物，用厚度计量。又称泥饼。钻井过程中，从钻头破碎地层形成井眼的瞬间开始，钻井液的滤液便向地层的孔隙中渗透，固体颗粒便粘附在井壁上形成滤饼。滤饼的厚度与滤失量大小有关。一般情况下，滤失量越大，滤饼亦越厚。滤饼厚易造成井眼缩小，起下钻阻卡，也不利于储层保护，要求钻井液的滤饼薄而韧，具有可压缩性、渗透性低等特性。

（刘雨晴）

【钻井液固相含量 solids content in drilling fluid 】 钻井液中所含固相物质的总量，一般以体积百分数计量。固相物质在钻井液中起着重要作用，它的类型、含量和颗粒的大小直接影响钻井液的物理和化学性能。就固相物质的密度而言，有高密度的固相，主要是指重晶石及其他加重材料；有低密度的固相，主要是指膨润土、岩屑等。按 API 标准可分为黏土（或胶体颗粒），尺寸小于 2μm ；泥，尺寸在 2～74μm 之间；砂子，尺寸大于 74μm 。钻井液中固相按其作用可分为：

有用固相，如膨润土、加重材料以及非水溶性或油溶性的化学处理剂；无用固相，如钻屑、劣质土和砂粒等。钻井实践证明，过量无用固相的存在是破坏钻井液性能、降低钻速并导致各种井下复杂情况的最大隐患。必须对钻井液中的固相进行有效的控制。在保存适量有用固相的前提下，应尽可能地清除无用固相。

（刘雨晴）

【钻井液电稳定性 electric stability of drilling fluid 】 用破乳电压来表示的油基钻井液的相对乳化稳定性。油基钻井液的核心问题是在使用过程中，必须确保乳状液的乳化稳定性。衡量乳状液乳化稳定性的定量指标主要是破乳电压，其值越高钻井液越稳定。按一般要求，油包水乳状液的破乳电压不得低于 400V。实际上，许多性能良好的钻井液，其破乳电压都在 2000V 以上。各类油包水钻井液在使用中电稳定性变差，通常是由于钻井液中出现亲水固体和/或钻遇水层而引起的，应及时补充乳化剂和润湿剂，并注意调整好油水比，使原有的乳化稳定性尽快恢复，保持钻井液的电稳定性。

（刘雨晴）

【钻井液污染 drilling fluid contamination 】 外来物质侵入钻井液使其性能变差的现象。在钻井过程中，钻井液会遇到地层、配浆水以及配制和处理钻井液的各种材料中不符合需要和有害物质的污染。这些污染主要是固相、化学和细菌污染。污染物的不良影响，直接造成控制钻井液性能方面的困难。往往在一次循环里，污染物会迅速地改变钻井液的物理和化学特性。

主要表现是其性能不稳定，难以控制滤失量和流变性变差。钻井过程中如果没有明显的其他原因而钻井液性能又难以控制时，则可判断有污染物存在。确定污染物存在的最可靠的方法是定期、正确评价和分析钻井液的物理和化学性质，这样将有助于早期发现污染和采取正确的处理措施。

固相污染 地层中的固相颗粒侵入钻井液使其性能变差的现象。钻进地层时产生钻屑和坍塌物，其组成和所钻地层是完全一样的，地层固相的污染程度主要取决于其所钻地层类型和颗粒大小及所用钻井液的类型等。钻页岩时，页岩含有黏土，它在钻井液中会不断水化分散，使钻井液固相升高，对钻井液危害很大。

化学污染 钻井液遇到地层中的可溶性盐类、酸性气体以及在处理钻井液的材料不符合要求时，均会发生化学物质的侵污，使钻井液性能失去控制。常见的化学污染物质有：氯化钠（NaCl）、氯化钙（$CaCl_2$）、氯化镁（$MgCl_2$）、氯化钾（KCl）、硫酸钠（Na_2SO_4）、硫酸钙（$CaSO_4$）、硫酸镁（$MgSO_4$）、氢氧化钙［Ca（OH）$_2$］、二氧化碳（CO_2）、硫化氢（H_2S）等。一般发生化学污染时，钻井液的黏度升高、滤失量增大、pH值降低。需要特别指出的是，当H_2S污染严重时，保护井场和周围人员安全是刻不容缓的重要问题，应采取应急措施。

细菌污染　细菌在钻井液中活动、繁殖而使钻井液性能变差的现象。细菌在自然界分布广泛，1g典型土样可包括1亿个细菌，按质量计，仅有约10×10^{-3}μg。细菌可分为两大类：需氧细菌和厌氧细菌。需氧细菌需要氧气，厌氧细菌只在低氧环境繁殖。在钻井液长时间不循环时，需氧细菌可使有机的增黏剂和降滤失剂分解。并且厌氧细菌可使硫酸根离子（SO_4^{2-}）还原成硫化氢（H_2S），而硫化氢使钻井液具有腐蚀性。防止细菌繁殖最好的方法是保持钻井液比较高的pH值，保持一定的含盐量和尽量少用生物降解的处理剂。

推荐书目

Ryen Caenn et al. 钻井液和完井液的组分与性能［M］.7版.北京：石油工业出版社，2020.

樊世忠，鄢捷年，周大晨.钻井液完井液及保护油气层技术［M］.青岛：中国石油大学出版社，1996.

（刘雨晴）

【钻井液性能检测仪器 testing instruments for drilling fluid performance 】 对钻井液的密度、黏度、滤失、含砂量等性能进行检测的仪器。检测钻井液性能的主要仪器有：钻井液密度计、密度计、黏度计、钻井液滤失量测定仪、钻井液含砂量测定仪和钻井液极压润滑仪等。

（步玉环　马　睿）

【钻井液罐液位计 mud tank level indicator 】 测量钻井液罐液面高度的仪表。钻井液罐内液位是计算钻井液体积的中间变量。通常都是采用浮漂式液位传感器把液位变化转换为电位器中心头的位置变化，进而转换为电压信号。该仪器的优点是传动灵活、可靠，传动机构与钻井液隔离，且都通过一定阻尼以减弱钻井液波动对计量的影响，获得广泛地应用。

此外，也有的将浮球与一位置固定的小液缸相连，从而把液位变化直接转换为液压压力变化。

（马家骥）

【密度计 density indicator 】 专门用于测定钻井液密度的仪器。密度计种类比较多，测量钻井液密度的密度秤由钻井液杯、平衡锤和自由移动的游码构成（见图）。为使平衡精确，臂梁上装有水准泡（必要时可使用扩大量程的附件）。

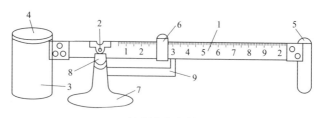

钻井液密度秤

1—秤杆；2—主刀口；3—钻井液杯；4—杯盖；5—校正筒；6—游码；7—底座；8—主刀垫；9—挡壁

（刘雨晴）

【**黏度计 viscometer**】 测量钻井液黏度和动切力的专用仪器。包括漏斗黏度计和旋转黏度计两种。

漏斗黏度计 常用的为马氏漏斗黏度计。马氏漏斗（见图1）被标定为温度 $21 \pm 3℃$（$70 \pm 5°F$）时，从漏斗中流出 $946cm^3$（1夸脱）清水的时间为 $26 \pm 0.5s$。所用接收器是带刻度的杯子。

旋转黏度计 结构见图2，其测量原理是：钻井液处于两个同心圆筒间的环形空间内。外筒或转筒以恒速旋转。转筒在钻井液中的旋转对内筒或悬锤产生一个扭矩。扭力弹簧阻止内筒转动，同时，与内筒相连的表盘指示内筒的转动位置。调好仪器常数，通过记录转筒分别以 300r/min 和 600r/min 转动时的读值可得到*塑性黏度*和*动切力*。

图 1　马氏漏斗和钻井液杯　　　　图 2　旋转黏度计

（刘雨晴）

【**钻井液滤失量测定仪 drilling fluid loss meter**】 在规定的条件下测量钻井液滤失量的专用仪器，分为 API 滤失量测定仪和高温高压滤失量测定仪。

　　API 滤失量测定仪 结构见图1。主要组件是一个内径为 76.2mm、高度为

64.0mm的筒状钻井液杯。钻井液杯由耐强碱溶液的材料制成，并被装配成加压介质方便地从其顶部进入和放掉。在钻井液杯下的底座上放一张直径9cm的滤纸。仪器的过滤面积为$4580 \pm 60mm^2$。在底座的下部安装了一个排出管，用来向量筒内排放滤液。用密封圈密封后，将整个装置放置在一个支架上。

压力可由任何无危险的流体介质来施加，气体或液体均可。加压器上装压力调节器，以便由便携式气瓶、小型气弹或液压装置等提供压力。

高温高压滤失量测定仪　结构见图2。主要组件包括承受高压的钻井液杯、可控制的压力源（二氧化碳或氮气）、压力调节器、加热系统、能防止滤液蒸发并承受一定回压的滤液接收器以及合适的支撑架等。钻井液杯有温度计孔、耐油密封圈、用于支持过滤介质的底座以及用于控制滤液排放的位于滤液排放管上的阀门。密封圈需要经常更换。测量时使用专用滤纸。

图1　API滤失量测定仪　　图2　高温高压滤失量测定仪

（刘雨晴）

【钻井液含砂量测定仪 sand content apparatus】　利用一套筛砂装置测量钻井液含砂量的专用仪器（见图）。钻井液的含砂量是指粒径大于74μm的颗粒在钻井液中的体积百分数。由直径为63.5mm的200目筛、与筛子配套的漏斗和标有应加钻井液样品体积刻度线的玻璃测量管组成。为直接读出含砂百分数，在此玻璃测量管上标有0～20的百分数刻度线。

含砂量测定仪

（刘雨晴）

钻井液极压润滑仪

【钻井液极压润滑仪 extreme pressure and lubricity tester】 测量钻井液摩阻系数的专用仪器（见图）。是用一个钢环模拟钻柱，给它施以一定的载荷，使它紧压在起井壁作用的金属材料上。摩擦过程在钻井液中进行，摩擦环旋转时产生惯性力，从而使钻井液流动。在固定的转速下转动钢环，记录钢环和金属材料间的接触压力、力矩和仪表上的读数，经换算可得到钻井液的摩擦阻力值。

（刘雨晴）

钻井工艺技术

【钻前工程 preliminary work for spudding】 为油气井开钻作准备的地面建设工程。包括新区临时工程和钻前准备工程。

新区临时工程主要项目有临时房屋建设、临时公路建设、供水工程、供电工程、通信工程和环保工程建设等；钻前准备工程主要项目有临时房屋建设、井场（生产区和生活区）平整、钻机基础修建、公路建设、环保工程和搬迁安装等。

一般钻前工程建设把新区临时工程和钻前准备工程捆在一起作统一的安排，可划分为 4 个阶段：（1）地面踏勘设计阶段。选定井场位置，确定公路走向，提出施工设计方案。（2）土建工程施工阶段。修公路、平井场、打基础、建生活区和钻水井等。（3）设备安装阶段。供电、供水、通信、污水处理等系统设备以及钻井设备搬迁和安装。（4）验收阶段。对所有钻前工程项目进行全面检查，通过试运行、调试和整改等程序，使其达到设计要求和满足开钻需要。在钻井施工期间必须加强钻前工程的保养和维修，为提高钻井工程速度和质量提供基本保障。

（吴强伦）

【钻井井场 drilling rig site】 钻井工程施工作业的场地。分为生产区和生活区两部分。

生产区 满足钻井过程中生产需求的区域。为满足钻井作业，井场生产区的位置选定、设计和设备布置应满足如下要求。

（1）位置选定：在满足钻达地质设计井底坐标要求的条件下，应选择地形有利，少占耕地，少修公路，靠近水源，有利于安装防喷管线和污水处理的地点作为井场生产区。井口离民房、高压输电线路、铁路、堤坝、水库、地下矿井坑道等，要按标准规定有足够的安全距离，防止一旦井喷失控着火或有毒气体泄漏造成人员伤害和财产损失。

（2）设计要求：以使用钻机型号作为井场生产区设计的依据。井架、柴油机、钻井泵、循环罐等设备的底座基础应建在井场挖方区域。井场生产区要有良好排水、排污功能。修建足够容量的污水池和沉砂池，不能污染周围环境，特别是农田、鱼塘、水库和河流等。

（3）设备布置：应达到以下要求：① 井架底座以井眼为中心，在井架底座后方依次摆放绞车、传动轴、柴油机、钻井泵。② 钻井液固控设备通常布置在井场右边和右后方的循环罐上。③ 发电机、油罐区应布置在井场左后方，避开柴油机排气管出口的方向，要与井口保持足够的安全距离。④ 防喷器远程控制台，设置在井场左前方。压井管汇设置在井架底座左侧，节流管汇设置在井架底座右侧。放喷管线接出井场，放喷口与井口保持安全距离。⑤ 井场生产区设置明显的各种安全标志。

生活区　钻井工程施工作业人员休息、食宿、学习和娱乐的活动场所。井场生活区位置选定、设施配置和设施搬迁应满足如下要求。

（1）位置选定：根据地形、地貌和气象特点选择井场生活区的位置：① 在井场生产区的上风方向；② 与井场生产区和放喷管线出口有足够的距离；③ 尽量少占耕地，少伐树木和少破坏植被；④ 靠近水源，交通方便，环境良好。

（2）设施配置：尽量为钻井工程施工人员创造良好的生活、学习和娱乐条件，提高生活质量。备有更衣室和浴室。食堂、炊事间、医务室、会议室和卫生间等应有足够的活动空间。饮用水符合国家标准，通讯畅通无阻，公共照明齐全无损。

（3）设施搬迁：井场生活区搬迁俗称为"小搬家"。为便于搬迁，生活区内所有设施都要符合耐用、灵活和可组合等基本要求。

在钻井数量较多且井距不大的油气开发区，可以把多个井队生活区组合起来，建造"钻工公寓"，实行集中管理，有利于方便生活、改善居住条件、减少搬迁工作量和降低钻井成本。

（吴强伦　郭辛阳）

【井场装备基础 well site equipment base】　石油钻井井场中，在预钻井井口稳定安装钻机装备的地基基础。井场装备基础是根据设计井的井深而定。一般钻进浅井井场装备基础可以采用四只水泥预制件，四只水泥预制件放置在同一水平面上，且地基坚实度基本一致，井架的四条大腿分别固定在对应的一只水泥预制件上。对于深井钻进，要求的承重量大，此时需要在井口周围形成一个整体的水泥混凝土整体件。井场装备基础要求稳定牢固，能有效防止井口下沉。

（步玉环　柳华杰　马　睿）

【钻机拆迁安装 rig demolition and installation 】 一口井完钻后，将钻机拆卸成便于运输的部件，搬迁至待钻井井场，并进行重新安装的过程。是钻前工程的主要任务之一。

拆卸 钻机结构复杂，体积和质量较大，多数设备必须分解成部件，才能使用现场机具起吊或运输。在一般情况下，根据汽车载重和吊车起吊能力、搬迁途经桥涵负荷限制、公路管理部门对运输货物长宽高规定，把钻机拆分为绞车、滚筒轴、转盘、传动箱、柴油机、钻井泵主体、皮带轮和空气包等，组成多个运输单元。绞车和钻井泵也可以用拖车整体拖运。塔式井架的拆卸应先拆天车，然后拆卸井架绷绳，自上而下逐根拆卸井架的每一根角铁和拉筋，最后卸下井架底座的连接螺栓或销子。

搬迁 钻机搬迁俗称为"大搬家"。搬迁之前做好运输路线调查，通往井场公路应满足建井周期内各种车辆安全通行。对途经的公路、桥、涵洞和其他障碍物进行详尽的调查，制定运输方案和"应急预案"。超长、超宽和超高货物运输许可证要及时办理。加强运输途中安全监督和管理工作。搬迁设备要以安装工序的先后顺序依次抵达井场，以便提高设备安装工作效率。

安装 主要流程是：首先安装井架底座和转盘，使转盘中心居于井口中心的垂线上，然后依次安装绞车、传动箱、柴油机和钻井泵。塔式井架的安装必须在钻机安装之前进行。安装技术要点是：每安装一台设备，都要以转盘中心为基准进行找平、找正和测距，所有设备都达到安装标准后，将其固定。钻机安装必须执行行业标准和企业操作规程。钻机气路安装做到整齐、牢固和无泄漏，能准确及时控制设备启动、运转和停止。钻井液循环系统、供电、供水、供油、供暖系统安装，要充分考虑安全生产和环境保护两个因素。设备安装完毕后，按规程进行调试、试运转和验收。

（吴强伦）

【钻进 drilling 】 钻井过程中从第一次开钻起到钻完全部井深这一阶段的工作。将部分钻铤的浮重施加在钻头上，使钻头的刃部吃入岩石，并用接在钻头上部的钻柱带动钻头旋转以破碎井底岩石，所产生的岩屑通过钻井流体循环到地面上来，井就会逐渐加深。施加在钻头上，让钻头吃入地层的压力叫钻压，是靠部分钻柱在钻井流体中的自重的一部分产生的。钻柱从地面一直延伸到井底，井有多深，钻柱就有多长。随着井的加深，钻柱也逐渐增长，其重量也逐渐加大。过大的钻压将会引起钻头、钻柱、设备过早的损坏，所以必须将大于所要求钻压的那部分钻柱重量吊悬起来，不使其作用到钻头上。下部形成钻压的那部分钻柱处于压应力状态，上部被吊悬部分处于拉应力状态。

钻进时要循环钻井流体，钻井流体可以是以水、油为基础的悬浮液体，也可以是空气或天然气等气体。钻井流体经中空的钻柱内孔注入，从钻头水眼中流出，清洗钻头，冲向井底，将钻屑冲离井底，携带着岩屑进入井眼与钻柱之间的环形空间向上返到地面（见图）。返出地面的钻井流体在分离出钻屑后被再次注入井内，循环使用。钻进包括接单根、换钻头和起下钻等。

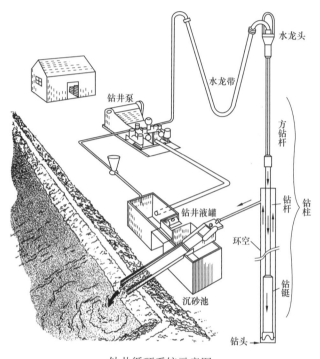

钻井循环系统示意图

（周煜辉　郭辛阳）

【接单根 making a connection】 在钻进过程中，钻完一根单根深度后，将新的单根连接到井内钻柱上部的工序。由于井在不断加深，钻柱也要及时接长，每次接入一根钻杆（单根）。通常每根单根长 9m 左右，打一口井要接很多次单根。采用转盘钻井每次接单根只接一个钻杆单根，待接单根存放在转盘前面的小鼠洞内，以便对中上扣和节约时间。采用顶部驱动钻井装置时直接接一个立根（一般由三个单根组成）。

（周煜辉　步玉环）

【起下钻 trip】 在换钻头时将钻柱从井中取出（起钻），更换新钻头后再将新钻头及钻柱下入井内（下钻）的过程。一口井一般要用多只钻头才能钻成，可能需多次起下钻。有时为了处理井下复杂情况和事故，进行测井、取心等作业，也需要起下钻作业。

（周煜辉）

【机械钻速 penetration rate】 钻井过程中，单位纯钻进时间的钻进进尺。反映所用的碎岩方法、所钻的岩石性质、所用的钻进工艺和技术状况的一个指标。

纯钻进时间是指钻头接触井底，破碎岩石，形成井眼的钻进时间。

影响机械钻速的因素分为不可控因素和可控因素两大类。其中，不可控因素是指客观存在的因素，也称为不可变因素，如所钻的地层、岩性、储层埋藏深度以及地层压力等。可控因素是指可进行人为调节的因素，也称为可变因素，如地面机泵设备、钻头类型、钻井液性能、钻压、转速、泵压和排量等。

虽然不可控因素本身是不可以改变的，但在钻井过程中的钻头、钻井液体系及性能、钻进技术等可变因素的选择必须与地层的不可变因素相适应，以便提高钻井速度，减少复杂情况及事故的发生。

（步玉环 马 睿）

【压持效应 chip hold down effect】 钻井过程中，为了避免溢流及井涌情况的发生，采用的钻井液密度稍大于地层压力的当量密度，使得井底压力稍大于地层压力，形成一个压差，在该压差作用下，破碎的岩石碎屑难以离开井底，造成钻头对岩石碎屑的重复破碎现象。

在石油钻井中，岩屑的压持效应分静压持效应和动压持效应。井底压力与地层内流体压力之差，除了能增强井底岩石的硬度以外，还会在岩石破碎面上产生正压力，从而沿破碎面形成摩擦阻力，这种摩擦阻力阻止了已与母体脱离的岩屑离开母体，岩屑就等于被液柱压力压在破碎坑内出不来，称为岩屑的静压持效应。另外钻井液循环时，由钻井液液柱压力和流动阻力产生的井底回压联合作用，造成井底有涡流、流动"死区"，使不少岩屑滞留在井底而不能进入环形空间，这称为岩屑的动态压持效应。

影响压持效应的主要因素是井底压差的存在。为了克服压持效应提高破岩效率，一方面可以尽量降低钻井液的密度（减小井底压差），另一方面可以增加岩屑在井底受到的侧向力和横向力。岩屑在井底受到的侧向力和横向力可以来源于钻头喷嘴形成的水射流的射流冲击力和作用在井底的漫流作用，即提高射流的喷射速度。

压持效应造成的岩屑重复破碎是影响机械钻速的主要原因。

（步玉环 柳华杰 马 睿）

【杨格钻速预测方程 Young prediction equation of drilling speed】 1969 年杨格（Young F.S.）提出了考虑钻压、转速、牙齿磨损量、岩石可钻性系数等参数影响的钻速预测方程。又称杨格钻速模式。在该方程中没有考虑水力净化系数和压差影响系数的影响。经过实践的检验后人们认为，水力净化系数和压差影响系数也会影响机械钻速，于是在杨格钻速模式的基础进行了修正，也就得到了常用的钻速预测方程，也称为修正杨格钻速预测方程或为修正杨格钻速模式。

$$v_{pc} = K_R (W - M) n^\lambda \frac{1}{1 + C_2 h} C_p C_H$$

式中：v_{pc} 为机械钻速，m/h；K_R 为地层可钻性系数，无量纲；W 为钻压，kN；M 为破岩门限钻压，kN；n 为转速，r/min；C_2 为牙齿磨损系数，无量纲；h 为牙齿磨损量，无量纲；C_p 为压差影响系数，无量纲；C_H 为水力净化系数，无量纲。

（步玉环　马　睿）

【钻速方程系数 coefficient of drilling speed equation】 钻速预测方程中，除了钻压、转速、牙齿磨损等钻进参数以外其他影响机械钻速的系数。包括：岩石可钻性系数、牙齿磨损系数、压差影响系数、水力因素影响系数、岩石门限钻压、转速指数等 6 个参数。这 6 个参数与地层岩石的机械性质、钻头类型以及钻井液性能等因素有关。一般通过钻进实验的方法求取。对于同一岩层、相同的钻进工具、钻井液性能以及钻进参数，钻速方程系数是不变的。

（步玉环　柳华杰）

【钻进参数优化 optimization of drilling parameters】 在一定的客观条件下，根据不同参数配合时各因素对钻进速度的影响规律，采用最优化方法，选择合理的钻进参数配合，使钻进过程达到最优的技术和经济指标。在钻进过程中，钻进的速度、成本和质量会受到多种因素的影响和制约，这些影响和制约因素可分为可控因素和不可控因素。不可控因素是指客观存在的因素，如所钻的地层岩性、储层埋藏深度以及地层压力等。可控因素是指通过一定的设备、工具和技术手段可进行人为调节的因素，如地面机泵设备、钻头类型、钻井液性能、钻压、转速、泵压和排量等。钻进参数是指表征钻进过程中的可控因素所包含的设备、工具、钻井液以及操作条件的重要性质的量。

（步玉环　马　睿）

【托压 supporting force】 钻井过程中由于井眼轨迹存在曲率或狗腿度，钻柱在弯曲井段下部与井眼底边形成接触（或托底）而无法有效施加钻压的现象。从指重表及综合录井仪上看，就是钻压不断增加，而钻头的位置不变，没有进尺，泵压不升高也不憋泵，在钻压继续增加到一定大小的时候忽然憋泵。

（步玉环　马　睿）

【喷射钻井技术 jet drilling technology】 利用钻井液通过钻头喷嘴形成的射流，将钻头不断破碎岩石所产生的岩屑充分清离井底，避免钻头对岩屑的重复切削，达到提高钻头进尺，提高钻速，降低钻井成本的钻井方法。为了得到强大的射流，就要充分发挥地面钻井泵的功率，根据井身结构、钻柱结构、钻井液性能和井深，优选钻井液排量和喷嘴直径。为了充分发挥射流的作用，还要设法改变井底流场。喷射钻井优于普通钻井方式之处，在于能保证破碎下来的岩屑立即被冲离井底，保证井底清洁。喷射钻井以钻头对岩石的机械破碎为主，射流对岩石的水力作用为辅。

常用的喷射钻井工作方式有三种：最大钻头水功率工作方式、最大钻头水力冲击力工作方式和经济钻头水功率方式。

最大钻头水功率工作方式的观点是射流水功率越大，清洗井底的效果越好，钻进速度就越高。这种工作方式采用泵的额定排量，当钻井液循环系统中压耗为泵压（立管压力）的35.7%时，钻头水功率达到最大值。这时立管压力达到泵的额定工作泵压值，其井深为这种工作方式的临界井深。故在选择喷嘴直径时要预估下井钻头的进尺，尽可能在接近临界井深时换钻头。

最大钻头水力冲击力工作方式的观点是钻头水力冲击力越大，则破岩和清岩的效果越好，钻进速度就越高。这种工作方式同样采用泵的额定排量，当钻井液循环系统中的压耗为立管泵压的52.6%时，钻头射流的冲击力达到最大值。这时立管压力达到泵的额定工作泵压值，其井深为这种工作方式的临界井深。故选择喷嘴直径同样要预估下井钻头的钻进进尺。

经济钻头水功率工作方式是最大钻头水功率工作方式的发展，其观点是提高钻速取得的经济效益要大于提高钻头水力能量的投入。在实际工作中，难于准确预估每一只下井钻头的进尺，特别是随着钻头质量的提高，一只钻头常常可以钻进几百米，甚至1～2km，要钻穿几套地层。另外，人们为了追求钻进的高效率，常常不考虑临界井深，钻头一开始工作就达到泵的额定负荷，随着井的加深，机泵长期处于超负荷工作状态，致使机修时间增多，大修时间缩短，出现了只追求速度不考虑经济效益的不正常现象。经济钻头水功率工作方式选择排量的准则是上返流速能保证环空清洁（略小于泵的额定排量），钻头开始钻进的立管泵压为泵额定泵压的80%左右，在实际工作中出现了"上双下单"（上部地层开双泵，下部地层开单泵）的操作方法。

（周煜辉）

【钻头喷嘴 bit nozzles】 钻头中钻井液喷出的特殊孔眼。在20世纪50年代前，我国采用在钻头本体适当位置上直接钻成孔眼（即钻头的水眼）作为喷嘴，由于钻井液中包含固相颗粒，对水眼具有较强的摩擦力，使得水眼直径变大，产生的射流流速降低，降低了射流对井底的清洗作用。为此，沈忠厚院士带领其团队在理论研究基础上，把硬质合金喷嘴安装在水眼内，减少了流动摩擦造成的损坏，缩小了喷嘴直径，提高了射流喷射速度，提高了机械钻速；另外在研究射流流动特性的基础上，采用中长喷嘴或加长喷嘴，在其他条件均不改变的条件下可以提高钻井机械钻速 40%～60%。在钻头水眼处安装喷嘴的钻头，称为喷射钻头。喷嘴在钻头上安装的位置或数目可以根据对井底流场的要求而进行优化。

（步玉环 马 睿）

【**射流特性** jet characteristics】 从钻头喷嘴中喷出的高速液流具有的特征参数。一般采用射流扩散角、等速核长度来表征。

喷射钻井条件下，射流液体周围介质都是密度相同的钻井液，喷射钻井射流受到井底和井壁的限制，为此喷射出的流体称为连续淹没非自由射流（见图）。射流刚出口的前一段，其边界母线近似直线，并张开一定的角度 α，称为射流扩散角。射流受到返回钻井液的影响，使射流边界逐渐向中心收笼，整个射流变成棱形。扩散角越小，则射流的密集性越高，能量就越集中。

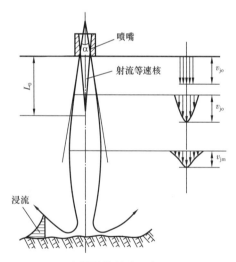

喷射钻井射流示意图

在喷嘴出口断面，各点的速度基本相等，称为初始速度。在射流任一横截面上，射流轴心上的速度最高，由中心向外速度很快降低，到射流边界上速度降为零。由喷嘴出口沿着射流中心线上，射流中心部分保持初始速度流动的流束，称为射流等速核。射流等速核长度与喷嘴直径和流道形状有关。在射流等速核以内，射流轴线上的速度等于出口速度；超过射流等速核以后，射流轴线上的速度迅速降低。

喷射钻井射流可用喷射速度、射流水功率和冲击力来表示。

（步玉环　周煜辉　郭辛阳）

【水力参数优化设计 hydraulic parameters optimization design】　为达到最优的井底净化效果和提高机械钻速，使井底获得最大的水力能量分配，而进行的合理的水力参数配合的优化过程。

随着喷射式钻头的使用而提出来了钻井过程中对水力参数的优化设计。水力参数是表征钻头水力特性、射流水力特性以及地面水力设备性质的量，主要包括钻井泵的功率、排量、泵压以及钻头水功率、钻头水力压降、钻头喷嘴直径、射流冲击力、射流喷速和环空钻井液上返速度等。水力参数优化设计的目的就是寻求合理的水力参数配合，使井底获得最优的水利能量分配，从而达到最优的井底净化效果，提高机械钻速。然而，井底水力能量的分配，要受到钻头喷嘴选择、循环系统水力能量损耗和地面机泵条件的制约。水力参数优化设计是在了解钻头水力特性、循环系统能量损耗规律和地面机泵水力特性的基础上进行的。

（步玉环　马　睿）

【射流水力参数 hydraulic parameters of jet】　钻井液流过钻头喷嘴的流动特性参数。主要包括射流的喷射速度、射流冲击力和射流水功率。从衡量射流对井底的清洗效果来看，应该计算的是射流达到井底时的水力参数。考虑到射流在不同条件下其速度和压力的衰减规律以及不同射流横截面上的分布规律不同，直接计算井底的射流水力参数还有一定的困难，在工程上，选择射流出口断面作为水力参数的计算位置，即计算射流出口处的喷射速度、冲击力和射流水功率，其计算公式如下：

喷射速度：
$$v_j = \frac{10Q}{A_0}$$

射流冲击力：
$$F_j = \frac{\rho_d Q^2}{100 A_0}$$

射流水功率：
$$P_j = \frac{0.05 \rho_d Q^3}{A_0^2}$$

其中：
$$A_0 = \frac{\pi}{4} \sum_{i=1}^{n} d_i^2$$

式中：v_j 为喷嘴出口射流喷速，m/s；Q 为通过钻头喷嘴的钻井液流量，L/s；A_0

为喷嘴出口截面积，cm^2；d_i 为喷嘴直径（i=1，2，…，n），cm；n 为喷嘴个数；F_j 为射流冲击力，kN；ρ_d 为钻井液密度，g/cm^3；P_j 为射流水功率，kW。

（步玉环　马　睿）

【钻头水力参数 hydraulic parameters of bit】 流体流过钻头表现出的水力特征。主要包括钻头压力降和钻头水功率。对于井底清洗有实际意义的是射流水力参数，但是射流是钻井液通过钻头喷嘴以后产生的。由于喷嘴对钻井液有阻力，要损耗一部分能量，因而，在水力参数设计中，不仅要计算射流的能量，而且还要考虑喷嘴损耗的能量。能反应这两部分能量的就是钻头水力参数。计算公式如下：

钻头压力降：
$$\Delta p_b = \frac{0.05\rho_d Q^2}{C^2 A_0^2} = \frac{0.081\rho_d Q^2}{C^2 d_{ne}^4}$$

钻头水功率：
$$P_b = \frac{0.05\rho_d Q^3}{C^2 A_0^2} = \frac{0.081\rho_d Q^3}{C^2 d_{ne}^4}$$

其中：
$$d_e = \sqrt{\sum_{i=1}^{n} d_i^2}$$

式中：Δp_b 为钻头压力降，MPa；Q 为通过钻头喷嘴的钻井液流量，L/s；A_0 为喷嘴出口截面积，cm^2；d_i 为喷嘴直径（i=1，2，…，n），cm；n 为喷嘴个数；ρ_d 为钻井液密度，g/cm^3；C 为喷嘴流量系数，与喷嘴的阻力系数有关，C 的值总是小于 1；d_e 为喷嘴当量直径，即与 n 个喷嘴出口截面面积总和相当的喷嘴直径，cm；P_b 为钻头水功率，kW。

（步玉环　郭辛阳）

【钻井液环空流态 flow pattern of drilling fluids along annulus】 钻井液在钻柱与套管或钻柱与井眼井壁环空流动时呈现的流动型态。根据水力学原理，流态分为层流、紊流和过渡流。在层流流态下，液流质点的运动呈层状，互不掺混，流动边界的流速为 0；在紊流流态下，液流质点的运动方向是杂乱的，互相掺混交叉，流动界面处于稳定状态，即各质点的流速基本相同；过渡流则是处在层流和紊流之间的过渡状态。钻井液流态也呈现出上述三种流态，不过在层流流态下，有的钻井液呈现一种平板层流，这是钻井液的流变特性所决定的。钻井液紊流流态有利于岩石碎屑的携带作用。在循环系统压力损耗的计算中，掌握流态是非常重要的，流态不同，计算的方法也不同。流态对于岩屑的举升和井壁的稳定都有重要影响。

（周煜辉　步玉环）

【定向钻井技术 directional drilling technology】 采用定向仪器、工具、钻具和技

术，使井眼沿着预定的斜度和方位钻达目的层的钻井技术。核心是设计合理的井眼轨道，并围绕着实现这一轨道利用下部钻具组合与地层之间力的相互作用规律，对钻头的姿态（走向）进行控制，使井眼到达特定的目的层段和井下目标（靶位）。

进行井眼轨道设计时应根据地质目标要求和采油（气）工程要求，结合井身结构和现有井眼轨道控制技术，提出安全合理的井眼轴线空间形态，给出井眼轨道上相隔一定长度的各节点的位置坐标和姿态参数（井斜和方位角）。运用各种定向控制技术，控制钻头钻达的位置及钻头前进姿态控制井眼轨道。

定向钻井有着广泛的用途。当油气藏上面的地表是河、湖、高山、峡谷或重大建筑物等障碍物时，可用定向钻井方法避开障碍物勘探开发其下的油气藏；当遇有盐丘或其他复杂地层时，可用定向钻井绕过它们而钻达目标；在钻井过程中，遇到井下落物、钻柱断卡、严重井喷失火等难以处理的复杂事故时，也可以用定向侧钻来处理；在勘探开发海上油气田时，可在一个钻井平台（或人工岛）上定向钻由几口甚至几十口井组成的丛式井，既大大节约钻井成本，也为海上勘探开发、集输等提供了便利条件。定向钻井还可用于钻水平井和多分支井（见定向井）。多分支井可以是新井，也可利用老井侧钻形成。钻水平井和多分支井的主要目的是改善油藏的泄流条件，提高单井产量，提高油田采收率。定向钻井用于大位移井中，可以实现海油陆采及用少量海上平台开发大型油气田。

（周煜辉　葛云华）

【井眼轨道 borehole trajectory 】　一口井开钻之前设计的从地面井口位置钻达地下靶区其井眼轴线的形状。也就是指设计的定向井井眼轴线形状。设计井眼轨道一般由直线段和圆弧段组合而成。直线段有垂直段、斜直段（稳斜段）和水平段三种；圆弧段有正圆弧段（造斜段）与反圆弧段（降斜段）二种。相邻两线段要光滑连接。由以上 5 种线段可组合成多种形状的井眼轨道，最常用的二维轨道形状有三种，即三段式、多靶三段式和五段式。

（步玉环　马　睿）

【井眼轨迹 well track 】　实际钻成的井眼轴线的形状。与井眼轨道不同在于：井眼轨道是设计的井眼轴线，在没有井斜方位角改变的要求下，是一条平面曲线；井眼轨迹是钻井实际空间任意曲线。一般采用井眼测量参数（也称为基本参数，包括井深、井斜角和井斜方位角）进行测量，采用计算参数（垂深、闭合距、闭合方位角、水平投影长度、视平移、北坐标、东坐标、井眼曲率等）和基本参数来表征。一般采用图示的方法表示。

（步玉环　柳华杰）

【定向井测量参数 directional well survey parameter 】　定向井钻井到一定程度后，

利用测斜仪或管具直接测量得到的表征定向井井眼轴线位置的参数。主要测量参数包括：不同测点的井深、井斜角和井斜方位角。利用测量参数可以进行计算参数的计算，结合测量参数和计算参数就可以表征井眼轴线的轨迹走向。

（步玉环　郭辛阳）

【地磁偏角 geomagnetic declination 】 磁北方位与正北方位之间存在的夹角。磁偏角又分为东磁偏角和西磁偏角。东磁偏角指磁北方位线在正北方位线的东面，西磁偏角指磁北方位线在正北方位线的西面。用磁性测斜仪测得的井斜方位角成为磁方位角，并不是真方位角，需要经过换算求得真方位角。这种换算称为磁偏角校正。换算方法如下：

$$真方位角 = 磁方位角 + 东磁偏角$$

$$真方位角 = 磁方位角 - 西磁偏角$$

（步玉环　马　睿）

【定向井计算参数 directional well calculation parameter 】 定向井设计或钻进过程中，根据定向井测量参数，通过几何关系计算得到的表征定向井某点位置的参数。主要包括垂直深度、闭合距、闭合方位角、水平投影长度、视平移、北坐标、东坐标和井眼曲率等。

📖 推荐书目

陈庭根，管志川.钻井工程理论与技术.2 版［M］.青岛：中国石油大学出版社，2017.

（马　睿　步玉环）

【井深 measured depth 】 从转盘面（或参照点）至井内某测点间的井眼轴线的实测长度，用 D_m 表示。又称斜深，或测深。对于直井而言，设计井深即为垂深，对于定向井或直井实钻井眼而言，井深大于垂深。下测点井深与上测点井深之差称为井深增量，用 ΔD_m 表示。井深是以钻柱或电缆的长度来量测。井深既是测点的基本参数之一，又是表明测点位置的标志。

（步玉环　柳华杰）

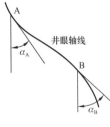

井斜角示意图

【井斜角 inclination angle 】 井眼轴线（井眼轨迹或定向井轨道上）某点沿井眼钻进方向的切线（即井眼方向线）与该点重力线之间的夹角。如图所示，A 点井斜角为 α_A，B 点井斜角为 α_B。井眼轴线上某一点处井眼前进的方向线（沿钻进方向的井眼轴向的切线）称为井眼方向线。井斜角的变化范围：0°～180°，测点井斜角与上测点井斜角之差表示两侧点之间的增量，用 $\Delta\alpha$ 表示，如 AB 两点之间的井斜角增量为 $\Delta\alpha$，$\Delta\alpha=\alpha_B-\alpha_A$。

（步玉环　马　睿）

【井斜方位角 azimuth angle】　以井眼轴线上某点的正北方位线为始边，顺时针旋转到该点井斜方位线所转过的角度，用 Φ 表示。简称方位角。如 A 点的井斜方位角为 Φ_A，B 点的井斜方位角为 Φ_B（见图1）。井眼轴线上某点沿钻进方向的切线在水平面上的投影线称为该点的井斜方位线，也称为"井眼方位线"。井斜方位角的变化范围：0°～360°，两测点之间的井斜方位角的变化用井斜方位角增量（$\Delta\Phi$）表示，即下测点与上测点的井斜方位角之差，$\Delta\Phi=\Phi_B-\Phi_A$。

在井斜方位角测量时一般采用磁北方向作为标准，所测到的角度是以磁北方向为准顺时针转过的角度。而磁北方向和正北方向往往具有一定的偏差角度，称为磁偏角，定义为地球上某点处大地磁场的水平磁力线方向（磁北极）与该处真北方位线（真北极）之间的夹角。磁偏角可以分为西磁偏角和东磁偏角。东磁偏角：水平磁力线在正北方位线以东，取正值，如中国西部；西磁偏角：水平磁力线在正北方位线以西，取负值，如中国东部（见图2）。

井斜方位角 = 磁方位角 + 磁偏角

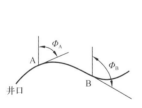

图1　井斜方位角示意图

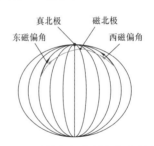

图2　磁偏角与井斜方位角关系

（步玉环　郭胜来）

【垂直深度 vertical depth；VD】　井眼轴线上某点至井口所在水平面的铅垂距离，用 D 表示。简称垂深。如图所示，A 点的垂深为 D_A，B 点的井深为 D_B。两测点之间的井深的变化用垂深增量（ΔD）表示，即下测点与上测点的垂深之差，$\Delta D=D_B-D_A$，简称"垂增"。

（步玉环　郭胜来）

【水平投影长度 horizontal projection length】　井眼轴线上某点和井口之间井段在水平面上的投影长度，用 P

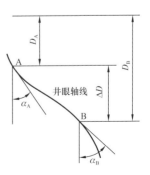

垂直深度表示示意图

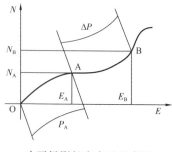

水平投影长度表示示意图

表示。水平投影长度是曲线长度，如图所示，A 点的平长表示为 P_A。两测点之间的水平投影长度的变化用水平投影长度增量（ΔP）表示，即下测点与上测点的水平投影长度之差，$\Delta P = P_B - P_A$。

（步玉环　柳华杰）

【闭合距 closure distance】 井眼轴线上某点至井口所在铅垂线的距离，用 C 表示。又称水平位移（ horizontal displacement ），也可以定义为轨迹上某点至井口的距离在水平面上的投影。如图所示，A 点的闭合距表示为 C_A，B 点的闭合距表示为 C_B。两测点之间的闭合距的变化用闭合距增量（ΔC）表示，即下测点与上测点的闭合距长度之差，$\Delta C = C_B - C_A$。

在 2015 年以前，国内一般采用水平位移来表示，只将完钻时的水平位移称为闭合距，但国际上任何一点的水平位移都采用闭合距表示，为了国际合作的相通性，最新行业标准优先采用"闭合距"。

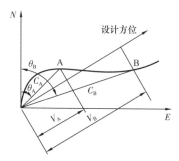

闭合距、闭合方位角和视平移表示示意图

（步玉环　柳华杰）

【闭合方位角 closure azimuth angle】 以井眼轴线上某点的正北方位线为始边，顺时针旋转到该点平移方位线所形成的角度，用 θ 表示。又称平移方位角（ departure direction ）。如闭合距条目图所示，A 点的闭合方位角表示为 θ_A，B 点的闭合方位角表示为 θ_B。

2015 年以前，国际上，一般将平移方位角称作闭合方位角，而国内，只将完钻时的平移方位角为闭合方位角。为了国际合作的相通性，最新行业标准优先采用"闭合方位角"。

（步玉环　柳华杰）

【视平移 vertical section】 井眼轴线上某点的闭合距（水平位移）在设计方位线上的投影长度，用 V 表示。如闭合距条目图所示，A 点的视平移表示为 V_A，B 点的视平移表示为 V_B。两测点之间的视平移的变化用视平移增量（ΔV）表示，即下测点与上测点的视平移长度之差，$\Delta V = V_B - V_A$。

（步玉环　柳华杰）

【北南坐标 longitudinal】 井眼轴线上某点的闭合距（水平位移）在北南方位线上的投影（以北方向为正，南方向为负），用 N 坐标表示。如图所示，A 点的北南坐标表示为 N_B，B 点的北南坐标表示为 N_B。两测点之间的北南坐标的变化用北南坐标增量（ΔN）表示，即下测点与上测点的北南坐标位置长度之差，$\Delta N=N_B-N_A$。

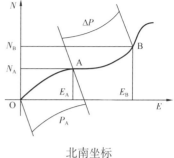

北南坐标

（步玉环　郭胜来）

【东西坐标 departure】 井眼轴线上某点的闭合距（水平位移）在东西方位线上的投影（以东方向为正，西方向为负），用 E 坐标表示。如北南坐标条目图所示，A 点的东西坐标表示为 E_A，B 点的东西坐标表示为 E_B。两测点之间的东西坐标的变化用东西坐标增量（ΔE）表示，即下测点与上测点的东西坐标位置长度之差，$\Delta E=E_B-E_A$。

（步玉环　郭胜来）

【井眼曲率 borehole curvature】 单位井段长度内井眼切线倾角的变化，表示井眼轴线弯曲程度的参数。用全角变化率和狗腿严重度表示。

（步玉环　柳华杰）

【全角变化率 overall angle change rate】 单位长度的井段内全角变化值。一个井段内井斜角和井斜方位角的综合变化值，即上、下二测点的井眼方向线的空间夹角称为全角变化值，用 γ 表示（见图）。全角变化值与全角变化率分别采用式（1）和式（2）计算。

$$\gamma=\sqrt{\Delta\alpha^2+\Delta\Phi^2\sin^2\overline{\alpha}} \qquad （1）$$

$$K_c=\sqrt{(\frac{\Delta\alpha}{\Delta D_m})^2+(\frac{\Delta\Phi}{\Delta D_m})^2\sin^2\overline{\alpha}}=\sqrt{K_\alpha^2+K_\phi^2\sin^2\overline{\alpha}} \qquad （2）$$

全角变化率

式中：γ 为狗腿角（或称全角变化），（°）/m；$\Delta\alpha$ 为 A、B 两点间井斜角增量，（°）；$\Delta\Phi$ 为 A、B 两点间井斜方位角增量，（°）；ΔD_m 为 A、B 两点间井深增量，m；$\overline{\alpha}$ 为该测段的平均井斜角，（°）；K_α 为井斜变化率，（°）/m；K_Φ 为方位变化率，（°）/m。

（步玉环　柳华杰）

【狗腿严重度 dog leg severity】 单位长度的井段内狗腿角变化值。假设井眼轴线在一个斜平面上，上、下二测点的井眼方向线夹角称为狗腿角，用 γ 表示（见全角变化率条目图）。狗腿角采用下式计算。

$$\cos\gamma = \cos\alpha_A \cos\alpha_B + \sin\alpha_A \sin\alpha_B \cos\left(\varPhi_B - \varPhi_A\right)$$

（步玉环　柳华杰）

【井眼轨迹三维图 Three-dimensional graphic for borehole trajectory】 将井眼轨迹在三维坐标中绘成的一条立体曲线图。井眼轨迹三维图能直观地反映出井眼的形状和走向，但不能反映出真实的井身结构参数。需要采用辅助面增强立体感，且作图难度大。一般在防碰设计、特殊扭方位等特殊时候采用。

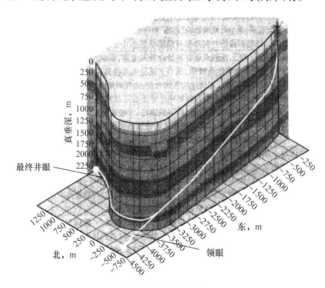

井眼轨迹三维图

（步玉环　马　睿）

【井眼轨迹投影图 projecting graphic of well trajectory】 为了便于描述井眼轨迹，将空间井眼轨迹轴线投影到指定平面得到的投影图。把井眼轨迹轴线在设计方位线所在铅垂面上投影得到垂直投影图，在水平面上进行投影得到水平投影图，采用垂直投影图和水平投影图二者结合可以描述井眼轨迹轴线（见图1）。

由井眼轨迹垂直投影图：可以看出实钻轨迹与设计轨道的差别，便于指导轨迹控制，但是不能真实地反映井深和井斜角等。定向井的井眼轴线本是一条空间曲线，井眼轨迹垂直投影图应结合井眼轨迹水平投影图才能展示曲线的全貌。

井眼轨道水平投影图（见图2）可反映出：每一井深处

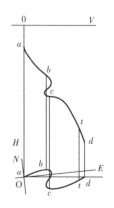

图1　井眼轨迹垂直投影图与水平投影图

的井斜方位角，如 A 点的井斜方位角为 Φ_A；每一井深处的水平位移，即该井深处距井口铅垂线的距离，如 A 点的水平位移为 C_A；每一井深处的平移方位角，如 A 点的平移方位角为 θ_A。值得注意的是，水平投影线上某点处的曲率是不等于该点对应井深处的井斜方位变化率的。只有当井斜角为 90° 时，水平投影线的曲率才等于井斜方位变化率。还应注意水平长度与水平位移的区别。只有当全井井斜方位角始终不变时，水平位移与水平长度才相等。

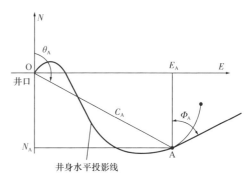

图 2　井眼轨迹水平投影图

　　在实际工程中，井眼轨迹水平投影图是根据测斜资料绘制的。首先根据测斜资料算出每个测段在 N 坐标和 E 坐标上的增量，进而计算出每个井深处的 N 坐标值和 E 坐标值，然后描点连线即成。

（周煜辉　步玉环）

【井眼轨迹柱面展开图 cylindrical unwarping diagram for borehole trajectory】　过井眼轴线上各点作铅垂线，所有铅垂线便构成一个曲面（称为柱面，见图 1），将此柱面展开得到的图形，采用井眼轨迹柱面展开图和水平投影图二者结合可表述井眼轨迹轴线（见图 2）。

　　井眼轨迹柱面展开图与垂直投影图不同，它不是某个铅垂面的投影。可以描述井眼轨迹的参数包括：垂深、水平长度、井深和井斜角。

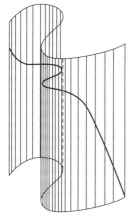

图 1　井眼轨迹柱面图

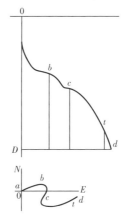

图 2　井眼轨迹柱面展开图

（步玉环　马　睿）

【磁性测斜仪 magnetic inclinometer】 钻井过程中用于测量井斜角、方位角以及造斜工具的工具面角的仪器。又称罗盘测斜仪。分单点测斜仪和多点测斜仪两种，共同特点是都包含有罗盘。可用于非磁性矿区的裸眼井中测量；在钻具内测斜，必须使仪器处在足够长无磁钻铤内。

单点测斜仪 全称为磁力单点照相测斜仪。主要部件包括定时装置、电源、照相机、罗盘和测角装置等。罗盘指示方位角，测角装置指示井斜角，照相机将反映井斜角和方位角的罗盘盘面照到底片上（见图）。单点测斜仪每次下井只能测一个点，照一张底片。单点测斜仪可用钢丝送入井下，也可以在起钻前投入钻具内。

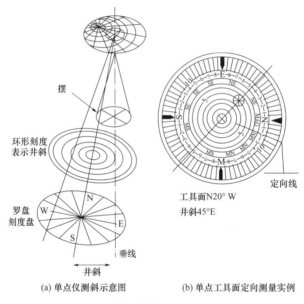

摆

环形刻度
表示井斜

罗盘
刻度盘

N
W   E
S

井斜   垂线

工具面N20° W
井斜45°E

定向线

(a) 单点仪测斜示意图   (b) 单点工具面定向测量实例

磁性测斜仪原理图

多点测斜仪 全称为磁力多点照相测斜仪。结构与单点测斜仪类似，不同之处主要在于照相机。单点测斜仪每次下井只装一个圆盘形的底片，而多点测斜仪却装有一卷胶片，它通过定时装置设定每隔一定时间（例如20s）自动曝光一次并转动胶片。每张胶片都记录下仪器所在井深处井眼轴线的井斜角和方位角。在起钻前先将多点测斜仪从钻具内下入到测斜接头处。随着钻具起出，仪器自下而上每起一个立柱测斜一次。

（周煜辉）

【陀螺测斜仪 gyroscopic inclinometer】 利用陀螺具有保持空间方向的能力（恒向性）代替磁罗盘制成的用于在钻井过程中测量井斜及方位的仪器（见图）。可分为单点和多点陀螺测斜仪。主要部件是一个具有三向自由度的陀螺，陀螺轴的转速可高达45000r/min。这样不管整个仪器如何运动，陀螺轴的方向始终不变。在仪器下井之前，先将陀螺调至一个确定的方向（例如正北方向），并起动陀螺电动机。下井后，仪器的轴线与陀螺轴线构成一个夹角，据此可以得知井眼的方位角。陀螺测斜仪没有磁针，不受磁性物质的影响，不需要无磁钻铤，在钢钻具内就可以完成测斜任务。测得的数据也是用照相的办法记录下来。

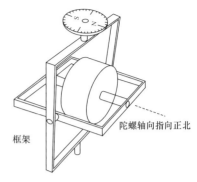

框架　　　　陀螺轴向指向正北

陀螺测斜仪结构原理示意图

（周煜辉）

【随钻测量仪 measurement while drilling；MWD】 一种在钻进过程中实时监测和传输井下工程参数的测量仪器。测量的工程参数有井斜角、方位角、工具面角、井底转速和钻头扭矩等。实时测量的这些参数为井眼轨道控制、井控和了解钻头在井底工作的真实情况等提供了十分有用的信息，使钻井人员对井下情况由凭经验判断逐步转变为实测。由测量和传输（或储存）两部分组成。测量部分包含各种井下传感器；传输部分可以分为有线与无线两类，有线类用电缆传输信息，无线类包括钻井液脉冲和电磁波两种，由井下脉冲或电磁波发生器与地面的接收器组成。

（周煜辉）

【造斜点 kick off point；KOP】 采用造斜工具开始人工造斜钻进的起点，即造斜孔段的起点。在定向井设计与施工中，造斜点的选择很重要，其选择应遵循如下原则：

（1）造斜点应选在比较稳定的地层，避免在岩石破碎带，漏失地层，流砂层或容易坍塌等复杂地层定向造斜，以免出现井下复杂情况，影响定向施工。

（2）应选在可钻性较均匀的地层，避免在硬夹层定向造斜。

（3）造斜点的深度应根据设计井的垂直井深、水平位移和选用的剖面类型决定，并要考虑满足采油工艺的需要。如：设计垂深大、位移小的定向井，应采用深层定向造斜，以简化井身结构和强化直井段钻井措施，加快钻井速度。对于设计垂深小、位移大的定向井，则应提高造斜点的位置，在浅层定向造斜，这样既可减少定向施工的工作量，又可满足大水平位移的要求。

（4）在井眼方位漂移严重的地层钻定向井，造斜点位置选择应尽可能使斜井段避开方位自然漂移大的地层或利用井眼方位漂移的规律钻达目标点。

（5）造斜点高使得定向容易（起下钻和测量快，容易定准，进尺快，动力钻具工作时间短）；上部地层软，形成的键槽软，易破坏掉；用较小的井斜获得的位移大。其缺点是轨迹控制井段变长，后面井段长，钻具重，更容易形成键槽。通常达到稳斜段后，下一层技套封固造斜段可避免键槽带来的麻烦。

（6）造斜点低则定向困难，需要的造斜率和最大井斜相对要大。但需要控制的井段大大缩短，为了准确，往往采用随钻测量工具定向。

（7）高造斜点选用高造斜率是十分危险的。它形成的狗腿角大，很容易在下部（长井段）钻具重量作用下形成严重的键槽，造成卡钻。相反，为了减少轨迹控制的工作量，提高定向井钻井速度，在位移条件允许情况下，可采用低造斜点高造斜率施工，全井的摩阻也会因斜井段短而变小。同样，需要随钻测量手段保证定向的准确。

（步玉环 马 睿）

【造斜工具 deflecting tool】 改变和控制钻头的钻进方向实现井眼轨迹控制的定向钻井配套工具。常见的造斜工具有：（1）斜向器，这种造斜工具可迫使钻头沿其导斜面方向钻进。（2）弯接头，外形为一个接头，其外螺纹轴线与内螺纹轴线有一夹角，该夹角一般在1°～3°范围内。有固定式和地面上或井下可调式两种。（3）井下动力钻具，弯外壳螺杆钻具是在芯轴的万向轴部位的外壳上有小角度弯角的螺杆钻具，是定向钻井中使用最广泛的造斜能力大的一种钻具，弯角在0.5°～3°之间，弯角越大则造斜能力越大。弯角可以是固定的，也可以是地面可调的，后者是前者的发展，避免了换弯角度数就要换螺杆钻具的弊病。

（周煜辉 步玉环）

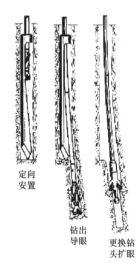

定向安置

钻出导眼

更换钻头扩眼

斜向器造斜原理示意图

【斜向器 whipstock】 在低钻压下利用槽式导斜面使得钻头沿导斜面由垂直井眼到新钻井眼偏斜一定角度的造斜工具。又称槽式变向器。是第一代使用的造斜工具，也是全角调整式定向工具，造斜原理如图所示。其造斜过程为：（1）用小尺寸钻头通过斜向器，并采用固定销钉进行固定，以便下钻过程中斜向器一块下入。（2）当斜向器及小尺寸钻头接近井底时，进行斜向器的槽式开口对准要钻进的方向（工具定向）；（3）定向完成后，释放钻柱，使斜向器的下锥尖插入井底，同时剪断槽式变向器固定销钉；（4）施加小钻压使钻头沿槽式导斜面改变方向，并侧向切屑地层，当钻到地层后，适当增加钻压到设定值，旋转钻进钻出小尺寸井眼；（5）起钻并利用钻头台阶带出斜向器；（6）更换正常钻进钻头，进行沿小尺寸井眼进行钻进；（7）钻进到一定程度，起出钻具，然后重复上述过程，并在一定重复轮次后，测定井斜角；（8）当井斜角达到造斜角度要求时，更换正常钻头沿小井眼钻进到小尺寸钻头钻进深度后，不再起出钻具，沿该井眼方向钻进直到满足要求或者需要更换钻头。

　　斜向器造斜，不能实现连续造斜，需要多次起下钻，工艺复杂，效率低。现在仅用于套管内开窗侧钻，或不宜用动力钻具的井内进行造斜。

（步玉环　马　睿）

【弯接头 elbow connection】　一种与井底动力钻具相配合，构成具有一定弯角的造斜工具。弯接头的形状如图所示。外形为一个接头，其外螺纹轴线与内螺纹轴线有一夹角，该夹角一般在 1°～3° 范围内。有固定式和地面上或井下可调式两种。

（周煜辉　郭胜来）

【弯外壳 bent housing】　在芯轴的万向轴部位的外壳上有小角度弯角的螺杆钻具。弯外壳是定向钻井中使用最广泛的造斜能力大的一种钻具，弯角在 0.5°～3° 之间，弯角越大则造斜能力越大。弯角可以是固定的，也可以是地面可调的，后者是前者的发展，避免了换弯角度数就要换螺杆钻具的弊病。

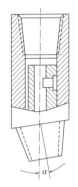

弯接头结构图

（周煜辉）

【可调变径稳定器 adjustable diameter stabilizer】　在定向井钻进过程中，用于控制或调整井眼井斜角的一种直径可以调整的稳定器。它通过调整稳定器的直径大小，改变下部钻具的井斜控制能力，从而较准确地控制井眼的井斜角。可调变径稳定器的每一个翼片有四个或五个活塞，每一个斜面体调节三个活塞，每一个活塞有一个斜面。所有的斜面体一起活动，当压差作用在活塞下部的斜面体上时，活塞向外伸展。活塞的伸缩通过凸轮筒控制，活塞通过压差保持工作状态，当带有斜面的心轴通过作用在自身的压差向下移动时，斜面同时作用所有活塞，活塞从自由状态向外移动，并通过压差控制，在凸轮筒保持固定。当停泵消除压差时，内部弹簧回弹，心轴恢复原位，活塞收缩，并引导凸轮筒到达下一个位置。

（步玉环　马　睿）

【可调式稳定器 adjustable stabilizer】　一种在钻进过程中，用于控制或调整井眼的井斜角或井斜方位角的一种稳定器。可调式稳定器一般由上接体、稳定器本体、锁定机构、变径器、伸缩块、活塞和下接体几部分组成（见图）。每个伸缩

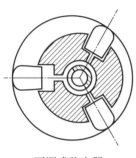

可调式稳定器

块的伸缩有各自的对应活塞控制，可以将3个伸缩块同时伸出而且伸出的高度相同，此时的功能与可调变径稳定器相同，只能控制或改变井斜角的大小；当3个伸缩块有的伸出有的不伸出，或者伸出的高度不同，就会造成钻柱产生一个切点支撑，使新的井眼沿着切点的对面方向钻进，从而改变了井斜角的同时改变井斜方位角。因此，可调式稳定器可以实现全方位的井斜方位角的调整与控制。用于滑动钻进时，能灵活改变方位角。一般应用于井眼轨迹自动控制系统中。

（步玉环　柳华杰　马　睿）

【扶正器钻具组合 centralizer drill assembly】 在钻井过程中，达到改变井斜角的预求目的所采用的不同方式稳定器与钻铤联合体总称。由于稳定器的作用主要是对钻柱具有扶正效果，最初就把该短节叫做扶正器，但20世纪90年代，为了区分套管扶正器，就将钻柱扶正器称为稳定器，但组合在一起的名字依然叫做扶正器钻具组合。根据组合后对新钻井眼井斜角的影响可以分为增斜钻具组合、降斜钻具组合和稳斜钻具组合等。

增斜钻具组合 具有增斜的作用，按照增斜能力的大小分为强、中、弱三种，结构及配合尺寸如图1所示。

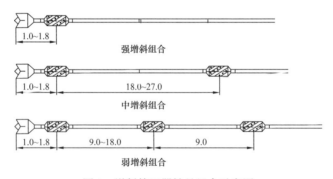

图1　增斜扶正器钻具组合示意图

单扶的稳斜组合性能不稳定，仅用于增斜和降斜。如果利用多个稳定器，可大大减小钻柱与井壁的接触，避免单扶组合所造成的粘附卡钻或压差卡钻的问题，而且将多扶的升降组合合理运用，会更容易下入井眼当中，所以稳斜组合多采用多个稳定器组合。近钻头稳定器作为支点，第二个稳定器与近钻头稳定器之间的距离根据两稳定器之间钻铤的刚性大小和要求的增斜率大小来确定。通过改变稳定器在下部钻具组合中的位置，可改变下部钻具组合的受力状态，稳定器上部的钻铤受压后向下弯曲，迫使钻头产生斜向力来达到控制井眼轨迹的目的。在使用时要注意：钻压越大，增斜能力越大；近钻头稳定器与第二稳定器距离越长，增斜能力越小；近钻头稳定器直径减小，增斜能力也减小。使用时应保持低转速。

降斜钻具组合　降斜钻具组合的原理与增斜钻具组合大体相似。按照降斜能力的大小分为强、弱两种，结构及配合尺寸如图2所示。稳定器离钻头的距离一般为10～20m。稳定器下面的钻具靠自身重力，以稳定器为支点产生向下的力，达到一定的井斜角和井眼尺寸下，钻压的增大，将使切点以下钻柱弯曲增大。弯曲增大，钻头向上倾斜角度增大，钻压的侧向分量增大，稳定器和钻头之间就会出现新的切点，此时作用力将会大大减小，即降斜侧向力减小。在使用时要注意保持小钻压和较低转速。强降钻具斜组合也叫做钟摆钻具，单稳定器距钻头距离越长则降斜能力越强，但不得与井壁有新的接触点。

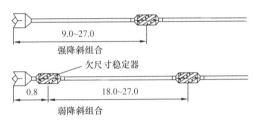

图 2　降斜扶正器钻具组合示意图

稳斜钻具组合　稳斜钻具组合采用刚性满眼钻具结构，减小钻头与稳定器之间的间隙，以及稳定器与稳定器之间的相对变形，以增加下部钻具组合的刚性，来控制下部钻具在钻压作用下的弯曲变形，达到稳定井斜和方位的效果。按照稳斜能力的大小分为强、中、弱三种，结构和配合尺寸如图3所示。在使用中要注意保持正常钻压和较高转速，而且第二个稳定器的位置需要根据钻压、钻铤及稳定器尺寸进行合理设计。若需要更强的稳斜组合，可使用双稳定器串联起来作为近钻头稳定器。

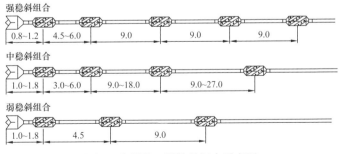

图 3　稳斜扶正器钻具组合示意图

（步玉环　郭辛阳　马　睿）

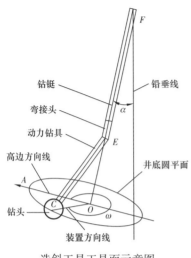

造斜工具工具面示意图

钻铤
弯接头
动力钻具
高边方向线
铅垂线
α
F
E
A
C
O
ω
井底圆平面
钻头
装置方向线

【工具面 tool surface】 造斜工具轴线 *FE-EC* 构成的平面（见图）。把过井眼中心并垂直于井眼轴线的斜平面称作为井底圆，造斜工具面与井底圆的交线 *OC* 即为造斜工具作用方向线。工具面所在的角度称为工具面角，可以采用磁工具面角和重力边工具面角两种表示方法。重力工具面角：位于井底圆平面上，以高边方向线为基准来确定工具面方向，也称为高边模式工具面角（ω）。磁工具面角：位于水平面上，以磁北方位线为基准来确定工具面方向，也称为磁北模式工具面角。井斜角 $\geqslant 5°$ 时，采用重力工具面角进行扭方位（或定向），井斜角 $< 5°$ 时，采用磁工具面角指导定向。

（步玉环　马　睿）

【装置角 tool surface angle】 在井底圆平面上，以高边方向线 *OA* 为始边，顺时针旋转到装置方向线 *OC* 上所转过的角度，用 ω 表示（见图）。又称造斜工具装置角或高边模式工具面角。把过井眼中心并垂直于井眼轴线的斜平面称作为井底圆，工具面与井底圆平面的交线（从井眼中心指向钻头中心）*OC* 即为造斜工具作用方向线，也称为装置方向线。过井眼方向线的铅垂面与井底圆平面的交线并指向井眼上倾方向（从井眼中心指向井底圆的最高点）称作为高边方向线（*OA* 线）。在当工具面角采用磁工具面角表示时，装置方位角 ≈ 磁工具面角，此时，装置角 = 磁工具面角 – 原井斜方位角。

（步玉环　马　睿）

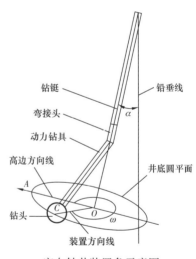

定向钻井装置角示意图

钻铤
弯接头
动力钻具
高边方向线
铅垂线
α
A
C
O
ω
井底圆平面
钻头
装置方向线

【装置方位角 azimuth angle of the device】 以正北方位为基准，顺时针转到造斜工具作用方向线所转过的角度。数值上等于装置角和原井斜方位角之和。装置方位角的表征也同工具面角一样，有两种表示模式。一种是高边模式条件下，等于装置角和原井斜方位角之和；磁北模式条件下，装置方位角 ≈ 磁工具面角。

（步玉环　郭辛阳）

【反扭角 untwist angle】 动力钻具在工作中，液流作用于转子并产生扭矩，传给钻头去破碎岩石，液流同时也作用于定子，使定子受到一反扭矩，由于钻柱在井口处是被锁住的，此反扭矩作用在动力钻具定子上，使外壳及钻柱反向扭转，在紧靠动力钻具的钻柱断面上所转过的角度（见图1），用 ϕ_n 表示。由于反扭角的存在，使得预定的造斜工具面发生了变化，使已确定好的装置角减小（见图2），应预先考虑反扭角的影响。

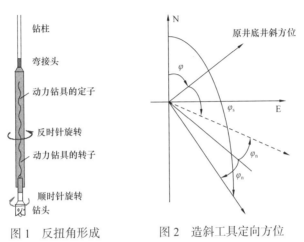

图1　反扭角形成　　　　图2　造斜工具定向方位

影响反扭角的因素主要包括：（1）反扭矩，反扭矩越大反扭角越大；（2）钻柱的长度，钻柱长度越长，反扭转动越强，反扭角越大；（3）钻柱断面的极惯性矩，钻柱刚性越强，抵抗钻柱旋转能力越强，反扭角越小；（4）钻柱与井壁之间的摩擦力越大，抵抗反扭矩的扭转能力越强，使得钻柱实际的反扭角越小；（5）装置角的越大，钻头破岩承受的扭矩越大，形成反扭矩也就越大，反扭角越大。

反扭角的求取需要根据实际的钻进资料反算法得到。

（步玉环　马　睿）

【造斜工具定向 orientation with obliquely tool】 在利用造斜工具进行造斜或扭方位钻进时，对造斜工具作用方向线进行的定向工艺。造斜工具定向主要包括地面定向法和井下定向法。地面定向法是在井口将造斜工具的工具面摆到预定的方位线上，然后通过定向下钻，始终知道造斜工具的工具面在下钻过程中的实际方位，因而也知道下钻到底时的实际方位。如果实际方位与预定方位不符，则可在地面上通过转盘将工具面扭到预定的定向方位上。这种方法由于工序复杂，准确性差，已经很少用了。井下定向法是先用正常下钻法将造斜工具下到井底，然后从钻柱内下入仪器测量工具面在井下的实际方位；如果实际方位与预定方位不符，亦可在地面上通过转盘将工具面扭到预定的定向方位上。井下定向的方法主要有：定向齿刀法（氢氟酸测斜仪）、磁铁定向法（双罗盘定向法）和定向键法（螺鞋定向法），其中定向键法比较常用，而定向齿刀法和磁铁定向法已很少使用。井下定向的方法工序简单，准确性高，但需要一套先进的定向测量仪器。

（步玉环　马　睿）

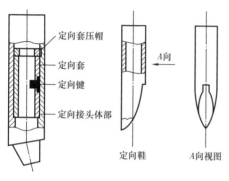

螺鞋定向法示意图

【螺鞋定向法 directional method with snail shoes】 以磁性或陀螺测斜仪＋螺鞋＋定向键组合使造斜工具作用方位指向预定方位的定向工艺（见图）。又称定向键法。在操作中，将定向键安装在造斜工具上，其所在母线指示工具面方位；然后测斜仪螺鞋上的定向槽所在母线与罗盘上的"发线"对齐；测量时，定向槽卡在定向键上"发线"的方位就是工具面方位。

（步玉环　马　睿）

【随钻定向法 orientation method while drilling】 在定向钻进过程中，将随钻测量仪（MWD）装在造斜钻具内，当所有钻柱都下入井底时，根据随钻测量仪上传的数据，一次性地将造斜工具作用方位转到设计方位的定向工艺。随钻测量仪是随钻定向法的核心仪器。同时，定向钻井时可以实时测量和显示工具面位置。分为有线随钻定向和无线随钻定向。

有线随钻定向（扭方位）程序：组装定向钻具，正常下钻；通过电缆下入有线随钻测斜仪，坐键；在地面上通过转盘将工具面扭到预定位置。

无线随钻定向（扭方位）程序：组装定向钻具（含无线随钻测斜仪），正常下钻；开泵循环并打开测斜仪，通过转盘将工具面扭到预定位置。

值得注意的是，随钻测斜仪始终在井下实时测量和显示工具面；定向钻进时若工具面位置不合适，可随时停下来重新摆工具面。

（步玉环　马　睿）

【防斜打直技术 drilling techniques to prevent well deviation】 在直井钻进中利用钻具组合进行防斜、纠斜的工艺技术。防斜打直技术归纳起来主要有刚性满眼钻具组合防斜技术、钟摆力纠斜技术、离心力防斜纠斜技术、利用钻具弯曲防斜纠斜技术和"动力钻具＋MWD"复合钻井防斜纠斜技术。

刚性满眼钻具组合防斜技术　通过提高底部钻具组合的刚性，减少钻具与井眼的间隙，来提高钻具的抗弯曲能力。该方法能有效地减小底部钻具弯曲引起的井斜，但没有纠斜能力，因此只适用于地层造斜趋势不很强的地层。其主要工具有稳定器、方钻铤、椭圆钻铤等。

钟摆力纠斜技术　该技术一般与刚性满眼钻具配合使用进行井斜控制。其原理是利用钟摆力，使钻头产生与井斜方向相反的侧向切削作用，从而纠斜。该技术只能采用牺牲钻压以减少垂直切削速度的方法，以提高纠斜能力，但大大影响钻井效率。

离心力防斜纠斜技术　其防斜原理是：将专用井下偏心、偏轴工具按一定位置接到底部钻具组合中，使底部钻具组合在井内旋转过程中产生一个旋转离心力；离心旋转使钻柱除自转外，还有一个周向公转，其结果使钻头倾角和侧向力的作用方向随钻具公转而同步变化，从而可从根本上消除钻具弯曲造成的井斜。该井斜控制技术其防斜、纠斜效果优于刚性满眼钻具组合防斜技术和钟摆力纠斜技术，但该技术仍不能从根本上解决高陡构造、大倾角地层的井斜控制问题。

利用钻具弯曲防斜纠斜技术　该技术改变了传统的控制钻具弯曲引起的钻头倾角和侧向力的防斜概念，而是将钻头倾角和侧向力转化为降斜因素加以利用，共同对抗地层造斜力。其具体手段是：采用柔性钻具结构改变底部钻具弯曲状态，使钻头侧向力和钻头倾角的方向由指向井眼上侧，转变为指向井眼下侧。常用的几种现场应用效果较好的钻具结构有柔性钟摆钻具组合、双柔性钻具组合及柔性接头等。

"动力钻具+MWD"复合钻井防斜纠斜技术　该技术是利用定向钻井中的动力钻具导向钻进技术进行井斜控制。其防斜机理：靠弯外壳井下马达的偏轴作用，使底部钻具在井内旋转过程中产生一个旋转离心力用于防斜。其纠斜是靠弯外壳井下马达滑动钻进实现的。广泛应用于各级别地层造斜趋势情况下的防斜和纠斜。

（马　睿　步玉环）

【井斜 well deflection】　在直井的钻井过程中，非人为条件下造成井眼轴线偏离铅垂线的现象。

直井钻进过程中造成比较大的井斜的主要危害在于：（1）地质勘探方面，直井设计时是垂深，而井斜后的井深是井眼走过的轨迹，是井眼轴线走过的曲线长度。井斜后，虽然井深达到了要勘探的深度，但实际没有钻达目的层，造成地质资料失真。（2）在开发方面，直井发生井斜后，井组目的层之间的距离发生了变化，生产井或注入井的波及范围就会发生变化，打乱了合理的地下井网和开发方案。（3）在钻井施工方面，井斜造成井眼的弯曲，恶化钻柱工作条件，且易造成井壁坍塌、卡钻、下套管困难、注水泥窜槽，纠斜侧钻增加成本。（4）在采油方面，井斜处造成封隔器坐封不严，抽油杆磨损、疲劳，下抽油泵困难，且会造成死油区，影响采收率。

造成井斜的原因主要包括：（1）地质因素，地层倾斜和地层可钻性不均匀性造成井眼偏斜。（2）钻具因素，钻具弯曲或由于安装问题致使钻具倾斜，造成钻头受到侧向力或不对成切削，致使井眼偏斜。（3）井眼扩大，钻头在井眼内左右移动，靠向一侧，钻头轴线与井眼轴线不重合，导致井斜。

直井控制井斜主要是从钻具和控制井眼扩大方面进行钻具下部组合设计、钻进参数优选控制等方面进行。参见防斜打直技术。

（步玉环　马　睿）

【满眼钻具 packed bottom hole assembly】采用大尺寸"填满"井眼防止井眼曲率变大的下部钻具组合（见图）。基本原理是：采用刚性较强的钻具，并设法尽可能减小钻具中心线与已钻成的井眼中心线之间的偏离。也就是设法将钻具与井壁之间的间隙尽可能减小，使钻具中心线与井眼中心线尽可能重合。

满眼防斜钻具组合具有下部组合刚度大、与井眼的间隙小（理想情况下为0）的特点，可以实现：（1）有效限制下部钻具的弯曲和倾斜，抑制钻头偏转；（2）承受较大的钻压而不发生弯曲；（3）支撑在井壁上，抵抗钻头上的侧向力，限制钻头横移。

满眼钻具组合主要由钻铤+3～4个稳定器组成，近钻头稳定器可以有效支撑井壁，抵抗侧向力，限制钻头偏斜。第二稳定器也叫中稳定器，具有保证中稳定器与钻头之间的钻柱不发生弯曲作用。第三稳定器，也叫上稳定器，用来增大下部钻柱刚度，协助中扶防止钻柱弯曲。第四稳定器可以增大下部钻柱的刚度，协助中扶防止钻柱弯曲。

使用满眼钻具组合时应注意：（1）只能控制井眼曲率，不能控制井斜角的大小，不能纠斜。（2）使用时"以快保满，以满保直"，间隙对满眼钻具组合性能影响显著。设计间隙一般为 $\Delta d = d_h - d_s = 0.8 \sim 1.6\text{mm}$。当间隙 Δd 达到或超过2倍的设计值时，应及时更换或修复稳定器。在井径扩大井段不适用，要抢在井径扩大

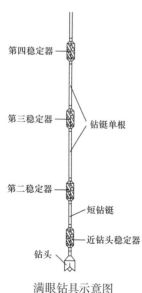

第四稳定器

第三稳定器 —— 钻铤单根

第二稳定器

—— 短钻铤

—— 近钻头稳定器

钻头

满眼钻具示意图

以前钻出新的井眼。（3）在钻进软硬交错或倾角较大的地层时，要注意适当减小钻压，勤划眼，以便消除可能出现的"狗腿"。（4）不宜在井眼曲率大的井段使用，防止卡钻。

（步玉环　柳华杰）

【钟摆钻具 pendulum assembly】　井斜产生后具有一定纠斜能力的钻具组合。一般在钻头以上钻铤合适的位置安装一个稳定器。在已斜井眼中，钻具处于倾斜状态并与下井壁接触形成切点，切点以下部分钻柱的重力使钻头对井眼的下侧井壁产生一个力，即钟摆力，为此该钻具组合被称为钟摆钻具组合。钻头在此钟摆力的作用下切削下井壁，从而使新钻的井眼不断降斜。钟摆钻具组合的稳定器最优安放位置：稳定器以下钻柱弯曲后刚要接触井壁，但尚未形成新切点。

（步玉环　柳华杰）

【塔式钻具 tapered bottom hole assembly】　由直径不同的钻铤组成下部钻具组合，直径大的钻铤在下面，向上逐渐变小，为宝塔式特点的钻具组合。下部钻柱重力大，能产生较大的钟摆力，有助于沿垂直方向钻进；同时下部钻铤直径大、刚度大，与井壁间隙较小，具有很好的"填满"井眼的效果，既可以有效防止下部钻柱的弯曲，同时限制了钻头的横向摆动，从而具有较好的防斜效果。最大尺寸钻铤直径一般采用228.6mm，因此只适合于大井眼尺寸的钻井使用。

一般进行塔式钻具设计只需确定上部尺寸最小的钻铤使用长度，下面两种较大尺寸钻铤使用长度是给定的，即自下而上分别计算钻铤在钻井液中提供的钻压，剩余钻压由第三种尺寸钻铤提供，总的钻铤使用长度为三种钻铤柱的总长度。

（步玉环　周煜辉）

【钻头倾角 inclination angle of bit】　钻井过程中，钻头轴线与已钻井眼轴线之间的夹角。钻头倾角越大，新钻井眼的偏转角度越大。在满眼钻具组合中稳定器（即第二稳定器）位置设计时，优化的目标函数就是钻头倾角最小。可以采用等截面纵横弯曲梁理论中的挠度计算公式和压杆稳定的临界载荷计算公式求取。

（步玉环　马　睿）

【钻头侧向力 bit side force】　钻井过程中，钻头除受到沿钻头中心线作用力外，还受到沿钻头侧向方向的受力（见图）。在垂直井钻进过程中，地层的倾斜、地层的软硬交错、地层横向的非均质性、钻柱的弯曲或倾斜、井眼直径的扩大都会引起侧向力，也就造成了新钻井眼偏斜一定角度。但在定向井的造斜过程中，

－ 145 －

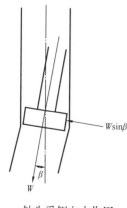

钻头受侧向力作用

选用具有一定弯角或产生侧向力的下部钻具组合，使钻头沿设计的方位进行造斜，侧向力越大，造斜效果越好，但狗腿角也越严重。影响钻头侧向力的因素主要包括底部钻具组合参数、钻进参数、已知井眼参数和地层特性参数等。

（步玉环　马　睿）

【钟摆力 pendulum force】　在已斜井眼中，钻具处于倾斜状态并与下井壁接触形成切点，切点以下部分钻柱的重力使钻头对井眼的下侧井壁产生的切削力（见图）。钻头在此钟摆力的作用下切削下井壁。从而使新钻的井眼不断降斜。运用这个原理，在钻铤的合适位置上安装稳定器形成切点（形成的钻具组合称为钟摆钻具）。影响钟摆力大小的因素主要有以下几个方面：（1）加大稳定器以下钻铤尺寸，增加重力，可以增加钟摆力；（2）减小钻压，使得钟摆力分量增加；（3）安装稳定器，提高切点高度，但稳定器以下钻柱弯曲后刚要接触井壁，但尚未形成新切点。

在钻井过程中，调整钟摆力的方法详见钟摆钻具。

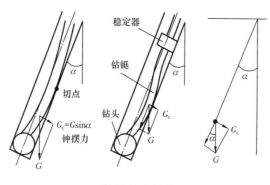

钟摆力示意图

（步玉环　柳华杰）

【垂直钻井系统 verticaldrillingsystem】　一种包含井下闭环控制系统可实现井下纠斜，保持井眼轴线尽量垂直且保持较高钻速的钻井技术实施系统（见图）。垂直钻井系统主要包括静止导向控制系统、可调式稳定器、随钻井斜测量仪、专家系统等。作用原理在于：设定垂直井眼可允许的钻达偏角，当地面接收到随钻测斜仪测得的井斜角大于设定值后，地面专家系统进行钻具纠偏指令的下达，可调式稳定器的活塞动作，调整三个伸缩块满足不同的伸缩量，从而达到纠偏的作用。垂直钻井系统作为主动防斜，其防斜打直效果不受钻压影响，有利于提高钻速，广泛应用于高陡构造与大倾角等易斜地层和自然造斜能力强的条件下的深井、超深井和复杂结构井直井段。

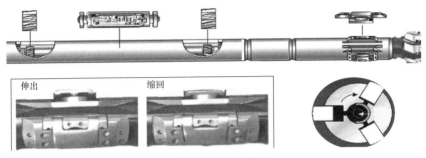

垂直钻井系统示意图

（步玉环　马　睿）

【偏心钻铤防斜钻具 anti-skew drilling tool with decentralized drill collar】 在直井的钻进过程中，选用轴线不对称的钻铤组合来防止井斜的钻具组合。利用偏心钻铤在旋转过程中的离心力和偏重带的支撑作用，减小了钻头轴线倾角，从而减少井斜。当井眼有所偏斜时，离心力和重力重合，增加了钟摆力，产生纠斜效果。当井眼垂直时，钻具不会产生离心力，重力的作用也是铅垂方向，不会发生偏斜起到了防斜作用。

（马　睿　步玉环）

【方钻铤防斜钻具 anti-skew drilling tool with square drill collar】 利用方钻铤组成的钻具组合进行防斜钻进的钻具组合。方钻铤防斜钻具属于满眼钻具的一种，其截面对角长度略小于钻头直径，使钻具中心线与井眼中心线尽可能重合，从而达到防斜的目的，这种钻具组合还有一定的纠斜作用。防斜原理见满眼钻具。

（马　睿　步玉环）

【偏轴接头 offset-axis sub】 一种两端接头螺纹轴线偏离一定距离的接头（见图1）。连接于下部钻具组合，使其构成偏轴钻具组合，用于易斜地区直井防斜打快钻井中。偏轴接头在偏轴组合中的作用是使下部钻具组合在加上钻压以后，能够在特定位置产生弯曲，在井底形成稳定的公转回旋，钻头均匀切削井壁四周，实现稳斜钻进（见图2）。在有井斜的情况下，通过精心设计偏轴组合中的偏轴距和偏轴接头的位置，使弯曲部分不与井壁接触，钻压越大，这种公转回旋运动幅度越大，钟摆降斜力越大，降斜效果也越好。它克服了钟摆钻具组合和塔式钻具组合为了产生较大的降斜侧向力而必须减压吊打的缺点，实现以正常钻压防斜钻进的目的。

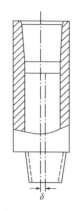

图 1　偏轴接头结构示意图

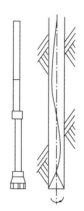

图 2　偏轴组合在钻井中的运动状态示意图

（周煜辉）

【欠平衡钻井 underbalanced drilling；UBD】　使井内循环流体柱压力低于地层孔隙压力，允许地层流体有控制地进入井筒并将其循环到地面的钻井工艺。分为两大类型，即控流欠平衡钻井和人工诱导欠平衡钻井。前者用合适密度的钻井流体（包括清水、混油钻井液、原油、添加空心固体材料钻井液等）进行欠平衡钻井，后者用充气钻井液、泡沫、雾，甚至用气体作循环介质进行欠平衡钻井。一般而言，当地层压力当量密度大于 $1.10g/cm^3$ 时，用控流欠平衡钻井，否则用人工诱导欠平衡钻井。核心技术问题是欠压值的确定以及围绕这一欠压值，根据井筒多相流压力分布与变化规律，对井底压力所进行的一系列控制。

　　分类　常用欠平衡钻井技术主要有气相欠平衡钻井、气液两相欠平衡钻井和液相欠平衡钻井。

　　气相欠平衡钻井　采用纯气体作为钻井流体，这类气体有空气、氮气、天然气或任一混合气体。用于空气作为钻井流体的称空气钻井，用氮气作为钻井流体的称氮气钻井，用天然气作为钻井流体的称天然气钻井。气体钻井密度适用范围为 $0\sim0.02g/cm^3$。钻井时除需要一般水基、油基钻井液所用的设备外，还需添加空气压缩机、增压器、输气管线、特殊仪表、井口挡砂除砂装置、油气水三相分离器及针形阀等。其特点是：（1）气柱压力很小，有很高的环空返速，洗井与携岩能力强，一般为普通钻井液的 10 倍以上。（2）密度低，机械钻速快，单只钻头进尺长，产能高。（3）对各种无机盐类有很好的适应性，污染小，性能变化极小。（4）所钻岩屑十分清晰，易于分析。（5）较好地保持了油、气层的原始状态，有利于发现和保护油气层。（6）能有效防止井漏等复杂情况的发生。（7）井壁稳定性变差，特别是当地层出水时的干气钻井，应充分论证研究其适用条件。（8）井斜监测、控制手段有限，要注意易斜地层的井斜问题。（9）钻屑对钻具有冲蚀作用，产层流体对钻具有腐蚀作用，使用空气或天然气钻井容易发生燃爆，使用氮气成本高，但比较安全。

气液两相欠平衡钻井 采用气液两相流体作为循环介质，主要有雾化钻井、泡沫钻井和充气钻井。当有地层水进入井筒，形成泥浆环和钻头泥包影响了干空气钻井，但出水量又没有达到引起井眼清洁问题时，可采用雾化钻井。在井口往空气流中注入少量含发泡剂的水，由于发泡剂降低了井眼中水和钻屑的界面张力，水在返出的气流中分散成极细的雾状物而把钻屑从井筒中携带出去。当地层出水量较大时，影响了井眼清洁，这时要用泡沫钻井。泡沫钻井是将大量的气体（如空气和氮气）分散在少量含发泡剂（表面活性剂）的液体中形成泡沫，以此作为循环介质的钻井工艺。气泡间的相互作用产生黏度，提高了携屑能力。泡沫钻井按泡沫使用结果可分为一次性和可循环两类；按泡沫性质可分为稳定泡沫和不稳定泡沫两类。钻井中常用的稳定泡沫为淡水、洗涤剂、化学添加剂、压缩空气（氮气、二氧化碳、天然气和空气）的混合物。一般地，在流入井筒的流体流量小于 $1.3m^3/min$ 时，稳定泡沫能有效地携带岩屑和侵入流体。充气钻井是指将一定量的可压缩气体通过充气设备注入到液相钻井液中形成含泡的液相流体，并以此作为循环介质的钻井工艺。常用的注入气体是空气和氮气，此外还有二氧化碳、天然气和柴油机尾气。气体注入方式有地面注入法（立管注入法）和井下注入法（寄生管注入法、同心管注入法和连续油管注入法）等。立管注入法的优点是简单，不影响井身结构，能减低整个循环系统循环介质的密度；缺点是不能使用泥浆脉冲式随钻测量工具（MWD/LWD），井下马达参数优选受限。寄生管注入法和同心管注入法的缺点是成本较高，工艺复杂（专用井口装置），缩小井眼（同心管法）等。雾化钻井适用的密度范围是 $0.002\sim0.04g/cm^3$，气体体积是混合物体积的 96%～99.9%。泡沫钻井的密度适用范围是 $0.04\sim0.6g/cm^3$，井口加回压时可达 $0.8g/cm^3$，气体体积为混合物体积的 55%～96%。充气钻井密度适用范围是 $0.7\sim0.9g/cm^3$，气体体积低于混合物体积的 55%。（见气基钻井流体、泡沫剂）

液相欠平衡钻井 主要有控流钻井和钻井液帽钻井。控流钻井是用低密度钻井液所进行的欠平衡钻井。钻井液帽钻井就是把环空和节流阀关闭，向环空注入重稠的流体（所谓的钻井液帽），而清稀的钻井液通过钻具进入地层实现边漏边钻的一种钻井工艺。

适用条件 采用欠平衡钻井，必须具备如下条件：（1）地层压力系统和压力大小已准确掌握。（2）所钻井或井段的井壁是稳定的、储层适合于欠平衡钻井。（3）配备有可靠的井控装备。除具有常规钻井井口井控装置和节流管汇外，井口还应增加一个相应尺寸的切割闸板防喷器和旋转防喷器、液动闸阀及三相分离器，点火与燃烧系统。如用气体作循环流体则要增加充气装置，如空压机、增压器、雾化泵或制氮设备，以及其他配套设备，如空气锤、空气螺杆、空气震击器、空气减震器等。（4）配备有相应的监测仪器仪表，如套管压力表、立管压力表、环空压力测试仪、流量计和 CO_2、H_2S、天然气报警仪等。（5）有一套行之有效的应急措施，井控操作规程和 HSE 规定等。（6）配备有训练有素的技术人员和熟练的操作人员。

优缺点 减少对产层的伤害，从而提高油气井的产量；有利于发现和评价低压低渗油气层；大幅提高机械钻速，延长钻头使用寿命；有效地控制漏失，减少和避免压差卡钻。缺点是：有时钻井成本高；存在不安全隐患；如果不是全过程的欠平衡钻井，则其他工序会对储层造成更大的伤害。

欠平衡钻井除了在钻进过程实现欠平衡外，还要在起下钻、测井、固井和射孔等各道工序内都实施欠平衡。随着国内外技术的发展，解决上述问题的装备及技术正在逐步完善，如不压井起下钻装置、不压井随钻测井装置等。

需要指出，并不是所有储层都适合欠平衡钻井，如需进行改造才能投产的特低渗透层、中高压油气层等，用近平衡钻井更有利于安全钻井及降低钻井成本。海上钻井要特别慎用欠平衡钻井。

📝 推荐书目

张振华，鄢捷年，等 . 低密度钻井流体 ［M］. 青岛：中国石油大学出版社，2004.

（周煜辉 葛云华）

【过平衡钻井 over balanced drilling technology】 在钻井过程中，使井内循环流体柱压力高于地层压力的钻井工艺。过平衡钻井技术是在我国石油开发早期常用的一种钻井技术，由于钻井液液柱压力高于地层压力较大，可以有效地避免井涌、井喷事故的发生，但对油气井的污染较为严重，且机械钻速慢。随着钻井技术及井控设备的发展，以及储层保护的要求，过平衡钻井技术使用较少。但对于异常高压地层的钻进，容易发生井涌或井喷，在刚刚钻进到该异常高压地层时，往往采用过平衡钻井技术。过平衡钻井技术的实施，虽然过高的钻井液静液柱压力有利于抑制了地层中水和气向井筒中涌入，但也导致了钻井液大量侵入地层，污染储层的同时使钻头以下尚未钻开的地层中孔隙被排挤，增加了地层压力升高的危险性。

（步玉环 马睿）

【控制压力钻井技术 control pressure drilling technology】 利用安装在井口的压力

控制系统，通过井口回压，流体密度、流体流变性、环空液位、水力摩阻等的综合控制，使整个井筒的压力维持在地层压力和地层破裂压力之间，进行平衡或近平衡钻井的技术。控制压力钻井技术能有效控制地层流体侵入井眼，减少井涌、井漏、卡钻等多种钻井复杂情况，非常适宜孔隙压力和破裂压力窗口较窄的地层作业。

（步玉环　马　睿）

【地层井眼压力平衡系统 strata-borehole pressure balance system 】 在钻井过程中，钻井液的循环过程满足 U 型管平衡效应，作用在环空底部的压力值与地层压力组成的平衡关系。通过控制钻井液密度、泵压、排量、流体流动形态等方式来保持地层井眼压力平衡系统的平衡关系。在钻井过程中，如果井底压力低于地层压力，地层流体会进入井眼，有可能产生井涌，甚至井喷，酿成重大事故；如果井底压力高于地层压力，导致钻井液等渗入地层中，从而污染地层，压差越大对地层的污染也就越严重，进一步会影响采收率；若作用在井底的压力值大于地层破裂压力，就会压漏地层，漏失严重时就会造成漏喷同时发生的复杂事故。因此，一般控制地层井眼压力平衡满足于可控制地层压力，但不压漏地层。

（步玉环　马　睿）

【井底压力恒定控压钻井 constant bottom hole pressure MPD technology 】 一种通过环空水力摩阻、节流压力和钻井液静液柱压力来精确控制作用于井底压力保持恒定的钻井技术。保持井底压力恒定就是对当量循环密度（ECD）进行精确控制，在钻进、接单根或起下钻过程中均维持一个恒定的环空压力，实现"近平衡"钻井。如图所示，停泵时，环空摩擦压力（AFP）升高，在井口施加一个水力回压，而开泵时，环空摩擦压力降低，此时则停止施加回压，这一操作使得井筒压力更为恒定，从而有效避免了开停泵时出现井涌—井漏的恶性循环。通常情况下，当地层破裂压力梯度接近孔隙压力时（即压力窗口窄）才会采用这种控制压力钻井工艺。

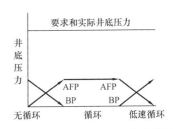

井底压力恒定钻井井底压力变化图

（马　睿　柳华杰）

【连续循环系统控压钻井 continuous circulation system MPD technology 】 可在不停止循环钻井液的情况下进行接单根作业，且能够保持一个恒定的当量循环密度的钻井技术。是在顶驱、钻杆操作系统、BOP 闸板密封和计算机钻井控制系统基础上发展而来的。

连续循环系统（CCS）主要部件是井口连接装置，通过这种井口连接装置，钻井液可以实现连续循环。井口连接装置实际上是一个安装在转盘上的压力舱，允许钻柱通过，可在钻杆接头两端形成密封，密封元件将连接装置分为上下两个压力腔。接钻杆时，带循环压力的钻井液流入压力腔，使钻柱内外压力达到平衡，然后进行卸扣，工具连接外螺纹旋出，直至完全退出内螺纹，内螺纹上方的密封元件关闭，从而将压力腔分为两个部分，接着，上压力腔泄压，卸下外螺纹，同时，由于下压力腔的存在，其内壁仍然保持循环，并沿打开的内螺纹接头向下循环。新上扣的钻杆或钻柱（单根或立根）是连接在顶驱装置上的，将被下入上压力腔，下压力腔是密封的，同时从循环系统中流出的带循环压力的钻井液将充满钻杆，对上压力腔再次加压，当压力达到平衡后，隔离密封原件随即被打开，新钻杆接头下移，同时钻井液通过顶驱装置流入钻杆内，在保持钻井液在钻杆内循环的同时，完成钻杆连接操作。当压力腔泄压后，密封元件打开，继续钻进作业。在井口带压循环条件下，上扣、卸扣以及钻杆下入和起出上压力腔的作业，都是由动力钳和连接在压力腔顶部的不压井装置共同控制并操作的。

连续循环系统是利用防喷器作为其核心部件，其主体机构是由 3 个通径为 228.6mm 的防喷器本体构成，额定工作压力为 34.45MPa。上部为半封闸板，中间是全封闸板，底部是反向半封闸板。上 / 卸扣动力钳 / 管子旋扣装置和不压井下管工具，通过液压千斤顶连接在该部件顶部，操作钻杆的液压卡瓦连接在底部。连续循环系统是一套安全可靠的装备，适于钻高温高压井以及孔隙压力和破裂压力梯度窗口较窄的复杂难钻地层钻井，若钻遇储层受损、产量降低的油气层，可配套采用密闭循环钻井工艺，保持连续循环，控制密度出现过平衡。

（柳华杰　马　睿）

【钻井液帽钻井 mud cap drilling】　在堵漏等相关工艺难以奏效的条件下专门针对恶性漏失地层的钻井技术，部分学者将其归入控压钻井范畴。旧称泥浆帽钻井。其基本原理是：环空漏层上部为高黏性钻井液帽，主要作用是用来提供液柱压力、防止地层油气水上窜；牺牲液通过钻井泵从钻具内注入，主要作用是冷却钻头，携带岩屑流入漏层。

针对恶性漏失地层钻井过程中，从地面向钻杆、套管环空内注入液态"钻井液帽"，通常，注入的泥浆帽已经过加重和增黏处理，注意高密度钻井液应缓慢注入环空，防止油气上窜进入环空，从而保持良好的井控状态。为了更好地携带钻屑，避免钻屑在钻头以上层段的孔洞或裂缝中沉积，在岩屑上返的同时，还需要向钻杆内注入钻井液，通常是清水或盐水。若所钻地层含腐蚀性物质，则应向清水或盐水中添加缓蚀剂。

（马　睿　柳华杰）

【双梯度钻井技术 dual-gradient drilling technology】 在海洋超深水钻井过程中常会遇到孔隙压力很高而地层破裂压力却很低，因此不得不下多层技术套管来封隔上部地层，以便防止浅层水的流动、地层漏、井控事故等一系列问题，由于没有多层技术套管可供选择，为此实施在同一井筒系统内控制两种密度的流体，作业时井眼上部井段打入低密度钻井液（或海水），下部井段打入高密度钻井液，通过双密度体系，使压力窗口维持在地层孔隙压力和破裂压力之间的深水钻井技术（见图）。实现双梯度可采用水下泵系统或灌注海水等方法降低隔水管中钻井液的密度。

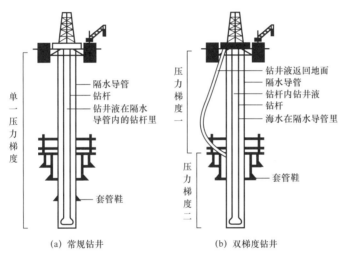

(a) 常规钻井　　　　(b) 双梯度钻井

常规钻井与双梯度钻井技术循环通路示意图

双梯度钻井的作业目的并不是将井底压力降低至欠平衡状态，而是为了防止因环空钻井液液柱压力过大而出现压漏地层的问题。作业时，钻井液按常规方法打入钻柱内，返出时，钻井液并不是通过海洋隔水管环空返出，而是通过一根寄生管线将钻井液和钻屑从海底返出到地面。随后，钻井液管线之上的环空被注满海水，其目的是使临界井深保持一个适当的静水压力。钻井液仍然会通过环空，但是流程较短，仅从井底流到海底泵，这减少了下至总井深的套管数量。

双梯度钻井技术具有以下主要优点：（1）可使破裂压力和孔隙压力间的余量相对增大，解决了深水钻井工艺中的部分技术难题，使钻井作业中的井涌和井漏事故大大减少，从而节省了处理钻井事故的时间和成本。（2）与常规深水钻井技术相比，双梯度钻井技术可减少套管层数，节省了套管及下套管的时间和固井时间，从而缩短了建井周期。（3）可使隔水导管内、外受力平衡，并且可避免钻井液通过隔水导管内的环空，降低了环空流动摩阻，进而解决了钻井液在隔水导管内返速过低和岩屑携带方面的问题等。（4）可降低深水钻井作业对钻井平台和钻机等钻井装备的要求。与常规钻井技术相比，可以用更小、更便宜的钻井设备钻更深的深水井。（5）可减小隔水管余量，平台紧急撤离时更为安全，出现井喷等较大事故的可能性及对海洋环境污染的可能性也大大降低。（6）可减少钻井液的用量，使成本降低。

（步玉环　马　睿　郭辛阳）

【HSE 控压钻井技术　HSE managed pressure drilling technology】　在钻井过程中，利用压力控制系统、地面气液固分离处理系统，有效控制作用在井底的压力达到设计压力，同时把循环到地面上的钻井液进行气、液、固进行分离，并将气体输出或点燃，将固相做到不落地，液体循环利用，确保人员、钻井工程等的健康、安全、环保的钻井技术。HSE 控压钻井技术是控压钻井的重要组成部分，主要用于含有硫化氢的地层，使用闭合承压钻井液循环系统更严格控制井底气体产出，通过专用的分离器处理硫化氢等有害气体，降低地面危险等级。

（步玉环　马　睿）

【精细控压钻井技术　meticulous manage pressure drilling technology】　在设定安全窗口内，精确控制作用在井底压力，确保安全钻进，降低井控风险的控制压力钻井技术。精细控压钻井技术是解决窄安全密度窗口钻井的最先进技术，该项技术采用井下参数测量与地面压力自动控制紧密结合，来实时调控作用于井底压力，是集机、电、液、信息、自动控制等技术为一体的前沿钻井就技术，是钻井工程压力控制技术发展的方向。主要用来解决深井钻井中由窄安全密度窗口、多压力系统、压力敏感性地层引起的井漏、井涌等井下复杂情况、含硫地层、压力不确定性高风险勘探井的安全钻井问题。

（步玉环　马　睿）

【动态环空压力控制钻井技术　dynamic annular pressure controlled drilling technology】

利用自动节流、泵送装置，通过钻柱止回阀、旋转控制装置来控制压力，达到循环压耗与液柱压力之和与地层压力达到动态平衡的钻井技术。主要包括动态环空压力控制系统、旋转控制装置、控制压力钻井专用节流管汇系统和自动回压泵。

动态环空压力控制系统是可通过施加一个可控环空井口压力来保持一个恒定的井底压力，根据压力波动对井底压力进行实时控制，连续自动维持设计的井底压力值，扩大孔隙压力/破裂压力梯度窗口，能解决成熟油气田采用重钻井液钻井时所遇到的井漏和井壁失稳等作业难点，适于深水井、高温高压井、大位移井以及钻井环境恶劣的井眼。该系统利用低密度钻井液，同时根据循环排量的变化调节井口回压，按设计值维持井底压力，过平衡和欠平衡均可。

控制压力钻井专用节流管汇包括一个高性能起动钻井节流阀、上游节流阀、下游节流阀、止回阀和高压管线接口。止回阀安装在节流管汇上，其作用是防止井筒流体回流至回压泵。回压泵是一种三缸泵，与节流管汇连接。如果系统检测到井筒流量不足以维持所要求施加的回压时（例如接单根和起下钻过程中），则会自动开启回压泵。

动态环空压力控制系统主要由控制系统、图形界面、WITS 和 OPC 数据传输系统组成。控制系统用于控制节流管汇、回压泵和水力程序；图形操作界面用于监控作业过程和系统设置；WITS 数据传输系统则是动态环空压力控制系统与钻机连接的通道，通过该通道，动态环空压力控制系统可接收钻头深度、钻柱转速、机械钻速、泵排量、钻压等钻井参数和井下压力数据，将这些数据输入水力程序和逻辑控制器进行综合分析计算，计算得出的回压值和当量循环密度由控制系统输出，并通过 OPC 服务器接口传输给第三方节流控制装置。井底压力值由水力模型计算，输入水力模型的动态钻井参数每秒钟实时更新，一些相对静态参数如钻井液密度、井眼几何形态、定向数据和底部钻具组合等预先输入水力模型。钻井液密度和黏度根据实际井底压力读数更新，目的是校正水力模型。通常这些参数变化不大，且模型计算井底压力和实际井底压力值较为吻合，压力能很好地维持在井底压力窗口内。

动态环空压力控制系统整合了实时水力模型和控制系统，当钻井泵关闭时，或者其他压力控制系统对压力控制不理想时，便可通过回压泵提供回压，将井底压力维持在一定范围内，作业安全性、井控质量和储层完善性都得到很大改善。

（马　睿　步玉环）

【微流量控压钻井技术 micro flow controlled pressure drilling technology】 通过检测流体的微流入量和微流出量，保证系统能监测到的钻井液总流量波动范围很小，通过对微流量的精确监测和控制，达到控制井底压力的控压钻井技术。

微流量控压钻井系统主要由 3 大部分组成：旋转控制头、微流量节流管汇和数据采集与控制系统。旋转控制头在井眼环空与钻柱之间起密封作用，提供安全有效的压力控制，实现带压钻进作业，控制地面环空回压，使井底压力精确的保持在一定范围内，避免发生井喷，在微欠平衡钻进过程中能充分保证井口设备和操作人员的安全。微流量节流管汇可根据工作需要调节钻井液流量等参数，钻井液地面管汇上装有2个钻井液微流量测量仪以及相关的传感器，传感器通过测量各种钻井液参数，并将采集到的压力、温度、流量、流速等信号通过A/D转换器送到中央数据采集与控制系统中，经计算机处理后发出下一步控制指令。

微流量控压钻井为闭环控制系统，其系统的工作流程如图所示。

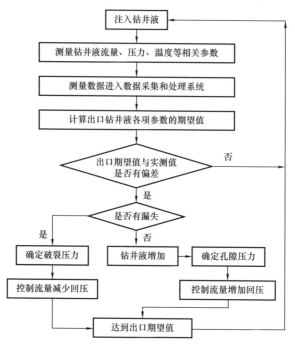

微流量控压钻井闭环控制系统工作流程图

（马　睿　步玉环）

【**随钻井底压力测量系统** bottom pressure measurement system with drilling 】 在钻井过程中，可随着钻进的进行直接测量钻井过程中的环空井底压力的系统。又称随钻环空压力测量系统，简称PMD。是实施欠平衡钻井、控制压力钻井技术的关键技术环节。PWD系统由井下数据采集及发送单元、地面数据接收单元、地面数据处理和还原单元及输出终端几部分组成（见图）。

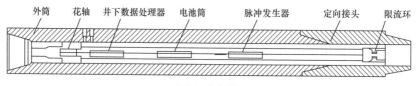

PWD系统组成部件示意图

施工过程中，PWD 的传感器内部的压力传感器、温度传感器通过压力检测端口随时检测钻具内部、井眼环空的工作压力（地层压力）和传感器工作环境温度（地层温度），电子线路控制所有数据的采集、处理和存储，所有测量数据可以通过 MWD 向地面实时传输，从而实现实时温度、地层压力测井。存储的数据可以在传感器出井后在地面读取，以利用详细的压力、温度测井数据对地层进行更准确的分析。PMD 系统随钻测量的环空压力、温度是确定钻井液密度、实现钻井液性能优化和井眼清洁状况识别的重要依据，对于提高钻井速度、减少钻井复杂情况发生、优化钻井设计、指导钻井施工、实现欠平衡钻井和提高完井质量具有重要意义。

（步玉环　郭胜来）

【气体钻井 gas drilling technology 】 以气体（空气或氮气）为循环介质，用气体压缩机或制氮装置等设备作为增压装置，用旋转防喷器作为井口控制设备的一种欠平衡钻井技术。用干空气作为钻井流体的称空气钻井，用氮气作为钻井流体的称氮气钻井，用天然气作为钻井流体的称天然气钻井。气体钻井密度适用范围为 $0 \sim 0.02 g/cm^3$。钻井时除需要一般水基、油基钻井液所用的设备外，还需添加空气压缩机、增压器、输气管线、特殊仪表、井口挡砂除砂装置、油气水三相分离器及针形阀等。

气体钻井主要适用于以下地层：（1）不出水的坚硬地层。在坚硬地层中，采用气体钻井可以大幅度地提高机械钻速。（2）严重漏失地层。对于严重漏失地层，常规钻井方式难以实施，可以考虑采用气体钻井方式。（3）严重缺水地区钻井。气体钻井是以气体作为循环介质，对水的需求量降到了最低，所以特别适合于沙漠、高原等缺水地区。（4）地层压力低且分布规律清楚的地层。气体钻井的静气柱压力极小，较高的地层压力会加重井控设备的负担。此外，如果不清楚地层压力的分布规律，气体钻井作业的安全性就难以得到保证。因此，对于地层压力较高和分布规律不是很清楚的井，不适合使用气体钻井技术。

（步玉环　马　睿）

【雾化钻井 mist drilling technology 】 在空气钻井过程中，如出现少量的地层水流，通常做法是将空气钻井转变成雾化钻井。又称雾化气钻井。雾化钻井的具体作法是，在压缩的空气流未注入钻柱之前，向其注入少量的含有起泡剂的水。注入的这种液体与地层产出的水就会分散成不连续的（独立的）液滴的雾，这种雾流速度与气流速度相同。

（步玉环　马　睿）

【泡沫钻井 foam drilling technology 】 利用致密、连续、均匀的泡沫流体作为循环介质的钻井技术。泡沫钻井液其密度可在 $0.06\sim0.72$ g/cm^3 之间任意调整，它一般适用于地层压力系数低于 1.0 的油气层钻井。当空气因地层原因无法实施延伸钻进时，可转为稳定泡沫或硬胶泡沫钻井。稳定泡沫和硬胶泡沫不仅可以大大减少空气量，还因其携屑能力是一般钻井液的 10 倍而更具优越性。

空气泡沫钻井的优点如下：

（1）钻直径很大的井眼需要的空气量极大，采用纯空气钻井很不经济，硬胶泡沫则只需 $11\sim17\text{m}^3/\text{min}$ 的空气量。

（2）硬胶泡沫能有效地防止水敏性地层和胶结差的地层坍塌。调整泡沫剂和聚合物的比例可以将硬胶泡沫的失水降到很低甚至可以为零，因此，对胶结差的地层和水敏性地层，如风化砂岩、水敏性泥页岩、砾石或砾岩，硬胶泡沫有极强的稳定能力。

（3）可防止空气钻井因钻遇油层而引发的火灾。

（4）钻低压或枯竭油气层以及胶结疏松的产层。硬胶泡沫密度只有 $0.032\sim0.096\text{g/cm}^3$，即使在井内被压缩状态下，其静液柱压力也极低而且滤失量可以为零，所以可避免漏失和对产层的伤害。

（步玉环　马　睿）

【泡沫稳定剂 foam stabilizer 】 在泡沫钻井液中用于降低泡沫的表面张力，稳定泡沫的关键外加剂。在泡沫钻井液中较常见的泡沫稳定剂有 XC、FSO、聚乙烯醇（PVA）、PAM、HEC、CMHEC、SK-1、PAC141 以及 CMS 等。

对泡沫稳定剂进行单独和复配实验后，最终筛选出 XC+HEC+FSO，XC+CMS 为泡沫稳定剂配方，以后又用天箐粉和预胶化淀粉作为 XC 及 HEC 的代用品，在钻井、洗井中使用，取得了良好的效果。

（马　睿　柳华杰）

【井下燃爆 underground explosion 】

气体钻井钻遇油气层时，井眼内充满岩屑粉尘、可燃气体和氧气等混合物，遇到火星或火源发生点燃爆炸的现象。井下燃爆不仅造成钻具、套管被烧毁损坏，还会造成井眼破坏，后续处理困难，造成井眼报废等。

（马　睿　郭辛阳）

【气体钻井空气压缩机 air compressor for gas drilling 】 气体钻井时用以压缩气体的设备。分为旋转叶片式、直瓣式、往复活塞式和旋转螺杆式等。其中，旋转螺杆式空压机是油田作业中应用最多的一种。空压机有多种压力级别，其输出的最大工作压力一般为 1.75~2.45MPa。在正常情况下，这种工作压力能够满足气体钻井的要求。然而，当井较深或预计井内会出水时，所要求输送的空气压力可能超过空压机额定的压力值，此时就需要使用增压机。单台空压机的输出气量一般为 25.5~42.5m³/min，不能满足空气钻井所需要的空气量。空气钻井作业时，应根据不同的井眼尺寸、井下出水等情况，配备多台空压机，组成机组形式并联使用，以提供能满足空气钻井工艺需要的气量。

（步玉环　马　睿）

【增压机 turbocharger】 将空压机输出的压缩空气进一步增压的设备。气体钻井用增压机一般为往复活塞式增压机。油田上使用的增压机有单级、双级或多级增压机。单级增压机常用于较低压力作业，其输出压力一般为 5.2~10.5MPa。单级增压机一般就已能满足气体钻井作业所需要的压力要求。但对气体钻井服务公司，拥有的大多数增压机为双级或多级增压机，能持续输送较高压力，以满足钻井变工况作业条件的需要。通常一台增压机能处理两台或多台空压机提供的空气。气体钻井时，应根据所需的气体量配备与空气压缩机相对应的增压机数量，以满足气体钻井作业的需要。

（步玉环　马　睿）

【氮气钻井制氮系统 nitrogen generating system for drilling】 在氮气钻井过程中为满足氮气循环的需求，进行制备氮气的系统。为了防止采用空气钻井的井下燃爆问题，可以选择氮气作为钻井循环流体介质，或将氮气作为钻井流体的一部分。氮气钻井优于空气钻井的主要原因是氮气与气态烃的混合物不会发生明显的化学反应，可以消除井下着火的可能；同时，它还可以防止腐蚀。因此，氮气与充氮气钻井技术不断在各大油田应用，并逐步配备了现场制氮设备。

与空气钻井不同的是，氮气钻井需要增加制氮系统。在进行钻井施工作业中，获得较高纯度氮气的方式有三种：一是使用液氮；二是低温制氮；三是现场膜滤制氮。

（步玉环　马　睿）

【雾化泵 atomizing pump】 在气体钻井过程中将钻井流体转化为雾化状态的设备。由注液泵、雾化器和管汇组成。它的作用是在雾化过程中注入液体，并与气体混合形成雾化液。其中，注液泵应根据注液量实际要求来选择压力和排量。

（郭辛阳　马　睿）

【泡沫发生器 foam generator】 将气体与基液混合形成泡沫的设备。钻井过程中采用泡沫钻井液作为循环介质时，发泡剂本身是不能自动成为泡沫的，需要将含有一定浓度发泡剂、稳泡剂等的水溶液通过泡沫发生器的机械作用才能制成为均匀的泡沫。泡沫发生器和发泡剂需相互配合，不能单独发挥作用。泡沫发生器将空气引入发泡剂水溶液中均匀分散，实现液气尽可能大的接触面，以使发泡剂中的表面活性物在液膜表面形成双电层并包围空气，形成一个个气泡。

（步玉环　马　睿）

【钻杆浮阀 float valve】 连接在钻头上部，主要用来防止井涌或井喷的专用工具（见图）。又称钻杆单流阀。在正常钻井时，钻杆浮阀的阀盖打开，钻井液畅通循环。当井下发生井涌或者井喷时，阀盖关闭达到防喷目的。起下钻作业时，防止钻井液回流，阻止泥沙进入钻柱，起到防堵作用。减少钻井液的损失和保持钻台的清洁。

另外在不需要下入工具时，还可以作为配合接头来使用。

钻杆浮阀

（步玉环　马　睿）

【斜坡钻杆 ramp drill string pipe】 与普通钻杆接头处的直台阶状不同，接头处为18°斜台阶的钻杆。起下钻时，需要用专门的吊卡（见图）来起下钻。在钻井中，斜坡钻杆可以使在下钻时减小螺纹断面和井壁的摩擦阻力，减小下钻的摩阻。斜坡钻杆比较适合大斜度井、水平井及大位移井等，主要原因在于：（1）斜坡钻杆可以消除对焊钻具的应力集中问题。（2）在定向井施工过程中减少摩擦阻力。（3）在溢流关井过程中可以实现压井过程中的起下钻作业，通过和减压调压阀的配合能通过环形防喷器。

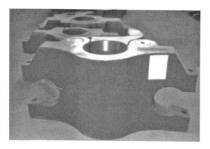

斜坡钻杆专用吊卡

（步玉环　马　睿）

【空气锤 air hammer】 将输入的持续性高压气体能量转化为间歇性脉冲力输出而进行破岩的一种装置。工作时活塞在高压气体的作用下做高频往复运动，不断地冲击钻头尾部。在冲击力的作用下，带动位于钻头底部的复合球齿冲击底部岩石并压碎凿入一定深度，形成一道凹痕。活塞退回后钻头回转一定的角度。之后活塞又开始向前运动，再次冲击钻头尾部，又形成一道新的凹痕。两凹痕之间的扇形岩块被由钎头上产生的水平分力剪碎。活塞不断地冲击钻头，并从钻头的中心连续释放高压空气，从而将岩屑携带出来。

（马　睿　步玉环）

【井下套管阀 downhole casing valve 】　一种全井筒的安装于套管上面的截止阀。可作为技术套管的组成部分下入井内，由控制管线、套管阀体、地面控制系统、保护接箍组成。使用井下套管阀进行欠平衡钻井优点如下：（1）不用压井起钻，减少了对油气层的破坏。（2）省掉了压井起钻之前的循环压井时间。（3）降低了起钻过程中发生抽吸和溢流的可能性。（4）减少了起下钻时间。（5）允许在欠平衡状态下，下入比较复杂的井下钻具组合。

（马　睿　步玉环）

【液气分离器 liquid and gas separator 】　气侵钻井液初级脱气的专用设备。将分离出来的气体采用管输或点燃的方式进行处理。液气分离器按压力分常压和压力自控式两种。

　　常压防硫化氢钻井液液气分离器采用优质材料制造，它能有效防止有害气体的侵蚀，保证人机安全生产。当钻井液产生气侵时，其密度、黏度产生较大偏离，不能满足钻井要求；严重时若不及时处理将引起井涌，甚至发生井喷事故。液气分离器与电子点火装置联合使用可确保钻井过程的顺利进行。

（马　睿　步玉环）

【空气冲击器 pneumatic percussion hammer 】　以压缩空气为动力介质，利用压缩空气的能量产生连续冲击载荷的井下动力机具。又称风动冲击器、风动潜孔锤。压缩空气同时可以兼作洗孔介质。空气冲击器有高风压和低风压、阀式和无阀式之分。通常空气冲击器直接与硬质合金柱齿钻头连接以冲击方式碎岩，低速回转不取心全面钻进。适合在卵砾石及硬岩层中应用，配置特殊结构的钻头也可在软土层中使用。机械钻速一般大大高于液动冲击器钻进，但需要配备能力较大的空气压缩机，燃料消耗较大，有噪声、粉尘污染。钻进深度受地下水水位、水量的影响较大。

（步玉环　马　睿）

【空气锤钻头 air hammer bit 】　以冲击为主、旋转为辅联合作用破岩钻进所使用的钻头。又称冲击钻头、平底钻头。空气锤钻头既要承受冲击器的高频冲击力，又要承受很大的破岩反力，同时在回转力矩作用下还要承受岩石的剪切反力，牙齿除承受周期性或突发性冲击载荷外，还承受剪切和弯曲作用。用于空气钻井的空气锤钻头有牙轮钻头和平底钻头 2 种。

（步玉环　马　睿）

【小井眼钻井 slim hole drilling technology 】　一口井从第二次开钻起用等于或小于 $\phi152.4mm$（6in）钻头钻完全部井深的钻井工艺。一般一口小井眼井其小井眼井段要占全部井深的 80% 以上。小井眼钻井可以节省钢材，减少钻井液和水泥浆的用量，可以减少工业占地，可以减少施工人员数量，从而可以降低钻井费用。但小井眼井不适宜在具有多套地层压力系统的条件下使用。另外，小井眼钻井钻速较低，易发生井斜等问题。故小井眼钻井常在钻浅井（在地质条件较简单情况下可延到中深井）或者侧钻井使用。

（周煜辉）

【套管开窗侧钻井 casing window side drilling technology 】　在油水井某个预定井段的套管一侧进行开窗，并通过窗口钻出新井眼的钻井技术。

套管开窗侧钻的用途：（1）钻多底井，满足分支开采需求。（2）对事故井处理难度及成本花费较大的井进行侧钻，以便达到钻达目的层需求。（3）对钻井过程中产生严重偏离的井进行侧钻，达到开发需求。（4）对老油田枯竭井进行侧钻，利用上部完好套管进行剩余油气的开发。

套管开窗方法：采用斜向器在套管一侧定向开孔；用扩张式工具将一段套管铣掉（段铣）。一般采用斜向器开窗方法。

（步玉环　马　睿）

【旋转导向钻井 rotary steering drilling technology 】　在钻柱连续旋转条件下，对井眼轨道进行导向的一种钻井工艺。旋转导向钻井系统与地质导向钻井系统类似，也是由井底信息遥测系统、井下控制器、钻头导向系统、地质目标识别系统和决策指令系统等 5 部分组成（见地质导向钻井）。钻头导向系统是基于全旋转式的自控偏置机构。井底信息遥测系统把测到的井眼轨道位置信息实时输送到地面井眼轨道识别与处理系统，并与设计井眼轨道进行对比。如果需要对当前的井眼轨道的钻进趋势作出调整，则决策指令系统向井下控制器发送控制指令，井下控制器将调节钻头导向系统的侧向推力大小和方向，使钻头沿需要的方向钻进，完成井眼轨道的几何导向过程。如果井底信息遥测系统中还遥测有地质目标评价参数，则可通过地面的地质目标识别系统识别出地质目标，通过决策指令系统，对井下的钻头导向系统发出控制指令，使钻头沿地质目标钻进，完成地质导向过程。旋转导向钻井系统可以大幅降低钻柱与井筒的摩阻，成为钻大位移井、大位移水平井多分支井的高效工具。

（周煜辉　葛云华）

【AutoTrak 旋转导向钻井系统 AutoTrak rotary steering drilling system】　一套集钻进和随钻测量为一体的推靠式旋转导向钻井系统。主要由液压控制阀及传感器、轴承、伸缩块和不旋转导向套组成（见图）。1993 年，意大利 AGIP 公司和美国 Baker Hughes INTEQ 公司研制出旋转闭环系统；1996 年在 4 口井中试验成功；1997 年注册为 AutoTrak。AutoTrak 旋转导向钻井系统能够在连续的旋转过程中提供精确的定向控制，实现方位和井斜的调节，因此，它能够大大提高机械钻速，减少扭矩和摩阻，提高井眼质量。AutoTrak 有 2 个信息传输环路：一个是井下工具内部的自动控制环路，它能够自动引导井眼沿着预先设置好的轨迹前进；另一个是井下工具与地面之间的控制环路，在井眼轨迹需要优化时，可以实现对井下工具的实时调控，从而保证对定向钻井的精确控制。为了实现地质导向，AutoTrak 旋转导向钻井系统结合当前最为先进的 MWD、LWD 技术，能够精确控制井眼轨迹的走向以及在地层中的位置，从而满足了地质导向和钻井作业的双重要求。同时可以结合 MDL、MNP、MDP 等工具，实现随钻测井的要求。

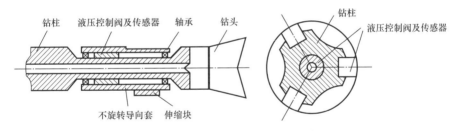

AutoTrak 旋转闭环钻井系统组成示意图

（步玉环　马　睿）

【Power Drive 旋转导向钻井系统 Power Drive rotary steering drilling system】　满足直井钻井过程中使得井眼轨迹始终小于规定的井斜角偏差的自动控制式旋转钻井系统。1994 年，英国 Camco 公司研制出旋转导向钻井系统，并在英格兰 Montrose 地区试验成功；1999 年，英国 Camco 公司与美国 Schlumberger 公司的 Anadrill 公司合并，旋转导向钻井系统注册为 Power Drive。Power Drive 旋转导向钻井系统为钻头推靠式（见图），即通过工具本体上的三个推力块，推靠井壁，给钻头一个侧向力，使钻头偏离井眼的轴线，实现井斜与方位的控制。在钻进过程中，当需要指定方向增斜时，输入指令，此时工具随着钻具一起旋转，三个推力块推力块在钻井液作用下，每转到指定方向的反方向时，伸出推靠井壁，使钻头偏离井眼轴线指向所需要的方向。

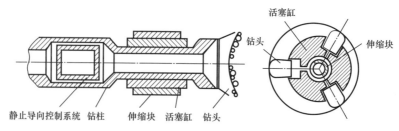

Power Drive 旋转导向钻井系统组成示意图

（步玉环　郭辛阳）

【GeoPilot 旋转导向自动钻井系统 GeoPilot rotary steering drilling system】 1999年，日本 JNOC 公司与美国 Sperry-Sun 公司合作，以 Halliburton 公司的名义推出 GeoPilot 旋转导向自动钻井系统。GeoPilot 旋转导向自动钻井系统由驱动轴、外壳、驱动轴密封装置、非旋转设备、上下轴承、偏心装置、近钻头井斜传感器、近钻头稳定器、控制电路和传感器等构成。

GeoPilot 旋转导向自动钻井系统的工作原理为：GeoPilot 旋转导向系统的驱动轴贯穿整个系统，其两端安装在轴承上，上部和钻具连接，下部和钻头连接，是驱动钻头转动的动力传输装置。系统的外壳安装在轴承的外围，相对地层不旋转，以此提供一个相对稳定的工具面。外壳两端的旋转密封装置使驱动轴在旋转的同时，所有运动的零部件都浸泡在外壳里面的润滑油里面，以降低运动摩阻并保护这些零部件。外壳内部有一个传感器组，用以测量近钻头井斜和系统的工具面方向。外壳的中间就是系统的核心部件——偏心装置，偏心装置由两个独立的偏心环共同组成。当两个偏心环的偏心位置正好相反时，此时驱动轴不弯曲；当两个偏心环的偏心方向一致时，此时驱动轴弯曲幅度最大（其导向能力达到最强）。两个偏心环的偏心位置不在同一直线时，驱动轴的弯曲度介于弯曲幅度最大和不弯曲之间，由此控制不同的造斜能力。偏心环的偏心方向可以通过控制偏心环凸轮的转动来实现，两个偏心环的偏心方向矢量和可以指向 360° 范围内的任意方向，其矢量和的大小也可在最大和最小之间调节，由此形成了系统在不同的方向进行导向，造斜能力可以在最大和最小之间进行控制的特性。

（步玉环　马　睿）

【地质导向钻井 geosteering drilling technology】 在钻进过程中，实时识别地质目标，导引钻头向地质目标钻进的钻井工艺。是水平井井眼轨道控制由传统的几何控制向地质目标控制的一项具有标志性的钻井技术，是复杂油气藏水平井提高储层钻遇率和成功率的重要技术手段。地质导向钻井系统由井底信息遥测（MWD/LWD）系统、井下控制器、钻头导向系统、地质目标识别系统和决策指令系统等 5 部分组成（见图）。井底信息遥测系统用于测量地层评价参数（电阻率、伽马、岩石密度、中子孔隙度、声波等）、井眼轨道的方向参数（井斜角、方位角、工具面角等）和工程参数（钻压、扭矩、井底环空液柱压力、温度等），并在井下控制器的控制下，通过各种信息通道上传到地面，进入地质目标识别系统。决策指令系统根据地质目标识别结果，作出井眼轨道调整决策，向井下控制器发送指令，控制钻头导向系统使钻头向预定地质目标钻进。根据钻头导向系统的不同，可分为 2 种地质导向钻井系统：一是以井下弯壳体导向马达作为钻头导向的地质导向钻井系统；二是以井下自控式偏置机构进行钻头导向的地质导向钻井系统，由于用自控式偏置机构可以在钻柱旋转方式下进行，该系统又称旋转地质导向系统。

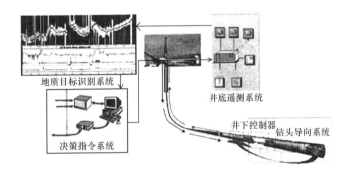

旋转导向钻井系统组成示意图

（周煜辉　葛云华）

【随钻测井 logging while drilling；LWD】　在钻井的过程中实时测量地层岩石物理参数，并用数据遥测系统将测量结果送到地面进行处理的技术。特别是水平井，利用随钻测井测得的钻井参数和地层参数及时调整钻头轨迹，使之沿目的层方向钻进。由于随钻测井获得的地层参数是刚钻开的地层参数，它最接近地层的原始状态，用于对复杂地层的含油、气评价比一般电缆测井更有利。随钻测井仪器放在钻铤内，除测量电阻率、声速、中子孔隙度、密度等常规测井和成像测井测量的参数外，还测量钻压、扭矩、转速、环空压力、温度、化学成分等参数。

随钻测井的关键技术是信号传输，主要包括钻井液压力脉冲传输和电磁波传输。广泛使用的是钻井液压力脉冲传输，是随钻测井仪器普遍采用的方法，它是将被测参数转变成钻井液压力脉冲，随钻井液循环传送到地面。钻井液脉冲传输分为正脉冲传输系统、负脉冲传输系统、连续波传输系统。钻井液压力脉冲传输的优点是经济、方便，缺点是数据传输率（每秒传送的数据位数）低。电磁波传输是将随钻测井仪器放在非磁性钻铤内，非磁性钻铤和上部钻杆之间有绝缘短节，以便于载有被测信息的低频电磁波向井周地层传播。在地面，作为钻机与地面电极之间的电压差被探测出来。早期的电磁波传输由于信号衰减大、传输距离短且成本高而未能商用，近年来由于技术改进已开始进入市场，其优点是传输率高，不受钻井液性能影响。此外，还有井下存储方式，将全部数据存于井下存储器中，待起钻后回收数据。优点是成本低，数据保存可靠。缺点是地面不能实时得到数据，无法指导钻进。对于数据量很大的随钻测井，如随钻成像测井，通常采用实时传输和井下存储相结合的办法，对关键井段采用实时传输，而其他井段采用井下存储。

　　由于随钻测井既能用于地质导向指导钻进，又能对复杂井、复杂地层的含油气情况进行评价，已是世界各石油服务公司争相研究、不断推出新方法新技术的热点。

（步玉环　马　睿）

【随钻地层评价测量系统 formation evaluation while drilling；FEWD**】** 在钻井过程中，可随着钻进的进行直接测量钻井过程中井眼轨迹参数、地层物理参数、钻具振动状况的测量系统。主要由测井传感器、定向工程参数传感器、钻具振动传感器等部分组成。测井时可以实时获得地层自然伽马、电阻率、补偿中子孔隙度、岩石密度四道物理参数和井斜角、方位角、磁/高边工具面角等工程参数，同时仪器自动记录井下钻具的振动情况，当井下钻具的振动超过允许的范围时，井下仪器优先将该钻具剧烈振动的信息传递至地面。

　　随钻地层评价测量系统包括下列技术的综合应用：（1）随钻测井技术：随钻获取实时地层参数，可准确确定目的层垂深，缩短钻井、完井周期。（2）地层预测技术：在造斜段通过随钻测井方式进行地层对比测试，确定实钻地层轨迹的变化，使实钻轨迹及时、准确进入目的层。（3）轨迹预测技术：在轨迹进入目的层前，用随钻地层参数预测，确定轨迹着陆点，找到着陆点后再控制轨迹进入目的层。（4）轨迹精确调整技术：在目的层中钻进时，及时预测钻头与储层间的位置关系，通过对钻压、井斜角、方位角等钻井参数的调整，实现水平段轨迹的高精度控制，使轨迹在目的层内的最佳部位穿行，提高油层的穿透率。（5）井下钻具状态监测技术：根据井下振动传感器采集的数据，采取措施减振，严防井下复杂情况或井下事故的发生。

（步玉环　柳华杰）

【随钻双自然伽马测井 dual natural gamma logging while drilling 】 在钻井过程中用伽马射线探测器沿井眼进行测量，并记录伽马射线强度的测井方法。随钻双自然伽马测井与传统的自然伽马测井原理完全一样，在进行随钻测井过程中，伽马探管一般串接在随钻测量测量探管之下，与随钻测量井下仪器一起装在无磁钻铤内。测量时，自然伽马探测器将探测到的地层伽马射线的强弱转换成电脉冲信号，并通过钻井液传到地面，再结合实时测量的井眼轨迹几何参数以及地质参数，准确判定储层特性，指导现场工程师调整轨迹，控制钻具有效穿行于油藏的最佳位置，进而实现地质导向。

（步玉环　马　睿）

【随钻方位岩性密度测井 azimuthal density imaging logging while drilling 】 在钻井过程中能够实时显示钻井过程中的方位、井周密度成像和密度数据的测井方法。随钻方位岩性密度测仪是在普通电缆密度测井仪的基础上发展起来的，在大斜度井、水平井等复杂井眼条件中应用较多，对于随钻地质导向、寻找目的储层、提高油气钻遇成功率具有重要意义。随钻方位岩性密度测井一般采用钻铤式安装结构，将伽马放射源和 2 个距伽马放射源不同距离的伽马探测器安装在钻铤外壁的稳定器内，测量时要求仪器紧贴井壁，以求最大限度地消除井眼内钻井液和间隙的影响。Cs 源被密封在源仓内，只对着地层方向开设窗口，使伽马射线以最优角度射入地层，减少其直接进入探测器的可能。在确定的长、短源距处，两个探测器分别对进入各自探测范围内的散射伽马光子进行计数，建立不同能窗计数率与地层密度和光电吸收截面指数的对应关系，将计数率转换为地层密度和岩性指数值。

（柳华杰　马　睿）

【随钻声波测井 sonic logging while drilling 】 在钻井过程中利用声波在不同岩石的中传播时其速度、幅度及频率的变化等声学特性不相同来研究钻井的地质剖面，从而判断固井质量的测井方法。地层声波速度跟地层的岩性、孔隙度以及孔隙流体性质等因素有关。根据声波在地层中的传播速度，就可以确定地层孔隙度、岩性即孔隙流体性质。

（柳华杰　马　睿）

【随钻电阻率测井 resistivity well logging while drilling 】 在钻井过程中采用布置在不同部位的供电电极和测量电极来测定岩石（包括其中的流体）电阻率的测井方法。电阻率测井包括普通电阻率测井、侧向测井、感应测井等方法。

（柳华杰　马　睿）

【随钻地层压力测试 testing of formation pressure while drilling】 在钻井过程中，利用随钻测压仪同时对地层压力进行检测，检查地层压力是否异常的测试技术。在钻井工程方面，地层压力是确定钻井液密度、实现井身结构优化和优选井控装置的重要依据。通过随钻获取地层压力可以实时调整环空压力，及时调整钻井液密度，控制井底的当量循环密度。该项技术对于提高机械钻速、减少井下复杂情况发生、优化完井方案、提高固井质量和实现近、欠平衡钻井具有重要作用。可以利用随钻获取的地层压力梯度分析来辨别地层流体和判断接触面位置从而优化井身结构和井位选择。

（柳华杰　马　睿）

【随钻方位电阻率测井 azimuth resistivity logging while drilling】 在钻井过程中，采用随钻方位电磁波电阻率测井仪器实时检测地层层界面相对于井眼的方位和距离信息，实现精确地质导向的测井方法。随钻方位电磁波电阻率测井在水平井和大斜度井钻井中具有重要的作用。

随钻方位电磁波电阻率测井仪具有多频率、多线圈距、深探测和方位敏感性的特点。通过在多种频率和线圈距下采集得到幅度衰减和相移数据，并最终由这些数据反演得到方位导向衰减和相移电阻率，实现同时测量电阻率的各向异性和地层方位角的能力。对于地层评价，这种随钻方位电阻率测井为水平井、断裂储层等复杂地质环境提供了更完整的信息；对于地质导向，和传统的随钻测井仪器相比，该仪器能够更及时地预测地层边界，从而更精确地指导钻井方向。

（步玉环　马　睿）

【随钻方位聚焦电阻率测井 azimuth focusing resistivity logging while drilling】 普通电阻率测井是用近似于点或球形的电极供出电流，在均匀介质中，电流呈球对称散射状。当在低阻钻井液和高阻地层的井中供电电流却几乎都在钻井液中流过，很少流入地层。聚焦电阻率测井把供电电流在一定范围里聚焦，以一个垂直于井眼轴的圆盘状散射供出，相对井轴是侧向供出的，所以称作聚焦电阻率测井。按聚焦方法的不同以及聚焦和供电电极的结构、数量差异分为三侧向、七侧向、双侧向（深、浅侧向）等。聚焦电阻率测井是普通电阻率测井的进一步发展，聚焦供电使得电流在地层中带有方向选择性扩散，就可以更精细地研究地层的电阻率在不同方向的变化情况，得到更多的地质信息。比如，三侧向（七侧向）电阻率测井可用来研究岩层的更为真实的电阻率，在轴向更准确划分岩矿层厚度，双侧向电阻率测井可以得到井眼径向的电阻率变化情况，进一步评价岩层的孔隙度、渗透性等。

（郭辛阳　马　睿）

【核磁共振成像随钻测井 NMR imaging well logging while drilling 】 在井底条件下实现核磁共振测量，利用核磁共振成像仪测量水和烃中氢核的磁矩从而达到随钻测井目的的测井方法。其测量原理的核心之一是对地层施加外加磁场，使氢原子核磁化。氢核是一种磁性核，具有核磁矩。磁体放到井中，将在井周围地层产生磁场，使氢核的磁矩沿磁场方向取向，这个过程叫磁化或极化，极化的时间常数用 T_1 表示，称作纵向弛豫时间。T_1 与孔隙度的大小、孔隙直径的大小、孔隙中流体的性质以及地层的岩性等因素有关。核磁共振测井原理的核心之二是利用一个天线系统，向地层发射特定能量、特定频率和特定时间间隔的电磁波脉冲，产生所谓的自旋回波信号，并接收和采集这种回波信号，所采用的方法叫做自旋回波法。观测到的回波串为按指数规律衰减的信号，其衰减的时间常数用 T_2 表示，叫做横向弛豫时间，它与地层孔隙度的大小、孔隙直径的大小、孔隙中流体的性质、岩性以及采集参数（如磁场的梯度）等因素有关。

核磁共振成像随钻测井的主要用途包括：（1）确定地层有效孔隙度；（2）确定地层孔隙自由流体体积和束缚流体体积，划分产层与非产层；（3）估算连续的地层渗透率；（4）提供反映地层孔隙大小分布和流体流动特性的 T_2 分布；（5）利用两次不同回波间隔测井进行差谱或移谱分析，直接识别油气；（6）与常规测井资料结合进行综合解释，改进对地层流体性质的评价；（7）确定储集层的有效厚度。

（步玉环 马 睿）

【随钻地震 seismic while drilling；SWD 】 在钻进过程中利用旋转钻头的振动作为井下震源，在钻杆的顶部和井口附近的地表埋置检波器，分别接收经钻杆和地层传输的钻头振动信号的垂直地震剖面测量。可以预测出钻头前方待钻地层的岩石类型、岩石孔隙度、孔隙压力和其他声学敏感的岩石参数，同时，结合声波测井资料，可以更准确地研究井眼附近的地层性质。

随钻地震是地震勘探和石油钻井工程相结合的技术，既具有地震勘探的作用，又能对钻井作业予以引导，同时也具有测井数据的采集功能。

随钻地震利用钻头破岩振动作为震源，经钻柱传导的振动作为参考信号，具有以下局限性：（1）当钻遇软岩层、井深过大（超过 5500 m）或者水平井情况下，震源信号强度不足，测量结果不可靠；（2）配合牙轮钻头使用效果较好，当使用 PDC 钻头钻进时，由于钻柱轴向振动较弱，导致参考信号很弱并难以检测。

随钻地震也可以利用水力脉冲震击器工具作为震源，水力脉冲震击器在钻头处产生强大的负压脉冲，其高速流道中安装有自驱动分流阀，可将流道中的钻井液流迅速切断从而产生脉冲震击，并造成钻头工作面的局部欠平衡钻井条件，提高破岩效率的同时产生脉冲振动，可以替代钻头作为震源用于随钻地震，在软地层、斜井/水平井及采用 PDC 钻头等情况下，可作为震源产生足够能量。

（步玉环　郭胜来）

【**泥浆脉冲随钻数据传输** data transmission with mud pulse while drilling 】 LWD、MWD 等随钻测量仪测量到的信号，由脉冲器的驱动控制电路驱动泥浆脉冲器的锥阀、旋转阀或转子等工作，产生截流效应，从而产生泥浆压力脉冲，压力脉冲经钻杆柱中的泥浆传递到地面的数据传输方法。地面压力传感器接收压力泥浆脉冲信号，经过滤波整形后，由地面的解码系统解码，从而可以获得井下传递上来的数据信号。在泥浆脉冲系统中，由于脉冲扩散、调速的限制和泥浆系统其他特性的局限性，使得数据的传输速度比较慢，压力波在泥浆中的传播速度约为 1200m/s，数据传输率不高，传输信号易受噪声的影响。其优点是不需要绝缘电缆和特殊钻杆，而是用泥浆流作为动力，降低了成本。泥浆脉冲随钻数据传输方式分为正脉冲、负脉冲和连续波等 3 种。

负脉冲传输　井下信号发送器由泄流阀门组成，当阀门打开时，使得一部分钻井液从钻柱内流向环空。开闭阀门就会引起环空内的压力波产生一系列的负脉冲，将数据传输到地面。从信号产生的机理来看属于泄流型信号发生器（见图 1）。

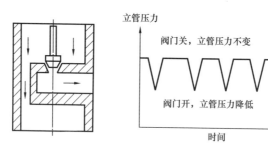

图 1　泥浆负脉冲方式工作原理示意图

正脉冲传输　井下信号发生器的节流阀由液压调节器控制，当阀动作时，通过钻柱的钻井液流被瞬时压缩，引起管内压力增加，从而产生一系列压力脉冲传输到地面。从信号产生的机理看，属于节流型信号发生器（见图 2），应用比较广泛。

连续波传输　井下信号发生器由转子和定子组成，定子和转子上带有多个叶片，由电动机驱动转子打开或部分关闭定子叶片间的开口。当开口增大时，泥浆流动畅通，压力减小；当开口关闭时，泥浆流动受阻，压力增大。控制转

子瞬时开闭或者连续开闭，就会产生脉冲或者连续压力波动信号。从信号产生的机理来看，也属于节流型信号发生器（见图3）

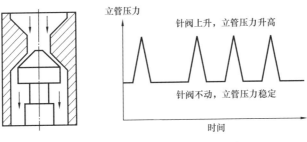

图2　泥浆正脉冲方式工作原理示意图

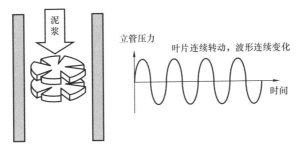

图3　连续波方式工作原理示意图

在以上3种泥浆脉冲系统中，正脉冲和负脉冲传输方式的传输速率较低，抗干扰能力差，容易产生误码，而连续波方式传输速率较高，抗干扰能力强。负脉冲信号发生器由于存在污染环空、信号速率低和能量损失大等缺点，已逐渐被淘汰。以正脉冲方式传输的随钻测量系统在国内外均有较成熟的理论研究和实际应用产品。

（步玉环　马　睿）

【电磁波随钻数据传输 data transmission with electromagnetic wave while drilling】
井下仪器将测量的数据加载到载波信号上，测量信号随载波信号由电磁波发射器向四周发射，地面检波器在地面将检测到的电磁波中的测量信号下载并解码、计算，得到实际的测量数据。

电磁波传输不需要钻井液循环，传输速率为1～12 bit/s。优点是不需要机械接收装置，数据传输速度较快，适合于普通钻井液、泡沫钻井液、空气钻井和激光钻井等钻井施工中传输定向和地质资料参数。缺点是由于传输信号快速衰减，导致只适合在浅井中使用，且低电磁波频率接近于大地频率，易受井场电气设备和地层电阻率的影响，从而使信号的探测和接收变得较困难。

（步玉环　马　睿）

【**声波随钻数据传输 data transmission with sonic while drilling**】　钻井过程中通过钻杆来传输声波或地震信号进行信息传输的方法。声波随钻数据传输可通过增强发射声波信号强度、增大钻杆声波传播效率、使用特殊结构的钻头和地面设备等方法增加声波传输距离。声波遥测能显著提高数据传输速率，使随钻数据传输率提高一个数量级以上，达到几百 bit/s。声波遥测和电磁波遥测一样，不需要钻井液循环，但是，井下产生的低强度信号和由钻井设备产生的声波噪声使探测信号非常困难。

（柳华杰　马　睿）

【**智能钻杆传输技术 intelligent drilling pipe transmission technology**】　利用智能钻杆进行测井信号传输的技术。主要由智能钻杆、井下接口短节、信号放大器、顶驱转环短节等组成。

（1）智能钻杆：实质上是一种有缆钻杆，电缆之间通过电磁感应实现软连接。也就是把电缆嵌入钻杆，钻杆工具接头两端各有一个感应环，钻杆紧扣以后，两感应环并不直接接触，而是通过电磁感应原理实现信号在钻杆间的高速传输。

（2）井下接口短节：在智能钻杆遥测系统和井底实时测控系统之间需要安装一个井下接口短节，其作用是实现智能钻杆遥测系统和井底实时测控系统之间的信号双向高速传输。

（3）信号放大器：信号通过电缆和感应环传输的过程中，其强度会有一定衰减。为维持信号强度，需要在钻柱上每隔 350～450m 安装一个信号放大器，长度为 0.91m。它由自带的锂电池供电，电池寿命可达 40～60 天。

（4）顶驱转环短节：安装在顶驱下方，相当于信号采集装置，其中的顶驱转环不随钻柱一起旋转。

（步玉环　马　睿）

【**连续管钻井 coiled tubing drilling**】　用连续管替代钻柱，在其下端接带井下动力钻具的下部钻具组合的一种钻井技术（见图）。主要用于修井、老井侧钻及浅井过油管钻井。连续管钻井系统由连续管作业机、连续管、循环系统、井控系统和辅助设备组成。连续管缠绕在连续管作业机的滚筒上，钻井时通过液压注入头下入或取出油井。连续管不能承受旋转扭矩，其下部钻具组合必须接有井下动力钻具，由动力钻具带动钻头钻进。

连续管钻井现场图

连续管钻井的主要优点有：取消了接单根和起下钻杆的作业，大幅度节省了钻井时间及减轻劳动强度；连续管内可下入电缆进行随钻测量，其传输速率较泥浆脉冲高得多；更适用于欠平衡钻井和小井眼钻井。主要局限是：下套管及起下油管还需用常规钻机，另外还需加装连续管起下设备，而绕有连续管的滚筒由于体积大、重量重，会增加搬运的困难；在循环钻井液时要通过绕在滚筒上的整条连续管，在整个钻井过程中钻井泵都要做无用功；连续管不能转动，只能采用滑动钻井方式，卡连续管的几率会加大，而处理这种事故的手段尚不完善。

（周煜辉　步玉环）

【连续管 coiled tubing】 一种由高强度合金钢板焊接而成具有高强度、高塑性并具有一定抗腐蚀性能无接头挠性管。连续管外径 25.4～88.9mm，壁厚 2.21～5.16mm。一卷连续管长几千米，可以代替常规油管进行很多作业，如连续管钻井、连续管修井、连续管储层改造等。在连续管作业过程中，连续管服役环境非常苛刻，要求连续管具有高强度、高塑性、低屈强比以及较好的耐蚀性。连续管作业无须接单根，自动化程度高，可大幅度提高作业效率、方便实施带压作业。

（马　睿　柳华杰）

【连续管钻井系统 continuous pipe drilling system】 利用连续管、连续管滚筒、连续管注入头、动力设备和其他钻井设备组成的钻井系统。连续管钻井系统由地面设备和井下钻具组合（BHA）两大部分组成（见图）。地面部分由连续管作业机、辅助设备、循环系统和井控系统组成。BHA 由类似常规钻井用的钻头、动力钻具、钻铤及测量工具和专用的连续管连接器、脱离器（安全接头）和定

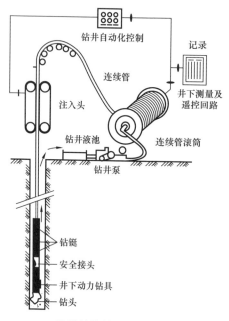

连续管钻井系统示意图

向工具等组成。连续管作业机由油管滚筒、油管注入头和液压动力机组等组成。连续管连接器用于连续油管和 BHA 的连接。连接器的强度高于连续油管的抗拉强度，它不仅要能承受动力钻具在正常钻进情况下产生的扭矩，还要承受钻井过程中产生的振动。钻井过程中一旦连接器失效，将会导致井眼方向的失控和 BHA 倒、脱扣。连续管脱离器用于钻井过程当钻头或钻铤被卡时，将连续油管和 BHA 分离。脱离器必须能承受动力钻具产生的扭矩，分为液压释放式和剪切释放式两种。

（步玉环　马　睿）

【连续管滚筒 continuous tube roller】 用于缠绕和运输连续油管的设备。当连续油管作业时，连续油管的均匀缠放主要通过液压马达驱动滚筒正反转来实现。在整个作业过程中，连续油管两端分别由连续油管滚筒装置和注入头产生拉力，使两者之间的连续油管保持紧张状态，同时在此过程中还需要使连续油管随着注入头进行起升和下井作业。在起升过程中，液压马达驱动滚筒装置旋转，此时滚筒对连续油管保持一定的拉力，把连续油管从井筒中抽出，并均匀地缠绕在滚筒上；在下井过程中，由于连续油管被注入头从滚筒中拉出，滚筒被驱动马达驱动产生反转矩，将已经缠绕好的连续油管拉直，随着注入头进行下井作业。连续管滚筒结构见图。

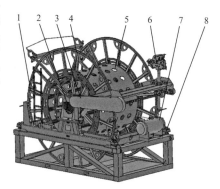

连续管滚筒结构图

1—滚筒体；2—驱动系统；3—排管系统；
4—起吊装置；5—管汇系统；6—计数系统；
7—润滑系统；8—底座

（马　睿　步玉环）

【连续管注入头 continuous tube injection head】 连续油管作业中用于连续管下入和起出井筒的关键设备。注入头主要功能是夹持油管并克服井下压力对油管柱的上顶力和摩擦力，把连续油管下入井内或夹持不动或从井内起出，控制油管注入和起出的速度。主要由驱动系统、链条系统、夹紧系统、张紧系统、箱体、底座和框架、润滑系统、仪器仪表及测量系统等组成（见图）。

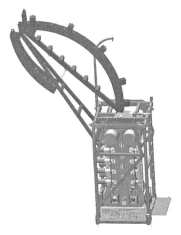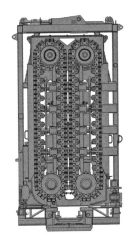

连续管注入头

（马　睿　步玉环）

【套管钻井 casing drilling】 用套管代替钻杆来完成钻井作业，边钻进边下套管，完钻后套管柱留在井内直接固井的一种钻井工艺。在钻井过程中不使用钻杆、钻铤等，钻头是利用钢丝绳投捞，实现不起钻更换钻头。分为普通套管钻井、全程套管钻井和阶段套管钻井三种。与常规钻杆钻井相比减少了起下钻作业，有效地避免了井涌、卡钻等意外事故，提高钻井安全性，同时可节省钻井器材，缩短钻井和完井时间，降低钻井成本。

普通套管钻井是指对普通钻机和钻具做少许改造，用套管柱作为钻柱进行钻井，主要用于钻小井眼。

全程套管钻井使用专用的套管钻机、钻具和钻头，利用套管作为水力通道，采用井下动力钻具进行钻井作业。通常说的套管钻井即指全程套管钻井。

阶段套管钻井为：在普通钻井过程中，当钻入地层破碎带或钻入水层时，发生地层垮塌或大量的水侵入井眼而无法继续钻进，这时在钻柱的下部连接一段套管和特制钻具进行钻井。钻完这一段后把钻头取出，而把套管留在井下并对这段套管进行固井，用于封隔破碎带和水层。阶段套管钻井又称尾管钻井。

（王　辉　柳华杰）

【套管钻机 casing drill rig】 用于套管钻井的专用钻机。由于套管钻井没有起下立柱的问题，套管钻机高度可以降低到20m左右，并且结构可以简化。与普通钻机相比，需要增加以下几种设备：（1）为了从套管内起下钻具和钻头，需要配备一套小型绞车系统；（2）天车和游车都是分体式配置，以确保钢丝绳处在套管的中心位置；（3）顶部驱动钻井装置上部配备钢丝绳防喷器和密封装置，以实现对钢丝绳的密封；（4）顶部驱动钻井装置的下部连接专用的套管驱动头，用于夹持、驱动套管柱进行钻井。

（马　睿　步玉环）

【可钻式钻鞋 drillable drill shoe】 一种为套管钻井专门设计的可钻穿式钻头。该钻鞋的独特之处就是可以被常规钻头完全钻掉，并且由于与单个浮箍连接作为套管柱的一部分一同下井，钻至预计井深后可以立即进行注水泥作业。可钻式钻鞋由钻鞋本体和钻鞋内核组成。钻鞋本体由优质钢材制成，本体的尾端可以加工成螺纹与套管连接，也可以制成盲扣，而以焊接方式与套管相连接，本体外侧有呈螺旋状排列的保径垫，其上镶嵌有碳化钨硬质合金，主要起保径、扶正的作用。钻鞋内核由具有可钻性的铝合金制成，大部分呈圆柱状固定于本体之内，仅前端约10cm长的一段呈瓣状（3瓣或4瓣）突出于本体之外而构成刀翼（有三刀翼和四刀翼之分）。在刀翼的正面镶嵌热稳定金刚石切削齿，这些切削齿呈层状镶嵌，以保证钻鞋具有持久的切削作用。

刀翼侧缘镶嵌了一排较大的聚晶金刚石复合片（PDC），以增强切削和保径能力。刀翼表面还有一层用 HVOF（high-velocity-oxy-flame）技术喷涂上去的厚达 3 mm 的碳化钨保护层，从而增强了刀翼的强度和耐磨性。在各刀翼之间设计有水眼，其数量与钻鞋的尺寸和刀翼的数量有关。一般 244.5 mm 及更小尺寸的钻鞋有 3 个或 4 个水眼，而直径大于 244.5 mm 的钻鞋有 6 个（三刀翼）或 8 个水眼（四刀翼）。水眼上可以安装喷嘴，喷嘴由铜或陶瓷制成，因而也具有可钻性。由于钻鞋内核及刀翼（除切削齿外）都由可钻性材料制造，而切削齿的直径和体积都很小，不影响钻头的可钻性，因此整个钻头可以被任何一种钻头或另一只钻鞋钻掉。

（马　睿　郭辛阳）

【钢丝绳防喷器 wireline blowout preventer】 可用来密封抽汲钢丝绳的防喷器。套管钻机中钢丝绳防喷器安装在顶驱上面，最基本用途是在钢丝绳作业过程中控制井涌，另外一个用途是在循环钻井液的同时允许钢丝绳的下入和起出。钢丝绳防喷器能有效的防止偏磨，并将磨损降低到最低限度。防喷器结构独特，能用机械方法和液压方法实现密封，更换密封件方便。

（郭辛阳　马　睿）

【井下工具串 downhole tool string】 在进行套管钻井过程中，由不同井下工具所串联起来的钻具组合。井下工具串的主要构成有套管、扶正器、轴向承载壳体、承扭壳体、套管鞋、密封器、轴向锁定器、止位环、扭矩锁定器、扩眼器、钻头等，这些工具与常规钻杆钻井工具不同或者技术参数要求不同，它们构成了套管钻井独特的技术特征。

（马　睿　步玉环）

【套管驱动头 casing driving head】 套管钻机中用于夹紧和驱动套管旋转的装置。在套管钻井中，套管被用来传递扭矩。顶驱的扭矩如果直接由套管螺纹连接进行传递，则套管螺纹很容易损坏。因此，在顶驱输出轴与套管柱上端之间设置了套管驱动头。套管直接与套管驱动头连接，由内部卡瓦夹紧，钻机的扭矩由顶驱主轴传到套管驱动头上，再由套管驱动头传到套管上。套管驱动头有三个功能，一是起到起升作用，二是传递扭矩，三是密封钻井循环钻井液。

（马　睿　步玉环）

【扭矩锁定器 torque lock】 套管钻井时用于固定套管和钻具并传递扭矩的装置。在套管钻井作业时扭矩锁定器安装位置见图，止销、扭矩锁定器联合作用使套管和钻具固定一起，传递扭矩，防止马达以上的套管产生方向旋转。

套管钻井作业扭矩锁定器安装位置

（郭辛阳　步玉环）

【管下扩眼器 reamer】 在套管钻井中，连接在小直径领眼钻头上面用于将井眼扩大，从而使套管顺利下入井中的钻井工具。它与装在钻柱下部的扩眼钻头不同，而是装在钻柱中部，直径略大于钻头直径。当下面钻头钻进时，上面扩眼器同时扩眼、修整井壁。扩眼器一般用于钻进易斜、易缩径的地层。在用金刚石钻头钻进时，为了防止钻头磨损造成的井径缩小，保证新钻头能顺利下入井底，也必须在钻柱中间隔地安装二至三个金刚石扩眼器。

（马　睿　步玉环）

【井下锁定装置 downhole locking device】 在套管钻井中，使套管和钻具锁定的装置。井下锁定装置分为轴向锁定器和止销扭矩锁定器。轴向锁定器使套管和钻具眼轴向锁定，防止钻具沿套管轴向窜动。止销扭矩锁定器使套管和钻具固定一起，传递扭矩。

（马　睿　步玉环）

【**套管密封器 casing sealing equipment**】 套管钻井过程中，用来实现井下工具串与套管柱之间的密封装置。套管密封器随井下工具串一起下入到井底，并与套管柱贴紧，从而实现对钻井液的密封。由于密封胶套从井口到井下密封处，为了保证良好的密封性，不能与套管内壁有较大的摩擦，因此，密封胶套在套管内运动的过程中应保持收缩状态。当井下工具串到位后，由弹簧作用活塞使密封器膨胀。密封器的设计不合理可能影响井下工具串的下入和提升，严重时可能使井下工具串"卡死"在套管内。另外套管密封器在井下工作不正常将造成套管与井下工具串之间钻井液的"短路"，引发严重的井下事故。

（马　睿　步玉环）

【**普通套管钻井技术 common casing drilling technology**】 对普通钻机和钻具做少许改造，用套管柱作替代钻柱进行钻井，主要用于钻小井眼的钻井技术。用套管代替钻杆对钻头施加扭矩和钻压，实现钻头旋转与钻进。在套管钻井技术的实施过程中，不再使用钻杆、钻铤等，钻头是利用钢丝绳投捞，在套管内实现钻头升降，即实现不提钻更换钻头钻具。减少了起下钻和井喷、卡钻等意外事故，提高了钻井安全性，降低了钻井成本。

套管钻井适用于油层埋藏深度比较稳定的油区：由于套管钻井完井后直接固井完井，然后射孔采油，没有测井工艺对储层深度的测量、储层发育情况的评价，故此要求油层发育情况及埋藏深度必须稳定，这样套管钻井的深度设计才有了保证。适用于发育稳定，地层倾角小的区域：由于套管钻井过程中不可避免地存在井斜，井斜影响结果就是导致完钻井深和垂深存在差异，井斜越大，这种差异越大。而地层倾角的大小、裂缝、断层等的发育情况，对井斜的影响起着重要作用。因此设计套管钻井区域地层倾角要小，裂缝、断层为不发育或欠发育，才有利于套管钻井中井斜的控制。

（马　睿　王　辉）

【**全程套管钻井技术 whole process casing drilling technology**】 针对于油气井来说，每一个开次的钻进作业都采用套管钻井技术来完成的钻井作业。全程套管钻井技术需要使用专用的套管钻机、套管、钻头，同时配备合理的配套工具，利用套管作为水力通道和扭矩的传递工具，采用钻井马达进行钻井作业。通常说的套管钻井即指全程套管钻井。

（王　辉　马　睿）

【**阶段套管钻井技术 stage casing drilling technology**】 在普通钻井过程中，当钻入地层破碎带或钻入水层，发生地层垮塌或大量的水侵入井眼而无法继续钻进时，在钻柱的下部连接一段套管和特制钻具进行钻井。钻完这一段后把钻头取出，而把套管留在井下并对这段套管进行固井，用于封隔破碎带和水层。又称*尾管钻井*。

（王　辉）

【工厂化钻井 well factory drilling 】　在同一地区集中布置大批相似井，使用标准化的装备或服务，以生产或装配流水线作业的方式进行钻井的一种高效率低成本的作业模式。即采用"群式布井、批量施工、流水线作业、整合资源、统一管理、远程控制"的方式，把钻井中的钻前施工、材料供应、电力供给，按照工厂化的组织管理模式，形成一条相互衔接和管理集约的"一体化"组织纽带，并按照各工序统一标准的施工要求，以流水线方式，对多口井钻井过程中的各个环节利用多机组进行批量化作业，从而节约建设开发资源，提高开发效率，降低施工和运营管理成本。

工厂化钻井作业技术的概念起源于北美。2001 年美国 Nabors 钻井公司首次采用工厂化方式开发北达科他州巴肯气田，取得了意想不到的效果。2002 年加拿大能源公司（EnCana）率先提出工厂化开发理念，在一个井场完成多口水平井的钻井，所有井筒采用批量化的作业模式，每个平台可实现钻井 12～16 口，能够大大降低单井成本。随后，国外许多油气作业领域开始大面积推广工厂化作业模式，如美国致密砂岩气、页岩气开发，加拿大的页岩油气田、英国北海油田、墨西哥湾和巴西深海油田的开发均采用这种新型的作业模式。他们共同的做法是依靠三维地震资料进行水平井优化设计，采用可移动钻机钻平台丛式井组，每组 3～9 口井，最多达到 36 口井，这种高度集中的流水线施工大幅降低了开采成本，实现了投资者的效益最大化。

工厂化钻井基本特征主要体现在批量化、标准化、流程化、自动化和效益最大化等方面：（1）批量化是工厂化钻井的前提。批量化是指成批量施工或者生产作业。首先是技术整合问题，其次才是批量化作业。石油钻井作业是高强度技术密集型作业，通过技术的高度整合，对同井场各井同一开次进行批量化钻井，减少作业风险，提高作业效率。（2）标准化是井工厂化作业的基础。标准化是在相对可控资源配置条件下，定制标准化专属设备、标准化井身结构、标准化钻完井设备、标准化地面设施等，利用成套设施或综合技术使资源共享，摆脱传统石油施工作业理念和方式的束缚。借助于标准化，可实现大型丛式井组（包括水平井）批量化、规模化施工，达到集约高效井工厂化作业的目的。（3）流程化是工厂化钻井的手段。工厂化钻井的实质是把石油开采的全过程分解成若干个子过程，前一个子过程为下一个子过程创造条件，每一个子过程可以与其他子过程同时进行，实现空间上按顺序依次进行，时间上重叠并行。（4）自动化及远程控制是工厂化钻井的方式。自动化是通过综合运用现代高科技、新设备和管理方法而发展起来的一种全面机械化、自动化的技术高度密集型生产作业方式。自动化的最大特点是能够在人工创造的环境中进行全过程的连续作业，从而摆脱传统作业方式的制约。（5）效益最大化是井工厂化作业的目标。

工厂化钻井的运用使北美页岩气勘探开发获得巨大成功，拓展了天然气勘探开发空间。我国最初将工厂化钻井应用于海上钻井，而后工厂化钻井应用于陆上非常规油气钻井，取得了显著的降本增效效果。

（刘乃震）

【取心 coring drilling technology】 在钻井过程中用取心工具取得地层岩石样品的作业。分为钻进取心和井壁取心两类。取心工具主要包括取心钻头、岩心筒和岩心爪等。钻进取心是利用取心钻头将井底岩石进行环形破碎，中间保留圆柱状的岩心，当钻取一定长度后，将其割断，并提至地面；井壁取心是使用测井电缆将取心器下入井中，用炸药将取心器打入井壁，取下小块岩心的方法。钻进取心又分为单筒钻进取心和连续钻进取心（也称绳索取心）两种，而根据取心目的和用途不同，钻进取心分为常规取心和特殊取心两种，特殊取心包括保压取心、密闭取心和定向取心等。钻进取心应特别注意井底干净，保持钻井液性能稳定，保持钻井液失水量在 5mL 以下，否则钻井液失水量过大会浸泡岩心。在取心钻进和起钻操作上要注意平稳。

岩心是最直观、最可靠地反映地下岩层特征的宝贵资料，通过对岩心的分析和研究可获得的信息为：可以了解岩性、岩相特征，分析判断沉积环境；能够通过观察其古生物特征，确定地层时代，进行地层对比；能够测定其储油气物性，搞清储集层的四性（岩性、物性、电性、含油性）关系；能够从中了解地层倾角、裂隙、溶洞及断层发育情况。

钻井取心成本高，钻进速度慢，应当本着既要提高钻速，降低成本，又不碍于解决重大地质问题为原则来确定一口井的取心井段。

（周煜辉　葛云华）

【取心筒 coring tube】 利用高强度厚壁无缝钢管制备的专门用于钻取岩心的筒型管具。又称岩心筒。石油钻井中大多数是用双筒取心工具。其结构包括内岩心筒、外岩心筒、内外岩心筒扶正器、内岩心筒回压阀及悬挂总成等部件（见图）。取心作业时钻柱带动外岩心筒旋转，将扭矩传递到取心钻头进行破岩作业，而在悬挂总成的作用下内岩心筒不转，而且钻井液的循环是通过内岩心筒和外岩心筒之间的间隙流动。其目的在于内筒不转可以有效保护岩心不受摩擦而损害，同时循环钻井液可以保证不冲蚀已经取到的岩心，从而可以合理的保护岩心。

（步玉环　柳华杰）

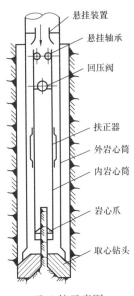

取心筒示意图

标注：悬挂装置　悬挂轴承　回压阀　扶正器　外岩心筒　内岩心筒　岩心爪　取心钻头

【取心钻头 coring bit】 用于钻取岩心的钻头。根据地层的软硬、可钻性及研磨性的不同，具有不同种类的取心钻头，在结构上的区别也很大，设计的合理与否直接影响钻进速度和岩心收获率。一般可分为牙轮取心钻头、金刚石取心钻头（见图1）、PDC取心钻头（见图2）和硬质合金取心钻头等。取心钻头的切削刃应该对称分布，底刃面与钻头中心线相垂直，切削刃的耐磨性应该一致，避免由于钻头的歪斜和偏磨而破坏或折断岩心。取心作业时钻头应工作平稳，提高岩心收获率，对于软地层，取心钻头水眼的位置应尽可能避免使钻井液直接冲击到岩心上。

图 1　金刚石取心钻头

图 2　PDC 取心钻头

（周煜辉　步玉环）

【内岩心筒 coring inner cylinder】 取心钻井过程中，存储和保护外筒钻取的岩心的筒状工具。取心时，为了使岩心顺利进入内岩心筒，应使筒内液体及时排出，为了防止钻井液冲刷岩心，应阻挡循环钻井液冲入内岩心筒，为此，在内岩心筒上端装有分水接头与回压阀总成。此外，为了有效保护岩心，要求在取心钻进时内岩心筒不转，一般将内岩心筒挂在外岩心筒的顶部，采用了悬挂式滚动轴承装置。内岩心筒与外岩心筒之间采用扶正器进行内岩心筒的扶正，保证钻取的岩心顺利进入内岩心筒。取心工艺要求内岩心筒无弯曲变形、内壁光滑、管壁要薄，但要有足够的强度和刚性。

（步玉环　马　睿）

【岩心爪 core grabber】 取心钻井过程中，用于割取岩心和承托已割取岩心柱的爪型工具。当钻取的岩心长度装满内岩心筒后，需要利用岩心爪在内岩心筒的底部割断岩心，并在起钻过程中承托岩心，以便取至地面。为此，要求岩心爪要有良好的弹性，割心时能卡得牢。既要允许岩心顺利进入内岩心筒而不会遭受破坏，还要能有效地从根部割断岩心。此外，岩心爪要具有足够的强度，坚固耐用，在钻进与割心时不会发生断裂与破坏，并能在起钻时可靠地托住岩心。常用的岩心爪有卡箍式、卡板式、卡瓦式等几种结构。

卡箍式岩心爪 它的形状如圆箍，圆箍上开有数道缺口，把它分为许多瓣，每瓣内车有数圈卡牙，卡箍的外壁呈截锥状，与缩径套配合使用。缩径套有同样锥面。岩心爪沿缩径爪座（缩径套）移动时，其爪牙收缩卡紧岩心。卡箍式（一把抓）岩心爪缺口宽，瓣少，卡牙圈数少，适用于软地层取心；卡箍式岩心爪缺口窄，瓣多，卡牙圈数多，适用于中硬地层取心。

卡瓦式岩心爪 适用于中硬、硬地层取心。它由挂套、销轴、卡瓦弹簧及卡瓦片组成。卡瓦片可依赖扭簧力量使其张开。钻进时紧贴钻头内壁。割心时，在外力作用下使岩心爪沿钻头内壁向下移动，卡瓦片收缩抱紧岩心。

卡板式岩心爪 适用于中硬地层、硬地层取心，一般和其他岩心爪复合使用。其结构由外座、扭簧及片状卡板组成。

（步玉环　马　睿）

【取心收获率 core recovery】 实际取出岩心长度与本次取心钻进进尺百分比。又称岩心收获率、取心质量。取心收获率是衡量取心作业施工质量的指标。岩心收获率与地层特性、技术操作等有着重要的关系。一般来说，地层越软，倾角越大，取心收获率越低；取心钻头下到井底前良好的钻井液循环可以携带出起下钻时下沉的岩屑，实际取心作业越接近要取心的实际岩层，取心收获率越高，反之，取心收获率越低；另外，取心作业过程中钻柱工作越稳定，岩心被破坏的程度越小，取心收获率越高。

一般而言，装备和操作技术水平愈高，单筒取心长度愈大，认识地层愈真实，相应起下钻次数愈少，钻井成本愈低，经济效益就愈好。

（柳华杰　黄伟和）

【绳索取心 wireline coring】 利用钢丝绳把装有岩心的内岩心筒从钻柱内提出

地面的取心方法。打捞内岩心筒时，将打捞器从钻柱内用钢丝绳放下，依靠打捞器本身的重力下落时与打捞头相碰，使打捞头进入打捞器的卡瓦片中，并被卡瓦卡紧。上提打捞器时，岩心筒中的扶正杆套带动扶正支撑杆压缩弹簧使支持杆的台肩靠拢，脱离止动环，内岩心筒即可从钻柱内提到地面上来。在不取岩心时，可自地面投入一补心钻头填满取心钻头的中央岩心位置，以继续进行钻进。

（周煜辉）

【定向取心 orientional coring】 能够确定岩心在井下原始位置和状态的取心方法。通过定向岩心分析，可以了解地下岩层的倾角、走向，以及了解储层渗透率在平面上以至在三维空间中变化的方向和规律，对于制定油田开发方案是极为重要的。定向取心工具是双筒式的，附加有指南针的方位照相测量装置，可进行多点连续拍摄，在内岩心筒鞋处，紧靠钻头的上方（例如在岩心爪处），设置有特殊的刻痕刀刃若干个（它在岩心筒上的位置要预先测定），以便在岩心进入岩心筒之前，在岩心圆柱面上刻下几道纵槽。将岩心取心后，把这些切槽位置与方位照相图上的定向参考点进行比较，就可以确定岩心在地下岩层中位置的方向性。

（周煜辉）

【保压取心 pressure-retained coring】 使取出的岩心始终保持在地层中的原始压力状态的取心方法。保压取心工具有内外岩心筒，结构比较复杂。在取完心和割心之后，可投球憋压，使内外岩心筒产生上下相对运动，从而使内岩心筒的顶部与外岩心筒之间靠密封短节加以密封，而内岩心筒的底部靠内外岩心筒的相对移动带动装在内岩心筒鞋处的杠杆机构（特制球阀）关闭，从而封闭住内外岩心筒的下端，而使岩心筒中的压力保持在井底压力的水平上。当岩心筒取出地面后用干冰进行冷冻，使岩心中的各种流体（包括油、气、水）固定住，然后将岩心从岩心筒中取出。

（周煜辉）

【长筒取心 long barrel coring】 内外岩心筒的长度超过一个单根，并在取心钻进过程中能接单根的取心方法。适于岩性好的松软地层和中硬、硬地层取心。在钻头进尺和机械钻速高，又能有效地保护岩心时，内外岩心筒应尽可能长一些，这样既可以保证有很高的岩心收获率，又可以减少取心次数。长筒取心主要是利用滑动接头实现接单根时钻头不离开井底的操作。滑动接头主要由上接头、六方滑动管外套、调整螺帽、密封圈、六方滑动管及下接头相连接而成。六方

－ 183 －

滑动管形似六方钻杆，它可以传递扭矩和钻压，在六方滑动外套里上下滑动，保证接单根时钻头不离开井底。

（周煜辉）

【井壁取心 side-wall coring】 用测井电缆将井壁取心器下到预定井深，在未下套管的井壁上取出小块岩心的取心方法。在需要验证和补充测井资料时采用井壁取心。井壁取心器有射入式和切割式等类型。射入式井壁取心器主要由药膛、连接器、隔柱和钩环等部件组成，作业时，将取心器下到预定深度，将岩心筒用火药射入地层，由连接在岩心筒和取心器之间的钢丝将岩心筒从地层中拉出以取得岩样。切割式井壁取心器是利用动力在预定深度的井壁切割岩样。

（葛云华　方代煊）

【密闭取心 sealed coring】 在钻取岩心时，把岩心密封起来，使岩心不接触钻井液而取出地面的取心方法。密闭取心工具分为双筒式或多筒式，其内筒装有密闭保护液，下端有一活塞，连接部位都装密封圈。取心钻进时，水基钻井液可通过内外筒之间的环形空间流出，冲洗钻头和井底而不直接冲洗岩心。钻进时不等钻井液侵入岩心，岩心就已进入取心钻头，顶开活塞，使密闭保护液流出，在岩心表面形成保护膜，达到密闭岩心的目的。

（周煜辉）

完井工程

【完井工程 well completion engineering】 从油气井钻开储层开始直至投产的系统工程。应从准确认识储层特征和充分利用其产能的目标出发，正确选择完井方法和确定生产套管直径，采用合理工艺技术措施，达到提高生产效率和延长油气井寿命的目的。传统完井工程包括钻开油气储层、地质录井、井喷控制（见井控）、中途测试、完钻测井、固井和装井口等作业，是石油钻井工程的一部分；现代完井工程还包括下油管、射孔、试油求产、防砂、投产措施和下生产管柱等作业，是衔接钻井工程和采油工程而又相对独立的工程，分别由钻井队和相关作业队施工。

从钻开储层至投产的每个作业工序应防止完井液、射孔液、压井液、酸液和压裂液等工作液体及相应固相颗粒对储层的伤害，确保储层与井筒之间的良好连通，从而获得储层的原始资料和最大产能。防止储层伤害的主要途径是采用适宜施工用料和合理工艺措施，改善各种工作液体的性能，减少对储层的压力，尽量避免液体和固相进入储层。（见储层保护）

油气井的完井设计可以根据生产的需要做出变更。探井以查明地质情况为主要目的，重点任务是取全取准资料，在完成地质任务以后，可视情况临时变更其设计，如没有发现储层或其无开采价值，可不下套管完井，以节省勘探投资；开发井完井设计是油气田开发方案的重要组成部分，必须严格按设计完成施工作业，但是，当产量下降至无工业开采价值时，可采取变更完井方法的措施更新油气井产层，达到恢复生产的目的。

推荐书目

万仁溥.现代完井工程［M］.3 版.北京：石油工业出版社，2008.

（谢荣院）

【完井方法 well completion method】 根据油气层地质特性和开采技术要求建立油气井井筒与油气产层的连通方式。又称完井方式。典型的完井方法有射孔完井、裸眼完井、筛管完井和砾石充填完井等。各种完井方法派生或组合可形成一些特殊的完井方法。优选与产层相匹配的完井方法，可以减少对储层的伤害，提高射孔完善指数，增加产量和延长油气井寿命。

采用各种完井方法时应满足的要求为：（1）最大限度地保护油气层，防止对其造成伤害；（2）有效地连通储层和井底，减少油气流入井筒的阻力，提高完善指数；（3）有效封隔油气水层，防止各层间相互窜扰；（4）克服井壁坍塌和油气层出砂，保障油气井长期稳产；（5）有利于实施注水、压裂或酸化等增产措施，提高采收率；（6）便于修井和井下特殊作业；（7）工艺简便易行，施工时间短，投资低，经济效益好。

对于产层及上覆地层存在比正常井复杂的情况或其井身结构和完井工艺有特殊要求的油气井，应采用与之相适应的完井方法。现场特殊井完井主要有：低渗透井完井、水平井完井、超高压井完井、酸性气井完井、热采井完井、注采调整井完井、盐岩层油气井完井等。此外，还有分支井、开发观察井和其他特殊井的完井技术。

（谢荣院）

【裸眼完井 open-hole completion】 在产层段不下套管、不注水泥，产层完全裸露的完井方法。适用于井壁稳定、物性比较一致、无气顶、无水层和同一压力系统的油气藏，在碳酸岩裂缝型、裂缝孔隙型和孔隙型油气藏勘探和开发中得到广泛的应用。

主要优点为：（1）产层与井底直接相通，油气流入井内阻力小；（2）工艺简单，投资少。缺点是：（1）适应范围相对狭窄；（2）不能满足压裂等增产措施的需要。

裸眼完井分先期裸眼完井和后期裸眼完井两种。先期裸眼完井是在油层顶部下入生产套管并注水泥固井，然后钻开产层试油投产（见图1）；后期裸眼完井是钻穿产层以后，将生产套管下至油层顶部注水泥完井，然后钻开水泥塞试油投产（见图2）。

先期裸眼完井比后期裸眼完井具有更多优点：（1）缩短了完井液对产层浸泡时间；（2）有效排除上部地层的压力干扰，钻开产层时可选用与其匹配的完井液（如无固相低密度完井液）和工艺方法（如欠平衡钻井），最大限度提高油气井的完善程度；（3）免除了注水泥作业对产层的伤害；（4）固井不受油气侵的影响。

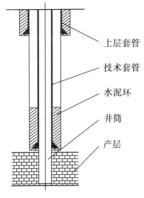

图 1　先期裸眼完井示意图

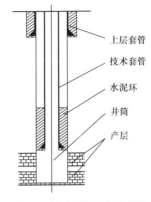

图 2　后期裸眼完井示意图

有利于提高水泥胶结质量。前者适用地质情况基本探明，能卡准地层的生产井；后者适用于地质分层掌握不够准确的探井。

（谢荣院）

【射孔完井 perforating completion】　钻穿目的层达到预定钻深后，下套管到目的层合适位置，再用水泥进行固井封固，然后下入射孔器，利用高能炸药爆炸形成射流射穿油气井套管（包括尾管）、水泥环和部分地层，建立油气层和井筒之间的油气流通通道的完井方法。又称套管射孔完井。射孔完井是主要完井方法，占完井总数的 85% 以上。常用的射孔完井有单管射孔完井（见图 1）和尾管射孔完井（见图 2）等方法。

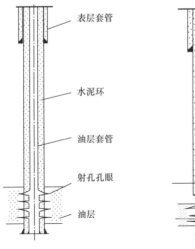
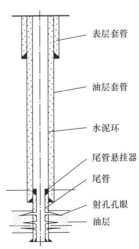

图 1　单管射孔完井示意图　　图 2　尾管射孔完井示意图

射孔完井的主要优点：能有效地封固疏松易塌的生产层；能够分隔不同压力和不同特点的油气层，可进行分层开采和作业；可进行无油管完井和多油管完井；可避开气顶、底水和夹层。

射孔完井的主要缺点：打开生产层和固井过程中，钻井液和水泥浆对生产层的伤害较严重；由于射孔数目、孔径、孔深有限，油气层与井眼连通面积小，油气入井阻力较大；单纯的射孔完井不能有效地防砂。

射孔完井可以适用于各种产层，但最适合非均质储层的完井。

（步玉环　柳华杰）

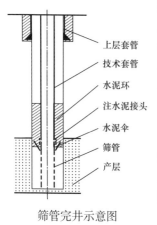

筛管完井示意图

【筛管完井 sand control liner completion】 在钻完产层后，把下部带有筛管的套管柱下入产层部位，注水泥封隔产层顶界以上环形空间的完井方法（见图）。适用于井壁不太稳定、容易出砂、物性比较一致、无气顶、无水层的单一产层油气藏，或油气层性质相近的多产层油气藏。水平井较为普遍地采用筛管完井。

主要优点为：（1）有一定防砂能力，延长了油气井修井周期；（2）产层与井底相通性能较好，油气流入井内阻力不大。缺点是：（1）应用范围相对狭窄；（2）不能适应压裂等增产措施的需要。

筛管的基本结构类型有圆型筛眼筛管、缠钢丝筛管、割缝筛管和不锈钢网筛管等。

（谢荣院）

【裸眼砾石充填完井 open-hole gravel packed completion】在先期裸眼完井法的基础上，用合适的扩眼钻头进行扩眼作业，然后将绕丝筛管或割缝衬管下至油层段，用携砂液携带地面选好的砾石进行循环，将砾石携带至绕丝筛管与井眼的环形空间，形成一个砾石充填层，阻挡砂粒流入井筒，起到保护井壁，防止油层砂粒进入井内，使产层油气流通过砾石和筛管进入井内的完井方法（见图）。

裸眼砾石充填完井适用于胶结疏松、出砂严重、厚度大且不含水的单一产层或油气层性质相近的多产层油气藏。

裸眼砾石充填完井的优点是防砂效果好和有效期

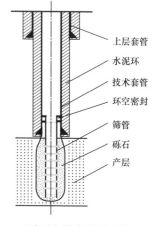

砾石充填完井示意图

长，缺点是工艺复杂和施工成本高。地面预充填砾石完井的工艺比井下直接砾石充填完井要简单得多，但其防砂效果也相差很多。

📝 推荐书目

万仁溥.现代完井工程［M］.3 版.北京：石油工业出版社，2008.

（步玉环　柳华杰）

【射孔砾石充填完井 perforating gravel packed completion】
在油层部位下入套管固井，固井后射开套管和水泥环，然后在井眼中下入筛管，在筛管与套管之间环形空间充填一定粒度砾石的完井方法（见图）。又称套管内砾石充填完井，或二次完井。

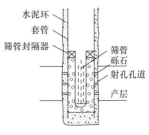

构成的砾石充填层起到防止出砂的作用，适用于胶结疏松、出砂严重、厚度大且不含水的单一产层或油气层性质相近的多产层油气藏，但是不适用粉砂油藏。

射孔砾石充填完井示意图

可分为井下直接充填完井和地面预充填完井两种。前者是先将筛管下入井内，然后用携砂液将砾石送至筛管和套管环形空间内；后者是在地面将砾石放入预制的砾石筛管内，然后下入井内。射孔砾石充填完井的优点是防砂效果好和有效期长，缺点是工艺复杂和施工成本高。

（柳华杰　田磊聚　步玉环）

【预充填砾石充填完井 pre-filling gravel packed completion】　在地面预先将符合油层特性要求的砾石填入具有内外双层绕丝筛管的环形空间而制成的防砂管，将此种防砂筛管下入井内对准出砂油层进行防砂的完井方法（见图）。该防砂方法其油井产能低于裸眼砾石充填完井，防砂有效期不如砾石充填长，它不能像裸眼砾石充填完井那样防止油层砂进入井筒，只能防止油层砂进入井筒后不再进入油管，但其工艺简单、成本低，对一些不具备裸眼砾石充填完井的防砂井，如大斜度井、大位移井、水平井，仍是一种有效的防砂完井方法。

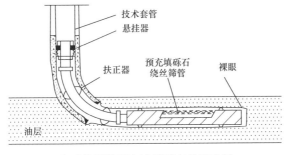

水平井裸眼预充填砾石完井示意图

（步玉环　田磊聚）

【**渗透性人工井壁射孔完井** perforating permeable artificial wellbore completion】利用渗透性良好的材料注入套管和地层之间环形空间，形成阻挡砂砾的人工井壁，再用小功率射孔弹射开套管但不破坏注入的渗透层的完井方法。是较为常见的出砂井完井方法，具有渗透层渗透率可调的优点。

📝 推荐书目

陈庭根，管志川.钻井工程理论与技术.2版［M］.青岛：中国石油大学出版社，2017.

（步玉环　田磊聚）

【**渗透性人工井壁筛管完井** slotted liner permeable artificial wellbore completion】把筛管下入产层部位，在筛管和裸眼之间注入渗透性材料，形成阻挡砂砾的人工井壁的完井方式。该种完井方式阻挡砂粒的特性以及渗透特性，与所选择的渗透性材料自身的孔隙度、孔隙半径和渗透性有关。采用该完井方法可以省去下射孔枪将套管射穿的工艺流程。

（柳华杰　田磊聚）

【**渗透性人工井壁裸眼完井** open-hole permeable artificial wellbore completion】用合适的扩眼钻头进行扩眼作业，然后将筛管下至油层段，在筛管和裸眼地层之间注入渗透性良好的材料，形成阻挡砂砾的人工井壁的完井方式。该种完井方式与渗透性人工井壁筛管完井类似，可以省去下射孔枪将套管射穿的工艺流程。

（管志川　陈庭根）

【**复杂地层条件完井** completion in complex formation】　针对低渗透的致密储层、裂缝型储层和稠油油藏等需要特殊采油工艺的储层所采用的完井方式。这些储层的完井方法与普通高渗透孔隙型储层完井有许多不同，这是由储层特点所决定的。

低渗透致密储层多半是砂岩、泥质砂岩或砂质泥岩，特点是产层岩石的孔隙度极低，渗透率很低，岩石强度很高，这种地层普遍需要压裂技术增产，压裂压力至少在100MPa以上，有时要用到150MPa或更高压力压开，并且需要大排量压裂液携带支撑剂，这就需要固井水泥石强度和水泥返高达到要求，水泥和套管以及地层岩石胶结强度高，套管螺纹密封良好，使用厚壁套管，射孔是应使用较高的射孔密度，射孔深度应尽可能深。

裂缝型储层更适合采用裸眼完井，采用射孔完井时应使孔道在裂缝区射穿，不知道裂缝走向时，推荐使用72°和45°相位角射孔，裂缝型储层可以使用压裂增产，完井时应考虑压裂需要，此时必须使用射孔完井。

开采稠油时常用井下加温的办法增加油的流动度，井下高温时，水泥石的渗透性增加，地层流体易通过水泥石上窜，破坏封固性，同时为防止套管受损应采取预应力固井，此外，高压气井固井应着重考虑防气窜和气体中 H_2S 等腐蚀性气体的影响。

（步玉环　田磊聚）

【盐岩层油气井完井 completion of anhydrite well】　针对产层上覆地层有较厚盐岩层的油气井完井技术。盐岩具有不渗透、可重结晶和塑性蠕变三大特征，其中塑性蠕变特征直接影响油气井的完井。钠、钾等类型膏盐层的塑性蠕变过程分为初级蠕变、次级蠕变和三级蠕变三个阶段（见图）。当盐岩层被钻头钻开时，立即进入第一级蠕变即初级蠕变阶段，变形速率大，随之出现井壁坍塌或缩径等现象；盐岩蠕变进入第二级蠕变即次

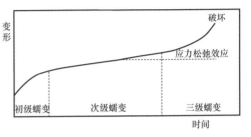

盐岩蠕变曲线

级蠕变阶段，这时变形速率小和持续时间长，对套管不会造成过大的外挤负荷；盐岩蠕变进入第三级蠕变即应力松弛蠕变，在短暂的时间内出现"塑性流动"，使套管变形直至折断，造成油气井损坏事故。

完井技术措施是：（1）测试盐岩蠕变性能。在三维围压条件下测试其时间—变形速率（应变）关系，绘制有代表性的蠕变曲线，作为套管设计的边界条件。（2）采用套管双轴应力或三维应力强度理论和方法设计套管柱。（3）将盐岩的上覆地层压力梯度作为套管抗挤设计的条件，以便套管柱更具抗盐岩蠕变的能力。（4）在盐岩层井段采用双层套管形成双层水泥环，提高井筒总体的抗挤能力。（5）使用特殊厚壁套管。（6）套管采用金属密封螺纹。

（谢荣院）

【超高压井完井 completion of ultra–high pressure well】　产层及其覆盖层有异常高压的油气井完井技术。超高压地层具有超常的压力梯度，往往也伴随超常温度梯度，给完井工程带来的主要问题有：

（1）一般全井钻经地层有多个不同压力体系，井身结构套管层次多。

（2）生产套管承受外挤力大。

（3）在高温作用下，钢材屈服强度下降。

（4）注水泥作业容易发生窜槽，水泥石强度急剧下降。

（5）油气井进入生产阶段套管内挤力高，套管连接螺纹工况条件差。

完井时采取的主要技术措施为：

（1）采用规范的套管程序封隔不同的压力体系。使用尾管固井时也应用同样直径的套管回接至井口，尽可能避免尾管悬挂完井。

（2）生产套管用高钢级大厚壁套管。

（3）提高工具和材料的耐压等级。

（4）选择适合的固井工艺。使用水力或机械式扩张钻头扩眼，加大套管与井壁环形空间；注水泥前提高钻井液的密度，使与水泥浆密度相接近；注水泥和候凝期间，于井口向环形空间憋压；采用双级或多级注水泥工艺。

（5）精心设计和配制水泥浆。

（6）使用高强度高密封套管螺纹。

（谢荣院）

【酸性气井完井 completion of acid gas well】 含 H_2S 和 / 或 CO_2 等酸性气体的天然气井完井技术。H_2S 和 CO_2 溶于水后形成酸性介质，对气井的井口、井下管串及其附件和水泥环等产生腐蚀，严重威胁气井的安全与寿命。完井作业时应采取防酸腐蚀的技术措施：

（1）使用防腐合金钢生产的井口、套管和油管。井口所有大型铸件与锻件都要做好调质处理，表面硬度控制在 HRC22 以下。

（2）注入缓蚀剂保护套管和油管。

（3）使用内涂层套管和内外涂层油管。

（4）固井采用防腐蚀和防气窜水泥浆并上返至井口。

（5）采用套管双轴应力方法设计套管。

（谢荣院）

【热采井完井 completion of thermal recovery well】 注蒸汽开采稠油生产井的完井技术。稠油油田在热采过程中处于高温热力场中，采油井 250℃ 以上，注蒸汽井高达 360℃。热采井完井需要考虑的主要问题为：

（1）注蒸汽时，生产套管在高温作用下产生轴向伸长，本体内部压应力接近或超过其屈服极限，导致套管发生断裂或损坏。

（2）停止注蒸汽时，温度下降，生产套管压应力减小，到达极限时拉应力开始上升，在这种交变应力作用下，引发套管柱连接螺纹密封失效或滑脱断裂。

（3）生产套管固井水泥在高温环境下，强度衰减速度很快，失去对套管的支撑和密封作用。

完井作业时采取的主要技术措施为：

（1）采用热应力阻抗值高的材质套管。如 N80 与 L80 套管比较，尽管屈服极限相同，但后者阻抗值比前者高。

（2）使用高强度连接螺纹。通常使用高强度偏梯型螺纹或 NS-CC 特殊螺纹。

（3）采用套管双轴应力方法设计生产套管柱，并需要把套管的残余拉伸应力与套管重力叠加，从而获得更高的可靠性。

（4）提拉预应力固井。套管柱地锚（见图）锚定后在井口提拉套管完井。

（5）采用砾石充填完井。

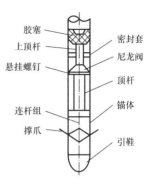

套管柱地锚结构示意图

（谢荣院）

【低渗透井完井 Low permeability wells completion】 针对于低渗透油气层，在开采过程中必须考虑井身能经受酸化和压裂提高油气渗透率的完井方法。低渗透地层渗透率很小、不均质，裂缝不发育，产能低，单靠储层孔隙出油，采收率较低，采油中大多需要进行压裂和酸化处理以增加地层孔隙，增大产量，因此，低渗透油气藏完井的主要问题为油气层伤害敏感性强、产层压力低和完井成本高。

完井作业时采取的综合措施为：（1）选择合适完井方法是低压低渗透井完井的关键。低压低渗透油气藏大多为不均质、有底水和多层系油气层，宜采用射孔完井。（2）减少完井过程对产层的伤害。（3）保证油层固井质量，适应压裂或酸化作业的需要。（4）提高射孔的穿透效率。（5）采用小井眼钻井技术，降低完井成本。

（步玉环　谢荣院）

【水平井完井 horizontal well completion】 产层井眼轨迹呈水平状油气井的完井技术。

水平井井身轨迹弯曲和在产层处于水平状态，给完井作业带来了许多与直井不同的特殊技术问题：（1）斜井段和水平井段井眼低边存在岩屑床，给提高固井质量和油井完善程度造成障碍；（2）斜井段和水平井段井眼高边是固井水泥浆自由水聚集区域，形成连续的水槽或水带，容易引发注水泥窜槽；（3）产层套管在斜井段和水平井段不能居中，影响固井质量；（4）套管弯曲降低了强度和密封性能。

针对水平井完井的特殊性，应根据储层特征和工艺特点正确选择完井方法：

（1）按造斜井段井眼轨迹曲率半径选择完井方法：短曲率半径只能选择裸眼完井；中长曲率半径的裂缝型、裂缝孔隙型和洞隙型油气藏水平井可选择射孔或筛管完井；中长曲率半径的孔隙型和孔隙裂缝型油气藏水平井可选择裸眼完井或筛管完井。

（2）按开采方式及增产措施选择完井方法：需要采用压裂开采的低渗透孔隙型和孔隙裂缝型油气藏采用射孔完井，也可选用滑套封隔器与筛管分段组合完井；结构疏松的孔隙型稠油油藏需要注蒸汽开采，可选择筛管或井下直接砾石充填完井；产层物性相近、层系单一、不含水、不出砂以及可用常规措施开采的油气藏，可选用裸眼完井。

水平井完井采用的主要工艺技术为：（1）用套管双轴应力或三维应力强度理论和方法设计套管柱，确保套管在弯曲状态下具有足够的强度。（2）生产套管在大斜度和水平井段使用特殊螺纹套管、刚性扶正器、高强度套管鞋。（3）下套管之前调整完井液性能并充分循环洗井，确保将水平井段井眼低边岩屑带出地面。（4）改善水泥性能，析水量和自由水两项指标达到零。（5）为提高顶替效率，控制好隔离液密度和用量。

📖 推荐书目

万仁溥.现代完井工程［M］.3 版.北京：石油工业出版社，2008.

（谢荣院）

【多分支井完井 multilateral well completion 】 从主井筒侧钻出两个或两个以上分支井筒的完井技术。关键技术为分支井窗口的力学（机械）完整性、水力密封性和生产管柱重入能力。

多分支井完井以完井系统复杂程度和使用功能不同分为六级（见图）：（1）一级完井：主井筒和分支井筒都是裸眼，这类多分支井所占比例最大。（2）二级完井：主井筒下套管注水泥固井，分支井筒裸眼或下简单的割缝衬管或预制滤砂管（脱离式，无机械连接）完成。（3）三级完井：主井筒下套管注水泥固井，分支井筒下套管（或衬管）不注水泥。（4）四级完井：主井眼及分支井眼都下套管并注水泥，分支井段和接合点均有机械支撑。（5）五级完井：水泥封固主井筒和分支井筒，各层压力分隔，完井装置在分支井衬管和主套管连接处提供压力密封，接合点及分支井段都有机械支撑，分支井筒可选择性重入，能实现合采或单采。（6）六级完井：在分支井筒和主井筒套管的连接处有一个整体式压力密封，为金属整体成型或可成型设计。（7）次六级完井（6S 级）：使用井下分流器或者地下井口装置，是共有一个主井筒的两口独立的分支井，同尺寸的主井筒条件下能提供最大的内通径，可重入。

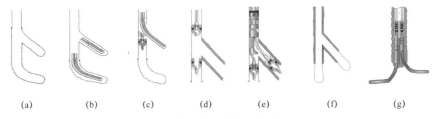

多分支井完井分级标准

（a）一级完井；（b）二级完井；（c）三级完井；（d）四级完井；（e）五级完井；
（f）六级完井；（g）次六级完井

分支井的完井类型选择取决于产层特征、开发目的、开采条件、产层厚度和它的岩性，以及产层上部是否存在需要的密闭层。选择与设计分支完井时还必须考虑当时的钻井、固井、完井工艺技术水平以及采油、增产和修井作业的工艺技术水平。

📝 推荐书目

王亚伟，石德勤.分支井钻井完井技术［M］.北京：石油工业出版社，2000.

（黄洪春）

【大位移井完井 extended reach well completion 】 大位移井水平位移的延伸距离长，套管下入时井壁摩擦阻力大，甚至抵消或超过套管自身的重力，需要采用刚性套管扶正器保证套管居中，以及减小下入阻力；使用顶部驱动装置，随时循环清洗井眼，旋转下套管降低摩阻以及在井口给套管施加推力；使用套管漂浮接箍和套管漂浮技术进行套管的下入。

针对储层特性，采取相应的水平井完井方法及相应施工工序，以保护油气层，常用的技术有负压射孔或平衡压力射孔，筛管和割缝尾管注水泥组合方法，或采用改进的用封隔器封隔裸眼层段的割缝尾管、砾石预充填筛管或带孔衬管完井。

（步玉环 田磊聚）

【注采调整井完井 completion of adjustment well 】 油田开发中后期，根据开发动态调整开发井网，新钻加密采油井或注水井的完井技术。

注水开发的油田，产层可能出现压力不均衡的状态，给调整井完井造成的主要困难为：（1）注水层井段发生水侵，固井水泥凝固不好；（2）油层井段出现气侵和油侵，套管与井壁环形空间水泥窜槽，产层或层间封闭不良；（3）在产层压力低的区域，固井注水泥漏失现象时有发生，水泥返高不够，环形空间封固达不到设计要求。

注采调整井完井需要根据具体情况采用配套的工艺措施：（1）固井前停止邻井的注水作业。（2）使用双凝水泥浆。（3）提高注水泥的顶替效率。（4）套管外封隔器固井。（5）选用高抗外挤强度套管防止注水挤毁生产套管。

（谢荣院）

【储层矿物分析 reservoir mineral composition analysis】 研究储层岩石中矿物组分和流体的物性、潜在伤害特性和程度以及评价工作液的分析技术。是储层保护技术系列中不可缺少的重要组成部分和工作起始点。

储层矿物分析目的：（1）全面认识储层岩石的物理性质和岩石中敏感性矿物的类型、产状、含量及分布特点；（2）确定储层潜在伤害类型、程度和原因；（3）筛选合理的防治措施；（4）为保护储层工程方案设计提供依据。

储层矿物分析内容：（1）储层岩石和流体常规物性分析，包括渗透率、孔隙度、粒度、饱和度、表面性质、流体的类型和高压物性等；（2）岩性和矿物类型分析；（3）孔隙结构分析；（4）储层岩石与流体接触的敏感性和配伍性分析评价。储层矿物分析方法分为物理方法、化学方法和电子方法三大类。油田常用的储层矿物分析方法有压汞法、薄片法、X 射线法、扫描电镜法和能谱法等。

📖 推荐书目

徐同台，等 . 保护油气层技术 [M] . 4 版 . 北京：石油工业出版社，2016.

（黄洪春）

【压汞法 mercury intrusion porosimetry】 利用压汞仪（见图）测定储层岩石毛细管压力曲线进行储层矿物分析的方法。由毛细管压力曲线可以获得描述岩石孔喉分布及大小的系列特征参数，确定各孔喉区间对渗透率的贡献。

就岩石矿物而言，汞是一种非润湿液体。对汞施加压力注入经抽真空处理的岩石孔隙喉道，当汞的压力和孔喉的毛细管压力相等时，汞就能克服阻力进入孔隙，进而可以计量进汞量和压力。根据进入孔隙的汞的体积百分数和对应压力得到毛细管压力曲线。毛细管压力和孔喉半径存在如下关系：

$$p_c = \frac{m}{r} \quad 或 \quad r = \frac{m}{p_c}$$

压汞仪

式中：p_c 为毛细管压力，MPa ；r 为孔喉半径，μm ；m

为计算常数，$m=0.735\text{MPa}\cdot\mu\text{m}$。

（黄洪春）

【薄片法 section method】 把岩心按要求的方位切磨成一定厚度的透光薄片（厚度一般为 0.03mm），在光学显微镜下观察其岩石结构特性进行储层矿物分析的方法。根据分析的内容和所使用仪器，薄片分为偏光薄片、铸体薄片、图像分析薄片、阴极发光薄片、荧光薄片和染色薄片等。利用薄片法可以测定岩石的骨架颗粒、基质、胶结物及其他敏感性矿物的类型和产状，并能描述孔隙类型及成因。

利用薄片分析获得的数据可以预测储层出砂趋势，进行黏土矿物总量校正，分析储层连通性，研究储层微粒、敏感性矿物在孔隙和喉道中的位置，及与孔喉的尺寸匹配关系，可以判断储层潜在伤害原因，提出防治措施。

（黄洪春）

【X 射线法 phase analysis of x-ray diffraction】 利用 X 射线衍射仪（见图）定性或定量鉴定不同类型矿物及测定黏土矿物含量进行储层矿物分析的方法。

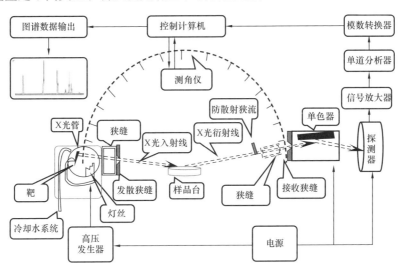

X 射线衍射仪结构示意图

每一种矿物晶体都有自身独特的晶体结构形态和元素构成，当 X 射线照射晶体时，不同的晶体就会有不同的衍射特征，因而可以鉴别出不同的矿物。X 射线衍射仪主要由光源、测角仪、X 射线检测和记录仪等组成。

利用 X 射线衍射仪可以定性和定量鉴定矿物，区别具有相同元素结构的不同矿物，包括在成岩作用中形成的一些混层黏土矿物，可获得黏土矿物的类型、绝对含量和相对含量、间层比和有序性等数据。但不能确定黏土矿物产状、不能测定非晶质矿物，对低相含量（＜2%）矿物难于测量。

在保护油气层中的应用：（1）识别矿物组成，鉴定岩性，确定黏土矿物类型和含量，为实施储层保护技术提供基本参数；（2）研究岩心内部结构，进行微粒成分分析；（3）观察岩心内部流体饱和度及驱替情况；（4）确定间层矿物类型和间层比；（5）检测岩心被钻井液伤害情况。

（黄洪春　柳华杰）

【扫描电镜法 scanning electron microscope】 利用扫描电镜仪（见图）分析岩石结构物理特征进行储层矿物分析的方法。可以认识储层敏感性矿物的颗粒大小、产状分布、孔隙形状、喉道大小、颗粒表面和孔喉壁结构，还能观察岩石与外来流体接触后的孔喉堵塞情况，具有分析直观、快速和有效的特点。扫描电镜通常由电源系统、电子光学系统、真空系统、扫描系统和信息检测系统五大部分构成。

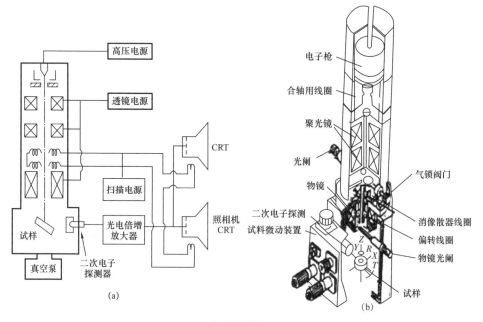

扫描电镜仪

在储层保护中的应用：（1）通过对储层中微粒矿物的观测，可测出矿物不稳定组分的成分与孔喉关系，测出微粒大小和分布；（2）通过对储层中黏土矿物的观测，可以得到主要黏土矿物的类型和形态特征；（3）通过对储层孔喉结构的观测，用于分析微粒运移和外来固相侵入；（4）对储层伤害前后进行评价。

（黄洪春）

【能谱法 energy dispersive spectrometer analysis method】 利用能谱仪对储层岩石特殊矿物进行鉴定和半定量测量的储层矿物分析方法。

在扫描电镜上配置能量检测器，由计算机控制能谱仪参数和进行数据处理，提高分辨率和灵敏度，以便对样品产生的特征 X 射线进行能谱分析。当高能电子束轰击固体岩石表面时，电子与激发区内元素会产生多种物理信息。储层岩石矿物中不同元素所产生的 X 射线的波长和能量不同，利用能谱仪可接受样品中元素的 X 射线能量，记录并绘制出各元素的能谱图，给出丰富的、易于解释的岩石矿物化学键信息，从而准确地鉴定矿物或对已知矿物里的特殊元素进行岩石矿物成分半定量分析，特别是绿泥石中含铁矿物的确定。

储层岩石中含少量的铁，在盐酸酸化时易形成二次沉淀，堵塞油气通道而伤害储层。用能谱分析可确定和辨认任何引起油气藏敏感性的含铁矿物，为储层保护、完井液设计提供参数。

（黄洪春）

【储层敏感性 reservoir sensitivity】 由于外来因素造成储层渗透率降低的敏感程度，主要指储层与外来流体接触，或流体流动，或外力及温度等变化，致使储层渗透率降低。主要包括储层速敏性、储层水敏性、储层盐敏性、储层碱敏性、酸敏性、储层应力敏性和温度敏感性等。

储层速敏性、水敏性、盐敏性、碱敏性、酸敏性统称为储层五敏性，通过敏感性实验（见图）可测定储层岩心与不同外来流体接触及环境条件而引起储层渗透率的变化，找出储层发生敏感的条件和由敏感引起的储层伤害程度，为各类工作液的设计、储层伤害机理分析和制定系统的储层完井保护技术方案提供科学依据。

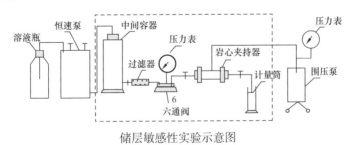

储层敏感性实验示意图

推荐书目

徐同台，等.保护油气层技术［M］.4版.北京：石油工业出版社，2016.

（步玉环　黄洪春）

【**储层速敏性** reservoir speed sensibility】 流体流动速度变化引起储层岩石中微粒运移、喉道堵塞，导致储层渗透率下降的可能性及其程度。简称速敏。微粒运移程度随岩石中流体流动速度的增加而加剧。但不同岩石中的微粒，对速度增加的反应不同，有的反应甚微，岩石对速度不敏感；有的反应强烈，当流体流速增大时，则表现出渗透率明显下降。通过敏感性实验装置进行测试，可确定储层中流速的变化与其渗透率降低的关系，把注入（或产出）流体的流速逐渐增大到某一数值而引起渗透率下降时的流动速度，称为该岩石的临界流速（见图）。

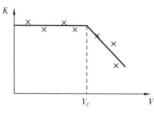

储层速度敏感性评价图

确定临界流速为进行储层水敏性、储层盐敏性、储层碱敏性、储层酸敏性、储层应力敏感性和储层温度敏感性等流动实验提供的合理实验流速以及为确定合理的注采速度提供科学依据。

储层速敏性用储层伤害程度评价，标准为：（1）伤害程度＜5%，无速敏；（2）5%≤伤害程度＜30%，速敏程度弱；（3）30%≤伤害程度≤70%，速敏程度中等；（4）伤害程度＞70%，速敏程度强。储层伤害程度计算如下：

$$伤害程度 = \frac{K_{min} - K_{min}}{K_{max}} \times 100\%$$

式中：K_{max} 为渗透率变化曲线中渗透率最大值，mD；K_{min} 为渗透率变化曲线中渗透率最小值，mD。

（黄红春　步玉环）

【**储层水敏性** reservoir water sensitivity】 储层流体遇水后黏土矿物发生膨胀、分散和运移，从而缩小或堵塞储层孔隙和喉道，导致储层渗透率下降的可能性及其程度。简称水敏。

通过浸泡实验可了解储层黏土矿物遇水后的膨胀、分散和运移过程，找出和确定发生水敏的条件及水敏引起的储层伤害程度，为盐敏性评价实验选定盐度范围提供参考依据，并作为各类入井工作液的设计基础。

实验时，先用地层水流过岩心，再用矿化度为地层水一半的盐水（称次地层水）流过岩心，最后用蒸馏水通过，测定在这三种矿化度下岩心渗透率的数值大小，以此判断岩心的水敏程度（见图）。

根据实验前所测岩心的克氏渗透率 K_∞ 以及岩心在蒸馏水下的渗透率 K_w，可得到水敏指数 K_w/K_∞，小于 0.3 为弱水敏性；0.3～0.7 为中等水敏性；大于 0.7 为强水敏性。

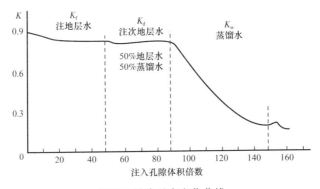

储层水敏渗透率变化曲线

在储层保护方面的应用：（1）若储层无水敏，进入储层的工作液矿化度小于地层水矿化度即可，不作严格要求；（2）若有水敏则必须控制入井工作液的矿化度大于临界矿化度；（3）若水敏性较强，在入井工作液中要考虑加入黏土稳定剂。

（黄洪春　步玉环）

【储层盐敏性 reservoir salt sensibility】　工作液的滤液进入储层，局部矿化度发生改变，导致储层渗透率下降的可能性及其程度。简称盐敏。为了满足不同的工艺要求，各种入井工作液具有不同的矿化度，可能会低于或高于储层水矿化度。有的黏土矿物对所处环境的矿化度十分敏感，当矿化度降低时，会引起某些黏土矿物的膨胀、分散；当矿化度升高时，黏土会收缩、失稳、脱落，引起微粒运移。这些都将导致地层孔隙空间和喉道的缩小、堵塞，从而引起渗透率的下降，使储层发生伤害。

对于水敏性地层，随着盐度的下降，黏土矿物晶层扩张增大，膨胀增加，地层渗透率则不断下降。因此，盐敏评价实验的目的就是了解地层岩心在入井工作液矿化度不断下降或现场使用低矿化度盐水时，其渗透率变化过程，从而找出渗透率明显下降的临界矿化度（见图），以及确定由盐敏引起的储层伤害程度，为工作液的设计提供依据。

储层盐敏性评价图

储层盐敏性用浸泡前后的渗透率的比值表示，有上限和下限两个临界值，不同岩性储层其临界值不一样。在储层保护方面的应用：（1）用于确定完井液的矿化度，对进入地层的完井液必须控制其矿化度在两个临界矿化度之间；（2）确定驱油注入流体的矿化度，对驱油开发的注剂井，若注入流体矿化度小于临界矿化度下限，要加入黏土稳定剂。

（黄洪春　步玉环）

【**储层碱敏性** reservoir alkali sensibility 】 碱性液体与储层矿物或流体接触发生反应，产生沉淀或析出颗粒，导致储层渗透率下降的可能性及其程度。简称碱敏。

高 pH 值的流体进入储层后，引起地层中黏土矿物和硅质胶结的结构破坏，从而造成地层堵塞伤害。储层流体一般是中性或弱碱性，但大多数完井液 pH 值在 8～12 之间，普遍比地层水的 pH 值要高；而在固井、二次采油中的碱水驱时，水溶液的 pH 值则更高，使黏土矿物解理、胶结物溶解后释放微粒，造成堵塞；大量的氢氧根与某些二价阳离子结合生成不溶解的物质，也会造成地层的堵塞伤害。

储层碱敏性用临界 pH 值表示。储层碱敏性通过浸泡实验进行测试，用模拟储层盐水加入一定量的 NaOH 配成具有不同 pH 值的实验流体，以观察岩心在高 pH 值流体作用下的伤害情况。通过实验可找出碱敏发生的临界 pH 值，分析由碱敏引起的储层伤害程度，为完井工作液的设计提供依据。

在储层保护方面的应用：（1）完井液的 pH 值必须控制在临界 pH 值之下；（2）若是强碱敏储层，建议采用屏蔽式暂堵技术；（3）在三次采油作业中，对存在碱敏的储层要避免采用强碱性驱油流体。

（黄洪春）

【**储层酸敏性** reservoir acid sensibility 】 酸液与储层接触后，与某些矿物或流体发生反应，产生沉淀或析出颗粒并堵塞储层孔喉，导致储层渗透率下降的可能性及其程度。简称酸敏。储层酸敏伤害的程度取决于储层中各种酸敏性矿物的成分、含量以及酸液的配方和酸化施工措施。通过浸泡实验可测定各种酸液对地层的影响程度，研究酸液与储层的配伍性。

储层酸敏性用浸泡前后的渗透率的比值表示，小于 0.3 为强酸敏性，0.3～0.7 为中等酸敏性，大于 0.7 为弱酸敏性。

在储层保护方面为基质酸化设计、合理解堵方法和增产措施提供科学依据。

（黄洪春）

【**储层应力敏感性** reservoir stress sensibility 】 储层岩石所承受应力改变时，孔喉通道变形、裂缝闭合或张开，导致储层渗透率下降的可能性及其程度。简称应力敏。

通常用全自动岩心测试仪或带围压的三轴岩石力学仪进行测试，可测定模拟井下围压条件下的岩石孔隙度，求出岩心在原地条件下的渗透率，建立岩心渗透率与测试渗透率的关系，有助于认识测试渗透率和地层电阻率的关系，为确定合理的生产压差提供依据。储层无量纲渗透率立方根与应力对数呈线性关系，直线的斜率表示储层的应力敏感性。斜率大则应力敏感性强，反之则弱。

计算公式如下：

$$\left(\frac{K_{\mathrm{i}}}{K}\right)^{\frac{1}{3}} = 1 - m \cdot \lg 6.895\sigma_{\mathrm{i}}$$

式中：K_{i} 为试验应力所对应的渗透率，D；K 为应力 6895Pa 所对应的渗透率，D；m 为斜率，无量纲；σ_{i} 为试验应力，Pa。

（黄洪春）

【完井液 well completion fluid】 从钻开储层至油气井投产前在井内使用的工作流体。常见的完井液有钻开储层的钻井液、射孔液、洗井液和压井液等。

完井液作用 不同类型的完井液有不同的功能。（1）钻开储层的钻井液。常用的有水基钻井液、油基钻井液、气基钻井流体和合成基钻井液 4 类，除具有一般钻井流体的功能外，还具有减少伤害保护储层的作用。（2）射孔液是射孔作业过程中使用的井筒工作流体，有时它也作为射孔结束后的测试和下泵等的压井液。射孔液主要功能是在井筒中提供液柱压力，以便射孔后有控制地诱喷。（3）洗井液是洗井作业过程使用的工作液。洗井液一般为有一定悬浮和携带井筒中固体物质能力的水基液体。其主要作用就是通过循环洗净井筒。（4）压井液指作业过程中用于平衡地层压力的工作液。一般为具有一定密度的水基液体，常常与其他作业液合二为一，如既是压井液又是射孔液，既是压井液又是修井液等。其主要作用是防止作业过程中发生井喷。

基本性能要求 完井液不仅要满足安全、快速、优质、高效的钻井、射孔与试油等施工作业要求，而且还要满足保护油气层的技术要求。具体要求为：（1）具有不同的密度系列及密度可调性。（2）对油气层伤害小。（3）与油气层岩石配伍。（4）滤液与油气层流体配伍。

发展趋势 （1）发展多功能、复合型的完井液，如具有洗井和压井作用的射孔液。（2）发展适合特需条件的完井液，如高温、高压、高酸性气体含量、环境要求苛刻等条件的完井液。

推荐书目

万仁溥.现代完井工程［M］.3 版.北京：石油工业出版社，2008.

（谢荣院）

【无固相清洁盐水完井液 non-solid brine completion fluid】 一般由氯化钠、氯化钾、氯化钙、溴化锌和溴化钙等两种或三种盐混合配制的一种完井液体系。其密度依靠盐种类进行调节，由于没有固相成分，可以消除固相对储层的伤害，即可以保护油层，又能满足作业施工要求，同时，不同种类的无机盐、不同浓度和配比调整完井液密度可以满足多种情况下的井下需要。高矿化度和各种离子的组合使得该体系对水敏矿物具有强抑制性，可以控制储层水敏性伤害，体系中可以添加表面活性剂和防腐剂来满足防腐等要求。

适合于要求无固相堵塞特别高（低渗），或者要求完井液的抑制性特别强的油气层完井。

（步玉环　田磊聚）

【水包油完井液 O/W completion fluid】将一定量的油分散在淡水或者不同矿化度的盐水中，形成一种以水为连续相、油为分散相的水包油乳状液体系。它由水相、油相、乳化剂和其他处理剂组成，其中水相是外相，油是内相。保持了水基完井液的特点，又具备了油基完井液的特点，体系性能稳定，抗温能力强，流动性好等。

适用于技术套管下到油气层顶部的低压、裂缝发育、易发生漏失的油气层完井。

（柳华杰　田磊聚）

【低膨润土聚合物完井液 polymer completion fluid with low bentonite content】固相含量较少，其中膨润土含量少于3%，以聚合物絮凝土质形成的完井液。其中聚合物可以有效抑制黏土分散，减少储层伤害。膨润土具有良好的分散性，可以分解成小于 $0.1\mu m$ 的固相颗粒，使得液体黏度上升，微粒进入地层孔隙通道导致有效孔隙通道减少或堵塞增加地层孔隙通道，降低储层渗透率。该完井液的特点是把其中的膨润土含量降低到一个适当范围，使膨润土对储层的伤害尽量减小，而又不严重影响完井液的性能和增加成本。

低膨润土聚合物完井液的优点是适用范围比较广，加入不同含量、不同种类的聚合物调节完井液的流变性和滤失性，与油气层配伍性好；固相含量较低，抑制水化膨胀的能力强；保护油气层的效果好。缺点是成本较高，要求用套管将储层上部地层封隔才能取得好的效果，且固相控制设备特别齐全。

（柳华杰　田磊聚）

【改性完井液 modified completion fluid】采用一定的方法，降低钻井液中膨润土及无用固相的含量、采用改性聚合物对钻井液进行特殊处理而制成的完井液。该完井液可以根据储层物性调整钻井液配方，选用与储层孔喉相匹配的桥堵剂，采用改性聚合物降低高温高压滤失量，提高其与储层的配伍性，以降低其对储层的伤害。常采用的方式是将聚合物进行接枝，引入抗温、抗盐等基团。

适合于对完井液性能要求不是特别高的油气层完井，成本较低。

（步玉环　柳华杰）

【油基完井液 oil based completion fluid；OBM】 以油作为分散介质的完井液。主要有：全油基完井液（柴油、沥青、乳化剂及少量水）、油包水乳化完井液（柴油、乳化剂、润湿剂、亲油胶体、乳化水）、低胶质油包水乳化完井液（柴油、乳化剂、润湿剂、少量亲油胶体、乳化水）、低毒油包水乳化完井液（矿物油、乳化剂、润湿剂、亲油胶体、乳化水）。油基完井液的优点是防止完井液滤液产生水敏伤害；同时，对于水润湿的储层，进入储层的滤液容易反排出来，不会引起水锁伤害，这类完井液可以防止或减轻水基完井液引起的水敏及水锁伤害问题。

　　油基完井液的缺点是成本高、环境污染严重、容易发生火灾、存在油层润湿反转、降低油相渗透率、与地层水乳化等。

（游利军）

【气基完井流体 gas based completion fluid；GBM】 以气体、雾、泡沫为连续相及充气流体为主的完井流体。主要类型有：气体（空气、氮气）、雾（水滴分散在气体中的分散体系）、泡沫（气泡分散在液体中的分散体系）、充气流体。该类完井流体是为了在低压裂缝性油气田、稠油油田、低压强水敏性油气层、低压低渗透油气层、易发生严重漏失的油气藏和能量枯竭油气藏，实现近平衡压力完井或负压差完井而发展起来的。这类完井流体的共同特点是密度小、滤失量小、不易发生漏失及保护油气层效果好。其中的泡沫完井流体是使用最成功和应用效果最好的一种气基完井流体。

（游利军）

【表面活性剂 surfactant】 分子的化学结构由非极性的亲油（疏水）基团和极性的亲水（疏油）基团组成的，且它们分别处于分子两端形成不对称结构的化合物。典型的离子性和非离子性表面活性两亲分子的示意图如图所示。表面活性剂亲油基的结构主要有以下几种形式：直链烷基（碳原子数 8～20），支链烷基（碳原子数 8～20），烷基苯基（烷基碳原子数 8～16），烷基萘基（烷基数一般是两个，烷基碳原子数在三以上），松香衍生物，高分子聚氧丙烯基；长链全氟（或氟代）烷基，全氟聚氧丙烯基（低相对分子质量），聚硅氧烷基。亲水基团的结构变化远比亲油基大，因而表面活性剂的分类一般以亲水基的结构为依据，分为：（1）阴离子性表面活性剂；（2）阳离子性表面活性剂；（3）非离子性表面活性剂；（4）两性表面活性剂。

　　每一类又根据亲水基的结构分为若干小

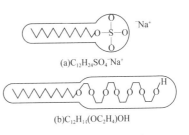

(a)$C_{12}H_{24}SO_4^-Na^+$

(b)$C_{12}H_{14}(OC_2H_4)OH$

表面活性剂分子结构示意图

类。这种按离子类型分类的方法有许多优点，因为离子类型不同，其特性就有很多差别，从而可以根据油田实际情况进行选择和匹配，例如高黏土含量的油层不适合选用阳离子表面活性剂，因为黏土会产生对阳离子表面活性剂的大量吸附。

（杨承志）

【储层伤害评价 reservoir damage evaluation】 分析和判断钻井和完井各项作业过程中储层的伤害程度，以及客观评价保护储层技术在现场实施效果的技术方法。分室内实验评价和矿场测试评价两大类。

室内实验评价　借助各种仪器设备测定储层岩石与外来工作液作用前后渗透率的变化，或测定储层在物化环境发生变化前后渗透率的变化，目的在于弄清储层潜在的伤害因素和伤害程度。包括各种工作液对储层伤害评价和储层敏感性评价。储层敏感性评价包括储层速敏性、储层水敏性、储层盐敏性、储层碱敏性、储层酸敏性、储层应力敏感性和储层温度敏感性等。

矿场测试评价　通过中途测试和完井试井获取油气井资料对储层的伤害程度进行评价。主要评价指标有表皮系数、完善指数、有效半径、附加压降和流动效率等。

将室内实验评价和矿场测试评价结果进行综合分析，可认识保护储层措施在现场实施效果及存在问题，从而制定保护储层的改进措施。

📝 推荐书目

徐同台，等.保护油气层技术［M］.4版.北京：石油工业出版社，2016.

（黄洪春）

【水侵 water invasion】 在完井或钻井过程中，为了平衡地层压力避免井涌乃至井喷事故的发生，一般采用的完井液或钻井液密度稍大于地层压力当量密度，在井底形成一个正压差，在正压差作用下钻井液中的部分自由水进入到地层（储层），造成储层伤害（渗透率降低）的现象。

水侵对油气层的伤害主要是以下几个方面：

（1）使储层中的黏土成分膨胀，使油流通道缩小；

（2）破坏孔隙内油流的连续性，使单相流动变为多相流动，增加油流阻力；

（3）产生水锁效应，增加油流阻力（见图）；

（4）在地层孔隙中生成沉淀物。

钻井液水侵对储层造成影响的严重程度主要受以下因素影响：

（1）压差的存在。压差越大，同渗透率情况下的流过量越大，钻井液失水滤液侵入越严重。

（2）地层的渗透性。地层渗透率越大，流通性越好，流动摩阻越小，滤液的渗入量越大。

（3）钻井液的失水量大小。失水量越大，进入地层的滤液越多，侵入就越深，污染越严重。

（4）建井周期。同样渗透率、失水量与钻井液固相含量，对地层浸泡时间越长，进入地层的滤液和固相越大。

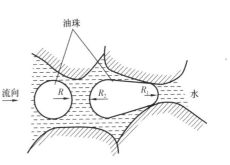

水锁效应（贾敏效应）示意图

（步玉环　柳华杰）

【泥侵 mud invasion】 完井或钻井过程中时，完井液或钻井液中的固相颗粒在压差作用下侵入到地层或储层，造成地层渗透率降低的现象。

泥侵造成储层伤害主要表现在两个方面：

（1）钻井液直接进入较大的储层孔隙，形成堵塞（见图 1）；

（2）形成内滤饼，造成永久性伤害（见图 2）。

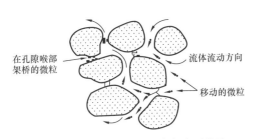

图 1　钻完井液固体颗粒堵塞岩石孔隙

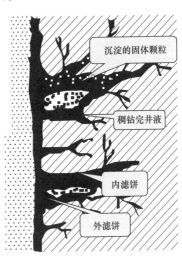

图 2　泥侵形成的内滤饼示意图

钻完井液泥侵对储层造成伤害的严重程度取决于：

（1）压差的大小。压差越大，钻完井液失水滤液越大，携带钻完井液中的固相侵入深度越深，污染越严重。

（2）地层的渗透性。地层渗透率越大，流通性越好，固相颗粒进入地层也就越容易，进入深度也越大。

（3）固相含量。固相含量越多，进入地层孔隙的机会越大，污染越严重。

（4）建井周期。同样渗透率、失水量与钻井液固相含量，对地层浸泡时间越长，进入地层的滤液和固相越多。

（步玉环　柳华杰　田磊聚）

【内滤饼 inner mud cake】 钻完井液中的悬浮固相进入地层孔隙，在地层孔隙中继续向周围渗滤，而在孔隙边壁上沉积而形成的滤饼。内滤饼的存在，可以有效降低钻井循环过程中的钻井液及固井施工过程中的水泥浆的失水；同时，在内滤饼存在的近井壁范围内，极大地增加了油气流渗流进入到孔隙的流动阻力，使得油气流几乎无法流入到井筒内，用改造产层的方法也不能使岩石恢复其原始的性能。内滤饼造成的储层伤害是不可逆的，是永久的，因此，也称为永久伤害带。

伤害的严重程度与钻完井液浸泡的时间有关，与压力差有关，还与完井液的类型、岩石的性质等因素有关。实践表明，对生产有较大影响的伤害带的深度在300～400mm。为此，为了降低油气流的流动阻力，要求射孔必须射穿永久伤害带，即在地层中的射孔深度大于300mm。

（步玉环　柳华杰）

【水锁效应 water lock effect】 完井液中的液相进入岩石孔隙内会使岩石基体产生润湿性的变化，使本是亲水的岩石基体与水密切结合，形成"水锁"，堵塞孔隙，将油的液珠封锁在孔隙内不能产出，外来水相在储层孔隙中滞留，使水相饱和度增大，降低储层渗透率及油气相对渗透度的现象。水锁效应会产生水锁伤害，也就是指油井作业过程中水浸入油层造成的伤害。水浸入后会引起近井地带含水饱和度增加，岩石孔隙中油水界面的毛管阻力增加，以及贾敏效应使原油在地层中比正常生产状态下多产生一个附加的流动阻力，宏观上表现为油井原油产量的下降。水锁伤害处理剂是一种特殊结构的醚类化学剂，它进入油层后能消除或减轻水浸入地层后造成的流动阻力，使原油比较容易地流向井底。

（步玉环　田磊聚）

【贾敏效应 Jamin effect】 液—液或气—液两相渗流中的液珠或气泡通过孔隙喉道或孔隙窄口时产生的附加阻力效应。液珠或气泡半径大于孔隙喉道或孔隙窄口的半径，必须变形才能通过。而液珠或气泡变形需要额外的力，这个力的大小相当于为了通过孔隙喉道或孔隙窄口，液珠或气泡变形后的半径产生的毛管力减去液珠或气泡变形前的半径产生的毛管力。这种阻力实质是一种微毛管力效应。

钻完井作业过程时，钻完井液侵入地层液珠对油流通道产生阻力，为解除水阻造成的伤害，可将表面活性剂压入地层，以降低油水界面张力，使毛细管阻力减少，进入的水易于排出。

（步玉环）

【储层保护 reservoir protection】 在油气井建井过程中，防止或减少造成储层渗透率下降、阻碍油气从井眼周围储层流入井底等对油气储层进行保护的技术。

储层保护的概念在20世纪60年代就已提出，国外在20世纪70年代初，从储层岩心分析入手研究储层伤害的机理，据此提出防治伤害的措施，经现场试验和推广，形成了保护储层的系列配套技术，并不断发展完善。20世纪80年代，中国全面、系统地开展了储层保护技术的研究工作，并得到进一步推广应用和发展。

储层保护措施效果的好坏直接关系到油田开发效果，必须贯穿钻井、完井、采油（气）、注水（气、汽）、井下作业及储层改造等作业全过程中，应认真有效地实施系统保护油层措施，防止油层伤害，充分发挥油藏潜能。储层保护主要内容包括：打开油层、固井和射孔作业储层保护；采油作业防止任何入井物质对储层伤害和有机垢、无机垢聚集对储层伤害等；储层改造及井下作业过程防止入井流体及其他物质伤害油层；注水（气、汽）过程防止注入流体伤害油层。所有油层保护措施应建立在油层特征分析和入井物质敏感性分析的基础上，确定水敏、盐敏、酸敏、速敏、碱敏和应力敏等对多孔介质中的多相多物质传输特征的影响，通过入井流体及其他物质与地层的兼容性、孔隙介质中的颗粒运移、孔隙介质中的晶体（有机垢和无机垢）生长三个方面的敏感性分析诊断结果，采取对应的有效措施，避免和减少油层伤害。

储层保护技术向多学科、综合实用和评价智能化方向发展；由单因素向多因素耦合模拟、由宏观评价分析向微观机理、由定性向定量化、由静态向动态过程与控制方向发展；在钻开储层前伤害预测分析技术方面，由储层岩心和流体分析资料进行不连续预测，向综合利用储层岩心流体资料与地震、测井、地质等信息资料相结合，进行连续纵向、横向预测技术方向发展；完井液配方的发展思路是把预防与解堵结合起来，研发易清除滤饼的钻井完井液新体系；全过程采用欠平衡钻井保护储层技术。

📝 推荐书目

徐同台，等.保护油气层技术［M］.4版.北京：石油工业出版社，2016.

张绍槐，罗平亚，等.保护储集层技术［M］.北京：石油工业出版社，1996.

（黄洪春　陈宪侃）

【屏蔽暂堵技术 shielding temporary plugging technology】 在井壁浅表层范围内，快速形成暂堵屏蔽环，阻止钻井液侵入地层的技术。利用钻井液中已有固相粒子对地层的堵塞规律，人为地在钻井液中加入一些与地层孔喉的堵塞机理相匹配的架桥粒子、填充粒子和可变形的封堵粒子，使这些粒子能快速地在井壁周围形成有效的、渗透率几乎为零的屏蔽环，阻止钻井液中的固相和液相进一步侵入地层，从而既消除钻井和固井时钻井液、水泥浆对储层的伤害，也减少浸泡时间过长对储层的伤害。最后，利用一种经济合理的解堵方式解除屏蔽环或射孔把屏蔽环射开，达到对储层没有伤害或伤害很小的目的。

屏蔽暂堵技术的关键在于钻井液中暂堵剂颗粒尺寸大小要与储层孔隙、裂缝合理匹配。暂堵剂由起桥堵作用的刚性颗粒和起充填作用的充填粒子及软化粒子组成。

屏蔽暂堵技术适用于各类砂岩油气藏、调整井或一个井眼多个压力体系的地层；若加入合适的非规则粒子，可用于较复杂的裂缝性储层。

📖 推荐书目

李克向.保护油气层钻井完井技术［M］.北京：石油工业出版社，1993.

（黄洪春）

【储层伤害 reservoir damage】 在钻井、完井等作业过程中，由钻井液中外来固相颗粒堵塞侵入和／或地层内部颗粒分散运移，产生固相堵塞，以及钻井液组成与地层岩石和流体不配伍产生复杂的物理和／或化学作用（例如储层内黏土水化膨胀、生成沉淀、乳液堵塞等），从而增大油气的流出阻力，导致储层渗透率降低的现象。

储层伤害是在外界条件影响下储层内部性质发生变化造成的。凡是受外界条件影响而导致储层渗透性降低的储层内在因素为储层潜在伤害的内因，包括储层孔隙结构、敏感性矿物（见储层矿物分析）、岩石表面性质和地层流体性质等。在施工作业时，任何引起储层微观结构或流体原始状态发生改变使渗透性降低，油气井产能下降的因素为储层伤害的外因，包括入井流体性质、压差、温度和作业时间等，主要因素有：（1）工作液中的固相颗粒对储层的伤害；（2）进入储层的外来流体与储层岩石不配伍性对储层的伤害，包括储层水敏性、储层碱敏性、储层酸敏性、润湿反转、黏土水化膨胀堵塞等伤害；（3）进入储层的外来流体与储层流体不配伍性对储层的伤害，包括水锁效应、结垢沉淀、乳化和细菌堵塞等伤害；（4）储层环境条件发生改变造成的伤害，包括储层速敏性、储层应力敏感性、温度敏感性、压力敏感性和井漏伤害等。

储层一旦受到伤害，在油气井投产时可使用物理或化学方法加以解堵，使渗透率得到恢复，但有些伤害很难完全恢复渗透率，甚至有些伤害无法解堵。储层保护应坚持预防为主，核心是有针对性地控制各种外因，使储层的内因不发生改变或改变小。主要途径为：（1）降低入井工作液液柱压力，减少正压差或采用负压差；（2）降低入井工作液的滤失量；（3）采用无固相工作液或减少入井工作液的固相颗粒含量；（4）采用与储层岩石和流体配伍性好的工作液；（5）减少储层浸泡时间；（6）优化完井、射孔、测试和生产等作业措施。

推荐书目

陈庭根，管志川.钻井工程理论与技术.2版［M］.青岛：中国石油大学出版社，2017.

（柳华杰　步玉环）

【表皮系数 skin factor】 反映靠近井筒附近储层对油气向外流动阻碍程度的无量纲数值。是矿场测试定量评价储层伤害程度的主要指标。

钻井、完井或增产措施过程中，储层受外来流体的侵入或射孔不完善等，使近井筒周围环状区域（r_d）渗透率下降，这个渗透率变异的区域称为表皮。油气从储层流入井筒时会在该区域产生附加压降（也叫附加流动阻力），这种现象叫做表皮效应。当渗透率变化区域的渗透率（K_d）比原始渗透率（K）降低时，称正表皮效应，产生"正"的附加流动阻力；渗透率提高时，称负表皮效应，产生"负"的附加流动阻力。在考虑井眼半径（r_w）的条件下，根据渗流力学原理，可以得到表示油气井表皮效应大小的无量纲系数，称为表皮系数（S），即：

$$S = \left(\frac{K}{K_d} - 1 \right) \ln \frac{r_d}{r_w}$$

S 值为正值，表明井底附近地层因污染渗透率下降，属于不完善井。值越大，不完善程度越高。S 值为零，表明该井属于完井的理想状况，井未受污染，称为完善井。S 值为负值，说明采用增产措施后，井底附近的渗透率提高。属于超完善井，绝对值越大，增产措施效果越好，越有利于油气流动，提高产量。

试井是现场定量评价储层伤害的主要途径，它所得到的是视表皮系数（又称总表皮系数），由纯伤害表皮系数和拟表皮系数组成，即

$$S_a = S_d + \sum S^n$$

式中：S_a 为视表皮系数（总表皮系数）；S_d 为纯伤害表皮系数，是指钻井及完井工作液对储层引起的伤害；$\sum S^n$ 为拟表皮系数，是指完井工程作业和任何引起偏离理想井的伤害。

$$\sum S^n = S_{PT} + S_{PF} + S_{SW} + S_b + S_{tu} + S_A$$

式中：S_{PT} 为局部完井拟表皮系数，与储层有效厚度、钻开或射开厚度、垂直渗

透率及井眼半径有关；S_{PF} 为射孔拟表皮系数，由射孔孔眼、压实带和充填线性流三部分拟表皮系数构成；S_{SW} 为井斜拟表皮系数；S_b 为流度拟表皮系数；S_{tu} 为非达西流拟表皮系数；S_A 为泄油面积形状拟表皮系数。

（黄洪春　步玉环　田磊聚）

【完善指数 complete index】 油气井实际生产压差（Δp）与压力恢复曲线径向流直线段斜率（m）的商值。是矿场测试定量评价储层伤害程度的主要指标。童宪章院士 1977 年提出用完善指数（CI）描述地层伤害的概念。完善指数用于定量表示储层伤害或改善程度。

$$CI = \frac{\Delta p}{m} = \frac{p_e - p_{wf}}{m}$$

式中：p_e 为地层静压力，MPa；p_{wt} 为井底流动压力，MPa。

当 $CI=7$ 时，储层没有伤害，故又称"7"字法；当 $CI \geq 8$ 时，储层被伤害；当 $CI \leq 6$ 时，储层被改善。应用条件是圆形油藏中心一口井，供给面积在 $1km^2$ 之内，井筒半径 $r_w=0.1m$。其优点是不需要高压物性参数，计算简单，应用方便。

（黄洪春）

【有效半径 effective well radius】 由不完善井引起的渗流阻力的改变量等效后的油井半径。又称折算半径。由于不完善井主要在油井附近发生空间流动，而在距油井稍远处流体做平面径向流，因此，通常把不完善井当作完善井来处理。用有效半径将表皮系数（S）转化为具有物理意义的油气井特征。是矿场测试定量评价储层伤害程度的主要指标。

有效半径越大，油气向外流动阻碍程度越严重。计算公式为：

$$r_c = r_w \cdot e^{-s}$$

式中：r_c 为有效半径，m；r_w 为井筒半径，m；S 为表皮系数，无量纲。

（步玉环　田磊聚）

【附加压降 additional pressure drop】 由于钻井、完井或增产措施的影响，使得井筒附近地层渗透率不同于油层，流体流过这些地层时产生一个附加压力的增值。又称井壁附加阻力，或附加压力损失。是矿场测试定量评价储层伤害程度的主要指标。

附加压降表示由于实际油气井的不完善性在井壁处产生的附加阻力的大小。当附加压降 =0 时，说明井是完善的；当附加压降 >0 时，说明井是不完善的；当附加压降 <0 时，说明井是超完善的。表皮系数 S 与井壁附加压降 Δp_E 的关系为：

$$S = 1.15 \frac{\Delta p_{\mathrm{E}}}{m}$$

式中：m 为压力恢复曲线直线段的斜率。

（黄洪春　步玉环）

【流动效率 flow efficiency】 描述流体在储层中流动难易程度的参数。是矿场测试定量评价储层伤害程度的主要指标。

流动效率的大小用相同的产量条件下，油气层受到伤害和堵塞的采油气指数（J_{o}）与未受到伤害和堵塞的采油气指数（J_{g}）的比值来表示。流动效率（FE）定量给出了在一定生产压差条件下由于储层伤害引起的表皮效应对产能的影响程度。

$$FE = \frac{J_{\mathrm{o}}}{J_{\mathrm{g}}} = \frac{\Delta p_{\mathrm{a}} - \Delta p_{\mathrm{s}}}{\Delta p_{\mathrm{a}}}$$

式中：Δp_{a} 为生产压差，MPa；Δp_{s} 附加压力降，MPa。

与流动效率类同的一种方法是堵塞比（damage ratio）。流动效率的倒数为堵塞比（DR），即 $DR = \frac{1}{FE} = \frac{J_{\mathrm{g}}}{J_{\mathrm{o}}}$。当 $DR > 1$ 时，表示储层受到伤害；当 $DR = 1$ 时，表示储层未受到伤害；当 $DR < 1$ 时，表示储层被改善。堵塞比能直观、定量地描述储层伤害程度。

（黄洪春）

【固井作业 cementing】 油气井阶段完钻或最终完井后，在油气井井眼内下入套管，并向套管与井壁或上一套管间注入油井水泥浆的作业。主要内容为下套管作业、注水泥和固井质量检测与评价。按油气井建井阶段可分为表层套管固井、技术套管固井和生产套管固井等。每阶段的固井作业，都为下一步钻井或油气开采工作提供基本条件，是完井工程中最重要的作业。固井是一项工作量大、不可预见因素多、投资大、风险高、与油气井寿命息息相关的"一次性"作业，必须确保工程质量。

固井作业的目的：（1）巩固井壁，防止地层坍塌；（2）封闭异常压力地层，避免漏和喷等复杂情况出现；（3）封隔油、气和水层，阻止层间干扰；（4）构建产层（井底）至地面的通道；（5）安装井口装置。

📝 推荐书目

万仁溥.现代完井工程［M］.3 版.北京：石油工业出版社，2008.

（谢荣院）

【下套管作业 running casing】 根据井身结构设计要求，把套管下入井筒内预定深度的作业。主要目的是为了保护井壁，不使井壁塌陷，保证继续钻井；封隔不同压力梯度的油、气、水层，避免油、气、水层相互窜通；构建产层至地面的通道，确保油气安全生产。

主要作业内容是：（1）井眼准备。调整好钻井液性能，充分循环和划眼，修整井壁并将井底沉砂带至地面。（2）套管准备。对套管的直径、壁厚、钢级、长度、螺纹、外观等进行检查并进行通径、试压检验，按下入顺序排列并注明标记。（3）设备和工具准备。对钻机（尤其是绞车刹车系统和钢丝绳）、泵和井控等装置进行全面检查和整改，准备好套管吊卡、套管卡瓦、套管钳等专用工具和密封脂等材料。（4）按套管柱设计要求将套管及附件下入井内。典型的套管柱结构（自下而上）是：套管引鞋＋套管鞋＋套管（2根）＋套管浮箍＋套管（包括扶正器）＋短套管（油气层顶界）＋套管（包括扶正器）＋联顶节。这一环节的关键是准确控制螺纹的紧扣扭矩和均匀涂抹密封脂，它直接影响整个固井质量。下套管过程要定深向套管内灌入钻井液，防止挤毁套管，并控制套管柱自重确保其顺利下入井内。（5）调整联顶节方入。（6）安装水泥头。（7）循环洗井并调整钻井液性能。

套管下入井内以后，还要向套管外壁与井壁之间注入水泥浆，使之与井壁固结。

（田中兰）

【套管 casing】 用于油气井固井的石油专用钢管。由本体和接箍组成。套管下入井内用于保持油气井井壁稳定和封隔不同地层，为油气从储层产出提供通道。

套管本体采用无缝钢管、高频电阻焊管或直缝电焊管制造，套管接箍为无缝钢管制造。

套管规范 主要有套管外径、内径、壁厚、长度、单位长度质量、接箍长度和螺纹型式等。

套管钢级 API SPEC 5CT 标准将套管钢级分为 4 组 19 个。其中第 1 组包括 H40、J55、K55、N80-1 和 N80-Q 共 5 个钢级；第 2 组包括 M65、L80-1、L80-9Cr、L80-13Cr、C90-1、C90-2、C95、T95-1、T95-2 共 9 个钢级；第 3 组仅 1 个钢级，即 P110；第 4 组包括 Q125-1、Q125-2、Q125-3、Q125-4 共 4 个钢级。常用的 API 钢级有：J55、K55、N80、C90、P110 和 Q125 等。实际使用的套管也有非 API 标准钢级，以减少套管失效事故，满足不同服役条件的需要，主要有：（1）超高强度套管，如 BG140、BG150、TP140 和 TP150 等；（2）高抗挤套管，如 BG80T～BG125T、TP80T～TP110T 和 TP80TT～TP130TT等；（3）抗 H_2S 腐蚀套管，如 BG55S～BG110S、BG80SS～BG110SS、TP80S～

TP110S 和 TP80SS～TP110SS 等；（4）抗 H_2S 腐蚀 + 高抗挤套管，如 TP80TS～TP110TS 等；（5） 抗 CO_2 腐蚀套管， 如 BG3Cr80～BG3Cr110、TP80NC–3Cr～TP110NC–3Cr 和 TP80NC–13Cr 等；（6） 抗 CO_2 + H_2S 腐蚀套管， 如 BG3Cr80S～BG3Cr95S、BG95S–13Cr、 BG110S–13Cr、SM22CR–65～140、SM25CR–75～140 和 SM25CRW–80～140 等；（7）抗 CO_2 + H_2S + Cl^- 腐蚀套管，如 VM28、VM825、G3、SM2035–110 和 SMC276–110 等；（8）储气库套管，如 TP80CQJ 和 TP110CQJ 等；（9）低温高韧性套管，如 BG80L～BG125L 等。

套管螺纹 API 标准套管螺纹分短圆螺纹（STC）、长圆螺纹（LTC）、偏梯形螺纹（BC）和直连型螺纹（XL）4 种。此外，还有非 API 标准的特殊螺纹，如 VAM 系列螺纹。

套管机械性能 主要有：抗拉强度（kN）、抗挤强度（MPa）和抗内压强度（MPa）。

套管标记 在套管本体和接箍上印有表示规范的文字、数字、颜色和符号。API 套管标记主要包括生产厂、出品日期、钢管类型、热处理工艺、钢级和套管螺纹等标记。

（田中兰）

【**套管螺纹 casing threads**】 套管螺纹及螺纹连接是套管质量的关键所在，与套管强度和密封性能密切相关。API 标准的螺纹类型有四种（见图）：短圆螺纹（STC）、长圆螺纹（LTC）、梯形螺纹（BTC）、直连型螺纹（XL），此外，还有非 API 标准的特殊螺纹，如 VAM 系列螺纹。长圆螺纹的螺纹牙数比短圆螺纹多，相应的连接强度更高，密封性更好，通常外径在 273.05mm 以上的套管只有短圆螺纹，梯形螺纹主要用于传动和位置调整工况下，直连型螺纹一般用于无接箍套管。

对于天然气的开采或者高压原油的开采，套管螺纹采用气密封性螺纹。

（步玉环　田磊聚）

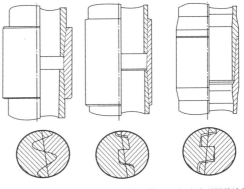

(a) 圆螺纹连接　　(b) 梯形螺纹连接　　(c) 直连型螺纹连接

API 螺纹连接示意图

【**特殊套管 special casing**】 为适应高温高压井、超深井、水平井、大斜度井、稠油热采井以及腐蚀环境下的油气井而采用的非 API 标准套管。非 API 套管（特殊套管）包括三种情况：一是尺寸、钢级、壁厚依据 API 规范，只是采用特殊连接螺纹，例如 WAM 螺纹连接；二是为解决腐蚀、高应力、热采等问题而采用特殊钢级，但尺寸、壁厚、连接方式仍然依据 API 标准，如 SM100SS；三是螺纹、钢级均未采用 API 标准，如 NT95TS。

（步玉环　田磊聚）

【抗硫套管 sulfate corrosion resistant casing】 适用于含有 H_2S 的油气井使用，采用抗 H_2S 腐蚀材料生产的专用套管。分子态 H_2S 通过与 Fe 形成原电池反应生成氢，造成套管腐蚀和损坏。为了满足油气开采要求的套管强度、耐腐蚀特性以及设计寿命要求，可以通过提高套管中铬、钼元素比例，降低磷、硫元素比例，同时加入钛、钒等元素，以便提高套管耐 H_2S 腐蚀的能力，同时保证其强度特性。根据抗硫化氢能力的差异分为中抗硫套管和高抗硫套管。

（步玉环　田磊聚）

【抗 CO_2 套管 CO_2 corrosion resistant casing】 采用抗 CO_2 腐蚀材料生产的专用套管。套管在富 CO_2 工况下易发生腐蚀，CO_2 腐蚀是一种典型的电化学腐蚀，主要表现为以点状、藓状腐蚀、台地状腐蚀为主的局部腐蚀，而且腐蚀速率很快。国际上抗 CO_2 腐蚀金属材料有 13Cr、不锈钢、22–25Cr 双相不锈钢等。

（柳华杰）

【抗高温套管 high temperature resistant casing】 为适用井下高温环境生产的专用套管。高温对井下压力载荷（气体 PVT 性质导致）、管材额定载荷（屈服强度是温度的函数）有较大影响，导致套管轴向伸长，进而使未注水泥段屈服，高温下套管腐蚀也会加剧。抗高温套管常使用低钢级套管，并对螺纹等连接件、易腐蚀件进行一定加强，同时进行一定抗酸腐蚀设计。

（步玉环　田磊聚）

【膨胀管 expansion pipe】 一种由特殊材料制成，具有良好的塑性，在井下可以通过机械或液压的方法使其直径增大 10%～30% 的特殊金属钢管。分为实体膨胀管（SET）、膨胀割缝管（EST）和膨胀防砂管（ESS）三大类，膨胀管类型不同采用的膨胀工艺具有较大差别。主要用于油井修复、完井和建新井处理含有多套复杂地层状况。膨胀管技术的应用可以从根本上解决多个复杂地层与有限套管程序的矛盾，使得同一尺寸套管代替原来的多层套管成为可能。

（步玉环　田磊聚）

【波纹管 bellows】 具有类似波纹形状的钢管。经过扩眼、入井、打压膨胀和机械整形等工艺，使膨胀的波纹管与井壁形成贴合，有效封隔漏失层、垮塌层，减少技术套管，且不影响井眼尺寸，即施工完成后井眼不缩小，仍能保证原钻头通过，可以用来减少套管层数。波纹管根据瓣数的不同，可以分为 2 瓣型波纹管（见图）、3 瓣型波纹管、多瓣型波纹管（多于 3 瓣）。

2 瓣型波纹管

（步玉环　田磊聚）

【套管柱 casing string】 依据不同用途和目的下入油气井内由套管及套管串下部结构附件组成的管串总成。分为导管、表层套管、技术套管、生产（油层）套管（见油层套管）等（见图），主要作用为封隔各种复杂地层、稳定井壁、建立油气通道、安装井口装置等。悬在上层套管下端，顶部未延伸到井口的套管称尾管。完成注水泥后的套管柱便成为油气井的主要组成部分。

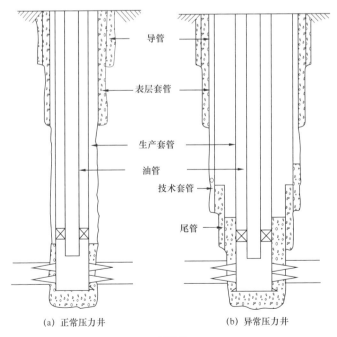

(a) 正常压力井　　　　　　(b) 异常压力井

套管柱

套管柱要能满足固井施工、后续钻井作业和油气井生产的要求，应该具备的特点：（1）适应性。能满足钻井作业、油气层开发和产层改造的工艺要求，如热采井、压裂井以及异常压力层段、盐岩层、泥岩膨胀、地层滑动、含酸性气体产层，都要考虑套管柱承受载荷的变化，对套管柱钢级、壁厚和螺纹密封等需做出相应的合理选择。（2）安全性。套管柱必须有一定的安全储备，其抗拉、抗挤和抗内压安全系数应达到设计规范的要求。（3）经济性。也要考虑降低成本的因素，通常采用多段等强度套管的原则进行设计。

套管柱设计的基础条件：（1）上覆岩层压力、地层孔隙压力、地层破裂压力、地应力和钻井液柱压力等。（2）套管柱直径和下入深度。生产套管直径取决于储层压力、产量和生产方式，下入深度取决于储层的埋藏深度。（3）地层环境特殊要求。酸性气体、地层蠕动、低压低渗和稠油储层等地质环境是套管柱设计的考虑因素，如井内含酸性气体要下入防腐套管，蒸汽热采井套管柱处于预拉伸状态等。

套管柱设计的受力主要考虑：（1）套管柱轴向力；（2）套管柱外挤压力；（3）套管柱内压力。

套管柱设计遵循的强度准则为：套管强度≥套管外载荷 × 安全系数

套管柱设计的主要内容：（1）套管下入深度；（2）套管壁厚；（3）套管钢级；（4）套管柱强度计算；（5）套管螺纹和密封脂；（6）套管柱下部结构；（7）套管附件（包括井下固井工具）等。

套管柱下部结构主要包括引鞋、套管鞋、旋流短节、阻流环和回压阀等。

（田中兰　步玉环）

【导管 conductor】 一口井钻井开始阶段，在下表层套管之前下入的较大直径的一种钢管。导管一般使用有缝钢管，用于保护表土、防止上层疏松表土坍塌、加固井口以及作为钻具的导向管和钻井液的返回通道。根据地质情况不同，导管下入深度通常从几米至几十米不等。导管下入要保证居中和垂直，水泥固结要牢固。

（谢荣院　方代煊）

【表层套管 surface casing】 封固地表疏松地层的套管。是油气井套管程序里最外层的套管。当钻井深度达到表土层以下的基岩或规定井深时下入表层套管，通常水泥浆返至地表。

表层套管的作用有：（1）隔离上部含水层，不使地面水和表层地下水渗入井筒；（2）保护井口，加固地表疏松地层井段的井壁；（3）对于继续钻下去会遇到高压油气层的，在表层套管上安装防喷器预防井喷。表层套管与井壁之间的间隙全部要用水泥封堵，即固井注水泥时，水泥浆需返出井口，才能起到隔离地层和保护井壁的作用。表层套管下深在上百米以上，甚至达到上千米。

（步玉环　田磊聚）

【技术套管　technical casing】　油气井套管程序里介于表层套管和生产套管之间的套管。又称中间套管。是采用正常钻井液技术不能满足钻进需求所下入的非目的层套管。技术套管可以一层、也可以多层，也可以不下，根据钻井的技术需要而下入。主要是取决于所钻井的井深及所钻遇地层的复杂程度以及技术发展的状况。一般来说，井越深，地层复杂状况越多，安全密度窗口越窄，技术套管的层数越多。

技术套管主要作用是：隔离漏失、坍塌地层和高压水层；分隔不同的压力层系；防止井径扩大，减少阻卡；保护油层套管；用于安装套管头和井口防喷器，以及悬挂油层套管。

（步玉环　谢荣院　方代煊）

【油层套管　production casing】　油气井套管程序里最内一层套管。又称生产套管。油层套管要从井口下到油气层，构成油气开采的通道，可保护井壁，隔开各层流体，达到油气井分层测试、分层开采和分层改造的目的。油层套管用于安装采油井口设备和悬挂生产油管。作为生产井，油层套管的固井质量直接影响油气井的寿命。

（谢荣院　方代煊）

【钻井衬管　screened pipe】　在深井钻井过程中，为了避免每层套管都延伸到井口造成井口表层套挂承载过多的载荷，导致井口下沉，常采用在已下入一层或多层中间套管后下入一层不延伸到井口的一层中间套管。它的作用等同于中间套管，顶部悬挂在上层套管鞋的部位。即只在裸眼井段下套管注水泥，套管柱不延伸至井口。一口井可以采用多层钻井衬管，也可以不采用衬管，井越深，井身结构层次越多，采用的钻井衬管也就越多。

衬管主要作用：可以减轻下套管时钻机的负荷和固井后套管头的负荷，同时又可节省大量套管和水泥，降低固井成本。

（步玉环　田磊聚）

【尾管　tail pipe】　在油气井中下入的最后一层不延伸到井口的套管。通过尾管悬挂器悬挂在最后一层技术套管下端。尾管管外空间上部或全部用水泥封固，水泥应封堵到上一层套管内。

尾管固井的优势在于：钻开油层前上部地层已被中间套管封固，可采用与

－219－

油层配伍的钻井液以平衡压力或欠平衡压力的方法钻开油层，有效地进行了油气层保护；套管下入长度短，减少套管重量和油井水泥用量，降低了完井成本。深井和超深井的油气井完井大多采用此法完井。通过回接筒，可以将尾管回接至井口。

（步玉环　谢荣院　方代煊）

【**套管螺纹密封脂** sealing grease for casing thread 】　填充套管螺纹啮合间隙的专用密封材料。又称密封脂，俗称丝扣油。主要由润滑脂基、石墨、金属颗粒等组成。在上扣前涂抹到管子连接螺纹上，在上扣时起润滑作用，并且在服役时可以对抗高内、外压力而起到辅助密封作用。

专用锁紧螺纹密封脂仅用于套管柱下部结构螺纹的密封，以防钻水泥塞时套管退扣。对螺纹脂主要的测试项目有工作锥入度、滴点、蒸发量、分油量、水沥滤、热稳定性、逸气量、腐蚀性、涂刷性及密度。

（步玉环　田磊聚）

【**套管无损检测** non-destructive testing of casing 】　在不损伤套管的条件下，检查套管缺陷的技术。采用无损检测既不伤害套管又可将各种缺陷检测出来，避免在下井过程和油气开采期间套管出现事故。主要使用半自动化无损检测仪进行，它由辐射测厚仪、电子金属比较器和电磁偏转通量搜寻系统等装置组成。

无损检测技术可以检查出套管横向缺陷、纵向缺陷、壁厚变化及其缺陷位置。

（田中兰）

【**套管柱试压** testing pressure of casing string 】　固井结束 24h 之后，将套管内压力提升至一定程度，用于测试套管的封隔质量。

当套管柱试压达到要求后可以进行下一步的工作，或进行交井处理；若试压不能达到要求，表明套管的封隔质量存在一定的问题，具有泄漏的地方，就需要寻找泄漏的漏点进行补救措施的实施。

（步玉环　田磊聚）

【**油井水泥** well cement 】　专门用于油气井固井的水泥。又称波特兰水泥。通过添加不同的外掺料、外加剂或功能性材料，进行不同性能的调节，可适应于各种钻井条件下进行固井和油气井修井等作业。

性能特点主要是：（1）适应温度范围大，从低于冰点的永冻层至高温热采井（350℃）；（2）承受的压力从常压到 200MPa；（3）达到封固松软地层、盐岩层、坍塌层、漏失层、高压油气水层、腐蚀性流体及气体等技术要求。

（4）满足不同类别井注水泥的特殊要求；（5）水泥浆密度、流变性能、失水量、稠化时间和水泥石强度等性能都可按要求进行调整；（6）水泥石渗透率低、韧性好、抗腐蚀、与套管和井壁胶结良好。

油井水泥类型主要有硅酸盐水泥、火山灰硅酸水泥、快凝水泥、触变水泥、磷铝酸盐水泥、高铝水泥、超细水泥、膨胀水泥和高寒水泥等。

用于油气井固井的水泥主要是硅酸盐水泥。同时，根据不同条件要求，正探索采用高铝水泥、磷铝酸盐水泥等对稠油热采井及存在 CO_2 腐蚀的井进行固井。

（步玉环　胡　旺）

【硅酸盐水泥 portland cement/silicate cement】　凡以硅酸钙为主的水硬性胶凝材料。加水拌和后成浆体，并能在空气和水中硬化并保持、发展其强度。1824 年由英国建筑工人阿斯普丁发明，通过煅烧石灰石与黏土的混合料得出一种胶凝材料，它制成砖块很像由波特兰半岛采下来的波特兰石，由此将这种胶凝材料命名"波特兰水泥"（Portland Cement）现场使用的油井水泥主要熟料成分主要包括 4 种：硅酸三钙 $3CaO \cdot SiO_2$（简称 C_3S）、硅酸二钙 $2CaO \cdot SiO_2$（简称 C_2S）、铝酸三钙 $3CaO \cdot Al_2O_3$（简称 C_3A）和铁铝酸四钙 $4CaO_2 \cdot Al_2O_3 \cdot Fe_2O_3$（简称 C_4AF）。

（1）硅酸三钙 $3CaO \cdot SiO_2$（简称 C_3S）　是油井水泥的主要成分，主要由硅酸二钙和氧化钙反应生成。C_3S 对水泥的强度尤其是早期强度有较大的影响，一般的含量为 40%～65%。高早期强度水泥中 C_3S 的含量可达 60%～65%，缓凝水泥中含量在 40%～45%。适当提高熟料中 C_3S 含量，且其岩相结构良好时，可以获得高质量的熟料。但 C_3S 水化热较高，抗水性较差，如要求水泥的水化热低、抗水性较好时，则熟料中 C_3S 含量要适当低一些。

（2）硅酸二钙 $2CaO \cdot SiO_2$（简称 C_2S）　含量一般在 24%～30% 之间。C_2S 的水化反应缓慢，强度增长慢，但能在很长一段时间内增加水泥强度，对水泥的最终强度有影响。不影响水泥的初凝时间。

（3）铝酸三钙 $3CaO \cdot Al_2O_3$（简称 C_3A）　是促进水泥快速水化的化合物，是决定水泥初凝和稠化时间的主要因素。对水泥的最终强度影响不大，但对水泥浆的流变性及早期强度有较大影响。它对硫酸盐极为敏感，因此抗硫酸盐的水泥，应控制其含量在 3% 以下，但对于有较高早期强度的水泥，其含量可达 15%。

（4）铁铝酸四钙 $4CaO_2 \cdot Al_2O_3 \cdot Fe_2O_3$（简称 C_4AF）　对强度影响较小，水化速度仅次于 C_3A，早期强度增长较快，含量为 8%～12%。

除了以上四种主要成分之外，还有石膏、碱金属的氧化物等。

（步玉环　郭胜来　田磊聚）

【API 水泥 API cement】 按美国石油学会标准（API 10A）生产的，用于油气井固井及其他井下作业的水泥。可分为 A、B、C、D、E、F、G、H 八个等级。同一级别的油井水泥，又根据 C_3A（$3CaO \cdot Al_2O_3$）含量分为：普通性（O）$C_3A<15\%$；中抗硫酸盐性（MSR）$C_3A \leqslant 8\%$，$SO_2 \leqslant 3\%$；高抗硫酸盐性（HSR）$C_3A \leqslant 8\%$，$C_4AF + 2C_3A \leqslant 24\%$，以示其抗硫酸盐侵蚀的能力。

A 级只有普通型一种，化学成分和细度类似于 ASTMC150，Ⅰ 型。适合无特殊要求的浅层固井作业。在我国大庆、吉林、辽宁油田用量较大。配制的水泥浆体系也较为简单，一般是 A 级油井水泥加入现场水按比例混合即可，有时根据需要可适当加入少量的外加剂如促凝剂等。

B 级具有中抗硫酸盐型（MSR）和高抗硫酸盐型（HSR）。B 级中抗型的化学成分和细度类似于 ASTMC150，Ⅱ 型。B 级高抗型类似于 ASTMC150，Ⅴ 型。一般适用于需抗硫酸盐的浅层固井作业，在我国还没有使用。

C 级又被称作早强油井水泥，具有普通（O）型、中抗硫酸盐型（MSR）和高抗硫酸盐型（HSR）三种类型。普通（O）型的化学成分和细度类似于 ASTMC150，Ⅲ 型，一般适用于需早强和抗硫酸盐的浅层固井作业。C 级油井水泥凭借其自身低密高强的特性，在浅层油气井的封固和低密度水泥浆的配制都有较大的优势，只是我国固井在配方设计上习惯于用 G 级油井水泥，限制了 C 级油井水泥的使用，它在我国几乎没有使用。

D 级、E 级、F 级又被称作缓凝油井水泥。具有中抗硫酸盐型（MSR）和高抗硫酸盐型（HSR）。一般适用于中深井和深井的固井作业。D 级油井水泥在我国华北油田、中原油田使用较多。由于要通过控制特定矿物组成的水泥熟料，来达到 D 级油井水泥的指标要求，工艺复杂生产控制难度大而造成成本较高。而且 D 级油井水泥可以通过 G 级 H 级油井水泥加入缓凝剂来代替，该工艺较为简单所以近几年 D 级油井水泥的使用量也在逐渐下降。E 级 F 级油井水泥在我国尚没有应用报道。

G、H 级油井水泥被称为基本油井水泥，具有中抗硫酸盐型（MSR）和高抗硫酸盐型（HSR）。可以与外加剂和外掺料相混合适用于大多数的固井作业。G 级、H 级油井水泥可以与低密材料（粉煤灰、漂珠、膨润土等）配制低密度水泥浆体系，用于低压易漏地层的封固；可与外加剂配成常规密度水泥浆体系，用于常规井的封固，可与加重材料（晶石粉、铁矿粉等）外加剂配成高密度水泥浆体系，用于深井和高压气井的封固。其中 G 级油井水泥在我国用量最大，生产厂家最多，在我国各个油田都有使用。H 级油井水泥比 G 级油井水泥要磨的粗一些，水灰比小，配成水泥浆密度在 1.98g/cm³ 左右，更适合配制成高密度水泥浆体系用于高压气井的封固，在我国塔里木油田使用较多。

（田磊聚　步玉环）

【火山灰硅酸水泥 pozzolanic cement】　在硅酸盐水泥熟料中，按水泥成品质量均匀地加入 20%～50% 的火山灰质混合材料，再按需要加入适量石膏磨成细粉所制成的水泥。简称火山灰水泥。按现行国家标准，火山灰水泥的强度等级有：32.5、32.5R；42.5、42.5R；52.5、52.5R。火山灰水泥加水后，首先是硅酸盐水泥中的熟料水化，生成 $Ca(OH)_2$，成为火山灰质混合材料产生二次水化反应的激发剂；火山灰中高度分散的活性氧化物吸收 $Ca(OH)_2$，进而相互反应形成以水化硅酸钙为主体的水化产物，即水化硅酸钙凝胶和水化铝酸钙凝胶。火山灰水泥的两次水化反应是交替进行的，而且彼此互为条件、互相制约。由于产生了二次反应，在一定程度上消耗了熟料水化的生成物，即，液相中的 $Ca(OH)_2$ 与火山灰中活性的 SiO_2 和 Al_2O_3 发生二次水化反应，形成水化硅酸钙和水化铝酸钙，由此使 $Ca(OH)_2$ 浓度降低（碱度降低），因此，反过来又促使熟料矿物继续水化，如此反复进行，直到反应完全为止。

（步玉环　田磊聚）

【快凝水泥 quick setting cement】　凡以适当成分的生料烧至部分熔融，所得以硅酸三钙、氟铝酸钙为主的熟料，加入适量的硬石膏、粒化高炉矿渣、无水硫酸钠，经过磨细制成的一种凝结快、强度增长快的水泥。具有凝结快、早期强度高的特点。常温下仅几分钟即初凝，使用时要求根据温度条件，采用缓凝剂来调节。

快凝水泥的标号按 4h 强度确定，分为双快 –150、双快 –200 两个标号，适用于机场道面、桥梁、隧道和涵洞等紧急抢修工程，以及冬季施工、堵漏等工程。

（步玉环　郭胜来　田磊聚）

【触变水泥 thixotropic cement】　在注入顶替过程中是稀的流体可以安全泵送，当泵送停止时能很快形成一定硬度以及自支撑的胶凝结构，重新搅动后，胶凝结构破坏，水泥浆恢复流动性。如若剪切停止，胶凝结构重新出现，水泥浆返回到自支撑状态。宏观上触变水泥浆表现为静止增稠，剪切变稀的特性。这种类型的流变学行为在触变水泥中是连续可逆的。水泥触变性结构有助于阻止水泥浆体的继续流动或防止流体在水泥浆体中窜流，可用于漏失层的堵漏或防气窜的固井。

触变性水泥主要用于以下条件的固井作业：（1）适用于漏层的注水泥作业和处理钻井过程中的井漏；（2）在一定条件下可以防止气窜的发生；（3）在渗透

地层进行补救挤水泥时，可以采用触变性水泥浆作为先导浆，以达到增加挤注压力和提高挤水泥成功率的目的；（4）适用于薄弱地层的固井作业；（5）修补破裂或被腐蚀的套管；（6）重要的应用是预防候凝期间的漏失。

（步玉环　郭胜来　蔡　壮）

【耐腐蚀水泥 corrosion-resistant cement】　通过在水泥中加入不同组分的防腐添加剂，而制成的对各种腐蚀介质耐腐蚀的水泥。淡水、酸和酸性水、硫酸盐、碱溶液等都是对水泥有害的腐蚀介质，同时，温度的升高也使得水泥石强度发生强度的衰退（温度腐蚀）。耐腐蚀水泥包括抗硫酸盐水泥、耐 CO_2 腐蚀水泥、耐碱水泥、抗高温水泥等类型。

（田磊聚　步玉环）

【磷铝酸盐水泥 aluminophosphates cement】　以石灰石、磷灰石、铝矾土等为主要原料制成的水泥。磷铝酸盐水泥熟料中含有的矿物主要包括：磷铝酸钙固溶体（L相）、磷酸钙固溶体（α-C_3P）、七铝酸十二钙（$C_{12}A_7$）、铝酸一钙（CA）、磷灰石和钙黄长石（C_2AS）等矿物，其水化产物为水化磷铝酸盐（C-A-P-H）和水化磷酸盐（C-P-H）凝胶、铝胶（AH_3）以及相应的水化结晶相，结构稳定，浆体具有早强、高强且后期强度持续增长的特点。

（步玉环　田磊聚）

【高铝水泥 high-alumina cement】　以铝酸钙为主的熟料经磨细制成的水泥。又称矾土水泥或铝酸盐水泥。铝酸盐水泥以 Al_2O_3、CaO 和 SiO_2 为主要成分。CA是高铝水泥的主要矿物，它使高铝水泥的初始强度发展速率远比高 C_3S 含量的硅酸盐水泥快。高铝水泥熟料的主要化学成分为 CaO、Al_2O_3、SiO_2、Fe_2O_3，还有少量的 MgO、TiO_2 等。

　　铝酸盐水泥具有较好的耐高温性能，在较高温度下仍能保持较高强度，并且随 CA_2 含量的增加，其耐高温性也提高，它适合用作配制各种耐火浇注料的结合剂。根据采用不同品位的耐火骨料，可配制出使用温度在 1400℃ 以下的耐火浇注料。并且可研制出各种改性的铝酸盐水泥衍生产品系列，诸如自应力水泥、膨胀水泥、建筑用石膏铝酸盐水泥、不收缩不透水水泥、快硬高强铝酸盐水泥、特快硬调凝铝酸盐水泥等，这些特殊性能的铝酸盐水泥适用于抢修、抢建、防渗、堵漏、抗硫酸盐侵蚀、军事工程和冬季施工等特殊需要的工程。

　　在油井中，它被用在火驱井中的原位燃烧过程中，同时在永久冻土区的固化中也有应用。主要有粘结性的成分是铝酸一钙。铝酸一钙加水后生成三种初始亚稳态钙铝酸钙（CAH_{10}，C_2AH_8，和 C_4AH_{13}），它们最终转化为 C_3AH_6。除了 C_3AH_6，氢氧化铝也是粘合相。不同于硅酸盐水泥，高铝水泥石不含有氢氧化钙。

（步玉环　田磊聚）

【超细水泥 superfine cement】　总比表面积大于 $600m^2/kg$ 的水泥。通常采用波特兰水泥熟料和石膏长时间粉磨而制得，为了获得较高的早期强度，也可用硫铝酸盐水泥熟料来生产超细水泥。颗粒尺寸超细，其中位粒径 D_{50} 可细至 $1\mu m$ 以下，达到次纳米级，平均粒径 $3\sim6\mu m$，最大粒径 D_{max} 不超过 $12\mu m$，80% 以上颗粒尺寸在 $5\mu m$ 以下。

超细水泥的优点是提高了渗透和流过狭窄的空间和多孔介质的能力，提高了早期强度。波特兰水泥基超细水泥的性能与其常规产物相似，但是，由于水化较快，所以需要加入石膏或者缓凝剂来实现流变和凝固的预测。

超细水泥的主要用途：挤注固井、套管泄漏的密封、永久冻土层固井和深水井浅层固井。

（步玉环　田磊聚）

【膨胀水泥 expanding cement】　由硅酸盐水泥熟料与适量石膏和膨胀剂共同磨细制成的水泥。按水泥的主要成分不同，分为硅酸盐型、铝酸盐型和硫铝酸盐型膨胀水泥；按水泥的膨胀值及其用途不同，又分为收缩补偿水泥和自应力水泥两大类。在水化和硬化过程中产生体积膨胀的水泥，一般硅酸盐水泥在空气中硬化时，体积会发生收缩。收缩会使水泥石结构产生微裂缝，降低水泥石结构的密实性，影响结构的抗渗、抗冻、抗腐蚀等。膨胀水泥在硬化过程中体积不会发生收缩，还略有膨胀，可以解决由于收缩带来的不利后果。

膨胀水泥主要用硬化后膨胀率、塑性膨胀率、线性膨胀率和相对膨胀率来评价其膨胀特性。

（1）硬化后膨胀率。添加膨胀材料的水泥试样在硬化后产生的体积增长率，即从试样终凝后到养护期结束这段时间由于膨胀材料的作用而产生的体积变化率。计算公式如下：

$$K''=（V''_1-V''_0）/V''_0\times100\% \tag{1}$$

式中：V''_0 为水泥石终凝后 2h 测定的体积，mm^3；V''_1 为养护至规定龄期时测定的水泥石的体积，mm^3；K'' 为硬化后膨胀率，$\%$。

测量方法：将水泥浆注入标准的 $50mm\times50mm\times50mm$ 试模中放置到恒温水浴箱中养护至水泥浆终凝后 2h 脱模，冷却至 $25℃$ 后用螺旋测微仪测量试件的各边初始长度，计算出初始体积；然后再将其放回到养护釜中养护至规定龄期，冷却后测定试件此时的体积，再用式（1）计算添加了膨胀材料的各试件的硬化后膨胀率。

（2）塑性膨胀率。添加膨胀材料的水泥试样在塑性状态下的体积变化率，即从开始水化到初凝这段时间内由于膨胀材料的作用而产生的体积膨胀率。计算公式如下：

$$K' = (V'_1 - V_0)/V_0 \times 100\% \tag{2}$$

式中：V_0 为水泥浆的初始体积，mL；V'_1 为初凝时水泥浆的体积，mL；K' 为水泥浆塑性膨胀率，%。

测量方法：先将浆体在常压稠化仪中预制 20min，消除热膨胀作用，再将其注入量筒中，读取水泥浆的初始体积，然后将其放入恒温水浴箱中，至水泥浆初凝读取水泥浆体积，再用式（2）计算试样的塑性膨胀率。

（3）线性膨胀率。养护前后试样总的体积变化率。数值上等于塑性膨胀率和硬化后膨胀率两部分之和，计算公式如下：

$$K_总 = (V_1 - V_0)/V_0 \times 100\% \tag{3}$$

式中：V_0 为水泥浆的初始体积，mL；V_1 为养护至规定龄期时试样的体积，mL；$K_总$ 为总线性膨胀率，%。

测量方法：和塑性膨胀率的测量方法类似，试样直接养护至规定龄期测定体积，再用式（3）计算。

（4）相对膨胀率。添加了膨胀材料的水泥石相对于原浆水泥石的膨胀率。表征膨胀剂膨胀量大小的一个相对指标。计算公式如下：

$$K_净 = K - K_0 \tag{4}$$

式中：K 为添加膨胀材料后试样的膨胀率，%；K_0 为没有添加膨胀材料的试样的体积变化率，%；$K_净$ 为相对膨胀率，%。

测量方法：将水泥浆常压稠化仪中预制 20min 注入到自制的 ϕ60mm×100mm 圆形钢模中，然后放置到一定温度条件下的恒温水浴中养护，测量其温度压力变化，压力降低表示水泥石在凝结过程中体积收缩了，压力不变或者增加表示体积膨胀了。

（步玉环　田磊聚）

【高寒水泥 high frigid cement】 在温度较低时也具有较好的流动性和水化速度的

水泥。水泥浆在低温下水化速度会变慢，黏度和流动性也会变差，高寒水泥是一种对于低温性能做出优化的水泥。常用于地表温度较低地区的表层套管固井。

传统的波特兰水泥体系在极寒或永久冻土层条件下的固井效果并不令人满意，在形成足够的抗压强度之前就会冻结，可以采用向水中加入盐、酒精或其他冷冻抑制材料等措施。但是，这些添加剂对水泥石质量会产生不利影响。在这种恶劣的环境中，以下几种类型的水泥体系能够顺利完成固井作业：（1）铝酸钙水泥；（2）石膏—波特兰水泥混合物；（3）超细水泥。

（步玉环　柳华杰）

【油井水泥浆性能 oil well cement slurry performance 】 衡量油井水泥浆是否满足固井作业需求指标的总称。油井水泥浆的性能指标参数主要有：密度、流变性能、稠化时间、失水量、稳定性、凝结时间、抗压强度、胶结强度、渗透性、防窜性、触变性、韧性、静胶凝强度和流动度等。

（步玉环　郭辛阳）

【油井水泥浆密度 density of oil well cement slurry 】 干水泥的密度通常为 $3.05\sim3.20g/cm^3$，水泥完全水化需要的水大约为水泥重量的 20% 左右，水泥浆能够流动所需的加水量应达到水泥重量的 45%～50%，水泥浆密度为 $1.80\sim1.98g/cm^3$ 之间。固井过程中所要封固的地层类型不同，要求的固井水泥浆体系的密度具有较大差异，现场使用的水泥浆体系的密度为 $0.96\sim2.80g/cm^3$。而常规水泥浆体系只是依靠水灰比进行调节水泥浆体系的密度，一般在 $1.78\sim1.98g/cm^3$ 之间。根据水泥浆密度的不同可以分为超低密度水泥浆体系（小于 $1.20g/cm^3$）、低密度水泥浆体系（$1.20\sim1.75g/cm^3$）、高密度水泥浆体系（$2.00\sim2.40g/cm^3$）和超高水泥浆体系（大于 $2.40g/cm^3$）。

（步玉环　柳华杰）

【水灰比 water cement ratio 】 油井水泥浆中油井水泥与水（或混合液）的质量百分比。为油井水泥浆配制的主要性能指标。水灰比反映配制水泥浆时的用水量，而用水量是影响水泥浆性能的基础因素。

水灰比应控制在合理的范围内，当水灰比小于允许最小值时，水泥浆流动性差，不能满足注水泥施工的需要；当水灰比大于允许最大值时，水泥浆中的水泥颗粒将会沉淀，造成地层封固不良。在常规密度水泥浆体系中，不同级别油井水泥所配制水泥浆的水灰比推荐值见表。

不同级别油井水泥配制水泥浆推荐水灰比

油井水泥级别	推荐水灰比，%
A、B	46
C	56
D、E、F、H	38
G	44

（胡　旺）

水泥浆稠化仪

【水泥浆稠化时间 cement slurry thickening time】 在模拟井下温度和压力条件下，油井水泥浆从配制完成直至稠度达到100Bc（Bc为稠度单位）的时间。稠化时间反映水泥浆的可泵注性，为油井水泥浆主要性能指标之一，是固井安全施工的重要保证。

水泥浆稠化时间（T_{ct}）按注水泥施工的总时间确定。如从施工安全角度来考虑，水泥浆的稠化时间应大于注水泥施工的总时间（T_t），一般可取 $T_{ct} = T_t+1\sim1.5h$，$1\sim1.5h$ 为附加施工安全因子。有时也用水泥浆稠度为70Bc的稠化时间 T_{70Bc} 表示。水泥浆的实际稠化时间，可以通过添加缓凝剂或促凝剂的比例进行调整。稠化时间用水泥浆稠化仪（见图）测量。

（胡　旺　步玉环）

【水泥浆失水量 water loss of cement slurry】 油井水泥浆在一定的温度和压差下通过规定过滤面积，30min 所渗滤出的滤液体积。为油井水泥浆主要性能指标之一。失水量与固井质量和施工安全密切相关，必须控制在规范要求以内。失水量过大可能造成水泥浆大量失水而引发瞬凝，以及引起水敏性页岩或膨胀黏土层井段井径缩小或坍塌，使固井作业失败。此外，失水量过大渗入产层的水泥浆滤液形成化学沉淀或水障，影响油气井完善程度，降低单井产能和采收率。

水泥浆失水仪

施工作业时应根据井下情况和施工条件控制失水量。现场一般规定为：生产套管注水泥 API 失水量 100～200mL；尾管注水泥 API 失水量 50～100mL；防气窜注水泥 API 失水量 30～50mL。水泥浆失水量用水泥浆失水仪（见图）测量。

（胡　旺）

【水泥浆流变性 cement slurry flow denaturation】水泥浆在外力作用下的流动特征。根据油井水泥浆流变性可计算和控制注水泥顶替过程的循环压耗，设计注水泥顶替过程的最佳流态和两相液体的稳定顶替界面，防止井眼出现憋漏现象，提高水泥浆顶替效率和注水泥质量。

范式旋转黏度计

主要指标为稠度系数 K 和流性指数 n。稠度系数表示非牛顿液体层流时内摩擦力的大小，它反映水泥浆的可泵性，稠度系数越大，泵送就越困难；流性指数表示液体非牛顿特性的程度，n 值越小，液体的非牛顿特性越强。

油井水泥浆流变性用范式旋转黏度计（见图）测定。

（胡　旺）

【水泥浆稳定性 stability of cement slurry】　水泥浆的稳定性包括浆体的沉降稳定性和滤失控制能力，即游离液（由析水率体现）和失水（即水泥浆干缩率）。前者反映水泥浆在自由状态下束缚自由水、维持浆体组分均匀和性能一致的能力，后者反映浆体在一定压差挤压作用下束缚自由水、维持浆体性能稳定的能力。稳定性良好的水泥浆不仅不沉降，而且失水低、游离液少，有助于维持水泥浆性能，减少水泥浆体积收缩和减缓水泥浆失重速率。

（步玉环　田磊聚）

【水泥石抗压强度 compressive strength of hardened cement】　水泥浆凝固成水泥石后抵抗轴向力破坏的能力。水泥石应能够承托井内套管柱的纵向和横向载荷，抵御钻井、射孔及井下作业的各种撞击和振动，紧密封固油气水层，承受压裂和酸化作业的高压液流。

一般情况下，水泥石抗压强度越高，其固井质量就越好。水泥石抗压强度达到 4～14MPa，已能支持套管柱所形成的轴向载荷，但其密封性能较差。水泥石抗压强度 14～20MPa，具有较好密封性能和承受撞击振动能力。水泥石抗压强度低于 7MPa，水泥胶结和密封性能差；高于 20MPa，水泥石可能出现脆性，射孔时容易破裂，必须添加适当的外加剂，提高其韧性。

水泥石抗压强度用抗压强度试验机（见图）测定。

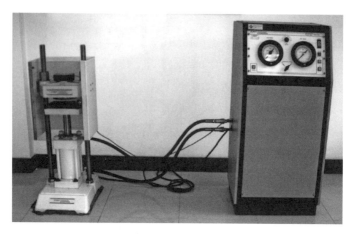

抗压强度试验机

（胡　旺）

【水泥石渗透率 permeability of hardened cement】　在一定压差下，水泥石允许流体通过的能力。它与硬化水泥浆体的孔隙度直接相关，而水灰比是影响硬化水泥浆渗透率的重要因素。水泥石的渗透率指标对于控制腐蚀速度和防止气窜具有重要意义。一般情况下，水泥石渗透率应小于 0.01mD，而对于封固具有腐蚀性地层的水泥石应尽量降低渗透率。

水泥石渗透率的降低方法一般采用紧密堆积理论来设计水泥、外掺料等的颗粒尺寸及每种的掺量。常用水泥石渗透率仪进行测量，该指标具有一定时间性，水泥石渗透率的影响因素包括水灰比、温度、压力和外加剂。

（步玉环　田磊聚）

【水泥石耐腐蚀性 corrosion resistance of set cement】　地层中的腐蚀介质（如 H_2S、CO_2、$MgSO_4$、$MgCl_2$）会导致水泥环（水泥石）破坏，造成地下流体窜通，出现油、气、水窜和流失等问题。如遇到有毒的腐蚀介质，造成的危害就更大。因此提高水泥石的抗腐蚀性能对延长油气井寿命具有重要意义。

根据腐蚀介质的不同，可将水泥石的腐蚀分为以下几类：（1）侵蚀型，$Ca(OH)_2$ 被侵出，产生腐蚀；（2）冲刷型，如 $MgCl_2$，$MgSO_4$ 的腐蚀；（3）酸性腐蚀型，如 H_2S，CO_2 的腐蚀；（4）硫酸盐腐蚀，如 Na_2SO_4，$MgSO_4$ 的腐蚀；（5）热腐蚀型，环境温度增高对水泥石的腐蚀。

对于侵蚀型、冲刷型、酸腐蚀型和硫酸盐腐蚀产生的水泥石腐蚀，采用不渗透剂和抗腐蚀填料，颗粒尺寸采用紧密堆积理论进行设计，可以有效改善水泥石的腐蚀能力，也可以采用特种水泥，如磷酸盐水泥；对于热腐蚀型，需要采用耐高温水泥体系。

（步玉环　田磊聚）

【水泥浆防窜性 anti-channeling performance of cement slurry】　水泥浆抵抗层间窜流的能力。主要分为候凝时防窜性和凝结后防窜性。候凝时，水泥浆凝结失重，不能平衡地层压力，地层流体窜入井筒，所以需要缩短水泥浆凝结过渡时间；凝结后，受腐蚀（酸腐、高温腐蚀）或应力破坏，水泥石结构被破坏，产生裂缝等造成窜流，良好的防窜水泥浆体系，应该具有耐腐蚀性、高温稳定性、耐久性以及优越的强度力学性能。

水泥浆防气窜性能的测试主要有以下几种方法：气窜潜力系数法、水泥浆性能系数法、水泥浆响应性能系数法、修正的水泥浆性能系数法、胶凝失水系数法、压力平衡法、阻力系数法、综合系数法、油井水泥气/水窜测试仪评价法。

（步玉环　田磊聚）

【水泥浆触变性 thixotropism of cement slurry】　水泥浆宏观上表现为静止增稠，剪切变稀的特性。即水泥浆静止时浆体内部颗粒之间依靠化学键形成网络结构，并且网络结构经剪切可破坏；宏观上表现为浆体受到剪切稠度减小，静止稠度增大，以此达到防气窜的目的。

具有触变性的水泥浆在注入顶替过程中是稀的流体可以安全泵送，当泵送停止时能很快形成一定硬度以及自支撑的胶凝结构，重新搅动后，胶凝结构破坏，水泥浆恢复流动性。如若剪切停止，胶凝结构重新出现，水泥浆返回到自支撑状态。这种类型的流变学行为在触变水泥中是连续可逆的。水泥触变性结构有助于阻止水泥浆体的继续流动或防止流体在水泥浆体中窜流，可用于漏失层的堵漏或防气窜的固井。

（步玉环　柳华杰）

【水泥石韧性 toughness of hardened cement】　水泥石在塑性变形中保持自身不发生脆性破坏的能力。韧性是一种物理学概念，表示材料在塑性变形和断裂过程中吸收能量的能力。韧性越好，则发生脆性断裂的可能性越小。在一些可能发生应力波动的地层或者有周期性应力的工况下（如热采井等），水泥环容易由于环空胶结不良而引起层间窜流，射孔、钻铤碰撞等外力作用也容易造成水泥环损坏。常用的增韧水泥有纤维水泥、胶乳水泥和充填颗粒增韧水泥等。

评价水泥石韧性的指标是水泥石抗折强度、弹性模量、泊松比和抗冲击吸收能等。

（步玉环　田磊聚）

【水泥环界面胶结强度 interfacial bonding strength】 水泥石与套管或水泥石与地层交界面处的胶结强度。水泥与套管胶结界面为固井一界面，水泥与井壁胶结界面为固井二界面。一界面胶结强度越大，支撑套管的强度越大，越有利于保护套管。二界面胶结强度越大，地层流体若向上窜流，需要克服的突破阻力越大，固井封隔完整性就越强，固井质量越高。

影响水泥环界面胶结质量的因素包括水泥浆性能、套管表面特性、界面滤饼的存在、地层性能以及钻井液性能影响等。

界面胶结强度由剪切胶结强度和水力胶结强度衡量。

（步玉环　田磊聚）

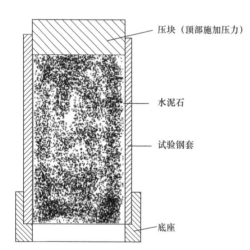

压块（顶部施加压力）

水泥石

试验钢套

底座

水泥胶结强度第一界面模拟示意图

【界面机械剪切强度 interfacial mechanical shear strength】 水泥石在外力作用下，水泥石与套管界面发生滑脱的初始剪切应力。又称*剪切胶结强度*。主要支撑套管的自重，一般通过测量水泥石与套管间开始产生移动时的作用力确定，用单位接触面积上所需作用力的大小表示。一般情况下，剪切胶结强度为抗压强度的 $10\%\sim20\%$。

界面剪切胶结强度采用直接测量的方法确定。用套管的内面与水泥浆粘结来模拟第一界面（见图），按照模拟地下条件室内养护好的水泥—套管组合体，采用抗压试验机压出水泥石，在水泥石开始推动条件下的载荷峰值，经过单位面积的转换，即为水泥石的剪切胶结强度。

$$\tau = \frac{4\times10^{-3}P}{\pi dL}$$

式中：τ 为剪切胶结强度，MPa；P 为压力机读数，kN；d 为试模内径，m；L 为试模中水泥浆体的高度，m。

水泥环达到最大剪切胶结强度的时间与养护温度有关（如 20℃为 7d，70℃为 3d），且最大剪切胶结强度的大小与表面粗糙度和温度有关（粗糙度增加最大胶结强度增加，温度升高最大胶结强度一般要降低）。

（步玉环　田磊聚）

【水力胶结强度 hydraulic bond strength】　水泥与套管或水泥与地层胶结界面阻止流体在环空中窜移的能力。一般通过测定套管与水泥环之间开始渗漏的压力确定。对于有效封隔地层来说，水力胶结强度比　　　　　　　的作用更大。水力胶结强度越大，水泥环本身以及界面的密封能力越强，固井质量越高，对于今后的油气开发越有利。

（步玉环　田磊聚）

【水泥浆静胶凝强度 static cementitious strength of cement slurry】　水泥浆在某一时刻破坏一段胶凝流体的胶凝结构所需的最小剪切力。在水泥浆从流体状态发生水化反应后变为固态的过程中，浆体结构展现的行为既非固态亦非液态，这个过程发生在强度产生之前。

这种胶凝特性决定了气体或者液体窜入浆体的能力，也决定了固井过程中顶替中断后，薄弱地层要面临的压力大小。在水泥浆泵入井下后，水泥浆就开始发展静胶凝强度，静胶凝强度发展的过程，就是水泥浆从传递液柱压力的液态流体向具有可测量抗压强度的固硬性材料转变的过程，这个过程称为胶凝过渡期。在胶凝过渡期内，水泥浆持续增加胶凝强度，这时水泥浆基体具有非牛顿流体的流变行为，并具备屈服值。水泥浆胶凝过渡时间是指静胶凝强度从 48～240Pa 所需要的时间，一般认为胶凝过渡时间在 30min 以内具有防气窜效果。

（步玉环　田磊聚）

【水泥水化 cement hydration】　水泥干灰与水混拌后，水泥熟料与水逐渐发生化学反应，是混合体由流体状态逐渐硬化的化学反应过程。

硅酸盐水泥拌合水后其四种主要熟料矿物与水反应如下：

（1）硅酸三钙水化。硅酸三钙在常温下的水化反应生成水化硅酸钙（C–S–H 凝胶）和氢氧化钙。

$$3CaO \cdot SiO_2 + nH_2O = xCaO \cdot SiO_2 \cdot (n-3+x) H_2O + (3-x) Ca(OH)_2$$

（2）硅酸二钙的水化。β–C_2S 的水化与 C_3S 相似，只不过水化速度慢而已。

$$2CaO \cdot SiO_2 + nH_2O = xCaO \cdot SiO_2 \cdot (n-2+x) H_2O + (2-x) Ca(OH)_2$$

所形成的水化硅酸钙在 C/S 和形貌方面与 C_3S 水化生成的都无大区别，故也称为 C-S-H 凝胶。但 CH 生成量比 C_3S 的少，根据水灰比的不同而具有差异，且结晶却粗大些。

（3）铝酸三钙的水化。铝酸三钙的水化迅速，放热快，其水化产物组成和结构受液相 CaO 浓度和温度的影响很大，先生成介稳状态的水化铝酸钙，最终转化为水石榴石（C_3AH_6）。

在有石膏的情况下，C_3A 水化的最终产物与其石膏掺入量有关。最初形成的三硫型水化硫铝酸钙，简称钙矾石，常用 AFt 表示。若石膏在 C_3A 完全水化前耗尽，则钙矾石与 C_3A 作用转化为单硫型水化硫铝酸钙（AFm）。

（4）铁铝酸四钙的水化。C_4AF 的水化速率比 C_3A 略慢，水化热较低，即使单独水化也不会引起快凝。其水化反应及其产物与 C_3A 很相似。

水泥水化的过程主要受 C_3S 控制，根据 C_3S 水化放热曲线可以将水化过程划分为五个阶段（见图）：预诱导期（也称诱导前期）、诱导期、加速期、减速期和扩散期（也称稳定期）。

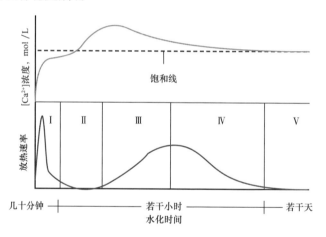

水泥水化放热速率和 Ca^{2+} 浓度变化曲线

预诱导期：预诱导期从与水混合后开始，C_3S 与水会快速的发生水化反应，随着水泥粉末的润湿和快速的初始水化，会放出大量的热。预诱导期一般只持续几分钟或几十分钟。

诱导期：水泥水化反应进入诱导期后，因双电层所形成的 ζ 电位，使颗粒在溶液中保持分散状态，一直到 ζ 电位下降接近于零时，才会产生凝聚。所以在诱导期内 C_3S 水化活性很低，反应放热速率大大降低。C-S-H 相的沉淀缓慢，Ca^{2+} 和 OH^- 的浓度持续增加。当达到过饱和后，氢氧化钙开始沉淀。水化重新快速进行，标志着诱导期的结束。在室温条件下，诱导期大约几个小时。一般认为，诱导期终止的时间与初凝有着一定的关系。

加速期：在诱导期结束时，只有少量的 C_3S 水化。在 C_3S 水化的加速期内，反应重新加快，反应速率随时间而增长，出现第二个放热峰，在到达峰顶时本阶段即告结束（4～8h）。伴随着 Ca（OH）$_2$ 及 C—S—H 的形成和长大，液相中 Ca（OH）$_2$ 和 C—S—H 的过饱和度降低，又会相应地使 Ca（OH）$_2$ 和 C—S—H 的生长速度逐渐变慢。随着水化产物在颗粒周围的形成，C_3S 的水化也受到阻碍。因而，水化加速过程就逐渐转入减速阶段。此时水泥浆的终凝时间已过，水泥石开始逐渐硬化。

减速期：C_3S 水化的最初产物，大部分生长在颗粒原始周界以外由水所填充的空间，而水化后期的生长则在颗粒原始周界以内的区域进行。这两部分的 C—S—H，即分别称为"外部产物"和"内部产物"。随着内部产物的形成和发展，C_3S 的水化反应速率随时间下降的阶段，即由减速期向稳定期转变，逐渐进入水化后期。此阶段大约持续 12～24h，水化作用逐渐受扩散速率的控制，因此，此阶段也称为扩散期。

稳定期：反应速率很低、基本稳定的阶段，水化作用完全受扩散速率控制。

（步玉环　柳华杰）

【水泥水化热 hydration heat of cement】　水泥与水发生水化反应放出的热量。周围温度越高，水泥的水化反应越快，早期放出的水泥水化热越高，水化热过高又会导致水泥水化加速；水化反应慢，放出的水化反应热较低。因此，可以用水化反应热来表征水泥的水化放热过程（见图）。

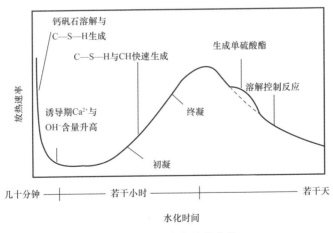

硅酸盐水泥的水化放热曲线

根据水化放热曲线，可将水泥的水化过程简单地划分为以下三个阶段：

（1）钙矾石形成期：C_3A 率先水化，在石膏存在条件下迅速形成钙矾石，这是导致第一放热峰的主要因素。

（2）C$_3$S 水化期：C$_3$S 开始迅速水化释放大量的热量，形成第二放热峰。有时会有第三放热峰或在第二放热峰上出现一个"峰肩"，一般认为是由于钙矾石转化成单硫型水化硫铝（铁）酸钙（AFm）而引起的。此时，C$_2$S 与 C$_4$AF 也有不同程度参与这两个阶段的反应，生成相应的水化产物。

（3）结构形成和发展期：此时期放热速率很低，而且基本趋于稳定。随着各种水化产物的增多占据原先由水所占据的空间，再逐渐连接、相互交织，发展成硬化的浆体结构。

在一般地层条件下水泥的水化放热对地层的影响较小，但对于水合物层来说较高的水化放热容易造成水合物的分解，从而带来固井安全问题。

（步玉环　田磊聚）

【水泥水化产物 hydration products of cement】 水泥与水发生水化反应之后生成的物质的总称。组成水泥的熟料矿物主要有硅酸三钙（C$_3$S）、硅酸二钙（C$_2$S）、铝酸三钙（C$_3$A）、铁铝酸四钙（C$_4$AF）。C$_3$S 生成水化硅酸钙凝胶和氢氧化钙晶体，该反应速度快，形成早期强度并生成早期水化热；C$_2$S 水化生成水化硅酸钙凝胶和氢氧化钙晶体，该反应速度慢，对后期龄期混凝土强度的发展起关键作用，水化热释放缓慢，产物中氢氧化钙的含量减少时，可以生成更多的水化产物；C$_3$A 水化生成水化铝酸钙晶体，该水化反应速度极快，并且释放出大量的热量，如果不控制铝酸三钙的反应速度，将产生闪凝现象，水泥将无法正常使用，通常通过在水泥中掺入适量石膏来避免闪凝问题；C$_4$AF 水化速度比 C$_3$A 略慢，水化热较低，即使单独水化也不会引起快凝，其水化反应及其产物与 C$_3$A 很相似。

（步玉环　柳华杰）

【水泥凝结与硬化 cement setting and hardening】 水泥加水混拌成浆体，起初具有可塑性和流动性，随着水泥颗粒水化反应的不断进行，浆体逐渐失去流动能力，转变为具有一定强度的固体的变化过程。

根据水泥浆体到固体的变化过程，分为溶胶期、凝结期和硬化期三个阶段。

溶胶期：水泥与水混合成胶体液，开始发生水化反应，水化产物的浓度开始增加，达到饱和状态时部分水化物以胶态或微晶体析出，形成胶溶体系。此时水泥浆仍有流动性。

凝结期：水化反应由水泥颗粒表面向内部深入，溶胶粒子及微晶体大量增加，晶体开始互相连接，逐渐絮凝成凝胶体系。水泥浆逐渐变稠，直到失去流动性。

硬化期：水化物形成晶体状态，互相紧密连接成一个整体，强度增加，硬化成为水泥石。

【水泥凝结时间 cement setting time】 水泥浆从液态转变为固态的转化过程所经历的时间。水泥的凝结时间有初凝时间和终凝时间之分。自水泥与水混拌开始，至水泥浆开始失去流动性所需的时间，称为初凝时间。自水泥与水混拌开始，至水泥浆完全失去塑性，并开始有一定结构强度所需的时间，称为终凝时间。当水泥凝结时间测定仪（维卡仪，见图）的试针沉入水泥浆中距底板 3～5mm 时，则认为水泥浆达到初凝；当水泥凝结时间测定仪（维卡仪）的试针沉入水泥浆中不超过 1mm 时，则认为水泥浆达到终凝。

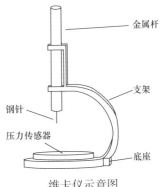

维卡仪示意图

水泥的凝结时间和稠化时间是两种不同状态的水泥浆特性，前者是水泥浆的静态特性，与水泥浆失重有着非常重要的关系，同时还会对水泥浆的早期强度有一定影响；而后者是水泥浆的动态特性，与注水泥的安全施工有密切的关系。研究表明，水泥浆稠化时间与凝结时间之间不存在必然的联系，即水泥浆稠化时间长，并不意味着凝结时间也必然长。一般来说，水泥浆的凝结时间大于稠化时间。水泥浆的凝结时间对施工有较大的影响，即从注水泥到套管被封固住后可承担一定负荷的这段时间，就决定了固井完成到进行下一个工序所用的时间。对于封固表层及技术套管来讲，希望水泥能有较高的早期强度，以便于尽快进行下一道工序。

（步玉环　田磊聚）

【流动度 fluidity】 度量水泥浆在平面上自由流动性能的参数。流动度取决于水泥熟料、水泥总碱量、水泥比表面积、水灰比、化学外加剂，温度及压力条件。流动度以水泥浆在流动桌上扩展的平均直径表示。一般要求其流动度不低于 21cm。即将在水泥浆搅拌机中搅拌好的待测水泥浆倒入截锥圆模内，然后提起截锥圆模，测定水泥净浆在玻璃板平面上自由流淌的最大直径。

测量流动度需要的仪器有：水泥浆搅拌机；截锥圆模：上口直径 36mm，下口直径 60mm，高 60mm，内壁光滑无接缝的金属制品；玻璃板：400mm×400mm×5mm；秒表；钢直尺；刮刀；天平。

水泥浆流动度测定方法：

（1）将玻璃板放置在水平位置，用湿布将玻璃板，截锥圆模，搅拌器及搅拌锅均匀擦过，使其表面湿而不带动水渍。

（2）将截锥圆模放在玻璃板的中央，并用湿布覆盖待用。

（3）称取水泥 300g，倒入搅拌锅内。

（4）加入推荐掺量的外加剂及水，搅拌 3min。

（5）将拌好的净浆迅速注入截锥圆模内，用刮刀刮平，将截圆模按垂直方向提起，同时开启秒表计时，任水泥净浆在玻璃板上流动，至少 30s，用直尺量取流淌部分互相垂直的两个方向的最大直径，取平均值作为水泥净浆流动度。

（6）试样数量不应少于三个，结果取平均值，误差为 ±5mm。

（7）表达净浆流动度时，需注明用水量，所用水泥的标号、名称、型号及生产厂和外加剂掺量。

（步玉环　柳华杰）

【注水泥 cementing operation】　在套管下入井内后，用固井水泥车将水泥浆注入和顶替至地层与套管或套管与套管环形空间预定位置的作业。目的是保证套管与井壁之间的固定和密封，隔绝油、气和水层，或者隔绝易坍及易漏地层。需要开采时，可通过在预定层位射孔，打开油气层，诱导出油气流。

注水泥方式分为常规注水泥和特殊注水泥两种。常规注水泥典型流程是：钻井液循环洗井→注前置液→注水泥浆（包括领浆、中间浆和尾浆）→压胶塞→顶替水泥浆→碰压→候凝。特殊注水泥是通过特殊专用工具进行的，主要方法有：（1）内管法注水泥。是使用内管注水泥器的注水泥作业。（2）尾管注水泥。是使用尾管悬挂器的注水泥作业。（3）分级注水泥。是使用分级注水泥接箍的注水泥作业。

📖 推荐书目

刘崇建，等.油气井注水泥理论与应用［M］.北京：石油工业出版社，2001.

（胡　　旺）

【水泥浆顶替效率 displacement efficiency】　水泥浆在套管环空顶替钻井液的程度。分为注水泥段顶替效率（也称为体积顶替效率）和截面顶替效率。注水泥段顶替效率表示为环空空间封固段水泥浆体积与环空空间总体积之比；截面顶替效率表示为环空截面积水泥浆面积与环空截面积之比。其中，体积顶替效率不能反映截面窜槽情况。

水泥浆顶替效率对固井质量有较大影响，影响水泥浆顶替效率的主要因素有水泥浆返速（流态）、井眼质量及环空尺寸、套管居中度、钻井液性能、前置液设计、水泥浆性能、封固段长度和固井施工措施等。

（步玉环　田磊聚）

【套管居中度 central degree of casing】　衡量套管位于井眼中心程度的参数，对水泥浆顶替效率有较大影响。当居中度为 100% 时，套管轴线与井眼轴线完全重合（见图）；当居中度为 0 时，套管贴靠在井壁上，此时的水泥浆顶替效率最差。套管居中度公式为

$$\varepsilon = \frac{R - r - e}{R - r} \times 100\%$$

式中：R、r 分别是井眼半径和套管外半径；e 是偏心距。

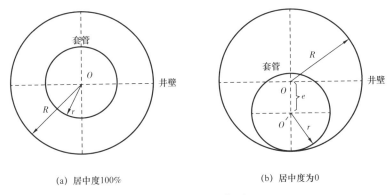

(a) 居中度100%　　　　　　(b) 居中度为0

套管居中度示意图

根据国家行业标准的要求，为了满足顶替效率的要求一般套管居中度大于 67%。

（步玉环　田磊聚）

【偏心流动 eccentric flow】 由于某种原因造成套管柱偏心时（见图），环空的间隙大小不同，间隙大的一侧流动阻力小，间隙小的一侧流动阻力大，导致水泥浆在套管柱偏心井眼环空中流动时会出现流动速度不统一，界面不规则的现象。大间隙处易突进，小间隙处易滞留，形成窜槽现象，会严重降低顶替效率。

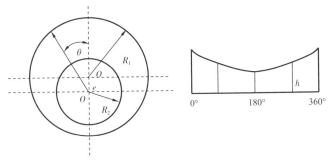

套管偏心时的环空几何形态

（步玉环　柳华杰）

【水泥浆柱结构 cement slurry column structure】 水泥浆注替完成后，为了提高顶替效率，而采用不同流体进行不同作用及措施的注入，在环空形成段长不一的液体浆柱。环空水泥浆柱结构主要包括：前置液（可以包括冲洗液和隔离液，也可以采用冲洗型隔离液）、水泥浆领浆（密度稍低）和尾浆（一般为常规密度水泥浆）。

常规水泥浆的密度一般在 1.80～1.95g/cm³ 之间。由于常规水泥浆的固相基本为水泥颗粒，形成的水泥石强度较大，可以有效地承载套管载荷或射孔压力；另外，密度相对较大，产生的静液压力较大。为此，固井过程，为了达到有效封固产层而又不压漏地层，一般采用两种或两种以上密度的水泥浆，油层部位用密度较高的水泥浆（尾浆）封固，上部地层采用密度相对较低的水泥浆（领浆）。

在水泥浆配制过程中，国内通常采用水泥车进行混浆，由于干灰和水的下料速度存在变化，造成水泥浆的密度与设计要求存在一定偏差，施工过程中，密度偏差应控制在一定的范围内。

各浆体的设计要求如下：

（1）冲洗液在环空中的段长一般取 60～100m，最长不超过 250m，密度取 1.10～1.25g/cm³ 之间。

（2）隔离液在环空中的段长可取 30～100m，最长可保持在环空中占 200m 的高度，密度应根据固井层段的地层压力合理选取，常规条件下一般取 1.35～1.50g/cm³ 之间。

（3）水泥浆分为领浆和尾浆两部分，领浆密度可在 1.4～1.7g/cm³ 之间，尾浆密度在 1.85～1.95g/cm³ 之间；也可以根据注水泥段段长进行水泥浆密度的合理设计——前提是水泥石的强度要满足固井目的的需求。通常套管外领浆至少返至油层顶部 200m 以上。

（4）压力平衡校核。在上述水泥浆柱结构设计后，对井底和上层套管鞋位置进行破裂压力校核，保证不压漏地层并压稳高压层（不考虑失重影响）；如若作用在井底的压力不满足要求时，应对水泥浆密度或前置液密度或段长进行调整。

📝 推荐书目

步玉环.油气井工程设计与应用［M］.青岛：中国石油大学出版社，2017.

（步玉环　郭胜来　柳华杰）

【注水泥流态 flow regime of cementing】 水泥浆由环空上返时的流态。按流速大小分有三种流型：塞流、层流和紊流。当流速小（一般为低于 0.4m/s）、雷诺数小于 100 时，呈现出塞流流态，流体像塞柱一样，顶替效率较高，但由于顶替速度太慢会带来工程事故，因此不多采用。当流速增加到某一范围内时，则为层流，其特点是流体质点运动的轨迹与流体的方向平行，但流速不同，中间流速大，往外逐渐减小，这种流态效率低，固井时最好避开此流速。当流速超过某一值（临界流速）时，一般认为雷诺数大于 2100 时，呈紊流流动状态，此时各质点以较高流速作不规则运动，整个流体均匀推进，可以有效地冲洗井壁滤饼或套管附着物，不留下附面层，顶替效率较高。紊流顶替是提高水泥浆顶替效率最有效的顶替措施。

📝 推荐书目

齐国强. 固井技术基础［M］. 2 版. 北京：石油工业出版社，2016.

（步玉环　郭胜来）

【临界紊流排量 critical turbulent discharge 】 水泥浆顶替时达到紊流流动型态的最低水泥浆注入排量。不同流态对水泥浆顶替效率的影响不同，其中紊流流动型态有助于提高水泥浆顶替效率。临界紊流注水泥排量与水泥浆在环空的流速、环空截面积、水泥浆密度和黏度等因素有关。

虽然紊流顶替有助于提高水泥浆顶替效率，但由于水泥浆密度、黏度都比较大，要想使得水泥浆达到紊流流动需要的排量比较大，这也造成环空流动的摩阻大，容易造成压漏薄弱地层，为此常以前置液的注入流动达到紊流流动型态来满足对井壁滤饼及套管壁附着物的清洗，不留下不被顶替的附着层。

（步玉环　郭胜来　田磊聚）

【紊流接触时间 turbulence contact time 】 注水泥作业过程中，为了满足某关注点达到良好的顶替效率，冲洗液、隔离液、水泥浆达到紊流状态时与井壁的接触时间的总和。紊流顶替对钻井液具有优越的冲蚀、扰动、携带作用。显然，这种冲蚀、扰动、携带的顶替需要一定时间，紊流顶替时间越长，对井壁及套管壁的冲蚀效果越好，井壁滤饼或套管壁附着物越不容易残留，水泥就可以与套管或井壁直接胶结，产生环空微间隙的可能也就越小，封固质量也就越好。普遍所接受的观点是紊流接触时间需要 10min 以上。

（步玉环　柳华杰）

【水泥浆失重 slurry weightlessness 】 水泥浆注入到套管与井壁环空以后，在水泥浆由液态向固态转变的过程中，随着水泥水化和胶凝，水泥浆水化产物在水泥颗粒及井壁和套管之间形成不同类型相互搭接的结构网，胶凝强度不断增加，使水泥柱的部分重量悬挂在井壁和套管上，从而降低了水泥浆柱作用在下部地层的有效液柱压力的现象。又称水泥浆胶凝失重（见图）。

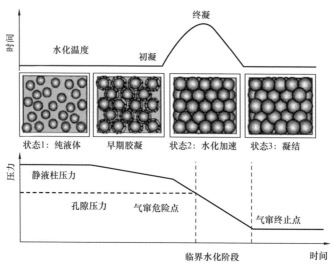

水泥浆失重机理示意图

在水泥浆为液态时，它具有静液柱压力，一般水泥浆密度大于钻井液密度，在环空中的形成的液柱压力通常大于地层压力。在水泥浆转变成固态之后，与套管、与岩石有相当高的胶结强度，该强度可以防止地层压力突破其胶结面而上窜。但在水泥浆候凝过程中，在随着水泥浆由液态转变为固态，水泥浆失重造成作用在井底的压力逐渐降低，当降低到小于地层压力时，若此时水泥与套管、与岩石的胶结强度较低，则地层流体有可能突破其连接而上窜。如果碰巧井口是敞开的话，就有可能造成管外冒油、气、水。防止的办法是始终保持水泥浆的静液柱压力大于地层压力；或是在水泥凝固时固井一界面、固井二界面都具有良好的水力胶结强度满足对油气水的封隔；采用功能性材料防止水泥石微裂缝的产生或自修复裂缝；采用紧密堆积理论，减小水泥石孔隙率，从而增强水泥石强度，降低渗透率。

（步玉环　柳华杰　田磊聚）

【桥堵失重 bridge blinding weight loss】 注水泥过程中及水泥返至设计高度静止之后，由于水泥浆失水形成的水泥饼、钻井时井下未带出的岩屑、注水泥时高速冲蚀下的岩块以及水泥颗粒的下沉等因素，在渗透层或井径和间隙较小的井段形成堵塞（即桥堵），使得桥堵段上部浆柱压力不能继续有效地传递至桥堵段下部的地层的现象。此时作用在下部地层的有效静液压力减小，当作用在地层上的环空有效压力低于地层压力时，地层里的油、气、水就会侵入环形空间。桥堵失重的严重程度主要决定于水泥水化体积的减小程度和水泥浆失水的大小。

（柳华杰　步玉环）

【水泥窜槽 cement channeling】 固井注水泥时，水泥浆顶替钻井液在环空中流动，不是全面的平行推进，而是部分水泥浆呈尖锋状成股流窜入钻井液，造成套管外壁与井壁间不能全部用水泥封堵的现象。发生水泥窜槽会影响固井质量，严重的使固井失败。造成水泥窜槽的原因主要有：（1）套管没有居中，甚至一边贴在井壁；（2）水泥浆密度太小，水泥浆流动与钻井液相混。（3）井眼缩径，水泥浆流速大，不能形成塞流，而是尖锋流窜入钻井液中。

（步玉环　柳华杰）

【水泥浆超缓凝 cement super retarding phenomenon】 由于温度、外加剂复配缓凝组分设置不当等原因，水泥浆的凝固时间超出设计预期凝固时间的现象。超过预期时间48h没有固化就认为是出现了超缓凝现象。这与有意延长水泥浆凝固时间不同，因为施工要求的水泥浆缓凝是设计预期的、可控制的，而水泥浆超缓凝是一种意外，往往要在测井时才发现。

一般发生在封固长井段，段顶与段底温差大的固井施工中，主要的原因在于水泥浆稠化时间的调整是依据井内最大循环温度，此时要求加入的缓凝剂是抗高温的，当固井作业完成时，段顶的水泥浆实际上是处于温度比较低的条件下，高温缓凝剂的作用造成上部水泥浆不能有效地进行水化作用，导致超缓凝现象。

（柳华杰　田磊聚）

【固井一界面 casing–cement interface】 套管和水泥环之间的胶结界面。固井一界面胶结强度越大，支撑套管的强度越大，越有利于保护套管。

影响固井一界面胶结强度的主要因素有：（1）套管粗糙度越大，套管与水泥连接的剪切破坏越困难，表现出的强度越大；（2）表面具有油膜存在时，由于水泥是水湿性的，水泥与套管连接越困难，胶结强度越小；（3）水泥石自身的强度越大，抗温性越强，胶结强度也越大；（4）套管受井下变化压力的影响，表现出膨胀和收缩的特性，由于套管的弹性大于水泥石的弹性，小受力条件下水泥石可以与套管形成相同的变形，不会出现一界面的微环隙，当收到的外力大于水泥石的弹性变形需求力时，当外力撤销，水泥石就不会以套管同样的回缩变形恢复到原来的位置，此时一界面就会出现微环隙。

研究表明，固井一界面微环隙的尺寸一般小于 0.1mm；尺寸为 0.02mm 时将会在高压气井中形成流动通道发生气窜；虽然微环间隙尺寸不超过 0.01mm 时，不会引起油气水窜，但会促使套管与水泥环间的耦合降低，导致声幅升高，引起固井质量的错误评价。

（步玉环　田磊聚）

【固井二界面 cement-formation interface 】 水泥环与井壁（地层）之间的胶结面。固井二界面胶结强度越大，地层流体若向上窜流，需要克服的突破阻力越大，固井封隔完整性就越强，固井质量越高。

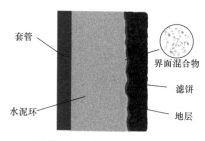

套管
界面混合物
滤饼
水泥环
地层

固井二界面封固系统示意图

固井二界面封固系统是由水泥浆、死钻井液、滤饼和地层壁面 4 部分构成的一个固化胶结整体（见图）。从界面上讲，它是由至少 5 个界面组成的间歇复合界面，即纯水泥浆与受污染水泥浆之间的界面、受污染水泥浆与死钻井液之间的界面、死钻井液与水泥饼之间的界面、水泥饼与滤饼之间的界面和滤饼与地层壁面之间的界面。

总的来讲，固井二界面胶结质量差的原因主要包括：（1）地层因素，包括井壁稳定性，地层物性参数，地层流体的侵入等因素。（2）钻井液的性能，主要包括钻井液的成分，润湿性和滤饼的渗透率、形成程度、破裂强度等。（3）水泥浆（环）性能，主要包括水泥浆失水胶凝特性、水泥石收缩、界面强度、井下水泥浆的密度等。（4）其他因素，包括压稳程度、界面亲和性、顶替效率和工程事故等。

（步玉环　柳华杰）

【碰压 bumping 】 在双胶塞或单顶胶塞固井中，顶胶塞碰到底胶塞或碰到阻流环时，循环通路被堵死，致使泵压突然升高，注水泥泵车压力升高的值。碰压的产生标志着固井作业的完成。一般碰压值设定为 3～5MPa，此时停止顶替液的注入，关井候凝。

（步玉环　田磊聚）

【憋压候凝 shutoff pressure for curing 】 从井口套管中空或在环空中施加一定的压力，等待水泥浆逐渐由液态转化为固态的过程。憋压候凝可以分为套管憋压候凝和环空憋压候凝两种。套管憋压候凝时，由于套管受内压力作用具有直径扩大的特性，此时管外的水泥浆液面被迫升高，当候凝 24h 或 48h 之后，进行固井质量测量，井口敞开，套管内压释放，套管有恢复到原直径的趋势，但由于水泥石的弹性远低于套管，就产生一界面微间隙，为环空带压提供了通道。环空憋压候凝与套管内憋压候凝相反，环空加压时套管直径缩小，环空水泥浆液面下降补偿环空截面的增加，环空施加压力去掉后，套管发生弹性恢复，水泥石恢复能力小，使得一界面在套管恢复力作用下连接更加紧密。普遍采用环空加压候凝的方式进行水泥浆的候凝。

环空憋压候凝还具有另外一个作用，就是有效补偿水泥浆胶凝失重造成的环形空间液柱压力降低，达到平衡地层压力的需求，防止候凝过程中窜流的发生。

（步玉环　田磊聚）

【水泥返高 cement return height 】　固井作业过程中，水泥浆需要从套管串最下端的引鞋返出，进入到套管与井壁之间的环空，从井底算起水泥浆液面返升的环空高度。有时也会采用水泥返深来表示，固井候凝之后，套管外环形空间水泥顶面界面的井深。水泥返高与水泥返深之和即为该次固井作业时的井深。

一般来说，表层套管固井水泥返至地面，此时井深即为水泥返高；技术套管固井，水泥返至拟封固地层以上 50～200m，若是非目的层的油气层需要返至该油气层 200m 以上，但水泥段长不小于 200m；对于油层套管固井需要返至该油气层 200m 以上；若封固的为高压气井，套管外水泥返至地面；特殊井可在钻井地质设计中明确规定。

（步玉环　柳华杰）

【水泥帽 cement hat 】　表层钻进时采用清水钻进，地层成岩性差，井眼会出现垮塌、掉块等现象，造成井径特别的不规则，而且该段井眼在固井前又不进行井径的测量，无法准确估算水泥浆用量，或者地层具有漏失，造成表层套管固井时水泥不能返升到地面，为了固定井口和封隔浅层地下水，必须在井口再打入一段水泥，形成像帽子一样的套管—水泥环—地层的一段短封固段。有时在其他套管层次中为了避免井口或者某一位置的窜或漏，也会打一段水泥帽。

另外，在 2010 年以前，大庆油田的龙虎泡油田、宋芳屯油田、新站油田、升平油田等油田的开发浅井，为了降低开发成本，采用单一套管进行油层开发，注水泥封固油层，但同时为了保证井口的固定和浅层地下水的封隔，在表层套管环空打入一段水泥形成像帽子一样的短封固段来封固表层套管（水泥帽替代表层固井），封固井深为 40～50m 以上的井段。

自 2010 年以后为了对地下水资源保护和生产安全性，已不再采用水泥帽固井替代表层固井施工，打水泥帽主要是用来补救，或者防止井口冒油气水。

（步玉环　田磊聚）

【灌香肠 set cement in casing】 固井注水泥过程中，由于各种原因使得套管内的水泥浆没有完全被顶替到阻流环位置，造成套管外水泥浆未能上返到设计位置，而套管内水泥塞过长的现象。是固井事故的一种，就像做香肠一样把水泥石留在了套管中空内，"灌香肠"是该事故的一种形象的称呼。

灌香肠的原因很多：（1）水泥浆体系稠化时间设计时没有考虑最高温度的影响，而造成稠化时间过短；（2）水泥浆和钻井液污染比较严重，造成水泥浆提前稠化；（3）地层流体原因造成水泥浆闪凝；（4）水泥浆失水量太大，造成稠化时间缩短；（5）固井施工作业过程中出现复杂情况停泵急处理，而作业安全系数预留不够；（6）套管内堵塞或环空桥堵等。

在固井施工前应该预测好井底温度，设计足够长的稠化时间，提前做好井下污染相容性实验，保证注水泥施工的安全。

（步玉环　柳华杰）

【插旗杆 cement sticking】 在实施尾管固井或内插法固井施工时，在水泥浆注替完成后，由于各种原因造成钻杆或内插管未及时上提而被水泥封固在套管内的工程技术事故。是一种严重的固井事故，就像在套管顶部插了一个旗杆一样，被形象地称为"插旗杆"。

造成这种事故的原因有：（1）水泥浆稠化时间及初凝时间设计不合理，没有预留出卸开并上提钻杆或内插管的操作时间；（2）浮箍、浮鞋等密封器件失效造成的水泥浆回流；（3）注水泥完成后，井下残余水泥浆未能返出干净；（4）水泥浆闪凝，使得施工管柱被固死；（5）注水泥完成后，由于技术操作，或者尾管悬挂器的倒扣装置卡死，或者内插管的插头无法卸开等问题，造成施工管柱不能及时卸开等。

这种事故虽然出现概率不高，但是后果非常严重，轻则造成油井大修，延误工期，重则导致整口井报废。

（步玉环　郭辛阳）

【窜流 fluid channeling】 固井施工结束后，在水泥浆由液态转化为固态过程中水泥浆难以保持对油、气、水层的压力，或由于水泥浆窜槽等水泥环胶结质量不好导致地层流体（油、气、水）窜入水泥石基体，或进入水泥石与套管或水泥石与地层之间的间隙中造成层间互窜，或是沿环空窜至井口的现象。

环空窜流产生的危害主要有以下几个方面：

（1）环空流体窜流，一旦还没有完全与井壁或套管胶结的水泥石受到窜流流体的冲刷，就会直接影响水泥石胶结强度，引起封固质量下降，最终引起套管的损害。

（2）环空窜流导致不同压力、不同性质的流体的层间窜流，使得对应层位的流体性质、压力体系与原始状态具有一定的差别，直接影响油气层的测试评价结果的准确性。

（3）不同层位流体互窜，污染油气层，降低油气的采收率。

（4）在油田开发后续增产作业如注水、酸化压裂和分层开采等过程中，流体互窜致使作业流体无法达到设计进入的层位，造成增产措施的失败；同时，由于增产措施实施过程中的压力可能大于地层压力，又会对油气层产生新的污染或窜流更加严重。

（5）在修井作业和生产管理过程中，环空窜流导致拟作业段由于窜流影响改变了原地层的压力体系、流体性质等，给修井作业和生产管理造成麻烦，降低油水井的使用寿命。

（6）严重时可在井口冒水、冒油、冒气，甚至造成固井后井喷事故，即使采用挤水泥等补救工艺也很难奏效。

窜流机理主要有：（1）"桥堵"理论：水泥浆进入环空后，由于不断地向地层失水，水灰比急剧下降，改变了水泥浆原有性能，同时在井壁上形成滤饼，使井径缩小直至环空完全堵塞，导致水泥浆有效静液压力传递受阻，使作用于地层流体的有效液柱压力小于地层孔隙压力而发生气窜。（2）"胶凝失重"理论：进入环空静止后，水泥浆内部开始形成胶凝结构，随着静胶凝强度发展，环空静液柱压力逐渐降低，水泥颗粒水化形成网架结构并圈闭自由水，气体运动的流动阻力相应增大，如果此时环空静液柱压力与气窜阻力叠加之和大于地层压力，则不会发生气窜，否则将发生气窜。（3）"界面胶结"理论：凝固水泥环与相邻界面物质耦合失效而发生的气窜。主要是滤饼的存在和套管表面润湿特性不良所造成，由于滤饼在水泥凝固后因脱水而形成界面脱离，套管表面涂层亲油都会导致水泥石界面与地层和套管表面胶结不良（界面微环隙）。（4）"微裂缝—微环隙"理论：微环隙与微裂纹，是指水泥环与地层之间因体积收缩或水泥石内部结构缺陷产生的微尺寸通道。而微裂缝—微环隙中毛细管作用、水泥浆初凝阶段的凝聚放热、井内热应力及静液柱压力变化等也与此有关。该理论认为环空存在微裂缝—微环隙是引起油气井生产期环空气窜的根本原因。

（步玉环　郭胜来）

【密封完整性 sealing integrity】　固井水泥浆在凝固后必须在整口井的纵向上形

成一个完整的水力封隔系统，水泥石保证该系统在整个油气井寿命期间及报废之后都能够实现有效的层间封隔的特性。水泥石的密封完整性要求地层的层间流体不窜扰，环空不出现带压的问题，只有这样才能有效地达成保护生产套管柱和封堵相邻的油、气、水层的目的。如果水泥环有效密封失效，会引起环空带压或油气水窜，严重时会造成套管损坏，甚至油气井报废，造成严重的经济损失。

在整个油气井生命周期内，水泥环密封失效主要表现在以下几个方面：（1）注水泥过程中，钻井液顶替效果不好将会在井壁或者套管壁上形成滤饼并且在后期水泥浆顶替过程中难以冲刷干净，这给油气发生窜流提供了有效通道；（2）水泥浆硬化后的水泥石将套管和地层胶结在一起，形成了套管—水泥环—地层固结体，水泥环对套管及地层具有支撑与封隔作用，但是水泥浆失水、稳定性不良会导致井下形成短期气窜，导致密封完整性下降；（3）水泥浆密度不均匀，水泥石强度发展不良都会影响水泥环的密封完整性；（4）固井作业完成后，水泥环需在特定环境条件下不能保持长期稳定，其中包括水泥环的完整性受到破坏、温度或酸性介质下腐蚀，造成强度衰退；（5）在井下载荷条件下，造成水泥石发生脆裂，形成裂缝或微裂缝流通通道；（6）温度、应力条件下，水泥石发生二次或三次反应，出现大的体积收缩，形成界面微间隙等。

水泥环密封完整性主要包括：密封完整性、结构完整性和腐蚀完整性。满足水泥环密封完整性的应对措施应该根据封固层的流体条件、地层温度、开采条件等进行选择。主要的措施包括：（1）添加韧性功能性材料，提升水泥石韧性；（2）提高第一界面及第二界面胶结强度；（3）减小胶结界面的微环隙；（4）采用自愈合功能性材料进行环空水泥环微裂缝的自愈合封堵；（5）采用耐酸性介质腐蚀的水泥浆体系；（6）采用抗高温强度衰退水泥浆体系，有效防止强度的衰退。

（步玉环　田磊聚）

【**油井水泥外加剂** additive of cement】　加入油井水泥浆中，利用自身的化学或物理性能或增强结构稳固功能调节水泥浆性能的外加材料的总称。可以是化学材料，也可以是惰性材料，或者是在其他材料激发下发生化学反应的潜活性材料。主要是以其自身物理特性、化学特性改变水泥浆或凝固水泥石的固有特性。主要包括：促凝剂、缓凝剂、降失水剂、分散剂、消泡剂、堵漏剂、触变剂、增韧剂、早强剂、悬浮稳定剂、膨胀剂、自愈合剂和胶结增强剂等。一般加入固体有效含量的质量百分比小于 5% 的外加材料称作为外加剂，大于 5% 的外加材料称作为外掺料。

（步玉环　郭辛阳）

【缓凝剂 retarder】 通过物理化学作用，能显著延缓水泥浆稠化时间，防止油井水泥水化速度过快的外加剂。主要作用是延长水泥浆稠化时间，保持水泥浆在注入和顶替期间保持良好的可流动性。

缓凝剂的主要机理有：

（1）吸附理论：缓凝作用的产生是因为缓凝剂吸附在水化物表面上抑制了与水的接触。

（2）沉淀理论：缓凝剂与水相中的钙离子或氢氧根离子反应，在水泥颗粒周围形成一种不溶解的非渗透层。

（3）成核理论：缓凝剂吸附在水化物的晶核上，抑制了它的进一步增长。

（4）络合理论：缓凝剂螯合钙离子，因而防止了晶核的形成。

但对于不同类型的缓凝剂缓凝的作用机理不完全相同，可能上述作用机理中的一种，也可能是两种或者三种的有机结合。常用的缓凝剂类型主要有：木质素磺酸盐类；羟基羧酸类（酒石酸、硼酸及其盐、葡萄糖酸）；糖类化合物；纤维素衍生物；有机磷酸盐类；无机化合物类；单宁及其衍生物；合成高温缓凝剂（AMPS 共聚物类）。

（步玉环　郭胜来）

【促凝剂 accelerator】 用以加速水泥的水化，缩短水泥浆稠化时间的外加剂。有时，水泥浆中加入其他外加剂（如分散剂、降失水剂等）后引起过缓凝作用，为了消除过缓凝特性，也会加入促凝剂。

主要的作用机理：（1）同离子效应（氯化钙）与盐效应（氯化钠），改变胶凝材料的溶解度，加快水化进程。（2）生成复盐、络合物或难溶化合物，与水泥胶体矿物发生化学作用，生成溶度积比相应单盐更小的复盐、络合物或难溶化合物，加快水化反应进程。（3）形成结晶中心加速水泥的凝结与硬化。

常用的促凝剂主要有：（1）无机盐类促凝剂。包括氯化物、碳酸盐、硅酸盐、铝酸盐、硫代硫酸盐以及钠、钾、铵的氢氧化物等，氯化物是最常见的油井水泥促凝剂。其中氯化钙是最有效、最经济的促凝剂，加量占水泥总量的 $2\%\sim4\%$，稠化时间缩短 60% 以上。氯化钙促凝机理是：加速钙钒石的形成，消耗石膏；改变 C—S—H 凝胶屏蔽层的结构，增加渗透率；改变水相组成，降低氢氧化钙溶解度，加速 C_3S 水化。氯化钙促凝剂明显的副作用：水泥石收缩，反应速度快，升温 $30℃$ 左右膨胀，降温后收缩，收缩率 $10\%\sim50\%$；有触变性，屈服值、塑性黏度提高；渗透率高，抗硫能力降低。（2）有机化合物促凝剂。如草酸（$H_2C_2O_4$）和三乙醇胺 $[(N(C_2H_4OH)_3]$。三乙醇胺在铝盐中为促凝剂，能加速 C_3A 的水化并在 $C_3A\text{-}CaSO_4$ 体系中能加速钙钒石的生成。

（郭胜来　步玉环）

【降失水剂 fluid loss agent】　能够降低油井水泥浆失水量的外加剂。水泥与标准水灰比配制的净浆的 API 滤失率通常超过 500mL/30min，为了满足固井不同条件的需求，需要降低水泥浆的失水量。

API 标准提出了在 6.9MPa 下，不同用途的水泥浆的滤失量的要求：固表层和技术套管失水量要小于 250mL/30min，固油层套管和挤水泥水泥浆失水量不大于 50mL/30min，防气窜水泥浆要求失水量保持在 30~50mL/30min 范围。

降低水泥浆失水的途径主要有：（1）改善水泥颗粒粒度分布，降低滤饼渗透率；（2）吸附在水泥颗粒表面形成弹性可变形吸附层，并在压力作用下变形堵塞滤饼孔隙；（3）增大水泥浆液相的黏度；（4）交联成膜堵塞滤饼孔隙。

主要有以下两类降失水剂：（1）特制的超细研磨材料。如：膨润土、石灰石粉、沥青质、热塑性树脂、胶乳等类的颗粒材料，主要是增加滤饼的致密性。（2）水溶性高分子及有机材料。① 水溶性改性天然产物，改性纤维素类；淀粉类；改性褐煤类；单宁类。② 合成具有磺酸盐基团或刚性基团的水溶性聚合物，聚乙烯醇类；AMPS 共聚物；丙烯酰胺—丙烯酸聚合物体系；聚丙烯酰胺，磺甲基聚丙烯酰胺体系；聚乙烯多胺的共聚物等；合成苯乙烯—丁二烯，胶乳丙烯酸或类似胶乳水泥浆体系。

（郭胜来　田磊聚）

【分散剂 dispersant】　用于改善水泥浆的流动性，降低水泥浆体系的黏度，改善并显著提高水泥浆的流变性能的外加剂。又称减阻剂。一般为表面活性剂，大体上可分为阴离子型、阳离子型和非离子型。

作用机理：

（1）吸附—分散和释放游离水机理。分散剂可吸附于水泥颗粒的表面，形成吸附双电层，在电性相斥的作用下，使水泥水化初期形成的絮凝结构分散解体，絮凝体内的游离水释放出来，提高水泥浆的流变性。

（2）润湿作用。分散剂的润湿作用会增加水泥颗粒的水化面积，在水泥颗粒表面形成一层稳定的溶剂化水膜，阻止了水泥颗粒的直接接触，起到了润滑分散的作用。

（3）微气泡润滑作用。分散剂的掺入将引入一定量的微细气泡，并与水泥质点具有相同符号的电荷，因而气泡与水泥颗粒间也因电性相斥，增加了水泥颗粒间的滑动能力，使水泥颗粒分散。

主要类型：

（1）磺酸盐类，包括密胺磺酸盐类（PMS）、聚萘磺酸盐类、木质素磺酸盐、聚苯乙烯磺酸盐。

（2）醛酮缩聚物。

（3）分子质量相对较低的羟基聚多糖，如水解淀粉等。

（4）低分子化合物，如羟基羧酸等。

（郭胜来　步玉环　柳华杰）

【防气窜剂 anti-gas channeling agent】　加入油井水泥浆中用于提高抵御气体侵入能力的外加剂。

气井、含气油井或高压油井固井都有可能发生气窜，影响固井质量，严重的造成重大事故或油气井报废。发生气窜的原因是在注水泥期间作用在井底的压力不能平衡地层压力；或者候凝期间水泥浆凝固过程中发生失重现象，造成液柱压力下降，产层气体及液体随之侵入环形空间，破坏刚刚形成的水泥石结构。

油井水泥浆防气窜剂防止气窜的作用是：（1）利用防气窜剂配制成可压缩水泥。在水泥浆中加入能够发生气体的防气窜剂，凝固过程中所产生的微小气泡，使水泥石孔隙压力增加，抵御水泥浆液柱失重后产层气体及液体的侵入。（2）利用防气窜剂配制成不渗透水泥。在水泥浆中加入防气窜剂，使它从液态转变成固态的过渡期内减少透气性，同时降低水泥石渗透率，抵御水泥浆液柱失重后产层气体及液体的侵入。

油井水泥浆防气窜剂产品主要有：（1）发泡型，常用品种有铝粉、锌粉、双氧水、漂白粉等。（2）不渗透型，常用品种有苯乙烯—丁二烯胶乳、G60、G60S、G69 和微硅粉等。

（胡　旺　步玉环）

【触变剂 thixotropic agent】　能使水泥浆具备触变性，或者增强水泥浆触变性的外加剂。触变性也称摇变，是指体系受到剪切时稠度变小，停止剪切时稠度又增加或受到剪切时稠度变大，停止剪切时稠度又变小的一"触"即"变"的性质。触变性是一种可逆的溶胶现象，普遍存在于高分子悬浮液中，代表流体黏度对时间的依赖性。广义的触变性包括正触变性（剪切变稀）、负触变性（剪切增稠）和复合触变性（先后呈现剪切变稀和剪切增稠）。固井现场施工的触变水泥浆为具有正触变性的体系。

触变水泥浆体系主要由水泥和触变剂组成。通常，触变水泥浆体系中的触变剂包括无机触变剂和有机触变剂两类。

无机触变剂　常见的无机类触变剂有黏土矿物类、硫酸盐类、金属碳酸盐或混合金属氢氧化物等。

黏土矿物类　吸水膨胀黏土，如膨润土（蒙脱石黏土），吸水膨胀后可产生一定的胶凝强度，表现出一定的触变性，在某些环境下能够控制油气井气窜问题。蒙脱石由一种十分薄的（大约10Å，7个原子厚）和直径比较宽（大约1000nm）的盘状材料组成，是一种具有内溶胀能力的双八面体晶体结构的三层式矿石，其结构如图所示。

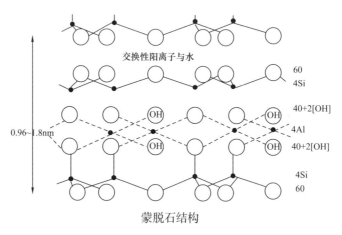

蒙脱石结构

蒙脱石在水性介质中，能够形成一种称为"卡屋式"的结构。这种结构可以提高体系的基本黏度；另一方面，当外部剪切力超过某一极限能量（屈服点）时，该结构的可塑性很容易被破坏。屈服值的形成，会提高系统抗流挂性，可克服结团等负面影响，明显改善耐储藏性及抗沉淀性能。"卡屋式"结构能被可逆性地破坏，其结果是硅酸盐的薄片起到润滑剂的作用，降低相对黏度，改善系统流变性，并能提高系统的屈服值，具有显著的触变增稠功效。

硫酸盐类　比较常见的硫酸盐类触变剂主要包括硫酸钙、硫酸铝和硫酸亚铁。硫酸钙和硫酸铝的存在，均能够促进水泥颗粒表面生成较多的钙矾石细粒，促进水泥颗粒之间产生较大的吸引力，从而形成网状或凝胶结构。当水泥浆体受到搅拌作用时，网状结构很容易破坏，水泥浆体又表现为流体状态。含半水石膏的水泥浆具有触变性以及很好的抗硫酸盐性，但其与大多数降失水剂不配伍，水泥浆失水量很难得到有效控制。硫酸铝具有很强的促凝作用，如果将其单独加入水泥浆中，会形成一种很强的、不能转变的胶凝结构，且触变性在某些水泥浆体系中易受温度影响。硫酸亚铁是一种较弱的缓凝剂，将其与硫酸铝复合掺加使用，它可抑制硫酸铝的促凝作用并在整个泵送期间保持水泥浆的触变性。硫酸铝与硫酸亚铁对非硅酸盐系列水泥也是有效的，还可用于预拌水泥浆，便于海上施工。但掺硫酸铝与硫酸亚铁的水泥浆的触变性相对较弱，不能很好地满足防窜、防漏等方面的需求。

碱金属碳酸盐类 碱金属碳酸盐能与 C3A 水解产生的 Ca^{2+} 发生反应而产生细小的碳酸钙胶状颗粒，改变水泥浆的黏度，从而增强水泥浆的触变性。掺入碱金属碳酸盐的水泥浆，其触变性会在加水搅拌后 5min 左右表现出来，但其触变性能一般，也称作延迟触变性水泥浆。此类触变剂中的碱金属碳酸盐主要包括碳酸钠、碳酸钾和碳酸锂等，其中碳酸钠的应用效果较好。

有机类触变剂 有机类触变剂虽然价格相对较高，但掺加少量就可以得到很好的触变效果。市场上有多种有机类触变剂产品。

可交联聚合物 可交联聚合物触变剂，由交联剂和被交联剂组成，包括以锆等过渡金属作交联剂和用钛螯合物作交联剂的改性纤维素体系。

由高价金属离子作交联剂与水溶性纤维素酯反应生成的触变剂中，高价金属离子主要包括锆、钇和铁等金属元素的离子，水溶性纤维素酯包括 CMC、HEC 或 CMHEC 等纤维素的衍生物。该类体系的触变性能有限，尤其在高温和高水灰比水泥浆中不易获得触变性和不易控制胶凝强度的发展。

螯合物是一类性能良好的交联剂，具有代表性的有三乙醇胺钛等。加入水泥浆中的改性纤维素等被交联物可通过羟基、羧基、醚基等与三乙醇胺钛发生螯合，同时水泥胶粒发生缔合，形成整体空间网络结构。在受到超过屈服值的剪切力作用时（机械搅拌或管道泵送），螯合力被逐渐破坏，聚合物分子链段在流场中发生取向，体系流动性逐渐增大。剪切力作用停止后，聚合物分子、交联剂、水形成新的空间网络结构。以钛螯合物作为交联剂的触变性水泥浆体系存在的缺点是其对温度较敏感，且抗压强度比较低。

合成聚合物类 胶乳膨胀触变水泥浆属于合成聚合物类触变水泥浆，其触变能力强。随着水泥水化反应的进行，水泥颗粒周围的自由水被消耗，胶乳局部体积分数升高，胶乳颗粒产生聚集，形成空间网络状的非渗透薄膜，充填于水泥颗粒间空隙，使水泥浆体流动性变差，但此时若施加的剪切力大于浆体的屈服值，则胶乳颗粒形成的网络结构被破坏，浆体流动性得到改善，呈较好的触变性。胶乳膨胀触变水泥浆中的胶乳有一定的亲油性，吸油后发生体积膨胀，有助于充满环空和控制井漏，并能改善层间封隔效果。

触变性能的评价方法 触变性的评价方法主要有滞后环法、静切力法、滞后环总能量法、台阶法和储能模量法。对于水泥浆触变性的评价，最为常用的方法是滞后环法、静切力法和滞后环总能量法。

（步玉环 柳华杰）

【增韧剂 toughening agent 】 可以增强水泥石韧性变形特征，防止水泥石脆性破坏的外加剂。又称增塑剂。主要是利用增韧材料的本身具有的良好韧性变形能力，或者细长材料的阻裂效应，提高水泥石的抗冲击能力，降低弹性模量。常用的增韧剂主要有纤维、胶乳、弹性颗粒等。

（步玉环　郭胜来）

【早强剂 early strength agent 】 能显著缩短水泥浆凝结与硬化时间，提高水泥石早期强度的外加剂。一般早强剂也具有促凝作用。作用机理：

（1）氯盐类早强剂：一是增加水泥颗粒的分散度，从而加速水泥水化和硬化的速度；二是与水泥熟料矿物产生化合作用，与 C_3A 化合生成水化氯铝酸钙，使胶体膨胀，水泥石孔隙减少，密实性增大，从而提高了水泥石的强度。

（2）硫酸盐类早强剂：硫酸盐对水泥的促硬、早强作用，主要是因为它能与水泥熟料矿物水解析出的氢氧化钙发生置换反应，从而能加速与水泥熟料中的 C_3A 反应生成更多的硫铝酸钙，提高水泥水化液相中的固相比例，加快水泥凝结硬化的速度和提高早期强度。

（3）有机早强剂：如三乙醇胺，它能起到促凝早强作用是由于三乙醇胺能促进水泥石形成更多的钙矾石，能有效地吸附在水泥熟料矿物表面，加快 C_3A 与石膏之间的反应，但三乙醇胺可能减缓 C_3S 的水化速度。通常，它与其他促凝早强剂复合使用，可发挥更好的早强作用。

（柳华杰）

【悬浮稳定剂 suspension stabilizer 】 能使水泥浆中的固体细颗粒保持悬浮状态的外加剂。有较高的分散度、较大的表面积和较强的吸附力。能影响周围的水和周围的其他颗粒，使它们不致迅速下沉，从而保持浆体的浓度。一般能明显改善水泥浆流动性，主要由有机物、易水化天然矿粉、气相二氧化硅等配制而成。

（步玉环　田磊聚）

【膨胀剂 swelling agent 】 当水泥凝结硬化时，可以通过产生气体或晶体，随之发生体积膨胀，起补偿收缩以及充分填充水泥间隙作用的外加剂。常用的膨胀剂有加铝粉等的发气膨胀剂、氧化钙和氧化铝组成的晶格膨胀剂、氧化钙和氧化镁组成的高温晶格膨胀剂等。

（步玉环　郭辛阳）

【自愈合剂 self-healing agent 】 受到激发可以发生二次水化或者膨胀的外加剂。固井水泥浆中加入自愈合剂之后，水泥环可以在受到外力影响出现微裂缝时，内部的自愈合剂发生物理化学反应自行愈合裂缝。根据水泥石在井下对水层和对油层的不同，已经开发的自愈合剂主要有遇水自愈合剂、遇油自愈合剂和遇油遇水自愈合剂。

（柳华杰　步玉环）

【胶结增强剂 cementing reinforcing agent】　用来提高水泥浆在凝固时与套管或地层胶结强度的外加剂。在一些固井需要后期作业的井中，如注蒸汽稠油热采井、需要压裂储层改造的井等，对水泥胶结强度有特殊要求，不然会影响后期作业，影响开发效果。水泥浆中加入胶结增强剂，可提高水泥与套管和地层之间的胶结强度，满足后期作业施工，保证后期开发。胶结增强剂主要适用于稠油热采井固井、非常规固井和地热井固井等。胶结增强剂主要通过提高化学结合力，凝固过程体积膨胀力提高胶结力。

📝 推荐书目

齐国强.固井技术基础［M］.2版.北京：石油工业出版社，2016.

（张明昌）

【发泡剂 vesicant】　能在液相中形成气泡的外加剂。又称起泡剂。在进行漏失层、窄密度窗口地层、长裸眼段（水泥返升高度大于1000m以上）等固井过程时，或者为了提高水泥浆防气窜性能时，会采用泡沫水泥浆体系，配制该体系时采用发气型外加剂来形成泡沫。发泡剂主要有以下两种：

（1）能降低液相的表面张力形成泡沫的添加剂，加入此种发泡剂后，通过机械搅拌或振动，使空气与液相混合，形成气泡。

（2）添加剂本身通过化学反应产生气体，在液相中形成气泡。

（步玉环　郭胜来）

【油井水泥外掺料 admixture for oil well cement】　掺加量的质量分数大于5%用于调节改善或增强水泥浆或水泥石性能的外加剂。一般用于有特殊要求的注水泥作业。

油井水泥外掺料预先与水泥干混均匀，然后与配浆水一起混合搅拌，配制成固井用水泥浆。外掺料不参与水化作用，但可以有效改变水泥石的物理性能。

使用得最多的油井水泥外掺料类型主要有：（1）高温水泥外掺料。常用产品有硅粉和石英砂等，它可以防止水泥在高温条件下强度衰退，抗高温能力达到180℃，在超深井和注蒸汽稠油开发井中应用得十分普遍。（2）低密度水泥外掺料。主要产品有玻璃漂珠、陶瓷微珠和膨润土等，可以配制密度1.13～1.60g/cm³的水泥浆。（3）高密度水泥外掺料，如重晶石粉和铁矿粉等，可以配制密度

2.20g/cm^3 以上的水泥浆。

（谢荣院　步玉环）

【**水泥加重剂** aggravating agent of cement】　用于提高水泥浆密度的外掺料。是由不溶于水的惰性物质经研磨加工制备而成。为了平衡地层压力和稳定井壁，需将其添加到水泥浆中以提高水泥浆密度。加重材料应具备的条件是自身的密度大、磨损性小、易粉碎。

选择密度加重剂配制高密度水泥浆体系的技术难点在于：（1）在满足配浆和注替浆对流动性性能要求的前提下，保证水泥浆在注替过程中停泵时沉降稳定性和凝结过程中的体积稳定性，包括析水、水泥石密度分布和凝结过程体积收缩等；（2）在满足密度要求的条件下，减少水泥胶结相，保证水泥石的强度及其发展。

密度加重剂的选择，主要考虑3个方面的因素：（1）加重剂粒度分布与水泥相匹配，颗粒太粗易使水泥浆产生沉淀，太细会增加水泥浆黏度。（2）用水量少，有助于提高强度。（3）加重剂在水化过程中与其他外加剂有良好的相容性。

常用的密度加重剂有重晶石粉、铁矿粉、钛铁矿粉、四氧化三锰和铁粉等。

（步玉环　柳华杰）

【**重晶石** barite】　以硫酸钡（BaSO$_4$）为主要成分的天然矿石。是水泥最常用的加重剂，密度可达 4.2～4.35g/cm^3。它是以硫酸钡为主要成分的矿物，经机械加工而成为适宜细度的粉末，纯品为白色，一般工业都含有少许杂质，所以呈淡黄色或棕黄色。重晶石是不溶于水和酸的惰性物质，不易吸水，但受潮后易结块。采用重晶石配制的水泥浆最高密度不超过 2.2g/cm^3。

（步玉环　郭胜来）

【**赤铁矿粉** hematite】　赤铁矿石经机械研磨而成的粉末。其主要化学成分为 Fe$_2$O$_3$，具有金属光泽的黑色粉末，有天然磁性，密度 4.5～5.0g/cm^3，细度过40～200目筛。硬度为重晶石的两倍，既耐研磨又有较强的磨损性，但它对化学缓凝剂也有吸附作用，因此使用时应预先测定稠化时间。由于赤铁矿粉比重晶石所需附加水少，因而可将水泥浆密度升高到 2.40cm^3/g 以上，水泥石强度降低的也少。若把赤铁矿粉与分散剂一起使用，可将水泥浆密度增加到 2.64cm^3/g 以上。

（柳华杰）

【**钛铁矿粉** ilmenite】　钛铁矿石经机械加工研磨而成的粉末。主要化学成分

TiO$_2$·Fe$_2$O$_3$，是黑色颗粒材料，颜色为褐色。钛铁矿密度在 4.5～5.1g/cm^3 之间，耐研磨且研磨性强。不溶于水，能部分地和盐酸发生反应。不易吸水，但受潮后易结块。这种材料作为油井水泥的加重剂对水泥浆的稠化时间或抗压强度影响很小，对于粗颗粒的钛铁矿粉，需调整合适的水泥浆黏度或屈服值，以防止沉淀。最好使用细度大的颗粒。钛铁矿粉可把水泥浆密度加重到 2.40cm^3/g 以上。

（柳华杰）

【四氧化三锰 manganic manganous oxide】 四氧化三锰化学分子式为 Mn$_3$O$_4$，黑色四方结晶，别名辉锰、黑锰矿、活性氧化锰，经灼烧成结晶，属于尖晶石类，颗粒的密度为 4.50～4.8g/cm^3。四氧化三锰既有加重作用又有分散作用，当与其他外加剂（胶乳和聚合物稳定剂）配合使用时，在高温下具有良好的悬浮性，保证水泥浆体系的稳定性，同时可以控制水泥浆的稠度。锰基粉的体外形规整，颗粒状结构，悬浮稳定性好，其粒度为 3～10μm，可形成紧密堆积中的充填颗粒。单独采用四氧化三锰加重可以配制出 2.5g/cm^3 的水泥浆体系。

（郭胜来 步玉环）

【铁粉 ferrous powder】 尺寸小于 1mm 的铁质粉末，可以作为加重剂和膨胀剂加入水泥浆中。呈现为黑色。铁粉可以将水泥浆密度加重到 2.8g/cm^3 以上。按粒度，习惯上分为粗粉、中等粉、细粉、微细粉和超细粉五个等级。粒度为 150～500μm 范围内的颗粒组成的铁粉为粗粉，粒度在 44～150μm 为中等粉，10～44μm 的为细粉，0.5～10μm 的为极细粉，小于 0.5μm 的为超细粉。

一般将能通过 325 目标准筛即粒度小于 44μm 的粉末称为亚筛粉，若要进行更高精度的筛分则只能用气流分级设备，但对于一些易氧化的铁粉则只能用 JZDF 氮气保护分级机来做。铁粉主要包括还原铁粉和雾化铁粉，它们由于不同的生产方式而得名。

在采用铁粉加重水泥浆时，为了满足体系的悬浮稳定性，一般配合使用微硅或四氧化三锰。

（步玉环 郭辛阳）

【水泥减轻剂 reducing agent of cement】 用于降低水泥浆密度的外掺料。加入密度减轻剂可有效减小静水液柱压力，防止压裂弱胶结地层。

封固低压易漏浅井的低密度水泥浆，选择减轻剂时，重点考虑的因素有：（1）根据水泥浆的密度要求，确定适当的减轻剂，需水量要低；（2）所配出的低密度水泥浆，在低温条件下强度发展要快。

封固易漏失深井超深井的低密度水泥浆，选择减轻剂时，重点考虑的因素有：（1）根据水泥浆的密度要求，选择适当密度的减轻剂，需水量要小；（2）所配出水泥浆的密度受压力的影响小；（3）所配出的低密度水泥浆，在井下温度条件下强度发展要快。

主要类型有：（1）水基减轻剂。指能吸附过量的水且起到充填作用的材料，如膨润土，硅酸钠等水溶增黏剂；这类减轻剂能使水泥浆混配保持均匀，阻止过量游离水的产生。（2）低密度填充料。指密度低于波特兰水泥密度（3.15g/cm³）的低密度材料，这类减轻剂只要加量足够就可以降低水泥浆密度。包括粉煤灰、矿渣、漂珠、微硅和空心微珠等。（3）气体减轻材料。指常用空气或氮气来配制的具有超低密度且足够抗压强度的泡沫水泥，常有化学发泡和机械充气两种方法。见泡沫水泥浆体系。

（步玉环　柳华杰）

【膨润土（固井）bentonite】 以蒙脱石为主的含水黏土矿。密度 2.60～2.70g/cm³，主要由含黏土微矿晶的蒙脱石组成，由两层硅氧四面体夹一层铝氧八面体组成的 2∶1 型晶体结构。膨润土低密度水泥浆适宜的密度为 1.53～1.58g/cm³。膨润土掺量为干水泥重量的 2%～10%。膨润土本身密度较大，配制低密度水泥浆时，主要靠增大用水量降低密度，在足够水量的条件下，膨润土的体积可膨胀约 15 倍，但干燥后又缩小恢复到原来的体积，浆体凝结后收缩量大，水泥石强度发展慢。

（步玉环　田磊聚）

【液体硅酸钠 sodium silicate liquid】 由二氧化硅含量很高的石英粉与工业纯碱按一定比例混合，置于 1350～1400℃ 溶炉中熔融后溶解于水而成的一种黏滞性溶液，呈半透明青灰色或微黄色。又称水玻璃或泡花碱。由正硅酸钠（2Na₂O·SiO₂）、偏硅酸钠（Na₂O·SiO₂）及一硅酸钠（Na₂O·2SiO₂）胶态与分子状的二氧化硅和水的混合物组成。水玻璃低密度水泥浆的密度可低至 1.37g/cm³，推荐掺量为每千克水泥加 0.0564L。

硅酸钠具有良好的保水性能，可提高浆体液相稠度，水泥浆加入硅酸钠还会起到一定的促凝作用。但需要通过加大用水量来降低体系密度，所形成的水泥浆同样也存在稠化时间长、硬化后水泥石抗压、抗折强度低、渗透率高等问题，失去了使用价值，一般只作为充填水泥用作分级注水泥的领浆。

（步玉环　田磊聚）

【矿渣 slag】 在炼铁过程中，氧化铁在高温下还原成金属铁，铁矿石中的二氧化硅、氧化铝等杂质与石灰等反应生成以硅酸盐和硅铝酸盐为主要成分的熔融物，经过淬冷成质地疏松、多孔的粒状物。高炉炼铁过程中的附属产品。

矿渣是具有潜在活性的水硬材料，是由高炉中排出的矿渣经迅速冷却后产生的，矿渣中游离 CaO 含量甚低，研磨成细度 200～1500m³/kg 即可使用。矿渣比波特兰水泥反应慢，但通过加热或加入活化剂可促进水化反应。一般是在钻井液转化为水泥浆（Mud To Cement，简称 MTC）技术中采用。见钻井液转化水泥浆。

从 20 世纪 50 年代起，人们就开始探索将钻井液转化为水泥浆技术进行固井，逐渐形成了以 Willson 为代表的波特兰水泥转化技术和以 Cowan 为代表的高炉矿渣转化技术。20 世纪 90 年代，美国 Shell 公司研制了以高炉矿渣（BFS）为胶结剂的矿渣—钻井液混合物，也称为 "Slag～Mix"，克服了各方面的局限性，在墨西哥湾的 Auger 油田等地区广泛使用，取得了良好的经济效益。

（步玉环　柳华杰　郭胜来）

【粉煤灰 fly ash】 以煤为燃料的发电厂锅炉烟气中收集的灰渣，一般呈不规则球状熔融颗粒。又称飞灰。粉煤灰的密度一般为 1.8～2.6g/cm³，颗粒粒径为 0.5～300μm，其化学成分以 Al_2O_3 和 SiO_2 为主，并含有少量的 Fe_2O_3、CaO、Na_2O、K_2O 和 SO_3 等。粉煤灰具有一定活性，其活性取决于非晶态的玻璃体成分、结构和性质，而与结晶矿物无关。玻璃体含量越多，粉煤灰化学活性越高。作为油井水泥填充剂，应选 Al_2O_3 和 SiO_2 含量高而烧失量较小，玻璃体和微珠含量较高而颗粒较细的粉煤灰。

通常粉煤灰的掺量约占干水泥重量的 60%～120%，相应的水泥浆密度为 1.68～1.55g/cm³。该体系优点是原料充足、成本低廉、水泥用量少。粉煤灰密度虽然低于水泥的，但该体系主要还是通过较大的用水量来达到降低水泥浆密度的效果，因此存在稠化时间长、游离液多、水泥石渗透率高、早期强度较低等问题，固井效果不是很理想。

（步玉环　柳华杰）

【漂珠 floater】 一种能浮于水面的粉煤灰空心球，呈灰白色，壁薄中空，重量很轻，粒径约 0.1mm，表面封闭而光滑，热导率小，耐火度 ≥1610℃，是优良的保温耐火材料。漂珠的化学成分以 SiO_2 和 Al_2O_3 为主，具有颗粒细、中空、质轻、高强度、耐磨、耐高温、保温绝缘、绝缘阻燃等多种特性，在石油行业常用作密度减轻剂，可配制出密度在 1.05～1.45g/cm³ 范围的水泥浆体系。漂珠来源广，在体系中加入适当的微硅等外掺料以及外加剂，便可使水泥浆体系具有水固比低、水泥石强度高、渗透率低等优点，从而适用于低压易漏等复杂井的固井中。

（步玉环　柳华杰）

【微硅 microsilica】 生产硅、硅铁或其他硅合金、铁合金的副产物——硅石蒸气冷凝物。又称硅石、超细硅粉或微硅石。可以从多种途径获得，如球磨石英砂、火力发电厂烟道粉尘、硅铁合金生产过程中得到的副产物硅灰等。其主要成分是 SiO_2（含量在 90%～98%），微硅的密度约为 $2.6g/cm^3$，粒度很细，比水泥平均粒径和漂珠平均粒径小得多，粒度分布范围为 0.02～0.5μm，平均粒径为 0.1μm。由于粒度细，比表面积大，氮吸附（BET）测定值为 15～20m²/g，是油井水泥的 50～60 倍。具有很好的反应活性，为了配制成微硅低密度水泥一般加量是 15%～28%，对需水量比水泥大，此时应该调整水固比（配浆需水量与固相含量的质量百分比）。

由于微硅的细度大，再加入到水泥浆中后具有良好的分散性，对水泥颗粒起到良好的悬浮稳定作用，有时可以作为悬浮稳定剂使用，加量为 5%～8%。

（步玉环　郭胜来）

【空心玻璃微珠 hollow glass microsphere】 由硼硅酸盐材料加工而成的中空微球。又称中空玻璃微球、空心微珠。其粒径 2～130μm，密度为 0.1～0.6g/cm³，微球粒径越小相对密度越大，其抗压强度也越大。20 世纪 90 年代由美国 3M 公司最先生产，采用 3M 公司的产品可以配制出密度小于 $1g/cm^3$ 的超低密度水泥浆。

空心玻璃微珠作为密度减轻材料构成的低密度水泥体系有以下优点：（1）抗压强度高；（2）流变性能优越；（3）浆体稳定，上下密度差小；（4）API 失水量低；（5）稠化过渡时间短；（6）防气窜性能优越；（7）现有设备完全可以满足配制要求。

【偏高岭土 metakaolin】 以高岭土（$Al_2O_3 \cdot 2SiO_2 \cdot 2H_2O$，简称 AS2H2）为原料，在适当温度下（600～900℃）经脱水形成的结晶度很差的无水硅酸铝（$Al_2O_3 \cdot 2SiO_2$，简称 AS2）。高岭土属于层状硅酸盐结构，层与层之间由范德华键结合，OH^- 离子在其中结合得较牢固。高岭土在空气中受热时，会发生几次结构变化，加热到大约 600℃时，高岭土的层状结构因脱水而破坏，形成结晶度很差的过渡相——偏高岭土。由于偏高岭土的分子排列是不规则的，呈现热力学介稳状态，在适当激发下具有胶凝性。

偏高岭土是一种高活性矿物掺合料，具有很高的火山灰活性，在碱激发条件下发水水化反应。碱激发偏高岭土的水化可分为五个阶段：（1）初始期：偏高岭土颗粒表面吸附溶液组分。主要是溶液中的水分子、钠离子和氢氧根离子等在偏高岭土的表面吸附，伴有吸附热放出。（2）诱导期：活性硅铝氧化物的溶解。偏高岭土中的硅氧结构和铝氧结构溶出进入液相，液相中的硅氧酸基团和铝氧酸基团浓度不断提高，此时有少量的四面体开始聚合。（3）加速期：四面体基团的聚合。经诱导期后液相中硅氧四面体和铝氧四面体的浓度较高，并有一定的聚合度，此时四面体的聚合作用快速提高，水化放热加快。（4）减速期：水化速度降低。主要是由于聚合的硅氧四面体和铝氧四面体使未聚合基团的扩散阻力增大，偏高岭土反应面积减小以及液相中的碱含量降低。（5）稳定期：碱含量和硅氧、铝氧基团含量基本稳定，固化强度增大。

偏高岭土的特点：（1）具有良好的力学性能，早强快硬。（2）能吸附毒性金属离子，如对砷、铁、锰、铅的固定率能够达到80%以上。另外特有的"牢笼型"骨架稳定性特别强，即使受到核辐射的照射作用，仍然不会受到破坏。（3）反应过程中没有硅酸钙的水化反应，最终产物是三维网络凝胶体，并没有出现与普通水泥类似的过渡区，具有良好的界面结合能力。（4）生成的三维网状结构可以保护内部组分结构不被破坏，耐高温耐热效果好。（5）能耐硫酸盐、CO_2 气体以及有机溶剂的侵蚀。（6）结构致密，渗透率低，耐冻融循环。（7）由 SiO_4 和 AlO_4 四面体结构单元聚合而成的三维网络结构，具有有机高分子聚合物的键接结构，耐久性好。

（步玉环　柳华杰）

【前置液 preflushing fluid】　固井注水泥前打入井内将水泥浆和钻井液有效隔离开的液体统称。在固井作业中，为了提高水泥浆顶替钻井液的效率，改善水泥环的胶结质量，常在钻井液与水泥浆之间注入一类能起到隔离、缓冲、清洗的作用的液体，将水泥浆与钻井液隔开。该类液体是在注水泥浆之前注入到井内，故把这类液体统称为前置液。根据作用性能的不同可以分为冲洗液和隔离液。

（郭胜来　柳华杰）

【冲洗液 flushing fluid】　固井作业时用于有效冲洗井壁及套管壁，清洗残存的钻井液及滤饼的液体。属于固井前置液的一部分，在固井注水泥之前，主要用于清洗井壁油污和凝胶钻井液，改善固井一界面及固井二界面亲水性能，提高一界面及二界面与水泥环的胶结强度。它具有基浆密度低、黏度低、能明显降低钻井液的黏度和切力的特点。分为冲洗型和稀释型两类。

冲洗液的主要作用：（1）稀释和分散钻井液，防止絮凝和胶凝；（2）有效的冲刷粘在井壁和套管上的钻井液或疏松滤饼，提高水泥与井壁和套管之间的胶结强度；（3）作为钻井液与水泥浆之间的缓冲液和"隔离液"，防止水泥浆与钻井液直接接触而产生污染；（4）稀释改善钻井液的流动性能，使钻井液易于被顶替，同时，提高顶替效率。

冲洗液的性能要求：（1）一般密度较低（$1.0 \sim 1.03 \mathrm{g/cm^3}$）；（2）有很低的黏度，并接近牛顿流体，用于紊流顶替；（3）对井壁疏松滤饼具有渗透能力，使滤饼易于冲洗剥落；（4）具有一定的悬浮能力，防止钻井液固相颗粒和冲蚀下来的滤饼的沉降和堆积；（5）稀释型冲洗液，应能稀释和分散钻井液，使钻井液在较低流速下达到紊流顶替，其临界流速应控制在 0.5m/s 以下；（6）与水泥浆混合比例较低的条件下，对水泥浆的稠化时间和强度的影响要小；（7）对于冲洗型冲洗液，要能在流体中加入惰性固体粒子增强对井壁的冲刷效果；（8）对套管不产生腐蚀作用。

（郭胜来　柳华杰　郭辛阳）

【隔离液 sealing fluid 】　有效隔开钻井液与水泥浆，同时避免被冲洗液冲下来的滤饼进入水泥浆中，造成桥堵失重而形成气窜的液体。通常为黏稠液体，有效隔离钻井液与水泥浆的同时，可以形成平面推进型的顶替效果提高顶替效率。

　　隔离液的主要作用：（1）能有效驱替钻井液，适应塞流、低速层流或紊流驱替钻井液；（2）易于控制不稳定地层的垮塌（与冲洗液比较）；（3）与冲洗液比较，能更有效地隔离钻井液和水泥浆，避免水泥浆的接触污染，防止钻井液絮凝增稠；（4）对紊流隔离液，依靠其中的固相颗粒冲蚀井壁滤饼；（5）对黏性隔离液，依靠其黏性产生平面推进驱替钻井液。

　　黏性隔离液一般为在水中加入黏性处理剂及重晶石等配成，其性能要求：（1）具有一定的触变性能，以利于悬浮岩屑和固体颗粒；（2）易于进行塞流或低速层流顶替；（3）流变性能应优于水泥浆，但比钻井液差；（4）密度高于钻井液，低于水泥浆，密度差一般可 0.06～0.12g/cm³；（5）控制高温高压下的滤失量，一般小于 150mL/30min；（6）与钻井液和水泥浆有良好的相容性；（7）不腐蚀套管。

　　根据性能要求的不同，隔离液又可以分为紊流隔离液、冲洗型隔离液、黏弹性隔离液和黏性隔离液等类型。

（郭胜来　柳华杰　郭辛阳）

【紊流隔离液 turbulence isolating fluid 】　适宜于紊流顶替时的隔离液，有着较低的黏度和较低的紊流临界返速。在较低的返速下实现紊流顶替，可相应延长紊流接触时间，要求紊流接触时间为 10min，至少应有 7min。

（步玉环　柳华杰）

【冲洗型隔离液 flushing type spacer 】　具有冲洗功能的隔离液。一般采用该隔离液时，不再采用冲洗液，也就说冲洗型隔离液是采用了一种液体，代替了冲洗液和隔离液两种液体。为此，该隔离液是具有通过物理冲刷和化学改变界面性质的方式来清除井壁以及套管界面的滤饼和油污，从而改善井壁和套管界面性质，提高固井一界面、固井二界面的胶结强度；又具有良好的钻井液与水泥浆的隔离作用，另外具有一定的防止冲洗的滤饼或井壁掉块落入水泥浆的功能。

（步玉环　蔡　壮）

【黏弹性隔离液 viscoelastic isolating fluid 】 既有黏性流体的特征又有弹性固体特征的隔离液。它与黏性流体存在着法向应力差，在流动过程中会出现挤出膨胀现象。在固井顶替中，有助于将井壁处滞留的钻井液顶替出来。

（柳华杰　步玉环）

【黏性隔离液 viscous isolation fluid 】 具有较高塑性黏度和较高动切力的隔离液。用于塞流或低速层流顶替，隔离液应有一定的黏度和较大的切力。一般塑性黏度在 40～180mPa·s，动切力大于钻井液 10Pa。

（步玉环　柳华杰）

【固井设备 well cementing equipment 】 用于固井作业的专用设备。主要有固井水泥车、运灰车、背罐车、下灰车、气灰分离器、固井监测仪表车以及油井水泥混拌装置等。大功率、高泵压、大排量和智能化是固井设备发展的主要方向。

（高文金）

【水泥车 cementing unit 】 注水泥作业时用于混浆并向井下注入水泥浆的油田专用特种车辆（见图）。应能满足在施工作业中的水泥浆的批量均匀混合、水泥浆密度均匀、泵注、压胶塞、碰压和试压等固井工艺的要求，性能是否可靠直接影响到施工安全和固井质量。由运载底盘、动力系统、传动系统、固井泵系统、水泥浆混合系统和控制系统等主要部件组成。在混浆系统中，将水泥和水（或混合液）按照一定比例混合均匀后，通过固井泵注入到井下。

固井水泥车

固井泵的排量和压力大小直接影响到固井质量，固井工艺要求泵注水泥浆时要大排量、高泵压，使水泥浆以紊流状态在井筒里流动，有利于提高顶替效率，提高固井质量。固井泵的最高泵压要达到100MPa，最大排量达到2.10m³/min，以满足施工需要。

水泥浆混合系统的混浆排量、密度、精度、水泥浆的流动性和高密度混合能力，反映了混合系统的技术水平。中国水泥车的水泥浆混合系统经历了以下的发展过程：一次喷射式水泥浆混合装置、旋流式再循环混浆装置、高能喷射式自动控制混浆系统。

（高文金）

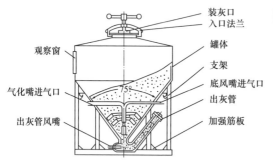

固井运灰车立式罐结构示意图

【运灰车 bulk cement truck】 用于运输油气井固井用散装水泥的专用车辆。又称水泥罐车、灰罐车。使用散装水泥与袋装水泥相比，有利于提高施工质量，减轻工人的劳动强度，提高劳动生产率，减少环境污染。

固井运灰车下灰采用的是气力输送原理。利用车装空压机所产生的压缩空气（必要时也可采用外接风源），借助管汇总成、配气系统及罐体内的气化器，使罐体内的物料流态化，然后利用罐内外压差，将物料排出储料罐。运灰罐的储料罐分为立式（见图）和卧式两种。

（高文金　柳华杰）

【下灰罐 ash tank】 用于现场及水泥库中水泥或重晶石粉储存和下灰的装置。可完成装料及卸料作业，最大限度地减少固井作业中散装水泥罐及重晶石粉罐的使用数量，以适应固井作业场地狭窄的工况要求。

固井下灰罐采用气力输送的工作原理，以压缩空气为动力，借助气化装置，使罐内的粉尘物料流态化，然后利用罐内、罐外压力差，将罐内物料排出贮料罐并进行水泥浆配制作业（见图）。

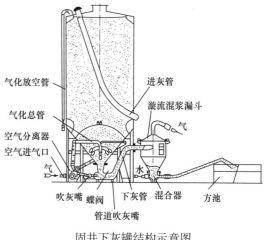

固井下灰罐结构示意图

（高文金）

【背罐车 tank truck】 用于自装、自卸和移运固井作业用固井下灰罐（简称背罐）的专用车（见图）。是在二类汽车底盘上安装固定的底架，再在底架上装配活动的背架总成、起升油缸、提罐油缸、液压千斤及液压系统等部件组成。

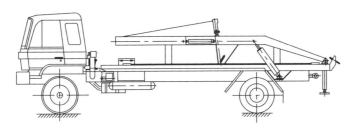

固井背罐车结构示意图

装、卸背罐时，汽车的发动机的动力经变速箱、取力器及泵连接装置以带动齿轮油泵工作，由齿轮油泵供给的高压液压油经多路换向阀及各自管路分别驱动液压千斤、起升油缸及提罐油缸，从而使千斤支承、背架及悬臂吊钩等机构工作。起升油缸用于举升和收回背架；提罐油缸用于提起和放下悬臂吊钩；液压千斤位于底架尾部，用于装、卸背罐时支承背罐车尾部的重量。

（高文金）

【气灰分离器 air-cement separator】 注水泥作业气动下灰时，用于将空气从水泥中分离出来，提高混配效率和防止环境污染的装置。由水泥控制阀系统、进水控制阀系统、水泥浆扩散器系统、混合搅拌罐系统和密度计系统组成。

主要特点：（1）采用真空负压原理进行灰气分离。（2）水泥浆的混拌均匀，使水泥浆无水溶性包块，无气体包裹，确保水泥浆的密度，保证工程质量。（3）水泥浆水溶性好，混合均匀无气溶，在施工中有利于柱塞泵的工作，不产生气蚀、敲泵和振动，延长设备的使用寿命。（4）采用微机控制，自动化程度高，操作灵活方便。

可用于车装，也可用于灰水混合的固定场所。

（高文金）

【固井监测仪表车 measuring truck】 显示和记录注水泥作业流程参数的专用车辆。可以进行固井作业中的水泥浆、钻井液的累计流量、瞬时流量、压力以及水泥浆密度的测量，可越限报警，可对全部施工状态参数下载打印，通过计算机可将数据处理结果及时提供给指挥和操作人员，实时调节所需参数进行安全施工。

系统选用高抗干扰总线结构的计算机系统及抗干扰抑制器，以及多位双隔离转换器，以满足固井监测仪表车在复杂环境条件下稳定可靠施工。采用四路流量检测通道，其中两路模拟量，两路脉冲数字量。模拟量用于脉冲电磁流量计，脉冲数字量用于涡轮流量计。密度测量采用非放射源密度计。

（高文金）

【油井水泥混拌装置 mixing plant for oil well cement 】 固井作业前，对水泥、外加剂或外掺料进行搅拌混合的装置。由原料罐、药品罐、成品罐和混拌罐等主要设备以及配套的动力装置（压缩机、储气罐等）、拆袋和转运装置组成。其作用是在常规水泥中加入一定比例的外掺料和外加剂，并使这几种粉状物料在气化、流化状态下均匀混合，从而达到各种固井水泥的性能指标。

在实际工作过程中有手动、自动两种控制方式，并具有自动采集和数据处理的功能。其中，手动方式是通过人工操作计算机打开、关闭气动截止阀、调节阀，控制水泥、外加剂等物料的流向与流量；自动方式是通过计算机程序实现从原料罐、药品罐的充气、出料开始，经过若干中间流程，一直到合格的成品进入成品罐，全过程自动控制与监视以及相应的故障处理。

（高文金）

【水泥橇 cement sled 】 橇装式水泥浆配制泵送设备，一般用于海上钻井平台。水泥橇和水泥车的作用一样，是用于配制水泥浆也可以作为顶替设备和试压设备使用，不同之处在于水泥车可以移动，而水泥橇没有汽车底盘，不能自行行走。

（步玉环　郭胜来）

【水泥浆混浆设备 cement slurry mixing equipment 】 用来进行水泥浆混拌的设备。又称专用混浆橇。分为普通水泥混浆橇（见图 1）、再循环水泥混浆橇

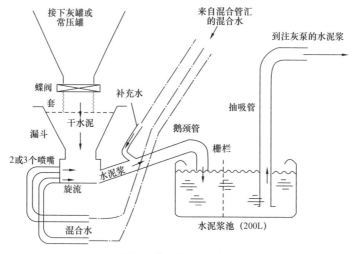

图 1　普通水泥混浆橇

（见图2）和密度自动控制水泥混浆橇（见图3）。只能配制水泥浆和再循环混浆，不能向井内注入水泥浆。当注水泥施工对水泥浆要求质量高时，用来配制水泥浆和二次混浆使用。

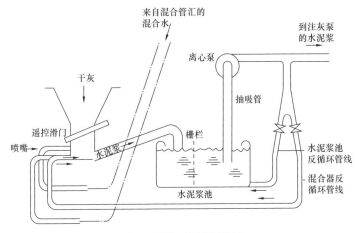

图 2　再循环水泥混浆橇

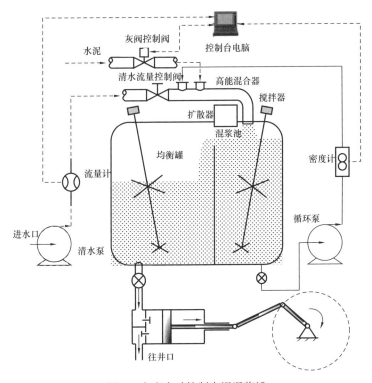

图 3　密度自动控制水泥混浆橇

作业过程中，混合水流量和水泥浆密度分别由流量计和密度计反馈给控制台电脑，一般地，混合水流量一定（混合水流量由操作员手动控制或个别设备可通过电脑设定相关参数），控制台电脑通过调节灰阀控制阀至适当位置控制干水泥量，使水泥浆密度达到设计要求。

水泥缓冲罐的干水泥通过管线接到混浆池的下灰阀，高能混合器高速喷射的水流形成真空吸入干水泥与流体混合。混合后的水泥浆在混浆池中经搅拌器充分搅拌和循环泵的多次混合，使得混配出的水泥浆密度非常均匀。

（郭胜来　柳华杰）

【管汇车 manifold truck】 在油田压裂、固井等作业中用于运载和吊装管汇专用车辆。主要由汽车底盘、液压吊臂、橇架、高低压管汇系统以及液压系统组成，可根据用户需要设计和配备管汇系统。

（步玉环　郭胜来）

【水泥干混设备 cement dry mixing equipment】 用于完成水泥和外加剂干混作业的专用设备。也可以作为散装水泥库使用，安装在码头上的水泥混拌储存系统可以直接向运灰船输送水泥。水泥干混设备主要包括原料罐、成品罐、批混罐、管道混合器、控制室、压风机、地仓罐、管汇及阀件等。

（步玉环　郭胜来）

【固井工具 cementing tool】 在固井作业中，为了使固井施工达到预期目的，安装在套管柱上的专用工具。固井工具包括注水泥胶塞、水泥头、套管头、套管卡盘、联顶节、套管悬挂器、扶正器、套管刮泥器、旋流器、水泥伞、套管浮箍、分级箍、套管刮削器、套管漂浮接箍、漂浮减阻器、内管注水泥器、管外封隔注水泥器、尾管悬挂器、套管预应力地锚、封隔器和盲板等。

（步玉环　郭胜来）

【注水泥胶塞 cementing rubber plug】 装在水泥头内，在固井注水泥作业中用来隔离水泥浆和钻井液，或用来隔离水泥浆和顶替液的橡胶制品。常规一次固井作业可以采用两个胶塞，即下胶塞和上胶塞。一般固井作业只用上胶塞。

下胶塞是在注水泥前下入的胶塞，也称底胶塞（见图）。上部有一橡胶薄膜，下部为内空部分，注水泥的推动作用使得下胶塞下行，到浮箍的阻流环时被阻挡，随着水泥浆的继续泵入，作用在下胶塞胶膜上的压力升高，当此压力超过胶膜强度时，上部胶膜被压破，水泥浆继续循环。

上胶塞为实心胶塞（见图），也称顶胶塞。是在注完所有水泥浆之后推入，用来隔离水泥浆和顶替液，同时进行水泥塞（套管下部水泥封固的实心部分）。上胶塞放在水泥头中，通过压塞作业剪断上胶塞下部的固定销钉，然后被顶替液顶替向下运行，在顶替过程中，当上胶塞下行到浮箍的阻流环位置时实现碰压，指示顶替过程的完成。

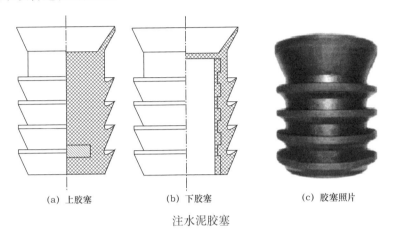

(a) 上胶塞　　　　　(b) 下胶塞　　　　　(c) 胶塞照片

注水泥胶塞

（柳华杰　步玉环）

【**钻杆胶塞** drill pipe rubber plug】 尾管固井时采用的复合胶塞的中间胶塞部分（见图）。安放在钻杆水泥头之中，当水泥浆全部注入井内，通过压塞作业剪断钻杆胶塞下部的固定销钉，在顶替液的推动下，在钻杆内推动水泥浆下行，当钻杆胶塞下行到固定于在尾管悬挂器送入工具中心管的下部的套管胶塞位置时，钻杆胶塞的下部锥头逐渐进入到套管胶塞，形成复合胶塞。

钻杆胶塞

钻杆胶塞必须与尾管胶塞配合使用才能完成固井碰压作业。

（步玉环　柳华杰　田磊聚）

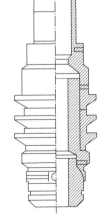

图1　尾管胶塞
示意图

【**套管胶塞** casing plug】 尾管固井时采用的复合胶塞的外沿胶塞部分。又称尾管胶塞。固定于在尾管悬挂器送入工具中心管的下部，尾管胶塞是内空的，见图1。顶替时，钻杆胶塞下行到尾管胶塞时，插入尾管胶塞内孔进行复合（见图2），从而剪断尾管胶塞的固定销钉一起下行，复合胶塞到达球座时实现碰压，复合胶塞与球座锁紧在一起。尾管胶塞必须与钻杆胶塞配合使用才能完成固井碰压作业。

图 2　钻杆胶塞与尾管胶塞的复合

（步玉环　柳华杰）

【水泥头 cementing head】　连接在套管柱或钻杆（尾管固井）上端和固井管汇之间，用于完成注水泥作业的井口装置。内部可容纳顶胶塞，或钻杆胶塞，或一级胶塞和打开塞。水泥头可分为单塞水泥头（见图）、双塞水泥头、尾管水泥头和旋转水泥头 4 种。

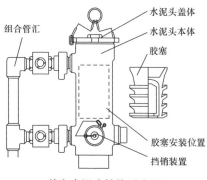

单塞水泥头结构示意图

使用最广泛的为单塞水泥头，用于下套管和固井时不需要旋转套管的固井作业，其结构是：（1）本体。存放胶塞、连接套管柱并通过活接头与组合管汇相连接。（2）盖体。将胶塞安放在本体里的入口。（3）组合管汇。有单翼和双翼两种组合管汇。每翼组合管汇由多个活接头和闸阀组成。通过倒换不同闸阀的开启及关闭状态，实现循环钻井液、注水泥、顶胶塞、洗管线、顶替水泥浆、碰压和套管柱试压等工序的操作。（4）挡销装置：用于控制胶塞工作状态，限定其在水泥头内或开启进入套管柱。

（胡　旺　步玉环　田磊聚）

【钻杆水泥头 drill pipe cement head】　尾管固井时连接在尾管顶部连接在钻杆上端和固井管汇之间，用于完成尾管注水泥作业的水泥头（见图）。内部容纳钻杆胶塞。其功能和结构与单塞水泥头相同。用于下套管和固井时不需要旋转套管的固井作业。

（步玉环　柳华杰）

【双塞水泥头 double plug cement head】　用于多级固井，连接在套管柱上端和固井管汇之间，用于完成注水泥作业的水泥头（见图）。内部容纳一级胶塞和打开塞。

双塞水泥头结构由提环、水泥头盖堵、上压塞管线接头、胶塞定位杆、上胶塞挡销、平衡管、下压塞管线接头、

钻杆水泥头

下胶塞挡销、注水泥管线接头和替钻井液管线接头等组成。

用于下套管和固井时不需要旋转套管的固井作业。

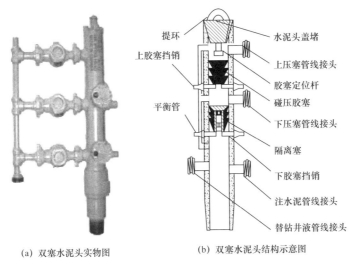

　　(a) 双塞水泥头实物图　　　　　　　(b) 双塞水泥头结构示意图

双塞水泥头实物图及结构示意图

（步玉环　柳华杰）

【旋转水泥头 rotary cement head 】　用于下套管和固井时需要旋转套管的固井作业的水泥头。旋转水泥头包括转盘驱动旋转水泥头（见图 1）和顶驱驱动旋转水泥头（见图 2）。转盘驱动旋转水泥头由水泥头盖堵、压胶塞管线接头、注水

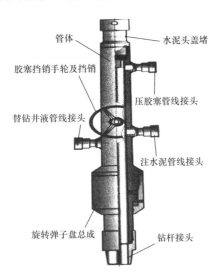

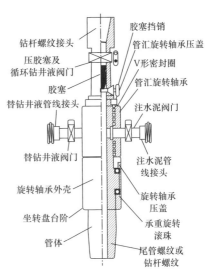

图 1　转盘驱动旋转钻杆水泥头　　　　图 2　顶驱驱动旋转水泥头

泥管线接头、钻杆接头、管体、胶塞挡销及控制手轮、替钻井液管线接头和旋转弹子盘总成等组成。顶驱驱动旋转水泥头结构主要由顶钻杆内外螺纹接头、压胶塞及循环钻井液阀门、替钻井液管线接头、替钻井液管线阀门、旋转轴承外壳、管体、胶塞挡销、管汇旋转轴承压盖、V形密封圈、管汇旋转轴承、注水泥阀门、注水泥管线接头、旋转轴承压盖和承重旋转滚珠等组成。

（步玉环　郭胜来）

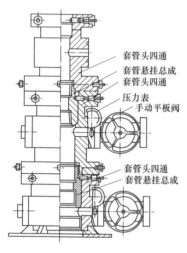

套管头结构图

【套管头 casing head】 在井口用于悬挂套管、密封环空和安装防喷器组合的专用构件总成。主要由套管头壳体（四通）和套管悬挂器等组成（见图）。套管头四通一般分为下法兰四通和中间四通两部分，有的在与油管头连接时还有一中间转换法兰；套管悬挂器用来悬挂套管或油管，并在内外套管柱之间的环形空间形成压力密封，其悬挂可采用螺纹、卡瓦或其他方式。

悬挂器的密封一般分主、副密封。主密封直接同悬挂器相连，由座圈、密封圈组成；副密封位于悬挂器的上部，具有辅助密封的作用。

套管头尺寸系列主要有：$TG13\frac{3}{8} \times 9\frac{5}{8} \times 7$，$TG13\frac{3}{8} \times 9\frac{5}{8} \times 5\frac{1}{2}$，及 $TG9\frac{5}{8} \times 7 (5\frac{1}{2})$；压力级别主要有：21MPa，35MPa 及 70MPa 等。

随着特殊工艺井的出现，套管头的类型也在不断增加，但基本原理差不多，只是根据不同的需要和工况条件，对套管头的材料、压力级别、温度级别、密封装置等做一些改进。

（田中兰）

【套管卡盘 casing spider】 下套管时在转盘上用以卡住套管本体的工具。中间有锥形孔的大铸件，孔内可放入卡瓦，卡瓦的卡牙紧紧卡住套管本体，由套管本体承受套管紧扣的反扭矩。同一个卡盘，可适用多种尺寸的套管。套管卡盘分手动和气动（见图）两种。

套管卡盘承受负荷比较均匀，一般在 3000m 以上深井或套管直径大于 7in 时使用。

（田中兰）

气动套管卡盘

【联顶节 landing joint】 在固井作业时，将套管串连接到钻井平台平面上，连接套管串顶部第一根套管与固井水泥头的一根连接短套管。在下完套管后，选用适当长度的短套管（联顶节），安装在套管串顶部，可以使套管柱下到预定的深度和得到标准的套管井口高度，从而满足安装防喷器和采油树对井口高度的要求。

联顶节的技术要求有：（1）联顶节必须与套管柱上部分套管的规范及性能一致。其抗拉强度和抗内压强度应大于或等于最上部套管的强度。一般由 N80 以上级套管制成，抗拉安全系数不低于 1.80。（2）联顶节上下端螺纹应符合 API 套管螺纹规范。螺纹完好，接箍不变形，全长弯曲不大于 3mm。（3）联顶节应用标准通径规通内径。（4）联顶节送井之前必须做探伤、试压检查。

（步玉环　柳华杰　田磊聚）

【扶正器 stabilizer/centralizer】 装在套管柱的外径上，使套管柱在井眼内居中的装置。是套管附件工具之一。固井作业常用扶正器主要有弹性扶正器、刚性扶正器、滚轮扶正器、液压式扶正器、树脂旋流扶正器、整体扶正器等。

扶正器的主要作用是在套管下入井内时扶正套管，减小套管偏心度，提高固井顶替效率，保证固井质量；同时下套管使用扶正器也能减少下套管过程中套管卡阻。

（步玉环　柳华杰）

【弹性扶正器 flexible centralizer】 由接箍和弹簧片构成，具备一定弹性的套管扶正器。弹性扶正器按弓型弹簧片形状分为双弓弹性扶正器；单弓弹性扶正器；按套箍和弓型弹簧片连接方式可分为焊接弹性扶正器、编织弹性扶正器和整体式弹性扶正器；按套箍特点可分为铰链弹性扶正器、非铰链弹性扶正器（见图1）。为了使套管—井壁环空内水泥浆具有低流速下的紊流状态，将弓形弹簧片做成螺旋状或在弹簧扶正器中焊接带有一定角度的叶片，促使水泥浆形成旋流的装置，称为旋流式弹簧扶正器。

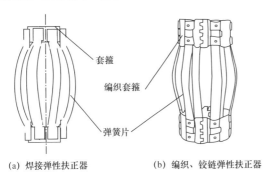

(a) 焊接弹性扶正器　　(b) 编织、铰链弹性扶正器　　(c) 旋流式弹簧扶正器

图1　弹性扶正器结构示意图

套箍
编织套箍
弹簧片

　　弹性扶正器是使用最早的扶正器，也是应用最广的扶正器，在变径的井眼中适应性较好，但是提供的扶正力度不如刚性扶正器。因此，在直井中可以单独使用，而在大斜度井、大位移井、水平井中需要与刚性扶正器联合使用。

　　在使用弹性扶正器时，有时会使得套管在井径变化处发生阻卡现象，为了减少套管阻卡及阻卡对弹性扶正器的损坏，在使用弹性扶正器时，需要在套管上加上定位箍，以防止套管在上提、下放时受卡。定位箍安装在扶正器中间并离开套管接箍，当套管下放到小井眼处时，定位箍挡住扶正器下端，扶正器通过弹性变形向上拉长，直径变小，顺利穿过小井眼井段后恢复原状；当套管上提到小井眼处时，定位箍挡住扶正器上端，扶正器通过弹性变形向下拉长，直径变小，顺利穿过小井眼井段后恢复原状（见图2）。如果不用扶正器定位箍，当套管下放到小井眼处时，扶正器会被推到套管接箍处，使扶正器发生弹性压缩，直径变大，可能导致弹性扶正器损坏，也可能发生卡套管事故。同理，套管上提时也会发生类似情况。

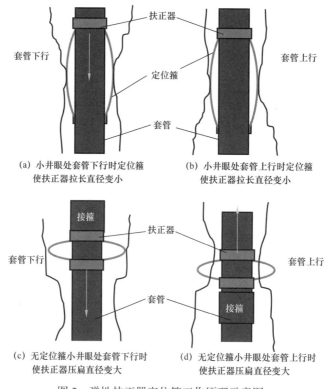

(a) 小井眼处套管下行时定位箍　　　　(b) 小井眼处套管上行时定位箍
　　使扶正器拉长直径变小　　　　　　　　使扶正器拉长直径变小

(c) 无定位箍小井眼处套管下行时　　　(d) 无定位箍小井眼处套管上行时
　　使扶正器压扁直径变大　　　　　　　　使扶正器压扁直径变大

图2　弹性扶正器定位箍工作原理示意图

（步玉环　柳华杰）

【刚性扶正器 rigid centralizer】 由扶正器体和扶正条组成，不具有弹性变形能力的套管扶正器（见图）。刚性扶正器制作材料有铝合金材质、铸钢材质和树脂材质。按扶正条形态分为直条刚性扶正器和旋流刚性扶正器两种；按有无扶正体又可以分为有扶正体式刚性扶正器和无扶正体式刚性扶正器。

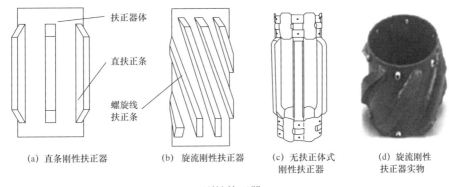

(a) 直条刚性扶正器　　(b) 旋流刚性扶正器　　(c) 无扶正体式　　(d) 旋流刚性
　　　　　　　　　　　　　　　　　　　　　　　刚性扶正器　　　扶正器实物

刚性扶正器

刚性扶正器扶正力度大，但是下入较困难，所以多和弹性扶正器配合使用。一般大斜度井、大位移井、水平井中。无扶正体式刚性扶正器由于两端采用的是接箍式，相对而言易损坏，应用较少。

（步玉环　郭胜来　田磊聚）

【滚轮扶正器 roller centralizer】 扶正条上装有 2 个或 3 个滚轮的套管扶正器（见图）。当装有滚轮刚性扶正器的套管进入斜井段或水平井段时，扶正器跟井眼的摩擦由滑动摩擦变为滚动摩擦，从而大大减少了套管与井壁摩擦力，使套管顺利下到预定位置。滚轮刚性扶正器适用大斜度井、大位移井或水平井段。

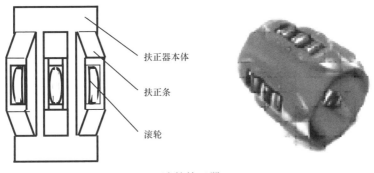

扶正器本体

扶正条

滚轮

滚轮扶正器

（步玉环　柳华杰　郭胜来）

【高温树脂螺旋耐磨减阻扶正器 high temperature resin spiral wear-resistant and resistance reducing centralizer】 由耐高温树脂材料加工而成的特殊刚性扶正器（见图）。外形与刚性螺旋扶正器相似，可以是普通式的，也可以是滚轮式的，采用高温树脂材料热成型体。该扶正器具有以下特点：高温树脂材料有较小的摩擦系数，扶正器与井壁或外层套管之间摩擦力小；在高温高压下不变形，有较强的支撑力，与刚性扶正器类似；摩擦力小，比较适合于旋转套管固井；由于外形和强度类似于刚性扶正器，具有刚性扶正器的优缺点。

高温树脂螺旋耐磨减阻扶正器

（步玉环　柳华杰）

【液压套管扶正器 hydraulic opening casing centralizer】 下套管时扶正器本体与套管直径相当，达到合适位置后，利用液压使其扶正部分张开到一定直径，对套管起到扶正的扶正器。有分瓣式和弹性式液压套管扶正器两种类型。

分瓣式液压套管扶正器主要由中心管活塞、缸套、O形密封圈、剪销、锁紧环、锥体和分瓣扶正接头等组成（见图 1），液压式套管扶正器随套管下到预定深度后，利用液压式尾管悬挂器憋压坐挂工序来启动，由缸套推动锥体使分瓣扶正接头胀开，抵住井壁四周，实现套管居中。

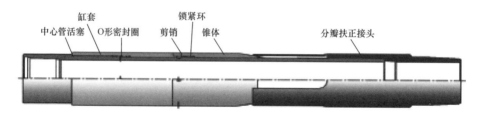

图 1　分瓣式液压套管扶正器

弹性式液压套管扶正器主要由中心管、液缸、活塞、止退环、扶正片、扶正块等组成。扶正片部分是事先经过均匀割缝的。弹性液压套管扶正器随套管下到预定深度后，利用液压式尾管悬挂器憋压坐挂工序来启动，由液缸提供动力，活塞推动割缝管部分向下移动，使割缝管部分的弹性条受压胀开，抵住井壁四周，实现套管居中（见图 2）。

图 2　弹性式液压套管扶正器

（步玉环　柳华杰）

【可旋转式套管扶正器 rotatable sleeve centralizer】　一种专门用于旋转下套管和旋转套管固井时扶正套管的专用扶正器（见图）。可分为可旋转套管刚性扶正器和可旋转套管弹性扶正器。

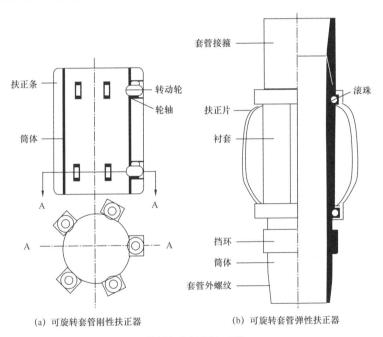

(a) 可旋转套管刚性扶正器　　　　(b) 可旋转套管弹性扶正器

可旋转式套管扶正器

　　可旋转套管刚性扶正器主要由筒体、扶正条、转动轮和轮轴等组成。扶正器由定位接箍定位在套管柱设计位置，下套管时扶正器特征与常规刚性扶正器相同；当套管转动时，转动轮转动，大大减小套管转动摩阻，实现套管下入和固井过程中套管转动功能。特点是：（1）套管转动时，扶正器不转动，轮子发生转动，减小套管转动阻力；（2）套管下入时，与常规扶正器相同，没有增加其他阻力；（3）专门为旋转套管或旋转尾管固井而设计，提高了套管旋转能力；

（4）复杂井段下套管遇阻时，可利用套管旋转下入解决套管遇阻问题。

可旋转套管弹性扶正器主要由筒体、扶正片、挡环、衬套和套管接箍等组成。扶正器由定位接箍定位在套管柱设计位置处，下套管时扶正器特征与常规弹性扶正器相同；当套管转动时，滚珠转动，降低套管旋转摩阻，实现套管下入和固井过程中套管转动功能。特点是：（1）套管转动时，扶正器不转动，滚珠发生转动，减小套管转动阻力；（2）套管下入井内时，弹性扶正片可以变形，具有良好的扶正功能；（3）扶正器的中间包含衬套，过直径较小的井眼时，不会轴向压扁扶正器；（4）专门为旋转套管或旋转尾管固井而设计，提高了套管旋转能力；（5）有利于在糖葫芦井眼等复杂井段下套管，可利用扶正器的变形和套管旋转下入解决套管遇阻问题。

（步玉环　柳华杰　郭胜来）

【偏心刚性滚轮扶正器 rigid casing centralizer with eccentric truck】 两条方向相反的扶正棱使得扶正器具有自定心作用，总能实时自动旋转较厚的棱至套管与井壁间隙最小的一侧，然后加大该侧环空间隙，这使得套管的轴线与井眼的轴线重合（即套管上下两侧的间隙相同）的扶正器。由扶正器箍环、外侧直条扶正棱、左旋扶正棱、右旋扶正棱、滚轮轴、滚轮 6 个主要部件组成。这种扶正器能够有效提高水平井套管在井眼内的居中度，有利于提高水平井和大斜度井的固井质量。

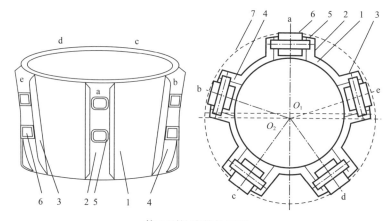

偏心刚性滚轮扶正器

1—扶正器箍环；2—直条扶正棱；3—左旋扶正棱；4—右旋扶正棱；5—滚轮轴；6—滚轮；
7—扶正棱包罗圆；O_1—扶正器箍环内圆圆心；O_2—扶正棱包罗圆圆心；a—直条扶正棱；
b、c—右旋扶正棱；d、e—左旋扶正棱

（田磊聚）

【套管附件 casing accessories】 套管柱的辅助构件。辅助套管柱下入和居中，确保注水泥作业顺利进行，从而获得良好的固井质量。包括管柱下部结构附件和管柱附件两部分。套管柱下部结构附件有套管引鞋、套管鞋、套管旋流短节、套管浮鞋、套管阻流环（套管承托环）、套管浮箍等。套管柱附件有套管水泥伞、套管滤饼刷、套管扶正器，还包括套管外封隔器、分级箍、内管注水泥器、尾管悬挂器和回接筒等固井井下工具。

不同固井目的和方法，使用不同组合的套管附件。通常技术套管下部结构自下而上有：引鞋＋套管鞋＋套管2根＋浮箍＋阻流环，管柱附件有扶正器；生产套管下部结构自下而上有：引鞋＋套管2根＋浮箍（必要时用2只）＋阻流环，管柱附件有扶正器、短套管和联顶节。有特别要求的固井作业，将在套管柱上加相应的附件，如双级注水泥固井在套管柱上加分级注水泥接箍，尾管注水泥固井在套管柱上加尾管悬挂器和回接筒，筛管注水泥固井在套管柱上加水泥伞或管套外封隔器等。

（田中兰）

【套管刮泥器 casing scraper】 下套管时用于清除井壁滤饼的井下工具。是套管附件之一。安装在套管柱下部，在套管下行过程中刮削井壁，清除松软的滤饼，以改善水泥与地层的胶结质量。分往复式（见图）和旋转式两种，前者清除滤饼效果比后者好。往复刮泥器由直的或环形的径向钢丝和连接箍环组成，也可以用钢丝绳代替钢丝，通过套管上下往复运动清除井壁滤饼。

(a) 直钢丝刮泥器　(b) 环形钢丝刮泥器
往复式套管刮泥器

（田中兰）

【旋流器 cyclone】 在固井过程中，能使水泥浆在环空上返时形成旋流的装置。目的是使水泥浆在低注入量下，利用旋流器形成旋流，有利于提高固井质量。一般用于糖葫芦井眼、大肚子井眼固井中，使得水泥浆在环空上返过程中能充满大肚子井段，减少钻井窜槽，提高二界面固井质量。旋流器按照安装方式可分为常规旋流器和旋流短节（见图）。

常规旋流器由金属筒体、旋流胶翼和固定螺钉组成。旋流短节由套管接箍、套管本体、旋流胶翼组成。

在使用常规旋流器时，按设计下入的井深位置安装于对应套管串外部，并固定。使用旋流短节时，按设计下入的井深位置安装于对应套管串中。使用过程中，旋流器安装于大肚子井眼的底部效果更好，大肚子井段较长时，可以安装多个旋流器或旋流短节。

旋流器具有以下特点：（1）套管外只有胶翼部分，易变形，容易随套管下入；（2）不影响下入及旋转套管；（3）在大肚子井段，水泥浆旋转上返容易充满大肚子井段，有利于提高糖葫芦井眼和大肚子井段的二界面固井质量。

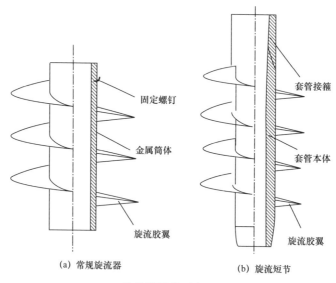

旋流器结构示意图

(a) 常规旋流器　　　(b) 旋流短节

（步玉环　柳华杰）

【滤饼刷 wall scratcher】　在下套管过程中安装在套管的外部，用来刮削井壁上滤饼的套管附件工具。用定位箍将滤饼刷安装于套管柱设计位置（多安装于目的层下部），当套管下到目的层时，在设计重点刷洗位置反复上下活动套管，以刷洗掉井壁上的虚滤饼，达到提高固井质量的目的。按结构分为两种：一种是刷式（或针式）滤饼刷，主要由套箍和钢丝刷组成（见图1）；另一种是刮泥绳式滤饼刷，由套箍和弹性钢丝刷泥绳组成（见图2）。

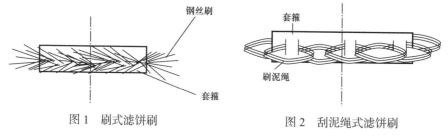

图1　刷式滤饼刷　　　图2　刮泥绳式滤饼刷

（步玉环　郭胜来）

【水泥伞 cement basket】 注水泥作业时防止井壁与套管环形空间水泥浆下沉的井下工具。是套管附件之一。通常安装在套管柱下部,以便支撑水泥浆液柱压力,有效地阻止水泥浆下沉,提高注水泥质量。为了提高承托能力,也可以安装多个水泥伞。

在下套管过程中,要避免上提套管柱幅度过大而损坏水泥伞。使用得比较广泛的套管水泥伞有金属型(见图)和帆布型两种类型。

(田中兰) 套管水泥伞结构图

【套管引鞋 guide shoe】 用于引导套管顺利下入井底,防止套管底部刮碰或插入井壁的一种工具。大部分类型的引鞋具有圆形凸头,凸头内部由可钻材料构成(对完井套管也可用其他材料),外套通常用套管接箍钢材制成。常用的引鞋有水泥引鞋和铝制引鞋(见图)。

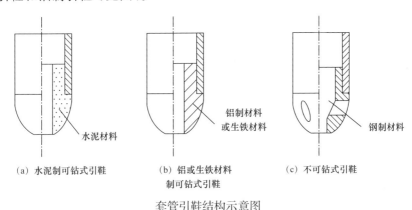

(a) 水泥制可钻式引鞋　　(b) 铝或生铁材料制可钻式引鞋　　(c) 不可钻式引鞋

套管引鞋结构示意图

(步玉环　郭胜来)

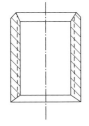

套管鞋结构
示意图

【套管鞋 casing shoe】 上端与套管相接,用套管接箍做成,下端车成45°内斜坡,并以螺纹或其他方式与套管引鞋相接的特殊短节(见图)。主要作用是后续钻进时钻具起钻过程引导钻具顺利进入套管,防止钻具的接头、钻头刮碰套管底端。

固井后不再钻进的油层套管可以不用套管鞋。常将套管鞋和引鞋制成一体。

(步玉环　柳华杰)

【套管旋流短节 rotary flow short casing】 安装在套管引鞋与套管浮箍(或承托

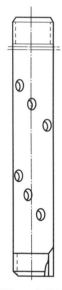

图1 套管旋流短节示意图

环）之间的一段带有孔眼的短节。带有孔眼成螺旋状（左旋）分布、孔径一般为25~30mm、孔数为8~9孔的短套管（见图1）。现场使用时为了方便和节约成本，也可以采用一根套管，按照要求的孔眼成螺旋状（左旋）分布进行螺旋打孔。

其作用是：旋流短节可以使套管串中空向下流动的水泥浆从旋流短节中分流出一部分，此部分水泥浆在螺旋孔的导向作用下按套管外圆切线方向流动；此部分旋流水泥浆与从套管引鞋上返的轴向流水泥浆混合，使得水泥浆可以在环空形成旋流上返，或低流速条件下形成紊流流动，以利于提高顶替效率，保证注水泥质量。它的另一个作用是当引鞋插到井底泥砂中时，可作为注水泥作业的流动通道。

在超深井固井中，常将引鞋与旋流短节并为一体（见图2），可用易钻的铸铝制造。固井后一齐钻掉，使井下管串在一段管壁上均无通孔，保证了下部套管的强度，有利于后续钻进及完井作业。铝质旋流引鞋底端还采用带阻流阀的结构，可防止下套管过程中发生砂堵。

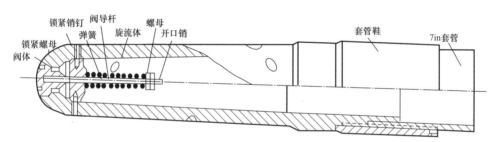

图2 套管引鞋与套管旋流短节并为一体

（步玉环 田磊聚）

【套管承托环 baffle collar】 注水泥作业时用来控制胶塞的下行位置的一个环形结构的套管附件（见图）。又称阻流环、生铁环。

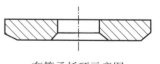

套管承托环示意图

在注水泥作业时，由于承托环中空内径小于套管的中空直径较多，当顶胶塞下行到该位置时，被阻挡而不能下行，有效地控制了水泥塞高度。下套管时装在水泥塞预定位置处的套管接箍内。为便于钻掉，一般用生铁做成。也可用塑料及其他易钻材料制成。常与回压阀做成一体。

（步玉环 柳华杰）

【回压阀 back-pressure valve】 允许流体从上而下流动，而不允许流体从下而上流动的单向流动阀。又称套管单流阀。它的作用注水泥浆过程中及其结束后，防止水泥浆回流，保证水泥浆上返高度。一般在技术套管和油层套管中使用，接在套管浮流起节之上。有球座回压阀（见图1）或半球式回压阀（见图2）两种结构，球座挡板起承托环（阻流环）作用。

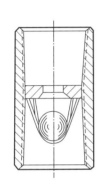

图1 球座回压阀示意图

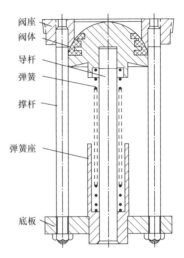

图2 半球式回压阀示意图

（步玉环 柳华杰）

【套管浮鞋 casing float shoe】 将套管引鞋、套管鞋和套管回压阀制成一体的注水泥作业专用工具。是套管附件之一。作用为：（1）在下套管过程中起着导向作用，使套管柱顺利穿过井眼，不致中途受阻；（2）通过向套管柱内灌入钻井液的体积调整其浮力，使套管悬重达到下套管作业的设计要求；（3）在注水泥时阻止套管外水泥浆流入套管内，为注水泥作业和水泥浆候凝提供操作保障，有利于提高固井质量。下次开钻前用钻头与水泥塞一起钻掉。

套管浮鞋从结构上分为尼龙球式浮鞋和球面钢阀式浮鞋两种（见图），前者用

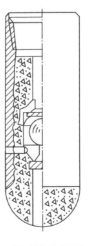
（a）尼龙球式浮鞋

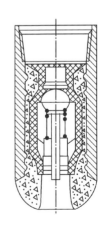
（b）球面钢阀式浮鞋

套管浮鞋

于浅井，后者用于深井。

（田中兰）

【套管浮箍 casing float collar】 装有套管回压阀的套管接箍。是套管附件之一。深井与特殊井中可与套管浮鞋联合使用，提高注水泥作业安全性。在下套管过程中，实现环空钻井液单向流动，防止注水泥过程发生水泥浆倒流以及实现固井碰压后放压候凝，有助于提高水泥环与套管的胶结质量；同时，通过向套管柱内灌入钻井液调整其浮力，使套管悬重达到下套管作业的设计要求。

结构上分为尼龙球式浮箍和球面钢阀式浮箍两种（见图），前者用于浅井，后者用于深井。

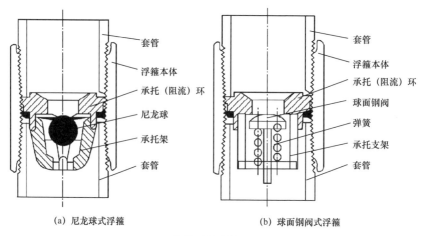

(a) 尼龙球式浮箍　　　　　　(b) 球面钢阀式浮箍

套管浮箍结构图

使用套管浮箍时，要控制套管柱下放速度，防止下放过快产生的压力激动，造成密封失效或压破脆弱地层。通过向套管内灌入钻井液的方法，调整套管内外静液柱压差，可以有效防止套管被挤毁。

（田中兰）

【插入式浮箍 inner type floating hoop】 一种带有插座的套管浮箍，是内插法固井专用工具。采用内插法固井时，将插入式浮箍安装在套管串底部，然后下入带有插入头的内管，将插入头插入插座内，进行注水泥作业。插入式浮箍的结构与可钻式浮箍类似，只是多了一个插座。

插入式浮箍与常规浮箍相比有以下特点：配有一个插座，与内插法固井使用的内插头尺寸相配合，为内插法固井专用工具；内插法固井多为大尺寸的技术套管或表层套管固井，该工具多为可钻式；内插法固井时，为防止固井过程中套管漂浮，要通过内管向浮箍加压，要求插入式浮箍正向承压能力强。插入式浮箍和插入式浮鞋相比具有以下特点：插入式浮箍一般用于较深的内插法固井，为了防止固井后水泥浆倒返还可以在管串底部增加一个浮鞋；插入式浮鞋一般用于较浅的内插法固井，可节约一个浮鞋，由于替浆量少，计量误差小，替浆时可在浮鞋上面留一定量的水泥塞（50m 左右），保证下部固井质量。

（方代煊）

【插入式浮鞋 inner type floating shoe】 一种带有插座的套管浮鞋，是内插法固井专用工具。采用内插法固井时，将插入式浮鞋安装在套管串底部，然后下入带有插入头的内管，将插入头插入插座内，进行注水泥作业。插入式浮鞋的结构与可钻式浮鞋类似，只是多了一个插座。

插入式浮鞋是插入式浮箍与可钻式引鞋的组合体。与常规浮鞋相比有以下特点：配有一个插座，与内插法固井使用的内插头尺寸相配合，为内插法固井专用工具；内插法固井多为大尺寸的技术套管或表层套管固井，该工具多为可钻式；内插法固井时，为防止固井过程中套管漂浮，要通过内管向浮箍加压，要求插入式浮鞋正向承压能力强。

插入式浮鞋和插入式浮箍相比具有以下特点：插入式浮鞋一般用于较浅的内插法固井，由于替浆量少，计量误差小，替浆时可在浮鞋上面留一定量的水泥塞（50m 左右），保证下部固井质量。插入式浮箍一般用于较深的内插法固井，为了防止固井后水泥浆倒返还可以在管串底部增加一个浮鞋。

（方代煊）

【自动灌浆浮箍 automatic grouting hoop】一种可以在下入套管阶段允许钻井液流入套管内，注水泥阶段恢复单向通行特性防止环空流体流入套管内的套管浮箍。可以减少灌入钻井液的时间和工序。以 CZTF 型自动灌浆浮箍为例，主要由接箍、铜球、压环、球座、球座剪切销钉、内衬套、球座扶正套、卡簧、上"O"形圈、下"O"形圈、关闭套托篮、尼龙球、尼龙球座、弹簧、弹簧座和筒体组成（见图）。

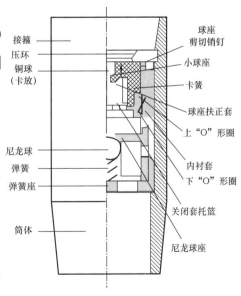

接箍　球座　剪切销钉　小球座　卡簧　球座扶正套　上"O"形圈　内衬套　下"O"形圈　关闭套托篮　尼龙球座　压环　铜球（卡放）　尼龙球　弹簧　弹簧座　筒体

CZTF 型自动灌浆浮箍结构示意图

使用自动灌浆浮箍的优点：（1）可以减少下套管的时间；（2）不用进行人工灌浆，降低工人劳动强度；（3）从下部进行灌浆，套管内不积存空气；（4）采用自动灌浆，不用中途停止下套管就可以灌浆，减少下套管过程中套管与井壁粘卡；（5）套管下入时由于部分钻井液进入套管内，减少了环空钻井液回流速度，既能防止冲垮井壁，又能防止压漏地层。

（步玉环　郭胜来）

【分级箍 stage collar】　在套管柱预定位置安装为实现分级注水泥作业的专用工具。是套管附件之一，又称分级注水泥接箍。用于双级注水泥作业的分级注水泥接箍简称为双级箍，是使用最广泛的分级注水泥接箍。根据打开二级旁通孔的方式主要分为机械式分级箍、压差式分级箍和机械压差双作用分级箍三种类型。

使用分级箍进行分级注水泥作业要求：井身质量良好，下套管前通井划眼和调整钻井液性能，防止分级注水泥接箍在井下遇阻；分级注水泥接箍上下套管柱都要安装套管扶正器，确保在井眼的居中度；分级注水泥接箍安装位置选择在外层套管内或地层致密、井径规则、井斜较小的裸眼井段；关闭循环孔泵压较高，附加轴向载荷大，应适当提高套管抗拉安全系数；操作平稳准确，控制好打开和关闭循环孔全过程的施工泵压。

（步玉环　田中兰）

【机械式分级箍 mechanical stage collar】　在一级胶塞碰压后，采用机械投入的方式对分级箍二级旁通孔打开的分级箍。机械式分级箍主要由内螺纹接头、本体、关闭套铝座、关闭套、关闭套销钉、打开套、打开套销钉、打开套铝座、外螺纹接头等组成（见图1）。工作原理是：将分级箍连接于套管串中的设计位置，

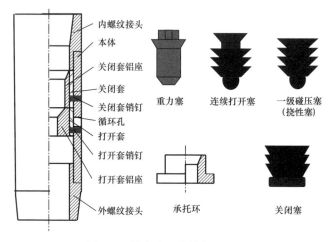

图 1　机械式分级箍结构示意图

分级箍为原始状态（见图2）；当重力塞（或连续打开塞）到达打开套时，压力升高，打开套销钉剪断，打开循环孔，建立循环，可进行注水泥作业；当替钻井液结束，关闭塞到达关闭套时，压力升高，关闭套销钉剪断，关闭循环孔，固井结束。候凝后钻掉分级箍内的胶塞、重力塞（或连续打开塞）、关闭套铝座和打开套铝座，进入下道工序。

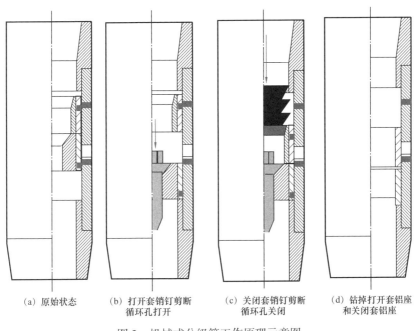

(a) 原始状态　　(b) 打开套销钉剪断　　(c) 关闭套销钉剪断　　(d) 钻掉打开套铝座
　　　　　　　　　循环孔打开　　　　　循环孔关闭　　　　　　和关闭套铝座

图2　机械式分级箍工作原理示意图

（步玉环　田磊聚）

【液压式分级箍 hydraulic stage collar】　在一级胶塞碰压后利用继续加压的方式，形成一个向下的作用力，将下滑套打开从而露出循环孔的分级箍。液压式分级箍主要由接头本体、旋转螺钉、关闭套销钉、关闭塞座、防转槽及销钉、内套筒、循环孔、液压打开滑套、销钉、滑套保持腔、锁紧环等组成（见图1）。也可以把膨胀封隔器与液压式分级箍坐在一起（见图2）。工作原理是：将分级箍连接于套管串中的设计位置，分级箍为原始状态。当套管内憋压达到一定压力值时（大于销钉剪切强度时），打开套销钉剪断，打开循环孔，建立循环，进行注水泥和替钻井液作业。当替钻井液结束关闭塞到达关闭套时，压力升高，关闭套销钉剪断，关闭循环孔，固井结束。候凝后钻掉分级箍内的胶塞、关闭套铝座和打开套铝座，进入下道工序。

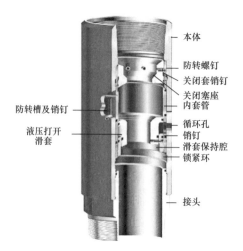

图 1   液压式分级箍

图 2   带自动膨胀封隔器液压式分级箍

（步玉环   柳华杰）

【机械压差双作用分级箍 mechanical and pressure difference sizing collar】 采用液压和机械方式打开二级旁通孔的分级箍。在一级胶塞碰压后，利用自身机构元件，优先采用液压方式将下滑套打开从而露出循环孔；若液压打开失效，再采用机械打开方式打开二级分级箍旁通孔。主要由内螺纹接头、本体、关闭套铝座、关闭套、关闭套销钉、打开套、打开套销钉、打开套铝座、外螺纹接头等组成（见图 1）。结构特点是：打开套（含打开套铝座）上、下两端截面积不一样，上端面截面积 S_1 大于下端面截面积 S_2，即：$S_1>S_2$。当套管内有压力 p 时，打开套（含打开套铝座）上、下两端所产生的作用力 F_1 和 F_2 是不等的，$F_1>F_2$。

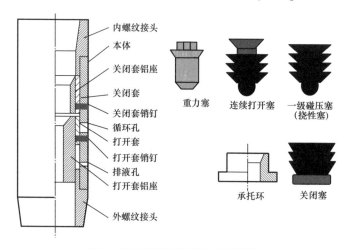

图 1   机械压差双作用分级箍结构

工作原理是：将分级箍连接于套管串中的设计位置，分级箍为原始状态（见图2）。当套管内憋压达到一定压力值时，打开套销钉剪断（$F_1 > F_2$），打开循环孔，建立循环，进行注水泥和替钻井液作业。当替钻井液结束关闭塞到达关闭套时，压力升高，关闭套销钉剪断，关闭循环孔，固井结束。候凝后钻掉分级箍内的胶塞、关闭套铝座和打开套铝座，进入下道工序。若用压差方式将分级箍打不开，可再采用投重力塞方式将分级箍打开。

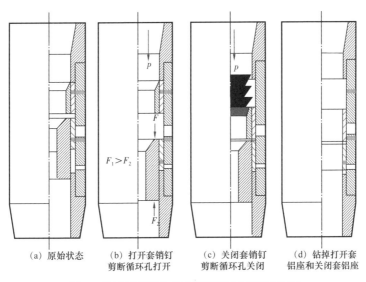

(a) 原始状态　　(b) 打开套销钉　　(c) 关闭套销钉　　(d) 钻掉打开套
　　　　　　　　剪断循环孔打开　　剪断循环孔关闭　　铝座和关闭套铝座

图2　机械压差双作用分级箍工作原理示意图

（步玉环　柳华杰）

【全通径分级箍 full port sizing collar】 没有打开塞和关闭塞，利用内管柱和专用的工具打开和关闭循环孔的分级箍。打开方式有上提下放式和旋转式两种，通过上提、下放（或转动）打开循环孔（见图）。

　　和普通分级箍一样，全通径分级箍接在套管串设计部位，下入套管串后，在套管内下入专用工具，通过专用工具打开循环孔进行二级注水泥作业，完成后关闭循环孔，起出专用工具。

（步玉环　田磊聚）

【免钻式分级箍 drilling-free sizing collar】 注水泥作业后，通过剪断销钉胶塞系列配件落到

(a) 上提下放式　　　(b) 旋转式

全通径分级箍

井底的分级箍。主要由分级箍本体、开孔弹、柔性塞和关孔塞组成。分级箍本体主要由上接头、关孔塞套、脱落销钉组、关闭销钉组、关闭塞、循环空、开孔套、开孔销钉组、脱落销钉组、重力塞座和外本体组成。工作原理：在常规分级箍基础上，把胶塞系列配件通过销钉固定在分级箍管壁，而通过剪切销钉后，靠重力下落到井底，通过顶替液的压力变化来判断循环孔是否打开、关上、关闭塞是否脱掉，分级箍密封是否良好等。一般使用流程：首先将承压座和分级箍按照固井设计的要求分别安放在浮箍上的某一套管接箍内和连接在套管上，随套管柱下入井中。在第一级水泥注完后，用顶替液推动一级胶塞下行，经过分级箍后，最后在承压座上碰压，完成第一级顶替。随后投入重力塞，重力塞自由下落到分级箍，坐入重力塞座后加压，剪断剪切销钉使其下行，并带动下滑套下行露出循环孔，使得套管内和环空相通，可以进行第二级注水泥作业，在第二级水泥注完后，顶替液推动二级胶塞下行，到达关闭塞座上后，加泵压，再一次剪断销钉，推动关闭塞座下行，并带动整个上滑套下滑，关闭循环孔，由于分级箍外筒和下接头形成的台阶面起到阻挡作用，能阻止关闭套上下滑动，从而永久关闭双级箍，同时重力塞等零部件自由下落。

（步玉环　柳华杰）

【**套管刮削器 casing scrapers**】　可用于清除残留在套管内壁上的水泥块、结蜡、各种盐类结晶和沉积物、射孔毛刺以及套管锈蚀后所产生的氧化铁等残留物的井下工具。在下井工具与套管内壁环形间隙较小时，用套管刮削器充分刮削套管内壁，有利于下步施工安全。

套管刮削工具主要有胶筒式套管刮削器和弹簧式套管刮削器两种。胶筒式刮削器由上接头、壳体、胶筒、冲管、刀片、下接头等件组成（见图1）；弹簧式刮削器主要由壳体、刀板、刀板座、固定块、螺旋弹簧、内六角螺钉等组成（见图2）。

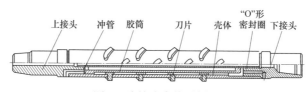

图1　胶筒式套管刮削器

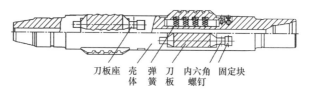

图2　弹簧式套管刮削器

（田中兰）

【套管漂浮接箍 floating collar】 在大位移井、长水平段水平井中下套管时，下入到套管串合适部位，确保套管尽量居中，避免与井壁接触，有效地减少套管下入阻力，增大套管下入能力的固井附件。下入套管漂浮接箍还使得环空水泥环厚度均一性强，提高固井质量。

套管漂浮接箍漂浮减阻原理：在斜井和水平井下套管时，将承压浮鞋和浮箍连接于套管串底部，不灌钻井液下入套管串，在设计位置连接漂浮接箍（漂浮减阻器），再继续按操作规程下入套管，并灌入钻井液；漂浮接箍（漂浮减阻器）以下套管段被掏空，换成了空气，增加了套管漂浮体积，从而增加了套管浮力，减少了套管在斜井段及水平井段对下井壁的正压力，从而降低斜井或水平井下套管的摩擦阻力。

（步玉环　田磊聚）

【漂浮减阻器 floating friction reducer】 大位移井或长水平段水平井下套管作业时用于减小套管对井壁的正压力，从而减小套管下入井下阻力的漂浮下套管工具。下套管漂浮减阻器主要由钢制外筒、密封心、密封圈、胶塞卡簧、打开芯销钉、打开心、承载滑块、扶正胶塞卡簧、打开芯密封圈、扶正胶塞和承载短节等组成（见图1）。

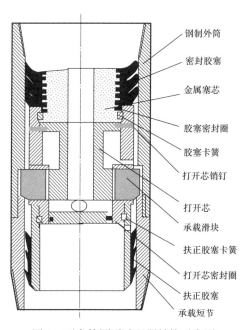

钢制外筒
密封胶塞
金属塞芯
胶塞密封圈
胶塞卡簧
打开芯销钉
打开芯
承载滑块
扶正胶塞卡簧
打开芯密封圈
扶正胶塞
承载短节

图 1　下套管漂浮减阻器结构示意图

下套管固井时漂浮减阻器需配套可钻式防落物浮箍、高承压漂浮旋流鞋、剪销式套管清理塞（简称清理塞，又称指示塞）防转碰压塞等辅助部件（见图2）。

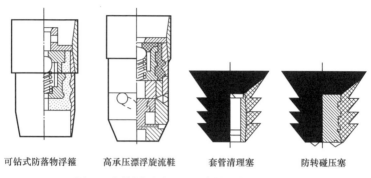

| 可钻式防落物浮箍 | 高承压漂浮旋流鞋 | 套管清理塞 | 防转碰压塞 |

图 2　套管漂浮减阻器配套辅助部件示意图

（步玉环　柳华杰）

【免钻漂浮接箍 drilling–free floating collar】 大位移井或长水平段水平井下套管作用时用于减小套管下入井下阻力且下完套管后实现免钻就可以直接进行固井作业的漂浮下套管工具。主要由套体、下滑套、上滑套、第一阻力件、第二阻力件、皮碗和第一密封圈等组成。在大位移井下套管过程中，将免钻漂浮接箍安放在设计安装位置，依靠外套与上滑套之间的皮碗、密封圈联合密封以及上滑套与下滑套之间的密封圈实现下套管时密封。当漂浮接箍上部的压力达到剪切销钉的打开压力时，剪切销钉剪断，上滑套向下滑移，上滑套下端的循环孔露出，由于承压滑块斜面的设置，在压力作用下承压滑块会滑到上滑套预留的空腔之中，此时漂浮接箍处于打开状态。在固井作业的顶替过程中，整个漂浮接箍可以被顶替到套管柱下部承托环处，不需要下入钻具将漂浮接箍内部部件钻除，这就减少了作业时间和作业成本。

（步玉环　唐　龙）

【内管注水泥器 inner string cementing tools】 在大直径套管内下入钻杆（或油管）作为注入和顶替水泥浆通道的专用工具。是套管附件之一。井深较浅而且是大井眼和大套管（外径不小于273mm）固井时，可防止注水泥及替钻井液时间过长和在管内发生窜槽，还能在未获得实测井径情况下保证水泥浆返至地面，是提高固井质量和降低施工风险的重要措施。

内管注水泥器分上密封和下密封两种，后者使用得较普遍。下密封内管注水泥器由插座和插头两部分组成。按插座的结构特点可分为水泥浇注型（图1）和套管嵌装型（图2）。水泥浇注型分半浇注式与全浇注式两种；套管嵌装型分自灌式和非自灌式两种。

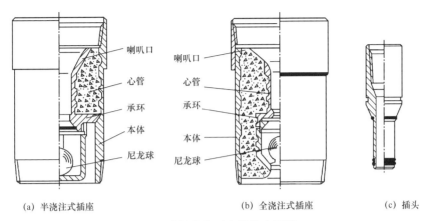

(a) 半浇注式插座　　　　(b) 全浇注式插座　　　　(c) 插头

图 1　水泥浇注型内管注水泥器

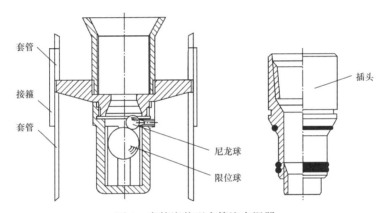

图 2　套管嵌装型内管注水泥器

　　用内管注水泥器注水泥施工过程为：（1）将内管注水泥器插座预先接于套管柱底部。（2）套管按设计长度下入井内，下套管过程应及时向套管内灌满钻井液。（3）接插头、钻杆及安装内管扶正器，按常规要求下钻，准确控制钻柱到达插座时方入和悬重。（4）接好方钻杆慢放，接近插座预计位置时开泵，当钻井液灌满套管内环空时停泵。慢放方钻杆对插座，观察指重表加压至预定值，标记方入位置。（5）开泵观察泵压及套管内环空钻井液是否外溢，方入标记是否上移。（6）注替水泥浆过程结束后立即上提钻柱开泵冲洗，直到将套管内残余水泥浆全部返出井口为止。起出井下全部钻具、卸内管扶正器及插头。

（田中兰）

【管外封隔注水泥器 outer packer-cementing device】 同时具有封隔地层和注水泥作用的专用工具。又称套管外封隔器注水泥总成。是套管附件之一。用于低

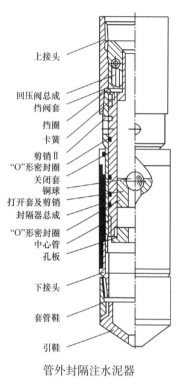

上接头

回压阀总成
挡阀套
挡圈
卡簧
剪销Ⅱ
"O"形密封圈
关闭套
铜球
打开套及剪销
封隔器总成
"O"形密封圈
中心管
孔板

下接头

套管鞋

引鞋

管外封隔注水泥器

压漏失或对水泥敏感地层以上井段的注水泥作业，可实现管外封隔注水泥器以下无水泥浆，并提高套管封隔器以上的水泥胶结质量。若应用于筛管完井，则将管外封隔注水泥器下部的引鞋部分卸下，接上筛管下到预定设计井深，确保管外封隔注水泥器以下筛管部位无水泥浆，有利于保护油气层。

结构 主要由上接头、回压阀总成、中心管、关闭套、打开套、封隔器总成、下接头和引鞋等组成（见图）。

工作原理 下套管前，将管外封隔注水泥器接在套管的最底端，下到预定设计深度，正常循环调整钻井液性能。投入铜球，憋压剪断打开套销钉后，打开套下行露出进液孔。此时，钻井液通过进液孔进入胶筒与中心管的膨胀腔，使胶筒膨胀而封闭裸眼井段。随着泵压继续升高到一定值时，关闭套销钉剪断，关闭套下行，露出注水泥孔，同时关闭胶筒进液孔，使胶筒永久膨胀处于关闭状态。回压阀则恢复到自由状态，这时可转入注水泥作业阶段。

（田中兰）

【**尾管悬挂器** liner hanger】 将尾管悬挂在上层套管柱的井下工具。是套管附件之一。

通过尾管悬挂器实现尾管固井，减少深井一次下井的套管重量，改善下套管时钻机提升系统负荷，降低注替水泥浆流动阻力，有利于安全施工。通过尾管回接，可以解决因上层套管磨损而影响钻井作业的问题；使用尾管悬挂固井技术，还可减少套管用量，节约钻井成本。

尾管悬挂器的基本技术要求是"下得去，挂得住，倒得开"。尾管悬挂器从悬挂方式上可分为水泥环悬挂和机械式悬挂两大类（见图）。水泥环悬挂式尾管悬挂器安全性差，使用较少；机械式尾管悬挂器工作可靠和操作方便，应用范围广。机械式尾管悬挂器有微台阶式、楔块式和卡瓦式三种，以卡瓦式尾管悬挂器应用得最普遍。卡瓦式尾管悬挂器又分液压卡瓦尾管悬挂器和机械卡瓦尾管悬挂器两种，以机械卡瓦尾管悬挂器使用得最多。机械卡瓦尾管悬挂器有"J"形槽式和轨道式两个品种。"J"形槽式卡瓦尾管悬挂器是转动释放弹簧坐挂卡瓦，而轨道式卡瓦尾管悬挂器是转向环在轨道上滑动坐挂卡瓦。

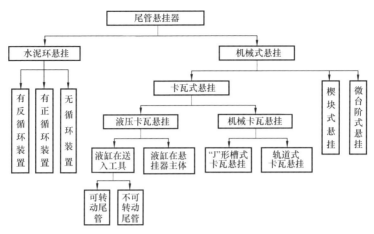

尾管悬挂器分类

多数尾管悬挂器在上部安装回接筒，可以从回接筒喇叭口处向上回接套管至井口，并完成注水泥作业。进行套管回接作业时，在套管柱下部安装相应的密封插入接头，才能确保注水泥作业顺利进行和使套管柱密封性能达到技术要求。

（田中兰）

【机械卡瓦尾管悬挂器 mechanical kava tail pipe hanger】 用机械方式推动卡瓦悬挂尾管的尾管悬挂器。有"J"形槽式尾管悬挂器和轨道式尾管悬挂器两种类型。

"J"形槽式尾管悬挂器（图1） 当悬挂器下到设计悬挂深度后，上提钻柱依靠弹簧片与外层套管内壁的摩擦力，反时针方向转动，使"J"形槽内的导向销钉偏转，由短槽进入长槽，此时下放送入钻具，锥套使卡瓦张开而卡挂在外层套管内壁上，实现尾管悬挂。

轨道式尾管悬挂器（图2） 当悬挂器下到设计悬挂深度后，此时导向销钉处于轨道短槽内，上提送入钻具的距离大于短槽长度，依靠弹簧的摩擦力，再下放送入钻具的距离大于长槽长度，导向销钉通过

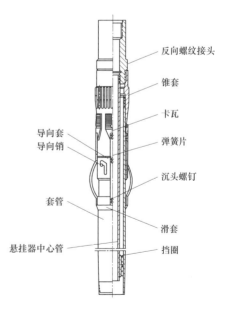

反向螺纹接头

锥套

卡瓦

弹簧片

导向套
导向销

沉头螺钉

套管

滑套

悬挂器中心管

挡圈

图1 "J"形槽式尾管悬挂器

转环自动进入长槽，卡瓦便沿着锥体上移与上层套管内壁卡紧，实现尾管悬挂。

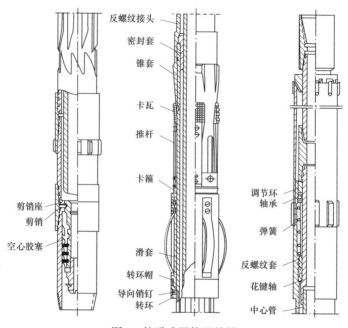

反螺纹接头
密封套
锥套
卡瓦
推杆
卡箍
剪销座
剪销
空心胶塞
调节环
轴承
弹簧
反螺纹套
花键轴
中心管
滑套
转环帽
导向销钉
转环

图 2　轨道式尾管悬挂器

（田中兰）

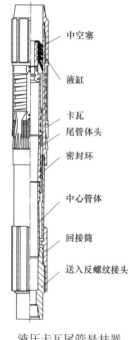

中空塞
液缸
卡瓦
尾管体头
密封环
中心管体
回接筒
送入反螺纹接头

液压卡瓦尾管悬挂器

【液压卡瓦尾管悬挂器 hydraulic kava tail pipe hanger】用液压方式推动卡瓦悬挂尾管的尾管悬挂器。当液压卡瓦尾管悬挂器（见图）与尾管下到设计井深后，从井口将一钢球投进送入钻柱，待球落到球座，从井口憋压，将液缸销钉剪断，推动环形活塞与连在一起的卡瓦上行实现尾管悬挂。通过加压使尾管悬挂器顶部倒扣，试提中心管。倒扣后下放钻柱加压悬挂器处，从井口将球座憋通进行循环，调整好钻井液性能，转入正常注水泥作业。冲洗多余的水泥浆，最后起出送入钻具。

（田中兰）

【旋转式尾管悬挂器 rotatable tail pipe hanger】　在下入尾管过程和悬挂器坐挂后可以旋转套管的一种尾管悬挂器。结构特点是：有一个与本体分离带槽的锥套，其上有一组支撑尾管重量的锥形活动轴承或滚珠轴承（见图）。作用机理：尾管悬挂器下到坐挂位置后，用常规的机械方法使卡瓦上行至活动锥套上，实现正常坐挂和倒扣，尾管重量通过支撑轴承、锥套和卡瓦作用在上层套管上。

旋转尾管悬挂器具有以下特点：（1）可实现尾管串下入和固井过程中的旋转，防止套管下入遇阻和提高固井质量；（2）液压控制实施坐挂，易控制；（3）只需通过憋压控制即可实现尾管悬挂器的丢手，丢手无须找中和点；（4）具备应急机械丢手功能，作为备用以防万一；（5）胶塞、球座均设计有锁紧机构，且具有良好的可钻性；（6）悬挂器配有扶正环，既可以保证悬挂器居中，又可以保护液缸、卡瓦不受损伤；（7）悬挂力同液压尾管悬挂器，悬挂能力强。

旋转尾管悬挂器的缺点：不能上下活动尾管，仍需倒扣脱挂，并且价格昂贵。

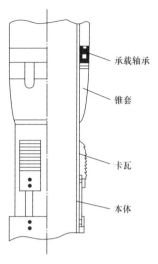

承载轴承

锥套

卡瓦

本体

旋转式尾管悬挂器

（步玉环　田磊聚）

【内藏卡瓦式尾管悬挂器 Inside-built slip-type tail pipe hanger 】 将卡瓦内藏于工具的中空部分，以实现坐挂双作用的尾管悬挂器。主要由送放工具、倒扣螺母、液缸活塞、卡瓦、挡块、本体等构成（见图）。特点：卡瓦在坐挂前始终藏在本体内，入井时不会碰到井壁和上层套管，确保下套管作业的安全。

送放工具　倒扣螺母　液缸活塞　卡瓦　挡块　本体

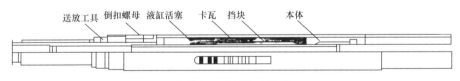

内藏卡瓦式尾管悬挂器

作用机理：悬挂器到达坐挂位置后，可先用液压方式进行坐挂，投球憋压，剪断液缸销钉后，卡瓦从本体内伸出，通过下放钻具实现坐挂。如果液压坐挂失灵，则可采用机械方式进行坐挂，先将尾管下到井底，压上重量后转动钻具，待液缸剪钉剪断后，上提钻具至坐挂位置，下压钻具实现坐挂。

缺点：在下套管过程中若遇复杂情况需要循环时，对循环压力的控制要求很严格，否则易提前悬挂，造成施工失败，而且这种悬挂器价格昂贵。

（步玉环　柳华杰）

【封隔式尾管悬挂器 packed tailpipe hanger 】 具有永久封隔功能的尾管悬挂器。

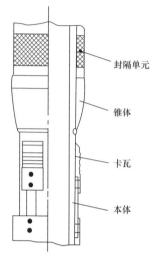

封隔单元

锥体

卡瓦

本体

封隔式尾管悬挂器

主要由封隔单元、锥体、卡瓦、本体等构成（见图），在普通机械式悬挂器的本体与回接筒之间增加一段封隔器短节。

作用机理：当悬挂器下放至坐挂位置，先用普通液压方式完成正常坐挂、倒扣和注替水泥工作，后给送放工具加压，通过送放工具上的坐封挡块，将钻柱的重力传递到封隔器顶部，压紧封隔器的封隔单元封住套管环空，使锁紧机构锁死而实现封隔器永久坐封，从而阻断封隔器处上下压力的传递，阻止环空气体向上运移，从而提高固井质量。缺点：该悬挂器不适用机械方式悬挂。

（步玉环　柳华杰）

【套管预应力地锚 prestressed anchor of casing】 热采井固井过程中，用来在套管串底部固定管串使套管产生附加拉应力的固井附件工具。在稠油注蒸汽开采时，套管受热膨胀，由于水泥固结，限制了套管自由伸长，因此套管内部产生了较大压应力，易引起套管损坏。为消除这种现象，一般采用套管柱预应力固井，提高套管的耐温极限，减缓或避免注蒸汽造成的套管破坏。在下套管时将地锚连接在套管柱上，固井碰压后，锚爪张开卡住地层，即可在井口提拉使套管柱产生预应力。套管串结构为（自下而上）：套管预应力地锚 +2 根套管 + 承托环 + 套管串（见图）。常用的套管预应力地锚包括碰压憋压抓挂式套管预应力地锚、投球憋压打开式套管预应力地锚和空心式套管预应力地锚。

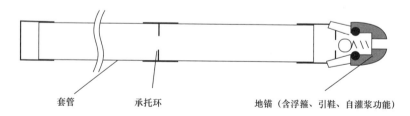

套管　　　　　承托环　　　　　　　地锚（含浮箍、引鞋、自灌浆功能）

预应力固井套管串结构示意图

（步玉环　郭胜来）

【碰压憋压抓挂式套管预应力地锚 impact pressure-suffocating catching and hanging type casing prestressed anchor】 利用碰压憋压的方式实现抓挂固定的套管预应力地锚。主要由：筒体、压环、剪切销钉、卡簧、碰压座 – 阀座、阀托篮、锚爪推座、锚爪推杆、锚爪、锚爪固定轴和引鞋等部件组成（见图1）。工作原理：将碰压憋压抓挂式套管预应力地锚连接于套管串底部，当套管串下到设计井深时，开泵循环钻井液，循环钻井液达到固井要求后，进行固井作业、释放碰压塞（顶胶塞）、替浆、碰压，然后憋压，剪断剪切销钉，碰压座－阀座、阀托篮、锚爪推座、锚爪推杆一起下移，撑开锚爪吃入地层，实现抓挂，上提套管到设计吨位，完成套管预应力的施加（见图2）。

使用碰压憋压抓挂式套管预应力地锚时应注意：（1）由于固井后再施加预应力，水泥浆的黏滞力会影响上提拉力对下部套管的传递，造成下部套管达不到预应力效果；（2）由于必须碰压塞到位才能操作地锚抓挂，若固井施工中因某种原因造成无法碰压时，就无法进行套管预应力。

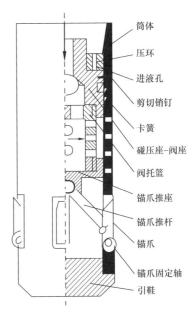

图1 碰压憋压抓挂式套管预应力地锚结构示意图

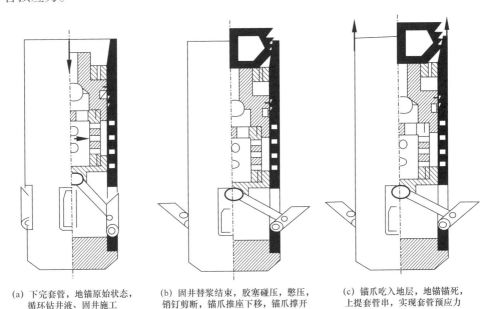

(a) 下完套管，地锚原始状态，循环钻井液、固井施工

(b) 固井替浆结束，胶塞碰压，憋压，销钉剪断，锚爪推座下移，锚爪撑开

(c) 锚爪吃入地层，地锚锚死，上提套管串，实现套管预应力

图2 碰压憋压抓挂式套管预应力地锚工作原理示意图

（步玉环　柳华杰　田磊聚）

【投球憋压打开式套管预应力地锚 bowl opening type casing prestressed anchor】 通过投球憋压方式打开地锚爪，并进行抓挂地层固定套管串的套管预应力地锚。是一种集多种功能为一体的套管预应力地锚工具。同时具有地锚、浮箍、引鞋、自灌等多种功能，结构组成见图。具有结构紧凑、施工简单、抓地牢固、定位准确、下套管中途可开泵循环、下套管自动灌浆等优点。可以满足各种稠油热采井套管预应力固井的要求。

（步玉环　田磊聚）

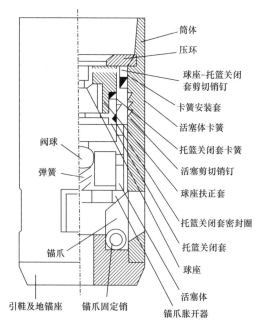

投球憋压打开式套管预应力地锚结构示意图

【空心式套管预应力地锚 hollow casing prestressed anchor】 空心式、内部无附件的一种套管预应力地锚。

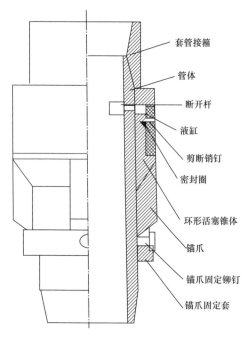

空心式套管预应力地锚结构示意图

使用空心式套管预应力地锚固井后不用专门钻除地锚附件，该地锚非常适合预应力固井后还要继续钻进井的固井。空心式套管预应力地锚主要由以下部件组成：套管接箍、管体、断开杆、液缸、剪断销钉、密封圈、环形活塞锥体、锚爪、锚爪固定铆钉、锚爪固定套等（见图）。空心式套管预应力地锚主要有以下特点：固井后地锚内无附件，对固井后再钻开油气层的井比较有益，不用再钻附件；结构简单，操作方便；下套管中途可循环钻井液；由于套管内径以外可增加的厚度有限，因此锚爪强度不可能太大，抓挂力较小；由于抓挂点在承托环以上，影响抓挂深度，对套管下部完井要求及预应力要求较严格的井可能需要对井眼加深，以多下两根套管，来保证产层段的完井及预应力要求。

（步玉环　田磊聚）

【封隔器 packer】 为了满足油气水井某种工艺技术目的或产层改造技术措施的需要用于分层封隔的井下专用工具。一般由钢体、胶皮封隔件部分和控制部分构成。广泛应用于固井、试油、采油、注水和储层改造等作业中，不同作业采用的封隔器不同，如固井作业中采用套管外封隔器。按封隔器封隔件实现密封的方式不同可分为自封式、压缩式、扩张式和组合式4种。自封式封隔器靠封隔件外径与套管内径的过盈和工作压差实现密封；压缩式封隔器靠轴向力压缩密封件，使密封件外径扩大实现密封；扩张式封隔器靠径向力作用于封隔件内腔，使封隔件外径扩大实现密封；组合式封隔器由自封式、压缩式、扩张式任意组合实现密封。作业过程中，封隔器在给定的方法和载荷作用下产生动作，使封隔件进入工作状态，这种操作叫封隔器坐封；需要起出封隔器时，按给定的方法和载荷解除封隔件的工作状态，叫解封；封隔器在井下预定位置坐封后是否起到封隔作用，验证其密封性能的操作叫验封。

（谢荣院　方代煊）

【套管外封隔器 external casing packer】 接在套管柱上，能使套管与裸眼环空形成桥堵的封隔器。是套管附件之一。固井作业时套管外封隔器可用于筛管完井注水泥作业、预防高压气层气窜、防止水泥浆漏失、选择性封固油气或水层等。套管外封隔器有水力膨胀式和机械压缩两种。

下入套管外封隔器应确保井身质量良好，下套管前通井划眼和调整钻井液性能，防止外封隔器在井下遇阻；套管外封隔器两端上下套管柱上应安装套管扶正器，避免下套管过程损坏封隔器橡胶筒；在封隔器坐封时平稳操作，施工全过程都要控制好泵压。

（田中兰）

【水力膨胀式套管外封隔器 external casing packer of hydraulic expansion】 通过井口加压，封隔器橡胶筒张开密封套管外环形空间的封隔器。水力膨胀式管外封隔器通常以钻井液为膨胀介质，施工工艺简单，主要应用于固井临时密封或非热采井的长期封固。在高温高压、大轴向载荷、套管偏心等恶劣井下环境下，水力膨胀式管外封隔器容易失效。

水力膨胀式套管外封隔器主要由套管外螺纹短节、断开杆、阀件短节、膨胀胶筒、密封箍、中心管、套管内螺纹接箍等部件组成（见图1）。阀件短节内有液体流道，连通中心管内部和中心管与胶筒间的膨胀空间，流道中间有三个控制阀，分别是开启锁紧阀、单流阀和限压关闭阀（见图2）。

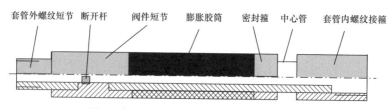

图1　水力膨胀式套管外封隔器结构示意图

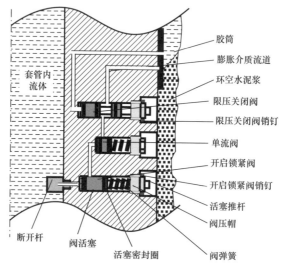

图2　阀件短节结构示意图

工作原理：将封隔器按设计位置连接于套管串中，按下套管作业规程下套管到设计井深，循环钻井液，这时断开杆堵塞着膨胀介质流道入口，管内流体在较高压力下也不能进入膨胀腔内，封隔器不会胀封，以保证处理井下各种复杂情况、循环钻井液及注水泥施工时泵压过高而不会造成封隔器膨胀［图3（a）］。在替钻井液过程中，当碰压胶塞运行到封隔器断开杆时，断开杆被胶塞顶断，膨胀介质流道入口打开［图3（b）］，由于套管内压力小于锁紧阀销钉剪断压力，锁紧阀不会打开，管内流体不能进入膨胀腔内，封隔器不胀封。当碰压胶塞运行到阻流环时，套管内压力升高，当达到一定值时，锁紧阀销钉剪断，阀打开，管内液体通过锁紧阀、单流阀和限压阀进入中心管与胶筒间的膨胀腔内，使胶筒变形膨胀与井壁紧密接触形成密封［图3（c）］。当内外压差达到预定压力时，限压阀销钉剪断，限压阀关闭，将流道堵死，此时套管内压力的大小对膨胀腔内的压力已无任何影响，实现安全坐封。井口放压，锁紧阀自动锁紧，实现永久性关闭［图3（d）］。

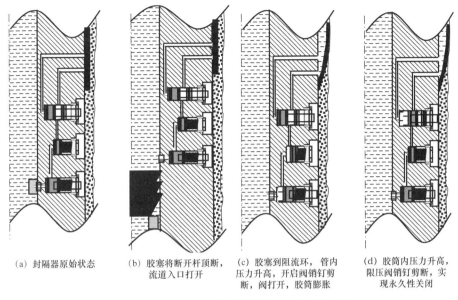

(a) 封隔器原始状态　(b) 胶塞将断开杆顶断，流道入口打开　(c) 胶塞到阻流环，管内压力升高，开启阀销钉剪断，阀打开，胶筒膨胀　(d) 胶筒内压力升高，限压阀销钉剪断，实现永久性关闭

图3　水力膨胀式套管外封隔器工作原理示意图

（步玉环　郭胜来）

【压缩式套管外封隔器 external casing packer of compression】 通过对密封胶圈（或胶筒）进行轴向压缩密封套管外环形空间的封隔器。压缩式套管外封隔器的压缩力来源一般由两种方式提供：第一种是通过钻具或套管从上部直接对密封胶圈下压使密封胶圈产生压缩变形形成密封；第二种是通过套管内部加压推动液缸活塞对密封胶圈进行压缩，使密封胶圈产生压缩变形形成密封。第一种多数为安装在尾管上，作为尾管的一个辅助功能使用；第二种可作为单一封隔器使用。压缩式套管外封隔器结构组成见图1。

工作原理：将封隔器安装在设计位置的套管串中，按要求下完套管串，并循环钻井液达到固井作业要求〔图2（a）〕；注水泥压胶塞、替钻井液、碰压、憋压，上下活塞销钉剪断，上活塞上行，上卡瓦坐死；下

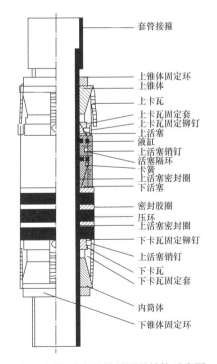

套管接箍
上锥体固定环
上锥体
上卡瓦
上卡瓦固定套
上卡瓦固定铆钉
上活塞
液缸
上活塞销钉
活塞隔环
卡簧
下活塞密封圈
下活塞
密封胶圈
压筒
上活塞密封圈
下卡瓦固定铆钉
上活塞销钉
下卡瓦
下卡瓦固定套
内筒体
下锥体固定环

图1　压缩式套管外封隔器结构示意图

活塞下行，下卡瓦坐死，下活塞继续下行，三个密封胶圈挤压变形，形成密封，卡簧锁死，形成永久密封，完成封隔器坐封。

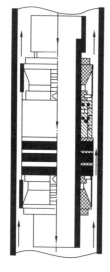 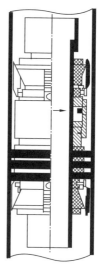

（a）封隔器连接于套管串中，　　　　（b）固井碰压，憋压，液体进入进液孔，
下完套管循环钻井液，固井施工　　　　　活塞推动卡瓦坐挂、橡胶圈挤压胀封

图 2　压缩式套管外封隔器工作原理示意图

压缩式套管外封隔器主要特点：操作简单，使用可靠；可用多组密封胶圈，纵向承压能力强；下套管中途可以循环，但循环时，应控制循环压力；坐封段较短；由于卡瓦已坐死，井口套管可以微动；只能在技术套管内使用；比较适合封固上部重合段，以防止气窜。

（步玉环　郭辛阳）

【**自膨胀式套管外封隔器** self-expanding casing packer】　遇油 / 遇水后具有自膨胀特性，封隔器材料膨胀密封套管外环形空间的封隔器。由胶筒、基管和端环组成。没有活动部件，下入时不需要专人和专用工具。胶筒通过粘接剂固定在中心管上。基管可以是特制的钢管，也可以是现场使用的套管。端环用以防止胶筒打滑，并由螺钉固定在基管上。

固井施工前，可根据地层可能窜出的流体来选择相应的封隔器类型，然后封隔器接入套管柱，施工过程中将封隔器下入到需要封固目的层的尾管或者套管上部。在水泥凝固的过程中，有不能完全充满井段或者有微间隙的情况下，流体会沿空隙上窜。由于在这些层位上部安装了封隔器，当胶筒和地层窜流相遇时，就会开始膨胀，直到胶筒膨胀充满窜槽或者微间隙，以达到封隔的目的。

　　根据胶筒膨胀激发液体类型的不同，自膨胀式套管外封隔器有三种类型：遇油自膨胀套管外封隔器、遇水自膨胀套管外封隔器、遇油／遇水自膨胀套管外封隔器。遇油／遇水自膨胀套管外封隔器主要有以下特点：操作简单，使用可靠；膨胀胶筒可以任意增加长度，纵向承压能力强；可以通过调整膨胀液浓度控制膨胀时间；固井使用时，应将自膨胀式套管封隔器放在油层与水层之间或油层上部，也可以安放在技术套管内；由于纵向承压能力与外部井径有关，因此选择膨胀井段位置时应选择井径规则且不扩大处；既适合于完井管串使用也适合于固井管串使用；完井管串中使用的自膨胀式套管外封隔器膨胀率一般为200%～500%，固井管串中使用的自膨胀式套管外封隔器膨胀率应小于10%。

（步玉环　柳华杰）

【注水泥套管外封隔器 cement casing packer 】　专门用于注水泥作业时密封套管外环形空间封隔器。常规的水力膨胀式管外封隔器用钻井液等作为膨胀介质，在井下恶劣条件（如高压差、轴向载荷、冲刷井眼、管子偏心）下，容易失效。注水泥套管外封隔器把普通封隔器的胶筒换成耐高温高压并加长胶筒的密封长度，改造阀系，采用超缓凝水泥浆作为膨胀介质。优点：凝固的水泥可以防止由于装在阀体、滑块或固定套上的弹性元件破坏而导致封隔器失效；可忽略膨胀介质的热胀冷缩引起的密封失效及封隔器破裂条件下承受开采或增产措施中的温度变化；可承受较高的压差和更大的轴向载荷。

（步玉环　柳华杰）

【盲板 blind tube 】　为实现某种特殊固井、完井工艺而使用的内部不连通的套管短节。其实是一个盲管，为避免和采油系统使用的盲管混淆，固井用盲管称为盲板。按可钻特性分为：不可钻式盲板和可钻式盲板（见图1）；按下套管中途的灌浆特点分为：普通式盲板和自灌浆式盲板；按下套管中途能否循环钻井液分为：可循环式盲板和不可循环式盲板。

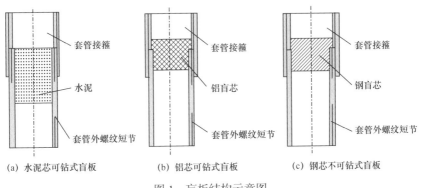

图 1　盲板结构示意图

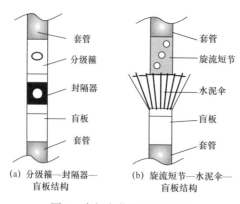

(a) 分级箍—封隔器—
盲板结构

(b) 旋流短节—水泥伞—
盲板结构

图2 盲板安装位置示意图

盲板多用于封隔器完井、筛管顶部注水泥、漏失井固井等施工中。盲板多与封隔器、分级箍或水泥伞配合使用，主要用于阻隔套管内循环通道，形成憋压区作为操作其他工具的手段，或施工时迫使套管内液体进入环空上行，不进入盲板以下套管或井眼。

盲板一般是与封隔器、分级箍或水泥伞配合使用，但安装位置基本是固定的。使用盲板时，一般将盲板安装于封隔器、分级箍或水泥伞的下部，并按设计位置连接于套管串中（见图2）。普通盲板一般用于井壁稳定、井下不复杂的井。

（步玉环 柳华杰 田磊聚）

【投球憋压复位式自灌浆盲板 pitching press reset type self-grouting blind tube】 在下套管时可以向套管内灌钻井液，下完套管后投球使其复位，实现套管不连通的盲板。自灌浆盲板多用于井壁不稳定、井下复杂，需要下套管中途循环钻井液的井。主要由套管接箍、铜球、球座销钉、球座关闭套、盲芯体和套管外螺纹短节等组成（见图1）。

工作原理为：将自灌浆盲板按设计位置连接于套管串中，按操作规程下套管，下套管过程中，钻井液通过循环孔、球座关闭套进入套管内，实现自动灌浆［图2（a）］；若下套管过程中井下情况复杂时，可以随时循环钻井液［图2（b）］；当套管下到设计井深后向套管内投一铜球，待球落到球座关闭套时，用水泥车或钻井泵向套管内憋压［图2（c）］；当压力升到一定值时球座销钉剪断，球座下行，关闭循环孔，实现盲板功能［图2（d）］。

特点：结构简单，使用可靠；下套管过程中可实现自动灌浆，节约灌浆时间，避免人工灌浆时套管静止造成套管粘卡；下套管中途可循环钻井液，在下套管中途井下情况复杂时，可进行循环钻井液处理；下完套管后需要投球憋压操作。

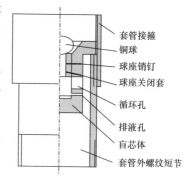

套管接箍
铜球
球座销钉
球座关闭套
循环孔
排液孔
盲芯体
套管外螺纹短节

图1 投球憋压复位式自灌浆盲板结构示意图

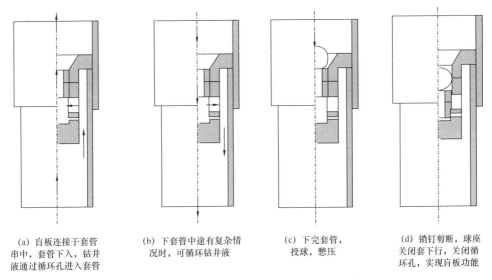

(a) 盲板连接于套管串中，套管下入，钻井液通过循环孔进入套管　　(b) 下套管中途有复杂情况时，可循环钻井液　　(c) 下完套管，投球，憋压　　(d) 销钉剪断，球座关闭套下行，关闭循环孔，实现盲板功能

图2　投球憋压复位式自灌浆盲板工作原理示意图

（步玉环　郭胜来）

【**排量控制复位式自灌浆盲板** displacement controlled reset self-grouting blind tube 】 利用循环排量变化使自灌浆盲板复位，实现套管不连通的盲板。是在投球憋压复位式自灌浆盲板的基础上发展起来的，更有利于控制。主要由钢制外筒、压环、关闭套剪切销钉、锁紧卡簧、调压嘴、上密封圈、关闭套、下密封圈和内支撑体等组成（见图1）。

工作原理为：将自灌架盲板按设计位置连接在套管串中，按操作规程向井内下入套管，下套管过程中，钻井液通过循环孔、调压嘴进入套管内，实现自动灌浆［图2（a）］；若下套管过程中井下发生复杂情况时，可以随时循环钻井液［图2（b）］；当套管下到设计井深后，开泵循环钻井液，并加大排量，随着排量增高，调压嘴阻流压力上升，对关闭套剪切销钉的剪切推力增大，当剪切推力升高到一定程度时，销钉剪断，球座下行，关闭循环孔，实现盲管功能［见图2（c）］。

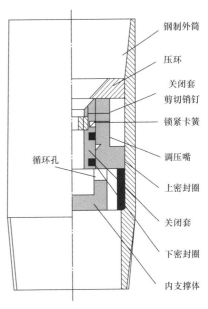

钢制外筒
压环
关闭套
剪切销钉
锁紧卡簧
调压嘴
上密封圈
关闭套
下密封圈
内支撑体

循环孔

图1　排量控制复位式自灌浆盲板结构示意图

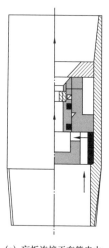 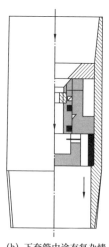 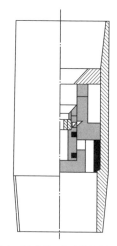

（a）盲板连接于套管串中，　　（b）下套管中途有复杂情　　（c）下完套管，加大排量循环，
套管下入，钻井液通　　　　况时，可循环钻井液　　　销钉剪断，球座关闭套下行，
过循环孔进入套管内　　　　　　　　　　　　　　关闭循环孔，实现盲板功能

图 2　排量控制复位式自灌浆盲板结构示意图

特点：操作方便，使用可靠；下套管可实现自动灌浆，节约灌浆时间，避免人工灌浆时套管静止造成套管粘卡；在下套管中途井下复杂情况时，可进行循环钻井液处理，但应控制排量不超过循环孔关闭设计排量；下完套管后不需要投球憋压操作，通过调节循环排量即可控制盲板复位。

（步玉环　柳华杰）

【环空底部加压器 annular bottom pressurizer】　固井后，为防止水泥浆候凝失重时油气水上窜，通过环空底部对环空加压的一种工具。主要用于无技术套管的长封固段井固井（无法从井口处环空加压）和有顶部封隔器的尾管固井中，是一种高压井固井防油气窜工具。主要分为简易式环空底部加压器和胶塞密封式环空底部加压器两种类型。

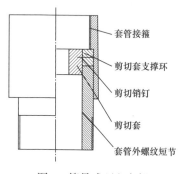

图 1　简易式环空底部
加压器结构示意图

套管接箍
剪切套支撑环
剪切销钉
剪切套
套管外螺纹短节

简易式环空底部加压器　主要由套管接箍、剪切套支撑环、剪切销钉、剪切套和套管外螺纹短节等组成（见图 1）。

工作原理为：将加压器连接于套管串中的浮箍上部 5m 左右的位置，按操作规程下套管，下完套管后，循环钻井液、固井施工［图 2（a）］；当固井替浆碰压塞到达加压器时，碰压，放压［图 2（b）］；

再憋压剪断剪切销钉，立即停泵，观察压力表压力，对于上部无封隔器的长封固段井，静止 10~20min，等待水泥浆流动阻力增大时，再慢慢向环空泵送液体，实现环空底部加压。对有顶部封隔器的井，可立即向环空泵送液体，环空憋压到设计压力值，实现环空底部加压〔见图 2（c）〕。

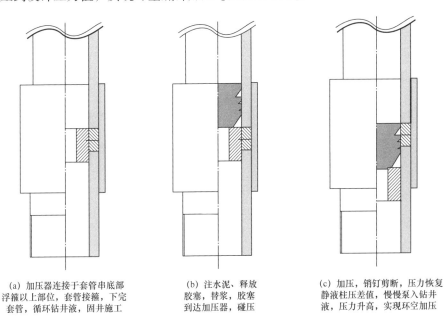

(a) 加压器连接于套管串底部浮箍以上部位，套管接箍，下完套管，循环钻井液，固井施工

(b) 注水泥、释放胶塞，替浆，胶塞到达加压器，碰压

(c) 加压，销钉剪断，压力恢复静液柱压差值，慢慢泵入钻井液，压力升高，实现环空加压

图 2　简易式环空底部加压器工作原理示意图

主要特点：结构简单，成本低，易操作；由于碰压塞在套管内长距离运行后发生磨损，造成碰压后密封不好，从而引起剪断销钉误差大，有时剪不断销钉，特别是有顶部封隔器的井；仅适用于没有顶部封隔器的井；适用于相对浅的井。

胶塞密封式环空底部加压器　主要由内螺纹外筒、扶正－密封胶塞、金属塞芯、卡簧、销钉、剪切芯、承载滑块和外螺纹外筒等组成（见图 3）。

工作原理为：将加压器连接于套管串浮箍上部 5m 左右的位置，按操作规程向井内下入套管，下完套管后，循环钻井液、固

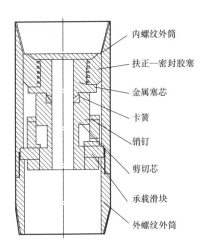

内螺纹外筒
扶正－密封胶塞
金属塞芯
卡簧
销钉
剪切芯
承载滑块
外螺纹外筒

图 3　胶塞密封式环空底部加压器结构示意图

井施工［见图4（a）］；当固井替浆碰压塞到达加压器时，碰压，放压［见图4（b）］；再憋压剪断剪切销钉，立即停泵，观察压力表压力，对于上部无封隔器的长封固段井，静止10～20min，使水泥浆流动阻力增加，再慢慢向环空泵送液体，实现环空底部加压。对有顶部封隔器的井，可立即向环空泵送液体，环空憋压到设计压力值，实现环空底部加压［见图4（c）］。

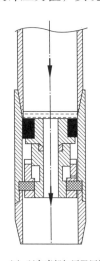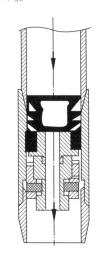

(a) 环空底部加压器原始状态，(b) 胶塞碰压，胀封 (c) 憋压，剪断销钉，剪切芯下移，
连接于浮箍以上5m左右的套管 上部封隔器 滑块进入剪切芯槽，继续憋压
串中，循环钻井液，固井施工 向套管外环空加压

图4 胶塞密封式环空底部加压器工作原理示意图

胶塞密封式环空底部加压器适用于固井施工中的环空憋压作业，可以有效实现对井底直接增压，能避免因水泥浆黏滞力导致井口环空憋压无法有效传递的缺陷，特别适用于无技术套管井、长封固段井及上部使用封隔器的井的固井作业，尤其是针对含有高压油、气、水层的封固段具有明显的优势。

（步玉环　柳华杰　田磊聚）

【套管振动器 casing vibrator】 在固井施工水泥浆上返过程中使套管发生振动，促使水泥颗粒合理排布，从而增加水泥充实效果，提高固井质量的装置。套管振动器有多种类型，按振动原理可分为：机械式套管振动器、电磁式套管振动器和声学原理套管振动器等。

使用较多的是机械式套管振动器，机械式套管振动器的动力源来自于液力转换，以井下流体为动力比较容易实现。机械式套管振动器按振动形式可分为可控式偏心轮套管振动器和压差往复式套管振动器。机械式套管振动器使用方法为：将振动器连接于套管串浮箍上部位置，在固井施工时，流体经过振动器，振动器发生振动，从而带动套管一起发生机械振动，使水泥浆中的水泥颗粒发生快速运动，优化排列位置，提高充填效果，达到提高固井质量的目的。

（步玉环　郭胜来）

【可控式偏心轮套管振动器 controllable eccentric wheel casing vibrator】 利用偏心轮原理使套管发生振动的机械式振动装置。该装置开始振动时间可以控制。主要由管体、压环、偏心叶轮压帽、偏心叶轮、轴承弹子、空心轴、防堵剪切销钉、控制球座、控制球和振动支架－托篮等组成（见图 1）。

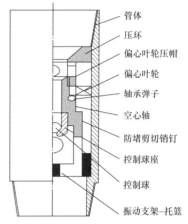

图 1　可控式偏心轮套管振动器结构示意图

管体
压环
偏心叶轮压帽
偏心叶轮
轴承弹子
空心轴
防堵剪切销钉
控制球座
控制球
振动支架－托篮

工作原理为：将套管振动器连接于套管串中的浮箍上部 5m 左右的位置，按下套管操作规程下套管柱到设计位置，下完套管后，正常开泵循环钻井液，按固井设计正常注水泥施工［见图 2（a）］；当固井注水泥结束后，投球、压塞、替钻井液，当球到达控制球座时，空心轴内主流道堵塞，流体改道从空心轴外叶轮环空流动，推动叶轮旋转，由于叶轮是偏心叶轮，因此，旋转时会发生振动，从而带动套管一起振动［见图 2（b）］；此时水泥浆基本进入环空，套管振动有利于提高固井质量；若振动过程中有异常情况，如叶轮卡死或通道堵塞时，压力升高，防堵剪切销钉剪断，控制球座下落到振动支架－托篮内，流体返回到空心轴内流动，实现防堵塞功能，保证固井施工正常进行［见图 2（c）］。

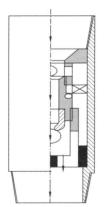 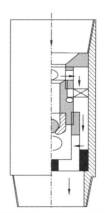 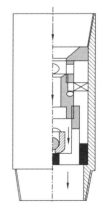

(a) 振动器连接于套管串中的浮箍以上位置，循环钻井液、注水泥，流体从空心轴内流动，偏心轮不转动

(b) 注完水泥，投球、压塞、替浆，当球到达控制球座时，流体通过叶轮环空流动，振动器振动

(c) 若有叶轮卡死等异常情况时，压力升高，防堵剪切销钉剪断，流体返回空心轴内流动

图 2　可控式偏心轮套管振动器工作原理示意图

主要特点：振动开始时间可以控制，在下套管及固井前的循环钻井液过程中不发生振动，以防提前长时间振动，影响其他部件或振坏装置；振动器使用时，将装置连接在套管串浮箍上部，对套管串结构设计和固井施工设计基本没有负面影响，不增加任何风险；操作方便，性能可靠；振动器设计有防堵塞装置，在振动过程中若发生流道堵塞，可剪断防堵剪切销钉，打开空心轴内流道，保证固井正常施工；需要投球，仅适用于直井固井施工。

（步玉环　郭胜来）

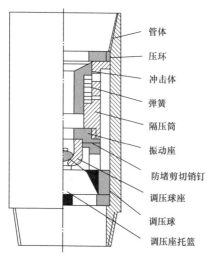

管体
压环
冲击体
弹簧
隔压筒
振动座
防堵剪切销钉
调压球座
调压球
调压座托篮

图 1　压差往复式套管振动器
结构示意图

【压差往复式套管振动器 pressure differential reciprocating casing vibrator】通过改变套管两端压差的大小，使套管柱的某些位置产生振动的振动工具。主要由管体、压环、冲击体、弹簧、隔压筒、振动座、防堵剪切销钉、调压球座、调压球和调压座托篮等组成（见图 1）。

工作原理为：将套管振动器连接在套管串浮箍上部 5m 左右的位置，下套管到设计位置后，正常开泵循环钻井液达到固井要求；按固井设计正常注水泥施工［见图 2（a）］；当固井注水泥结束后，投球、压塞、替钻井液；当球到达调压球座时，调压球座主流道被堵死，流体全部从调压孔流动，调压座上下形成压差，通过调压座下部与隔压筒外部连通，从而使隔压筒内外形成压差，即隔压筒内部压力大于外部压力。冲击体的上推力等于上截面积 S 乘以隔压筒内压力 $p_内$，冲击体的下推力等于内环面积 S_1 乘以隔压筒内压力 $p_内$ 加上外环面积 S_2 乘以隔压筒外压强压力 $p_外$。由于 $S=S_1+S_2$，外压力小于内压力（$p_外<p_内$），因此，上推力大于下推力，内外压差越高推力越大，当推力与冲击体重力之和大于弹簧弹力时，冲击体下行，冲击振动座，振动座带动套管一起振动［见图 2（b）］；此时隔压筒上孔露出，隔压筒内外压力平衡，压差消失，振动体在弹簧力的作用下上行，堵死隔压筒上孔，隔压筒内外又形成压差，再次重复以上动作，形成连续的往复振动，从而有利于提高固井质量。若振动过程中有异常情况，如调压孔堵死或外通道堵塞时，压力升高，防堵剪切销钉剪断，调压球座下落到托篮内，形成新通道，实现防堵塞功能，保证固井施工正常进行［见图 2（c）］。

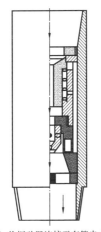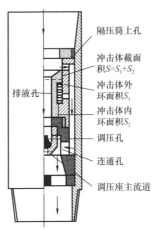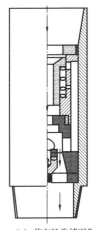

（a）将振动器连接于套管串中
的浮箍以上位置，下完套管，
循环钻井液、注水泥，
流体从调压座主孔流动

（b）注完水泥，投球、压塞、替浆，球到达调
压座时，主孔堵死，隔压筒内外压差升高，
冲击体下行，冲击振动座，隔压筒上孔打开，
内外压力平衡，冲击体靠弹簧复位，
立即又重复以上动作，形成振动

（c）若有异常情况管路
堵塞时，压力升高，
防堵剪切销钉剪断，
球座下落，打开主流道

图2　压差往复式套管振动器工作原理示意图

主要特点：（1）由于投球时间可以掌握，振动开始时间可以控制，在下套管及固井前的循环钻井液过程中不发生振动，以防提前长时间振动，影响其他部件或振坏装置；（2）振动器使用时，将装置连接于套管串浮箍上部，对套管串结构设计和固井施工设计没有负面影响，不增加任何风险；（3）振动器部件无精密件，不易发生损坏，运行可靠；（4）振动器设计有防堵塞装置，在振动过程中若发生流道堵塞，可剪断防堵剪切销钉，打开空心轴内流道，保证固井正常施工；（5）需要投球，仅适用于直井固井施工。

（步玉环　柳华杰　郭胜来）

【套管胀缩吸补器 casing expansion and shrinkage compensator】　在稠油热采井生产过程中，套管受热伸长时能吸收套管伸长的长度，套管降温缩短时能补偿套管缩短的长度的工具。现场主要使用波波管密封式和弹簧挤压金属密封式套管胀缩吸补器。

波纹管密封式套管胀缩吸补器　主要由套管接箍、套管短节、上压盖、外筒体、波纹管、中心管和下压盖等组成（见图1）。

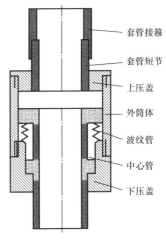

套管接箍
套管短节
上压盖
外筒体
波纹管
中心管
下压盖

图1　波纹管密封式套管胀缩
吸补器结构示意图

　　工作原理为：将波纹管密封式套管胀缩吸补器连接于套管串设计注蒸汽层段上部位置，下入到设计井深，按热采井固井设计进行固井施工，候凝，交井投产［见图2（a）］；当稠油热采井生产过程中向井内注蒸汽时，井底温度升高，套管受热逐渐伸长，中心管开始向内收缩（波纹管伸展增长），吸收套管热胀增加的长度［见图2（b）］；当停止向井内注蒸汽时，地层慢慢降温，套管逐渐收缩变短，中心管开始向外伸长（波纹管压缩变短），补偿套管冷缩减少的长度［见图2（c）］。

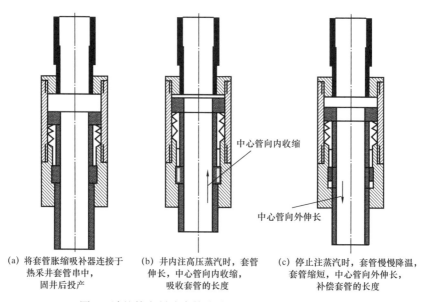

中心管向内收缩

中心管向外伸长

(a) 将套管胀缩吸补器连接于　　(b) 井内注高压蒸汽时，套管　　(c) 停止注蒸汽时，套管慢慢降温，
　　热采井套管串中，　　　　　　　伸长，中心管向内收缩，　　　　套管缩短，中心管向外伸长，
　　固井后投产　　　　　　　　　　吸收套管的长度　　　　　　　　补偿套管的长度

图2　波纹管密封式套管胀缩吸补器工作原理示意图

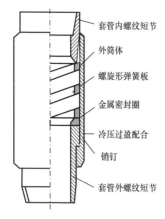

套管内螺纹短节

外筒体

螺旋形弹簧板

金属密封圈

冷压过盈配合

销钉

套管外螺纹短节

图3　弹簧挤压金属密封式套
管胀缩吸补器结构示意图

　　弹簧挤压金属密封式套管胀缩吸补器　主要由套管内螺纹短节、外筒体、螺旋形弹簧板、金属密封圈、销钉和套管外螺纹短节等组成（见图3）。

　　工作原理：将弹簧挤压金属密封式套管胀缩吸补器连接于套管串设计注蒸汽层段上部位置，下入到设计井深，进行固井施工作业，候凝，交井后进入投产［见图4（a）］；当稠油热采井生产过程中向井内注入蒸汽时，井底温度开始升高，套管受热逐渐伸长，此时，套管外螺纹短节开始向内移动收缩，吸收套管热胀增加的长度［见图4（b）］；当停止向井内注入蒸汽时，井底温度慢慢降低，套管开始逐渐收缩变短，套管外螺纹短节逐渐向外移动伸长，补偿套管冷缩减少的长度［见图 4（c）］；螺旋形弹簧板始终挤压金属密封圈，使其保证密封。

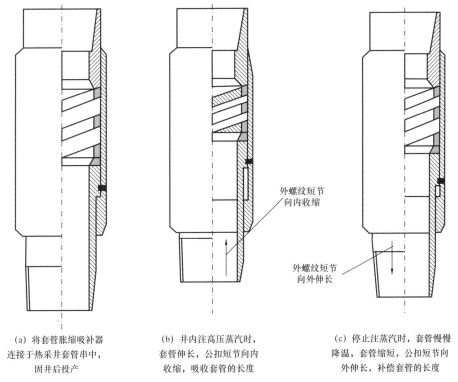

外螺纹短节
向内收缩

外螺纹短节
向外伸长

（a）将套管胀缩吸补器
连接于热采井套管串中，
固井后投产

（b）井内注高压蒸汽时，
套管伸长，公扣短节向内
收缩，吸收套管的长度

（c）停止注蒸汽时，套管慢慢
降温，套管缩短，公扣短节向
外伸长，补偿套管的长度

图 4　弹簧挤压金属密封式套管胀缩吸补器工作原理

主要特点：采用冷压紧配合和弹簧挤压金属密封，密封效果好；加工工艺简单；采用弹簧片挤压式金属密封，耐压能力强；伸缩过程中没有变形部件，使用寿命长；管壁是两层结构，可以有效控制管径，套管串容易下入。

（步玉环　柳华杰　田磊聚）

【尾管固井回接装置 remedial device for tailpipe cementing】　为了避免高压油气井尾管固井后发生气窜，采用套管回接到井口，为保证回接成功快速，连接在回接套管的底部、具有封隔功能的一种回接工具。又称封隔回接插头。主要由封隔回接插头、浮箍、浮鞋、固井胶塞和丢手工具（短回接时使用）等组成。其中，封隔回接插头采用顶部封隔器与回接插头一体式结构，封隔回接插头结构主要由上接头、防退卡瓦、锥套及剪钉、封隔胶筒、卡簧、锁紧套锁、锁紧套、弹簧套及剪钉、插头本体、密封组件和插入导向头等组成（见图）。

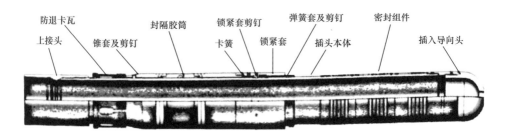

防退卡瓦　　　封隔胶筒　　锁紧套剪钉　　弹簧套及剪钉　　密封组件
上接头　　锥套及剪钉　　　　卡簧　　锁紧套　　插头本体　　　插入导向头

封隔回接插头结构示意图

　　上接头与插头本体间为螺纹连接，防退卡瓦、锥套、封隔胶筒、锁紧套、弹性套均套在插头本体上，可相对于插头本体滑动。密封组件则固定在插头本体上。固井替浆结束后，下放套管串，插头插入回接筒，密封组件使插头本体与回接筒形成密封。继续下放管串，弹簧套接触回接筒顶部喇叭口，弹簧套和锁紧套剪钉依次剪断后一起上行（相对上行，实际是内管下行）挤压封隔胶筒，胶筒径向膨胀，接触到外层套管并压实后实现密封，防止环空窜气。挤压力越大，密封效果越好。锁紧套内的卡簧具有单向移动作用，阻止封隔胶筒胀封后的回退，保证永久密封。同时，挤压力超过锥套剪钉剪切值时，锥套剪钉被剪断，锥套上行，将防退卡瓦张开，楔紧在外层套管与插头本体之间，实现反向坐挂，将回接插头锚定在外层套管上，防止水泥浆凝固前套管串的上移，并进一步增强封隔器防退效果，提高密封能力。

　　回接套管的连接采用插头的方式，回接快速；密封组件及锁紧卡簧阻止封隔胶筒胀封后的回退，保证了永久密封；防退卡瓦楔紧在外层套管与插头本体之间，将回接插头锚定在外层套管上，进一步提高了密封能力，对保护套管、增加油气井安全性、延长油气井寿命等具有较好效果。

（步玉环　柳华杰　郭胜来）

【固井工艺 cementing technology】　钻完井眼后，向井内下入套管，并向井眼和套管之间的环形空间注入水泥，在套管与井壁之间的环空形成良好封隔的施工工艺。常规固井工艺是用水泥车、下灰罐及其他地面设备配制好水泥浆，通过前置液、下胶塞与钻井液隔离后，一次性地通过高压管汇、水泥头、套管串注入井内，从管串底部进入环空，到达设计位置，以达到设计井段与井壁间的有效封固（见图1和图2）。除常规固井工艺，对于一些特殊情况需要采用特殊的固井工艺，主要包括分级固井、预应力固井、内插法固井、外插法固井、平衡法固井和反注水泥固井等。对于定向井、水平井、高压井、高温井、深水与超深井、长封固段井、漏失井等复杂井，固井时应针对这些井的各自特点采取针对性的固井工艺技术来保证固井质量。

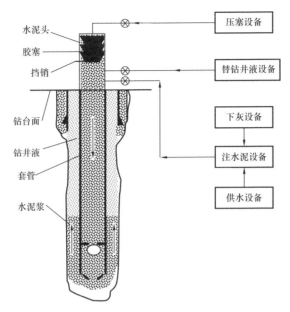

图 1　常规固井工艺示意图

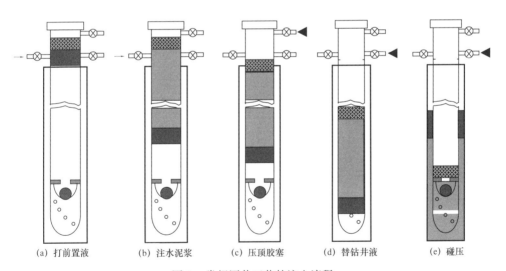

(a) 打前置液　　(b) 注水泥浆　　(c) 压顶胶塞　　(d) 替钻井液　　(e) 碰压

图 2　常规固井工艺的注入流程

　　一般固井工艺要求为：（1）固井前进行通井，扩划井壁、消除遇阻点、破除台肩，对遇阻井段应采取短起下划眼作业，对低压易漏井应提高地层承压能力。（2）调整钻井液性能，降低黏切值及触变性，改善与水泥浆化学兼容性，并注意控制失水及滤饼厚度。（3）合理设计环空浆柱结构，包括前置液用量、水泥浆返高，要求能有效避免钻井液与水泥浆直接接触发生严重化学干涉现象，造成固井事故，并且环空液柱压力能压稳显示层，阻止环空流体窜流。（4）以平衡压力固井为原则，科学设计施工排量，固井前校核施工压力、裸眼段各关键层位环空液柱压力，防止偏大的排量压漏地层或是偏小的排量影响顶替效率。（5）校核管串强度，合理设计扶正器的安放数量及间距。（6）准确确定井底温度、压力，为水泥浆试验提供依据。

固井质量涉及的内容较多，这也就表现出固井的突出特点：（1）固井施工包含多个环节的施工要求，如套管柱强度设计、套管扶正器的合理安放、下套管施工、注水泥前的井眼准备、水泥头连接、不同注入浆体的注替管线连接，冲洗液、隔离液、领浆、尾浆、顶替液等的注入，注替完成后候凝待测等，是一项系统工程；（2）固井实施过程中，首先将水泥固相颗粒与水进行充分混拌，形成水泥浆体，随着水泥颗粒的水化反应的逐渐进行，水泥浆失去流动性，一旦某个环节出现问题，就会造成水泥浆体无法再重新顶替出井眼，形成事故性的固井质量问题，固井作业是一次性工程；（3）固井施工过程中所有注替浆柱的流动都是在隐蔽的管件或井眼环空进行，且主要流程在井下，无法观察到注入的浆柱性能的变化，再加上施工时未知因素较多，有一定风险，固井作业是一项隐蔽工程。（4）在固井注水泥施工过程中注入的液体包含了冲洗液、隔离液、领浆、尾浆、顶替液等浆体，一般要求作业时间在5～6h完成，固井投资比例在20%～30%，作业时间短，费用高；（5）固井作业的过程中，井下未知的影响因素多，施工环节多，是一项高风险的工程；（6）一旦固井质量出现问题，可能会造成失去储量和降低产量，同时还将延迟投产时间，或不能进行二次、三次采油，严重的甚至造成整井报废等。

📝 推荐书目

步玉环，郭胜来，张明昌.固井工程理论与技术［M］.青岛：中国石油大学出版社，2018.

（步玉环　郭胜来　柳华杰）

【尾管固井 liner cementing technology】　将尾管柱悬挂在上一层套管下部然后注水泥的固井工艺。可以将上层套管下到储层顶部，用低密度钻井液打开储层，固井时环空水泥浆液柱相对低；上部环空间隙大，可降低固井施工的流动阻力，减少对储层的压力，有利于保护储层。另外还可以减少施工作业量和难度，降低完井成本。有尾管悬挂器悬挂法、水泥环悬挂法和支撑法三种方法。

固井工艺过程（见图）：尾管用钻具送入储层位置后，坐放尾管悬挂器，使尾管坐挂于上层套管；再从钻杆内打入水泥浆，经尾管鞋返到尾管外；替完水泥浆并碰压后，将超过尾管悬挂器以上多余水泥浆循环冲洗出地面，起出送入钻具候凝。

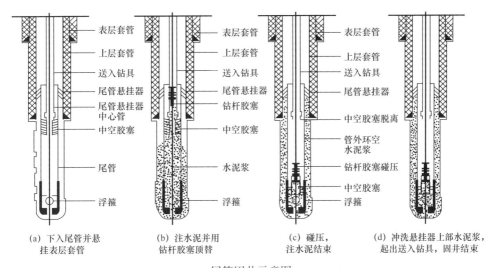

(a) 下入尾管并悬挂表层套管

(b) 注水泥并用钻杆胶塞顶替

(c) 碰压，注水泥结束

(d) 冲洗悬挂器上部水泥浆，起出送入钻具，固井结束

尾管固井示意图

（黄洪春）

【分级固井 fractional cementing technology】 在套管柱一定部位安装分级注水泥接箍（简称分级箍），将一级注水泥作业分成二级或多级完成，以降低注水泥对储层伤害的固井工艺。通常使用连续式或非连续式双级注水泥技术。

技术特点：（1）可降低一次注水泥环空液柱高度和压力，减少井漏及对储层伤害；（2）对高压油气井，可分级注入不同稠化时间的水泥浆；在完成第一级注水泥施工后，打开分级箍循环孔反循环钻井液，形成对地层的回压，直至第一级水泥凝固，防止环空高压油气上窜；（3）对长间隔、多油气层井段，可在间隔段不注水泥，既节省水泥，又降低液柱压力，保护储层；（4）可使用多凝水泥，有利于防止油气水窜，提高固井质量和保护储层；（5）施工泵压较低，可用较高速度顶替水泥浆，有利于提高封固质量。

固井工艺：（1）连续式双级注水泥，先按一次注水泥固井工艺，注入一级水泥，并返至设计井深；碰压后，投入重力塞，打开分级箍循环孔，建立循环；然后，继续注入第二级水泥，并尾随关闭塞，碰压后，在井口加压，关闭分级箍循环孔，候凝。（2）非连续式（间歇式）双级注水泥（见图），先按一次注水泥工艺注入一级水泥，碰压后，投入重力塞，打开分级箍循环孔，建立循环；待一级水泥凝固后，按设计注第二级水泥，最后尾随关闭塞，碰压，关闭分级箍循环孔，候凝。（3）三级注水泥，在套管串中设置两个分级箍，下分级箍的内滑套较上分级箍的孔径更小。下分级箍采用连续式打开塞，在二级水泥注替完，关闭下分级箍后，投入重力塞打开上分级箍注水泥孔，进行第三级注水泥。

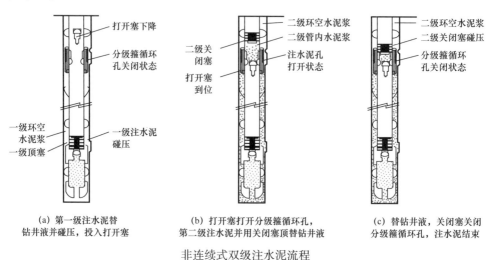

(a) 第一级注水泥替
钻井液并碰压，投入打开塞

(b) 打开塞打开分级箍循环孔，
第二级注水泥并用关闭塞顶替钻井液

(c) 替钻井液，关闭塞关闭
分级箍循环孔，注水泥结束

非连续式双级注水泥流程

推荐书目

李克向．保护油气层钻井完井技术［M］．北京：石油工业出版社，1993.

（黄洪春）

【预应力固井 prestressing cementing technology】 在固井作业时，在套管串下部连接套管预应力地锚，给套管施加一定强度的拉应力的固井工艺。使套管在一定拉伸状态下被水泥凝结，当温度升高时，就可抵消一部分套管受热产生的压应力，从而提高套管的耐温极限，减缓或避免注蒸汽造成的套管破坏。

在稠油注蒸汽开采时，套管受热膨胀，由于套管和水泥环膨胀系数存在较大差异，水泥固结后限制了套管自由伸长，因此套管内部产生了较大压应力，易导致两者衔接的一界面发生破坏产生微环隙或引起套管损坏。为消除这种现象，一般采用套管柱预应力固井，提高套管的耐温极限，减缓或避免注蒸汽造成的套管破坏。

预应力固井技术是国内外稠油开采普遍采用的技术，可减缓套管的损坏速度，延长油井的使用寿命。

📝 推荐书目

步玉环，郭胜来，张明昌.固井工程理论与技术［M］.青岛：中国石油大学出版社，
2018.

（步玉环　郭胜来）

【内插法固井 inner pipe cementing technology 】　在大直径套管内，以钻杆或油管
作内管，水泥浆通过内管注入并从套管鞋处返至环形空间的固井工艺。

内管注水泥的主要工具是内管注水泥器，包
括插座和插头两部分。注水泥内管为钻杆，当插
头进入插座后适当加压即可实现接头处的密封。
为此，内插法固井工艺需要套管串结构与钻杆串
结构形成紧密配合，其中套管串结构为（自下而
上）：插入式浮鞋＋套管串，或者为引鞋＋1根套
管＋插入式浮箍＋套管串；钻杆串结构为：插入
头＋钻杆扶正器＋钻杆串（见图）。

内插管固井的原理：下套管之前，把内管注
水泥插座安装在第一根套管底部，固井时，把内
管注水泥插头接在钻杆柱的下端，下放钻柱把注
水泥插头插入插座内，利用密封装置实现密封，
循环钻井液正常后开始从钻杆内注水泥，水泥浆
注完后投入钻杆胶塞、替浆碰压后起出钻杆，完
成注水泥作业。

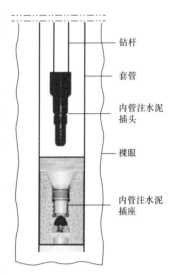

图中标注：钻杆、套管、内管注水泥插头、裸眼、内管注水泥插座

内插法固井的管串配合示意图

一般应用于下入深度大的大直径油气井表层套管固井。与传统的固井施工
方法相比，内管法注水泥固井技术固井所需替浆量较小，不但可以减少混浆使
用量，而且易准确计量；不需要钻井队单独储备替浆用水，不需要大泵替浆，
单井可以节约30%左右的水泥，一般情况下，可以减少90%左右的替浆废水的
排放，对于下入深度大的大直径油气井表层套管固井，可以有效提高固井质量，
提高固井效率。

（步玉环　柳华杰）

【外插法固井 outer pipe cementing technology 】　在套管外环空插入一根或多根管
子，并从管子中注水泥完成套管固井施工的固井工艺。一般在大井眼浅井固井
中使用，或使用于固井环空低返事故的补救施工，多用于易坍塌、易漏失，且
难以建立循环井的固井施工。

外插法固井的管串结构比较简单，只在套管底部安装一个浮鞋或盲引鞋即

可。其管串结构由下而上为：盲引鞋＋管串（见图）。外插管串可以使用油管也可以使用其他管子。对外管来说只要是入井部分的管串除了满足自身在钻井液中的轴向力要求外，没有其他严格要求；只是管串的上端要配多通接头，以保证汇入一根管线连接循环泵和水泥车。

外插法固井的工艺流程为：在套管环空下入外插管→注入前置液→注入水泥浆→起出外插管→候凝。

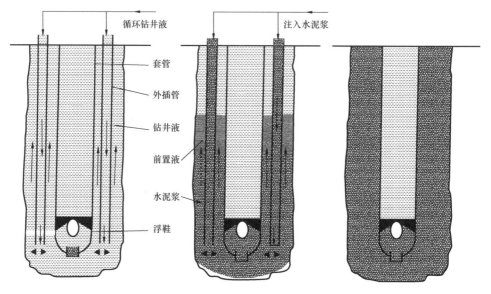

循环钻井液　　　　　注入水泥浆

套管
外插管
钻井液
前置液
水泥浆
浮鞋

(a) 下入套管，插入外管循环钻井液　　(b) 注入水泥浆　　(c) 注水泥浆结束，起出外管，候凝

外插法固井管串结构与工艺流程示意图

在套管外环空中可以插入一根或多根细管，细管的长度取决于要求的封固段长度，细管的直径根据井径的大小而定，一般井径越大用细管（外管）数越多，将多个外管并联一起，汇入一根注入管线，通过水泥车从该管线中向套管外环空注入水泥，并从套管外环空中返出，以达到固井的目的。

📝 推荐书目

步玉环，郭胜来，张明昌.固井工程理论与技术［M］.青岛：中国石油大学出版社，2018.

（步玉环　郭胜来　田磊聚）

【平衡法固井 balance cementing technology 】 在固井作业过程中保持井筒液柱压力与储层压力接近平衡状态下注水泥，以降低注水泥对储层伤害的固井工艺。在整个注替水泥浆过程中，使井下不同深度水泥浆所形成的环空总的动液柱压力，小于相应深度地层的破裂压力（见地层压力）；而当水泥浆被注替到设计的环空井段后，在水泥浆胶凝"失重"条件下，仍能保持环空静液柱压力大于储层孔隙压力，或仍能控制地层油、气、水的侵窜，实现注替施工及候凝全过程的压力近平衡。该工艺不宜在较长封固段井中使用，以防钻大量水泥塞，浪费材料和工时。

常规注水泥固井造成储层伤害的主要原因为：过高的环空水泥浆液柱压力，引发地层破裂，使水泥浆漏失侵入储层造成伤害；水泥浆与储层不配伍，水泥浆的滤液在压差作用下，通过井壁滤饼的孔隙进入储层，造成滤失水污染储层。平衡法固井通过有效的压差控制技术和固井流体设计技术，很好地解决常规注水泥固井的储层伤害因素，可获得对储层的最好保护。

平衡法固井施工作业时要确定储层孔隙压力和破裂压力，进行水泥浆性能和流变学设计，选用低失水高强度水泥浆配方，采用惰性减轻剂或加重剂调节水泥浆的密度至合适值，通过注替动态模拟确定施工参数。

📝 推荐书目

李克向.保护油气层钻井完井技术［M］.北京：石油工业出版社，1993.

刘崇建，等.油气井注水泥理论与应用［M］.北京：石油工业出版社，2001.

（黄洪春）

【反注水泥固井 reverse circulation cementing technology】 从套管外环空按设计量向井内注入水泥浆，从套管中空返出钻井液（有时候井底漏失严重时，钻井液直接漏入地层），再用钻井液将水泥浆顶替到预定位置，以达到固井目的的固井工艺。常规固井施工方法在裂缝发育地层或承压能力低的薄弱地层易产生井漏问题，而反注水泥固井最初就是为解决套管底部严重漏失的井而提出。反注水泥固井对于套管底部易漏失井、单级长封固段固井、套管层次受限的复杂地层固井优势显著，同时也可应用于能采用传统方法固井的地层，缩短施工时间。

反注水泥固井具有以下优点：（1）减少因水泥浆上返时底部回压过大而造成的水泥浆漏失，从而保证水泥浆返高；（2）减小水泥浆对储层的伤害；（3）有效降低等效循环密度，避免固井作业时出现水泥浆漏失；（4）水泥浆充填时间短，施工时间短；（5）可以减少缓凝剂用量，降低作业成本。

反注水泥固井存在的问题：（1）由于环空空间的不规则性，在现有的反循环固井技术下，施工时难以确定注入的水泥段在环空中的长度，不能准确确定水泥浆何时到达套管鞋；（2）为了保证水泥浆到达井底，需要部分水泥浆返入套管，固井后需要钻少量水泥塞；（3）套管内水泥塞长度不易控制，使得环空水泥面高度难以保证；（4）水泥浆顶替效率低，易产生水泥浆窜槽。

（步玉环　郭辛阳）

【**筛管顶部注水泥固井** screen-top-cementing technology】 为保护裸露的纯油层或开采裂缝性、孔隙性、古潜山、低压漏失油层，在目的层采用筛管完井，上部用水泥封固的固井工艺。完井管串采用特殊的工具附件，保证注水泥成功，实现对油层的有效开采。多用于水平井完井。

常规筛管顶部注水泥固井工艺原理为：依次将套管外封隔器和分级箍放置在筛管顶部，套管串连接分级箍延伸至井口，施工时，首先通过井口憋压，用钻井液充填套管外封隔器，使封隔器将环空封隔成筛管段和套管段，然后打开分级箍对上部套管进行注水泥和替浆作业，封固封隔器以上复杂层和暂不开采层位，在扫除井内残余附件后，进行洗井和酸化，解除钻井液污染，进行开采作业。其完井管串如下：引鞋+筛管串+套管（1～2根）+套管外封隔器+套管（1～2根）+分级箍+套管串（至井口）（见图1）。

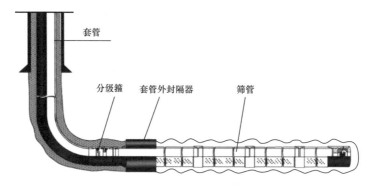

图 1 常规水平井筛管顶部注水泥完井管柱结构图

尾管悬挂筛管顶部注水泥工艺原理为：将常规的筛管顶部注水泥整个完井管串作为一个尾管整体，通过尾管悬挂器悬挂在上层套管内壁上，固井水泥通常只返到悬挂器喇叭口。该工艺通常应用在深井、中深井中，以减少钻机负荷，节约套管和固井水泥量，降低钻完井成本。施工时，通过钻具将尾管串送至设计井身，投憋压胶塞或憋压球至封隔器低端的碰压座，也可直接使用预置的盲板，憋压坐挂悬挂器并进行丢手作业，确保送入钻具和尾管串分离（但仍然密封），继续憋压依次充填封隔器，打开分级箍进行注水泥和替浆作业。通常该工艺的替浆作业和分级箍的管孔作业是一套程序，在替浆完毕的同时，通过尾管替浆塞关闭分级箍的循环孔，最后提出送入钻具的中心杆，冲洗悬挂器以上多余的水泥浆后进行后续作业。其完井管串如下：引鞋+筛管串+套管（1～2根）+

管外封隔器＋套管（1～2根）＋分级箍＋套管串＋尾管悬挂器＋送入钻具（至井口）（见图2）。

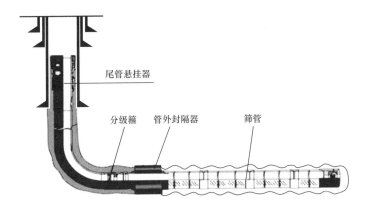

图2　尾管悬挂筛管顶部注水泥完井管柱结构图

（步玉环　田磊聚　柳华杰）

【干井筒固井 dry wellbore cementing technology 】　在干井筒中直接下入套管并进行注水泥作业的一种固井工艺。干井筒指的是对采用气体钻进完成后没有向井中注入液体介质的井，或者由于井下漏失造成井筒内没有钻井液存在的井。

对于井下正常、无明显漏失层，且井壁稳定的干井筒固井一般采用常规固井工艺。对于较深的井，由于水泥浆从套管内注入下落时，基本为自由落体运动，下落速度很快，对下部结构形成很大的冲击力，为防止冲坏下部结构（主要是浮箍），往往在浮箍上端安装一个缓冲短节。

对于井下有明显漏失层，或井壁不稳定、易坍塌掉块的井，干井筒固井一般采用组合工艺固井，组合工艺所涉及到的固井工艺方法有：常规固井、内插法固井、平衡法固井和环空灌注法固井。对于较深的井，为防止水泥浆下落时冲坏浮箍，也要在浮箍上端安装一个缓冲短节。

工艺特点为：（1）由于井筒内没有液体，注水泥施工时不会窜槽，不会混浆，有利于保证固井质量；（2）施工泵压低，容易泵送；（3）由于水泥浆基本为自由落体（与井壁和套管也有一定摩擦力）运动，下落速度会逐渐加快，井较深时，会对下部结构产生较大的冲击力，必须使用缓冲短节或高强度浮箍。

（步玉环　柳华杰）

【漂浮下套管固井 floating casing cementing technology】 在大位移井、长水平段水平井中，使用漂浮接箍进行漂浮下套管技术下入套管后，进行直接固井的工艺技术。该固井工艺技术环空水泥环厚度相对均匀，有利于提高固井质量。

工艺流程为：（1）根据下套管设计和对套管串的减阻要求，确定漂浮套管段长度，漂浮段顶部即为漂浮减阻器的位置。（2）根据对应套管钢级、壁厚和螺纹选择漂浮减阻器和相应辅助部件的结构及强度参数，并根据井深和钻井液密度确定各销钉剪切压力。（3）按下套管作业规程进行操作进行下套管，且专用浮鞋至漂浮减阻器之间不灌钻井液，漂浮减阻器以后下入的套管按规定灌满钻井液。（4）当下完套管灌满钻井液时，用水泥车（或钻井泵）憋压，当压力达到打开芯销钉设计压力时，打开芯销钉剪断，打开芯打开，漂浮减阻器上部钻井液流入下部掏空段套管内，漂浮减阻器下部掏空段套管内空气被置换排出。（5）向套管内灌钻井液，一直到灌满为止。（6）套管内灌满钻井液后，用水泥车（或钻井泵）慢慢憋压剪断浮鞋堵头销钉，建立循环。（7）循环钻井液正常后投放清理塞，并泵送清理塞至浮箍位置（清理塞到达浮箍时，具有 2～3MPa 的压力显示，但排量较大时该憋压显示不明显），并循环钻井液 1～2 周，调整好钻井液性能。（8）当循环钻井液达到固井要求时，按照常规注水泥作业程序进行释放隔离塞（有时候也可以不使用）、注入前置液和水泥浆、释放碰压塞，替浆作业至碰压塞达到碰压要求。

（步玉环 柳华杰）

【选择式注水泥固井 selective-typecementing technology】 根据开发要求，以保证水泥浆不污染封固段上下的产层，对裸眼井段的某一小段进行注水泥封固的固井工艺。

工艺要点是将分级注水泥器、多个套管外封隔器分别连接于套管串中，用专用工具将封隔器分别胀开，打开分级箍进行选择式注水泥，然后关闭分级箍，循环出多余水泥浆，起出专用工具。

管串结构为：引鞋+筛管+盲管+封隔器+专用分级箍+套管串+循环阀短节+封隔器+1 根套管+封隔器+套管串。

多用于需要裸眼完井的低渗产层固井，且固井后需要实施酸化压裂等增产措施，或两产层要求绝对封隔且必须要保护产层不受水泥浆污染井的固井。

（步玉环 柳华杰）

【环空灌注法固井 cementing technology of annular perfusion method】 在下完套管后，从套管外环空直接敞口灌注水泥浆的一种固井工艺。该工艺和外插法固井、反注水泥固井都不相同，差别在于环空灌注法固井工艺是向井内敞口灌注。

环空灌注法固井一般有两种管串结构。需要套管内留水泥塞时，采用无浮箍管串结构，其管串结构为：引鞋＋套管串；不需要套管内留水泥塞时，采用有浮箍（或盲鞋）管串结构，其管串结构为：引鞋＋2根钴锌＋浮箍＋套管串（或盲鞋＋套管串）。

一般用于干井筒固井，常用于气体钻井固井和用其他方式挖掘的干井筒固井。这种固井工艺由于环空中没有其他液体，因此顶替效率高，无窜槽现象发生，固井质量好；注水泥浆前套管内无液体，不能掌握漏失层情况，很难预测固井时是否会发生井漏；由于该工艺是自下而上逐步灌注水泥浆固井，因此，在有漏失层的井固井时，可通过不连续灌注水泥浆解决固井漏失问题，也就是在漏失层部位灌注一段水泥浆，停下来，等漏失层的水泥浆初凝后再继续灌注水泥浆，到逐步灌满为止。

（步玉环　柳华杰）

【先注水泥后下套管固井 cementing before running casing】 先用钻具向井眼底部注入一定量的水泥浆，然后起出钻具，再把套管串下入水泥浆中待凝的一种固井工艺。又称延迟固井。一般在小环空间隙或超大环空间隙的套管固井中使用，井较浅且注水泥量较少。另外，该工艺要求水泥浆的稠化时间较长，且抗污染、性能稳定。

使用先注水泥后下套管固井的管串结构比较简单，只在套管底部安装一个盲引鞋即可。其管串结构为（自下而上）：盲引鞋＋套管串。其工艺流程为：钻具通井并循环钻井液，然后注入前置液，再注入水泥浆，随后注入后置液；起出钻具，最后按操作规程向井内下入套管串到井底，候凝。

先注水泥后下套管固井工艺的特点是：（1）水泥浆在环空充满率高，注水泥流动阻力小不易漏失；（2）水泥浆与钻井液掺混少；（3）要求水泥浆稠化时间长且流动性好；（4）只适用水泥量较少且井深较浅的井；（5）对较小环空间隙或超大环空间隙的井该工艺更加有效。

水泥浆的稠化时间是由注水泥的时间和下套管的时间确定的。

（步玉环　柳华杰）

【复杂井固井技术 complex well cementing technology】 针对定向井、水平井、高压井、高温井、深井与超深井、长封固段井、漏失井等井型所采用的固井工艺技术。这些井各有各的技术特点，因此固井时经常需要针对各自的特点采取一些针对性的应对方法来保证固井质量。

高压固井的难点在于钻井液密度高，油、气、水活跃，固井时易发生钻井液窜槽、油气浸窜等问题。高温井固井时遇到的问题有：（1）高温引起的套管周向载荷以及形成的弯曲破坏；（2）热采井中，套管和水泥环膨胀系数差异大，在高温下易因为膨胀差异不同导致一界面破坏；（3）井下地温梯度超过每33m增加1℃时，就认为是井下异常高温，若封固段过长，水泥浆首尾温度差异较大，进而导致稠化时间有较大差异，若缓凝剂性能差，水泥浆稠化时间倒挂，易出现失重问题。

深井与超深井固井的难点在于：（1）随着井深增加，井下温度、压力会逐渐增高，对水泥浆体系抗高温要求、防气窜、防候凝失重的要求会更高；（2）由于裸眼井段长，往往会出现多项复杂情况叠加的现象，如高压层、漏失层、垮塌、缩径等；（3）同裸眼多产层现象的出现，层间封隔要求更加严格，因此对固井质量有更高的要求，固井难度增加；（4）长裸眼，造成固井封固段过长，固井难度增加；（5）由于长裸眼和高压，会出现同一裸眼孔隙压力和破裂压力接近的情况（通常称压力窗口小），固井施工难度增加；（6）封固段上下温差大，造成上部水泥浆凝固时间过长，强度发展缓慢；（7）由于井深的增加，套管层次会增多，各层相邻套管的尺寸差会减少，从而使小间隙固井增多；（8）深井事故率相对增多，处理事故往往会伴随着井眼状况的恶劣化，影响固井水泥浆的顶替效率。

长封固段井固井难点在于：（1）水泥浆长时间在环空运行，水泥浆与钻井液的掺混几率增加，混浆水泥浆顶替效率更低，以发生水泥浆连续窜槽；（2）由于水泥浆悬砂能力强，水泥浆顶部会连续积砂，易发生砂堵憋泵；（3）水泥浆在裸眼井段连续运行会逐渐脱水，特别是在高渗砂岩地层，长时间脱水会造成水泥浆急剧稠化；（4）对于地层破裂压力较低的井来说，水泥浆段的增长，会使环空液柱压力增加，易压漏地层；（5）由于水泥浆失重引起的环空液柱压力降低的多少与水泥封固段长度呈正比，因此，长封固段井候凝使水泥浆失重表现更加突出；（6）由于水泥浆稠化时间是按井底循环温度设计的，而封固段上下温差较大，上部温度过低造成上部水泥浆凝固时间过长、强度发展较慢。

漏失井主要表现在钻井过程中发生钻井液漏失，以及固井过程中环空静液柱压力与流动阻力之和超过地层破裂压力从而造成水泥浆漏失。漏失井主要有三种类型：裂缝及溶洞性漏失、渗透性漏失和地层破裂性漏失。

（步玉环　郭胜来）

【定向井固井 directional well cementing technology】 对具有一定井斜角和方位变化的井眼中进行固井的工艺技术。

定向井固井和水平井固井面临的技术挑战有：（1）套管偏心。套管下入定向井斜度段时，会由于套管自重产生较大的侧向力，产生套管偏心，斜度大的井甚至会出现整段套管接触井壁；在注水泥时，套管内是密度较大的水泥浆，管外是密度较小的钻井液，此时，侧向力加大，导致套管偏心加剧，一方面可能引起套管粘卡，另一方面，若在这种状态下，采用顶替钻井液，宽边处已经是紊流状态，而窄边处可能还处于滞流状态，影响顶替效率，造成窄边窜槽。（2）灌浆下套管。使用常规浮鞋、浮箍下套管时，须人工灌浆，灌浆时，套管静止时间过长，易引起套管粘卡，也易让压缩空气进入套管，当循环钻井液时引起井下复杂情况，选用自灌浆浮鞋浮箍，对定向井固井将产生积极影响。（3）井壁清洗困难，二界面胶结弱。定向井钻井时，为了保证较强的携岩能力和良好的护壁性能，一般采用聚合物水包油钻井液体系。有时为了更好地润滑、降低摩阻，还要混入更多的原油。由于乳化剂的作用，亲油基油滴被吸附在滤饼表面将形成油膜保护层，严重影响水泥与地层的胶结（即第二界面胶结）。（4）注水泥浆窄间隙窜槽。在定向井中，特别是大斜度井内，因斜向或横向运移的路程短，水泥浆中存在的自由水极易聚集在井壁上侧，形成连续的水槽或水带，而成为油、气、水窜移的通道。

定向井固井，除满足常规井固井工艺要求外还有一些特殊要求：（1）井眼准备。保持井径规则，井眼轨迹符合设计要求，避免形成键槽。（2）钻井液性能及洗井要求。下套管过程应分段循环钻井液，以清理水平段及斜井段沉砂和岩屑；注水泥前充分循环处理钻井液，使其性能达到设计要求，在不影响井下安全的情况下，尽量降低黏度和切力。（3）套管居中要求。在定向井、水平井中保证套管居中比在直井中要困难，因此，必须按扶正器安放位置和套管居中计算来选择和下入套管扶正器，确定什么位置应下什么类型的扶正器；在数量上至少保证每单根套管下一只扶正器，并使用定位箍定位，在地层较硬的井段和套管重合段应加入刚性套管扶正器，保证套管距中度大于0.67。（4）水泥浆自由水和失水要求。为防止在斜井段及水平井段水泥环上侧面形成水带，影响固井质量，应控制水泥浆自由水量为零或接近零，使水泥浆失水量小于50mL。改变API自由水测定方法，配浆后先将水泥浆置于井下温度条件下养护，测试量筒倾斜至井下实际斜度或45°，然后测定自由水。（5）前置液性能要求。根据钻井液体系和地层特性，确定前置液体系的基本液，控制较小的失水量，加入适量的表面活性剂，达到对井下最大清洗要求，使其具有冲洗和隔离两项功能。正常情况下，应保证前置液占环空长度200m以上。（6）顶替液要求。对于顶替液的要求应从两方面考虑：一是尽量减轻密度，以使套管具有较大的漂浮力，使套管更加居中；二是固井后要保证测井仪器的正常下入，以防测井遇阻而必须下钻通井，对固井质量造成不利的影响。

（步玉环 杜文祥）

【水平井固井 horizontal well cementing technology 】 对水平井段井眼进行固井的工艺技术。其注水泥工艺基本与直井相同，只是除了井的斜深外还要明确掌握垂直井深，静液柱压力值按垂深计算；还要了解井眼的几何形状、钻井液体系。

固井工艺的难点：（1）斜井段及水平段钻进时，井眼底部容易形成沟槽，给井眼清洗带来困难，也影响固井顶替效率；（2）斜井段套管与井壁发生长段面积的多处接触，造成套管贴井壁处无水泥；（3）套管在环空的严重偏心使窄边钻井液不能被有效清除，影响固井顶替效率；（4）水泥浆在水平段及斜井段顶部会产生析水，易形成集中的水带，影响固井质量；（5）由于套管的弯曲和贴边造成下套管阻力增大；（6）普通 API 螺纹受弯曲应力后，容易发生螺纹密封能力下降；（7）直井中常用的固井附件不能使用（如弹性扶正器），需要使用特殊的套管附件（如刚性扶正器，漂浮接箍等）。

固井工艺的特点：（1）采用刚性扶正器（也可以采用刚性扶正器与弹性扶正器组合使用），尽量使套管居中；（2）长水平井井段下套管采用漂浮接箍，减小下套管阻力，辅助扶正器使套管的保证居中；（3）下套管完成后，循环钻井液，充分携带岩石碎屑，保证井眼尽量干净；（4）要求水泥浆的失水小于 50mL/30min，析水率为 0；（5）采用旋转套管提高顶替效率技术，保证窄间隙处钻井液被顶替。

（步玉环 柳华杰）

【高温井固井 high temperature well cementing technology 】 对井下温度超过 120℃的高温井，或者固井完成后承受高温作业的井眼进行固井的工艺技术。如热采井，饱和压力下温度高达 200～315℃，同时这种井承受高达 200℃温差。地层正常地温梯度取 2.74℃/100m，习惯上以每 33m 增加 1℃为准，超出此标准，将形成井下异常高温。钻进过程中的异常高温与井深和地温梯度有关。

高温井对固井的影响在于：（1）高温造成水泥石的强度衰退；（2）高温及大温差对套管柱形成热应力，造成套管与水泥石脱开；（3）高温对固井水泥和外加剂有更高的要求，需采用高温水泥浆体系（水泥加砂抗高温，抗高温外加剂等）。

高温井中需要注意高温引起的周向载荷以及形成的弯曲破坏问题，同时水泥必须加入硅粉热稳定剂，加密设计使用套管扶正器，尽量提高顶替效率。

（步玉环 柳华杰）

【高压井固井 high pressure well cementing technology 】 封固含有高压油、气、水层时采用的固井工艺技术。高压的概念是以压力梯度来表示的，当前认为压力梯度值超过 16kPa/m（当量钻井液密度 1.60g/cm³）时属于高压范围。

高压固井的难点在于钻井液密度高，油、气、水活跃，固井时易发生钻井液窜槽、油气侵窜等问题。高压井固井除了常规固井措施外，还需增加以下措施：（1）采用高密度水泥浆体系平衡地层压力，保证固井作业及候凝期间的"压稳"地层；（2）采用双凝水泥技术，减少水泥浆失重造成的候凝气窜问题；（3）候凝时环空憋压，补偿水泥浆失重对地层的控制；（4）应用封隔器，确保对可能气窜的油气水进行封隔，避免流体窜流，造成环空带压；（5）在进入高压层以上井段，先下技术套管，以便高压层固井过程中出现井涌时进行压井处理；（6）水泥浆体系中采用化学方法防窜，保证候凝期间不至于发生气窜。

（步玉环　柳华杰）

【深井固井 deep well cementing technology】 井深大于 4500m 深井固井的工艺技术。一般认为井深在 4500～6000m 的井为深井，6000～9000m 的井为超深井。深井注水泥概念还包括套管尺寸与井深的相对深度概念，对于大尺寸套管固井，井深的概念要比小尺寸套管浅一些，如 $9\frac{5}{8}$in 套管下深超过 4000m，就含有超深井注水泥的特点。

深井固井的难点在于：（1）随着井深增加，井下温度、压力会逐渐增高，对水泥浆体系抗高温要求、防气窜、防候凝失重的要求会更高；（2）由于裸眼井段长，往往会出现多项复杂情况叠加的现象，如高压层、漏失层、垮塌、缩径等；（3）同裸眼多产层现象的出现，层间封隔要求更加严格，对固井质量有更高的要求，固井难度增加；（4）长裸眼，造成固井封固段过长，固井难度增加；（5）由于长裸眼和高压，会出现同一裸眼孔隙压力和破裂压力接近的情况（通常称压力窗口小），固井施工难度增加；（6）封固段上下温差大，造成上部水泥浆凝固时间过长，强度发展缓慢；（7）由于井深的增加，套管层次会增多，各层相邻套管的尺寸差会减少，从而使小间隙固井增多；（8）深井事故率相对增多，处理事故往往会伴随着井眼状况的恶劣化，影响固井水泥浆的顶替效率。

常用的深井固井工艺有：双凝水泥固井、分级固井、尾管固井、内插法固井、饱和盐水水泥浆固井、低密度水泥充填固井和超高密度水泥浆固井等。

（步玉环　郭胜来）

【长封固段固井 long sealing section cementing technology】 对封固段超过 1500m 的井进行固井的工艺技术。也有观点认为封固段大于 1200m 的固井就称为长封固段固井。

长封固段井的固井难点在于：（1）水泥浆长时间在环空运行，水泥浆与钻井液的混掺几率增加，混浆水泥浆顶替效率更低，易发生水泥浆连续窜槽；（2）由于水泥浆悬砂能力强，水泥浆顶部会连续积砂，易发生砂堵憋泵；（3）水泥浆在裸眼井段连续运行会逐渐脱水，特别是在高渗砂岩地层，长时间脱水会造成水泥浆稠化；（4）对于地层破裂压力较低的井来说，水泥浆段的增长，会使环空液柱压力增加，易压漏地层；（5）由于水泥浆失重引起的环空液柱压力降低的多少与水泥封固段长度呈正比，因此，长封固段井候凝使水泥浆失重表现更加突出；（6）由于水泥浆稠化时间是按井底循环温度设计的，而封固段上下温差较大，上部温度过低造成上部水泥浆凝固时间过长、强度发展较慢。

常用的固井技术措施有：分级注水泥固井、低密度水泥浆体系固井、低密度水泥充填固井、MTC 固井、尾管固井和尾管回接固井等。

（步玉环　郭胜来）

【漏失井固井 leaking well cementing technology】 对裂缝及溶洞性漏失、渗透性漏失和地层破裂性漏失。井的固井工艺技术。漏失井主要表现在钻井过程中发生钻井液漏失，以及固井过程中环空静液柱压力与流动阻力之和超过地层破裂压力从而造成水泥浆漏失。

不同作业时段的漏失处理方法不同。若固井前的漏失，即在钻井过程、下套管过程及下完套管后循环过程的漏失，固井前可以先进行堵漏处理。若注水泥过程的漏失，即固井前期注水泥过程发生的漏失，可以根据情况进行增减注入水泥浆量和调整注入排量，通过固井方案进行处理。若替液过程（因现场一般采用的顶替液为钻井液，也称替钻井液）的漏失，即在固井后期替液过程中发生漏失，只能采用降低替浆排量减少循环摩阻的方法减小漏失。实施其他固井措施（如环空憋压、双级固井投重力塞时间过长、尾管固井起中心管后循环排量过大等）引起的漏失，应针对于不同措施的漏失进行不同处理：环空憋压状况下漏失应适当降低环控施加压力；投重力塞时间过长应适当开泵排钻井液使重力塞加快下行速度，但排量需要适当控制；尾管固井起中心管后循环排量过大下的漏失可以降低排量或采用低切力钻井液循环。

不同漏失类型的特点不同，处理漏失的措施也不同。（1）溶洞及裂缝性漏失，孔隙大、连通性好、漏失阻力小，往往表现为只进不出，也就是循环钻井液时呈现失返现象。对此类漏失层的处理办法是：① 使用大颗粒堵漏材料进行桥堵；② 增加流体黏度，配合颗粒或纤维堵漏材料使之留存在溶洞及裂缝入口处；③ 使用具有凝固性质的高黏度堵漏材料，进行间歇式堵漏；④ 固井时，提高水泥浆黏度，在水泥浆中加入纤维或其他堵漏材料，使水泥浆低速经过漏层；⑤ 漏失较严重时，必须采用漏失井固井防漏工艺。（2）渗透性漏失，孔隙较小、连通较性好、漏失阻力较大，吃入能力相对较小，往往表现为进多出少。对此类漏失层的处理办法是：① 增加流体黏度，并适当降低流体密度；② 流体中加入小颗粒或短纤维堵漏材料，使井壁形成非渗透性滤饼；③ 固井时，提高水泥浆黏度、降低失水，并加入短纤维或其他堵漏材料，必要时可使用低密度水泥浆体系固井，以减少液柱压力；④ 漏失较严重时，采用漏失井固井防漏工艺进行固井；⑤ 轻微渗漏不影响固井作业，只是调整好水泥浆性能，使其具有防漏能力，适当增加水泥浆量即可。（3）破裂性漏失，地层被压破，产生裂缝和通道，并不断向外延伸，只要压力不降，吃入能力很大，因此，破裂性漏失发生时，往往表现为只进不出。对此类漏失层的处理办法是：① 减小流体密度，降低液柱压力；② 改善流体流变性，降低流动阻力；③ 高压固井无法降低流体密度条件下，可对漏失层挤水泥，提高地层的破裂压力；④ 漏失较严重时，采用漏失井固井防漏工艺进行固井。

裂缝及溶洞性漏失井中，若漏失层是产层，为了避免对产层的污染必须先固井再继续钻开漏层进行开采，若不是产层，考虑继续钻井还会产生漏失的问题，必须采取其他防漏措施再进行固井；渗透性地层漏失需要从两方面着手，一是降低环空液柱压力，二是堵塞地层孔隙降低其渗透性；地层破裂性漏失要从降低环空液柱压力入手，也可以想办法提高地层破裂压力。

防漏固井工艺技术主要包括：采用防漏水泥浆体系固井、封隔器—分级箍一次注水泥防漏工艺、水泥伞—分级箍双级注水泥防漏工艺、封隔器—分级箍双级注水泥防漏工艺、双级注水泥工艺、尾管固井及回接固井工艺、低密度或超低密度水泥浆体系固井工艺等，需要根据具体情况合理选择适当的防漏固井工艺。

"堵漏"主要依靠超细水泥等细颗粒材料进入裂缝内部来实现。纤维材料在裂缝周围交织成网状结构，而大颗粒石英砂作为骨架材料起到良好支撑作用，超细材料进入缝隙内部快速脱水，迅速堆积实现封堵裂缝。

（步玉环　柳华杰）

【小间隙井固井 small clearance well cementing technology】套管与井壁环空小于19mm 井眼的固井工艺技术。一般套管与井壁之间环空间隙小于 19mm 时属于小间隙井，直径小于 215.9mm（$8\frac{1}{2}$in）的井眼属于小井眼。小井眼固井一般都属于小间隙井固井。小间隙井环空间隙太小，会带来套管不易居中贴井壁，水泥环太薄不能形成足够强度，固井时流动阻力大以至于对地层回压大，水泥浆易脱水稠化，且易砂堵憋泵等问题。

常用固井措施：（1）使用多级注水泥工艺降低封固段，以减少水泥浆脱水稠化和固井过程中砂堵憋泵；（2）尽量使用足够的扶正器，提高套管的居中度和水泥浆的顶替效率；（3）严格控制水泥浆失水，防止水泥浆在环空脱水稠化而使流阻进一步增加，以至于提前凝固；（4）需使用胶结强度高、韧性好的水泥浆体系，提高薄水泥环条件下水泥石的胶结能力和抗破碎能力；（5）注水泥施工要控制注、替排量，以防返速过高冲垮井壁造成憋泵事故；（6）使用合理的前置液，提高水泥浆的顶替效率。

（步玉环　郭胜来）

【糖葫芦井眼固井 rough borehole cementing technology】 井径变化极不规则的井眼在油气井行业中被形象地称为"糖葫芦井眼"，在这种井况下固井需要使用一些特殊的技术措施。

糖葫芦井固井突出难点：在水泥浆上反过程中，在大井眼处容易发生窜槽，在小井眼处容易发生砂堵憋泵。糖葫芦井眼固井的关键是要解决大井眼窜槽和小井眼砂堵问题。

常用的解决方法：（1）提高水泥浆和钻井液的密度差，以提高顶替效率解决窜槽问题；（2）使用高效冲洗液，彻底清洗大井眼处井壁的残余钻井液，提高水泥浆的顶替效率；（3）使用高悬浮性隔离液，提高携砂能力，防止砂堵憋泵；（4）注入过渡性水泥浆（从低密度逐渐过渡到高密度），以防止水泥浆携砂造成砂堵憋泵；（5）在大井眼处使用旋流器，提高水泥浆的充填和置换能力。

（步玉环　郭胜来）

【气井固井 gas well cementing technology】 封固层为气层或以产气为主的产层的固井工艺技术。气井固井的难点是气比油水相对活跃，固井时气体易发生气窜；气体在钻井液或水泥浆中的上窜速度快，一旦不能压稳，会发生气体严重上窜以至井涌或井喷；气井固井水泥浆候凝时，水泥浆失重引起地层流体外窜表现更为突出；含有硫化氢的气体，还能引起套管及附件的腐蚀和脆断，一旦失控会涌出井口对人员造成严重的毒害作用。

气井固井除采取常规固井措施外，还要采用以下措施：（1）按气井设计要求，做套管强度设计；（2）选用气密封螺纹套管及附件；（3）对于含有硫化氢气体的井，应选用抗硫套管及附件；（4）使用非渗透防气窜水泥浆体系；（5）利用双级注水泥、尾管固井及回接、低密度充填等固井工艺，尽量减少有效封固段长度；（6）利用封隔器辅助固井，防止水泥浆候凝时的气窜和候凝失重等影响；（7）尾管固井重合段使用套管外封隔器；（8）气层段使用膨胀水泥浆体系；（9）固井结束后关封井器候凝后环空憋压。

（步玉环　郭辛阳）

【欠平衡井固井 underbalanced well cementing technology 】 对井筒压力小于地层压力的井进行下套管固井的工艺技术。固井的主要问题是考虑如何防止对油气层的伤害问题。由于欠平衡钻井采用的是井底存在一定的负压差（即环空液柱压力小于地层压力），若采用欠平衡注水泥固井，地层油气会向环空水泥浆柱侵入，不能保证固井质量；若采用正压固井（液柱压力大于地层压力），水泥浆滤液及水泥颗粒会进入地层，造成孔隙堵塞，伤害油气层，使固井后产量降低，严重时会不出油气；另外，在欠平衡钻井过程中产层流体部分已在钻井过程中随钻井液排出，井壁孔隙畅通没有滤饼的阻挡，当水泥浆接触地层时，其滤液和水泥颗粒更容易侵入，油气层受到伤害的同时水泥浆失水较严重，可能造成桥堵失重，造成气窜。

欠平衡井固井技术问题不单纯是固井本身的问题，还包含完井的综合考虑及处理问题。欠平衡井从完井方式和固井作业方面，主要采取以下措施：（1）裸眼完井，在进入欠平衡井段前下入技术套管固井，然后欠平衡钻开油气层完井，只适合产层井壁稳定不出砂的井；（2）筛管完井，在进入欠平衡井段前下入技术套管固井，然后欠平衡钻开油气层，下入筛管完井，适用于产层井壁不稳定出砂严重的井；（3）筛管顶部注水泥固井，欠平衡钻开油气层，下入套管和筛管复合管柱，将筛管与套管用封隔器封隔，然后对封隔器以上套管进行注水泥固井，水泥浆既不污染油气层又可以提高油井寿命，该工艺适用于多种情况下的欠平衡完井固井，能提高一般筛管完井的完井筛管尺寸，有利于后期作业；（4）封隔器完井工艺，欠平衡钻开油气层，在套管串设计时，产层上下各加一到两个封隔器，下入套管柱后，用钻井液或水泥浆胀开封隔器，然后对封隔器以上套管进行注水泥固井。

（步玉环　柳华杰）

【分支井固井 multilateral well cementing technology 】 针对于分支井的分支井眼或主井眼实施的固井工艺技术。分支井指在一个主井眼（直井、定向井、水平井）中钻出两个或两个以上的井眼（定向井、水平井、波浪式分支井）的井。分支井固井存在的主要问题有钻井液窜槽、水窜槽、套管不居中、水泥环易在弯曲、压缩和张应力下损坏等。分支井固井工艺技术不单纯是固井本身的问题，而且包含完井的综合考虑及处理问题。

在分支井中，尾管是从主井筒内通过在主套管上磨铣的侧孔下入的，对尾管注水泥后，要将留在主井筒内的尾管短管割断取出。在用磨鞋切割尾管期间，水泥柱将承受高的弯曲、压缩和张应力，切割部位水泥环产生裂纹也可能扩展到整个水泥柱，取出切割下的尾管短管后，下部尾管只靠水泥环支撑，因此，必须采用具有高弯曲强度、压缩强度和抗张强度的水泥。

在固井前，循环时间至少是 3 倍于井筒的钻井液体积循环所需时间，或者循环到进出口钻井液性能达到平衡为止。如果可能，循环时钻井液流态应达到紊流，以帮助消除岩屑或钻井液固相沉淀。

水泥浆密度的设计取决于地层性质，同时应考虑固井作业时所产生的附加压力不能超过地层的破裂压力。为了降低水泥浆密度，常采用泡沫水泥、膨胀水泥。泡沫水泥用于降低水泥浆密度，以减轻潜在的地层破裂问题，当固相沉淀和胶凝的钻井液团块不能被运移时，可使用膨胀水泥，以改善水泥固结，防止窜槽。

在分支井钻井中，常常使用油基钻井液和油包水乳化钻井液，因为它们具有润滑性好、失水少等优点，但考虑到固井时，由于亲油环境导致水泥浆跟它接触的表面不相粘接，因此要设计隔离液体系，使其能产生一个亲水环境使水泥浆与其接触的表面粘接，使油层隔绝。在设计隔离液体系时，应考虑三个方面：（1）隔离液体系对原浆的作用；（2）选择最好的表面活性剂加到原浆中以获得一个井下亲水环境；（3）选用隔离液用量和泵入速度以获得最大限度的清洁效果。

（柳华杰）

【高酸性腐蚀井固井 highly acidic well cementing technology 】 井下含 CO_2 和 H_2S 酸性气体气井的固井工艺技术。在高酸性腐蚀性气井中固井需要采取一些特殊固井措施。

高酸性气体的危害有：（1）H_2S 能使套管腐蚀，从而容易产生硫化氢腐蚀脆性断裂（简称氢脆），即使 H_2S 浓度较低也可使套管腐蚀断裂；（2）在较高温度下，H_2S 气体不会引起套管氢脆断裂，但会发生腐蚀而使套管损坏；（3）在具有 CO_2 气体的高压井中，酸性 CO_2 对套管的腐蚀也非常严重，CO_2 浓度越高腐蚀越严重；（4）高酸性腐蚀性气体 CO_2、H_2S 对水泥石有很强的腐蚀作用，酸性腐蚀性气体对水泥石的腐蚀会加速水泥石的破坏；（5）H_2S 气体具有较强的毒性，施工时要防范井涌、井喷等事故的发生，相关施工人员要做好有毒气体防范。

在高酸性腐蚀性气井中固井时，需要选用耐腐蚀套管和工具附件，在水泥浆体系方面，应在水泥浆中添加超细材料，降低水泥石的孔隙率，选用较高密度的水泥浆，减小水泥中硅酸钙的含量，优化传统的油井水泥浆体系，或者采用耐腐蚀的水泥浆体系进行固井作业。

（步玉环　郭胜来）

【**非常规油气井固井** unconventional oil and gas well cementing technology】 对开发非常规油气资源的井进行下套管固井的工艺技术。非常规油气资源泛指在地质条件或开采工艺有别于常规油气，通过常规开采手段不能得到经济产量的石油天然气资源，主要包括：油砂、油页岩、稠油、页岩油、致密砂岩油、致密砂岩气、煤层气、页岩气、天然气水合物、深源气和浅层生物气等。

非常规油气井固井对固井质量及水泥石力学性能要求较高，通常非常规油气井均采用分段压裂技术，为了保证分段压裂效果，要求水泥浆具有较高的胶结强度，具有较好的韧性，凝固期间不收缩或具有微膨胀性能，水泥环必须在压裂施工作业中保证不漏、不窜，实现对各层位的有效封隔，压裂过程中一旦破裂，应具有自修复能力。对水泥石性能要求为：（1）多级分段压裂水泥石必须具备良好的力学性能，水泥石在满足基本抗压强度基础上，还必须具有良好的弹性和韧性，降低射孔压裂联作对水泥石的损伤；（2）水泥石与地层、套管胶结质量要求高，保证多级分段压裂以及在高施工压力条件下两个界面的胶结质量；（3）水泥石密封完整性要求高，保证在施工过程、候凝过程、射孔、压裂过程和后期生产过程中，水泥环有效的密封，保证层间不漏、不窜，确保有效的压裂效果和生产效果。

常用的水泥浆体系主要有弹韧性可膨胀水泥浆体系、自愈合水泥浆体系、泡沫水泥浆体系等；非常规油气井的开发是通过长段水平井分段压裂来实现的，而且，钻开页岩层的长段水平井通常采用油基钻井液，因此，固井过程中井眼的清洗至关重要，前置液的性能和冲洗方法的选择是解决井眼清洗的关键因素，前置液包含冲洗液和隔离液，常用的有溶解稀释型冲洗液、双作用驱油冲洗液、柔性塞隔离清洗液和摩擦性隔离冲洗液等；由于长段水平井下套管摩阻较大，下入套管扶正器既能保证套管居中，又能减小摩阻，因此扶正器的选择和安放直接影响套管下入和扶正效果，常用的扶正器类型有高弹性整体式扶正器、半刚性旋流扶正器和编织式弹性整体式扶正器。

提高非常规油气井固井质量的工艺措施有：漂浮下套管技术、漂浮替浆技术、多段组合型前置液清洗技术、超短候凝以快制气技术、封隔器技术、振动固井技术和替补换卡增压技术。

不同的非常规油气地层特点具有很大的差异性，采用的具体施工工艺以及水泥浆体系也具有较大的差异，需要固井前根据开采对象的性能特点以及地质状况进行合理设计。

（步玉环　柳华杰）

【**挤水泥** squeeze cementing】 通过裸眼井或套管射孔孔眼，将水泥浆挤入预定位置的作业。是特殊注水泥的一种工艺方法。在钻井、完井和油气井修复过程中有多种用途，比较常见的有：（1）封堵严重漏失层段。（2）封堵水泥窜槽、返高不够或替空井段。（3）封堵套管磨损或腐蚀产生的孔洞和裂缝。（4）封堵水层，调整生产剖面。（5）封堵报废井。

常用挤水泥方法主要有：（1）井口密封法。通过关闭井口和钻杆（或油管）加压，造成井筒高压环境，将水泥浆挤进预定位置。适用于压力不高和水泥用量较多的挤水泥作业。（2）封隔器密封法。通过井下封隔器密封和钻杆（或油管）加压，造成局部井筒高压环境，将水泥浆挤进预定位置。适用于压力较高和水泥用量较少的挤水泥作业。

挤水泥是难度较大的作业，可能存在的问题有：（1）封隔器坐封不严；（2）套管射孔穿透性差或孔眼清洗不彻底；（3）水泥浆失水量大、稠化时间短或施工时间过长。

（胡　旺）

【打水泥塞 cementing plug】 在裸眼井或套管预定井段注入油井水泥浆，形成具有一定强度水泥段的作业。是特殊注水泥的一种工艺方法。

打水泥塞在钻井、完井和油气井修复中有多种用途，比较常见的有：套管开窗、固定导斜器进行套管侧钻作业、封堵漏失层段、封堵报废井、井下存在复杂情况需要封堵处理、中途测试时分隔不同储层、封堵套管鞋或井口防止流体流出井筒等。

浅井打水泥塞相对容易，而深井相对比较困难，突出难点有：（1）水泥塞过短，容易因计算误差问题造成注水泥塞不成功；（2）水泥塞过长，容易造成固钻杆事故（常说的插旗杆事故）；（3）水泥浆与钻井液性能不配伍，容易相互混合，水泥塞质量差；（4）水泥浆稠化时间短或起钻操作慢，打水泥塞管柱与水泥塞凝结在一起；（5）打水泥塞结束后，反循环清洗管柱不彻底，管柱内水泥浆固结堵塞水眼。

打水泥塞方法有三种：（1）平衡法。从钻杆（或油管）内注入水泥浆，并顶替至管内外水泥浆液面深度相等时，上提钻杆至预定水泥塞顶面深度以上，水泥浆留在原位凝固为水泥塞。这是在裸眼或套管内打水泥塞的最常用作业方法。（2）倾倒法。倾筒中装入水泥浆，用钢丝绳下至欲打水泥塞深度，开启倾筒底部阀门，水泥浆依靠重力自动流入井内，凝固后成为水泥塞。一般用于不超过600m井深的浅井打水泥塞作业。（3）双塞法。打水泥塞管柱下端设有特殊阻流环和使用双胶塞的打水泥塞作业。适用于精度要求高的打水泥塞作业。井内钻井液与水泥浆密度差过大时，预先在水泥塞下部垫入黏度和切力较大的钻井液，防止水泥塞下沉。

（步玉环　田磊聚　胡　旺）

【水泥浆体系 common cement slurry system】 油井水泥、水（或混合液）以及不同需求的水泥添加剂按一定质量比例，通过专用设备混合和搅拌而成的液体。油井水泥浆配制是注水泥作业流程之一。一般评价水泥浆体系性能的主要指标有：密度、油井水泥浆稠化时间、油井水泥浆流变性、油井水泥浆失水量、油井水泥浆游离液和稳定性、水泥石强度、水泥石渗透率、水泥胶结强度等。

固井常用水泥浆体系有：常规密度水泥浆体系、低密度水泥浆体系、耐高温水泥浆体系、盐水水泥浆体系、防气窜水泥浆体系、不渗透水泥浆体系、抗腐蚀水泥浆体系、膨胀水泥浆体系、微细水泥浆体系、纤维水泥浆体系、触变水泥浆体系、钻井液转化水泥浆（MTC）等。

📝 推荐书目

刘崇建，等.油气井注水泥理论与应用［M］.北京：石油工业出版社，2001.

（胡　旺　步玉环）

【常规密度水泥浆体系 conventional density slurry system】 由油井水泥、常规油井水泥外加剂以及合理水灰比配制的密度介于 $1.75 \sim 2.10 \text{g/cm}^3$ 之间的水泥浆。常规密度水泥体系是用量最大、使用范围最广的一类水泥浆体系，在井下条件不复杂、没有易漏地层、常规孔隙压力地层和没有特殊固井需求的井中具有广泛的适用性。具有技术成熟、施工难度低、成本低等优势。

常规密度水泥浆体系并不是不需要添加密度调节剂（包括水泥加重剂和水泥减轻剂），有时也需要根据井下条件适当添加密度调节剂，使水泥浆密度与地层安全密度窗口相匹配，一般情况下，为了保证固井质量，水泥浆的密度比地层孔隙压力略高。

（步玉环　柳华杰）

【低密度水泥浆体系 low density slurry system】 采用增大水灰比或加入水泥减轻剂使水泥浆密度低于常规水泥浆密度的水泥浆体系。低密度水泥浆的密度范围为 $0.85 \sim 1.75 \text{g/cm}^3$。可以降低套管外液柱压力，从而降低水泥浆液柱与地层孔隙压力差，实现合理压差固井，减少水泥浆滤液和固体颗粒侵入储层，减轻对储层的伤害，还可有效地解决低压易漏地层长封固段的固井难题，有利于保护储层。

注水泥之前，水泥减轻剂要与水泥按比例预先干混，相应的外加剂与配浆水混合均匀。

（黄洪春）

【超低密度水泥浆体系 ultra low density slurry system 】 通过在水泥浆中加入微硅、漂珠、人造空心玻璃微珠等减轻剂使水泥浆密度低于 $1.2g/cm^3$ 的水泥浆体系。常用在地层破裂压力低井、易漏地层井、气体钻井、欠平衡井的固井。超低密度水泥浆体系的稳定性和早期强度是衡量超低密度水泥浆体系性能优劣的两个主要指标。

为了使超低密度水泥浆体系具有良好的强度特性满足后期生产需求，需要把加入到水泥浆体系中的固相颗粒进行良好的级配研究，实现紧密堆积理论的要求，从而提高水泥石强度，降低水泥石渗透性。

（步玉环 柳华杰）

【高密度水泥浆体系 high density slurry system 】 在油井水泥中加入加重材料等使水泥浆密度高于 $2.10g/cm^3$ 的水泥浆体系。常用于井下有高压流体的井、气井和深井中。

高密度水泥浆体系的难点在于：（1）水泥浆黏、稠，给水泥浆泵注带来困难；（2）顶替高密度的钻井液时，不利于保证顶替效率；（3）高密度水泥浆在环空流动时压耗大，难以实现水泥浆紊流顶替；（4）井下温度和压力变化对水泥浆流变性、稳定性影响显著，给施工带来更多不确定性；（5）高压地层的地层流体往往较为活跃，候凝过程中侵入环空的可能性更大，给固井质量带来隐患；（6）加重剂与水泥浆本身密度差较大，带来悬浮稳定性问题。

为了使高密度水泥浆体系具有好的稳定性，一般加入微硅，既可以做悬浮稳定剂，又可以作为实现紧密堆积中的充填颗粒，形成最小充填颗粒级别的一部分；另外为了得到良好的强度特性满足后期生产需求，需要把加入到水泥浆体系中的加重剂颗粒与水泥、微硅进行良好的级配研究，实现紧密堆积理论的要求，从而提高水泥石强度，降低水泥石渗透性。

（步玉环 郭胜来）

【超高密度水泥浆体系 ultra high density slurry system 】 通过在水泥浆中加入重晶石、铁粉等加重剂，并减少水灰比使水泥浆密度高于 $2.4g/cm^3$ 的水泥浆体系。主要面临的困难与高密度水泥浆体系类似，包括：流变性控制、悬浮稳定性控制、水泥浆黏稠配浆困难，滤失控制要求高等。

为了使超高密度水泥浆体系具有好的稳定性和密度、强度的需求，一般加入微硅，既可以做悬浮稳定剂，又可以作为实现紧密堆积中的充填颗粒，形成最小充填颗粒级别的一部分；采用两种或以上加重剂混合使用，满足超高密度需求的同时，提高水泥石强度，降低水泥石渗透性。

（步玉环　柳华杰）

【触变水泥浆体系 thixotropic slurry system】　在普通水泥浆中加入触变剂而得到的一种具有较强触变性的水泥浆体系。在混合顶替过程中，这种水泥浆体系是稀的流体，泵送停止后则迅速形成具有刚性、能自身支持的凝胶结构，并且这种胶凝结构经剪切可破坏并恢复流动性。宏观上触变水泥浆表现为静止增稠，剪切变稀的特性，具有很好的堵漏和防窜性能。

触变水泥浆体系一般用于漏失层固井、高压油气层固井、地层安全密度窗口较小井的固井。

（步玉环　柳华杰）

【膨胀水泥浆体系 expansion slurry system】　在水泥浆体系中加入膨胀剂而得到水泥凝固过程体积略有膨胀功能的水泥浆体系。可以加入晶格膨胀剂或发气膨胀剂。该体系主要用于易产生"微环隙"的井固井施工，一般要求其膨胀率不超过 5%，以免产生副作用。常用的体系有盐水水泥浆、加铝粉等的发气水泥浆、掺入煅烧氧化镁或氧化钙的水泥浆等。

（步玉环　柳华杰）

【盐水水泥浆体系 brine slurry system】　采用饱和盐水或一定浓度的 NaCl 或 KCl 所配制出的符合固井作业要求的水泥浆体系。盐水水泥浆体系抗 NaCl 或石膏层的污染能力强，固井时相对而言可以保证盐岩层段或膏岩层段不会出现坍塌或溶解形成大肚子的现象。主要用于盐膏岩层、无淡水区域的固井施工，可以解决在大段盐岩层固井时的地层溶解、水泥石破坏等问题。

（步玉环　柳华杰）

【胶乳水泥浆体系 latex slurry system】　使用胶乳作为主要的水泥浆性能调节剂而配制的水泥浆体系。胶乳具有降失水、防气窜和提高水泥石韧性的功能。降失水作用机理表现在两个方面：由于胶粒为 0.05~0.5μm 的范围，比水泥（20~50μm）小得多，一方面，部分胶粒与水泥形成良好级配而充填并堵塞于水泥颗粒与水化物的空隙，降低滤饼的渗透率；另一方面，胶粒在压差的作用下，在水泥颗粒之间聚集成膜覆盖在滤饼上，进一步降低滤饼的渗透率。防气窜主要作用机理：当气体与胶乳接触时或胶乳颗粒的浓度超过某一临界值时，胶乳颗粒就凝聚形成一层薄的聚合物膜覆盖在水化产物的表面，在气窜即将发生时，这种不渗透的聚合物胶膜就阻止了气体的进一步窜入，防止气窜的发生。提高水泥石韧性的机理：胶乳具有较好的黏弹性特征，同时胶乳颗粒可以有效充填与水泥的孔隙之中形成胶结，当水泥石受力时，胶乳颗粒可以发生弹韧性的变形，从而抵抗外力的变化，使得水泥石表现出一定的韧性。

常用的胶乳有醋酸乙烯、氯化乙烯、聚乙烯、苯乙烯和丁二烯等；乳胶颗粒的直径（0.05～0.5μm）小于水泥颗粒（20～30μm）。

应用较多的胶乳产品是丁苯胶乳，其耐温性能好，可用于高温深井固井。为防止胶乳在水泥浆中絮凝，通常需要加入胶乳稳定剂，主要是各种表面活性剂。国内外的研究主要体现在胶乳稳定剂、新型抗盐耐温胶乳体系的开发上，以及如何选择或开发配套的外加剂（如降失水剂、分散剂、缓凝剂、消泡剂等）以形成实用的胶乳水泥浆体系。

（柳华杰　步玉环）

【弹韧性水泥浆体系 elastic-toughness slurry system】 通过在水泥浆中混入复合材料、增韧材料等弹韧性外加剂，使得水泥石具有较好的弹性及韧性变形能力的水泥浆体系。常用的弹韧性添加材料有各类纤维、橡胶颗粒、胶乳等。这种体系水化形成的水泥石具有较高的韧性，在冲击载荷下不易开裂。主要应用在需要压裂的页岩气水平井段、射孔完井段和塑性地层的固井。

（步玉环　郭辛阳）

【酸溶水泥浆体系 acid soluble slurry system】 在常规水泥浆体系（通常情况下使用 G 级水泥）中掺入其他能与酸性物质或者酸反应的材料，或者采用可以具有酸溶特性的特种水泥，能在酸性条件下溶解而失去或部分失去强度的水泥浆体系。特点是酸溶性材料的存在可以有效地防止地层受到伤害。

酸溶性水泥浆体系主要用于：（1）致密低渗储层。对于致密低渗储层自然出流能力低，必须酸化后投产，且致密低渗透地层不出砂等特点，利用酸溶性水泥浆体系进行产层固井，射孔后可依靠酸液对水泥石进行溶蚀、清洗炮眼，从而扩大油层的出露面积，提高流通能力。（2）二次开发井眼的封堵或暂闭。一些老油田在二次开发过程中部分井眼需要封堵或暂闭，若使用常规油井水泥浆进行封隔，将对储层造成伤害，而常规水泥浆生成的水泥石酸溶效果较差，在酸化改造过程中储层流通能力恢复也不甚理想。（3）生产层治漏堵水或暂闭封堵层。低渗透薄产层出水漏失问题严重，常采用油井水泥封堵漏层或者暂闭储层来解决，但常规水泥石的酸溶蚀效果不理想，后期采用酸化解堵恢复渗流通道能力差，直接影响解堵生产效果。

常用的酸溶水泥浆体系有两类：

（1）在 G 级水泥中加入酸性外掺料，即加入碳酸钙或碳酸镁。但碳酸钙或碳酸镁材料不能胶结产生强度，它们可能过早地被后续井下作业破坏，引起封堵失效而再次发生漏失。

碳酸盐的作用有多种不同的方式，首先碳酸盐在酸性溶液中的溶解速度较高，能迅速提高水泥石渗透性，让酸液更深入地进入到水泥石参与反应，加快水泥石的溶解；其次部分碳酸盐进入到C—S—H结构和钙矾石结构中，增强酸溶液对水泥石的溶解力。

（2）酸溶性镁氧水泥。由镁、钙的氧化物，硫酸盐和碳酸盐按理想配比制得的混合物，其主要特点是它在盐酸中能完全溶解，且抗污染能力强，其水泥石既能酸溶又不发生体积收缩。

（步玉环　田磊聚）

【油溶性水泥浆体系 oil soluble slurry system 】　在常规水泥浆体系（通常情况下使用 G 级水泥）中掺入油溶性物质，该材料在地层油的作用下会自发溶解，对油形成渗流孔道的一种选择性渗流水泥浆体系。该水泥浆体系遇油才会发生溶解，而遇到地层水则不会溶解，从而起到堵水疏油的作用。可以适用于薄油层、油水层交替、欠平衡钻井作业的油气井、裂缝油气藏、低压油井及应力敏感储层段等的固井作业，也可以用于油田堵水和产层堵漏、油井调剖等提高采收率的措施中。

油溶性水泥浆体系主要包含天然的油溶性有机物增渗剂、油水选择性渗连通剂和相渗剂以及缓凝剂、降失水剂、分散剂、消泡剂等配套外加剂。

（步玉环　柳华杰）

【抗腐蚀水泥浆体系 corrosion–resistant slurry system 】　一种所生成的水泥石具有更高的抵抗地下酸、碱性流体腐蚀的水泥浆体系。井下常见的对水泥环有害的腐蚀介质有酸和酸性水、硫酸盐和碱溶液等。耐腐蚀水泥浆体系不仅要求水泥本身耐腐蚀，也要求添加剂也具有耐腐蚀性能。

应用于固井作业的耐腐蚀水泥浆体系配制可以通过两种途经：（1）将常规的油井水泥（硅酸盐水泥）进行改性，可以采用通过水灰比或颗粒级配降低水泥石的渗透率、降低水泥石的 Ca/Si 比和碱度来达到降低 Ca（OH）$_2$ 的目的，在水泥中加入空心微元加速形成 $CaCO_3$ 耐腐蚀层，在水泥石中形成耐腐蚀组分等手段。但最后生成的水化产物依然存在腐蚀，只是腐蚀的速度减缓而已。（2）采用耐腐蚀胶凝材料，水化产物是不受腐蚀介质影响的，从而从根本上解决耐腐蚀的问题，如 CO_2 条件下采用磷铝酸盐水泥。

耐腐蚀水泥包括抗硫酸盐水泥、耐酸水泥、耐碱水泥等类型，这些特种水泥通过在水泥中加入不同的组分，提升其对各种腐蚀介质的抗性来达到耐腐蚀的目的。外加剂的防腐主要是考虑腐蚀离子对外加剂的影响。

（步玉环　柳华杰）

【微细水泥浆体系 fine slurry system】 使用粒径大小主要分布于 1～15μm 范围内的水泥配制而成的水泥浆体系，能穿透渗入到常规水泥达不到的地方。微细水泥比常规的 G 级水泥的颗粒粒径小 5～10 倍，水泥颗粒的比表面积急剧增加，水化反应速度加快，反应的彻底性加强，水泥石的强度较高。一般微细水泥浆体系用在要求水泥浆体系具有速凝特性的条件下，如挤水泥作业、堵水或堵漏作业、充填微细裂缝或孔隙等。

（步玉环　柳华杰）

【纤维水泥浆体系 fiber slurry system】 一种通过在水泥浆中加入纤维材料来改善水泥石韧性的水泥浆体系。纤维材料多采用矿物纤维和改性化学纤维，该体系下生成的水泥石抗拉强度高，韧性好，具有优越的堵漏性能。将纤维作为增强材料混入水泥试件中，可以有效提高水泥试件的抗折强度、抗冲击力，提高水泥试件的韧性，控制或减少水泥石受力过程中裂纹的产生和扩展。

（郭胜来　柳华杰）

【耐高温水泥浆体系 high temperature resistant slurry system】 由基本油井水泥（H 级、G 级）外加一定量的外掺料（硅粉、密度调节剂等）及水泥外加剂构成的、适用于高温井况的水泥浆体系。其性能主要靠外掺料和外加剂进行调节，一般采用抗高温降失水剂、抗高温缓凝剂、高温分散剂、稳定剂，同时在水泥中加入 35%～45%（质量百分比）的硅砂。

高温井一般为深井，其固井对于水泥浆体系调节的难点主要在于：（1）水泥浆在高温下水化速度加快，水泥浆稠化时间的调节比较困难，为了满足井底的高温要求，一般需要采用抗高温缓凝剂。但如果此固井段的段长超过 1500m，则段底与段顶的温度具有较大的温差，若缓凝剂单独采用高温缓凝剂，就会使得段顶水泥浆体系具有超缓凝的现象，为了满足防气窜的需要，则需要采用宽温带缓凝剂，使得段顶与段底的稠化时间扣除施工时间后，长短基本相当。（2）高温下，降失水剂（尤其是高分子降失水剂）容易失效，致使水泥浆失水量大，对降失水剂的性能提出了更高的要求。（3）高温深井固井要求水泥浆的流变性要好，以便满足流动阻力较小，不至于使得关注的地层破裂压力薄弱点被压漏。（4）高温使得水泥浆稳定性变差，要求水泥浆在高温下水泥浆稳定性强，但混拌时的稠度又不至于太大。（5）水泥浆体系水化后的水泥石抗高温衰退性要强，以免造成水泥石强度不能满足射孔及封隔地层的需要。

（步玉环　柳华杰）

【泡沫水泥浆体系 foam slurry system】 利用化学发泡剂或机械方法把空气或氮气充入水泥浆中，并使用稳泡剂维持泡沫体系稳定的防气窜低密度水泥浆体系。

具有成本低、密度低、强度高、隔热好等优点，可以采用机械充气的方式，也可以采用化学发气的方式进行配制。

泡沫水泥浆体系对于长封固段井防止环空压力过大引起漏失、气井保证压稳和防止油气水窜方面有独特的作用。特点：浆体密度低，不容易引发漏失，有利于平衡固井压力；利用气体的弹性有效防止环空窜流；水泥浆体硬化后，水泥石内部的气泡提高了保温性能，对于热采井有很好的保温作用，有利于高温热采，防止热量流失。

（步玉环　柳华杰）

【钻井液转化水泥浆 mud to cement；MTC】 向钻井液中加入某些物质（如矿渣）或外加剂（如激活剂、早强剂、分散剂）等，使钻井液转化为水泥浆。将钻井液转化之后，可以避免钻井液排放带来的环境污染问题。

钻井液转化方法有：（1）直接加入水泥或活性硅质材料配制钻井液，在钻井结束后加入激活剂或促凝剂使其固化。优点是能很好地固结滤饼，缺点是密度太高，影响钻速。（2）采用普通钻井液（含有适量的可水化材料），当钻至一定深度后，加入水泥、促凝剂和分散剂使其固化。优点是不会影响钻速，缺点是水泥不能均匀地分散在钻井液里，滤饼不能固结，强度发展慢。（3）用黏土或可交联聚合物等材料配成可在钻井时循环的钻井液，固井时用放射源对环空内的钻井液进行辐射，使钻井液固结。优点是滤饼及钻井液都能固结且强度很高，缺点是成本很高。（4）采用普通水基钻井液，先用活化剂和氧化剂处理，然后加高炉矿渣配制成矿渣—钻井液混合物使钻井液固化。其优点是强度发展较快，缺点是高温下的固化体开裂问题难以解决。

钻井液转化水泥浆与常规波特兰水泥相比具有明显的固井优势：（1）浆体与钻井液相容性好，有利于提高顶替效率；（2）钻井液转化水泥浆抗钻井液的污染能力更强；（3）浆体密度低、触变性强，有利于保护油气层。另外，与传统的油井水泥浆相比，具有低滤失、沉降稳定性好、触变性好的优点。

存在的缺点：钻井液转化水泥浆凝固后固化体强度衰退速度比传统水泥石快；形成的固化体脆裂问题也影响其应用；脆性很大的固化体会影响射孔后固化体的完整性。

（步玉环　田磊聚）

【磁化处理水泥浆体系 magnetizing treatment cement slurry】 使用物理方法使水泥浆磁化或者在水泥浆中加入磁化添加剂得到的水泥浆体系。水泥浆磁化处理后，水泥石的抗压强度和胶结强度有一定提高，水泥浆剪切应力、视黏度、稠度系数降低，流动度、流性指数增加，明显改善水泥浆的性能。

（步玉环　郭胜来）

【固井质量检测与评价 testing and evaluation of cementing quality】 对于套管固井候凝完成后，通过井下固井质量检测仪进行固井质量的检测，再通过检测信息的计算和解释进行固井质量好坏的评定。检测方法主要有声波幅度测井、声波变密度测井、扇区水泥胶结测井（SBT）和水泥评价测井（CET）。常用的是声波幅度测井、声波变密度测井。通过测井仪检测获得的信息，进行声波相对幅度对比，胶结指数、胶结比的评定给出胶结质量的评价等级，通过声波幅度测井和声波变密度测井曲线解释评价固井一界面和二界面的胶结状况。

📝 推荐书目

齐国强，王忠福.固井技术基础［M］.2 版.北京：石油工业出版社，2016.

（步玉环　郭胜来）

【固井质量 cementing quality】 固井作业完成后，水泥环、套管与水泥环之间的胶结（一界面）、水泥环与井壁间的胶结（二界面），达到的规范标准或设计要求符合程度。在钻井工程经济评价范畴，一般以油层套管固井质量作为考核对象。常规固井作业的八字方针是："居中、替净、压稳、封严"。固井质量的要求是：（1）依照地质及工程设计要求，套管的下入深度、水泥浆返高和管内水泥塞高度符合规定。（2）注水泥井段环空内的钻井液全部被水泥浆替走。（3）套管有足够的强度，能承受井下各种外力的作用，抗腐蚀、不断、不裂、不变形。（4）水泥环与套管和井壁岩石之间的胶结良好，环空封固段可靠，不窜、不漏，能经受高压挤注和油、气、水的长期侵蚀的考验。

油气井固井的施工质量以套管柱水力试压、套管外水泥返深和水泥环胶结质量三项指标定量描述，准确识别与固井质量要求的差异。

套管柱水力试压指固井候凝后以清水为介质的套管柱耐压试验，检测其密封性能。一般油层套管试压最高压力 20MPa，稳压 30min 压力下降不超过 0.5MPa 为合格。对于高压油气井，应该提高试压的最高压力。

套管外水泥返深指固井候凝之后，套管外环形空间水泥顶面界面的井深。一般气井套管外水泥返至地面，油井套管外水泥返至油层顶界以上 200m。

在固井质量指标中，最重要的是水泥环的固结质量。其表现为水泥与套管和井壁岩石两个胶结面都有良好的有效封隔，能承受两种力的作用：一种是水泥的剪切胶结力，它用于支承井内套管的重量；另一种是水力的胶结力，它可以防止地下高压的油、气、水穿过两个胶结面上窜，造成井口的冒油、气、水。

最常用的固井质量评价测井技术为声波幅度测井（CBL）和声波变密度测井（VDL）；为了反映水泥沟槽和空隙采用扇区水泥胶结测井（SBT）；为了克服声幅测井和变密度测井不能显示某方位胶结不好的缺点，采用水泥评价测井（CET）。

水力试压、水泥返深和水泥环胶结质量等三项指标中有一项不合格，就认定为全井固井质量不合格。

（步玉环　梁　岩　黄伟和）

【滑行波 slide wave】 在井下水泥固井的声波测量时，固井质量测量仪的声波发射器与接收器之间在纵向上具有一定的距离（称为源距，声波幅度测井的源距为 1m），声波发射器发出声波后，声波向四周以近似球形的波阵面发散，声波从一个介质进入另一个介质时，接收器接收的沿套管传播的滑行纵波。又称套管波。滑行波的幅度与套管内外介质的性质与分布有关，套管及管内介质的影响是一个定值，接收器收到的声讯号幅度主要取决于套管外介质的性质及分布。

（步玉环　郭胜来）

【测井响应 log response】 固井质量测量过程中，声波从发射器到接收器有四种可能的传播途径：沿套管、沿水泥环、通过地层和通过井内钻井液，同时在固井一界面和固井二界面上产生反射与透射，接收器获得不同声波传播特性的响应表现。声波传播速度与传播介质的密度的乘积称为声阻抗。声波传播速度随传播介质的密度增加而加快，随着水泥强度的增加声阻抗增加。

（柳华杰　郭胜来）

【自由套管 free casing】 套管固井时，水泥返高以上未被水泥石封固的那部分套管。测井作业过程中，自由套管段外是钻井液，声波测井时声波沿套管滑行波为主要的声波传播途径。测井时该段的声波幅度最大，可作为声波幅度测井的评定标准，能够做到半定量解释。

（步玉环　郭胜来）

【声波幅度测井 amplitude log】 测量声波在井筒和地层介质中传播时能量或幅度衰减的声波测井方法。简称声幅测井。它主要用于固井质量检查测井、出砂和防砂效果检查测井。

声幅测井使用单发单收声系（见图）。声系由声波发射换能器、隔声体和声波接收换能器构成，换能器由磁致伸缩或压电陶瓷构成。声系工作频率为20kHz，每秒 20 次间歇式地发射和接收声波脉冲信号。测井时发出的声波脉冲

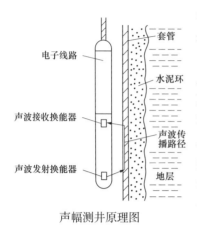

电子线路

套管

水泥环

声波接收换能器

声波传播路径

声波发射换能器

地层

声幅测井原理图

经井内钻井液传向套管、水泥环、地层，再折射到达接收换能器。在这个传播路径内，如果固井质量好，套管与地层之间的环形空间充满胶结良好的水泥，两者的声波阻抗就比较小，声波耦合也比较好，声波能量也容易通过水泥环透射到地层而损失，接收到的折射波幅度就小；如果固井质量不好，套管与井壁之间环形空间未充满胶结好的水泥，或者管外只有钻井液，它们与套管的声波阻抗差别很大，声波耦合极差，声波能量不容易透射到地层中去，接收到的折射波幅度就大。依据接收到的声波幅度大小就能解释固井质量的优劣。

声幅测井通常与声波变密度测井组合在一起同时进行测井。

✏️ 推荐书目

《油气田开发测井技术与应用》编写组 . 油气田开发测井技术与应用［M］. 北京：石油工业出版社，1995.

郭海敏 . 生产测井导论［M］. 北京：石油工业出版社，2003.

（姜文达）

【声波变密度测井 acoustic variable density log】 将经过套管、水泥环和地层介质的声波前 12～14 个波列波形或幅度，用辉度或宽度图显示并记录的随钻声波测井方法（见图 1）。又称变密度测井，简称 VDL。它主要用于固井质量检查测井。

声波变密度测井仪使用单发双收声系（见图 2），声系由一个声波发射换能器、隔声体和两个不同源距声波接收换能器组成。发射换能器与短源距（如 3ft）的接收换能器构成声幅测井仪，与长源距（如 5ft）的接收换能器构成声波变密度测井仪。声波变密度测井时，接收到的声波波列中有穿过套管、水泥环和地层的各种波。若固井时套管外第一胶结面（套管与水泥界面）胶结良好，套管外第二胶结面（水泥与地层界面）胶结也良好，声能就可以很好地穿过套管、水泥环进入地层，在地层声波衰减较小的条件下，接收到的地层波幅度较强，记录的变密度测井图中地层波就明显。若固井时第一胶结面胶结不好，第二胶结面胶结也不好，或在地层的声波衰减较大等条件下，接收到的地层波较弱，甚至接收不到地层波，记录的变密度测井图中地层波就不明显，甚至没有。这样可对套管外第一、第二胶结面作定性解释。

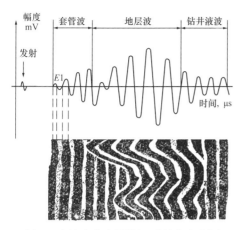

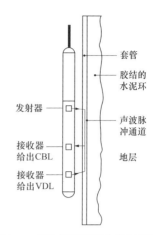

图 1　声波变密度测井记录的变密度图　　　　图 2　声波变密度测井仪示意图

　　20 世纪 70 年代产生了声波变密度测井。该测井方法还与自然伽马测井、接箍定位器组合构成组合测井，应用于固井质量检查测井中。

（姜文达）

【水泥评价测井 cement evaluation logging 】　采用超声波脉冲回声技术，测量垂直射向套管的反射波评价水泥胶结情况的测井方法。声波波长大于微间隙，能全方位地判断窜槽；不受微间隙的影响，能够准确测出环绕套管一周的水泥抗压强度和分布状态，直观显示水泥沟槽及套管的磨损、变形情况。

　　超声波传感器既作为发射器，又作为接收器。作发射器时，发射超声波短脉冲，垂直射向套管壁。波为圆柱形波束，其波前可近似看成平行于钻井液与套管界面传播的平面波（见图 1）。如图 2 超声波脉冲发射后，首先通过钻井液传播，这个脉冲的主要部分由第一界面 A 反射回传感器接收，其幅度极高，其原因是钻井液与套管界面的声阻抗的差别很大。其余的能量折射进入套管壁并在其中来回反射，在套管中的反射每次都有部分能量向外传播，在套管内反复振动的能量由该部分钻井液柱、套管及套管外水泥环的声阻抗控制。套管的厚度决定了回波的重复振动频率。重复振动的能量从套管壁内传向水泥环也传向传感器。接收到的回波幅度呈指数规律衰减。

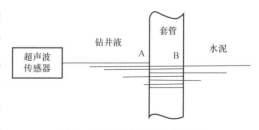

图 1　传感器发射声波示意图

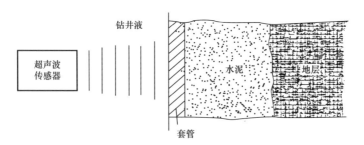

图 2　传感器接收声波示意图

水泥评价测井图由三道组成，如图 3 所示。

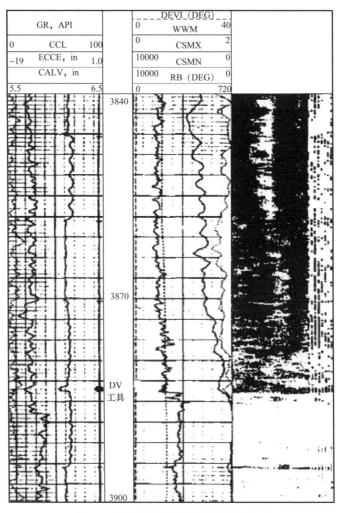

图 3　水泥评价测井图的标准输出格式

第一道包括自然伽马曲线（GR）、套管接箍曲线（CCL）、偏心曲线（ECCE）和井径曲线（CALV）。偏心曲线是用于检查仪器偏心程度的曲线，其计算方法是取对置的两个换能器（相隔180°）所对应的两条半径的最大差值并除以2，这个参数是用于控制测井曲线的质量，对于 ϕ244.5mm 的套管，其最大偏心不得超10mm。平均井径曲线是由传播时间得到的4条井眼直径的平均值，分辨率接近0.1mm。套管椭圆度为最大直径与最小直径之差，它可以敏感指示套管的磨损、腐蚀和变形等特征。相对方位曲线准确指示各换能器所在的位置。

第二道显示的是水泥抗压强度曲线，即显示最大抗压强度 CSMX，最小抗压强度 CSMN，仪器的相对方位 RB，仪器的倾斜率 DEVI，平均 W_2/W_1 比 WWM。抗压强度的大小与水泥胶结质量有关，同时水泥胶结质量也取决于套管表面的粗糙度和套管的表面处理层和流体的黏度等因素。如果套管周围的水泥分布是均匀的，那么渗透率小于10mD强度大于3.447MPa的水泥材料才能满足固定和密封套管的要求。只有在某个深度段上的整个套管周围都充满最小抗压强度的水泥时，水泥胶结质量才算良好。

第三道为抗压强度图，也是8个套管扇形区的水泥变密度显示。在每个深度上，其明暗度与水泥抗压强度成正比，白色部分对应于自由套管，黑色部分与抗压强度大于24.13MPa的水泥胶结质量好的相对应。每一个45°面中所显示的抗压强度都是两个换能器之间的线性插值，而每个换能器测量的都是井周上一点的抗压强度。在图3最右边是一个选择性的显示，可用于鉴别快速地层反射或探测气层：当有二次反射时，接收到地层波时，以粗线表示；当有气体存在时，则以细线表示。8条线表示8个换能器。各条线通常都是细的，快速地层反射用一条粗线表示；管外气体用两条平行细线表示。

📓 推荐书目

步玉环，郭胜来，张明昌. 固井工程理论与技术［M］. 青岛：中国石油大学出版社，2018.

（步玉环　柳华杰）

【扇区水泥胶结测井 segmented bond logging】 在固井质量检测中，从纵向和横向（沿套管圆周）两个方向测量水泥胶结质量的测井方法。由于声波幅度测井或声波变密度测井不能反映套管周围不同方位的水泥胶结状况，扇区水泥胶结测井将发射换能器和接收换能器都靠向套管内壁，进行扇区衰减率测量，可准确地反映水泥沟槽和孔隙，并有助于识别微间隙，正确评价水泥胶结质量。

扇区水泥胶结测井仪有6个极板，其极板部分以环绕方式使用互成60°的六个动力推靠臂，每个推靠臂上安装有一个高频定向换能器的声波发射探头和一

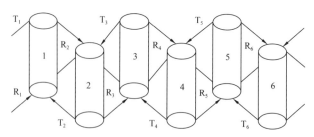

图 1　扇区水泥胶结测井仪声波滑板阵列 360° 展开图

俯视图

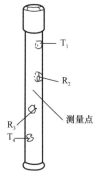

图 2　扇区水泥胶结测
井仪结构图

个接收探头。测井时极板与套管内壁在推靠力下紧密接触，六个极板上声波换能器按照一定的时序不断地发射和接收声波信号，扇区水泥胶结测井仪从纵向和横向沿套管圆周对水泥胶结质量进行测量，把套管外的水泥环等分成六个 60° 的扇区，12 个高频定向换能器不断的发射和接收声波信号，进行补偿衰减测量；由于测井时同时测量 6 个极板分属的 6 个区域信息，因而可得到 6 条分区的套管水泥胶结评价曲线，故该仪器称为"扇区水泥胶结测井仪"。扇区水泥胶结测井仪声波滑板阵列 360° 展开图见图 1，电动机通过推靠臂把滑板推靠到套管内壁上。扇区水泥胶结测井仪外观图见 2。

（步玉环　郭胜来）

【水泥声阻抗测井 acoustic impedance logging】　通过垂直向套管发射脉冲，将换能器的工作频率设定在套管共振频率（取决于套管壁厚）附近（一般为 200～700kHz），分析脉冲引起的套管共振回波可以计算套管壁厚并求得与套管外壁相接触之介质的声阻抗，从而获知其物理状态（气态、液态或固态）的一种测井方法。

水泥声阻抗测井的优点是纵向和径向采样率高、周向覆盖率高，可以得到清晰的图像，用于水泥胶结评价和发现窜槽等封固性问题。其缺点是受重钻井液、含气钻井液、套管变形、仪器不居中等因素的影响较大。

（步玉环　柳华杰）

【声波相对幅度 relative amplitude of sound wave】　实测井段声波幅度与自由套管段声波幅度的比值。是声波幅度测井的主要评价指标。声波相对幅度容易受快速地层及仪器偏心影响，快速地层会增加声波幅度，而仪器偏心会降低声波幅度。

声波相对幅度值计算为：

$$U = \frac{A}{A_{fp}} \times 100\%$$

式中：U 为声波相对幅度，%；A 为实测井段曲线幅度，mV；A_{fp} 为自由套管段曲线幅度，mV。

自由套管指管外为纯钻井液的井段（其声波幅值应为 95%～100%），该井段对应的曲线幅度为自由套管曲线幅度。国内对固井质量的评价分为胶结良好、胶结中等和胶结差三个等级：

（1）测井时间在 24～72h 内，固井质量评价为：当 U 值小于 15% 时，为胶结良好；当 U 值介于 15%～30% 之间时，为胶结中等；当 U 值大于 30% 时，为胶结差。

（2）测井时间不足 24h，固井质量评价为：当 U 值小于 20% 时，为胶结良好；当 U 值介于 20%～40% 之间时，为胶结中等；当 U 值大于 40% 时，为胶结差。

（3）测井时间大于 72h，固井质量评价为：当 U 值小于 10% 时，为胶结良好；当 U 值介于 10%～20% 之间时，为胶结中等；当 U 值大于 20% 时，为胶结差。

不同油田根据各自油田的不同地质条件、井眼条件、钻井液性能及不同的固井工艺、常规及低密度水泥浆体系等，采用的评价方法和指标有些许差异。

（步玉环　柳华杰）

【声波衰减率　acoustic attenuation rate】　声波测井评价固井质量时，目的井段曲线幅值相对自由套管段曲线幅值的变化，或两个源距声幅曲线的水泥胶结测井资料的远接收换能器 R_1 与近接收换能器 R_2 接收的声幅值的变化。

CBL 测井记录了一个源距声幅曲线的水泥胶结测井，可根据式（1）计算衰减率。

$$\alpha = -\frac{20}{l} \lg \left(\frac{A}{A_{fp}} \right) \qquad (1)$$

CBL/VDL 记录了两个源距全波波列的水泥胶结测井，可从全波波列中提取声幅曲线，然后利用式（2）和未经百分数标准化的声幅值计算衰减率。

$$\alpha = -\frac{20}{L} \lg \left(\frac{A_2}{A_1} \right) \qquad (2)$$

对于记录了两个源距声幅曲线的水泥胶结测井资料，可利用式（3）将声幅曲线转换成衰减率。

$$\alpha = \alpha_g - \frac{20}{L} \lg \left(\frac{A_2}{A_1} \cdot \frac{A_{1g}}{A_{2g}} \right) \qquad (3)$$

式中：A 为目的井段曲线幅值，mV；A_{fp} 为自由套管段曲线幅值，mV；l 为单发单收系测量仪的接收源与发射源之间的源距，m；A_1、A_2 为近接收换能器 R_1 和远接收换能器 R_2 接收的声幅值，mV；A_{1g}、A_{2g} 为当次固井最好水泥胶结井段近接收换能器 R_1 和远接收换能器 R_2 接收的声幅值，mV；L 为近接收换能器 R_1 与远接收换能器 R_2 之间的距离（即间距），m；α 为现场测定的目的层段声波衰减率，dB/m；α_{fp} 为自由套管声波衰减率，dB/m；α_g 为本次测井中胶结最好井段声波衰减率，dB/m。

（步玉环　柳华杰）

【胶结指数 cementation index】 固井质量评价过程中，目的井段声幅衰减率和完全胶结井段声幅衰减率的比。用符号 BI 表示。

$$BI = \frac{\alpha}{\alpha_g}$$

式中：BI 为水泥胶结指数；α 为现场测定的目的层段声波衰减率，dB/m；α_g 为本次测井中胶结良好井段声波衰减率，dB/m。

完全胶结时的声幅衰减率最大，胶结指数为 1，表示水泥完全胶结；胶结指数越小，水泥胶结得越差。现场用胶结指数对固井质量进行评价，一般认为：$BI \geqslant 0.8$，胶结良好，$0.6 \leqslant BI < 0.8$，胶结合格；$BI < 0.6$，胶结较差。

（步玉环　柳华杰）

【最小纵向有效封隔长度 minimum longitudinal direction effective sealing length】油气井固井作业完成后，套管与井壁环空水泥环在纵向上达到层间封隔要求的最小连续良好胶结段的长度。

在不进行水力压裂的条件下，可根据胶结比由图 1 查得最小纵向有效封隔长度指标。图中两条曲线分别代表胶结比 $KBR=0.6$ 和 $BR=0.8$。向图的上方 BR 减小，向图的下方 BR 增大。当 $BR>0.8$ 时，令 $BR=0.8$；当 $BR<0.6$ 时，水泥环层间封隔的可能性很小，建议不要利用本图版评价水泥环封隔能力。例如，套管外径为 177.8mm（7in），$BR=0.75$，那么，可通过 $BR=0.6$ 的曲线和 $BR=0.8$ 的曲线内插，得保证水泥环具有足够封隔能力的最小有效封隔长度为 3.3m。

在不进行水力压裂的条件下，可以根据水泥胶结强度由图 2 确定最小纵向有效封隔长度指标。图2中三条曲线分别代表水泥胶结强度 $S=2.24\text{MPa}$，$S=3.45\text{MPa}$ 和 $S=4.83\text{MPa}$。向图的上方水泥胶结强度减小，向图的下方水泥胶结强度增大。当 $S>4.83\text{MPa}$ 时，令 $S=4.83\text{MPa}$；当 $S<2.24\text{MPa}$ 时，水泥环层间封隔的可能性很小，建议不要利用本图版评价水泥环封隔能力。例如，套管外径为177.8mm（7in），$S=4.0\text{MPa}$，可通过代表水泥胶结强度 $S=4.83\text{MPa}$ 和 $S=3.45\text{MPa}$ 的两条曲线内插，得保证水泥环具有足够封隔能力的最小有效封隔长度为3.7m。

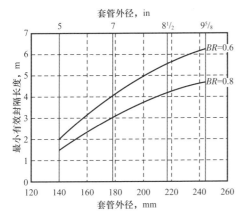

图1　水泥胶结比和水泥环层间最小
有效封隔长度的关系

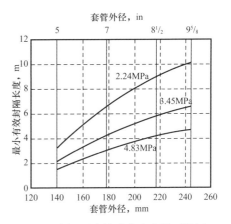

图2　水泥石胶结强度和水泥环层间
最小有效封隔长度的关系

（步玉环　郭胜来）

【测井时间 logging time】　从注完水泥浆候凝开始到测井仪器下入井内进行测井作业，水泥浆凝结所经历的时间。测井时间是影响固井质量解释的一个重要因素。注水泥后，水泥有一个凝固过程。未凝固的水泥其声学性质与钻井液相似。如果此时测井，会有较高的声幅值。当水泥凝固后声幅值显示变低。同时由于水泥浆体系不同，不但水泥浆的凝固时间不同，而且水泥石强度的发展速度也不同，有的水泥浆强度上升较快，有的水泥浆则较慢。当水泥浆强度没有上升到预定值时，测出的声幅值偏高，固井质量解释就会变差，其他测井方法虽然可以减轻影响，但仍然影响解释结果。因此，测井时间应根据水泥浆体系和稠化时间的不同而确定。一般水泥胶结测井，要求必须在注水泥24h后进行，24~48h内进行测量最好。测井时间过迟，也会因钻井液沉淀、固结、井壁坍塌造成无水泥井段声幅值降低，造成显示失真。

（步玉环　柳华杰）

【水泥环厚度 cement thickness】 套管固井时，固井一界面和固井二界面之间水泥环的厚度。水泥环厚度是影响固井质量评价的一个重要因素。厚度大于19.05mm（约3/4in）的水泥环对套管波的衰减是一个定值。厚度小于19.05mm时，水泥环越薄对套管波的衰减越小，测得的声幅值越高，容易把胶结好的井段判断为胶结差，产生误判。解释时应参考井径曲线，对环空间隙较小（水泥环相对较薄）的井段予以注意。此外，水泥环较薄时，硬地层的地层波将掩盖套管波，也会造成误解释。

（步玉环　柳华杰）

【混浆段 mixing section】 当分阶段向井下注入不同类型的流体时，流体与流体之间并不是以严格的界面分开的，而是会产生一段具有一定程度的掺混段。

在注水泥施工时，提高水泥浆的流动性和紊流接触时间，在注入目的层段封固需要的水泥浆体系前，会注入一段低密度水泥浆体系，有时注入密度小于1.5g/cm³的水泥浆，这段水泥浆与前置液和钻井液的密度差较小，容易形成混浆，测井时可能被误认为自由套管钻井液，使自由套管曲线值偏低，也容易造成误解释。

（步玉环　柳华杰）

【微间隙 microgap】 由于各种原因造成套管固井一界面或固井二界面不能紧密胶结而出现界面微小的间隙。又称微环隙。固井候凝期间对套管内的加压会使套管产生微膨胀，造成环空截面尺寸减少，浆体水泥浆液面上升，当候凝完成后水泥浆由液体转变为固体水泥石，当撤去套管内压力后套管恢复原来形状，但由于水泥石的弹性恢复能力小于套管，水泥石跟随套管回弹不一致，造成固井一界面微间隙的产生。另外，套管内下入钻具施工（如钻水泥塞、通井等）会使套管与水泥之间形成微间隙。再就是，水泥石体积的收缩、通井钻水泥塞、热效应及压力变化等原因造成水泥环与套管和地层之间的微间隙。由于套管波的传播方向与界面平行，微间隙使声耦合变差，降低了声波幅度测井反映固井质量的灵敏度，微间隙使声波幅度测井呈高值响应，声波变密度测井地层波显示变弱，影响了测井资料解释评价的真实性和对固井质量解释结果。微间隙厚度一般不到0.1mm，不足以形成流体通道，但却使声波测井无法真实反映实际的固井质量。微间隙的识别，目前除了加压测井进行验证外，还没有较为简单的方法。

（步玉环　郭胜来）

【地层波 formation wave】 套管固井质量测量过程中，来自发射换能器的声波，穿过钻井液、套管和水泥环，在井壁附近地层中传播，而后又经过在地层、水泥环、套管和钻井液，最后被接收换能器所接收的滑行波。

地层岩性对声波幅度测井及声波变密度测井的影响反映在 3 个方面：孔隙度渗透率差异大的地层、快速地层和慢速地层。孔隙度渗透率差异大的地层和慢速地层使得声波传播速度变慢，地层波相对较弱。快速地层得声波传播速度快，快速地层中地层纵波速度与套管波速度接近，地层波到达时间提前，区分套管波和地层波十分困难，往往导致固井质量评价结果错误。应该根据能量最大处对应的频率、时间得不同能够识别快速地层，避免快速地层对固井质量评价的影响。

（步玉环　郭胜来）

【钻井液波 mud wave】 套管固井质量测量过程中，来自发射换能器的声波，通过在钻井液中滑行传播，最后被接收换能器所接收的滑行波。又称直达波，旧称泥浆波。由于传播介质是液体，传播速度慢，能量损失较大，收到的钻井液波的幅值较小。

（步玉环　郭辛阳）

【快速地层 fast formation】 套管固井质量测量过程中，地层纵波速度与套管波速度接近的地层。快速地层的声波传播速度快，地层纵波速度与套管波速度接近，地层波到达时间提前，区分套管波和地层波十分困难，往往导致固井质量评价结果错误。应该根据能量最大处对应的频率和时间的不同，来识别快速地层，避免快速地层对固井质量评价的影响。

（步玉环　柳华杰）

【调辉记录 splendor record】 声波变密度测井中利用辉度方式进行接受全波列表征的方法。调辉记录时，首先将如图所示的全波列信号进行削波处理，削去负半周波，然后将剩下的正半周信号放大，变为宽度一致、幅度与波幅成正比的矩形波。将矩形波列作为示波管光点的辉度控制信号，当示波管的光点从 A 到 B 扫描时，由于矩形波的幅度不同，于是在荧光屏上显示出一条亮暗相间等宽的扫描线。扫描线上亮斑的亮度与矩形波幅度成正比。对一个波列信号，扫描线在同一水平线上被摄像仪感光在相纸上。当仪器在井中上升测量时，相纸同步走动，这样就连续地把不同深度的扫描线拍摄成了声波变密度测井图（见图）。在图中，左边的条纹代表套管波，中间是地层波，右边是钻井液波。

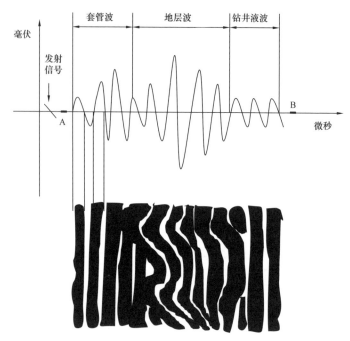

声波变密度测井图

（步玉环　柳华杰）

【录井 well log】 在钻完井过程中采集和分析地质及工程资料的作业。是油气田勘探开发过程中不可缺少的一项基础工作，主要任务是根据相应设计的要求，通过岩屑和钻井液的直接检测，取全取准反映地下地质和地面施工情况的各种信息，以便掌握井下地层特征和变化，及时了解地下地质情况，监测地面设备运转状态。各项录井资料质量的优劣，直接关系着查明地层、岩性、构造和油气水等情况，关系着油气田勘探开发速度和经济技术效果。随着录井技术的不断发展，录井作业的范畴也在随之延伸。现代录井方法主要有三大类：地质录井、评价录井和工程录井。

（谢荣院　步玉环）

【地质录井 geological logging】 在钻井过程中直接地、间接地、有系统地收集、记录、分析来自井下的各种地质资料信息的作业。是一项集地质、电子机械、化学分析、计算机于一体的井筒勘探技术。地质录井在钻探过程中采集、整理、分析大量信息，随钻建立地层剖面、发现和评价油气层、帮助钻井安全施工和保护油气层。地质录井项目包括钻时录井、岩屑录井、岩心录井、荧光录井、钻井液录井和井壁取心录井等。

其方式包括直接录井和间接录井两类。直接观察的如地下岩心、岩屑、油气显示和地球化学录井等；间接观察的如钻井、钻速、钻井液性能变化，各种地球物理测井等。

地质录井质量不仅直接影响到能否迅速搞清单井地层、构造及含油气情况，而且关系到对整个地质构造的认识，含油气远景评价和油气田开发方案设计等重要问题。地质录井作业在整个油气田勘探与开发过程中是一个特别重要的环节，其发展历程主要包括三个阶段：

第一阶段：徒手录井阶段。20 世纪 60 年代中期以前，完全采用传统的手工和肉眼观察的方式为主，主要录井手段包括记录钻时、井深、岩屑描述、岩心描述、钻井液性能、荧光及槽面显示等。录井人员使用的主要工具只是一把铁锹和一个洗砂盆。

第二阶段：使用以 701 气测仪为代表的半自动化采集方式。20 世纪 60 年代中期到 80 年代初。发展和推广了以国产 701 气测仪为主的气测录井技术，结束了我国地质录井完全依赖手工的历史。与此同时，传统的地质录井方法得到了提高和发展，形成了一套常规录井方法。

第三阶段：使用以综合录井仪为代表的现场实时数据自动采集方式。20 世纪 80 年代初至今，发展了以引进综合录井仪为主的综合录井技术。同时，地化录井技术、荧光定量分析技术也得到了较快的发展。

（步玉环　郭胜来）

【工程录井 engineering logging】 在钻井过程中，把其工程技术参数进行实时采集和分析的作业。利用综合录井技术的实时性、及时性、准确性、指导性等特点，采集和分析钻压、转速、钻井液性能参数、钻井液排量、指重表参数等，可以有效地分析井下钻进的状况，一旦出现复杂情况可准确判断状况的类型，为进一步处理和控制节约时间。工程录井为高效、安全钻井施工提供及时准确的监控和工程预报，使钻井工程施工人员由经验判断转变为更多地依据工程录井的实钻参数进行分析判断。工程录井在钻井工程监测、地层监测和井控安全监测等方面发挥着越来越重要的作用。

（步玉环　郭胜来）

【钻时录井 drilling-time log】 记录钻进单位进尺所需时间的作业。是地质录井主要项目之一。在钻井参数相同条件下，地层岩性不同，钻进单位深度所用的时间（钻时）也不同，以此可判断岩性并进行地层对比。

钻时录井的方法有手工记录方法、简易记时方法、使用钻时录井仪三类。随着录井技术的不断发展，钻时录井实现了由人工采集记录到自动数据采集的转化。常用设备有 ZSY-2000 全烃钻时仪和综合（气测）录井仪等。

影响钻时录井的因素较多，如岩石类型、钻头类型、钻井液排量和钻井液性能等。

钻时录井得到的钻时曲线的主要作用为：应用于岩性解释和岩屑分层；用于与邻井地层对比，结合录井剖面图，可以很好地卡准取心层位和完钻层位；为钻井工程计算纯钻时间、地层压力预测、选择钻头类型和判断钻头使用程度等。

（盛振法　李毅逵）

【钻井液录井 drilling fluid logging】 钻井过程中，每隔一定时间或每隔一定深度，将返出井口的钻井液取样观察、分析和化验，了解它的密度、黏度、失水量、滤饼、含砂量、pH 值等，并将钻井液性能及变化记录的作业。是地质录井主要项目之一。把这些资料连续绘成曲线即为钻井液录井曲线。这些资料对安全、快速钻井、识别、判断和分析油气层、特殊岩性，判别高压层或漏失层等都是十分有意义的。

主要录取的资料是：钻井液槽面油花和气泡显示、钻井液出口流量和钻井液性能变化。根据所得到数据的变化准确判断所钻遇的地层和对钻井液性能的影响（见表），为钻井液性能的维护提供保证。

所钻遇地层对钻井液性能影响

钻遇地层	淡水层	盐水层	油层	气层	石膏层
钻井液密度	下降	下降	下降	下降	不变或稍上升
钻井液黏度	下降	先上升后下降	下降	上升	上升
钻井液含盐量	不变或下降	上升	不变	不变	不变
钻井液失水量	上升	上升	不变	不变	上升

（步玉环　郭辛阳）

【岩屑录井 cutting logging】 在钻井过程中，地质人员按照一定的取样间距和迟到时间，连续收集、观察和分析随钻井液返到地面的地层岩石碎块（通常称砂样）并恢复地下地质剖面的作业。在钻井过程中，按地质设计要求的间距和相应的返出时间，系统采集岩屑，进行观察、描述，绘制岩屑录井草图，建立地层岩屑剖面，可以获得大量的地层、构造、生油层、储集层、盖层以及它们的组合关系、储油物性、含油气情况等信息。岩屑录井具有成本低、简便易行、了解地下情况及时和资料系统性强等优点，在油气田勘探开发过程中被广泛采用，是地质录井主要项目之一。岩屑录井的费用少，有识别井下地层岩性和油气的重要作用，是油气勘探中必须进行的一项工作。为地化、荧光（定量荧光）、罐顶气、核磁共振、热蒸发烃、地层压力检测（泥页岩密度）等录井项目提供了分析对象。

岩屑录井要计算和实测迟到时间。迟到时间是岩屑从井底返到井口的时间，它反映岩屑所在深度。常用的迟到时间测定方法有：理论计算法、实测法和特殊岩性法。岩屑的取样一般在振动筛前连续捞取。岩屑描述要依据以下几点：挑选真样逐包定名，分段描述；以颜色分辨岩性；不能确定岩性时要注明疑点和问题；失真岩屑要注明失真程度及井段，需要时应用井壁取心补救。

岩屑录井的特点：

（1）直观性。岩屑是井下岩层本身的写真，而钻时只能间接地反应岩层特征。

（2）简单经济性。岩屑录井比钻井取心简单省钱。

（3）连续性。岩屑录井是自录井开始至井底建立的完整的全井岩性柱状剖面，岩心是井下某一段地层的岩性，壁心是井下某一点的岩样样品。

（4）基础性。如以岩屑作载体衍生出荧光录井、地化录井等。

影响岩屑录井的因素有钻头类型和岩石性质、钻井液性能、钻井参数、下钻或划眼、上部地层的岩屑与新岩屑混杂返出等。

（步玉环　柳华杰）

【**岩心录井 core logging**】　用取心工具将地层岩石从井下取出，并对其进行分析、化验、综合研究而获取各项地质资料的作业。是地质录井主要项目之一。

岩心录井的过程：（1）对钻井中取出的岩心进行丈量、计算、归位；（2）观察和描述岩心的岩性、矿物成分、结构、沉积构造、产状、孔隙裂缝、各种次生变化、含油气情况、鉴定所含古生物；（3）对岩心表面和断面上的特殊地质现象进行素描、摄影、摄像；（4）对岩心选取样品进行化学、物理分析；（5）编制岩心柱状图。

岩心录井资料可以解决下列问题：（1）岩性、岩相特征，进而分析沉积环境。（2）古生物特征，确定地层时代，进行地层对比。（3）储集层的有效厚度。（4）储集层的岩性、物性、电性、含油性关系。（5）生油层特征及生油指标。（6）地层倾角、接触关系、裂缝、溶洞和断层发育情况等。（7）检查开发效果，获取开发过程中所必需的资料。

岩心录井取心井段确定原则：（1）新区第一批探井应采用点面结合，上下结合的原则将取心任务集中到少数井上，用分井、分段取心的方法，获取探区比较系统的取心资料。或按见油气显示取心的原则，利用少数井取心资料获得全区地层、构造、含油性、储油物性、岩电关系等资料。（2）针对地质任务的要求，安排专项取心。如开发阶段，要查明注水效果而布置注水检查井，为求得油层原始饱和度确定油基钻井液和密闭钻井液取心；为了解断层、接触关系、标准层、地质界面而布置的专项任务取心。

岩心录井要做到"四准"和"四及时"。"四准"为取心层位准、取心深度准、岩心长度顺序准和观察描述准。"四及时"为岩心出筒整理及时、岩心描述及时、验收取样送样及时和资料整理及时。

岩心是最直观、最可靠地反映地下地质特征的第一性资料。通过岩心分析，可以考察古生物特征，确定地层时代，进行地层对比；研究储层岩性、物性、电性、含油性的关系；掌握生油特征及其地化指标；观察岩心岩性、沉积构造，判断沉积环境；了解构造和断裂情况，如地层倾角、地层接触关系、断层位置；检查开发效果，了解开发过程中所必须的资料数据。

（盛振法　李毅逵　步玉环）

【气测录井 gas logging】 从安置在振动筛前的脱气器可获得从井底返回的钻井液所携带的气体，对其进行组分和含量的检测和编录，从而判断油气层的作业。全称气相色谱录井。是直接测定钻井液中可燃气体含量的一种录井方法。气测录井是在钻进过程中进行的，通过在井口对地层油气显示情况进行实时、连续监测，能够快速发现油气层，为岩性识别、水平井地质导向提供信息，利用气测录井资料能及时发现油气显示，并能预报井喷，在探井中广泛采用。

当含有油气的储层被钻头钻穿后，其所含的流体被钻井液携带至地面，在上返的过程中，随着压力、温度的降低，天然气迅速膨胀而解析出来，以溶解和游离状态储存于钻井液里，通过脱气器把钻井液里的天然气脱出送至气测仪的气相色谱进行检测。检测的气体组分参数主要有全烃、甲烷（CH_4）、乙烷（C_2H_6）、丙烷（C_3H_8）、正丁烷（iC_4H_{10}）、异丁烷（nC_4H_{10}）、正戊烷（iC_5H_{12}）、异戊烷（nC_5H_{12}）、氢气（H_2）、二氧化碳（CO_2）等。根据气测参数可对储层所含的流体进行定性识别。

气测录井的作用为：（1）发现油气层；（2）初步判断油气水层；（3）初步判断重质油层或轻质油层。钻井液密度、钻头尺寸、钻进速度、钻井液排量等钻井工程因素都可能影响气测值。相同性质的油气层，在不同条件下钻井，会产生不同强度的气测异常。为了进行全井和不同井间的对比，将气测数据标准化，是值得提倡的办法。

气测录井按录井方式可分为随钻气测和循环气测两类。随钻气测是在钻进时实时记录井筒纵向上的油气信息，它反映了储层的含油气丰度。循环气测是在钻井液静止一段时间后再循环时测量，又称后效录井，它测量的是地层渗透、扩散气、钻具抽汲气的总和，反映了地层烃类气体的富集程度和地层压力，对预防井涌、井喷等工程事故有指导意义。

（宋义民　黎　红　步玉环）

【温度录井　temperature log】　通过安装相应的温度传感器，根据随钻收集和分析井中热力学参数、钻井液参数及井身结构参数等，并给地层温度梯度一个初值，从热力学及流体力学等有关方程出发，经过推演得到井壁上温度随深度变化以及地层温度分布的数学模型用于计算钻井液出口温度的作业。

温度是控制录井的一个重要因素，是影响异常压力的一个间接而又很重要的参数，温度的高低对岩层的硬度也有很大的影响。将此计算值与实测的钻井液出口温度值比较，根据比较结果再修正地层温度梯度，如此反复，直至计算值与实测的钻井液出口温度值相等，从而得到钻头所在的初始地层静温。由于钻井过程中钻井液、岩石及其温度场间是相互作用、相互影响的，这为研究热—流—固耦合过程的理论与应用提供了一种新的方法。

（步玉环　柳华杰）

【综合录井　compound logging】　采集随钻气体、钻井液参数、钻井工程参数和地层压力等信息并进行综合分析的作业。是地质录井和工程录井的主要项目之一。使用的主要设备是综合录井仪。

综合录井的主要作用是：（1）发现和评价油气层。综合录井仪中的气测仪能够检测的气体组分参数主要有全烃、甲烷（CH_4）、乙烷（C_2H_6）、丙烷（C_3H_8）、正丁烷（iC_4H_{10}）、异丁烷（nC_4H_{10}）、正戊烷（iC_5H_{12}）、异戊烷（nC_5H_{12}）、氢气（H_2）、二氧化碳（CO_2）等，通过定性分析发现和评价油气层。（2）钻井施工实时监测。由传感器采集和记录井深、大钩负荷、钻压、排量、钻时、转盘扭矩、立管压力、套管压力、钻井液密度、地面钻井液体积等钻井工程参数，通过计算机程序对设备运转、钻头使用和井下情况进行分析，避免设备和井下事故的发生，实现安全、优质、高速钻井。（3）地层压力检测。利用所采集到的地层钻时资料，通过计算机软件自动运算，进行实时的地层压力检测，及时发现异常压力地层并调整相关技术措施，确保钻井作业正常运行。

（李毅远　宋义民）

【射孔 perforation】 固井水泥浆候凝一定时间后将射孔枪下到油气井中指定层段，将套管、水泥环和地层射穿，使油气通过射孔的孔眼从储层流入到井筒的作业。射孔作业过程中，可以采用不同的射孔工艺、不同射孔参数配合来完成。

射孔工艺 根据控制参数及目标的不同，主要内容包括射孔枪输送方式、射孔枪引爆方式、射孔压差控制、射孔深度控制、射孔设备选择、施工安全与环保等。分类方法：（1）按聚能射孔枪结构方式，分为有枪身聚能射孔枪射孔和无枪身聚能射孔枪射孔。（2）按射孔器下井方式，分为电缆输送射孔、过油管射孔和油管输送射孔。（3）按射孔时井筒液柱压力与储层压力的压力差值，分为超正压射孔和负压射孔。（4）按与其他作业联合实施方式，分为复合射孔、射孔与投产联作、射孔与测试联作和射孔与压裂酸化联作等。每种射孔工艺都有不同的适用条件以及优缺点，应根据储层地质和流体特性、地层伤害状况、套管程序等条件进行选择。

射孔参数 又称射孔几何参数。包括：（1）射孔深度，是指射孔孔眼穿透地层的深度。（2）射孔孔密，是指每米的射孔孔眼数目。（3）射孔孔径，是指射孔孔眼的直径。（4）射孔相位角，是指相邻射孔孔眼之间的角位移。射孔参数与油气井产能的关系为：（1）射孔孔眼穿透钻井伤害带后，产能将有较大幅度提高。（2）孔深超过钻井伤害带很多，再增加孔深来提高产能的效果不明显。（3）提高孔密一般会获得增产效果，但孔密增大到一定程度后，再提高孔密的增产效果不明显，并且可能造成套管损坏。（4）孔眼相位与产层均质程度有关，一般均质产层以 90°、非均质严重产层以 120° 为最佳。

射孔优化设计 依据油气井的工程与地质条件，优选射孔参数的最佳组合，确定射孔器类型、射孔压差值、射孔液及射孔工艺方法，以达到最佳的地质效果。

射孔设备与器材 射孔设备主要包括地面设备、电缆、井口设备和井下仪器等。射孔器材主要包括火工器、起爆装置及 TCP 井下工具等消耗品。

📝 推荐书目

万仁溥.采油工程手册［M］.北京：石油工业出版社，2003.

（魏光辉　李东平　冉晓锦　步玉环）

【射孔枪 perforating gun】 在射孔作业中，装配射孔弹等火工品并发射射孔弹的专用设备。又称射孔器。由枪身、弹架、枪头、枪尾和密封件等组成。火工品包括射孔弹和导爆索等。

根据射孔方式不同可分为子弹式射孔枪、聚能射孔枪和复合射孔枪等 3 种。子弹式射孔枪一般用于软地层射孔,优点是结构简单,缺点是孔道浅并且末端被子弹堵塞,射孔后套管内壁会产生严重毛刺。聚能射孔枪利用聚能射孔弹引爆后产生的高温高压高速聚能射流完成穿孔作业,现场采用最为广泛,从结构上可分为有枪身和无枪身两大类。复合射孔枪一次下井可以完成射孔和高能气体压裂两项作业。

📝 推荐书目

刘玉芝.油气井射孔井壁取心技术手册[M].北京:石油工业出版社,2000.

(陈家猛)

【有枪身聚能射孔枪 jet perforating gun with barrel】由聚能射孔弹、密封钢管、弹架、导爆索、传爆管、密封件等构成的射孔枪。又称有枪身聚能射孔器(见图)。在国内外射孔作业中应用最为广泛,产品系列也最为齐全。分为一次使用回收式聚能射孔枪、多次使用回收式聚能射孔枪和选发式有枪身聚能射孔枪。

有枪身射孔枪装配完成后,内部形成一个密封的空间,井内的液体不会直接浸入到枪体内,保护了枪体内部火工品不受井内液体和高压影响,同时保证了射孔枪在井内的可靠起下。射孔后,爆炸所产生的碎屑绝大多部分保留在枪体内部,随射孔枪一起提出井外,避免了井下落物。

主要性能指标为:(1)穿孔性能(孔深及孔径)。常用的有枪身聚能射孔枪穿孔性能指标见表。(2)射孔枪及套管损坏变形指标。一般要求穿孔后枪体孔眼单侧方向裂缝长度不大于 40mm,非孔眼处要求射孔枪身无裂缝,枪体最大膨胀不能超过 5mm。(3)产品可靠性及安全指标。通常要求毛刺高度不大于 2.5mm,满足耐压要求。(4)穿孔率不得小于95%。有枪身聚能射孔枪具有射孔穿孔性能好、可靠性高、耐温耐压性好、对套管及水泥环伤害轻微等优点。

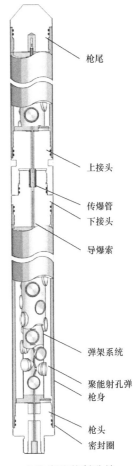

枪尾

上接头

传爆管
下接头

导爆索

弹架系统

聚能射孔弹
枪身

枪头
密封圈

有枪身聚能射孔枪
结构图

常用有枪身聚能射孔枪穿孔性能指标

射孔枪外径 mm	射孔弹		孔密孔/m	适用套管的最小外径 in	混凝土靶检测结果 mm	
	射孔弹名（型号）	单发药量 g			平均孔径	平均穿深
51	51弹（DP26RDX-2）	7	16	$3^{1}/_{2}$	7.2	202
60	60弹（DP30RDX-2）	11	12	$3^{1}/_{2}$	7.2	309
73	73弹（DP33RDX-2）	16	16	4	8.5	395
89	89弹（DP36RDX-1）	24.5	13，16，20	5	8.8	485
89	89复合弹	—	13，16	5	10	485＋缝
102	89弹（DP36RDX-1）	24.5	32	$5^{1}/_{2}$	8.2	375
102	102弹（DP44RDX-1）	31.5	16，20	$5^{1}/_{2}$	8.8	580
102	127弹（DP44RDX-3）	38	16	$5^{1}/_{2}$	10.5	690
127	89弹（DP36RDX-1）	24.5	40	7	10.9	463
127	127弹（DP44RDX-3）	38	16，20	7	11.7	720
127	1米弹（DP51RDX-1）	43	16	7	12.3	1050
140	102弹（DP44RDX-1）	31.5	32	7	11	534
159	102弹（DP44RDX-1）	31.5	40	$9^{5}/_{8}$	11.6	602
178	127弹（DP44RDX-3）	38	40	$9^{5}/_{8}$	12	700

（魏光辉）

【**无枪身聚能射孔枪 body-free jet perforating gun**】 由无枪身聚能射孔弹、弹架（或非密闭钢管）、导爆索等构成的射孔枪。又称无枪身聚能射孔器。与有枪身聚能射孔枪主要区别在于弹架和火工品直接裸露在井内液体中，外部没有射孔枪身保护。无枪身射孔枪的射孔弹、导爆索、雷管等火工品均为防水、耐温、耐压型，直接承受井内的压力和温度。按弹架的形式分为钢丝架式、钢板式、链接式和过油管张开式等。最常用的是钢板式和过油管张开式。

钢板式无枪身聚能射孔枪（见图1）弹架采用条形薄钢板冲孔而成，射孔方位采用单方位或多方位，射孔后弹架和接头等可以回收至地面，落入井底的碎屑较少。

钢板式弹　　　　　无枪身聚能射孔弹

图1　钢板式无枪身聚能射孔枪

过油管张开式聚能射孔枪（见图2）主要用在生产井不起油管状态下的补孔作业，特点是采用大药量射孔弹实现深穿透，解决过油管射孔中存在射孔穿深浅的问题。过油管张开式聚能射孔枪的弹架选用薄壁材料激光切割而成。射孔后，弹架、配件和射孔弹变成碎屑，直接沉入井底，在井内的射孔残留物较多。

（魏光辉）

【复合射孔枪 composite perforation gun】一次下井能同时完成射孔与高能气体压裂两项作业的射孔枪。又称复合射孔器。用于复合射孔作业。基本结构与常规有枪身聚能射孔枪基本相似，不同之处在于射孔枪身上设计有泄压孔，射孔枪内增添了火药推进剂。关键技术是火药的选择、药量控制、填充方法和枪体安全可靠性设计。

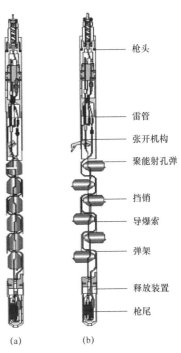

枪头
雷管
张开机构
聚能射孔弹
挡销
导爆索
弹架
释放装置
枪尾

(a)　　(b)

图2　过油管张开式聚能射孔枪
（a）通过油管时射孔弹收缩状态；
（b）点火射孔时射孔弹张开状态

按射孔弹和火药推进剂的不同组合方式主要分以下5种：

（1）一体式复合射孔枪（见图），将射孔弹和火药推进剂装在同一支射孔枪内。优点是施工简便、安全；缺点是推进剂药量小，对地层作用时间短。

（2）单向式复合射孔枪，在射孔枪的底部连接装有火药推进剂的高能气体发生器。优点是推进剂药量可以根据储层特性和套管的具体情况进行选择调整；缺点是在电缆输送射孔时容易损坏电缆。

（3）对称式复合射孔枪，在射孔枪的上下两端连接装有推进剂的高能气体发生器。

（4）外套式复合射孔枪，将火药推进剂制成筒状，套在射孔枪（弹架）的外壁上，通过射流和冲击波引燃火药推进剂。

（5）二次增效式复合射孔枪，通过合理的结构设计和药量设计，将一体式和其他方式有机结合在一起。

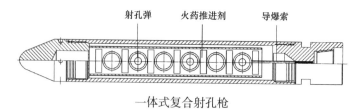

射孔弹　火药推进剂　导爆索

一体式复合射孔枪

（魏光辉）

【射孔弹 perforating projectile】 在射孔过程中用于穿透套管、水泥环和地层的火工品。是射孔枪中最关键的部分，其技术性能直接影响射孔主要参数孔径和孔深的具体指标。

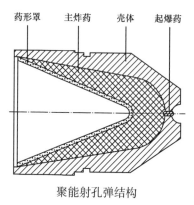

药形罩　主炸药　壳体　起爆药

聚能射孔弹结构

聚能射孔弹是使用最广泛的射孔弹，也是射孔效率最高的射孔弹。常见有枪身聚能射孔弹结构主要有壳体、起爆药、主炸药和药形罩（见图）。弹壳多为钢壳，首要要求是承压能力，应确保形成理想形状的射流。主炸药是形成聚能射流的能量来源，为高能固体炸药。起爆药是与主炸药相同类型的炸药，但灵敏度更高，用于引爆主炸药。药形罩的作用是在主炸药爆炸后产生射流束，形成射孔孔道。射孔孔道的形态和质量主要由药形罩的材质和结构决定，射孔弹药形罩一般为锥形。

聚能射孔弹按用途可分为有枪身聚能射孔弹和无枪身聚能射孔弹两大类；按耐温级别分常温、高温和超高温射孔弹三种；按穿孔类型可分为深穿透射孔弹和大孔径射孔弹两种。

有枪身聚能射孔弹装配在密封的枪体内，药柱外有壳体保护，提高了装药的有效利用率，在同等药量条件下，穿深指标优于无枪身聚能射孔弹。有射孔枪枪身保护，射孔弹不接触井液，不承受外压。

无枪身聚能射孔弹是不使用密封枪体的射孔弹。射孔弹采用单个密封结构，可直接隔离井液和承受外压。使用时用弹架或非密封钢管串联后下井，射孔过程中，射孔弹的爆炸产物直接作用在套管上，爆炸后碎片直接落入井底。受套管和油管内径尺寸的限制，其穿深和耐温、耐压指标均较低。

（魏光辉）

【水力射孔器 hydraulic perforator 】 水力射孔中使用的可以通过喷嘴将油管内的高压工作液高速喷出，将套管、水泥环和地层冲蚀出孔道的一种特殊射孔器（见图）。高压水射流定向射孔深度 2～3m，穿透近井污染带，创造清洁通道；根据剩余油分布和地应力场，选择性定向喷射；喷射液保护产层，高效开发低渗油藏。

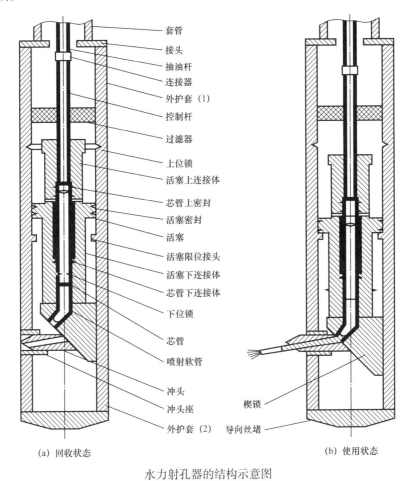

套管
接头
抽油杆
连接器
外护套（1）
控制杆
过滤器
上位锁
活塞上连接体
芯管上密封
活塞密封
活塞
活塞限位接头
活塞下连接体
芯管下连接体
下位锁
芯管
喷射软管
冲头
冲头座
外护套（2）

楔锁
导向丝堵

（a）回收状态 　　　　　　　　　　（b）使用状态

水力射孔器的结构示意图

（步玉环　田磊聚）

【水力喷砂射孔器 hydraulic sand jet perforator 】 用含砂高压液体喷射套管从而形成射孔孔眼的射孔器。高压液流携带高强度的石英砂从特制的喷嘴中高速喷射，形成射流，对套管、水泥环和地层进行喷射、冲击和切割，进而形成孔眼。这种射流可以形成大直径的梨形孔道，而且孔道不易被堵塞。但孔径不够规则、孔密较稀、无法实现负压射孔和作业成本高等。

利用水力喷砂射孔器射孔可射入地层约 1m，大幅度提高射孔深度和质量，在产层创造出清洁的油气通道，避免炮弹射孔二次污染。

（步玉环　郭胜来　魏光辉）

【电缆输送射孔 cable transmission perforating 】 用电缆将射孔枪和磁性定位器下放到井内，校正深度后引爆进行射孔的作业。是一种应用最广泛的射孔方法，但不宜用于稠油井、大斜度井、气井、含硫化氢井及高温、高压油气井。

电缆输送射孔使用的设备较为简单，只需电缆输送设备和一套测量并记录井内套管接箍的井下和地面仪器即可。普遍使用的是单心磁性定位器、一体化电缆绞车和数控射孔仪。电缆输送射孔采用电磁雷管或压控电雷管引爆，雷管一般安放在射孔枪与磁性定位器之间的一个专用装置中而得到保护。

施工过程：（1）用压井液压井，使井筒液柱压力高于储层压力；（2）安装井口防喷器；（3）在井口敞开的情况下，利用电缆将射孔枪、磁性定位器下入井中，通过射孔枪上端的磁性定位器测出跟踪定位曲线和短套管位置；（4）调整电缆深度使射孔枪对准目的层，引爆射孔枪进行射孔，随后立即提出射孔枪。

主要优点：（1）适用于各种型号射孔枪，射孔枪直径仅受套管内径的限制，可以选择使用大直径射孔枪和大药量、高效能聚能射孔弹；（2）工艺简单，施工周期短，具有较高可靠性，并可以及时检查射孔情况；（3）能连续进行多层和层间跨度较大井的射孔；（4）射孔定位快速准确。

主要缺点：（1）电缆输送射孔一般在井眼压力大于地层压力（正压）情况下进行射孔，不利于清洗孔眼，比较容易伤害地层；（2）受电缆的强度限制，一次下入的射孔枪不能太长，对厚度大的油气层必须多次下井；（3）地层压力掌握不准时，射孔后易发生井喷，必须安装井口防喷装置。

（魏光辉）

【过油管射孔 through tubing perforating 】 把油管下到射孔井段上部，电缆通过油管将射孔枪下至目的层位进行射孔的作业。是一种不压井射孔方法，应用于压力较高、自喷能力较强的井，对于生产井的不停产补孔作业尤为适用，因其可省去压井和起下油管作业。

过油管射孔的射孔枪可采用有枪身射孔枪或无枪身射孔枪，所需的输送和测井设备，以及深度控制（定位）方法同电缆输送射孔。需要在井口安装防喷装置。

施工过程：首先将下部携带有喇叭口的油管下至油层顶部，装好采油树，并在采油树上安装防喷器和防落器。然后使电缆经过地滑轮和吊滑轮，再穿过防喷盒和防喷管与磁性定位器、加重杆和射孔器连接，连接好后放入防喷管内。连接好注脂泵和手压泵，用活动接头把防喷管固定在防落器上。全部打开防落器、封井器和采油树的阀门，均匀地下放电缆至射孔井段进行定位射孔。

主要优点：（1）可实现负压或平衡压力射孔，储层伤害小。（2）射孔后能立即投产。缺点：（1）受油管内径限制，射孔穿深浅影响产能。（2）受防喷管高度限制，厚度大的油气层需多次下枪，但再次射孔无法实现负压。（3）射孔负压值不能过大，否则射孔后油气上冲使电缆打结造成事故。

（魏光辉）

【油管输送射孔 tubing transmission perforating】 用油管（或钻杆）将射孔枪输送到射孔井段进行射孔的作业。又称无电缆射孔。不仅用于常规射孔，还可以与测试、投产、压裂或酸化等工艺联合作业，在大斜度井、水平井、稠油井、硫化氢井和高温高压井等有广泛的应用。油管输送射孔容易实现负压射孔作业。

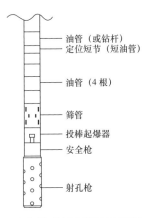

采用的主要器材有火工器、起爆装置及 TCP 井下工具。火工器包括射孔弹、起爆器、导爆索、传爆管等，均属于高度危险品，在使用、运输、存储中都必须确保安全，严格执行操作规程和法律法规。起爆装置除常用的防砂起爆装置和压力起爆装置外，还有安全机械起爆装置、压力开孔起爆装置、压差起爆装置、延时起爆装置和多级投棒起爆

油管输送射孔管柱示意图

装置等。可根据施工条件及点火方式的不同进行选择。TCP 井下工具包括射孔枪释放装置、减振装置、开孔装置、环空加压装置、玻璃盘循环接头、压力释放装置和尾声弹等。

射孔作业程序为：（1）下管柱。将射孔枪、起爆装置、定位短节和 TCP 井下工具等按一定顺序下入井中，组成一串下井作业管柱（见图）。下入定位短节后继续连接油管（或钻杆），将射孔管柱输送到井中预定位置。在入井油管中掏空或加部分液垫，建立所需的负压差。（2）校深和定位。用放磁组合测井仪在油管内测自然伽马和磁定位曲线，确定定位短节当前所处深度，计算出射孔枪深度，确定管柱调整值。调整下井管柱深度，使射孔枪对准目的层。（3）点火引爆。有多种引爆方式，常用的有投棒撞击引爆、油管加压引爆和环空加压引爆等。射孔枪完全引爆后延时一段时间（数十秒），尾声弹爆炸产生声波，通过声响（或仪器监测），判定射孔枪串是否完全发射。

主要优点：（1）可供选择的射孔枪种类较多，具有使用大直径射孔枪和大药量射孔弹的条件，能满足高孔密、多相位、深穿透和大孔径的射孔要求。（2）能够合理选择射孔负压值，减少射孔对地层的伤害，提高油气井产能。（3）输送能力强，可以一次射孔数百米和射开多个层段。（4）可满足大斜度井、水平井、稠油井、硫化氢井、高温高压井等的射孔技术要求。（5）可与投产、测试、压裂和酸化等工艺联合作业，以减少储层伤害和提高作业效率。主要缺点：（1）在地面难以断定射孔是否完全引爆。（2）一次点火引爆不成功时，返工作业工作量大。

（魏光辉）

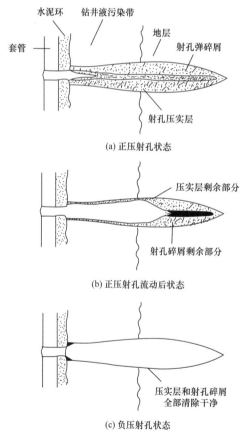

(a) 正压射孔状态

(b) 正压射孔流动后状态

(c) 负压射孔状态

负压射孔的孔道伤害和清洗状态

【负压射孔 negative-pressure perforating】 在井筒内液柱压力低于产层压力时的射孔作业。负压射孔的瞬间，产层压力高于井筒内液柱压力，存在负压差，可使地层流体产生一个反向回流，对射孔孔眼进行冲洗，避免了孔眼堵塞和射孔液对产层的伤害（见图），可以保护储层和提高产能。合理的负压差值能确保产层和井筒之间形成一个清洁流畅的油气流动通道，从而提高油气产量。

进行负压射孔时，要设计合理的负压值。如果负压值偏低，将不能保证孔道的清洁和畅通，降低流动效率；如果负压值过高，有可能导致地层出砂或套管损坏。

📝 推荐书目

万仁溥. 现代完井工程［M］. 3 版. 北京：石油工业出版社，2008.

（魏光辉）

【超正压射孔 extreme overbalanced perforating】 在井筒压力远高于地层破裂压力的条件下进行的射孔作业。射孔的同时给地层加压约 1.2 倍破裂压力，可以克服聚能射孔压实效应对产层带来的伤害。

工艺优点是：（1）可使孔眼裂缝扩张，增加孔眼有效通道；（2）射孔后继续注酸（液氮）可以起到增产措施效果，也可以注树脂起到固砂作用。缺点为：（1）施工成本较高，限制了其应用范围；（2）对井下管柱、井口和设备的承压要求高；（3）工作液会进入地层，必须选择优质射孔液，防再次产生地层伤害。

📝 推荐书目

万仁溥.采油工程手册［M］.北京：石油工业出版社，2003.

（陈家猛）

【复合射孔 combined perforation】 射孔与高能气体压裂一次完成的作业。又称*增效射孔*。在射开孔眼瞬间，火药燃烧产生高能气体，气体进入射孔孔道做功，形成多条短裂缝，从而改善地层导流能力，达到增产增注的目的。适用于油水井解堵，新井油气层改造，水力压裂井预处理，以及低压低渗、高压低渗和砂岩硬地层。

复合射孔作业的特点是在射孔枪上增添了火药（见复合射孔枪）。既可采用电缆输送也可采用油管输送。

复合射孔优点是：在孔眼附近形成多条微裂缝，同时减少了射孔压实带的影响，增大渗流面积，降低油流阻力，提高油井产量。缺点是：由于复合射孔时会产生高压，施工中必须考虑井下管柱、井口和设备的承压能力。

📝 推荐书目

万仁溥.现代完井工程［M］.3版.北京：石油工业出版社，2008.

（陈家猛）

【水力射孔 hydraulic perforating】 通过地面高压设备供给水或特殊的高压工作液，通过水力射孔器将油管中的高压流体高速喷射，冲蚀套管、水泥环和地层从而产生孔眼的射孔作业。

常规射孔深度有限，且易造成压实带污染，高压水射流定向射孔深度可达到2～3m，有利于穿透近井污染带，创造清洁通道；可根据剩余油分布和地应力场，选择性定向喷射；同时，喷射液保护产层，可高效开发低渗油藏。

（步玉环　柳华杰）

【**水力喷砂射孔 hydraulic jet sand perforating**】 用含砂高压液体喷射套管并形成连通地层与井筒的孔眼的水力喷射作业。适用于常规射孔达不到预期目的的射孔作业。一般采用地面压裂车将混有一定浓度石英砂的水浆加压，通过油管泵送至井下，水砂浆通过井下射孔工具的喷嘴喷射出高速射流，刺穿套管和近井地层，形成一定直径和深度的射孔孔眼。可以形成大直径梨形孔道，且孔道不会被堵塞等优点；但存在孔径不够规则、孔密较稀、无法实现负压射孔和作业成本高等缺点。

水力喷砂射孔可以产生比常规射孔更大更深的射孔孔眼，尤其是水力喷砂射孔可以避免常规射孔产生的压实带，并且应力松弛带动井筒裂缝的张开和孔隙度渗透率得到提高，同时孔眼不会上下延伸沟通水层，所以水力喷射具有很强的技术特色，对底水或者气顶等特殊油藏改造尤为适宜。水力喷砂射孔与普通射孔相比具有以下特点：穿透深，对污染半径小的储层可以起到射孔、解堵的双重目的；在孔眼周围形成清洁通道，不会形成压实带造成储层伤害；射孔孔径较大；可以根据不同的井身结构和层段有选择地进行射孔。

水力喷砂射孔是在高压作用下加砂射穿套管沟通地层的一种新技术和新工艺。可以应用在油层较薄、无法进行压裂增产的井；特低渗透致密油藏，常规射孔难以增产的井；不宜实施酸化增产的酸敏油藏的油气井；油层污染严重的井；压裂前期预处理来降低地层破裂压力等场合。

（步玉环　田磊聚）

【**射孔与投产联作 combination of perforation and production**】 射孔与投产一次完成的作业。射孔后不用起出射孔枪和油管而直接投产（见图）。用电缆将生产封隔器坐挂在生产套管的预定位置，然后下入带射孔枪的生产管柱，管柱的导向接头下到封隔器位置循环洗井；继续下管柱，当管柱密封总成坐封后，井口投棒高速下落撞击点火头，点火完成射孔；射孔枪及残渣释放至井底即投产。

自喷井普遍采用这种作业，既安全又经济，射孔与投产只下一次管柱就完成。管柱结构和封隔器类型因井而异。对于抽油井，用同一趟管柱下入射孔枪和抽油泵等配套工具，射孔枪点火引爆后，原管柱不动就可直接开泵投产。适用于直井、斜井及水平井。主要优点：（1）采用负压射孔，射孔后立即投产，减少了压井液对地层的污染，同时还可以消除近井地带的堵塞，有利于油井生产。（2）油管输送射孔（TCP）和下抽油泵两项作业合二为一，减少作业工序，缩短作业时间。（3）施工简便，成功率高。

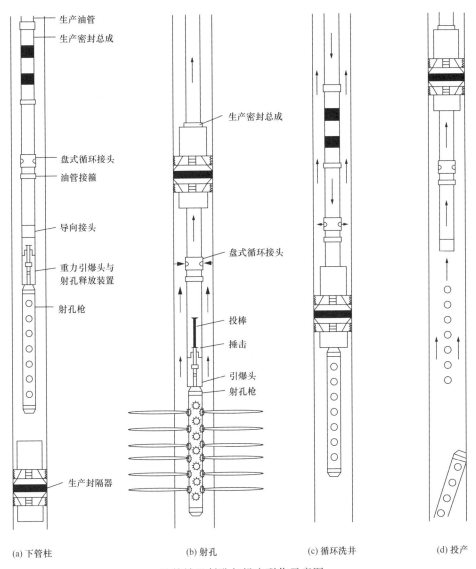

生产油管
生产密封总成

盘式循环接头
油管接箍

导向接头

重力引爆头与
射孔释放装置

射孔枪

生产封隔器

生产密封总成

盘式循环接头

投棒
捶击
引爆头
射孔枪

(a) 下管柱 (b) 射孔 (c) 循环洗井 (d) 投产

油管输送射孔与投产联作示意图

（陈家猛）

【射孔与压裂酸化联作 combination of perforation and fracturing acidification】 下入联作管柱，实现油管输送射孔与压裂酸化一次完成的作业。先射孔，再进行测试，然后进行压裂、酸化，措施后还可以试井（见图）。

　　工艺优点：减少起下油管时间；有利于实现射孔施工安全，防止起射孔枪和下泵过程中发生无控制井喷；保护油气层等。

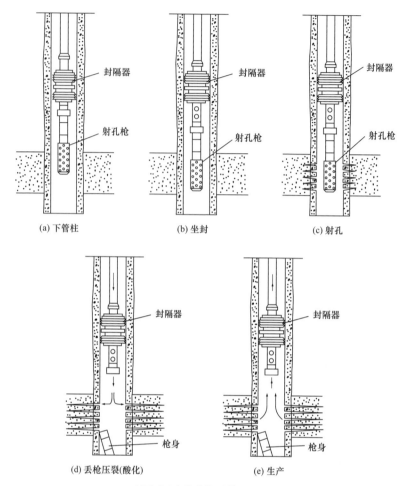

(a) 下管柱　　(b) 坐封　　(c) 射孔

(d) 丢枪压裂(酸化)　　(e) 生产

射孔与压裂酸化联作示意图

（陈家猛）

【射孔与测试联作 combination of perforating and well-testing】 将油管输送射孔管柱与地层测试器组合为同一下井管柱，射孔后立即进行地层测试，实现一次下井同时完成油管输送负压射孔和地层测试两项作业。能提供最真实的地层评价机会，获取动态条件下地层和流体的各种特性参数。

常用的引爆方式有环空加压（见图1）和投棒（见图2）两种。射孔与测试联作的深度定位方法、使用的测井设备均与油管输送射孔相同。

工艺优点：（1）在负压条件下射孔后立即进行测试，保护了油气层，能提供最真实的地层评价资料。（2）减少起下管柱次数，缩短试油周期，降低试油成本。（3）可有效地防止井喷，安全可靠。

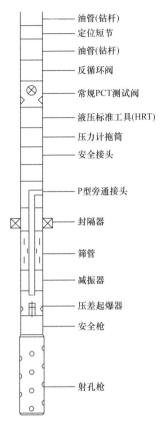

图1 环空加压起爆射孔与
测试联作管柱示意图

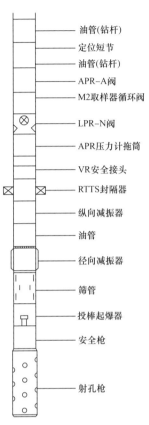

图2 投棒引爆射孔与测试联
作管柱示意图

（魏光辉）

【射孔液 perforating fluid】 射孔作业过程使用的井筒工作流体。具有清洗井筒和平衡地层流体压力的功能，应保证与油层岩石和流体配伍，防止射孔过程中和射孔后对储层造成伤害，还应满足密度合适、性能稳定、滤失量低和腐蚀性小等技术要求。

按是否含有固相划分为无固相射孔液和有固相射孔液。无固相射孔液没有人为加入的固相，是最常用的射孔液类型；有固相射孔液含有人为加入的固相，固相一般为油溶性或水溶性的桥堵剂颗粒，一般用于射孔液漏失比较严重的储层。按基液不同划分为水基、油基和酸基射孔液三种类型，常用的有清洁盐水射孔液、聚合物射孔液、油基射孔液、酸基射孔液、泡沫射孔液和乳化液射孔液。

📝 推荐书目

李克向.保护油气层钻井完井技术［M］.北京：石油工业出版社，1993.

（杨贤友）

【清洁盐水射孔液 clean brine perforating fluid 】 以清洁盐水为基液的无固相射孔液。在地层压力系数大于1的储层射孔作业均可使用，是最常用的射孔液。由氯化物、溴化物、有机酸盐类、清洁淡水、缓蚀剂、pH 值调节剂和表面活性剂等配制而成。盐类作用是调节射孔液的密度，防止储层黏土矿物水化膨胀分散而造成水敏伤害；缓蚀剂的作用是降低盐水的腐蚀性；pH 值调节剂的作用是避免清洁盐水对储层造成碱敏伤害；表面活性剂的作用是清洗岩石孔隙中析出的有机垢物质，使用非离子型表面活性剂可减小乳化堵塞和润湿反转造成储层伤害。

清洁盐水射孔液无人为加入的固相侵入伤害，进入油气层的液相不会造成水敏伤害及滤液黏度低易返排。但对罐车、管线、井筒的清洗要求高，滤失量大，腐蚀性较强。

（杨贤友）

【聚合物射孔液 polymer perforating fluid 】 以聚合物为基液的射孔液。具有滤失量低、携屑能力强和对储层伤害小的作用，应用比较广泛。分为无固相聚合物盐水射孔液和暂堵性聚合物射孔液两类。

无固相聚合物盐水射孔液 又可分为非离子/阴离子聚合物射孔液和阳离子聚合物射孔液两种。

非离子/阴离子聚合物射孔液 以清洁盐水为基液，加入非离子/阴离子增黏剂和降滤失剂配制而成。它除了具有普通清洁盐水射孔液的一些优点以外，还有滤失量低和携屑能力强的特点。该类射孔液中的长链高分子聚合物进入产层后会被岩石表面吸附，从而减少孔喉的有效直径，造成油气层伤害，一般不宜在低渗储层使用，可在裂缝性或渗透率较高的孔隙性储层使用。

阳离子聚合物射孔液 在清洁淡水或低矿化度的盐水中加入阳离子聚合物黏土稳定剂配制而成，也可用在无固相清洁盐水射孔液中加入阳离子聚合物黏土稳定剂的方法配制。阳离子聚合物射孔液除了具有普通清洁盐水射孔液的优点外，还有稳定黏土时间长的特点，可防止后续生产作业对储层产生水敏伤害。

暂堵性聚合物射孔液 由基液、增黏剂和桥堵剂三种成分组成。基液一般为清水或盐水。增黏剂为对储层伤害小的聚合物，如生物聚合物（XC）、羟乙基纤维素（HEC）等。桥堵剂为颗粒尺寸与储层孔喉大小与分布相匹配的固体粉末，常用的桥堵剂有酸溶性、水溶性和油溶性三类。酸溶性桥堵剂一般为超细碳酸钙粉，用于必须酸化才能投产的储层；水溶性桥堵剂一般为溶解速率较慢的盐粒，用于含水饱和度较高和产水量较大的储层；油溶性桥堵剂一般为油溶性树脂粉末，用于油产量较大的储层。

（杨贤友）

【油基射孔液　oil based perforating fluid】　以原油、柴油或生物柴油等油类为基液的射孔液。用于低渗透率、低孔隙度、低压力和强水敏性的深井、超深井和复杂井等非常特殊情况下的射孔作业，现场应用比较少。包括油包水型乳状液、油包水胶束溶液，可直接采用原油或柴油与添加剂配制而成。油包水型乳状液由柴油、油酸、乳化剂、盐水等组成。

油基射孔液性能稳定、无腐蚀性和保护储层效果好，但配制工作量大、成本高和容易造成环境污染。

（杨贤友）

【酸基射孔液　acid base perforating fluid】　以酸液作为基液的射孔液。适用于灰质砂岩或石灰岩储层，不适用于酸敏性及含硫化氢高的储层射孔，现场应用较少。分为常规酸基射孔液和隐性酸基射孔液两类。常规酸基射孔液在醋酸、稀盐酸等酸液中加入缓蚀剂、阳离子黏土稳定剂等添加剂配制而成；隐性酸基射孔液在海水或盐水中加入水解产生酸的盐类、阳离子黏土稳定剂、螯合剂、缓蚀剂和密度调节剂等配制而成。

酸基射孔液利用酸液溶解灰质岩石与杂质的能力，使孔眼堵塞物与压实带得到一定的清除，提高油气流通道的渗流能力，同时阳离子成分对黏土产生抑制作用，防止其水化膨胀对储层造成水敏伤害。缺点是腐蚀性大。

（杨贤友）

【乳化液射孔液　emulsion perforating fluid】　以乳化液作为基液的射孔液。适用于低压易漏失砂岩、稠油和古潜山裂缝性储层，现场应用不很广泛。分为油包水乳化液和水包油乳化液两种射孔液。油包水乳化液射孔液是以油为连续相、水为分散相的油包水乳化液，在柴油或原油中加入盐水、乳化剂、密度调节剂和聚合物等配制而成。水包油乳化液射孔液是水为连续相、油为分散相的水包油乳化液，在淡水或盐水中加入柴油或原油、乳化剂、密度调节剂和聚合物等配制而成。

乳化液射孔液的密度低（最低密度可达到 $0.89g/cm^3$）、性能稳定、抗高温、抑制黏土水化膨胀能力强、不容易漏失和保护储层的效果好。但配制工作量大和成本较高。

（杨贤友）

【射孔深度 perforation depth】 射孔弹穿透地层后所形成的孔道的长度。又称孔道长度。射孔深度对井的产能有较大影响要求射穿井筒周围的近井壁污染带（一般认为 300～400mm 范围内是最严重的），近井壁污染带由于内滤饼的存在，渗透率的恢复比较困难，只有射穿污染带才能有效地解放油气层。常规射孔深度最大可达 0.8m，一般为 0.4m 左右。无论是否射穿污染带，射孔深度越深，井的产量一般越高。

（步玉环 柳华杰）

【射孔孔密 shots per meter】 进行射孔作业时，每米长度内所射孔眼的数量。简称孔密。

射孔密度取决于射孔弹在射孔枪枪身上的排列。有大直径枪身的射孔枪在多相位角排列时，射孔弹的排列密度可很高，很容易实现 20 孔 /m 以上的密度，国外有 40 孔 /m 的高密度射孔枪。无枪身射孔枪，如钢丝架式枪的射孔相位角只能是 180° 排列，射孔弹的排列密度就受限制，一般只能排列 16 孔 /m 以下。

加大射孔密度，就是在单位油层长度上增加油流的面积，使油流的阻力减小，可使油井的完善系数加大，提高油井的产能。在保持同样产量时，可降低生产压差，可防止产层出砂。

实验证明，射孔密度对套管强度影响具有一定影响，尤其是同一截面上射开多个孔时，套管截面积减少很多，强度下降很多。

（步玉环 柳华杰）

【射孔孔径 perforation diameter】 射孔作业时，射孔后形成的孔眼直径。射孔孔径受射孔弹直径和装药量影响，装药量一定时，孔径与孔道长度呈反比，有时为了得到较深的孔道，特意使孔径减小。

射孔孔径越大，油层和井筒连通的面积越大。大直径的射孔孔道有利于油井产率的提高。但孔径超过 16mm 已对产能的增加无意义。一般的孔隙储层常用的孔道直径是 10～16mm，特殊的产层，如稠油、出砂产层，射孔孔径应在 20mm 或更大，大孔径是为了在孔道内充填砾石。在砾石充填时，直径 6mm 的孔，孔道内能充填进的砾石只占 30%，12mm 的孔径，充填砾石成功的占 50%～60%，孔径为 20mm 的，充填成功率在 78% 以上。

（步玉环 郭胜来）

【射孔格式 perforation format】 射孔弹在弹架上的排列方式。又称布孔格式。一般分为平面、螺旋和交错三种排列方式。常见的有：0° 相位射孔格式、180° 平面射孔格式、90° 平面射孔格式、90° 交错射孔格式、90° 螺旋射孔格式、120° 螺旋射孔格式等。

（步玉环 郭胜来）

【射孔相位角 perforation orientation】 在射孔段的圆周方向上射孔方位错开的角度。在有枪身的射孔枪上，射孔弹错开角度排列是较容易的，大直径枪可错开成 45°、72°、90°、120° 或 180° 排列。小直径射孔枪或无枪身射孔枪只能以 180° 或 360° 排列。

一般孔隙储层常用的射孔相位角是 90° 或 120° 或 180°，裂缝储层为使孔道与裂缝相交机会增多，会使用 72° 或 45° 相位角。

（步玉环　郭胜来）

【射孔完善系数 perforation perfection factor】 射孔后地层流动能力恢复到原始状态的程度。可以采用表皮系数的变化来表征。若射孔后表皮系数不变化，保持原来的值大小，说明此时的完善系数为 0；当表皮系数增加，说明射孔给井筒周围的地层带来新的污染，油气流动阻力增加，产能降低；当表皮系数降低，证明射孔后的井筒周围流动阻力降低，有助于产能的提高。采用合适的射孔器和射孔工艺（如深穿透、负压射孔），可以有效降低射孔对产层的伤害，提高完善系数，从而获得理想的产能。

（步玉环　郭胜来）

钻井工程设计

....

【**最优化钻井 optimized drilling**】 在科学地分析总结大量钻井数据与资料的基础上，建立相应的钻井数学模型，据此拟定的一整套能使钻速更快、成本更低的钻井方案。最优化钻井最初只用于优选喷射钻井的水力参数，后来扩大到钻压、钻速和水力参数间的合理配合。采用最优化钻井技术时，一定要尽可能地取全、取准各种钻井地质资料，否则数学模型的功能难以实现。最优化钻井现有的各种钻井数学模型尚属统计相关的数学方程，而不是任何条件下都能适用的精确公式。最优化钻井技术的发展，开创了科学钻井的新阶段，也为电子计算机自动控制钻井奠定了不可缺少的科学依据。

（步玉环 梁 岩）

【**井身结构设计 casing program design**】 根据油气井所在的区域地质条件、现有技术装备条件、钻井目的、安全要求和工程技术要求，合理确定套管层数和每层套管的下入深度、每层套管的注水泥返高，以及套管与井眼尺寸配合等。是钻井工程设计的基础，也是保证一口井顺利钻进的前提。合理的井身结构可以保证一口井能顺利钻达预定井深，保证钻进过程的安全，防止钻进中的产层伤害，并花费最少的费用，而且还关系到这口井的长远利益。井身结构的优化就是保证钻井液密度处在安全的压力窗口内，井段钻进时间少于井段上部地层坍塌周期。地层孔隙压力、地层破裂压力和地层坍塌压力的预测是井身结构设计的基础。

（周煜辉 葛云华 步玉环 梁 岩）

【**井身结构 casing program**】 一口井下入套管层数和下入深度以及井眼尺寸（钻头尺寸）与套管尺寸的配合。又称套管程序。它是钻井设计的重要内容。合理的套管程序应该是有利于安全钻达目的层，有利于保护生产层能力，符合油气勘探开发要求，又有利于提高全井钻速和控制钻井成本。根据套管功用，可将下入一口井的套管分为表层套管、技术套管、油层套管（也称生产套管）三种。表层套管用于封隔上部疏松地层防止垮塌，防止地表水源受污，建立正常的钻井液循环通道，提供对油气层压力进行控制的井控设备的井口；技术套管用于隔离坍塌地层及高压水层，分隔不同的压力层系和保护生产套管等；油层套管用于分隔油气水层，建立稳定坚固的采油生产通道，为分层开采生产封隔器提供可靠的密封界面。油层套管的尺寸由采油（气）工程根据采油需要而确定。

　　一口井套管下入层数和每层下入深度，应该根据地层复杂情况和地层孔隙压力、破裂压力和定向井井眼轨道的要求来确定。每层套管直径的确定方法是：首先根据采油（气）工程要求确定生产套管（油层套管）的直径，然后依据管材、钻头、装备与工具情况向上逐层放大直至井口。每层套管的强度（钢级及壁厚）要满足钻井施工和事故复杂处理及下套管注水泥时施工的要求，油层套管还要考虑油井投产后的寿命，以避免或减轻由于套管损坏而使油井过早报废的影响。

（周煜辉）

【环空循环压耗 annulus circulating pressure loss】　在钻井液循环过程中，钻井液在环空中（就是钻杆、钻铤等钻具外与井壁内构成的环形的立体空间）流动而产生的压力损失。又称环空循环压降。与钻井液性能、钻井液排量、环空截面积大小、井深等参数有关。

（步玉环　梁　岩）

【地层压力剖面 formation pressure profile】　地层压力当量密度随着地层所处深度的变化规律。地层压力剖面是井身结构设计和钻井液密度设计的重要基础，一般要求钻井液密度要稍大于地层压力当量密度。合理的钻井液密度是保证安全钻进、避免钻井液污染油气层、防止压差卡钻的关键。

（步玉环　梁　岩）

【地层破裂压力剖面 formation fracture pressure profile】　地层破裂压力当量密度随着地层所处深度的变化规律。是井身结构设计和钻井液密度设计的重要基础。钻井过程中，钻井液密度不仅要略大于地层压力当量密度，还要小于地层破裂压力当量密度，这样才能有效地保护油气层，避免压裂地层，造成井漏等，同时也是井身结构设计在考虑关井处理溢流时，防止井漏情况下，确定裸眼井段最大钻井液密度的依据。

（步玉环　柳华杰）

【地层坍塌压力剖面 formation collapse pressure profile】　地层坍塌压力当量密

度随着地层所处深度的变化规律。依据地层坍塌压力剖面并结合地层压力剖面和地层破裂压力剖面确定合理的井身结构和钻井液密度。所选择的最低钻井液密度必须有效平衡地层压力，而且要避免钻井过程中出现井眼坍塌等复杂情况，钻井液密度以地层压力当量密度与地层坍塌压力当量密度中最大的作为设计标准。准确的地层坍塌压力剖面预测是提高井眼质量的重要手段。

（步玉环　柳华杰）

【复杂层位必封点 complex layer setting position】　对于某口井的钻井来说，为了在钻井过程中尽量避免漏、喷、塌、卡等复杂情况的发生，对所钻遇必须实施封隔的某些复杂地层或重点关注地层。钻井过程中可行裸露段的长度是由工程和地质条件决定的井深区间，其顶界是上一层套管的必封点，其底界为该层套管的必封点。必封点包括工程必封点和地质复杂必封点。工程必封点可根据地层压力剖面计算出套管的下深位置作为其深度位置；地质复杂必封点则可根据所钻遇的地层岩性来考虑其位置：（1）浅部的松软地层是一些未胶结的砂岩层和砾石层，地层特点是疏松易塌，钻进过程一般采用高黏度钻井液钻穿后下入表层套管封固；（2）为安全钻入下部高压地层而提前准备一层套管并提高钻井液密度；（3）封隔复杂膏盐层及高压盐水层，为钻开目的层做准备；（4）钻开目的层；（5）考虑备用一层套管，以应对地质加深的要求和应付预想不到的复杂情况发生。

（步玉环　郭胜来）

【抽吸压力系数 suction pressure coefficient】　由于钻头尺寸大于钻柱的尺寸，当上提钻具时，钻头就像活塞一样，形成向上的抽吸效应，从而在井底产生一个向上的抽吸附加压力，将抽吸附加压力值等效成钻井液密度的当量密度。抽吸压力作用的结果是降低有效井底压力。抽吸压力系数的大小与流体在钻头处下落的速度有关，即与钻头的结构特征、钻进地层的粘附性、起钻速度等有关。钻进软地层时，地层岩屑粘附性强，钻头结构不利于排屑，钻头会发生泥包，泥包钻头越严重，使得钻头的活塞特征越明显，抽吸压力系数值也越大；钻进硬地层时，岩屑硬度大，无黏性，钻头不发生泥包，抽吸压力系数就小。另外，起钻速度越快，钻井液下落补偿速度不能匹配，抽吸现象越严重，抽吸压力系数越大。为了避免起钻过程中溢流或井涌的发生，一般在进行钻井液设计时，要求钻井液的密度要大于地层压力当量密度与抽吸压力系数之和。一般抽吸压力系数取 $0.015\sim0.040\text{g/cm}^3$。

（步玉环　郭胜来）

【激动压力系数 surge pressure coefficient】　由于钻头尺寸大于钻柱的尺寸，当下放钻具时，钻头就像活塞一样，形成向下的附加作用压力，该压力使得作用在井底的压力增大被称为激动压力，将该附加压力值等效成钻井液密度的当量密度。激动压力作用的结果是增加有效井底压力。

激动压力系数的大小受管柱的起下速度、钻井液密度、流变性、井眼与管柱间隙等因素的影响。下钻速度越快，钻井液推动钻井液下行的趋势越严重，激动压力系数越大；钻井液密度越大、流动阻力越大，钻柱下行携带效应越强，激动压力系数越大；井眼与管柱间隙越小，摩擦阻力越大，激动压力系数越大。为了避免下钻过程中压漏地层，一般在进行钻井液设计时，要求考虑钻井液的密度、附加激动压力系数等之和不大于地层的破裂压力当量密度。一般抽吸压力系数取 $0.015\sim0.040\mathrm{g/cm^3}$。

（步玉环　柳华杰）

【压裂安全系数 fracture safety factor】 考虑地层破裂压力预测可能的误差而设的安全系数，一般用 S_f 表示。它与破裂压力预测的精度有关，也称地层破裂压力当量密度安全允许值。考虑地层破裂压力当量密度的检测精度，地层破裂压力当量允许密度存在的最大误差值一般取 $0.03\mathrm{g/cm^3}$。

在钻井工程设计中，可根据对地层破裂压力预测或测试结果的可信程度来确定。对测试数据充分、生产井或在地层破裂压力预测较准确时，S_f 取值可小一些；而对测试数据较少、探井或在地层破裂压力预测中把握较小时，S_f 取值应大一些。

（步玉环　郭胜来）

【井涌允量 kick tolerance】 由于地层压力预测的误差所产生溢流量的允许值，用当量密度表示。又称溢流允许值。是根据井控技术水平而确定的，一般取 $0.05\sim0.10\mathrm{g/cm^3}$。

井涌允量与地层流体的侵入量、地层流体在井筒中的分布、关井套管压力等有关，表示井涌的风险程度，根据估计的最大井涌地层的压力与钻井液密度的差别来确定。该值也取决于现场控制井涌的能力和设备技术状况，风险较大的高压气层和浅层气在设计中取高值。

（步玉环　郭胜来）

【压差允值 differential pressure allowance】 当套管在井内静止时间较长时，压差作用下钻井液滤失，井壁产生滤饼，为了避免套管与井壁接触产生压差卡套管所允许的下套管时井内存在的最大压差值。正常压力地层的压差允值 Δp_N：裸眼井段中，钻井液液柱压力与正常地层孔隙压力当量密度最深处不产生压差卡套管的最大差值，一般取 $12\sim15\mathrm{MPa}$。异常压力地层压差卡套管临界值 Δp_A：

裸眼井段中，钻井液液柱压力与最小地层孔隙压力当量密度最深处不产生压差卡钻的最大差值，一般取15～20MPa。

（步玉环　柳华杰）

【**压差卡套管** differential pressure sticking casing】　下套管过程中，若钻井液液柱压力与裸眼段最小地层压力的差值过大（超过压差允值），当井内套管由于某种原因在井内静止时，在压差的作用下，会把套管推向井壁的一侧，造成套管卡住的现象。需要控制钻井液的密度值，使得液柱压力与裸眼段最小地层压力的差值在允许的范围内。

（步玉环　柳华杰）

【**自下而上设计法** bottom-up design method】　根据裸眼井段安全钻进应满足的压力平衡、压差卡套管约束条件，自全井最大地层孔隙压力处开始，自下而上逐次设计各层套管下入深度的井身结构设计方法。是传统的井身结构设计方法。

一般的设计步骤为：从目的层开始，根据裸眼井段满足的约束条件，确定生产套管的尺寸，再根据生产套管的外径并留有足够的环隙选择相应的钻头尺寸，然后以上一层套管内径必须让下部井段所用的套管和钻头顺利通过为原则来确定上一层套管柱的最小尺寸。以此类推，选择更浅井段的套管和钻头尺寸。

传统的设计方法具有以下特点：（1）每层套管下入的深度最浅，套管费用最低。（2）上部套管下入深度的合理性取决于对下部地层特性了解的准确程度和充分程度。（3）应用于已探明地区的开发井的井身结构设计比较合理。（4）在保证钻井施工顺利的前提下，自下而上设计方法可使井身结构的套管层次最少，每层套管下入的深度最浅，从而达到成本最优的目的。能否达到钻井设计思想的目的，主要取决于基础数据的准确性。对于深探井，由于对下部地层了解不充分，难以应用这种方法确定每层套管的下深。

（步玉环　柳华杰）

【**自上而下设计法** top-down design method】　根据裸眼井段安全钻进应满足的压力平衡、压差卡套管约束条件，在已确定了表层套管下入深度的基础上，从表层套管鞋处开始自上而下逐层设计各层套管下入深度的井身结构设计方法。

在深井及探井中存在大部地层压力不确定性、地层状态和岩性的不确定性、地层分层深度和完井深度的不确定性。其井身结构设计不应以套管下入深度最浅、套管费用最低为主要目标，而应要确保钻井成功率，顺利钻达目的层为首选目标。要提高钻探的成功率，就必须有足够的套管层次储备，以便一旦钻遇未预料到的复杂层位时能及时封隔，并继续钻进，同时希望上部大尺寸套管尽量下深，以便在下部地层钻进时有一定的套管层次储备和不至于用小尺寸井眼完井。

该方法考虑裸眼井段必须满足的压力平衡约束条件，还考虑了井眼坍塌压力的影响。在已确定了表层套管下深的基础上，根据裸眼井段需满足的约束条件，直至目的层的生产套管。

具有以下特点：（1）套管下深是根据上部已钻地层的资料确定的，不受下部地层的影响，有利于井身结构的动态设计。（2）可以使设计的套管层次最少，每层套管下入的深度最深。有利于保证实现钻探目的，顺利钻达目的层位。（3）由于工程技术条件的限制，有些井可能会暂时打水泥塞弃井，当条件合适的时候再钻开水泥塞，重新钻进。这种井采用自上而下的设计方法更合适。

（步玉环　郭胜来）

【重点层位设计法 key formation design method】 针对复杂地质条件下深井钻探的实际需要，以保证封隔主要目的层段的套管具有足够大的尺寸和为深层钻进留有足够的套管层次储备为目的的重点层位井身结构设计的方法。其基本原理如下：

（1）综合考虑有效封隔主要目的层位和继续深层钻探的技术要求，兼顾套管的抗内压能力，确定封隔主要目的层段的套管尺寸和下深。（2）从重点关注的主要目的层开始，采用自上而下设计法，确定安全钻达主要目的层位所需要的套管层次和各层套管的下入深度。（3）从重点关注的主要目的层开始，采用自上而下设计法，确定自主要目的层位向下继续深层钻探时，可能提供的套管层次和下深。（4）综合考虑固井作业、安全快速钻进、井控等对套管与井眼尺寸配合关系的要求，确定套管与钻头尺寸的配合方案。

与传统的自上而下设计法相比，重点层位设计法具有以下特点：（1）具有传统的自下而上设计法的全部优点。（2）首先设计的是重点层位处的套管和下深，可以保证重点目的层处的套管有足够大的尺寸，为下部地层钻进提供足够的井眼空间。（3）尤其适用于高压深气井，首先考虑在高压气层套管的抗内压强度，选择合适的技术套管，然后根据地层的各种压力和必封点的情况向两边推导，可以保证钻井过程中发生溢流后压井的安全。

（步玉环　郭辛阳）

【定向井井眼轨道设计 borehole trajectory design】 设计轨道是一条人为的某种规则的曲线，定向井井眼轨道设计和井身结构设计一样，是钻井工程的基本设计。设计时应根据地质目标要求和采油（气）工程要求，结合井身结构和现有井眼轨道控制技术主要进行以下设计：

（1）选择井眼轨道类型；

（2）确定造斜点的深度；

（3）确定井眼曲率（包括增斜率、降斜率、方位变化角）；

（4）井眼轨道关键参数的计算；

（5）井眼轨道节点和分点参数的计算；

（6）编制井眼轨道设计报告。

设计的最终目的是确定一条连接井口和井下靶点的光滑曲线。根据轨道的不同，定向井可分为二维定向井和三维定向井两大类。

（步玉环　郭辛阳）

【二维轨道 two-dimensional orbit】 在井斜方位角所在的铅垂面上进行设计的井眼轨道。二维定向井可分为常规二维定向井和非常规二维定向井。常规二维定向井的井段形状都是由直线和圆弧曲线组成。非常规二维定向井的井段形状除了直线和圆弧曲线外，还有某种特殊曲线，例如悬链线、二次抛物线等。

常规二维定向井轨道有四种：三段式、多靶三段式、五段式、双增式。二维轨道设计所用的设计曲线均为二维曲线，即设计轨道只有井斜角的变化而无井斜方位角的变化。

（步玉环　郭辛阳）

【三维轨道 three-dimensional orbit】 在三维空间内，既有井斜角变化，又有井斜方位角变化设计的定向井轨道。三维轨道设计所用的设计曲线均为三维曲线，即具有不同曲率的空间曲线。常规的三维井眼轨道设计曲线主要有直线、三维圆弧、圆柱螺线、恒井斜和方位变化率曲线、恒工具面曲线。

（步玉环　郭辛阳）

【直井段 straight section】 通常一口定向井采用造斜工具造斜之前先钻进的一段垂直井段。该段之后采用造斜工具按照设计要求进行造斜，造斜完成后按照设计要求采用适合的钻具钻达目的层。理论上直井段的设计轨道是一条铅垂线，直井段轨迹上所有点的井斜角都为零，但在实际钻井中是做不到的。实际施工中一般要求井眼轨迹的全角变化率不允许超过 3°/30m。

（步玉环　柳华杰）

【造斜段 building up section】 由造斜点（以上为垂直井段）开始，采用造斜工具按照设计的井斜方位钻出满足要求的井斜角的斜井段。采用造斜工具使得井眼由垂直到具有一定井斜角的钻井工艺过程称为造斜，该井段即为造斜段。造斜是一口定向井成败的重要环节之一。首先要求井斜方位角要定得准确，否则将给以后井段的延伸造成很大的困难。其次，要选好造斜点，造斜点尽可能选在无碎裂、无复杂情况、岩性稳定且硬度又不太大的地层。此外，还要选择和使用好造斜工具，使造斜段与直井段的衔接平滑自然。

（步玉环　柳华杰）

【稳斜段 steady inclined section】 定向井钻井过程中，保持井斜角和井斜方位角不变的井段。稳斜钻进可以稳定井斜角和井斜方位角的大小，若稳斜段起点井斜角较大，则稳斜钻进迅速增大井底水平位移；若稳斜段起点井斜角较小进入目的层，则可以给采油作业奠定保证。欲使井眼稳斜，需要使用稳斜钻具组合，一般采用满眼钻具组合。

（步玉环　柳华杰）

【降斜段 drop angle section】 在五段式井眼轨道设计过程中，为了保证足够的水平位移和较小井斜角进入目的层，在第一段的稳斜井段后，采用降斜工具（也就是造斜工具，只是安装的工具弯角向下）使得井斜角随钻进井深增加而减小的井段。在井眼轨道设计时，降斜段只存在于五段式轨道中。但在实际钻进的过程中，存在钻头受到来自地层、钻具弯曲、操作技术因素等造成的造斜力比设计要大的问题，致使早些段完成后井斜角大于设计井斜角，或者稳斜钻井后造成井斜角有一定增加，为了满足以设计井斜角进入目的层，也会采用降斜工具进行钻进，使得实钻井眼也会存在降斜段。

（步玉环　柳华杰）

【造斜率 build-up rate】 在钻定向井或钻水平井过程中，采用造斜工具钻进时，单位长度井眼内使井眼方向改变的角度。是衡量造斜工具造斜能力大小的指标。在数值上等于使用该造斜工具钻出的井眼的曲率，或等于在不改变井斜方位角情况下使用该造斜工具钻出的井眼的井斜变化率。造斜工具的实际造斜率等于所钻井段的井眼曲率。在我国现场上造斜率常用的单位为（°）/30m 或（°）/100m。

（步玉环　柳华杰）

【降斜率 drop off rate】 降斜段井眼轴线从原来井斜角到达要求井斜角的井斜角降低率。降斜率不应大于 5°/30m，一般约 2°/30m。以免产生键槽损害钻柱。降斜一般采用扶正器钻具组合，为了快速降斜有时也会采用弯接头或弯外壳动力钻具。

（步玉环　柳华杰）

【曲率半径 curvature radius】 定向井造斜或降斜过程中，一般采用圆弧段进行井斜角或井斜方位角的改变，造斜或降斜或扭方位采用的井眼轨道或轨迹改变半径。又称造斜半径。井眼曲率的倒数就是曲率半径，通常用 R 表示。

- 389 -

$$R = \frac{1}{K} = \frac{\Delta L}{\beta}$$

式中：K 为井眼曲率，(°)/m；β 为狗腿角，(°)；ΔL 为两测点间井段长度，m。

（步玉环　郭胜来）

【目标点 target】 设计规定必须钻达的地下空间位置。又称靶点。通常用地面井口为坐标原点的空间坐标系的坐标值来表示。一口井可以有一个目标点，也可以有两个或多个目标点。

（步玉环　郭胜来）

【最大井斜角 maximum deviation angle】 在定向井轨道设计过程中，造斜完成达到的最大井斜的角度值，也就是稳斜段的井斜角度值。这就是通常所说的最大井斜角。但对于已经钻成的实际井眼来说，全井所有的各个测点中，井斜角的最大值称为该测点的最大井斜角。

（柳华杰　郭胜来）

【井眼轨道剖面图 expanded vertical section of well path】 以井口为原点、水平投影长度为横坐标，垂深为纵坐标绘制的井眼轨迹图（见图）。井眼垂直剖面图可以真实地反映出实际井身长度，即井深，它等于井身剖面线的长度，如 A 点井

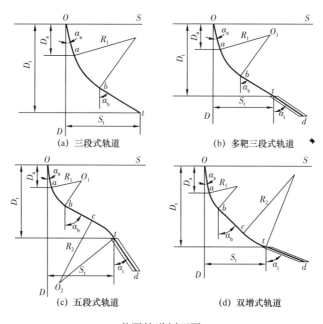

　　(a) 三段式轨道　　　　　　　　(b) 多靶三段式轨道

　　(c) 五段式轨道　　　　　　　　(d) 双增式轨道

井眼轨道剖面图

深为 L_A；每一井深处的井斜角，如 A 点井斜 α_A；每一井深处的垂直深度，如 A 点垂深为 H_A；每一井深处的水平长度，如 A 点水平长度为 S_A。在实际工程中，井眼轨道垂直剖面图是根据测斜资料绘制的。首先算出各测段的垂深增加值和水平长度增加值，进而计算出每个井深处的垂深和水平长度，然后描点连线即成。

（周煜辉　步玉环　梁　岩）

【钻头设计 drilling bit design】　某口井开始钻井之前，根据邻井钻井资料或地质分层资料，依据井身结构设计的套管程序，对各套管层分别使用的钻头类型进行选型、对钻进参数、钻头对应的机械钻速、钻时以及各类钻头用量的设计。在钻井中，钻井进尺是通过钻头破碎岩石来完成的。由井下工具、钻铤、钻杆等部件构成的钻柱则起着为钻头传递扭矩、提供钻压的作用，同时为钻井液提供了循环通道。钻头的合理选型、井下工具的正确使用、钻柱及钻进参数的优选对安全、高效的钻井作业起着重要的作用。

（步玉环　梁　岩）

【钻头选型 drilling bit selection】　优选出经济有效的适合于破碎某一特定地层岩石的钻头类型的方法。钻头是破碎岩石的工具，钻头选型与使用是否合理，直接影响到钻井效果。钻头选型的原则是选择适应地层力学特性的钻头型号，使钻头的机械钻速、进尺达到最高，综合钻头成本最低。常用的钻头选型方法有：

（1）成本分析法。在收集多口完钻井的钻头录井资料的基础上，按成本方程对各个钻头进行成本分析，从中选出成本最低的钻头作为最优钻头。

（2）钻头磨损评价法。它的基本出发点是：起出的钻头经分析后认为所选钻头太硬，则选择较软的钻头入井，反之亦然。

（3）邻井钻头录井分析法。通过分析邻井钻头的使用效果，评选出各个对应井段地层使用指标较佳的钻头，作为本井本井段的优选钻头。

（4）岩石可钻性法。根据岩石可钻性级值选择相对应的钻头型号（IADC 编码）。岩石可钻性级值要通过岩心测定。

（5）能耗法。依据钻掉单位体积岩石所需的能量大小选择钻头，能耗低的钻头可以作为此类地层的首选钻头型号。

（6）声波时差法。声波测井的声波时差为钻头选型提供了有效的参考信息。通过能耗法建立地区的横波时差与钻头类型的关系，便可利用横波时差选择最优钻头型号。通过建立声波时差与岩石抗压强度的关系，并经过岩心抗压强度实测值对其修正，便可通过声波时差选择与岩石抗压强度相匹配的钻头。通过建立声波时差与岩石可钻性级值的关系，并经过岩心可钻性实测值对其进行修正，便可通过声波时差直接选择与岩石可钻性相对应的钻头。

以上几种方法，都或多或少存在着局限性。声波时差法适用范围较宽，但要做好前期工作。在新探区，可用 IADC 钻头编码分类法选择钻头。通过对已用钻头进行分析，针对性对钻头进行设计称为钻头个性化设计。

推荐书目

陈庭根，管志川.钻井工程理论与技术.2 版［M］.青岛：中国石油大学出版社，2017.

（周煜辉　葛云华）

【钻速方程 drilling rate equation】 在分析各种因素对钻速影响的基础上，可以把各影响因素归纳在一起，建立钻速与钻压、转速、牙齿磨损、压差和水利因素之间的综合关系式。即修正的杨格（Young F.S.）模式：

$$v_{pc}=K_R(W-M)n^\lambda \frac{1}{1+C_2h}C_pC_H$$

式中：v_{pc} 为钻速，m/h；K_R 为地层可钻性系数；W 为钻压，kN；M 为门限钻压，kN；n 为转速，r/min；λ、C_2、C_H、C_p、h 为无因次量。

其中 K_R 包含了除钻压、转速、牙齿磨损、压差和水力因素以外其他因素对钻速的影响，它与地层岩石的机械性质、钻头类型以及钻井液性能等因素有关。在岩石特性、钻头类型、钻井液性能和水力参数一定时，K_R、M、λ、C_2 等都是固定不变的常量，可通过现场的钻进试验和钻头资料确定。

推荐书目

陈庭根，管志川.钻井工程理论与技术.2 版［M］.青岛：中国石油大学出版社，2017.

（步玉环　郭胜来）

【钻进参数 drilling parameters】 钻井过程中，直接影响钻进效率和钻井质量的一些可以控制的技术参数的总称。主要包括钻压、转速、钻井液性能、泵量、泵压、泵率及其他水力参数。针对不同的钻进条件（岩石性质、井深、井径、钻头类型、钻进方法、设备能力等），为获得最佳钻进效果而人为规定的相关参数的合理取值范围及其相互配合。不同的钻进方法有不同的相关钻进参数。

（步玉环　郭胜来）

【钻具设计 drilling tools design】 一口井开钻之前，依据地层岩性及构造特征、井身结构的套管程序、钻具部件供应状况进行的钻柱组合设计。钻柱组合主要包括方钻杆、保护接头、配合接头、钻杆与下部钻具组合等。下部钻具组合是指由不同尺寸钻铤、稳定器等组成的紧连钻头的管柱部件组合体。设计主要包括以下内容：

（1）下部钻具组合设计，主要依据地层的结构特征、钻井技术需求等采用的钟摆钻具组合设计、满眼钻具组合设计、满眼钟摆钻具组合设计和震击器与减振器的安放设计。

（2）钻杆的设计与计算。

（3）方钻杆的选型设计。

（4）钻柱的受力分析与强度校核，主要是钻井过程中各种应力的计算和危险断面的校核。

钻具设计所需资料主要有：（1）组成钻柱各工具的规范及特性参数（查阅相关手册）；（2）井身结构；（3）井眼的垂直剖面图和水平投影图；（4）设计地层分层及故障提示；（5）地层分层；（6）各套管层次对应的最大钻压参数。

（步玉环　柳华杰）

【轴向拉力 axial tension】 在钻柱或套管柱的轴线方向上受到的拉力。对于钻柱来说，起下钻过程中，钻柱处于悬挂状态下，在自重作用下，由上到下均受拉力。最下端的拉力为零，井口处的拉力最大。在钻井液中钻柱将受到浮力的作用，浮力使钻柱受拉减小。起钻过程中，钻柱与井壁之间的摩擦力以及遇阻、遇卡，均会增大钻柱上的拉伸载荷。下钻时，摩擦力、阻卡力等会减小钻柱的轴向拉力。在钻进过程中，下部钻具组合在钻井液中的部分浮重给钻头施加钻压，此时，钻柱中性点以下受到压力作用，最下端受到压力最大；钻柱中性点以上受到拉力作用，越接近井口拉力越大，井口拉力最大；循环系统在钻柱内及钻头水眼上所耗损的压力，也将使钻柱承受的拉力增大。

（步玉环　柳华杰）

【弯曲应力 bending stress】 当钻柱处于弯曲状态时，钻柱在弯点与两侧受到拉压相向的作用力。在钻井过程中，下部钻柱受钻压的压缩力作用，当超过受压极限时下部钻柱受压弯曲，下部弯曲应力最大。

（步玉环　柳华杰）

【扭矩 torque】 旋转钻井方式下，通过转盘或顶部驱动钻井装置或井下动力钻具等动力源传递给钻柱的扭转力。杆件在某一截面上的扭矩值等于此截面左侧或右侧诸外力对杆件轴线的力矩的代数和。

钻头破碎岩石的功率是由转盘通过方钻杆传递给钻柱的。由于钻柱与井壁和钻井液有摩擦阻力，因而井口钻柱所承受的扭矩比井底大。但在使用井下动力钻具（涡轮钻具、螺杆钻具等）时，作用在钻柱上的反扭矩，井底大于井口。

顶部驱动钻井装置是直接驱动钻杆，井口受到的扭矩大于井底。

（步玉环　郭胜来）

【钻铤使用长度 drill collar using length 】 在钻进过程中，对应开次最大钻压条件下满足中性点落在钻铤上的钻铤长度。钻铤使用长度的设计原则在于鲁宾斯基关于"中性点"的理论，该钻具组合条件下施加最大钻压时应保证中性点始终处于钻铤上。钻铤长度取决于施加的钻压、选定钻铤尺寸与线密度（单位长度钻铤的重量）。

对于塔式钻具，一般由三种不同尺寸钻铤组成，下面两种较大尺寸钻铤使用长度是给定的，设计的是上部尺寸最小的钻铤使用长度，这就需要自下而上分别计算在钻井液中提供的钻压，剩余钻压由第三种尺寸钻铤提供，总的钻铤使用长度为三种钻铤柱的总长度。在钻大斜度定向井时，应减少钻铤数量，代之以加重钻杆。

（步玉环　郭辛阳）

【钻柱中性点 drilling string neutral point 】 正常钻进时，钻柱上既不受拉又不受压，轴向力等于零的位置。进行钻柱设计时，必须保证中性点在钻铤上，是因为钻铤刚度大，抗弯能力强，受压不易弯曲，防斜效果优于钻杆。另外，钻铤壁厚，刚度大，受到交变应力，相对于钻杆不易发生疲劳破坏。

中性点距井底高度的计算公式为：

$$L_o = \frac{W}{q_c \cdot K_f}$$

式中：q_c 为单位长度钻铤在空气质量，N/m；L_o 为中性点距井底的高度，m。K_f 为钻井液浮力系数 $\left(K_f = 1 - \dfrac{\rho_m}{\rho_s} \right)$；$\rho_m$ 为钻井液密度，g/cm^3；ρ_s 为钢材密度，g/cm^3。

（步玉环　柳华杰）

【屈服抗拉载荷 yield tensile load 】 钻杆材料的屈服强度所允许的最大抗拉载荷。由强度理论知道，钻柱所受拉力 Q_a 须小于屈服抗拉载荷 P_y。

$$P_y = 0.9 A_p \sigma_s$$

式中：σ_s 为钻柱材料的最小屈服强度，MPa；A_p 为井口钻柱截面积，m^2。

实际使用时其大小可由钻井测试手册中的钻杆承受扭力、拉力、挤压力、内压力数据表查得。

（步玉环　柳华杰）

【最大安全静拉载荷 maximum safe static load】 允许钻杆所承受的由钻柱重力（浮重）引起的最大载荷。考虑到其他一些拉伸载荷，如起下钻时的动载及摩擦力、解卡上提力及卡瓦挤压的作用等，钻杆的最大安全静拉力必须小于其最大允许拉伸力，以确保安全。

最大安全静拉载荷 P_a 的确定有三种方法，由已知条件具体来确定，选择其中最小的作为计算标准。

$$\begin{cases} P_{a1} = 0.9P_y / \text{安全系数} \\ P_{a2} = 0.9P_y / \text{设计系数} \\ P_{a3} = 0.9P_y - \text{拉力余量} \end{cases}$$

$$P_a = \min(P_{a1},\ P_{a2},\ P_{a3})$$

式中：P_y 为屈服强度下的抗拉负荷，kN。

安全系数一般考虑忽略的动载及摩擦力，设定为1.30；设计系数值可由卡瓦长度和钻杆外径查有关手册而得；拉力余量一般取 $200 \sim 500$kN。

由三种方法计算出的最大安全静拉载荷大小具有差异，计算钻杆使用长度时采用三者种最小值。

（步玉环　柳华杰）

【卡瓦挤毁设计系数 kavah collapse design factor】 对于深井、超深井、大位移水平井，由于钻柱重量大，当钻柱坐于卡瓦中时，钻杆会受到很大的横（径）向挤压力（或称其为箍紧力）和轴向拉力作用，为了避免卡瓦的卡牙对钻杆造成损毁而考虑的设计系数值。又称钻杆设计系数。当合应力接近或大于钻杆材料的最小屈服强度时，就会导致被卡瓦挤毁钻杆。

（步玉环）

【拉力余量 margin of tensile force】 考虑钻柱被卡时的上提解卡力，钻杆的最大安全静拉力应小于最大允许拉伸力的一个合适的值。这也是钻杆柱最大允许的工作负荷与计算最大静拉负荷（整个钻柱的重力）的最小差值。一旦钻柱遇阻卡时，往往采用上提解卡的方法进行解卡，卡点以上各个钻柱截面除了各自对应的重力形成的拉力外，解卡上提会产生此拉力余量值。在采用拉力余量法设计钻柱时，必须使钻柱每个断面上的拉力余量相同，这样在提拉钻柱时就不会因某个薄弱面而影响和限制总的提拉载荷的大小。拉力余量，一般取 $200 \sim 500$kN。

（步玉环）

【钻井水力参数设计 hydraulic parameter design of drilling】 钻井过程中，以获得最大钻头水功率为目标，优化确定钻井液排量、选择合适的钻头喷嘴直径和钻井泵缸套直径的优化设计工作。

根据地质及钻井实际条件分井段进行计算、分析、调整，拟定一个实现最优水力参数的综合方案。这个最优水力参数应能全面考虑和综合平衡众多的各个单项水力参数之间的配合关系。在钻井水力参数设计之前应了解设计井的地质及分层情况、井深及井身结构、全井钻井液方案、钻头使用方案及各次开钻的钻具组合方案等。在钻井水力参数设计时，必须根据钻井实际条件和地区经验选择某一个恰当的最优工作方式作为水力程序设计的依据；而设计的结果要能在钻井实践中体现最优工作方式的判别指标。

（步玉环）

【钻井泵工作状态 working state of drilling pump】 在进行钻井液循环时钻井泵满足额定泵压或者额定泵功率工作的状态。

一般确定缸套直径、泵冲数和冲程的情况下，钻井泵额定功率、额定泵压和额定泵排量之间的关系为：

$$P_r = p_r Q_r$$

式中：P_r 为额定泵功率，kW；p_r 为额定泵压，MPa；Q_r 为额定排量，L/s。

依据排量的变化，可将钻井泵的工作分为两种工作状态：当 $Q < Q_r$，泵压受到缸套允许压力的限制，即泵压最大只能等于额定泵压 p_r，因此泵功率要小于额定泵功率。随着排量的减小，泵功率将下降，泵的这种工作状态称为额定泵压工作状态（见图）；当 $Q > Q_r$ 时，由于泵功率受到额定泵功率的限制，即泵功率最大只能等于额定泵功率 P_r，因此泵压要小于额定泵压，随着排量的增加，泵的实际工作压力要降低，泵的这种工作状态称为额定泵功率工作状态（见图）。从泵的两种工作状态可以看出，只有当泵排量等于额定排量时，钻井泵才有可能同时达到额定输出功率和缸套的最大许用压力。在选择缸套时，应尽可能选择额定排量与实际排量接近的缸套，这样才能充分发挥泵的能力。

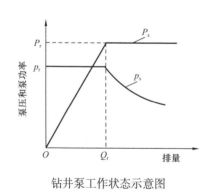

钻井泵工作状态示意图

📝 推荐书目

陈庭根，管志川.钻井工程理论与技术［M］.2版.青岛：中国石油大学出版社，20017.

（步玉环）

【临界井深 critical well depth】 喷射钻井过程中，对于最大钻头水功率工作方式和最大射流冲击力工作方式来说，不同钻井泵不同工作状态转换或最小携岩排量条件下对应的井深。可以分为第一临界井深和第二临界井深。最大钻头水功率工作方式和最大射流冲击力工作方式条件下，钻井泵额定泵功率工作状态对应的最大井深，称为第一临界井深；最小携岩排量条件对应的最大井深称为第二临界井深。

（步玉环　郭胜来）

【钻井泵缸套直径 cylinder diameter of drilling pump】 钻井泵缸套直径的大小决定了在额定泵冲条件下钻井泵的额定排量，缸套直径越大，额定排量越大。但相对而言，直径大，其缸体的有效抗内压强度就小，使得输出的泵压相对较低。钻井泵的缸套直径越大，其额定泵压越小。

钻井泵是油田钻井系统的"心脏"，而缸套是钻井泵液力端的重要易磨损部件，因此钻井泵缸套的寿命直接影响钻井泵的寿命。

随着井深增加、井眼尺寸相对减小，循环钻井液要求的最小携岩排量相对越小，同时循环过程中的循环压耗越大，为了达到清洗井底携带岩屑的需求，要综合考虑更换小直径尺寸的缸套。

（步玉环）

【钻井泵额定泵压 rated pump pressure of drilling pump】 钻井泵对应缸套直径下能够输出的最大泵压值，用 $p_{额}$ 表示。钻井泵额定泵压并不是钻井泵实际工作的额定泵压。在钻井泵工作过程中，由于要满足较长时间的工作，为了延长钻井泵的使用寿命，一般采用不超过钻井泵额定泵压的 90% 作为工作的额定泵压。另外，在钻井泵循环钻井液时，还需要满足整个循环通路的安全要求，即若通路中有较低的限定压力时，就需要采用限定压力与钻井泵额定泵压之间的低值作为钻井泵工作的额定泵压，用 p_r 表示，即 $p_r = \min\{0.9p_{额}, p_{限}\}$，单位为 MPa。

（步玉环）

【钻井泵额定泵功率 rated pump power of drilling pump】 钻井泵对应缸套直径下能够输出的最大输出功率，用 $P_{额}$ 表示，单位是 kW。在钻井泵过程中，采用额定泵功率 P_r 状态工作，输出的功率并不是真正的额定泵功率 $P_{额}$，往往是 P_r 小于 $P_{额}$。

（步玉环　柳华杰）

【钻井泵额定排量 rated displacement of drilling pump】 钻井泵对应缸套直径下的最大排量，用 $Q_{额}$ 表示，单位为 L/s。为了满足较长时间的工作，延长钻井泵的使用寿命，一般采用不超过钻井泵额定排量的 90% 作为工作的额定排量，采用 Q_r 表示。同时，也可以看出只有当泵排量等于额定排量时，钻井泵才能同时达到额定输出功率和额定泵压。在钻井过程中选择钻井泵的缸套直径时，主要的依据是尽量选用额定排量 $Q_{额}$ 与实际排量 Q_r 相近的缸套，而 Q_r 的大小取决于最小携岩排量 Q_a，即 $Q_r=Q_a/0.9$。

（步玉环）

【钻井泵额定泵冲 rated pump strokes of drilling pump】 钻井泵工作过程中，对应缸套直径下满足额定排量下单位时间内活塞的往复次数，单位为次 /min，一般用 n 表示。钻井泵工作之前，一般考虑额定排量的要求要对额定泵冲进行校核，以便满足额定排量要求条件下的井底清洗和协助破岩。

（步玉环）

【当量喷嘴直径 equivalent nozzle diameter】 把钻头上的多个喷嘴出口截面面积总和相当于同截面面积替代喷嘴的直径。用 d_e 表示。

$$d_e = \sqrt{d_1^2 + d_2^2 + d_3^2 + \cdots}$$

式中：d_1，d_2，d_3 为喷嘴直径，mm；d_e 为当量喷嘴直径，mm。

（步玉环）

【岩屑举升效率 cuttings lifting efficiency】 岩屑在环空的实际上返速度与钻井液在环空的上返速度之比。用 K_s 表示。岩屑在环空的实际上返速度等于钻井液在环空的平均上返速度与岩屑下滑速度之差。

在工程上为了保持钻井过程中产生的岩屑量与井口返出量平衡，一般要求岩屑举升效率≥0.5。

（步玉环）

【最小携岩排量 minimum carrying capacity of rock】 钻井过程中钻井液携带岩屑所需要的最低排量。确定携岩所需的最小排量 Q_a：

$$Q_a = \frac{\pi}{40}(d_h^2 - d_p^2)v_a$$

式中：d_h 为井眼直径，m；d_p 为钻柱外径，m；v_a 为钻井液在环空的上返速度，m/s。

确定钻井液最小环空上返速的方法有多种：一种方法是根据现场工作经验来确定；另一种方法是用经验公式计算。通常使用的经验公式为：

$$v_a = \frac{18.24}{\rho_d d_h}$$

式中：v_a 为最低环空返速，m/s；ρ_d 为钻井液密度，g/cm³；d_h 为井眼直径，cm。

为了满足实际的钻井携岩和井壁稳定的需求，往往在工程上也对最小携岩排量进行限定，即要求 $0.5\text{m/s} \leqslant v_a \leqslant 1.3\text{m/s}$，若计算值低于 0.5m/s 时，取值为 0.5m/s；若计算值高于 1.3m/s 时，最小携岩排量取值为 1.3m/s；若在二者之间，则为计算值。

（步玉环）

【最大钻头水功率工作方式 maximum bit water power working method】 以获得井底最大钻头水功率为优化目标，进行最优排量优化的喷射钻井工作方式。是喷射钻井的一种工作方式之一。水力作用清洗井底或辅助破岩是射流对井底做功，机泵允许条件下钻头获得的水功率越大越好。最优排量与钻井泵的工作状态、井深所处的井段都有关系。

（步玉环）

【最大射流冲击力工作方式 maximum jet impact power working method】 以获得最大射流冲击力为优化目标，进行最优排量优化的喷射钻井工作方式。是喷射钻井的一种工作方式之一。最大射流冲击力标准认为射流冲击力是清洗井底的主要因素，射流冲击力越大，井底清洗效果越好。最优排量与钻井泵的工作状态、井深所处的井段都有关系。

📝 推荐书目

陈庭根，管志川．钻井工程理论与技术［M］．2 版．青岛：中国石油大学出版社，2017.

（步玉环）

【钻机选型 drilling rig selection】 根据钻井任务的需求、依据所钻井的井身结构设计与钻具结构的设计结果，设计井所在地区的地质条件和钻井工艺技术要求、地域的气候特点等，选择满足钻井需求的钻机的工作。

选择钻机应遵循两项原则：确保钻机有足够的安全性、环保性、可靠性；尽可能降低钻机运行成本。

选择钻机的主要技术依据：

（1）钻机的技术特性：① 钻机公称钻深；② 最大钩载；③ 最大钻柱载荷；④ 钻机总功率；⑤ 绞车额定功率；⑥ 转盘额定功率；⑦ 单泵额定功率；⑧ 最高泵压。这八个参数表明钻机的性能，是选用钻机的主要技术依据。

（2）井身结构和钻井工艺技术要求：① 设计井深、套管层次及尺寸是选择钻机的主要参数；② 钻井工艺技术。不同的钻井工艺技术对钻机选择有不同的要求：如在优化钻井技术中，要实现机械破碎参数的优选，理想的转盘选型便是可无级调速的转盘；在优选水力参数钻井技术中，理想的钻井泵是功率大、泵压高、流量大且调速范围也大的泵。

（3）地质条件。钻机选型还应了解设计井所在区域的井下复杂情况，若设计井区域在钻井过程中有严重垮塌、缩径等复杂情况，那么在钻机选择时应增大钻机安全系数（如选择钩载储备系数大的钻机）。

总体来说，国内外油田选择钻机一般以钻机公称钻深或最大钩载作为选择钻机的主参数。所选择钻机的最大钩载要求能完成下套管任务和解除卡钻的任务，并保证有一定的超深能力。API 建议钻机选择可用 80% 的套管破断强度或钻杆 100% 的破断强度来确定最大钩载。

（步玉环　柳华杰）

【钻机公称钻深 nominal drilling depth of drilling rig】　钻机在规定的有效绳数下，使用规定的钻柱能达到的钻井深度。钻机分 9 级，钻井深度和钻深范围按 114.3mm（$4\frac{1}{2}$in）钻杆柱确定。钻机每个级别代号用双参数表示，如 10/100，"前者 ×100"为钻机的钻井深度上限数值，"后者"是以 kN 为单位计的最大钩载数值。但目前一般采用 127mm（5in）钻杆，对应 ZJ50/3150 钻机的最大钻深为 4500m，ZJ40/2250 钻机最大钻深为 3200m。

（步玉环）

【最大钩载 maximum hook load】　钻机在规定的有效绳数下，起下套管、处理事故或进行其他特殊作业时，不允许超过的大钩载荷。这一参数表示钻机的极限承载能力，决定了下套管和处理事故的能力，是校核起升系统零件静强度及计算转盘、水龙头主轴承静载荷的依据。最大钩载越大，钻机的钻深能力越大。API 建议钻机选择可用 80% 的套管破断强度或钻杆 100% 的破断强度来确定最大钩载。

（步玉环）

【最大钻柱载荷 Maximum drill string load】　钻机在规定的有效绳数下，正常钻进或进行起下钻作业时，大钩所允许承受的在空气中的最大钻柱重力。又称钻机额定载荷。

（步玉环）

【钻机总功率 total power of rig】　钻机驱动绞车、转盘、钻井泵及辅助设备所配备的功率的总和。钻机级别越高，配备的钻机动力系统的总功率越大，可以达到更大的钻深。

（步玉环）

【绞车额定功率 rated power of drawworks】　绞车输入轴上所输入功率的最大值。

绞车额定功率越大，提起钻柱的重量越大，达到的钻深也就越大。

（步玉环）

【**转盘额定功率** rated power of rotary table 】 转盘的最大输入功率。转盘额定功率越大，提供的驱动扭矩越大，破岩效率也就越高，相同的其他钻进参数及钻具设备配备下机械钻速越大。

（步玉环）

【**游动系统有效绳数** effective ropes in rig hoisting system 】 钻机配备的轮系所能提供的最大有效绳数。钻机起升系统由天车、游动滑车和连接钢丝绳组成，一般在天车与游车配备时，天车轮数比游车轮数多一个，如 5 天车轮数、6 游车轮数的配制可以表示为 5×6，有效绳数为天车数的 2 倍，即 10 根。有效绳数越多提升钻柱的能力越强，绞车提升越省力，单根有效绳数的受力 F 与钻柱的重量 W、有效绳数 n 之间的关系为 $F=W/n$。

（步玉环）

【**套管柱强度设计** casing strength design 】 依据套管柱在服役期间不同时期不同工况下的最危险受力状况，根据不同设计方法对组成套管柱的钢级、壁厚以及对应的使用段长进行优化设计的工作。套管柱设计方法主要有等安全系数法、边界载荷法、最大载荷法等。我国常用等安全系数法进行套管柱设计。

套管柱强度设计应考虑以下四个方面：钻井过程中满足各种载荷要求；应能满足钻井作业、油气层开发和产层改造的需要；在承受外载时应有一定的储备能力；经济性要好。

套管柱设计依据：

套管强度 ≥ 外载 × 安全系数

安全系数越大，越安全，但成本越高。为此，对安全系数的选取做了一些规定。

（1）安全系数，见表。

套管强度设计安全系数

标准代号	抗拉安全系数	抗挤安全系数	抗内压安全系数
AQ 2012—2007	>1.8	1.0～1.125	1.05～1.25
SY/T 5322—2000	1.6～2.00	1.0～1.125	1.05～1.15

（2）岩盐层，因岩层在高温下的塑性流动，抗外挤计算时按上覆岩层压力梯度考虑。

- 401 -

（3）含硫气层，应选用密封型螺纹的防硫套管。

（4）有腐蚀性水层及有害层活动的情况，套管按正常设计提高一级钢级或壁厚。

（5）非标准间隙（指过小间隙），宜选用无接箍套管。

（6）高温及注蒸汽井，抗拉安全系数＞2.5，尽可能选用梯形螺纹套管。

（7）对于页岩中含蒙脱石，水泥浆终凝后，它还将继续吸水膨胀，在套管外形成局部高压而挤毁套管，因此在套管强度设计时考虑高外挤载荷。

（8）在计算轴向拉伸载荷以及拉伸载荷对抗外挤压和抗内压额定值的影响时，必须考虑浮力的影响。

（9）API常规套管强度设计中，外挤力按最危险情况考虑，即认为套管内没有液柱压力的全掏空状态。

（10）内压力按以下三种方法，根据设计井的条件确定。

①井喷后，套管内和环空充满气体，由于井口以下有外挤力作用，认为井口所受内压力最大，即最危险。

②以井口装置承压能力作为控制套管内压力的依据。

③以井口压力（套压或立管压力）及井内套管内、外压差之和来计算内压力。即当井内套管内外流体密度相同时，套管所受内压力等于井口压力；当井内套管内外流体密度不同时，则套管所受内压力等于井口压力与套管内外压差之和。

推荐书目

查永进，管志川，戎克生，等.钻井设计［M］.北京：石油工业出版社，2014.

（步玉环　柳华杰）

【套管柱轴向力 casing axial force】 沿套管轴向方向所受套管自重产生的轴向拉力、钻井液产生的浮力、弯曲造成的附加拉力、注水泥产生的附加拉力、动载荷产生的轴向力、摩擦产生的轴向力等的总称。

（1）套管自重产生的轴向拉力。在套管柱上是自下而上逐渐增大，在井口处套管所承受的轴向拉力最大。

（2）套管柱在钻井液中的浮重。实际上套管下入井内是处在钻井液的环境中，套管要受到钻井液的浮力，各处的受力要比空气中受的拉力要小。

我国现场套管设计时，一般不考虑在钻井液中的浮力减轻作用，通常是用套管在空气中的重力来考虑轴向拉力，认为浮力被套管柱与井壁的摩擦力所抵消。但在考虑套管双向应力下的抗挤压强时，采用浮力减轻作用下的套管重力来进行计算。

（3）套管弯曲引起的附加应力。当套管随井眼弯曲时，由于套管的弯曲变形增大了套管的拉力载荷，当弯曲的角度及弯曲变化率不太大时，可用简化的经验公式计算弯曲引起的附加力。

在大斜度定向井、水平井以及井眼急剧弯曲处，都应考虑套管弯曲引起的拉应力附加量。

（4）套管内注入水泥引起的套管柱附加拉力。在注入水泥浆时，当水泥浆量较大，水泥浆与套管外液体密度相差较大，水泥浆未返出套管底部时，套管液体较重，将使套管产生一个拉应力。

（5）井壁摩擦力引起的附加拉力。当套管柱与井壁接触时，在下套管或注水泥上下活动套管时会产生摩擦阻力。

（6）温差引起的附加拉力。套管柱受热条件下产生的最大热应力。

（7）其他附加力：在下套管过程中的动载，如上提套管或刹车时的附加拉力，注水泥时泵压的变化等，皆可产生一定的附加应力。这些力是难以计算的，通常是考虑浮力减轻来抵消或加大安全系数。

（步玉环　柳华杰）

【**套管柱外挤压力 casing column external extrusion force**】 套管受到的由外向内的作用力。主要包括来自套管液柱的压力、地层中流体的压力、高塑性岩石的侧向挤压力及其他作业时对套管产生的压力。

在具有高塑性的岩层如岩膏层、泥岩层段，在一定条件下垂直方向上的岩石重力产生的侧向压力会全部加给套管，给套管以最大的侧向挤压力，会使套管产生损坏。此时，套管所受的侧向挤压力应按上覆岩层压力计算，其压力梯度可按照 $23\sim27$kPa/m 计算。

在一般情况下，常规套管的设计中，外挤压力按最危险的情况考虑，即按套管全部掏空（套管内无液体），套管承受钻井液液柱压力计算，其最大外挤压力为：

$$p_{oc}=9.81\rho_{d}D$$

式中：p_{oc} 为套管外挤压力，kPa；D 为计算点垂直深度，m；ρ_{d} 为管外钻井液密度，g/cm^3。

上式表明套管柱在井底所受的外挤力最大，井口处最小。同时，对于每段套管来说，底部受到的外挤力最大，顶部受到的外挤力最小，只要该段的底部满足强度要求，则该段套管就满足强度要求。

（步玉环）

【**套管柱内压力 casing internal compressive force**】 套管受到的由内向外的作用力。主要来自地层流体（油、气、水）进入套管产生的压力及生产中特殊作业

（压裂、酸化、注水）时的外来压力。在一个新地区，由于在钻开地层之前，地层压力是难以确定的，故内压力也难以确定。对已探明的油区，地层压力可以参考邻井的资料。

当井口敞开时，套管内压力等于管内流体产生的压力，当井口关闭时，内压力等于井口压力与流体压力之和。

（步玉环）

【**套管双轴应力** casing biaxial stress】 井下套管的轴向拉应力 σ_2 和受外挤压力或内压力产生的周向应力 σ_t。由外挤或内压力引起的套管的圆周向应力为 σ_t 及径向应力 σ_r，σ_r 远小于 σ_t，可以忽略不计。轴向拉应力 σ_z 及周向应力的二向应力。

根据第四强度理论，套管破坏的强度条件为：

$$\sigma_z^2 + \sigma_t^2 - \sigma_t\sigma_z = \sigma_s^2$$

式中：σ_s 为套管钢材的屈服强度。

此式可以改写为：

$$\left(\frac{\sigma_z}{\sigma_s}\right)^2 - \frac{\sigma_z\sigma_t}{\sigma_s^2} + \left(\frac{\sigma_t}{\sigma_s}\right)^2 = 1$$

该方程是一个椭圆方程，用 σ_z/σ_s 的百分比为横坐标（拉拉伸正、压缩力为负），用 σ_t/σ_s 的百分比为纵坐标（内压力为正、外挤力为负），可以绘出应力图，称为双向应力椭圆（见图）。

第一象限是拉伸与内压联合作用，表明在轴向拉力下使套管的抗内压强度增加，套管的应用趋于安全，设计中一般不予考虑。

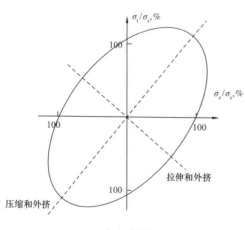

双向应力椭圆

第二象限是轴向压缩与套管内压的联合作用，由于套管受压缩应力的情况极少见，而且压缩应力作用在套管最下部、有效内压最大值作用在井口，这种情况一般不予考虑。

第三象限是轴向压缩应力和外挤的联合作用，压缩应力的存在使得套管的抗外挤强度增加，一般不予考虑。

第四象限是轴向拉力与外挤压力联合作用，这种情况在套管柱中是经常出现的，即在水泥面以上部分套管都存在轴向拉力与外挤压力的联合作用。从图中可以看出，轴向拉力的存在使套管的抗挤强度降低，在套管设计中应当加以考虑。

（步玉环　柳华杰）

【套管三轴应力 casing triaxial stress】 井下套管在轴向力和内外压力作用下产生的径向、周向和轴向应力。套管在轴向上承受轴向力的同时在径向上存在有压力或外挤力的作用。

（步玉环）

【套管弯曲应力 casing bending stress】 在定向井的弯曲井段，套管由于弯曲而产生的套管附加应力。弯曲井段的曲率越大，引起的套管弯曲应力越大，对定向井、水平井套管强度设计需要考虑套管的抗弯强度。

（步玉环）

【套管抗外挤强度 casing extrusion strength】 套管在承受外挤压力作用受到破坏时的临界外挤压力值。套管在外挤力作用下其破坏形式主要是丧失稳定性而不是强度破坏。丧失稳定性的形式主要是压力作用下失圆、挤扁。

（步玉环）

【套管抗内压强度 casing internal compressive strength】 套管在承受内压力作用受到破坏时的临界内压力值。套管在承受内压力时的破坏形式是套管的破裂。

实际上套管在承受内压时的破坏形式除管体的破坏之外，螺纹连接处密封失效也是一种破坏形式，密封失效的压力比管体破裂时要小。螺纹连接处密封失效的压力值是难以计算的。对于抗内压要求较高的套管，应当采用优质的润滑密封油脂涂在螺纹处，并按规定的力矩上紧螺纹。

（步玉环）

【套管屈服强度 casing yield strength】 套管材料发生屈服现象时的极限应力，也就是抵抗微量塑性变形的应力。对于金属材料，规定以产生 0.2% 残余变形的应力值作为其屈服极限，称为条件屈服极限或屈服强度。当受到的应力大于屈服强度的外力作用，将会使零件永久失效，无法恢复。

API 标准规定钢级代号后面的数字乘以 1000psi 即为套管以 psi 为单位的最小屈服强度。如 N80，N 为钢级符号，"80"表示套管的最小屈服强度为 80×1000psi。

（步玉环）

【水泥面高度 cement surface height】 固井完成后，环空中水泥面到方钻杆补心的距离。其中环空内水泥的顶面称为水泥面。不同级别钻机的钻台高度不同，也就是井口到方补心的距离不同。水泥返高与水泥面高度之和为该次固井作业的井深。

（步玉环）

【抗拉安全系数 tensile safety factor】 在套管柱强度设计时，考虑轴向拉力作用设计条件下的安全附加系数。抗拉安全系数是根据套管强度的计算方法、室内套管强度实验、井下套管柱受力状况以及套管柱设计方法等并结合经验来确定。API 标准规定，抗拉安全系数一般取 1.60～2.00，国内常用的为 1.80，其中高温及注蒸汽井，抗拉安全系数应大于 2.5，并尽可能选用梯形螺纹套管。

（步玉环）

【抗外挤安全系数 extrusion safety factor】 在套管柱强度设计时，考虑外挤力作用设计条件下的安全附加系数。一般取 1.00～1.25，常用的为 1.125，其中产层采用气体、雾化和泡沫欠平衡钻井技术时，套管宜封至产层顶部，上层套管抗外挤强度按全掏空进行校核，抗外挤安全系数≥1.00。

（步玉环）

【抗内压安全系数 internal compression safety factor】 在套管柱强度设计时，考虑套管所受内压力作用设计条件下的安全附加系数。API 标准规定，一般取 1.10～1.33，国内常用的为 1.10。

（步玉环）

【等安全系数法 equal safety coefficient design method】 套管柱各危险截面的安全系数不低于所规定的安全系数的套管柱强度设计方法。套管柱轴向载荷由下而上增加，而外挤压力则是由上而下的增加，为了达到既安全又经济的目的，整个套管柱应由不同强度（由不同钢级与壁厚所决定）的多段套管所组成，各段的最小安全系数应等于或大于规定的安全系数。设计时先按内压强度的要求，选出符合抗内压强度的套管后，再进行抗拉与抗挤设计。在进行下部套管柱抗拉计算时主要考虑外挤压力的影响，上部主要考虑套管受到的拉力影响。

见套管柱强度设计。

（步玉环）

【最大载荷法 maximum load design method】 根据实际条件下套管柱所受的有效载荷再考虑一定安全系数的套管柱强度设计方法。此法系 1970 年 C.M. 普林斯蒂提出，其步骤是先按有效内压然后再依有效外压及拉力进行设计，并考虑双轴应力对抗压强度的影响，一般情况下各段套管的长度是通过图解法确定的。

该方法最大的特点是外载计算做过细致的考虑：按技术套管、油层套管、表层套管分类，各类套管的外载计算方法也不相同，以充分在设计中将实际外载显现出来。

（步玉环）

【边界载荷法 edge load design method】 该方法的抗内压与抗挤设计方法与~~许用安全系数法~~相同，只是在中上部套管改由抗拉设计时，不是采用可用强度（抗拉强度/安全系数），而是采用边界载荷（即前一段套管的抗拉强度与可用强度的差值）和安全系数算出要设计段的许用强度，从而选用拟设计段套管。

最大载荷法设计出的各段套管之间的边界载荷相同，而不是安全系数相等，避免了所选套管的强度剩余过多，能减少套管柱总重，使得设计结果更为合理经济。

（步玉环）

【注水泥设计 cement injection design】 注水泥作业之前，根据地质及工程所提出的固井目的和要求，并依据井径资料、电测地层及产层数据条件确定注水泥方式、水泥浆体系、水泥浆用量、前置液、隔离液、领浆、尾浆等工作。注水泥设计应考虑的因素主要包括：井眼条件，如深度、井身结构、井下温度、井下压力、井径变化、经验轨迹及"狗腿度"、地层特殊岩性（是否含盐或高压盐水层）、井漏、井涌及压力异常等；钻井液性能，尤其是与水泥浆的相容性；井下套管及附件情况。

（步玉环　柳华杰）

【水泥浆密度设计 density design】 根据地层压力与地层破裂压力的限定，确定固井水泥浆体系密度的过程。油井水泥中各组分含量的不同，水泥干灰的密度一般在 $3.05\sim3.20g/cm^3$ 之间。一般地，G 级水泥的水灰比为 0.44，A、B 级水泥的水灰比为 0.46，C 级水泥的水灰比为 0.56，H 级水泥的水灰比为 0.38。

水泥浆密度设计的准则为：

（1）满足井下压力条件限制。静液柱压力必须大于地层孔隙压力，静液柱压力与流动阻力之和必须小于地层破裂压力。

（2）满足顶替效率的密度差要求。尾浆＞领浆＞前置液＞钻井液。可能的条件下，考虑密度差 $0.12\sim0.24g/cm^3$，但密度越大，流动阻力也越大。

（3）满足水泥石强度和胶结要求。对于尾浆，特别是封隔油气层段的水泥浆，应尽量使用标准密度（同时，也有利于降低渗透率和孔隙度）。非胶凝材料加重剂和减轻剂应尽量少加。

水灰比在 0.45～0.50 范围内，调节出的水泥浆的密度为 $1.80\sim1.90g/cm^3$ 之间。根据水泥浆密度的设计原则，可以用加入外加剂和外掺料的方法调节水泥浆的密度。密度小于正常密度需要添加密度减轻剂、密度大于正常密度时需要添加加重剂进行调节。

一般在进行水泥浆密度设计时，要求水泥浆的密度比钻井液的密度大 $0.2 \sim 0.4 \mathrm{g/cm^3}$，而冲洗液的密度约等于 $1\mathrm{g/cm^3}$，这样就增大了密度差值，使钻井液更容易被顶替出环空。

（步玉环　柳华杰）

【冲洗液设计 washing fluid design】 为了满足冲洗要求对冲洗液的用量、注入参数、性能要求等进行优化的过程。冲洗液的作用是稀释和分散钻井液，有效冲洗井壁及套管壁，清洗残留的钻井液及滤饼。冲洗液应当具有接近水的低密度，可在 $1.03\mathrm{g/cm^3}$ 左右。有很低的塑性黏度、有良好的流动性能，具有低剪切速率、低流动阻力，能在低速下达到紊流的流动特性，其紊流的临界流速 $0.3 \sim 0.5\mathrm{m/s}$。应与水泥浆及钻井液都有良好的相容性。

（步玉环）

【隔离液设计 isolation fluid design】 为了满足将钻井液与水泥浆有效隔离以及冲洗液冲洗的滤饼不下落至水泥浆中，对隔离液的用量、注入参数、性能要求等进行优化的过程。隔离液通常为黏稠的液体。它的黏度较冲洗液要大，密度稍高，静切力应稍大。隔离液的作用主要是：（1）有效的隔开钻井液与水泥浆；（2）能形成平面推进型的顶替效果；（3）对低压、漏失层可起缓冲作用；（4）具有较高的浮力及拖曳力，以加强顶替效果。它在冲洗液之后注入，隔离液注完之后再注水泥浆。

（步玉环）

【领浆 first slurry】 在注入封固主力封隔层的常规密度水泥浆（$1.85 \sim 1.95 \mathrm{g/cm^3}$）之前，先注入的一部分密度相对较低的水泥浆。注入领浆的作用是固井过程中满足水泥返高要求，而在附加一定的水泥浆量的情况下不会压漏地层。领浆在注入前，根据实际井眼的需求、注替计划、压稳又不压漏的要求，需要对领浆的密度、注入参数、性能要求等进行优化设计。领浆密度可在 $1.4 \sim 1.7\mathrm{g/cm^3}$ 之间，稠化时间长于尾浆，也可以根据注水泥段段长进行水泥浆密度的合理设计——前提是水泥石的强度要满足固井目的的需求，同时还要满足顶替效率的密度差要求，即尾浆＞领浆＞前置液＞钻井液。可能的条件下，考虑密度差 $0.12 \sim 0.24\mathrm{g/cm^3}$，但密度越大，流动阻力也越大。通常套管外领浆至少返至油层顶部 200m 以上。

（步玉环）

【尾浆 tail slurry】 在油气井固井过程中，用于封固产层的主要水泥浆。尾浆的水泥石强度较高，必须满足射孔、压裂或重复压裂的需求。一般，尾浆采用常规密度水泥浆体系（1.85～1.95g/cm^3），此体系中没有加重剂或减轻剂，水泥含量最高，水泥水化后的水泥石具有高的强度。尾浆的性能需要根据实际固井井段的温度、封固段的性质进行调整。

（步玉环）

【注替设计 replacement design】 在固井施工前，为提高顶替效率，保证良好的固井质量，对浆柱结构（*冲洗液*、*隔离液*、*领浆*、*尾浆*）、顶替液等的各自用量、紊流接触时间、顶替排量、压力控制等进行的设计。在注替设计中，需要计算出不同浆柱的注替量、临界雷诺数、注替排量、关注点处动态压力，压稳平衡校核等。

（步玉环）

【顶替排量 replace displacement】 在固井顶替施工时，单位时间内注入井内的水泥浆量。在顶替排量计算时，考虑关注点处所有浆柱在此流动的紊流顶替时间需要超过7～10min，为此，根据不同浆柱的密度、黏度、流动截面等计算出临界雷诺数，从而计算出紊流顶替的最小排量。同时考虑，尾浆的密度大、黏度大的特点，根据尾浆稠化时间调整，一般冲洗液、隔离液采用紊流顶替，二者注入时间满足7～10min的紊流需求，若不能满足要求可以根据压稳需求适当调整冲洗液或隔离液用量，否则考虑领浆的一部分采用紊流顶替，而尾浆采用高速层流进行顶替。但在大直径的套管中，想达到紊流顶替非常困难，此时可采用塞流注水泥作业。

（步玉环 柳华杰）

【井控设计 well control design】 针对于井控压力系统进行井控装备及参数控制的优化过程。井控设计是钻井工程设计的重要组成部分，其内容包括满足井控要求的钻前工程及合理的井场布置、合理的井身结构、适合地层特性的钻井液类型、合理的钻井液密度、满足井控安全的井控装备系统等。科学合理的井控设计，应有全井段的地层孔隙压力（见*地层压力*）、*地层破裂压力*、浅气层资料以及已开发地区分层地层压力动态数据等基础资料。

井控设计的依据是地质设计提供的地层与压力情况、可能的流体情况、当前钻井技术水平、井控设备能力、钻井施工地区环境及气候状况等。另外，井控设计还必须在国家有关法律法规及行业要求范围内编制。在设计井位确定后，要清楚应遵守的法律、法规和标准、规定。无论是在国内还是国外、在海上还是陆上、在热带地区还是寒冷地带钻井，都应该遵守所在国家和地区的各种法规。

（步玉环　郭胜来）

【钻井工程周期 drilling engineering cycle 】 第一次开钻至钻达全井最终完钻井深的时间。一个完整的钻井工程周期主要包括钻进过程和完井过程。有时，钻井周期可分钻井阶段描述，分别称作表层套管、技术套管或油层套管井段钻井周期，均表示从该井段开始钻进，至该井段结束钻进的时间。完井周期是指钻达全井最终完钻井深至安装井口结束的时间，包括测井、固井、候凝和装井口时间。如果完钻后进行暂短油气测试作业，也可将消耗的时间列入完井周期内。

（黄伟和）

【建井周期 well construction cycle 】 一口井进行钻井，从钻机搬迁开始到完井（即钻井工程完工验收合格，一般指测完声幅或套管试完压）的全部时间。它是反映钻井速度快慢的一个重要技术经济指标，是钻井井史资料中的必填（或必有）数据。

（步玉环）

【钻井成本 drilling cost 】 钻井工程中发生的全部费用。主要包括材料费、工资、附加费、折旧费、井控装置摊销费和其他直接费等。

成本指标包括单位成本、单井成本和综合成本等三项指标。

（1）单位成本指每米钻井进尺的平均成本，计量单位是"元/m"。

（2）单井成本指在一口井中，直接投入井筒建设的资金，计量单位是"元"。

（3）综合成本，除包括直接投入井筒建设资金外，还包括后勤和机关所发生的间接费用。综合成本计算既可以计算一口井，也可以计算多口井的平均数。

一般情况下，钻井工程成本科目有新区临时工程、钻前准备工程、钻井工程、录井工程、测井工程、固井工程、施工管理、试油工程、风险费、利润和税金等。

（黄伟和）

钻井井下复杂与事故

【钻井井下事故与复杂问题 downhole accidents and problem 】 在井下使得正常的钻井工序中断、无法正常进行的现象、情况和问题的统称。钻井作业存在着大量的模糊性、随机性和不确定性，使得人们对客观情况的认识不清，加上主观上的一些错误决策，往往会使得正常的钻井过程中断和延误，有时甚至无法得到恢复和继续，造成所钻井报废。产生的原因可以归结为地质因素和工程因素两类。地质因素主要包括地层的结构，如断层、裂缝、溶洞和特高渗透层；地层流体性质，如硫化氢、二氧化碳的存在；地层岩性，如盐岩层、膏盐层、沥青层、富含水的软泥岩层、裂缝发育易坍塌剥落的泥岩层、煤层及火成岩层等；地层压力，如地层的孔隙压力、破裂压力、坍塌压力的变化、地应力、蠕变应力等；地层温度。工程因素主要包括工程设计缺乏科学性和地质依据，钻井设备、工具质量问题导致停止活动钻具和钻井液循环，管理工作存在问题，如有章不循、有表不看、遇事不思和盲目处理等。工程因素大多数是人为因素，可以通过细致的工作加以避免。常见的井下复杂情况有井漏、井塌、砂桥、溢流、泥包、缩径和键槽等。常见的井下事故主要有井喷、卡钻、钻具断落、严重井塌、钻头落井和井下落物等。

推荐书目

蒋希文.钻井事故与复杂问题 [M].北京：石油工业出版社，2006.

（蒋希文）

【卡钻 pipe sticking 】 钻井过程中钻柱在井筒中被卡死，失去了运行（起、下、转）自由的状况。卡钻的原因很多：因滤饼黏吸或压差原因而形成的卡钻谓之粘附卡钻；因井壁坍塌而形成的卡钻谓之坍塌卡钻；因积砂成桥而形成的卡钻谓之砂桥卡钻（见沉砂卡钻）；因井眼缩小或地层蠕动而形成的卡钻谓之缩径卡钻；因井下产生键槽而形成的卡钻谓之键槽卡钻；因井内落物（在钻头上）而形成的卡钻谓之落物卡钻；因短路循环或排量太小钻头摩擦生热而形成的卡钻谓之干钻卡钻。钻柱被卡时要活动钻具以图解卡，因钻柱被卡的原因不同，后续处理的方法也不同。常见的处理方法有震击解卡、浸泡解卡、爆松倒扣解卡和套铣倒扣解卡等。

（蒋希文）

【粘附卡钻 pipe sticking for pressure 】 当井下钻具静止不动时，在井下压差作用下，钻柱的一部分会贴向于井壁，与井壁滤饼粘合在一起，使得钻具在井内不能自由运动的状况。又称压差卡钻、滤饼粘附卡钻或滤饼卡钻。是钻井过程中最常见的卡钻事故，静止时间越长，钻具与滤饼的接触面积越大，越容易造成粘附卡钻，卡点越有可能上移，直至套管鞋附近。

主要特征：钻具无法上下活动或转动；循环正常、泵压无变化；发生在钻具静止时间较长时；随时间推移，卡点上移，卡钻井段增长，卡得越牢。

主要原因：钻井液密度过大；失水量大，滤饼厚而疏松；滤饼黏滞系数大；钻柱与井径直径差值小；井斜角较大。

预防措施：降低钻井液密度实现近平衡压力钻井；使用中性钻井液或阳离子钻井液；钻井液中加入润滑剂；使用优质加重剂；减少钻具在井内静止时间；在钻柱中加入稳定器和加重钻杆，减少大直径钻铤，并加入随钻震击器；提高井身质量，减少井斜角。

（步玉环　柳华杰）

【键槽卡钻 pipe sticking with key seat 】 在钻井施工中由于井斜和井斜方位变化较大，使得井眼形成急弯（狗腿），钻进时钻柱紧靠狗腿段旋转，起钻时被拉直的钻柱在狗腿段刮擦，在井壁上磨出一条细槽（形如键槽），当起钻到较大尺寸钻铤或钻头时，在键槽底部大尺寸钻具或钻头被卡住。

卡钻前，下钻畅通无阻；起钻遇卡位置比较固定，钻具常有偏磨现象；上提遇卡时钻具能下放、能转动，但起不出来。

主要特征：只发生在起下钻过程中，阻卡井段固定或稍有移动；可循环钻井液，泵压无变化；阻卡时转动随拉力增大而困难。

主要原因：由井眼狗腿角较大形成较深的沟槽，大钻具或钻头通过时造成阻卡。

预防措施：定向井控制降斜速度；直井钻进中控制井斜与方位变化；使用键槽破坏器划眼，扩大键槽的通道。

（步玉环　柳华杰　蒋希文）

【沉砂卡钻 pipe sticking with solids setting 】　在钻具静止的状态下，小排量循环或停止循环钻井液时，井筒内存在的岩屑大量下沉，埋住下部钻具或钻头而造成的卡钻。

主要特征：卸开钻具，钻杆内倒返严重；接方钻杆开泵时泵压很高甚至憋泵；上提遇卡，下放遇阻且不能转动或转动时憋劲很大。

主要原因：（1）上部地层在清水钻进或钻井液悬浮和携带岩屑能力差而钻速较快时，大量岩屑存于井内，在停泵时岩屑大量下沉埋住钻头或部分钻具。（2）由于地层胶结不好，吸水膨胀、断层、破碎性地层或钻井液大幅度调整、性能较差等原因引起掉块严重、井塌，使井眼扩大或形成砂桥，在停泵静止时也容易发生沉砂卡钻。

预防措施：（1）保证循环系统、净化系统安装质量，适当增加泵排量。（2）接单根时组织好人员尽量缩短停泵时间。（3）发现有沉砂现象，应控制钻速，调整钻井液性能或停钻大排量循环，正常后再恢复钻进。（4）下部地层剥蚀掉块严重，井径较大时，应配制携带性能好的高黏度钻井液，带出掉块或形成新井壁，并禁止在此井段开泵划眼。（5）起下钻遇阻卡不能强拉硬砸，应尽快组织循环和活动钻具。循环失灵，井口不返钻井液，要立即停泵放回水使堆积的沉砂松动，活动钻具，起出后再划眼通井。（6）当发现有沉砂现象时，适当提高钻井液的黏度和切力，以增加悬浮岩屑、携带岩屑的能力。

（步玉环　柳华杰）

【坍塌卡钻 pipe sticking with well collapse 】　在钻井过程中，由于井壁坍塌，造成大块的井壁岩石碎块掉落到井筒中，埋住钻具或钻头而发生的卡钻。

主要特征：钻进中扭矩增大，泵压升高；钻具上提遇卡，下放遇阻；起下钻时阻卡严重，循环后阻卡减轻或清除；划眼时井口返出大量岩屑，呈块状或片状。

主要原因：地质方面的原因，如断层面，构造褶皱带、地层倾角大、胶结差、破碎带、压力异常带等；物理方面原因，如泥页岩水化膨胀；钻井工艺方面原因，如钻井液密度低、流变性差、起下钻压力激动与抽吸等；

主要措施：优化井身结构设计，封固易坍塌层和高压层等；使用防塌钻

— 413 —

井液，防止地层水化膨胀；保持井筒有足够的液柱压力，并减少压力激动；调整钻井液流变性。

（步玉环　郭胜来）

【缩径卡钻 pipe sticking with reducing clamp】 由于各种原因，造成井眼有效直径减小，致使钻具在井眼运行时大尺寸钻具或钻头遇阻或遇卡。缩径卡钻是钻井工程中常见的复杂情况之一，处理起来比坍塌卡钻容易一些，但比粘附卡钻要困难得多。

主要特征：阻卡点深度固定；钻进泵压正常，钻头或稳定器通过时遇阻，泵压升高，有时造成憋泵。

主要原因：渗透性较大地层形成较厚滤饼，井眼有效直径减小；盐岩层、石膏层地层井眼内的液柱压力较低，不能平衡水平地应力而致使井壁向井眼方向扩展，导致井眼该位置的有效直径减小；钻头直径磨小，新钻头下入小井眼。

预防措施：适当提高钻井液密度，平衡地层坍塌压力；选择适应地层的钻井液体系，保证井壁上形成的滤饼薄而韧；改变钻具结构时通阻划限；认真测量入井工具尺寸，通过小井眼井段时控制速度和限制遇阻吨位。

（蒋希文　步玉环）

【落物卡钻 pipe sticking with junk】 由于井眼与钻柱之间的环形空间有限，当物体落入井筒，较大的落物会像楔铁一样嵌在钻具与井壁中间，较小的落物嵌在钻头、磨鞋或扶正器与井壁的中间，使钻具失去活动能力，造成的卡钻。

主要特征：钻进憋，上提卡，阻卡位置固定，阻卡程度与落物大小形状有关；起下钻时落物不随钻具上移或下移，转动困难；可循环钻井液。

主要原因：手工具、钳头、钳销、接头、螺钉等由井口掉入井内；大块岩石或原已附在井壁上的牙轮、刮刀片、铁块等再次掉入环控。

主要措施：井口操作时仔细检查各种工具，并妥善使用保管，远离井口；保护好井口，严防落物；减少套管鞋下的口袋长度，防止水泥掉块；井底落物应打捞或磨掉，不应挤入井壁，留下隐患。

（蒋希文　步玉环）

【卡点 sticking point】 钻柱在井筒中被卡的位置。确定卡点位置通常有计算法和测定法两种。

计算法　依据虎克定律，弹性物体的伸长量与其长度和拉力成正比，与其弹性模量和截面积成反比。即

$$\Delta l = \frac{PL}{EF}$$

式中：Δl 为两次拉力下的伸长量之差，cm；L 为自由钻柱的长度，m；P 为超过原钻具质量的两次拉力之差，kN；E 为钢材的弹性模量（2.1×10^5 MPa）；F 为管材的截面积，cm^2。

对某一种钻具来说 E 和 F 是个常数，以 K 表示，叫做计算系数。因而有：

$$L = \frac{K\Delta l}{P}$$

测定法　利用测卡点的仪器下入钻柱水眼，测量钻柱在拉伸、扭转状态下的活动量测定卡点位置（见测卡仪）。

（蒋希文）

【浸泡解卡 stuck pipe freeing by immersion】 在黏吸卡钻发生之后，注入解卡剂，用解卡剂浸泡被卡钻具，使解卡剂浸入到钻具与井壁之间，改变滤饼的性质，增加滤饼的润滑性，传递液柱压力，从而实现解卡的方法。浸泡解卡使用的解卡剂种类很多，广义上讲包括原油、柴油、煤油、油类复配物、盐酸、土酸、清水、盐水、碱水等，它们的密度难以调整；狭义上讲，指用专门物料配成的用于解除卡钻的特殊溶液，有油基的，也有水基的，密度可根据需要调整。浸泡解卡法解卡要求为：（1）做循环周试验，证明钻具完整，无短路循环现象。（2）算准卡点，解卡剂必须泡到卡点以上。（3）算准解卡剂用量，除环形空间要泡到卡点以上外，钻柱内要留有足够的余量。如解卡剂密度与井浆密度一致，则留足顶通水眼的用量即可。如解卡剂密度小于井浆密度（如原油、柴油等），则任何时候都不能使钻具内的解卡剂液面低于环形空间的解卡剂液面，如果钻具内的解卡剂液面低于环形空间的解卡剂液面，则环形空间的解卡剂将自动上返，失去了浸泡的意义。（4）一次浸泡不行，可以多次浸泡。（5）一种解卡剂不能解卡，可以换另一种解卡剂试泡。（6）注入低密度解卡剂时，钻柱上必须接止回阀，预防地面施工管线出问题时管内液体形成倒流。

（蒋希文）

【震击解卡 stuck pipe freeing by jarring】 钻井过程中发生卡钻事故时，用连接在钻具中随钻具下入井内的震击工具震松卡点，解除卡钻的方法。适应于缩径卡钻、键槽卡钻、落物卡钻的解卡。粘附卡钻的初期也可以震击解卡。分为上击法和下击法两种，凡上提遇卡可以下击解卡，凡下放遇卡可以上击解卡。

震击器应连接在中和点以上使其始终在受拉状态下工作，连接如图所示。

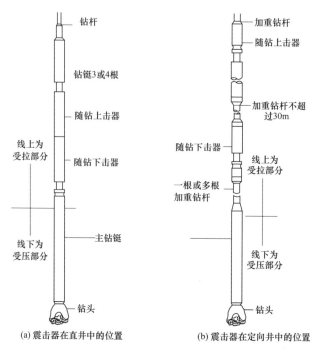

(a) 震击器在直井中的位置	(b) 震击器在定向井中的位置

震击器在钻柱中的位置

当钻柱没有携带震击器下井而发生卡钻情况时，可从接近卡点的位置把钻柱倒开，起钻后，接入相应的震击器进行震击。但在震击器下边应接安全接头，在震击不能解卡时，可从安全接头处倒出上部钻柱。

如果要进行上击，最好接入加速器（见液体加速器），增大上击的力量。

（蒋希文）

【爆松倒扣解卡 back-off pipe by explosion】 在被卡钻具施加反向扭矩的情况下利用炸药爆炸的瞬间震动作用使钻具螺纹迅速倒开的解卡方法。进行作业应做到：（1）测准卡点；（2）调配好井口钻具，在最大拉力和最大压力的范围内，方钻杆始终处于转盘补心中，而且便于测井仪器的起下；（3）将井内钻具自上而下或自下而上分段紧扣；（4）施加一定的反向扭矩；（5）下入爆炸松扣工具，对准需要倒开的接头引爆。施加反扭矩的作用是使炸药引爆时内螺纹胀大，外螺纹即可旋出。爆炸松扣的工具如图所示。关键的问题是炸药用量，不同直径、不同壁厚的钻具，其用药量不同。

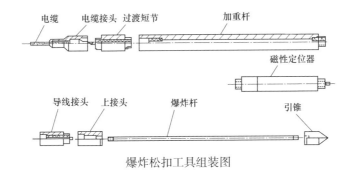

爆炸松扣工具组装图

（蒋希文）

【套铣倒扣解卡 back-off pipe by washover】 用套铣工具铣开被卡段进行解卡作业。当被卡段较长可采用分段套铣分段解卡，套铣一段，倒出一段，直至全部钻具解卡。可采用套铣倒扣法解除卡钻。主要用于坍塌卡钻、砂桥卡钻、干钻卡钻的解除以及钻具卡死后经浸泡、震击、大力活动无效时采用。

套铣时铣鞋、铣筒的长度随井下情况而定。一般上部松软地层，铣筒可以接长一些；下部较硬地层，因铣鞋寿命有限，铣筒长了无用，而且容易发生事故，要接短一些。一些不易下入或不易套入落鱼的井段，只能用一根铣筒。

倒扣专用工具主要有倒扣接头、倒扣捞矛、倒扣捞筒、左旋螺纹公锥、左旋螺纹母锥等。倒扣辅助工具主要有防掉接头、套铣防掉矛、套铣倒扣矛和左旋螺纹安全接头等。

（蒋希文）

【爆炸松扣 explosion unscrewing】 利用炸药爆炸的方法，在需松扣的接头螺纹处产生爆炸力，使螺纹在爆炸力的作用下被震松，从而倒开此螺纹连接起出卡点以上钻具的处理卡钻方法。爆炸松扣可应用于各种直径的井下管柱，在不同深度处遇卡事故的处理。其特点是成本低、效率高、成功率高。在钻井过程中，由于多种原因会造成卡钻，当利用各种办法均不能解卡时，只有采用爆炸松扣的方法。

爆炸松扣设备主要包括：电缆绞车和仪器车；七芯或单芯油矿电缆；下井仪器和工具有爆松杆、导爆索、电雷管、磁性定位器、加重杆、测卡仪等。

（步玉环）

【爆炸切割 explosive cutting】 利用爆炸能量，把被卡管柱在卡点以上进行爆炸切断的处理卡钻方法。是在爆炸松扣不能解决的条件下，进行一种破坏式的处理卡钻方法，爆破断开后，再进行打捞作业。爆炸切割可用切割弹或爆炸筒。

切割弹是利用聚能效应原理设计制作的。其切割口呈喇叭口状，口部平整，施工比较简便，作用效果较好。爆炸筒可以根据井下情况做成各种直径和不同长度的装置。

（步玉环）

【钻具事故 drilling string accident】 钻进中由于方钻杆、钻杆、钻铤、接头螺纹和短节等出现问题而导致的钻具或钻具某部分落井事故总称。对于钻杆来说，常发生的是钻杆本体拉断、钻杆滑扣、脱扣。对于钻铤来说主要是钻铤本体拉断。钻具出现事故将严重影响钻井效率，延长了钻井周期，严重的甚至将钻具掉落井中，还容易导致井下其他复杂情况的发生，使整井报废，造成巨大经济损失。处理钻具事故应该是以预防为主，及时发现，及早排除。

（柳华杰　步玉环）

【断钻铤 broken drill collar】 在钻井作业时，钻铤突然折断在井中的事故，属于钻具事故的一种。从现场统计情况来看，发生断钻铤事故的井几乎全部是直井，钻铤断裂均发生在中性点附近的钻铤上。

主要原因：钻进中钻具在井底的工作条件比较复杂，随着钻压的变化，钻柱中性点位置上下变动，使中性点附近钻柱构件承受交变的拉压应力，由于钻头交替接触井底地层，使转盘的旋转引起纵向、横向振动和扭转振动的周期变化，钻铤在钻压作用下，弯曲状态也是周期性的变化，当应力变化超过材料的失效应力极限时，导致钻铤发生疲劳断裂。

预防措施：中性点加扶正器稳固钻具；采用低转速高钻压的钻进参数，降低钻具与井壁碰撞的频率，减轻碰撞力；钻至井深1600m以后，每次起下钻要根据将要实施的钻进参数调整扶正器位置，使其一直处在中性点附近；坚持每次起下钻倒钻铤，防止单根疲劳损坏。

（高　静　步玉环）

【断钻杆 broken drill pipe】 在钻井作业时，钻具突然折断在井中的事故。

主要原因：钻杆磨薄，螺纹损坏；钻孔弯曲过大；强行回转拧断；钻具级配不合理。

预防措施：减少钻孔的弯曲度，减少钻具的长度，使用各种防斜、防振钻具；提高钻杆以及接头的加工精度；提高螺纹部位的强度；适当增加内外螺纹的长度，加大内外螺纹的接触面积，从而提高螺纹连接的稳固性，以此消除螺纹装配后形成的环形空间，以分散和减少螺纹终点部位的应力集中；选择质量较好的钢材和正确的热处理工艺，提高钻杆的质量和寿命。

（何新锟　步玉环）

【钻杆脱扣 drill rod release】 在起下或旋转过程中，钻杆柱从某一连接处螺纹松开退出使下部管柱掉入井底的事故。

主要原因：在深井作业，钻具重、刹车失灵的情况下，下降速度过快，井内钻具突然停止状态下，由于惯性作用，对下部钻具的拉力过大，造成钻具脱扣；不同材质的钻杆其机械性能、抗疲劳强度等有差异。

处理方法：钻具脱扣时，余在井内的常为内螺纹，若螺纹完好时，可以对扣接头接原钻具下入孔内与螺纹对接；钻具脱扣时，井内的内螺纹向外胀大，可用特质打捞接头（外螺纹小端切去1～2扣，外螺纹端从根部削去台肩车成60°夹角的倒圆锥体）、卡瓦打捞筒或可退式打捞矛进行打捞。

预防措施：加强对钻具的维护管理，选购钻具时，要确保钻具的材质和螺纹加工质量；确保下井钻具的安全性，必须实行钻具检查过关制度：一是，钻孔搬迁时进行一次全面检查，挑出不合格钻具。二是，配置钻具时，详细检查钻杆、接头、扩孔器、钻头等的质量情况。三是，起下钻具时，严禁用大锤猛敲钻杆及接头，并认真观察和检查每一根钻杆和每一根接头，发现异常的及时剔除不用；严格按操作规程操作，钻进时，要正确控制钻进参数。加压要均匀，切忌忽大忽小。在复杂地层中钻进时，要适当降低压力和转速。

（张赞德 步玉环）

【落物事故 junk accidents】 钻头及部件、工具及其部件或其他物件落入井中造成妨碍钻进正常运行事故的统称。可分为：仪器掉落事故；钻头及部件落井，如钻头落井、牙轮落井、钻头牙齿落井、牙轮钻头弹子落井、金刚石齿落井；工具落井事故，如钳牙落井、卡瓦牙落井、手工具落井等，甚至还有吊卡、卡瓦、安全卡、方补心等大型物件落井事故；缆索落井事故，如电缆、钢丝绳等。

落物事故一般处理方法有：井壁埋藏法、循环打捞法、磁性打捞法、一把抓打捞法和磨鞋磨铣法。

推荐书目

蒋希文.钻井事故与复杂问题［M］.北京：石油工业出版社，2006.

（步玉环 蒋希文）

【打捞 fishing】 用抓捞工具捞获落井的物件并提出井口的作业。根据井下落物的大小和形状，应采用不同的打捞工具。公锥、母锥、卡瓦打捞筒、卡瓦打捞矛等可用于打捞有抓捞部位的落物，如钻杆、钻铤、套管、油管等；弹簧打捞筒、板簧打捞筒、钢丝环打捞筒、割缝打捞筒、三球打捞筒等可用于打捞短而细的光杆状落物；内捞钩、外捞钩（见打捞钩）等用于打捞缆索类落物；正、反循环强磁打捞器用于打捞能磁化的、细碎的、形状各异的且无打捞部位的落物；反循环打捞筒、取心打捞筒、多功能打捞筒、一把抓等用于打捞最大尺寸小于捞筒内径的物体；打捞杯用于打捞细小的落物，如牙齿、弹子等。凡是较大落物，如整体钻头断落入井，既无抓捞部位，又进不了打捞筒，一般只能先行磨碎或炸碎，然后再打捞。

（蒋希文）

【磨铣 milling out】 利用磨鞋将落井物体在井底磨碎，让它随钻井液上返而携带至地面，或挤入井壁，或再用打捞工具打捞井内落物的作业。不同的落物应采取不同的磨铣方法。（1）凡无一定形状且无打捞部位的物体，可以用平底磨鞋或凹底磨鞋磨碎后进行打捞，或彻底磨碎使其随钻井液返出井口。（2）落井的管状物体，断口不规则，或弯曲，或胀裂，无法进行打捞，可以用套筒磨鞋、内引磨鞋磨修鱼顶，然后用打捞工具打捞。（3）凡鱼顶内径有飞边或外径有飞边或内径不规则，妨碍打捞，可以用内锥形铣鞋或外锥形铣鞋进行修理。（4）落鱼内径堵塞，可以用梨形铣鞋铣通。（5）凡是钻杆或油管被水泥固结于套管内，为了彻底磨掉，不留边皮，可以用水力变径式磨鞋磨铣。（6）小井眼中钻铤落井，外径无法打捞，内径太小，可用的打捞工具强度太弱，此时，可用铣锥铣大钻铤水眼，然后打捞。

（蒋希文）

【落鱼 fish】 落入并能直立于井中的管状物体，如钻铤、钻杆、套管、油管、减振器、震击器、动力钻具等。其他形状不规则，且无打捞部位的落井物体通称落物，如钻头牙轮、刮刀片、井口工具和手工具等。

（蒋希文）

【井漏 circulation loss】 钻完井过程中，井筒内钻井液、完井液或水泥浆漏入地层孔隙、裂缝等的现象。主要原因是井内液柱压力大于地层压力。根据漏失的原因和对象的不同性质，可分为：渗透性漏失，为渗透性地层，如砂岩、砾岩、砂砾岩中发生的漏失；裂缝性漏失，为裂缝性地层，如泥页岩、玄武岩、礁灰岩以及后期压裂、酸化改造产层产生的裂缝中发生的漏失；溶洞性漏失，为溶洞性地层，如石灰岩、花岗片麻岩中发生的漏失；压裂性漏失，为井内液柱压力大于某些地层的破裂压力而发生的漏失。

处理井漏的方法主要有降低钻井液密度、进行堵漏和波纹管隔离等。

降低钻井液密度 井漏的主要原因是井内钻井液液柱压力过大，在发生井漏之后，可以考虑用降低钻井液密度的方法制止井漏。降低钻井液密度受到以下条件的制约：（1）如有喷层存在，则降低钻井液液柱压力不能低于喷层的孔隙压力；（2）如有盐岩层、盐膏层、沥青层、软泥岩层存在，则降低钻井液液柱压力不能低于这些地层的蠕动压力；（3）如有因地应力作用的坍塌层存在，则降低钻井液液柱压力不能低于这些地层的坍塌压力。否则，会顾此失彼，造成灾难性的后果。

堵漏　用堵漏材料堵塞地层中的缝洞。挤入堵漏材料的方法为：（1）桥接堵漏，将不与钻井液起化学变化的各种固体物质挤入缝洞，以颗粒状材料如核桃壳、橡胶粒、珍珠岩、贝壳碴等作为架桥剂，以纤维状材料和片状材料如锯末、稻壳、棉纤维、云母片等作为填塞剂，形状和粒度综合配制，挤入漏层。（2）石灰乳堵漏，根据需要，将黏土、石灰、烧碱与水玻璃以不同的比例配成不同性质的石灰乳，以其能迅速固化的特点，挤入漏层堵塞缝洞。（3）水泥堵漏，使水泥浆漏入或挤入地层，堵塞缝洞，水泥堵漏一定要在漏层部位及其以上井段留有一定长度的水泥塞，否则将会失效。（4）化学方法堵漏，如聚丙烯酰胺絮凝物和交联物堵漏、水解聚丙烯腈堵漏、树脂堵漏、内活化硅酸盐溶液堵漏和剪切稠化液堵漏等。

波纹管隔离　将需要隔离的裸眼井段适当扩大，然后将与内层套管尺寸相同的金属管制成波纹管（见图），两头密封，其外径缩小，通过上部套管下入到预定要隔离的井段，波纹管的长度要大于漏失井段，然后憋压，将波纹管撑成圆管，紧贴井壁。既堵住了漏层，又不会使井眼直径缩小。

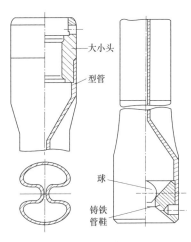

波纹管示意图

✎ 推荐书目

蒋希文.钻井事故与复杂问题［M］.北京：石油工业出版社，2006.

（蒋希文　步玉环）

【孔隙性漏失 porous leakage】　以孔隙为基础，由吼道连接而成的不规则的孔隙导致的漏失。砂体普遍存在孔隙性渗漏，是较为常见的一种漏失，漏失量根据地层渗透率不同而不同，但是漏速不大，一般在 $10m^3/h$ 以内。

常采用的堵漏方法为：降低钻井液、完井液或水泥浆密度，采用平衡钻井或固井；适当提高入井流体的黏度和切力，以增大入井流体流入地层孔隙的阻力；在入井流体中加入桥堵剂，形成桥堵层，阻止流体流入地层。

（步玉环　柳华杰）

【裂缝性漏失 fractured leakage】 裂缝性地层（如泥页岩、玄武岩、礁灰岩）以及诱导裂缝（如后期压裂、酸化改造产层产生的裂缝）地层中发生的漏失。裂缝性漏失漏失量较大，甚至造成失返，漏速一般为 $20\sim100m^3/h$ 不等，易造成大额经济损失，较难解决。裂缝性漏失的同时常伴随有井下蹩跳、钻速加快、气侵等现象发生。

堵漏方法：桥接材料堵漏、水泥浆封堵、无机胶凝堵漏、复合堵漏法、强行钻进套管封隔法、注石灰乳钻井液对裂缝性油气层进行暂时性封堵等。

（步玉环　柳华杰）

【溶洞性漏失 cavernous leakage】 溶洞性地层（如石灰岩、花岗片麻岩）中发生的漏失。漏失速度快，漏失量大，漏失的漏速一般在 $100m^3/h$ 以上。堵漏困难，若发现不及时还会造成井壁垮塌甚至卡钻事故，且堵漏成本高。

对于溶洞性漏失，实施堵漏首先要保证架桥材料在近井壁处形成堵塞层，再选用可凝固充填材料，形成高强度、承压能力强、持久的堵塞层。注水泥堵漏时加入一定比例的锯末，增加水泥浆稠度，以利于堆积。也可以直接从井口投入大体积和长纤维封堵物，再采用加入一定比例的锯末钻井液循环堵漏，形成封堵层。一般采用欠平衡压力钻井技术钻井。

（步玉环　柳华杰）

【井塌 sloughing】 钻井过程中井壁失稳垮塌的现象。井壁坍塌有地质方面的原因，如地层结构松软、地层倾斜角大、地层破碎、断层发育、地应力集中等；有物理化学方面的原因，如泥页岩吸水膨胀、节理发育等；有工艺方面的原因，如井漏、井喷、灌钻井液不足、降低钻井液密度等使地层压力失去平衡。防止和处理井塌的方法为：（1）提高钻井液密度，以钻井液液柱压力抗衡井眼周围的地应力。（2）改善钻井液性能，降低滤失量，提高滤液黏度，减少水化膨胀。（3）提高钻井液矿化度，降低渗透压力和渗透速度，甚至使其逆向渗透，以巩固井壁。（4）在钻井液中加入高炉矿渣，或氧化沥青粉、石棉粉、碳酸钙粉、单向密闭剂等，既可防漏，又可固壁，防止坍塌。（5）起下钻时，经过易塌井段应放慢速度，发现异常如起钻时灌不进钻井液或下钻时井口不返钻井液时应及时开泵循环。（6）钻头泥包或钻井液中含砂浓度特高，起钻阻力很大，不能勉强起钻，必须处理正常后，方可起钻。（7）起钻时必须按规定灌好钻井液。⑻井内钻井液停止循环时间不宜过长。

（蒋希文）

【井控 well control】 钻完井过程中，采用钻完井液、水泥浆液柱压力和专用设备工具，避免井涌发生或保持井筒内压力平衡的控制。采取一定的方法控制地层压力，基本上保持井内压力平衡，保证作业施工的顺利进行。井控技术已从单纯的防喷发展成为保护油气层，防止破坏资源，防止环境污染的重要保证。人们根据井涌的规模和采取控制方法的不同，把井控分为三级，即初级井控、二级井控和三级井控。

初级井控　在油气井钻井完井作业中，始终控制钻井液液柱压力略大于地层压力防止井喷的技术。也称为一级井控。在井底压力（p_b）始终等于地层压力（p_p）加上安全附加压力（Δp）的条件下实施平衡压力钻井，是搞好油气井压力控制的基础和重点。其表达式为：

$$p_b = p_p + \Delta p$$

搞好一级井控，实现平衡钻井，首先是要准确掌握地层压力，应实时预测与监测地层压力；其次要根据油气井类型及起下钻动态压力变化，准确测算并合理确定安全附加压力。有关技术标准规定，安全附加压力值若按当量密度取值，气井为 $0.07 \sim 0.15 \text{g/cm}^3$，油井为 $0.05 \sim 0.10 \text{g/cm}^3$；若按井底绝对压力取值，气井为 $3 \sim 5 \text{MPa}$，油井为 $1.5 \sim 3.5 \text{MPa}$。含 H_2S 等酸性气体的油气层，应取安全附加压力值上限。实施一级井控，除采取多种方法搞好地层压力预测与监测外，还应同时搞好地层破裂压力等的预测与检测，以确保一旦钻遇异常高压地层，须提高钻井液密度保持井底压力平衡地层压力时，地层不出现破裂等井下复杂情况。

二级井控　在一级井控失效后，及时控制井口，采取措施排除油、气、水侵或溢流，重建地层—井筒系统压力平衡，防止井喷的技术。当钻井液液柱压力小于地层压力与安全附加压力之和时，地层流体进入井筒内钻井液中，随后在井口见到油花、气泡、地层水等现象，即为油气水侵；进而井口返出钻井液量大于泵入量，即为溢流。出现油气水侵和溢流都是发生井喷的预兆。

一旦井口出现溢流，迅速正确控制井口是防止井喷的技术关键。发现溢流后必须立即按规定程序，操作相关井控装备，正确关井以控制井口（套管下入浅或地层破裂压力特低除外）；尽量在井内保存更多的钻井液，从而获得更大的井底压力，有利于防止地层流体继续侵入井内，减小关井压力和压井施工压力，并为准确计算地层压力和确定重建压力平衡所需钻井液的密度提供良好基础。

关井后，必须尽快压井，这是重建压力平衡最重要和最主要途径。在压井过程中，利用节流管汇节流阀控制一定回压，在始终控制和保持井底压力略大于地层压力条件下，循环排除溢流，重建地层—井筒系统压力平衡。

三级井控　一级和二级井控失效并引发井喷失控或着火后，使用井控装备和采取相应措施进行控制与处理，重建地层—井筒系统压力平衡，解除井喷或着火事故的技术。

压井是重建地层—井筒系统压力平衡进而解除井喷的惟一途径，其方法有循环—周压井法、循环两周压井法、边循环边加重压井法、反循环压井法、置换压井法和回压压井法等。灭火的方法有空中爆炸灭火法、灭火剂综合灭火法、罩式灭火法和救援井法等。

（曾时田　步玉环）

【溢流 spillover】　当井内钻井液液柱压力小于地层压力时，地层流体向井内的流动。

溢流原因　引起井内压力失去平衡、井内压力小于地层压力主要原因包括：

（1）地层压力掌握不准确。这是新探区和开发区钻调整井时经常遇到的情况。特别是裂缝性碳酸岩地层和其他硬地层压力更难准确掌握。开发区注水使地层压力升高等原因，造成地层压力掌握不准确。

（2）起钻时井内未灌满钻井液。起钻过程中，由于起出钻柱，井内钻井液液面下降，这就减小了静液压力。只要钻井液静液压力低于地层压力，溢流就可能发生。在起钻过程中，向井内灌钻井液可保持钻井液静液压力。起出钻柱的体积应等于新灌入钻井液的体积。如果测得的灌浆体积小于计算的钻柱体积，地层中的流体就可能进入井内，溢流就可能在发生。

（3）过大的抽吸压力。起钻的抽吸作用会降低井内的有效静液压力，会使静液压力低于地层压力，从而造成溢流。起钻时井内钻井液补充量没有上提钻具那样快，就可能产生抽吸作用。这实际上在钻头的下方造成一个抽吸空间并产生压力降。无论起钻速度多慢抽吸作用都会产生。除起钻速度外，抽吸过程也受环形空间大小与钻井液性能的影响。在设计井身结构时，钻具（特别是钻铤）与井眼间应留有足够的间隙。钻井液性能特别是黏度和静切力应维持在合理的水平。

（4）钻井液密度低。钻井液密度低而产生的溢流通常是突然钻遇到高压层，地层压力高于钻井液静液压力条件下发生的，特别是为了获得高的机械钻速、降低钻井成本和保护油气层而是用较低的钻井液密度。钻井液的油、气、水侵是密度降低的一个重要原因。

（5）钻井液漏失。钻井液漏失是指井内钻井液漏入地层，这就引起井内液柱和静液压力下降。下降到一定程度时，溢流就可能发生。在压力衰竭的砂岩、疏松的砂岩以及天然裂缝的碳酸盐岩中漏失是很普遍的。由于钻井液密度过高和下钻时的压力激动，使得作用于底层上的压力过大，而产生井漏。特别是在深井、小井眼里使用高黏度钻井液钻进，环形空间摩擦压力损失可能高到足以引起井漏。

（6）地层压力异常。钻遇异常高压地层，由于钻井液密度不合理而引起溢流。对于可能钻到的高压井，设计时应考虑使用更好的设备而且更加密切注意，可有效防止溢流。

在多数情况下，溢流可能是由于上述某种原因引起，但还有其他一些情况，造成井内静液压力不足以平衡或超过地层压力，需要具体情况具体分析。

溢流征兆　起钻时，应灌入井内的钻井液量小于钻具的排替量，则表明地层流体已经进入井内，填补了起出钻柱所占据的空间；下钻时如果返出钻井液量大于钻具的排替量，则表明井内发生溢流；钻进时溢流预兆包括：

（1）钻井液返出量增加。在泵排量不变的情况下，井口返出钻井液量增加，是发生溢流的主要显示之一。钻井液返出量增加，说明地层压力大于井底压力，因而迫使地层流体进入井内，从而帮助钻井泵推动钻井液在环形空间加速上返。如果溢流是气体，由于气体在环空上升过程中所受压力不断减小，因此其体积不断增大，也造成钻井液返速增加。

（2）钻井液池中钻井液量增加。在没有人为地增加钻井液量的情况下，钻井液池中钻井液量增加，说明溢流正在发生。由于溢流发生时，进入井内的地层流体代替了同体积的钻井液，使钻井液池中钻井液量增加。

（3）停泵后，井内钻井液外溢。当停泵以后，井内钻井液继续外流，说明井内正在发生溢流。此外，当钻柱内钻井液密度比环空钻井液密度高得多时，井内钻井液也会外流。当发生这种情况时，司钻应仔细分析原因，采取正确措施，必要时可关井。

（4）钻井速度突然加快。在没有改变钻井参数条件下发生溢流，说明井底作用压差降低或变为负压差，说明钻遇地层压力突然增高，井内钻井液液柱压力不足以平衡地层压力。

（5）上返的钻井液具有油花、大量气泡，甚至有气味，同时指重表表现出钻柱重量先增加后减小的变化。

（步玉环　柳华杰）

【井涌 kick】　在钻井过程中，钻遇高渗层且井底的压力低于地层压力，地层流体大量进入井眼的现象。

造成井涌的原因与溢流的原因相同，但井涌是溢流的进一步发展，此时，必须采取措施进行控制作业。井涌后需要及时关闭井口装置，求取地层压力参数，采用合理的压井程序将重钻井液打入井内，排出井内环空被污染的钻井液，重建地层—井筒系统压力平衡，防止井喷的发生。

（步玉环　柳华杰）

【井喷 blowout】 井内地层流体压力大于井筒内液柱（钻井液、洗井液、压井液或油、水等）压力时，地层的流体（包括油、水、气）大量进入井筒，然后与井筒内液体一起从井口无控制地喷出的现象。井喷是一种最直接的油、气、水显示，但如果井口没有控制设备或因井控设备发生故障而失去控制，形成失控井喷，这就是井喷事故。失控井喷如发生火灾，就成为灾难性的事故。

井喷事故往往损失巨大：（1）损坏设备；（2）死伤人员；（3）报废井；（4）污染环境；（5）破坏油气资源和储层；（6）制服井喷需要投入巨大的人力、物力、财力。在石油钻井中要尽可能地避免井喷事故。

井喷事故的处理方法主要有循环一周压井法、循环两周压井法、边循环边加重压井法、反循环压井法、置换压井法、回压压井法、空中爆炸灭火法、灭火剂综合灭火法、罩式灭火法和救援井法。

📖 推荐书目

蒋希文．钻井事故与复杂问题［M］．北京：石油工业出版社，2006．

（蒋希文）

【循环一周压井法 kick killed by single circulation】 在一个循环周内将井压稳的处理井喷压井方法。又称一步到位压井法。在井口有效控制的前提下，可根据立管压力和钻柱内液柱压力准确计算地层压力和压井液密度，根据地层压力准备足够数量的压井液，然后开泵循环压井，用节流管汇放回流，利用节流阀控制立管压力，使立管压力与钻柱内液柱压力之和始终等于或略大于地层压力，不让地层中流体继续浸入。在压井液从井口到达钻头期间，控制立管压力均匀下降一个数值，其数值即关井时的立管压力。当压井液经钻头上返时，控制立管压力不变，直至全部被浸污的钻井液返出井口。此时停泵，若立管压力和套管压力均为零，则压井成功。

（蒋希文）

【循环两周压井法 kick killed by two circulations】 在两个循环周内将井压稳的处理井喷压井方法。又称两步到位压井法。在井口有效控制的前提下，根据立管压力和钻柱内液柱压力准确计算地层压力。压井时分两步进行，在第一个循环周，利用节流阀控制立管压力基本不变，用原来干净的钻井液替出在环空中被浸污的钻井液。关井后，立管压力和套管压力应基本相等。在第二循环周，替入压井液，利用节流阀控制立管压力，使立管压力与钻柱内液柱压力之和始终等于或略大于地层压力，不让地层中流体继续侵入。在压井液从井口到达钻头期间，控制立管压力均匀下降一个数值，其数值即关井时的立管压力。当压井液经钻头上返时，控制立管压力不变，套管压力应逐渐下降，直至全部低密度钻井液返出井口时，套管压力应降为零，则压井成功。

（蒋希文）

【边循环边加重压井法 killing well by wait-and weight】 一边不断地循环钻井液，撇油除气，一边提高钻井液密度，逐步将井压稳的办法。适用于没有安装井控设备，或井控设备失效，或者因套管下入太浅虽有井控设备而不敢关井时发生井涌、井喷的处理。不能的处理。不能关井，无法求得真实的地层压力，也不能给地层以有效的回压。特别注意钻井液密度应合适，如钻井液密度提高得太慢无法有效地压井，如钻井液密度提高得太快有可能将井压漏，在万不得已时才采用这种办法。

（蒋希文）

【反循环压井法 killing well by reverse circulation】 在关井的条件下，通过压井管线向环空注入压井液，迫使地层流体从钻柱内返出的压井方法。特点是加在环空的压力大和排出溢流的时间短，大约为正循环法的1/3～1/5。必须具备的条件为：钻柱应在套管内或在短裸眼井段内，否则容易压漏地层；要有可靠的井控设备（因套管压力高于立管压力）；要有清洁的压井液，否则，易使钻头水眼堵死，将失去循环的可能。除井下作业外，钻井工程中很少用反循环压井法。

（蒋希文）

【置换压井法 killing well by replacement method】 将一定量重压井液挤入井内，因压井液密度比井内油气密度大自动下沉后从井口放出一部分油气或被污染的井浆，井口压力下降，此时再挤入一部分压井液，再等待其置换下沉，如此继续进行，直至把井压稳。适用于在有效关井并失去循环的情况下（井内无钻具或钻具太少，或钻具断落）地层无吸收能力、回压压井法无法进行时的压井。必要条件是：控制井口压力不能超过技术套管最大内压力和井口设备的耐压强度；压井液密度应高于计算密度；压井液与井浆混合后，其黏度、切力不能发生太多的变化。

（蒋希文）

【回压压井法 killing well by back pressure】 在套管最大抗内压强度和井口设备最大耐压强度以内，挤入压井液，将井内油气挤回地层，建立起有效的液柱压力，实现压井的方法。这是压井的一种特殊方法。当在有效关井并失去循环的情况下（井内无钻具或钻具太少，或钻具断落），可以用回压法压井。进行回压压井的条件是：有较深的技术套管和完整的井口设备；地层有吸收能力，且挤入压力小于技术套管抗内压强度和井口设备的耐压强度。

（蒋希文）

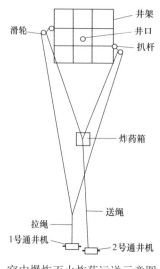

井架
井口
扒杆
滑轮
炸药箱
送绳
拉绳
1号通井机
2号通井机

空中爆炸灭火炸药运送示意图

【空中爆炸灭火法 fire extinguishing method by air isolation】 将炸药放在火焰下面，利用爆炸时产生的冲击波，在将喷流往下压的同时，又把火焰往上推，造成喷流与火焰的瞬时中断，同时爆炸产生的二氧化碳等废气又起到隔绝空气的作用，火焰在双重作用下熄灭。是处理井喷失控着火的方法之一。爆炸的规模要严格控制，使之既能灭火又不至于破坏井口装置。对炸药的性能应有特殊要求，如高温下不易爆炸，遇到撞击时不易爆炸，遇水不能失效，引爆却很容易。使用该法灭火运送炸药的方法如图所示，在井架底座两旁立扒杆，高度要高于井口 6m，然后用导向滑轮、钢丝绳依靠通井机的动力，吊上炸药箱送入火中。施工前，可用水炮对井口周围喷水降温。当炸药箱送到火焰中，待人员撤离后，方可通电引爆。大火熄灭后，要继续喷水冷却井口，防止火焰复燃。

（蒋希文）

【灭火剂综合灭火法 fire extinguishing by extinguishant】 将液体灭火剂经防喷器四通注入井口，使之与油气喷流混合，同时又向井口装置喷射干粉灭火剂，包围火焰，在内外灭火剂综合作用下实现灭火的方法。

国内油田常用的行之有效的液体化学灭火剂有"1121"和"红卫912"两种。"1121"灭火剂又名二氟一氯一溴甲烷（CF_2ClBr），主要用于以天然气为主的失控着火井。当"1121"灭火剂注向火焰区时，它受热分解产生大量游离自由基，从油气分子中夺走氢离子，生成一些较稳定的不能与氧发生燃烧反应的化合物，如二氟一溴乙烷、二氟丙烷、溴化氧等，破坏了燃烧反应条件，变可燃气体为不燃气体，且具有降温隔氧作用，从而阻止了天然气与氧的燃烧反应，致使火焰熄灭。当液体灭火剂在可燃气体中的含量达到一定浓度时，燃烧就不能继续，该浓度称之为抑爆峰值。"红卫912"灭火剂又名二溴二氟甲烷（CF_2Br_2）其灭火原理和"1211"灭火剂相同，当可燃气体中含量达 4.5% 时即可达到抑爆峰值。另外还有小苏打干粉灭火剂，干粉炮车在二氧化碳或氮气压力的推动下，使干粉以雾状喷出，粉末表面与火焰接触，在燃烧的高温作用下，起下列化学反应：$2NaHCO_3 \rightarrow Na_2CO_3 + H_2O + CO_2$，在化学反应中，吸收大量的热，同时放出大量的蒸汽和二氧化碳，起到冷却稀释可燃气体的作用，使燃烧中断，达到灭火的目的。

（蒋希文）

【**罩式灭火法** fire extinguishing by a cover】 在着火的井口上套一个钢制罩子，以阻断氧源，实现灭火的方法。这种油气井罩由 10mm 以上的钢板制成，其顶上有喷管阀门，连接 6m 以上的放喷管，两侧各有一个侧喷管阀门，各接长 10m 的侧喷管，罩口比井口直径大 1m。安装时用长臂起重机将罩子套在着火的井口上，先用含水的沙子密封罩圈周围，切断氧源，迫使火焰燃点向上喷管转移，然后向罩子四周喷水，降低温度后，再通过左右两侧喷管注入快速凝固的水泥，使罩式装置固结在井口上，关闭上喷管阀，火焰即可熄灭，同时也控制住了井喷。

（蒋希文）

【**救援井法** fire extinguishing by relief well】 在事故井的附近钻救援井制止井喷的方法。适用于井喷后，井口损坏严重，套管破裂或发生管外井喷，换装新井口已无可能的情况。

救援井应选在距喷井 300～500m 范围内的上风方向，定向钻至喷井喷层的 5～10m 范围内，下套管固井。然后在对应层位射孔，用压裂车压裂，使两井在喷层连通。此时从救援井注入压井液，压井液在喷井中随油气一同上升，至一定高度，在喷井中建立起足以平衡地层压力的液柱压力，油气无法进入井筒，井喷便被制止。如果喷井已失去利用价值，可以从救援井注入水泥，将喷井封死，以救援井代替喷井进行生产。

（蒋希文）

【**井控装备** well control equipment】 实施油气井压力控制作业的专用工具、管汇、仪表及装置等的总称。

井控装备必须具备如下功能：（1）对地层压力、地层流体和钻井液等主要参数进行准确监测、检测和预告；（2）当发生溢流或井喷时，能迅速可靠地控制油气井井口内钻具与套管间的环形空间（简称环形空间）、井口钻具水眼和旁侧出口三个通道，可以关闭这些通道，还可以在人为控制下使其在规定的管汇内流动；（3）通过节流井筒内流体，并泵入压井液，使之在保持稳定的井底压力下，实施溢流排除和压井，重建压力平衡；（4）在发生井喷失控或着火事故时，能够确保特殊井控作业的实施，具备专用有效处理的功能。

井控装备主要由 6 部分组成（见图）：（1）以液压防喷器为主体的钻井井口装置，包括各种功能防喷器、液压防喷器控制系统、套管头、四通及过渡法兰等。（2）井控节流—压井管汇，包括节流管汇、压井管汇、反循环管线、防喷管线和点火装置等。（3）钻具内防喷工具，包括钻具止回阀、方钻杆上旋塞和下旋塞、投入式钻杆止回阀、钻具旁通阀等。（4）以监测和预报地层压力异常为主的井控监测与检测仪器仪表，包括综合录井仪、钻井液罐液面监测与报警系统、自动灌钻井液量监测与报警系统、井筒进口与出口钻井液流量、密度、温度等参数监测与检测系统等。（5）钻井液加重、除气和灌注等装置，包括钻井液加重装置、真空式或常压式除气装置、起钻自动灌钻井液装置和钻井液气体分离器等。（6）特殊井控作业和灭火抢险专用装置，包括不压井强行起下管柱装置、欠平衡钻井用旋转防喷器和自封头等专用配套装置、井喷失控及灭火用多功能机械手、不同功能水力喷砂切割装置和多种灭火装置等。

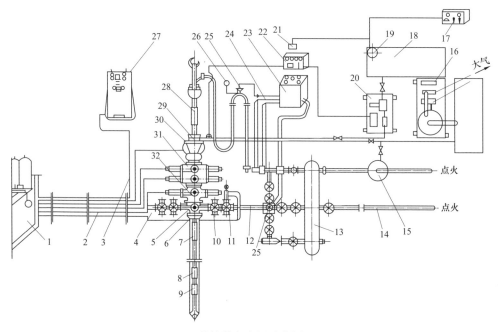

井控装备布置示意图

1—防喷器远程控制台；2—防喷器液压管汇；3—防喷器气管汇；4—压井管汇；5—四通；6—套管头；7—方钻杆下旋塞；8—旁通阀；9—钻杆止回阀；10—手动闸阀；11—液动支闸阀；12—防喷管线；13—节流管汇；14—放喷管线；15—钻井液气体分离器；16—真空除气器；17—钻井液罐液面监测仪；18—钻井液罐；19—钻井液罐液面监测装置传感器；20—自动灌钻井液装置；21—钻井液罐液面报警器；22—自动灌钻井液监测报警装置；23—节流管汇控制箱；24—节流管汇控制管线；25—压力传感器；26—立管压力表；27—防喷器司钻控制台；28—方钻杆上旋塞；29—防溢管；30—环形防喷器；31—双闸板防喷器；32—单闸板防喷器

📝 推荐书目

　　《钻井手册》编写组. 钻井手册［M］. 2 版. 北京：石油工业出版社，2013.

　　郝俊芳. 平衡钻井与井控［M］. 北京：石油工业出版社，1992.

（曾时田）

【防喷器 blowout preventer】 防止油气井在钻井完井作业过程中发生井喷的井口控制装置。是井控装备的主体装置。主要功能是在油气井发生溢流或井喷时关闭井口，同时为排除溢流，重建压力平衡以及为实施特殊井控作业提供控制条件。按结构划分，可分为环形防喷器、闸板防喷器和旋转防喷器。

（曾时雨）

【环形防喷器 annular preventer】 利用液压推动活塞，挤压内部加强的胶芯，密封井内圆形或近似圆形的管柱与套管间环形空间的装置。又称万能防喷器（见图）。也可用于全封闭井眼或有缆绳的井口，也称全封封井器。由壳体、环形胶芯、支承筒、工作活塞和顶盖等组成。

工作原理：环形防喷器由液压控制系统操作。关闭时，工作液进入活塞下部的关闭腔，推动活塞上行推挤胶芯。由于受顶盖的限制，胶芯上行受阻，只能被挤压变形，贮存在胶芯加强筋之间的橡胶因加强筋相互靠拢而被挤向中心，直至抱紧管柱封闭环形空间或封闭空井，达到封井的目的。

打开时，工作液进入活塞上部的开启腔，推动活塞下行，作用在胶芯上的挤压力消除，胶芯在自身弹性力的作用下逐渐复位，井口打开。

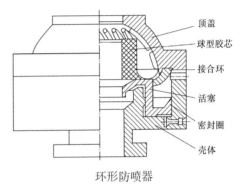

顶盖
球型胶芯
接合环
活塞
密封圈
壳体

环形防喷器

（柳华杰　步玉环）

【闸板防喷器 ram preventer】 有一副可相对移动的闸板，发生溢流或井喷时用于封闭环形空间或空井以控制井喷的装置。闸板防喷器是井控设备中的关键设备之一。有全封式、管子式和全封剪断式三种类型。它是由液压操作的，一般用手动锁紧。

工作原理：如图所示为装有半封闸板的水上闸板防喷器。当工作液进入左右液缸的关闭腔时，液压推动活塞及活塞杆，使挂在活塞杆头上的左右闸板沿着闸板腔内导向杆（筋）限定的轨道，分别向井口中心移动。闸板包住钻具，密封钻具外环形空间，达到封井的目的。当工作液进入左右液缸的开启腔时，左右两个闸板在活塞和活塞杆的推动下分别向离开井口中心的方向移动，达到开井的目的。

闸板防喷器要完全封闭井口，应有四处密封同时起作用才能完成：（1）闸板前端的密封，主要是钻具与闸板总成之间的密封；（2）闸板顶密封，主要是闸板总成与本体之间的密封；（3）壳体与侧门之间的密封；（4）活塞杆与侧门之间的密封。

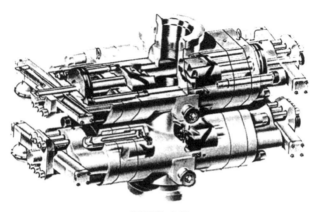

闸板防喷器

（步玉环　柳华杰）

【旋转防喷器 rotating heads】　在钻具旋转钻进和钻具上下移动等动态条件下，自封头（胶芯）既能跟随钻具旋转，又能有效密封井口内钻具及其环形空间的装置，又称*旋转控制头*。采用低密度钻井液、充气钻井液、天然气或空气作为循环介质进行钻井时，用于密封方钻杆周围的环形空间，防止转盘四周形成粉尘雾或液雾，并使返流转向排屑管线排出。主要由固定不动的壳体和可旋转的旋转总及胶芯组成。壳体与下面井口装置相连而固定。旋转总成通过其方卡总成将插入在旋转总成内的方钻杆卡住，通过胶芯将方钻杆及环形空间封住，使防喷器既能旋转又能同时密封承压。

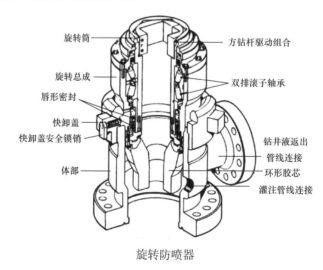

旋转防喷器

（柳华杰　步玉环）

【钻杆止回阀 drill pipe check valve】 钻井过程中，下入井中防止钻井液，井下油气等流体倒流的装置。主要类型有箭形止回阀、球形止回阀、碟形止回阀、投入式止回阀、钻具浮阀等（见图）。

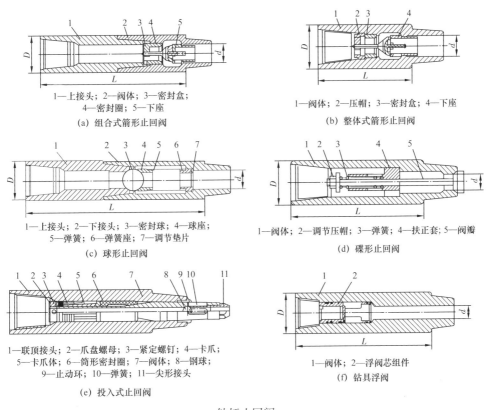

1—上接头；2—阀体；3—密封盒；
4—密封圈；5—下座

(a) 组合式箭形止回阀

1—阀体；2—压帽；3—密封盒；4—下座

(b) 整体式箭形止回阀

1—上接头；2—下接头；3—密封球；4—球座；
5—弹簧；6—弹簧座；7—调节垫片

(c) 球形止回阀

1—阀体；2—调节压帽；3—弹簧；4—扶正套；5—阀瓣

(d) 碟形止回阀

1—联顶接头；2—爪盘螺母；3—紧定螺钉；4—卡爪；
5—卡爪体；6—筒形密封圈；7—阀体；8—钢球；
9—止动环；10—弹簧；11—尖形接头

(e) 投入式止回阀

1—阀体；2—浮阀芯组件

(f) 钻具浮阀

钻杆止回阀

（柳华杰　杨　欣　步玉环）

【方钻杆旋塞阀 kelly cock valve】 和方钻杆连接，发生溢流或井喷时关闭密封的装置。方钻杆旋塞阀分上部方钻杆旋塞阀和下部方钻杆旋塞阀。上部方钻杆旋塞阀为左旋连接，下部方钻杆旋塞阀为右旋连接。上部方钻杆旋塞阀接于水龙头下端与方钻杆上端之间，下部方钻杆旋塞阀接于方钻杆下端与钻杆或钻杆保护接头的上端之间（见图）。

（柳华杰　步玉环）

方钻杆旋塞阀

压井管汇示意图

【压井管汇 well killing manifold】 由单向阀、闸阀、三通或四通、管件和压力表等组成用于压力作业的管汇总成。发生溢流或井喷后，当不能通过钻柱进行正常循环或在某些特定条件下必须实施反循环压井时，可通过压井管汇向井中泵入钻井液，以达到控制油气井压力的目的。

（步玉环　柳华杰）

【放喷管汇 blowout manifold】 在节流管汇和压井管汇后的用来放出环空污染钻井液的管线及阀件总成。放喷管汇，至少应该有两条不小于78mm通径。在钻井时，节流放喷管汇与压井管汇分别连接在防喷器的两侧，开关管汇上的平板阀和调节节流阀开度大小能实现节流循环和放喷，并可调节钻压与套压的压差，是平衡钻井或欠平衡钻井的配套工具。

（步玉环　柳华杰）

【节流管汇 choke manifold】 控制井内流体和井口压力、实施油气井压力控制的阀门、管汇装置总成。发生事故后，在循环出被污染的钻井液和泵入高密度钻井液重新建立井内压力平衡关系的过程中，可以利用节流阀控制井口回压维持一定的井底压力，避免地层流体更进一步的侵入，减少事故带来的损失。节流管汇作为压井作业的关键设备，除了约束流体流动的管道外，还包括各种控制流体流动的阀门，主要有平板阀、节流阀、固定式节流器（见图）。

节流管汇示意图

节流阀接在节流管线上，用控制节流阀通道大小来对液流造成阻力而生成回压，使井内流体在受控下流出。而当节流阀应用在节流管汇，其作用是控制流量，用于保持整个油气生产系统的压力。

（马瑞民　窦英心　李　龙）

【节流管汇控制箱 choke manifold control box】 液动节流管汇上远程控制液动节流阀的开启或关闭的控制装备。又称远程控制台。在控制箱盘面上可以显示出立管压力、套管压力及液动节流阀的阀位开度。也是成功的控制井涌、井喷，实施油、气井压力控制技术所必备的控制装置。远程控制台由油箱、泵组、蓄能器组、管汇、各种阀件、仪表及电控箱等组成（见图）。

节流管汇控制箱

（步玉环　柳华杰）

【井下事故处理工具 tools for downhole troubles and accidents freeing】 用于处理井下事故的专用工具。作业时应根据事故的具体情况选用合适的事故处理工具，对于落物事故应选用打捞类工具，如管状落物可采用公锥、母锥、卡瓦打捞矛、卡瓦打捞筒等进行处理，短而细的光杆状落物采用弹簧打捞筒、板簧打捞筒、钢丝打捞筒、割缝打捞筒、三球打捞筒等进行处理，绳索类落物采用内捞矛、外捞矛进行处理，不规则落物则根据其体积大小采用磨鞋、铣鞋、强磁打捞器、反循环打捞篮和取心打捞器等进行处理；对于卡钻事故应选用震击、套铣和倒扣等解卡类工具。

（蒋希文）

【测卡仪 free point detector】 测量井内管柱卡点深度的仪器。是打捞钻杆、油管或套管的常用辅助器具，其优点是适用范围较广、测量结果准确和操作简便安全。油气井建井、修井和生产过程中，当井内管柱被卡住或埋固并必须起出时，首先要测量管柱的卡点深度，为实施倒扣或切割等打捞作业提供依据。

测卡仪由井下位移传感器（见图）、地面显示仪和电缆（绞车）三部分组成。井下位移传感器包括电缆头、加重杆、磁性定位器、伸缩杆、上弓形弹簧、测试器、下弓形弹簧和引鞋等，是测卡仪的主体部分；地面显示仪包括电源、指示仪表和控制开关等；电缆为普通测井电缆。测卡仪利用金属材料在弹性变形范围内，应变与应力成正比的原理，通过测量管柱在拉伸、压缩或扭转状态下局部位移的方法，实现确定其卡点深度的目的。

在测量管柱卡点时，用电缆将井下位移传感器下至预估管柱卡点深度以浅的位置，随后上提电缆，使井下位移传感器所承受的下压力消失，逼迫上、下弓形弹簧紧压在管柱内壁上，此时在地面上提或下放管柱（钻杆柱可以转动），测试器便测量上、下弓形弹簧间管柱的轴向（周向）位移量，并将其转换为电信号传输至地面显示仪，经过运算处理后显示出管柱卡点深度位置。为了使测量结果更加可信，须多次重复以上操作。

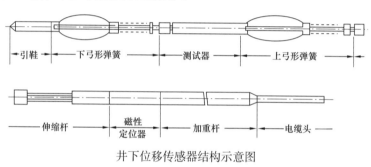

井下位移传感器结构示意图

 推荐书目

郭伯华.井下打捞技术与打捞工具［M］.北京：石油工业出版社，2000.

（蒋希文）

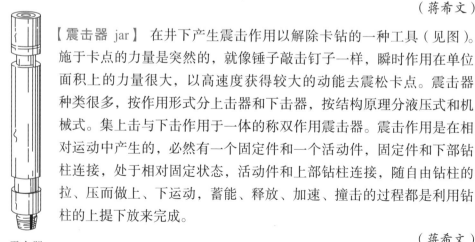

【震击器 jar】 在井下产生震击作用以解除卡钻的一种工具（见图）。施于卡点的力量是突然的，就像锤子敲击钉子一样，瞬时作用在单位面积上的力量很大，以高速度获得较大的动能去震松卡点。震击器种类很多，按作用形式分上击器和下击器，按结构原理分液压式和机械式。集上击与下击作用于一体的称双作用震击器。震击作用是在相对运动中产生的，必然有一个固定件和一个活动件，固定件和下部钻柱连接，处于相对固定状态，活动件和上部钻柱连接，随自由钻柱的拉、压而做上、下运动，蓄能、释放、加速、撞击的过程都是利用钻柱的上提下放来完成。

（蒋希文）

震击器

【随钻上击器 upward drilling jar】 钻井过程中随钻具下井，发生卡钻事故时产生上击作用的震击器。由相对固定的刮子体、芯轴体、花键体、连接体、压力体、密封体、冲管体及相对活动的芯轴、延长芯轴、活塞、冲管等组成（见图）。活塞由两部分组成：一部分是固定在延长芯轴上的密封体，与芯轴之间用油封密封，和缸套之间不密封，而且留有较大的环形间隙；另一部分是套在延长芯轴上可以上下游动的锥形活塞，外径和缸套内壁密封，内径和延长芯轴不密封，和延长芯轴之间留有通道，它的上限受旁通孔的限制，下限受密封体的限制，只能在较短范围内游动。当芯轴下行时，锥形活塞被液压油推动上行，离开密封体，此时，上下油腔的通道开放，液压油可以无阻地由下油腔流向上油腔，上击器复位，直到芯轴接头下台肩碰到刮子体的上端面为止。当芯轴向上运动时，锥形活塞下行，与密封体上端面结合，上下油腔的通道被隔绝，液压油只能从锥体底面的小油槽通过很少一部分，使上油腔的液压油受压，钻具伸长而积蓄能量。当锥形活塞到达卸载腔时，密封失效，液压油无阻地流向下油腔，在钻具弹性能的驱动下，芯轴高速上行，延长芯轴的顶面撞击到花键筒的下台肩上，就产生了猛烈的上击力。

（蒋希文）

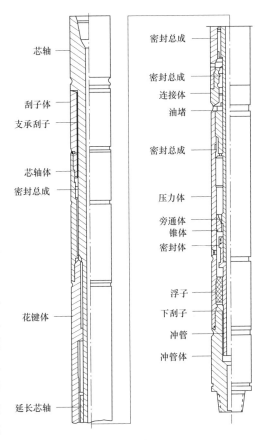

随钻上击器

【随钻下击器 downward drilling jar】 钻井过程中随钻具下井，发生卡钻事故时产生下击作用的震击器。采用摩擦副的机构来实现震击。主要机构是摩擦芯轴、摩擦卡瓦、锥形滑套和调节环（见图）。以芯轴和摩擦芯轴为固定件，连接下部钻柱，以筒体为活动件，连接上部钻柱，并受上部钻柱的驱动。当发生卡钻需

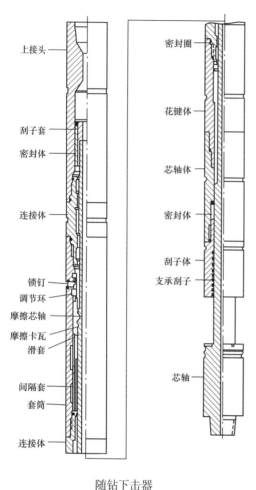

上接头

刮子套
密封体

连接体

锁钉
调节环
摩擦芯轴
摩擦卡瓦
滑套

间隔套
套筒

连接体

密封圈

花键体

芯轴体

密封体

刮子体
支承刮子

芯轴

随钻下击器

要震击时，可下压钻柱，筒体与芯轴之间便产生相对运动，芯轴相对上行时，带动摩擦卡瓦随之上行，直到摩擦卡瓦上台肩面顶到调节环上，此时，摩擦卡瓦不能上移，芯轴与卡瓦的摩擦环开始接触，芯轴继续上行，要强迫通过摩擦卡瓦的摩擦环，迫使摩擦卡瓦胀大，其胀大程度受下套筒内锥面控制，摩擦卡瓦和摩擦芯轴之间便产生了摩擦力，阻止芯轴向上运动。随着外筒压力的增加，摩擦环的接触面也在增加，阻力也在增大。此时，钻柱压缩，积蓄了势能。当钻柱压力达到震击器调节压力时，摩擦卡瓦产生挠性变形，摩擦芯轴从卡瓦中滑脱，此时压缩的钻柱势能突然释放，使震击器外筒下台肩猛烈撞击芯轴接头上台肩，给卡点位置以巨大的下击力量。震击器复位时是上提钻柱，将摩擦芯轴套入摩擦卡瓦。外筒上行时，摩擦卡瓦处于下套筒锥孔的大孔径位置，外边不受约束，在自由状态下很容易扩张，芯轴也容易复位。摩擦卡瓦和下套筒内孔都是锥形的结构，摩擦力的大小可以用调节环来进行调节，摩擦卡瓦处于筒体的不同位置即不同内径段时，其扩张程度不同，给摩擦芯轴造成的摩擦阻力也不同。处于大直径段时容易扩张，摩擦阻力就小，处于小直径段时不容易扩张，摩擦阻力就大。根据这个原理，用调节环来调节摩擦卡瓦在锥孔中的位置，就达到了增大或减小摩擦力的目的。

（蒋希文）

【液体加速器 liquid accelerator】 以液压为动力，为上行的随钻上击器芯轴加力加速的工具。与液压上击器配套使用，主要由接头芯轴、短节、外筒、缸体、密封件、撞击器、活塞、导管、下接头等组成（见图）。通常安装在随钻上击器之上，当液体加速器受到提拉力时，芯轴带动活塞上行，开始压缩缸体内的硅机油，提拉力越大，硅机油受压缩越大，储蓄的能量越大，而随钻上击器受拉伸力也越大。在随钻上击器至规定预定提拉载荷下突然释放，液体加速器受压缩的硅机油则为随钻上击器芯轴加力加速，使其以更高的速度和更大的上击力对落鱼施以上击力，从而增加了随钻上击器的上击效果。液体加速器作为随钻上击器的辅助配套工具是很必要的，有效补偿了随钻上击器的上击能力。

（王锡敏　杨振成）

【反循环打捞篮 reverse circulation junk basket】 利用钻井液在井底的局部反循环作用，将井底碎物冲入篮内而进行打捞的工具。一般有投球式（见图1）和喷射吸入式两种形式（见图2）。

　　投球式反循环打捞篮主要由接头、筒体（包括外筒和内筒）、喇叭口、球座、篮筐、篮爪、铣鞋等组成。筒体是双层结构，上水眼向上倾斜，使内筒空间与井眼环空连通。但与内外筒之间的环形间隙隔开，反循环时，它是井底钻井液从内筒返出的通道。下水眼向下倾斜，使内外筒之间的环形间隙与井眼环空连通，是使射流通向井底形成反循环的通道。下钻后可以正常循环。打捞时，先投入一个钢球，当钢球坐于球座时，阻断了向下的通道，迫使钻井液经内外筒之间的环隙从下水眼喷出，然后从井底通过铣鞋进入捞筒内部经上水眼返到井眼环空，形成了局部的反循环。在钻井液反循环作用力的冲击和携带下，井下碎物随钻井液一起进入篮筐，当停止循环时，篮爪关闭，把落物集中在捞筒内而被捞出。喷射吸入式反循环打捞篮与投球式反循环打捞篮不同之处是没有钢球和球座，而是在上接头的下端安装一个喷嘴，喷嘴与混合室之间的间隙经滤板和三根管道与内筒下部相通。循环钻井液时，喷嘴射出高速射流使喷嘴与混合室之间产生负压，将内筒里的钻井液吸出并进入混合室与泵入的钻井液相混合。混合室与内外筒间的环隙及下水眼相通，进入混合室的钻井液由下水眼喷出，形成局部反循环。

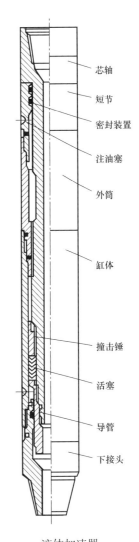

芯轴
短节
密封装置
注油塞
外筒
缸体
撞击锤
活塞
导管
下接头

液体加速器

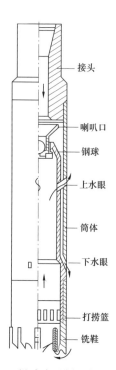

图1 投球式反循环打捞篮

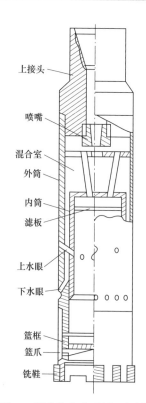

图2 喷射吸入式反循环打捞篮

（蒋希文）

【打捞杯 junk sub】 呈杯状、开口向上，用于打捞如钻头牙齿、滚珠、滚柱等井下细碎落物的工具。在磨铣井底落物的过程中，也用来打捞铣碎的铁块，以保持井底清洁。主要是由主轴和外筒构成一个环形腔，当落物随钻井液返至外筒以上时流速降低，落物落入打捞杯中。

（蒋希文）

【安全接头 safety joint】 在处理井下事故时，用于防止下入打捞工具的钻具被卡，特设置的倒开专用接头。下钻时，接在打捞工具上部。结构形式也是多种多样，最常用为 AJ 型安全接头（见图）。其外螺纹接头与内螺纹接头以宽锯齿螺纹啮合在一起，外螺纹接头螺纹面窄，内螺纹接头螺纹面宽，外螺纹接头可以在内螺纹接头内上下活动一段距离。外螺纹接头向上活动时，两斜面撑紧，工具自锁。外螺纹接头向下活动时，两斜面松开，工具解锁。安全接头在自锁状态下，不容易退开，解锁以后，很容易退开。解锁时先施加反扭矩，然后下砸或下压。退出安全接头时，必须始终保持安全接头处不受拉力。

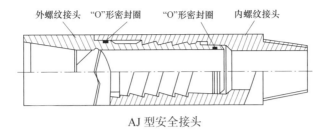

外螺纹接头　"O"形密封圈　　"O"形密封圈　内螺纹接头

AJ 型安全接头

（蒋希文）

【套铣筒 washover pipe】　铣通落鱼与井眼环空的专用工具。分有接箍和无接箍两种，有接箍铣筒又分为内接箍和外接箍铣筒。要求套铣筒外径与井眼的最小间隙为 12.7～35mm，套铣筒内径与落鱼的间隙最小为 3.2mm。无接箍套铣筒所占环形空间小，可以和打捞工具配合，将套铣与打捞在一个行程中完成。（见套铣倒扣解卡）

（步玉环　柳华杰）

【铣鞋 milling shoe】　用于磨削落鱼外环形堵塞物的专用工具。呈环形结构（见图），上部螺纹和铣管连接，下部铣齿用来破碎地层或清除环空堵塞物。套铣岩屑堵塞物或软地层时，一般选用带铣齿的铣鞋，在铣齿上一般堆焊硬质合金。地层越软，铣齿越高，齿数越少；在套铣中硬或硬地层时，宜选用镶齿铣鞋，随着地层硬度的增加，则降低齿高，增加齿数，套铣效果会更好一些。修理鱼顶外径时，宜选用内铣型铣鞋，铣鞋的底部和内径应镶焊硬质合金。

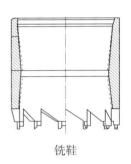

铣鞋

（柳华杰）

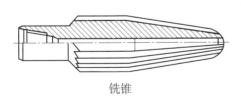

铣锥

【铣锥 milling taper】　用于磨削侧面和中心的专用工具。由接头和铣锥体组成，铣锥体外壁加工有多条长形锥面铣齿并均匀铺焊硬质合金（见图）。多用于磨铣落物内腔和侧钻井开窗作业。

（王锡敏）

【磨鞋 grinding shoe】　整体磨削井下落物或小件碎物的工具。在钢体上加焊钨钢块，利用钨钢块的硬度和出刃口磨碎井下无法打捞的落物和落井的钻头牙轮、刮刀片、手工具等小件落物，然后随钻井液的上返而携带至地面，或者挤入井壁，或者再用打捞工具打捞。可分为平底磨鞋（见图1）和凹底磨鞋（见图2）。磨鞋也可以用来修整鱼顶，为了和鱼顶有相对的固定关系，因而设计有套筒磨鞋（见图3）、领眼磨鞋（见图4）等。磨鞋随其用途不同，可以有多种不同的设计。

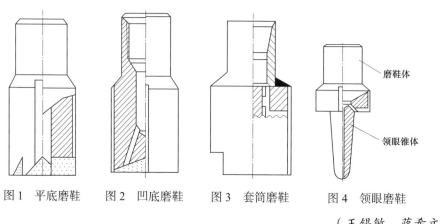

图1　平底磨鞋　　图2　凹底磨鞋　　图3　套筒磨鞋　　图4　领眼磨鞋

（王锡敏　蒋希文）

【鱼顶修整器 trimmer of fish top】　通过机械挤压使变形后不规则鱼顶修整到一定圆度便于打捞作业的一种整形工具。这种工具的特点是不管鱼顶有无劈裂，鱼顶修整器都能将其修整成便于打捞的圆度。

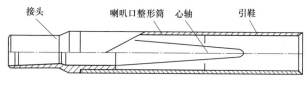

复合式鱼顶修整器

由接头、整形筒、心轴、引鞋组成（见图）。当落鱼引入引鞋后，引鞋本身具有扶正作用，利用钻柱钻压使心轴尖部在任何状态下均能对中进入落物中心。对椭圆形的短轴线向外挤胀使短轴加长，继而整形筒部分进入落物顶部，首先接触长轴，迫使长轴向内收缩。在内胀外缩的作用下，使椭圆弯曲的鱼顶，逐渐复原进入环形柱体空间，将弯曲部分校直，并继续对椭圆变形下部的过渡段整形，达到全部整形复原效果。

（王锡敏）

【卡瓦打捞筒 releasing overshot】　利用卡瓦在筒体螺旋槽内运动，从外径打捞井下管状落物的工具。主要由外筒、卡瓦和密封件等组成。外筒和卡瓦形成锥形配合，有单斜面和多斜面之分，单斜面筒体和卡瓦打捞范围较大，但筒体较厚，要求环空较大。多斜面筒体和卡瓦打捞范围较小，但筒体较薄，要求环空也较小。卡瓦又分为分瓣卡瓦、篮状卡瓦和螺旋卡瓦。单斜面筒体多与分瓣卡瓦配合，多斜面筒体则有篮状卡瓦和螺旋卡瓦与之配合。

篮状卡瓦（见图 1）为圆筒状，形如花篮，卡瓦外部为完整的宽锯齿左旋螺纹，与外筒的内螺纹相配合，螺距相同，但齿面要窄得多，可以在筒体内上下移动一定距离。内部抓捞牙亦为多头左旋锯齿螺纹，卡瓦下端开有键槽，与控制环上的凸键相配合，防止卡瓦在筒体内转动。卡瓦纵向上开有等分胀缩槽，可以使卡瓦的内径胀大或缩小。它的密封件在控制环上。

螺旋卡瓦（见图 2）形如弹簧，外面为宽锯齿左旋螺纹与筒体的内螺纹相配合，螺距相等，但螺纹面要窄得多，可以上下活动一定距离。螺旋卡瓦内部有抓捞牙，为多头左旋锯齿形螺牙。卡瓦下部焊有指形键，与控制卡配合，防止卡瓦在筒体内转动。它的密封件是"A"形密封圈，置于螺旋卡瓦之上。

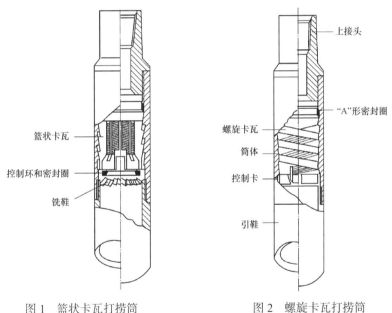

图 1　篮状卡瓦打捞筒　　　　图 2　螺旋卡瓦打捞筒

（蒋希文　王锡敏）

【开窗打捞筒 overshot with slot】　筒壁开有梯形窗口，窗口中带梯形窗舌的筒状打捞工具（见图 1）。用于打捞带有接箍的油管短节、筛管、射孔枪身、测井仪器、加重杆及其他有环形外凸台，并且质量较小，未被卡死的落物。由接头和筒体组成，接头与筒体焊接为一体，或有螺纹连接筒体上开 1～3 排梯形开窗口。每排有三四个窗口，窗口内有向内弯曲的梯形窗舌。舌尖内径略小于落物最小直径。落物进入筒体，并顶压窗舌外胀继续进入，直到接头下部。在同一圆圈上三四个窗舌的反弹力紧紧咬住落物或窗舌牢牢卡住落物外凸台阶，将落物捞住。

结构简单，操作方便，用途广泛，打捞范围大。缺点是打捞负荷小，窗舌坏了，工具就报废了。

梯形窗舌做成单独的梯形弹性爪，三四个一组固定在筒体内，则成为弹簧打捞筒（见图 2），弹性爪损坏后可更换新爪继续使用。

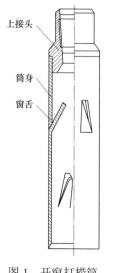

图 1　开窗打捞筒

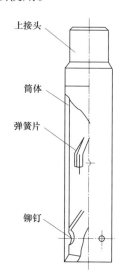

图 2　弹簧打捞筒

（王锡敏　杨振威）

【反循环打捞筒 overshot with reverse circulation】　通过液体反循环实现打捞碎小落物的筒状打捞工具。有活门式和偏心式两种结构形式。

活门打捞筒反循环　见图 1，液体反循环，从井底把碎物冲起，推动活门向上打开，落物进入筒内，停止循环，活门在自重或弹簧的作用下恢复原位，横担在筒体底部内凸台阶上，阻止落物从筒内退出，实现打捞。优点是结构简单，开口较大，适用于打捞大块的胶皮等落物。

偏心反循环打捞筒　见图 2，反循环的液体从井底把碎物冲起，经喇叭口、偏心筒，横向出口进入筒体内，在偏心筒顶部有横向挡板，碎物无法从偏心筒内下落，只能落在喇叭口上方的筒体内，实现打捞。优点是结构简单、实用、不易损坏、可重复使用。

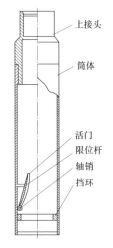

图 1 反循环活门打捞筒

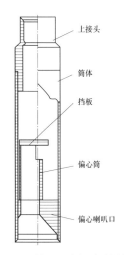

图 2 偏心反循环打捞筒

（王锡敏）

【卡瓦打捞矛 releasing spear】 利用卡瓦在锥面上的运动，从落鱼内径进行打捞的工具。用于打捞油管、钻杆、套管、封隔器等有内孔的落物。根据落物形状，所处环境及打捞要求，设计和选用的打捞矛类型、形状及规格各异，可分为滑块卡瓦打捞矛、水力卡瓦打捞矛和可退式卡瓦打捞矛。

滑块卡瓦打捞矛 由上接头、矛杆、滑块卡瓦、锁块和螺钉（或有弹簧、控制杆）组成。滑块卡瓦打捞矛又分单滑块卡瓦打捞矛、双滑块卡瓦打捞矛（见图 1、图 2）。打捞矛卡瓦插入落物内孔，卡瓦上行时内缩，在自重（或弹簧）作用下顺矛杆斜坡上的燕尾键下行时，外径变大，使卡瓦外表面坚硬的锯齿牙紧贴落物内壁。随着上提打捞管柱，矛杆斜坡径向的分力使卡瓦牙将内壁咬得更紧，实现打捞。滑块卡瓦打捞矛的缺点是不能从落物中退出，当打捞负荷过大时，卡瓦容易把薄壁落物的管壁撑裂，致使打捞失败或拔不动管柱，将打捞矛与管柱同时卡在井内。

水力卡瓦打捞矛 由上接头、筒体、活塞、活塞推杆、弹簧、卡瓦、锥体组成（见图 3）。插入井下管状落物内孔后，开泵憋压，通过液压机构使卡瓦张开，直到咬住落物实现打捞。

可退式卡瓦打捞矛 带有外卡瓦，捞住落物后根据需要能从落物中退出。具有多种形状及规格：（1）螺旋可退打捞矛。内外都有螺旋的圆卡瓦，由上接头、芯轴、圆卡瓦、释放环和引鞋组成（见图 4）。捞矛在自由状态下，圆卡瓦外径略大于落物内径。打捞时，对工具加压圆卡瓦被压缩进入落物内孔，圆卡瓦在弹性力的作用下产生一定的外胀力，使卡瓦贴紧落物内壁。随芯轴上行和提拉力的逐渐增加，圆卡瓦和芯轴相对位移（芯轴上行圆卡瓦相

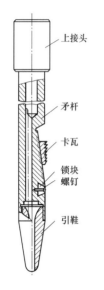

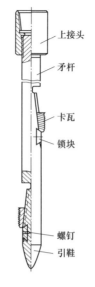

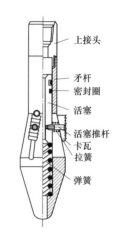

图 1　单滑块卡瓦打捞矛　　　图 2　双滑块卡瓦打捞矛　　　图 3　水力卡瓦打捞矛

对下行），芯轴外锥形螺纹与圆卡瓦内锥形螺纹相互咬合，使圆卡瓦外牙齿产生径向力，更紧地咬住落物内壁，实现打捞。退出时，下击打捞矛，圆卡瓦和芯轴螺旋锥面脱开，转动打捞矛，圆卡瓦沿芯轴相对下移，与释放环顶端接触，此时圆卡瓦与芯轴完全处于释放状态，上提打捞矛，实现退出。（2）轨道式可退打捞矛。带有分瓣式外卡瓦，由轨道和释放销控制打捞或退出。退出机构和打捞机构都安装在卡瓦和打捞矛杆上，由上接头、丝堵、释放销、轨道槽、矛杆、分瓣卡瓦组成（见图5）。打捞矛在自由状态下，分瓣卡瓦外径略大于落物内径。打捞时，对工具加压分瓣卡瓦被压缩进入落物内孔，分瓣卡瓦在弹性力的作用下产生一定的外胀力，使卡瓦贴紧落物内壁，卡瓦筒体上的释放锁在倒"L"形轨道槽的竖槽内，上提打捞矛，卡瓦相对下移，在矛杆锥面径向力的作用下，使分瓣卡瓦牙咬住落物内壁，实现打捞。当需要退出时，下击打捞矛，分瓣卡瓦和矛杆内外锥面脱开。释放销转动到轨道槽的横槽中，继续上提，退出落物。（3）水力可退打捞矛。靠水力推动外卡瓦外径缩小，由上接头、筒体、活塞、活塞推杆、弹簧、分瓣卡瓦、矛杆、钢球组成。分瓣卡瓦上部为筒体，下部为切成若干分瓣的卡瓦爪，卡瓦爪外表面有坚硬的螺纹锯齿牙，内表面为内圆锥面，卡瓦爪外径稍大于落物内孔。矛杆下部有与卡瓦内锥面相应的锥体。外径稍大于落物内孔的卡瓦在弹性力作用下紧贴落物内壁，上提打捞矛，卡瓦相对下移，矛杆锥面的径向力使分瓣卡瓦牙咬住落物内壁，实现打捞。开泵憋压，通过机构使分瓣卡瓦和矛杆内外锥面脱开，分瓣卡瓦外径

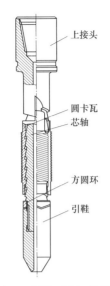

图 4　螺旋可退打捞矛

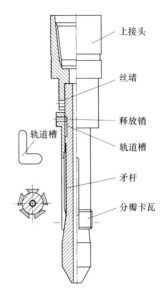

图 5　轨道式可退打捞矛

缩小，退出打捞。（4）水平井可退式打捞矛。用于水平井，靠上提力的提拉动作即可退出落物。由抓捞机构、连接机构、释放机构组成（见图 6）。抓捞机构包括捞矛杆、分瓣卡瓦、弹簧；连接机构包括接头、上承载件、脱手件、螺母、垫环、支撑环、捞矛杆；释放机构包括弹簧、脱手件。主要与井下增力器配合，用于打捞水平井内各种管状落物。打捞机构插进落物内孔后，分瓣卡瓦在弹簧推力作用下向下行，卡瓦爪的内圆锥面与捞矛杆下部的外圆锥面相吻合，进而使卡瓦向外涨大，外表面坚硬的螺纹锯齿牙紧贴落物内壁。上提打捞矛，捞矛杆外圆锥面向外径向力使分瓣卡瓦牙更紧地咬住落物内壁，实现打捞。需退出时，只加大上提载荷，剪断脱手件后，释放机构的弹簧推动捞矛杆下行，卡瓦内锥面与捞矛杆外锥面脱开。继续上提，提拉件下部的内凸台挡住分瓣卡瓦上部的外

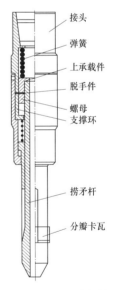

图 6　水平井可退式打捞矛

凸台并带动分瓣卡瓦上行，卡瓦爪不能向外涨大，分瓣卡瓦锯齿牙斜面和内圆锥面产生的轴向分力也使承载件向下行分离，分瓣卡瓦的外径可缩小，退出落物。水平井可退打捞矛可用于一般油井打捞。

（王锡敏　杨振威　蒋希文）

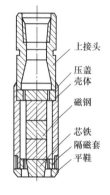

上接头
压盖
壳体
磁钢
芯铁
隔磁套
平鞋

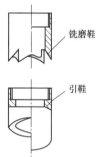

铣磨鞋

引鞋

磁铁打捞器

【强磁打捞器 magnetic fisher】 利用磁铁的磁性吸力打捞小件铁质落物的工具。主要用于打捞掉入井内的钻头牙轮、卡瓦牙、钳牙、钢球、手动工具、油管或套管碎片等小件铁质落物。磁铁打捞器的组成见图。壳体引鞋和芯铁是两个同心磁极，两极之间为无铁磁性的隔磁套，使磁力集中于靠近打捞器下端的中心处，把小块铁磁性落物磁化吸附在磁极中心，即使大块落物跨接芯铁和引鞋，也不会切断磁通路，还可吸附与其接触的其他磁铁性落物，实现打捞工作。

根据打捞作业的需要，磁铁打捞器底部也可连接铣磨鞋或引鞋。

（王锡敏 蒋希文）

【打捞篮 junk basket】 带篮筐总成，用反循环打捞井下的小落物的打捞工具。当钻头牙齿、牙轮钻头的滚珠或滚柱等较小的落物掉入井内时，一般采用打捞篮进行钻井液的反循环作业，在反循环条件下，钻井液可以携带碎小的落物由打捞篮中空上返，当反循环的钻井液返升到上返孔眼时，液体部分由上返孔眼流出，而被携带的碎小落物留在打捞篮中（见图）。

（步玉环 柳华杰）

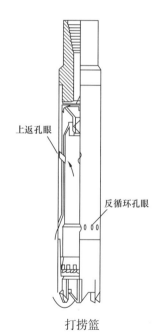

上返孔眼

反循环孔眼

打捞篮

公锥

【公锥 taper tap】 呈长锥体带造扣外螺纹，用于打捞落井外径较大管类的打捞工具（见图）。用于打捞顶端是接头、接箍或加厚部分的管类。公锥的上端有接头螺纹，可与钻柱连接；下端为锥形，车有细牙螺纹，按螺纹旋向分为右旋螺纹公锥或左旋螺纹公锥。公锥内部有水眼可循环钻井液。打捞时用钻柱将公锥下到鱼顶上先循环钻井液，然后停泵，再将公锥插入落井管内，加压转动公锥造扣，旋紧后把落物捞出。公锥上应接一安全接头，一旦钻具卡得很紧，不能起出时，可从安全接头处倒开，把上部钻具起出，避免进一步复杂化事故。

（步玉环　郭胜来）

【母锥 box tap】 筒状内壁带有造扣内螺纹，用于打捞落井外径较小管类的打捞工具（见图）。母锥上端有接头螺纹可与钻柱连接，并有水眼可以循环钻井液。下部形状类似罩子，内表面有锥度和细牙螺纹，并开有直槽，可在落鱼外部造扣。打捞时用钻柱将母锥下到鱼顶上循环钻井液，然后停泵，将母锥套在落井管顶端，加压转动母锥进行造扣，旋紧后将落鱼捞出。母锥上应接一安全接头，当钻具被卡紧不能起出时，可从安全接头处倒开，把上部钻具起出。

（步玉环　郭胜来）

接头螺纹

细牙螺纹

母锥

【打捞钩 fishing hook】 带有钩子的杆状打捞工具。用于打捞钢丝绳、电缆、录井钢丝等绳类及刮蜡片、射孔枪、提环等落物，主要由接头、钩子、钩身等组成。根据作业需要可设计多种型式和规格的打捞钩。按钩子的固定位置分类有内打捞钩（简称内钩）和外打捞钩（简称外钩）；按钩子在钩身上的固定方式分类有死钩、活动钩；按钩子的数量分类有单钩、多钩（多钩不单独注明）；还有内外组合钩等。各型打捞钩的特点为：（1）死钩的钩子固定在钩身上，钩子的下部与钩身表面平，上部钩尖朝上，并和钩身离开形成三角凹槽。（2）活动捞钩的钩身下部有长形方槽，并钻有锁孔，孔中有锁轴。活动钩子固定在锁轴上，可缩进方槽内，在弹簧或自重作用下，可在方槽中转动一定角度，钩尖与钩身离开一定角度，形成朝上钩子。（3）内钩有两个以上钩身，钩子向内固定在钩身内侧。将钩身插入绳类及其他落物内，部分绳索被卡在钩的三角形（含活动钩子）朝上的凹槽内，并顺势缠绕在钩身上，起出打捞管柱，将落物捞出地面。活动钩子通过落物内腔后，钩子复位，突出到钩身外，将落物捞住。常用于打捞录井钢丝等较细的绳类落物。（4）外钩只有一个钩身，钩子向外固定在钩身周围。外钩接头一般固定有挡环，挡环直径与井筒内径差的一半应小于被打捞绳索直径，防止绳索窜到接头以上缠绕卡住打捞管柱，使打捞工作复杂化。常用于打捞钢丝绳、电缆等较重的绳类落物。（5）偏心捞钩是钩身的轴心偏向接头轴心一侧，用于打捞井下偏向井壁一侧的落物。偏心活动外钩打捞井下多个有内孔的短落物。多次旋转钻柱打捞，可一次捞出多个落物。（6）丝锥外钩的钩身是下部为带螺旋齿的锥体。它可以旋转、钻进到挤压成团的绳索类落物中。在上提时，把绳索类落物拉松，便于钩子进一步插入落物内进行打捞。（7）内外组合捞钩是将内钩、外钩根据打捞需要进行各种不同组合。它具有两者的功能，提高打捞效果。

（王锡敏）

【一把抓 finger-type junk basket】 专门用于打捞井底不规则的小件落物的打捞工具。掉入井底的小件落物主要有钢球、阀座、螺栓、螺母、刮蜡片、钳牙、扳手和胶皮等。

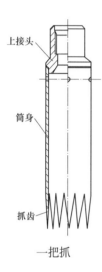

上接头
筒身
抓齿

一把抓

由上接头与筒身焊接而成。筒身一般采用低碳薄壁管。上接头有与钻柱相连接的内螺纹。为了保证上接头与筒身的连接强度，除采用插入台阶焊接之外，还采用筒身钻孔与接头塞焊方法。筒身下端加工成锥形抓齿。根据打捞对象不同，其形状及数量也各不相同。如图所示。

一把抓下至井底后，将井底落鱼罩入抓齿之内或抓齿缝隙之间，依靠钻柱重量所产生的压力，将各抓齿压弯变形，再使钻柱旋转，将已经压弯变形的抓齿，按其旋转方向形成螺旋状齿形，落鱼被抱紧或卡死而捞获。

（陈宪侃 方代煊）

【内割刀 internal cutter】 下入被卡管柱内从内部切割管柱的工具。用于处理卡钻事故时，在卡点以上部位切割管柱后即可将上部未卡管柱取出。也用于取换套管施工中的切割，效果非常理想，切割后的端部切口光滑平整，可直接进行下步工序。分为机械式内割刀和水力式内割刀。

机械式内割刀 主要由上接头、芯轴、切割机构、限位机构、锚定机构和导向头等部件组成（见图1）。切割机构中有三个刀片和刀枕；锚定机构中有三个卡瓦牙及滑牙套、弹簧等。切割作业时，机械式内割刀与钻杆或油管连接，下至设计深度后，正转钻杆或油管柱，使锚定机构中摩擦块紧贴被卡管柱管壁，具有一定的摩擦力。再转动钻杆或油管柱，滑牙块与滑牙套相对运动，推动卡瓦牙上行胀开，咬住被卡管柱完成坐卡锚定。继续下放钻杆或油管柱并转动，刀片沿刀枕下行，刀片前端开始切割被卡管柱，随钻杆或油管柱下放旋转，刀片进刀深度增加，直至完成切割。上提钻杆或油管，芯轴上行，带动刀枕、刀片回收，即可取出被切割下来的管柱。

水力式内割刀 由接头、活塞、弹簧、密封圈、刀片和外筒组成（见图2）。

水力式内割刀在液压作用下，活塞下移推动刀片，绕刀销轴向外转动，此时转动工具管柱，刀片切入被切割管壁随着液压排量的不断缓缓增加，刀片进刀深度不断增加直至完成切割。

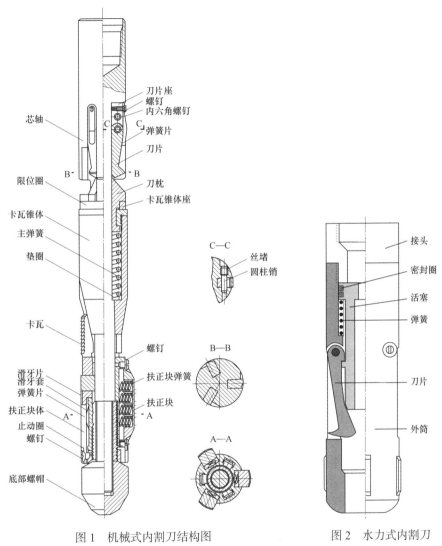

图 1　机械式内割刀结构图　　　　　　图 2　水力式内割刀

（王锡敏）

【**外割刀 external cutter**】 下入井下从管柱外部切割被卡管柱的工具。现场常用水力式外割刀。

水力式外割刀主要由上接头、筒体、进刀机构、切割机构、限位机构、引

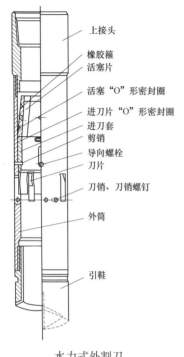

上接头
橡胶箍
活塞片
活塞"O"形密封圈
进刀片"O"形密封圈
进刀套
剪销
导向螺栓
刀片
刀销、刀销螺钉
外筒
引鞋

水力式外割刀

鞋等部分组成（见图）。进刀机构中有活塞、进刀套，起进刀作用。切割机构中有刀片、刀销等，起切割作用。水力式外割刀在液压作用下，筒体内活塞下移，进刀套剪断销钉继续下行推动刀片，绕刀销轴向内转动，此时转动工具管柱，刀片切入被切割管壁，随着液压排量缓缓增加，刀片进刀深度增加，直至完成切割。停泵上提管柱，活塞片将卡在切割管柱最下面的接箍上，把进刀套推在外筒的台肩上，带着被切下的管柱一同起出。

水力式外割刀可连同切割管一同起出，循环压力不能超过 0.5MPa，为不可退式。

（冯西平）

【倒扣器 reversing tool】 在常规井作业需要倒扣时，利用正扣钻杆正转，而打捞工具反转实现倒扣的一种组合式打捞工具。主要由接头总成、锚定机构、变向机构、锁定机构组成。锚定机构包括空心轴、锚定翼板、硬质合金块、连动板等。变向机构包括长轴、星行齿轮、支承套（控制行星齿轮的）、外筒、承载套等。连接在倒扣器下面的倒扣打捞工具捞住落物时，外筒有制动力矩，长轴正转，通过行星齿轮、支承套等推动锚定翼板转动，在连动板的阻力作用下锚定翼板外伸，使锚定翼板上的合金块插入套管内壁而被锚定。此时装有行星齿轮的支承套不能右转，行星齿轮只能自转，不能向右公转，长轴继续右转时，就推动行星齿轮向左自转，行星齿轮又向左推动外筒左转，带动倒扣打捞工具将卡点以上钻柱的连接螺纹倒开。反转打捞管柱，收拢锚定翼板，锚定解除，可起出管柱。

倒扣打捞作业中倒扣器与打捞工具等的连接顺序（由落物向上）为：倒扣打捞工具（倒扣捞筒、倒扣捞矛、滑块打捞矛、公锥、母锥）+ 倒扣安全接头 + 倒扣下击器 + 倒扣器 + 正扣钻杆。

使用倒扣器不用反扣钻杆，简化了倒扣作业设备，操作过程安全可靠，反弹力小。

（王锡敏　杨振威）

【倒扣捞筒 back-off dipper】 带有内卡瓦，捞住落物后能把扭矩传至落物，实现倒扣的筒形打捞工具。主要用于倒扣打捞油管、钻杆、套管、筛管等圆柱形落物。综合了各种捞筒、母锥等工具的优点，使打捞、倒扣、退出落鱼、冲洗鱼顶一次实现。

结构 倒扣捞筒由上接头、筒体卡瓦、限位座、弹簧、密封装置和引鞋等零件组成（见图）。

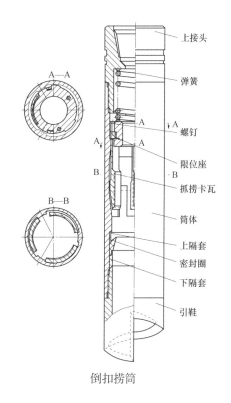

倒扣捞筒

上接头上接钻杆或其他工具，下接筒体，中间内孔装弹簧。筒体总体是薄壁筒，两端是内螺纹，上部均布三个键控制着限位座的位置。筒体的下部是圆锥形内表面，在锥形内表面上也有三个键，与上部三个键遥遥相对，用来传递扭矩。此三个键沿锥面随坡就势，高度不一，起端最高，越向下越低，到末端随同锥度消失而高度为零。起端的上端面为内倾斜面，它与筒体内表面有一夹角。这锥面使卡瓦产生夹紧力，实现打捞。三个键把力矩传给卡瓦，实现倒扣。内倾斜面间的夹角限定了卡瓦与筒体的贴合位置，使之退出落鱼。

在筒体上部三个键的部位，安装有限位座，可轴向滑动。限位座由上圈、下圈和环形槽三个部分组成。限位座不仅可作轴向滑动，而且还可绕轴心线转动，但转动的角度只能在 0°～90° 之间。右转动的限位圈必须带动安装在环形槽内的卡瓦，随其一起运动。

卡瓦共三块，均布在限位座上。每块卡瓦由吊挂块、卡瓦体和卡瓦锥体三部分组成。卡瓦锥面和内圆弧面上的牙可卡紧落鱼，卡瓦最下端大的内倒角，能很容易地引入落鱼。同时，一旦大倒角进入筒体锥面上的三个键的内倾夹角中，卡瓦就被限定，再也不能抓住落鱼。如果从安装位置上看，筒体锥面上的三个键处于三块卡瓦之间，一旦筒体上有正、反扭矩，键就把扭矩传递给卡瓦及至落鱼。在限位座与上接头间，安装一个大弹簧，工具非工作状态时，大弹簧顶住限位座，使卡瓦筒体锥面紧紧贴合。

作用原理 靠两个零件在锥面或斜面上的相对运动夹紧或松开落鱼，靠键和键槽传递扭矩。

　　倒扣捞筒在打捞和倒扣作业中，主要机构的动作过程是当内径略小于落鱼外径的卡瓦接触落鱼时，卡瓦与筒体开始产生相对滑动，卡瓦筒体锥面脱开，筒体继续下行，限位座顶在上接头下端面上迫使卡瓦外胀，落鱼引入。若停止下放，此时被胀大了的卡瓦对落鱼产生内夹紧力，紧紧咬住落鱼。然后上提钻具，筒体上行，卡瓦与筒体锥面贴合。随着上提力的增加，三块卡瓦内夹紧力也增大，使得三角形牙咬入落鱼外壁，继续上提就可实现打捞。如果此时对钻杆施以扭矩，扭矩通过筒体上的键传给卡瓦，使落鱼接头松扣，即实现倒扣。如果在井中要退出落鱼，收回工具，又要将钻具下击使卡瓦与筒体锥面脱开，然后右旋，卡瓦最下端大内倒角进入内倾斜面夹角中，此刻限位座上的凸台正卡在筒体上部的键槽上，筒体带动卡瓦一起转动，如果上提钻具即可退出落鱼。

（王锡敏　杨振威）

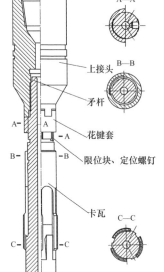

A—A
B—B
C—C

上接头
矛杆
花键套
限位块、定位螺钉
卡瓦

倒扣捞矛

【倒扣捞矛 back–off spear】 带有外卡瓦卡住井下被卡落物，使被卡落物从连接螺纹处倒出的打捞工具。用于打捞下部被卡的油管、钻杆、套管等螺纹连接的管状落物。结构见图。

　　当外径略大于落鱼通径的卡瓦接触落鱼时，卡瓦与矛杆开始产生相对滑动，卡瓦从矛杆锥面脱开。矛杆继续下行，连接套顶着卡瓦上端面，迫使卡瓦缩进落鱼内。若停止下放，此时卡瓦对落鱼内径有外胀力，紧紧贴住落鱼内壁，而后上提钻具，矛杆上行，矛杆与卡瓦锥面吻合，随着上提力的增加，卡瓦被胀开，外胀力使得卡瓦上的三角形牙咬入落鱼内壁，继续上提即可实现打捞；如果落物被卡住无法提出，旋转钻柱进行倒扣，取出卡点上部的管柱。下击矛杆，使矛杆与卡瓦锥面脱开，右旋钻柱使矛杆转动，卡瓦下端倒角斜面进入锥面的夹角中，卡瓦上部的筒体内壁的四分之一弧形孔侧面与矛杆上限位键接触，限定了卡瓦与矛杆的相对位置，上提钻具，卡瓦矛杆锥面不再贴合，矛杆即可退出落鱼。

（王锡敏）

【通径规 drift diameter gauge】 用于检测井下管状物通径尺寸的专用工具。主要用于检测套管、油管、钻杆等内孔的通径尺寸是否符合标准，是井下作业常用的检测工具，分套管通径规和油管、钻杆通径规两大类。

　　套管通径规是检测套管内通径尺寸的薄壁筒状工具,俗称*通井规*。由接头与筒体两部分组成。接头下部由螺纹与筒体连接,筒体下部可稍薄。还有一种筒体上下两端都加工有连接螺纹,当下入井内的作业工具较长时,便于将两个通径规连接使用。另外一种通径规的筒体为两端是中空的斜面导向体,多用于大斜度井或水平井通井。将筒体下部加工成薄壁的目的是:当套管变形处内径小于通径规的外径时,筒体容易变形,通过变形能大概了解套管变形状况;能缓冲撞击力,不易卡住通径规,便于起出钻柱。

　　油管、钻杆通径规用于检测油管、钻杆的内径,一般在地面进行,又称*油管规、钻杆规*。其形状为一中空的长圆柱体。其中一种两端无螺纹,利用蒸汽等作动力将其从被检测管子一端推入,另一端顶出。另一种两端有连接螺纹,与连接管连接起来进行通管并清除管内油污等。

(王锡敏)

【印模 lead stamp】 金属外壳内灌铅、石蜡和胶泥用于探测井下落物顶部形状或套管状况的专用工具。灌铅称铅模,灌石蜡称蜡模,内装胶泥称泥模。

　　铅模由接头、拉筋、铅体组成,中间可有通孔,铅体为圆柱形,底部平面及圆柱周围光滑无损(见图)。

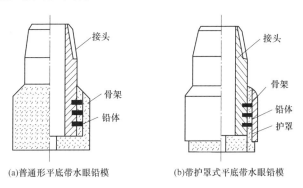

(a)普通形平底带水眼铅模　　　　(b)带护罩式平底带水眼铅模

铅模结构的示意图

　　铅是软金属,可塑性强,与坚硬物体挤压后能留下相应的印迹。当井下状况不清楚时,一般下入铅模进行探测。铅模留下的印迹是鱼顶顶部外表形状,铅模留下印迹的深度是落物鱼顶凸出的高度。

　　蜡模和泥模可塑性更强,在较轻的载荷作用下,即能留下清晰的印痕,多用于怕压的落物打印,如仪器、杆类、绳类落物打印。

　　侧面打印器,与扩张式封隔器相似,只是胶筒为半硫化胶筒,可探测套管内壁技术状况。

通过分析印模同鱼顶接触留下的印迹，可判定鱼顶的位置、形态，套管是否变形等。据此定性认识井下情况，并制定下一步作业方案。

（王锡敏）

【井下电视 downhole television】 用电信号传送井下物体影像的系统。用于了解判断井下技术状况，分光电成像和声电成像两大类。

光电成像井下电视 摄像系统由照明系统发出的光线通过前端的透明壳窗将井壁、落物照亮，井壁、落物的反射光经成像透镜后，被摄像机的光电成像器件接收，经信号放大处理后，再经传输电缆将图像信号传送至地面的显示设备，由摄像设备记录或计算机进行图像实时分析处理，实现观察井下物体影像。整个系统包括：（1）井下工作部分，包括照明系统、摄像系统、密封防护系统、信号处理系统与传输系统；（2）井上部分，包括供电系统、控制系统、显示系统等附属设备。

声电成像井下电视 整个摄像系统由超声波击发系统发出的超声波射向井壁、落物，反射波被超声波接收及声电成像系统接收，经信号放大处理后，再经传输电缆将图像讯号传送至地面的显示设备，由摄像设备记录或计算机进行图像实时分析处理，实现观察井下物体影像。井下工作部分包括超声波击发系统、超声波接收及声电成像系统、密封防护系统、信号处理系统与传输系统；井上部分包括供电系统、控制系统和显示系统等附属设备。

✎ 推荐书目

郭伯华.井下打捞技术与打捞工具［M］.北京：石油工业出版社，2000.

（王锡敏　杨振威）

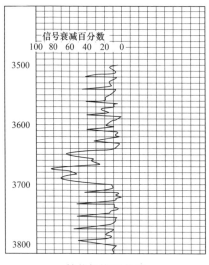

钻井打捞测井图

【钻柱打捞测井仪 logging instrument for drilling stem fishing】 带有声波激发接收及声电转换输出系统，能准确连续定位测量被卡钻柱的卡点及被卡程度，并绘出测井图的检测仪器。在被卡井段，声波的振动随卡钻的严重程度成比例地降低，钻柱打捞测井仪先在已知的自由管柱中测出声波振动的基本参数，随后测出在不同位置，使用同样的声波源，接收的声波振动参数同基本参数之间变化比例的百分数，并绘制成测井图（见图），据此确定被卡钻柱的卡点及被卡的严重程度。

　　油、气、水井生产和修井过程中油管、钻杆、封隔器等被卡死在井筒中，在打捞处理前应下入钻柱打捞测井仪，确定被卡钻杆、钻铤、套管、油管等的卡点及被卡程度，为倒扣、管柱切割提供准确位置或为震击解卡、套铣或采取其他措施提供依据。

（王锡敏）

【井径仪 caliper】　测量钻井井眼直径的仪器。一般分为 X—Y 井径仪、方位井径仪和多臂井径仪三种。

　　X—Y 井径仪　在套管井中测量两个互相垂直方向（相当于在直角坐标中 x、y 轴两个方向上）井径的井径测井仪器。主要包括测量部分、井径测量臂和压力平衡管等［见图 1（a）］。井径测量臂由 4 根相同的互成 90° 夹角的测量臂和小轮构成。测量臂又分为短臂和长臂两部分，短臂顶部偏凸轮与测量部分的连杆接触，长臂通过小轮与套管内壁接触。通过支点测量臂的小轮能够移动［见图 1（b）］。测量部分由 4 套连杆及其上部的弹簧、线绕电位器和滑键构成。弹簧使井径测量臂的小轮挤压在套管内臂。压力平衡管通过液体（如变压器油）保持仪器内部与井筒中的压力平衡。测井时套管内径的变化促使测量臂的小轮位移，其上部偏凸轮的转动带动连杆上下位移，连杆移动使滑键沿线绕电位器移动，电位器的电阻值变化将反映井径的变化。X—Y 井径仪是接触式连续测量的，记录互相垂直的两条曲线，测量精度为 1%。X—Y 井径仪主要用于射孔孔眼—套管损坏检查。

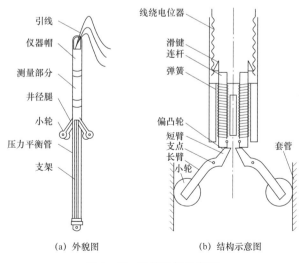

(a) 外貌图　　　　(b) 结构示意图

图 1　X—Y 井径仪示意图

方位井径仪　在套管井中测量井径及其方位的井径测井仪器。该仪器用于套管损坏及其方位的检查。主要包括三自由度的框架陀螺仪和X—Y井径仪两部分（见图2）。两者采用定位连接，陀螺井斜仪的母线要与X井径测量臂在同一平面上。在连续测井过程中，X—Y井径仪测量井径曲线，陀螺井斜仪用它的定轴特性测量X井径测量臂方位曲线，根据两种曲线，即可确定套管损坏的方位（见图3）。方位井径仪于20世纪80年代由中国大庆石油管理局研制成功，并在生产中得到应用。

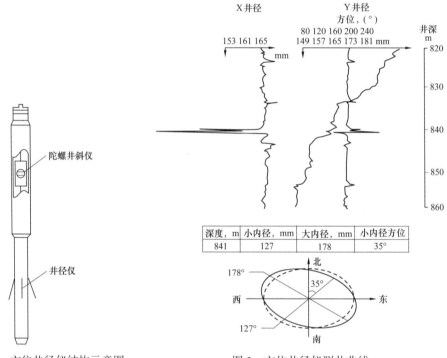

图2　方位井径仪结构示意图　　　　图3　方位井径仪测井曲线

多臂井径仪　用于套管井中测量、具有多个井径测量臂的井径测井仪器。多臂井径仪分为8臂、10臂、16臂、30臂、36臂、40臂和60臂等多个种类，其仪器包括测量臂、传感器、电子线路和上、下扶正器等部分（见图4）。测量原理类似X—Y井径仪，井径测量臂越多，其间的夹角越小（60臂的仪器仅为6°），套管内径周向异常状况被检测的几率越高。该类仪器属接触式连续测量，记录多条曲线，测量精度为1%。8臂、10臂井径仪的测井资料可以用来判断套管变形截面；16臂井径仪的测井资料能用来解释套管最大井径、最小井径及平均井径；36臂、40臂井径仪的测井资料能用来解释套管最大井径、最小井径及平均井径以及套管剩余臂厚和变形部位。多臂井径仪测井资料的解释结果以伪彩色图像显示，将射孔孔眼—套管损坏的状况直观地显示出来。

（姜文达）

【**套管损坏 casing damage**】 油气井或注入井内的各层套管由于外界因素或套管自身因素等作用而导致的套管损坏。简称套损。

造成套损的主要因素如下：

（1）材质及固井质量影响：套管本身存在微孔、微缝，螺纹不符合要求，抗剪、抗拉强度低等质量问题，在完井后的长期注采过程中，慢慢出现套损。

（2）射孔造成的损坏：一是出现管外水泥环的破裂，甚至出现套管破裂现象，特别是无枪身射孔对套损程度更大；二是射孔时，深度误差过大或者误射，这对于二次、三次加密井的薄互层尤为重要，误将薄层中的隔层泥岩、页岩射穿，将会使泥页岩受注入水侵蚀膨胀，导致地应力变化，最终使套管损坏；三是射孔密度选择不当，影响套管强度。

（3）出砂造成套损：当油层大量出砂后，上覆岩层失去支撑，打破了原有平衡，将产生垂向变形，当上覆地层压力超过油层孔隙压力和岩石骨架结构应力时，相当一部分应力将传给套管，当传到套管的压力大于套管的极限强度时，套管将出现变形或错断。

（4）地质因素引发的套损：在进入中高含水期后套损井逐年增多，主要是地层水和注入水加快流动，进入断层或地层破碎带，使胶结物质水化，导致断层或破碎带"复活"，再加上地层本身的不稳定，造成套管损坏。

（5）腐蚀造成套损：套管腐蚀主要是化学腐蚀、电化学腐蚀、生化腐蚀。化学腐蚀、电化学腐蚀主要是发生在高矿化度的地下水对套管的腐蚀；生化腐蚀主要是指硫酸盐还原菌、硝酸盐还原菌等造成的腐蚀。

（6）大型增产措施等造成的套损：大型增产措施（如压裂和酸化）施工，井口压力常达到20～35MPa，油层部位套管压力可达40～55MPa。常用的J55管抗内压设计强度为21.93～27.4MPa，这样套管接箍和螺纹部位以及固井质量差的井段很容易产生破裂。

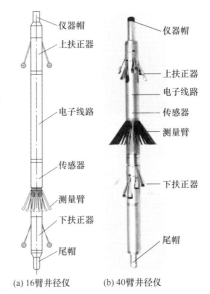

(a) 16臂井径仪　　(b) 40臂井径仪

图4　多臂井径仪

（7）注水造成套损：注入水挤入油层顶部或底部的泥岩层中，使蒙脱石水化膨胀，同时泥岩层原生裂纹、裂缝被压开，由于水楔作用而形成对套管的挤压力，伴随着井壁上的应力集中挤坏套管。

（8）修井过程中造成的套损：在油田开发中不可避免地要对井下生产管柱进行调整，经常重复作业，管柱受外力影响，形成对套管的损坏力。在作业过程中，使用工具不当、盲目施工等，也会形成对套管的损坏力。通井、落物打捞、偏磨等诸多因素也会对套管造成损伤。

（向　蓉　步玉坏）

【**套管整形 casing reshape**】　利用各种技术措施对弯曲、缩颈套管进行整形修理的作业。目的是恢复套管使用功能，满足油、水、气井生产需要。按施工方法分为胀管器整形、爆炸整形和磨铣整形。套管变形缩径后，首先选用胀管器整形修复。使用胀管器的优点是不需剔除套管内壁的金属，使修复好的套管强度可以得到较大限度的保证。当套管有较大变形缩径时，用爆炸整形后再用胀管器整形修复。当胀管器整形达不到目的时，应考虑使用套管磨铣整形修复。

胀管器整形　在井筒内利用直径大于变形点胀管器的多次快速下放产生的冲击力或旋转挤压，使缩径处套管直径扩大，恢复至可以下入正常生产管柱时所需要通径的工艺方法。胀管器整形按施工方法分为冲胀法、旋转碾压法、旋转震击法和液压胀管器整形。

（1）冲胀法。梨形胀管器上接配重钻铤，通过钻柱的快速下放，对套管缩径部位猛烈冲击整形。梨形胀管器底部为锥状斜面，这个斜面由胀管器的高速下冲产生侧向分力，实现对缩径套管壁的挤压冲击。

（2）旋转碾压法。采用的工具是偏心辊子整形器或三锥辊子整形器。这两种工具也是靠对缩径部位的挤胀完成整形。采用这两种辊子整形器的操作方法是用转盘驱动钻柱带动整形器旋转，整形器对套管的缩径部位做连续不断的敲击碾压，最终使该缩径部位达到所需的扩径要求。

（3）旋转震击法。利用转盘驱动钻柱旋转，带动一个旋转震击式胀管器转动，该胀管器的整形头端为一个螺旋曲面，该曲面被等分为三个高低不同的台面。钻柱每旋转一周，工具的锤体对整形头产生三次冲击。而整形头也对套管缩径部位产生三次挤胀，最终使套管缩径部位得到扩张恢复。

（4）液压胀管器整形工艺管柱：液压开关阀、锚定装置、液压胀管器和分瓣式胀头等（见图）。液压胀管器整形管柱串接好后，下入到套管变形部位，然后进行地面打压，在压力的推动下液缸启动，推动推杆下移，同时锚定器锚定在套管上；在压力作用下液缸继续推动推杆下移，此时分瓣式胀头膨胀，直径变大直接接触套管，当套管受到径向分力大于地应力对套管的挤压力和套管本身的弹性应力时，套管复位；保持套管复位一定时间后，地面开始卸压，完成套损的膨胀修复。

胀管器上部连接刚性钻铤会加强工作中的冲击能力，使整形效果更加显著。为了避免使用胀管器时发生卡钻事故，钻铤上部应连接震击器以便及时对卡钻事故进行处理。

爆炸整形 利用炸药爆炸瞬间产生的高压气体的冲击压力使井筒内套管的缩径部位做径向扩张，恢复至可以下入正常生产管柱时所需要通径的工艺方法。以达到生产管柱能畅通下入井内的目的。适用于套管变形后通径较小，用胀管器、磨铣类机械整形工具难于修复的情况。

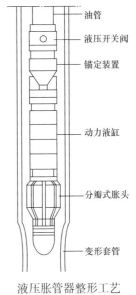

液压胀管器整形工艺
管柱示意图

（图注标识）油管／液压开关阀／锚定装置／动力液缸／分瓣式胀头／变形套管

爆炸整形效果取决于药性和药量的计算。而药性和药量的选择又以套管变形部位套管能通过最小直径为依据，保证药柱能下入套管损坏部位，使套管的内缩部位得以扩张。

磨铣整形 在井筒内利用铣锥、铣鞋等磨铣类工具对缩径部位的套管内壁进行切削、磨铣，使该部位套管内径扩大，恢复至可以下入正常生产管柱时所需要通径的工艺方法。这种方法用于胀管器不能完成套管整形时采用，铣锥连接在钻具的下端，通过转盘带动方钻杆驱动井内钻具旋转，铣锥对套管缩径部位做旋转切削，边旋转边施加钻压切削缩颈套管（也称段铣），缩径部位不断被扩大，被切削的铁屑被洗井液循环出井口。在磨铣过程中要保证铣锥不偏离套管轴线，磨铣钻具要接入钻铤及扶正器，防止偏离原井眼，造成整形失败。磨铣整形时如果磨穿生产套管，应经过套管内衬或套管补贴将损坏套管修复好。

（张景云　庞志学　步玉环）

【套管补贴 casing patching】 在井筒内将符合技术规范的特殊管材下至套管损坏部位，通过机械力或爆炸力的作用，使管材紧密贴附在损坏套管处的内壁上，达到试压标准，满足恢复生产需要的工艺技术。适用于生产井内的套管部分损坏或误射孔造成出水的油井。常用的套管补贴技术有套管爆炸补贴、波纹管补贴、软金属衬管补贴和膨胀管补贴。

套管补贴要求套管在损坏部位上下轴线对中，不得有偏离。套管损坏点上部套管无缩径、无弯曲变形，套管内径从上到下包括套管损坏部位内径要满足补贴工具的顺利通过。套管补贴在实施前要用长于补贴管 1~2m 的通井规通井。要对补贴部位及上部套管进行清蜡、除垢和对补贴部位进行反复刮削。

自 20 世纪 70 年代初以后被中国各大油田应用，在技术实施的过程中对该工艺技术不断改进，逐渐向高强度和长井段补贴发展，成为一项具有特色的套管损坏井的修复技术。

（张景云　曾凡芝）

【套管加固 strengthening casing】 在套管的漏失井段采用内衬或外衬一定规格的管子或管类工具，并使加固管支撑于漏失部位达到密封的作业。分为套管内衬加固和套管外衬加固。套管加固修复的实施要求是：套管损坏部位径向变化小，损坏部位套管上下轴线对中。当套管损坏部位不能满足加固要求时应对其先行整形。套管加固中的内衬管与套管间的密封充填物可以是水泥、树脂和其他充填材料，而外衬管与套管间的密封充填物一般只是水泥浆。内衬管的使用深度在井内没有限制，而外衬管的使用只限于距井口较近的部位。

套管内衬加固　将符合技术规范要求的管材置于套管损坏部位内部，使该管体对套管损坏部位实现有效的覆盖支撑和密封，防止套管损坏部位再度变形损坏。内衬加固修复主要有水泥浆充填内衬加固、筛管内衬加固、丢手封隔器内衬加固等形式。

（1）水泥浆充填内衬加固。用可钻丢手悬挂器下接内衬管，下至欲加固部位，坐挂后在内衬管与套管间注入水泥浆，再投球使输送管柱与悬挂装置脱手，上提管柱，反洗井，候凝，再下钻头钻穿加固管内水泥塞，使井筒畅通。衬管与套管间的密封情况应经试压、验窜检验合格。这种方法悬挂器内径较小，影响各种作业实施。

（2）筛管内衬加固。当油层射孔段出现套管破裂损坏时，可以对油层部位下入筛管内衬。筛管底部用盲管或卡瓦支撑，筛管上部连接有左旋螺纹接头，可以倒扣脱手。这种方法只能解决内衬加固问题，不能解决密封问题。

（3）丢手封隔器内衬加固。对套管损坏部位下一个丢手封隔器下部带内衬管，使其内衬于套管损坏点。这种方法既缩小井筒内径又不能解决密封问题，使用的局限性较大。

　　套管外衬加固　将内径大于油水井套管接箍外径的管体外套于套管损坏部位，使其覆盖于套管损坏井段，并在外衬管与损坏套管之间注入水泥浆达到密封试压标准，以保证油水井正常生产。

　　套管外衬加固修复技术常常要经过对原套管外部套铣后才能实现。适用于套管损坏较浅的油水井。最大优点是原套管损坏处被修复后，内径不变小，利于以后各项油水井措施的实施。缺点是施工相对复杂，当修复后，若该部位附近再度发生套管损坏而需要换套管时，使取套工作难于进行。套管加固修复技术大部分采用的是内衬方法。

（张景云　盛江庆）

　　【胀管器 tube expander】　通过机械挤压，使一定范围内缩径变形的套管通径恢复原状或接近恢复原状的整形工具。种类较多，主要有梨形胀管器、长锥面胀管器、偏心辊子整形器、三锥辊整形器和旋转震击式整形器。

　　梨形胀管器带有水槽的梨形整体结构的套管扩径整形工具（见图 1）。用以恢复井下变形较小套管的整形。钻柱对胀管器向下施加冲击力，胀管器锥体大端与套管变形部位接触的瞬间产生径向分力直接挤胀套管变形，扩大套管内径，实现套管整形。梨形胀管器结构简单，但其锥体与套管接触部位可能产生积压黏连，造成卡钻事故。

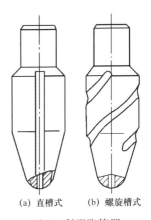

(a) 直槽式　　(b) 螺旋槽式

图 1　梨形胀管器

　　长锥面胀管器　长锥面胀管器为一整体结构，其内有水眼，外表耐减径处有三条反向螺旋槽，可进行循环。降低锥面与变形面接触时的温度。上部为钻杆接头，同钻杆连接（见图 2）。长锥面胀管器工作部分可分为长锥面和上部圆柱两部分。

　　偏心辊子整形器　通过带有若干偏心辊子的旋转运动，对套管缩径处向外挤压扩径的套管整形工具。由偏心轴、上辊、中辊、下辊、锥辊、钢球及丝堵等组成（见图 3）。当钻柱沿自身轴线旋转时，上、下辊绕自身轴线旋转运动，而中辊轴线由于与上、下辊轴线有一偏心距 e，必绕钻具中心以 $0.5D_{中}+e$ 为半径作圆周运动，这样就形成一组曲轴凸轮机构，形成以上、下辊为支点，中辊以旋转挤压的形式对变形部位的套管进行整形。除此之外，当工具在变形较复杂的井段内工作时，变形量的不同，上、下辊与中辊又可互为支点，但各支点的阻力各不相同，具有偏心距 e 的偏心轴旋转时，在变形量小、阻力小的支点处，辊子边滚动边外挤。在变形量大、阻力大的支点处，偏心轴与辊子间产生滑动摩擦运动，并对变形部位向外挤胀。

三锥辊整形器　由芯轴、锥辊、销轴、锁定轴、垫圈、引鞋等组成（见图 4）。当三锥辊套管整形器在随钻具旋转和施加钻压的作用下进入整形段，锥辊除随芯轴转动外，还绕销轴自转，对变形部位进行挤胀和辊压，使变形段逐渐复原。锥辊最大直径通过后，变形段对锥辊长锥面无作用力，此时变形段对短锥面有弹性反力。然而随钻具旋转和锥辊自转，对恢复段继续辊压，并在洗井液的冷却下，弹性反力逐渐消失，尺寸基本保持不变，以巩固整形效果。

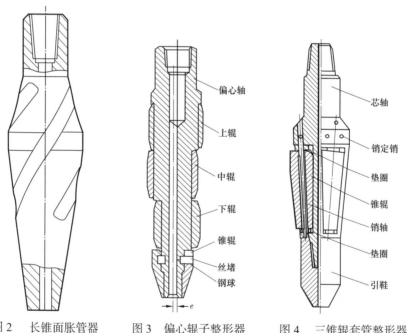

图 2　长锥面胀管器　　　图 3　偏心辊子整形器　　　图 4　三锥辊套管整形器

旋转震击式整形器　由锤体、整形头、钢球、螺钉组成（见图 5）。锥体和整形头相接触的端面处有凹凸螺旋形曲面配合。随着钻具的旋转，旋转震击式套管整形器的锤体和整形头之间的两螺旋曲面凸轮间产生相对运动，锤体带动钢球沿宽环形槽抬起。经旋转一定角度后，凸轮面出现突降，被抬起的垂体下落，砸在整形头上，给变形区以胀力，使其恢复通径。

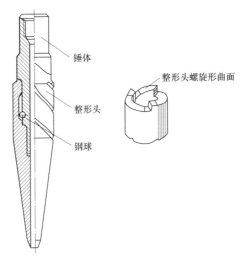

锤体

整形头螺旋形曲面

整形头

钢球

图 5　旋转震击式套管整形器

（王锡敏　杨振威　步玉环）

海洋钻井

【海洋钻井载荷 marine drilling load】 海上钻井过程中，由重力、浮力、风、波浪、潮流、冰及地震引起且作用在海上钻井平台的外载荷。海洋钻井载荷的大小除了与钻井平台本身有关外，还与海域位置、海洋季节条件、海水深度、钻井深度条件等有关。

（步玉环 杨 欣）

【波浪载荷 wave load】 海洋工程结构物在海洋风浪流环境下承受海浪或暗流的作用力。波浪荷载是由波浪水质点与结构物间的相对运动所引起的。波浪是一随机性运动，很难在数学上精确描述。当结构物构件（部件）的直径小于波长的 20% 时，波浪荷载的计算通常用半经验半理论的美国莫里森方程；大于波长的 20% 时，应考虑结构对入射波场的影响，考虑入射波的绕射，计算时用绕射理论求解。影响波浪荷载大小的因素很多，如波高、波浪周期、水深、结构尺寸和形状、群桩的相互干扰和遮蔽作用以及海生物附着等。

波浪载荷包括：直接作用于海洋工程结构物上的水动压力；海洋工程结构物在风浪流中运动产生加速度导致的惯性力；海洋工程结构物发生总体和局部的动态应力，致使结构受到内部构件产生的弯矩（剪力）和扭矩。

（步玉环 杨 欣）

【风载荷 wind load】 在风力作用下空气流动，空气流动作用在海洋工程结构物上所产生的载荷。风载荷应指垂直于气流方向的平面所受的风的压力。风载荷计算式如下：

$$P_w = CK_h qA$$

式中：C 为风力系数，用于考虑受风结构物体体型、尺寸等因素对风压的影响；K_h 为风力高度变化系数；q 为计算风压；A 为海洋工程结构物垂直与风向的迎风面积。

（步玉环 柳华杰 杨 欣）

【冰载荷 ice load】 当环境温度低到一定程度，海水结冰，受温度影响冰随海水的移动而移动，移动的冰作用在海洋工程结构物上所产生的载荷。对于不同的结构，冰荷载形成的机理和形式是不同的，冰荷载作用在直立结构时，发生挤压破坏；作用在锥体结构时，发生弯曲破坏。根据钻井平台结构的特征，出现最多的是挤压破坏。挤压破坏可以分为三种：准静态破坏（平台结构物破坏时受到的载荷主要是冰载荷的冲击）、自激振动破坏（冰载荷随波浪振动引起平台结构物的振动，振动载荷与冰载荷冲击联合作用的破坏）、随机强迫振动破坏（随着波浪变化和冰载荷联合作用，平台结构物产生随机性强迫振动产生的破坏）。

（步玉环　柳华杰　杨　欣）

【穿刺 punch through】 自升式钻井装置的桩腿突然穿透地层中的硬夹层而快速下沉的现象。自升式钻井装置在升船压桩过程中，桩脚基础遇到硬土层之下存在软土层的层状地基，当桩脚施加的压载超过层状地基承载力时，地基土发生冲剪破坏，造成桩柱下沉。当桩腿形成穿刺，穿过硬土层进入软土层后，由于承载力的大幅度下降，造成钻井船桩腿的迅速下沉的，平台结构物下沉或失稳，会给平台结构物及人员带来极大的危害。

（步玉环　柳华杰　杨　欣）

【海底冲刷 seafloor scour】 海洋钻井装置的桩靴或沉垫接触海床处的土壤受到海流冲击，使得海底土壤发生运移的现象。海底冲刷使得平台结构物桩柱受到冲击力作用，容易造成平台结构物失稳破坏。

防止海底冲刷的措施：

（1）在易产生冲刷孔处填以砂袋或碎石之类的物体加以防护。

（2）减少冲刷区的水流速度。例如可环绕着桩腿设置像帐篷一样的防护设施如尼龙网罩，当水流经桩腿底部时，由于尼龙网的阻塞作用，使水流速度降低，达不到砂粒子的起动速度，因此，不会产生冲刷作用。相反，由于流速的降低，在水流中悬浮着的砂粒子可能要沉淀下来，即使已有冲刷孔，这些砂粒子可起到回填的作用。

（3）改变水流方向。例如桩腿的外形若设计成流线型的，则可改变水流状况，起到减少冲刷的作用；另外，也可在桩腿周围的冲刷孔中放置废旧轮胎（这些轮胎绑在一起有横有竖，其形状按冲刷孔而定）。当含砂的流水流经这些轮胎时，由于受到撞击，泥沙会下沉，从而可起到回填的作用。

（步玉环　柳华杰　杨　欣）

【泥线悬挂器 mudline hanger】 位于泥线面附近（以上），用于悬挂套管柱重量且具有脱手和回接套管功能的筒型短节。又称自升式钻井装置海底井口。属于水下井口中的一种特定要求装置，适用于近海浅水区。当以座底式钻井装置或平台方式钻井时，要使用泥线悬挂器以保证相对于平台或水下完井的钻井、弃井和回接。

（步玉环　柳华杰　杨　欣）

【桩贯入度 pipe penetration】 打桩时，锤击桩每10击进入的深度，用（mm/10击）表示。用于度量打桩的难易程度，如在强风化花岗岩中最后贯入度（6.0t的锤）一般为20~50mm/10击。进行贯入度测试的目的，是通过贯入度判断地基土的软硬程度，从而确定桩基或地基土的承载能力。

（步玉环　柳华杰　杨　欣）

【滩海 tidal zone】 沿海高潮位与低潮位的潮差浸带或平均水深不大于5m的近海海域。也就是海水涨至最高时所淹没的地方开始至潮水退到最低时露出水面的范围。潮间带以上，海浪的水滴可以达到的海岸，称为潮上带。潮间带以下，向海延伸至约30m深的地带，称为亚潮带。

（步玉环　柳华杰　杨　欣）

【海洋钻井装置 offshore drilling unit】 满足海上钻井作业要求的海洋结构物的总称。海上钻井作业专指配备成套钻机的钻井平台和钻井船。在近海勘探的初期使用的是坐底式钻井装置和全潜式钻井平台，后来出现了自升式钻井装置，可在较深水域和不同的地点工作。为在更深的水域工作和具有更大的活动性，相继出现了移动式钻井装置、半潜式钻井装置（见半潜式钻井平台）和钻井船。钻井船的活动性最强，理论上不受水深的限制，但不如半潜式钻井装置稳定。

（步玉环　杨　欣）

【人工岛 artificial island】 在滩海及浅水区域为进行钻井、采油等作业而建造的一片人工陆地。人工岛通常应用在浅海、极浅海油气田的开发。人工岛主要形式有填海式、桩基式、沉箱或钢壁圈闭式。

（步玉环　杨　欣）

【动力定位式钻井装置 dynamic positioning drilling unit】 依靠自动控制的动力定位装置使海洋钻井平台或钻井船保持在所需位置以进行钻井作业的装置。动力定位是完全依靠推进力方式而不是锚泊方式保持船位（固定位置或预定航线）。其基本工作原理是利用计算机对接收的卫星定位信号（DGPS）、环境参数（风、浪、流）以及船舶传感器输入的船舶位置信号，自动地与计算机中模拟的预定船位进行比较，推算出保持这一位置需要的各种推进器的推力、速度和方向，自动控制推进器工作。反复地进行比较判断计算执行控制，使船舶在规定的环境条件下，位置保持在精度允许的范围内。

（步玉环　杨　欣）

【自升式钻井装置 jack-up drilling unit】 具有可升降的桩腿和可浮于水面的船体，站立状态时桩腿支撑于海床、船体沿桩腿升至海面以上预定高度进行作业的移动式钻井装置（见图）。又称自升式钻井平台。常用的升降装置可分为齿轮齿条式和液压插销式。齿轮齿条式是用电动机或液压马达来驱动设在平台甲板上的齿轮，使设在桩腿上的齿条动作，桩腿随着上下移动（这时平台浮于水面），或使平台沿着桩腿升降（这时桩腿支承于海底）。液压插销式有两组插销，每组插销都连有液压千斤顶，当一组插销插入并肩压千斤顶时，另一组插销即脱出和返回，即当一组插销为工作冲程时，另一组插销为返回冲程，这样重复进行，使桩腿与平台随着上下升降。钻井时，桩腿着底，支承于海底，平台沿桩腿上升，脱离水面有一定高度，以避免波浪对平台的冲击。移位时平台下降浮于水面，桩腿或桩腿和沉垫从海底升起，并将桩腿的大部分升出水面，以减小移位时的水阻力，被拖至新的井位，一般不能自航，由于桩腿的长度有限，最大工作水深约为 100m 左右。为了减轻结构重量，并使操作方便，桩腿的数目一般为三条或四条。

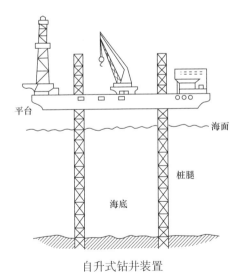

自升式钻井装置

（步玉环　杨　欣）

【坐底式钻井装置 submersible drilling unit】 可通过海水压载的方法将下船体直

接坐落于海底，作业结束后排水起浮的移动式钻井装置。坐底式钻井装置可借助沉垫坐于海底进行作业，又可利用浮箱漂浮于海面，从而可以在海上移动。工作时，先由拖轮将其拖至井位（有的可自航），然后，灌水下沉，待沉垫坐于海底后，打好防滑桩，即可进行钻井作业。作业完后，将沉垫排水充气，待漂浮于水面后，即可运移至其他井位。

（步玉环　杨　欣　柳华杰）

【沉垫型自升式钻井装置 mat jack-up drilling unit】 桩腿下端连接在同一个大面积沉垫上的自升式钻井装置。由平台、桩腿和沉垫组成，设在各桩腿底部的沉垫将各桩腿联系在一起，整个平台的重量由相连各桩腿支承。沉垫是连接在自升式钻井平台的桩腿下端，或在坐底式钻井平台立柱的下端，用于将整个平台支承于海底的公共箱形基座。沉垫的作用是增大平台坐底时的支承面积，减小支承压力，使桩腿或立柱陷入海底的深度减小。当平台定位后要升起时，不需要预压。在平台拖航时，沉垫浮于水面或接近水面，有提供浮力与稳定性的作用。为了防止坐底时海底有海流流速的冲刷作用，一般在沉垫四周底部设有能插入海底的裙板，以防止周围的海底被淘空，影响平台的安全。沉垫式平台适用于泥土剪切值低的地区，不适用于有珊瑚层或大块岩层地区，因为不平整的海底可能会破坏平台结构。

（步玉环　杨　欣　柳华杰）

【系泊定位式钻井装置 anchor moored positioning drilling unit】 借助于锚缆张力实现位置相对固定的浮式钻井装置。系泊定位式钻井装置借助的是固定锚沉于海底，锚缆绳系于钻井装置，在钻井装置的四角各系一个固定锚，缆绳张紧，固定钻井装置。系泊定位式钻井装置不能用于水深太深、风浪太大的海域。一般用于水深300m以内、中等风浪海况下。

（步玉环　杨　欣　柳华杰）

【桩靴型自升式钻井装置 spudcan jack-up drilling unit】 在每个桩腿下端各装有一个面积较大的密封箱体以增大海底支承面积的自升式钻井装置。在每一桩腿的下端设一面积较大的箱体即桩靴，桩靴有圆的、方的或多边形的，主要是增大海底支承面积。由平台结构、桩腿及升降机构组成，其中自升式钻井平台的主船体部分是一个水密结构，用以承载机械，实现钻井及采油作业功能。当其浮于海面上时，主船体部分产生的浮力用以平衡桩腿、机械、结构等的重力。它带有能够自由升降的桩腿，作业时桩腿下伸到海底，站立在海床上，利用桩腿托起船壳，并使船壳底部离开海面一定的距离（气隙）。

（步玉环　杨　欣　柳华杰）

【浮式钻井装置 floating drilling unit 】采用锚泊或动力定位方式定位，浮于海面进行钻井作业的海洋钻井装置。通常指半潜式钻井平台和钻井船。通常分为半潜式钻井装置、钻井船和钻井驳船等。

浮式钻井装置的作业特点：处于漂浮状态的钻井装置，在风浪作用下，船体将产生升沉、摇摆、漂移三种运动，它们对钻进作业会有不同程度的影响。

升沉：在钻井时，船体的升沉会带动井下钻具也上下运动，因而钻头对井底的压力不能控制，这不仅影响钻进效率，而且钻具周期性地撞击井底使钻杆不断弯曲或某位置点受拉压交替载荷作用，导致疲劳断裂。

浮式钻井装置开始钻井时，不在海底装插固定的隔水导管，因为水深，长隔水导管容易弯曲，且船体运动易使固定隔水导管与船井口碰撞。为了使井筒和海水隔开，保证钻具重返原井眼，同时又能使运动的船体和船井口保持相对的位置，就需要有独特的设备使钻具通向井底，称为水下通道器具或通道立管（简称水下器具）

摇摆：船体的摇摆会使钻杆弯曲，也会使井架上的游动滑车、井场的钻杆、套管、井口返出的钻井液等不断摇晃，造成船体受力点及力的大小的波动，都影响正常钻进。当摇摆的角度稍大时，转盘的方补心有从补心孔脱出的危险。浮式钻井装置的摇摆影响钻井作业的正常进行。浮式钻井装置中，半潜式平台稳定性好，钻井船稳定性相对较差。

为了减少船体的摇摆，常用的减摇措施有：（1）装设减摇舱，即在船体设水舱，利用水舱内液体流动的反力矩来减轻船体的摇摆；（2）装设减摇罐，通过改变罐内液面高度来调整船体的稳心高度，这样就改变了摇摆的自然周期，从而减少船体对风浪的反应；（3）装设抗摇器，抗摇器是与船体无关的独立系统，由支船架、浮筒、连接件、抗摇筒组成，见图1。借助抗摇筒对海水的反力矩来抵抗波浪运动对船体产生的不稳定力矩，从而减少船体的摇摆。现代的钻井船逐渐向大型化发展，加大船宽，也有减摇的效果。

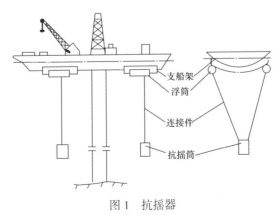

图 1　抗摇器

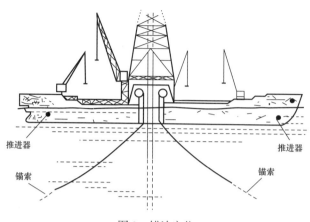

图2　锚泊定位

　　漂移：船体的漂移也使钻具弯曲，特别是在起下钻具时，不能重新进入原井眼。浮式钻井装置的漂移用各种定位系统来限制。为了控制住井口和水下通道器具，要求浮式钻井装置的漂移不超过水深的 3%～6%。如能把漂移量限制在水深的 3%，钻井效率就能大大提高。主要采用锚泊定位和动力定位。锚泊定位系统主要由锚机、锚链（或锚缆）、导链轮、锚等组成（见图2），在水深三百多米、中等风浪的海区能满足定位要求。动力定位是不使用锚和锚索而直接用推进器来自动控制船位的方法。动力定位由传感系统、控制系统和推进系统组成。

（步玉环　杨　欣　柳华杰）

【移动式钻井装置 mobile offshore drilling unit】 能够重复就位、作业、起浮、拖航、移位等操作的海洋钻井装置。根据工作原理与构造不同，可分为沉垫式、自升式、水面式和半潜式等四种。

　　沉垫式钻井装置分上、下两层结构，上层为工作平台，即钻井平台；下层则为沉垫。海上钻井时，将海水灌入，沉垫沉入了海底。钻井结束后，将海水排出，沉垫就会自动浮起，可移动至新的井位，进行钻井作业。

　　自升式钻井装置由工作平台、桩脚和升船机等三部分构成。工作平台有三角形、四边形和五边形等多种形状。在工作平台上安装有钻井设备、动力装置及生活设施。桩脚为钢结构，形状有圆筒形、箱形、桁架形，它们可以自行升降。例如，"渤海一号"是我国第一台自行设计、制造的自升式钻井装置，有 4 根桩脚，每根长 73m。自升式钻井装置本身没有动力推进装置，要有拖轮来拖带。

　　水面式钻井装置像一艘水面船舶一样漂浮在水面，故又叫水面式钻井船。它按照船型可分为单体、双体、三体，其中常用的是双体式钻井船。它的甲板面积大，航行性能好。

　　半潜式钻井装置由上体、下体、支柱三部分组成。上体是工作平台，有三角形、四边形、十字形等几种形状，在工作平台上安装有钻井装置和各种附属设备。下体潜入水中，一般半潜式钻井装置有 2 个下体，每个下体以用 2~3 个支柱与上体相连。

（步玉环　杨　欣）

【**悬臂梁自升式钻井装置** cantilever jack-up drilling unit】 井架及其底座安装在可移动的悬臂梁结构上的自升式钻井装置。井架及钻台安装在悬臂结构上，且能沿轨道滑移到平台甲板以外一定距离（见图）。该钻井装置对于丛式井的钻进具有控制面积大、活动灵活的特点。

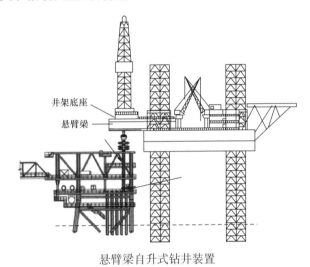

井架底座

悬臂梁

悬臂梁自升式钻井装置

（步玉环　杨　欣）

【**槽口型自升式钻井装置** slot jack-up drilling unit】 船尾中部的船体结构处设有一个凹形钻井槽口的自升式钻井装置。可以使钻柱从钻台向下通过甲板直达海底进行钻井，对于不同水深的适应性较好。

（步玉环　杨　欣）

【**钻井船** drilling ship】 具有自航能力的船型浮式钻井装置（见图）。与自升式钻井装置或半潜式钻井装置（见半潜式钻井平台）相对而言移动性更好，但是钻井时具有摇摆晃动，稳定性较差。现代钻井船安装有动力定位设备，即使在恶劣天气中也能使钻井船保持在井眼位置上。钻井船到达井位后，先抛锚定位或用动力定位方法定位，然后开始钻井作业，作业时船体呈漂浮状态，在风、浪作用下，船体将产生上下升沉、前后左右摇摆及在海面上漂移等运动，需要采用钻柱升沉补偿装置、减摇设施以及动力定位等多种措施来保证钻井船位移在允许范围内，以便保证正常进行钻井作业。钻井船最大的优点在于可以自行移动，减少了一些拖航的环节。

钻井船

（步玉环　柳华杰　杨　欣）

【桩基式钻井平台 pile foundation drilling platform】 依靠向海底打桩将平台与海底牢牢固定的固定式钻井平台。桩腿分为木桩、钢筋混凝土桩、钢桩和铝质桩。由上层建筑和基础部分（即下部结构）组成。上层建筑一般由上下层平台甲板和层间桁架或立柱构成。基础结构包括导管架和桩。桩支承全部荷载并固定平台位置。桩数、长度和桩径由海底地质条件及荷载决定。导管架立柱的直径取决于桩径，其水平支撑的层数根据立柱长细比的要求而定。

（杨　欣）

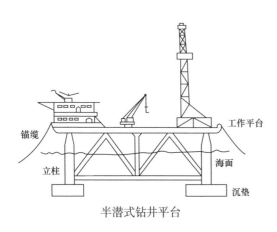

半潜式钻井平台

【半潜式钻井平台 semi–submersible drilling platform】 具有浮箱、立柱和上部船体，作业时浮箱及部分立柱潜没于水中的浮式钻井装置。又称半潜式钻井装置、立柱稳定式钻井平台（见图）。半潜式钻井平台是从坐底式钻井平台演变而来的。钻井时，两个浮箱沉于水中一定深度，但不接触海底，立柱部分沉于水中，靠压载水来调节沉没深度。一般采用抛锚定位，水特别深时，采用动力定位。有的能自航，但大部分都需要拖航，拖航时浮箱顶面露出水面。可适应在恶劣海况下钻井作业。

（步玉环　杨　欣）

【重力式钻井平台 gravity-type drilling platform】 依靠自身重量维持稳定的固定式钻井平台。分为钢筋混凝土重力式平台、钢重力式平台和钢—钢筋混凝土重力式平台三种。

钢筋混凝土重力式平台：主要由上部结构、腿柱和基础三部分组成（见图）。基础分整体式和分离式两种。

钢重力式平台：也是属于分离式基础型，由钢塔和钢浮筒组成，浮筒也兼作储油罐。

钢—钢筋混凝土重力式平台：上部结构和腿柱用钢材建造，沉箱底座用钢筋混凝土建造，可充分发挥两种材料的特性。

（步玉环　杨　欣）

【张力式钻井平台 tension drilling platform】利用绷紧状态下的锚索产生的拉力与平台的剩余浮力相平衡的钻井平台。又称张力腿式钻井平台。适用于较深水域（300～1500m），且可作为生产平台来开采油气储量较大的油田。一般由上部模块、甲板、船体（下沉箱）、张力钢索及锚系、底基等几部分组成。张力式平台是深水钻井用的主要平台，其优点是受力合理、用钢少、成本低，对海洋环境适应性强。

张力式钻井平台

（步玉环　杨　欣　郭胜来）

【坐底式钻井平台 submersible drilling platform】 钻井时坐落于海底，移位时浮到海面上的钻井平台。又称钻驳、插桩钻驳、沉浮式钻井平台。具有构造简单，投资较少，建造周期较短等优点，适用于河流和海湾等30m以内的浅水域以及海床平坦的浅海区域进行油气勘探开发作业。

坐底式钻井平台有两个船体，上船体又叫工作甲板，安置生活舱室和设备，通过尾部开口借助悬臂结构钻井；下部是沉垫，其主要功能是进行压载以及用于海底的支撑，用作钻井的基础。两个船体间由支撑结构相连。该种钻井装置在到达作业地点后往沉垫内注水，使其沉在水底（见图）。因此，考虑钻井平台的稳定性和结构，该平台作业水深不但有限，而且也受到水底基础（平坦及坚实程度）的制约。中国渤海沿岸的胜利油田、大港油田和辽河油田等向海中延伸的浅海海域，潮差大而海底坡度小，对于开发此类浅海区域的石油资源，坐底式钻井平台有较大的发展前途。

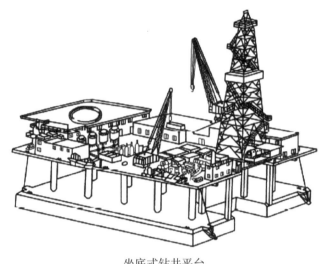

坐底式钻井平台

（步玉环　柳华杰　杨　欣）

【固定式钻井平台 fixed type drilling platform】 依靠桩腿或混泥土基础直接固定于海底的钻井平台。在整个使用寿命期内位置固定不变，不能再移动。最常见是导管架平台和混泥土重力平台。

导管架平台　主要由上部结构和底部结构组成（见图1）。上部结构主要包括平台甲板、甲板支柱和空间桁架结构，底部结构主要由导管架及桩等组成。工作水深一般为10～300m。具有刚度大、整体稳定性好、建造方便等优点；主要缺点包括：随着水深的增加，建造费用显著增加；海上安装周期长、工作量大。

混泥土重力平台　底部通常是一个巨大的混泥土基础，用三个或四个空心混泥土支柱支撑着上面的结构，在平面底部的巨大基础中分隔着很多圆筒形的储油罐和压载舱（见图2）。该平台依靠自身重力来维持稳定，不需要依靠插桩。具有与海底连接程度好、很少或不需要维修、使用寿命长、不需要桩基工程、养护可承受恶劣波浪及海流等优点；缺点是对地基要求高、拖航阻力大、冰区性能变差。

（步玉环　杨　欣）

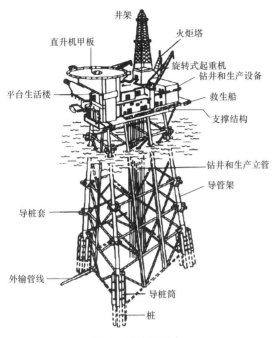

图 1　导管架平台

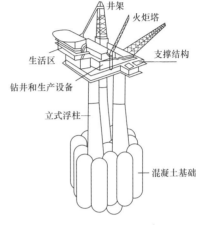

图 2　混泥土重力平台

【井口基盘 template】　固定于海底,用于保护预钻井口,引导平台就位以及保证井口正确回接的钢质构架(见图)。井口基盘内壁有卡口沟槽,以便用钻杆柱及特制接头将其送至海底,然后旋出接头,将井口基盘留于海底。井口基盘内孔上部呈锥形,以使导管头能靠自重找正。

（步玉环　柳华杰　杨　欣）

【水下基盘 subsea template】　在海底一个井位处进行多口井钻井的井口,属于海底井口。又称海底钻井基盘,用于海上钻井时引导钻具、承接水下井口装置及防喷器组、布置井距、辅助导管架对接定位等,且按

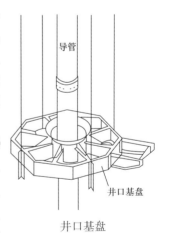

井口基盘

基盘上设计的井槽数进行预钻开发井。是采用预钻井方式进行海上边际油气田开发的关键设备。水下基盘的结构及规格主要是根据油田设计需钻的开发井井数、作业区的水深和海况等因素来确定,主要包括:(1)定距式基盘。最简单的一种基盘,井眼之间的距离已定。见图1,桩管套用来通过桩管打桩入海底,固定底盘。井孔套用来安装套管头及井口装置。(2)整体式基盘。适合于油藏

特性和开发井网的井数已知情况下的钻井作业。常用的 9，12，15，18，20 及 24 等（见图 2），最多可达 32 口。底盘构架（底盘结构）由不同规格管材焊接而成。重型的三点或四点调平装置可找平底盘。（3）组装式基盘。由若干个具有井口的构架联锁组装在一起的钻井基盘（见图 3），灵活性较大。由初始基础构架和多个悬挂式组件。

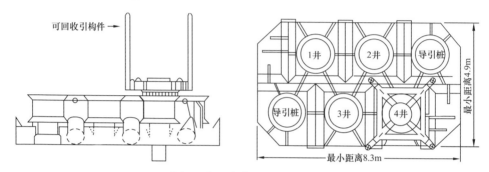

图 1　定距式水下基盘示意图

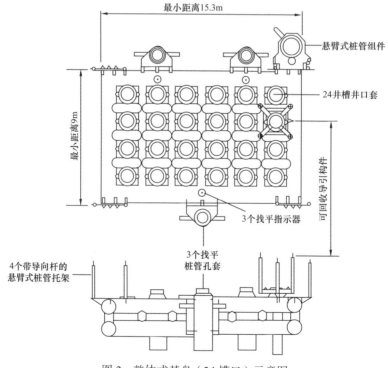

图 2　整体式基盘（24 槽口）示意图

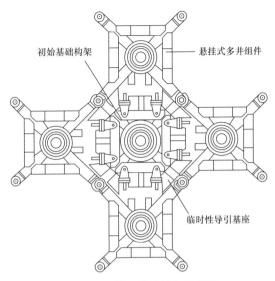

图 3 5 口井组装式基盘示意图

（步玉环　郭胜来　杨　欣）

【永久导向基盘 permanent guide base】 固定于海底导管头处并可系栓井口导向绳的钢架构件。是作为钻井平台中水下井口装置和防喷器组的基座。为方形的钢结构，四角有导向柱，柱的顶端连接导向绳。临时导向基盘下入海底后，先下钻头，钻到预定深度，起出钻具。剪断并回收临时导向绳，随后永久导向基盘随套管及套管头由四根导向绳导向，坐落到临时导向基座上。

（步玉环　郭胜来　杨　欣）

【双井架钻机 dual-derrick drilling system】 在同一钻井装置上并联配置有两套井架系统的钻机装置。分电驱双井架钻机和液压双井架钻机。电驱双井架钻机应用较多，一般是双顶塔式结构，配备两套提升系统和两套旋转系统，采用顶部驱动。两套提升系统的提升能力和两套钻井系统的钻井能力一般不同，分为主钻井钻机和辅钻井钻机，通过两套排管机及立根盒实现钻杆及套管的上卸扣。另外，绞车多采用主动补偿绞车，替代游车或大钩升沉补偿。液压双井架钻机采用导向框架取代庞大井架，特制井架不承受顶驱载荷，仅起导向作用，由 2 个或多个液压缸提供举升动力，通过滑轮组增大顶驱行程，顶驱行程为液压缸行程 2 倍，采用液压顶驱钻井。

（步玉环　郭胜来　杨　欣）

【双作业钻机 dual-activity drilling system】 在同一钻井装置上并联配置有两套独立的提升系统、转盘等设备，可同时进行两组钻井作业而又彼此互不影响的浮式钻机装置。每组钻机具有完全独立的钻井运转功能，可以是不同驱动系统钻机，也可以是相同驱动系统钻机。双作业钻机的使用可以节约钻井作业时间，尤其是在海浪比较大的区域更为适合。

（步玉环　郭胜来　杨　欣）

【无绳井口导向盘 guidelineless reentry assembly】　隔水管底部连接的引导装置。固定于海底结构导管头处、可引导钻井管柱入井及水下防喷器组与井口装置进行对接、顶部具有锥形导向喇叭口的钢架构件。一般呈漏斗状连接在水下井口头上。无绳井口导向盘的锁定一般需水下机器人通过旋转开启四个锁定装置来完成。无绳井口导向盘重量较轻，一般可由提升系统直接送到海底。

（步玉环　郭胜来　杨　欣）

【月池 moonpool】　浮式钻井装置井架底座下方船体结构空缺的槽型区域。是钻井船船体下部通海的开口区域。钻井作业时，作为起下钻具或水下防喷器和水下井口装置的作业区。

一般从月池释放潜水钟、吊装大型设备下水。从月池释放，可以避免天气不好时从钻井船释放潜水钟和大型结构物与船体碰撞，发生危险，有效地增加海上施工的时间和天气作业窗口。

（步玉环　柳华杰　杨　欣）

【水下旋转头 subsea swivel】　水下井口割套管弃井作业时，与割刀一起下入并坐于导管头处起扶正、稳定钻柱和限定割刀位置的工具。

（柳华杰　杨　欣）

【风暴阀 storm valve】　用于悬挂钻具及封闭钻具内外通道的井下工具。完井作业中，用于紧急状态或特殊目的临时封隔井眼。由背压阀和安全接头组合而成，安装于封隔器的上方。其相当于一个可回收封隔器，包含上下两组卡瓦，用于悬持风暴阀工具串的重量和控制井内压力，两组卡瓦间有橡胶，起密封压力的作用，风暴阀中间有压力平衡机构，起到密封水眼和解锁时平衡上下压力的作用。

（柳华杰　杨　欣）

【动力定位系统 dynamic positioning system】　先用声呐测定浮式钻井装置的位置，再利用浮式钻井装置上的自动控制系统发出指令控制安装在船艏、船艉的侧向推进器来固定浮式钻井装置位置的定位系统。采用动力定位系统，在海上钻探作业时不需要抛锚，这不仅减少了复杂的抛锚工序，而且工作的水深亦不受锚系长度的限制，可以在水深大于1000m以上的深度进行工作，而且在风浪中可以自动调节，满足定位要求。

（柳华杰　杨　欣）

【导向绳 guideline】 底端系于永久导向基盘导向柱、顶端系于导向绳张力器处的钢索。从半潜式钻井船的艉井伸放到海床导向基盘上的绳索，其目的是引导装备下放入海底井口。

（步玉环　郭胜来　杨　欣）

【导向绳张力器 guideline tensioner】 使钻井船导向绳始终受拉力处于绷紧状态的器具。导向绳张力器可以对钻井船的升沉运动进行补偿，由张力器缸筒、活塞总成、钢丝绳绞车、滑轮组、高压压风机及管线、储能器、高压空气瓶、控制板组成。一般钻井船配备四个导向绳张力器。

（步玉环　郭胜来　杨　欣）

【导管架平台 jacket platform】 以导管架及桩作为支承结构的平台。又称桩式平台。由打入海底的桩柱来支承整个平台，能经受风、浪、流等外力作用，可分为群桩式、桩基式（导管架式）和腿柱式。

（柳华杰　杨　欣）

【生活平台 accommodation platform】 专用于在海上为人员提供起居及生活设施的平台。在该平台上设置有宿舍房间、厨房、会议室、活动场所等，这是海洋钻井平台有别于陆地钻机最大的设置之一。

（步玉环　杨　欣）

【防沉垫 mudmat】 用于限定和显示导管柱的下放位置，固定于结构导管柱外侧的钢制板状结构物。防沉垫可以增加导管架与海床的接触面积，防止导管架在安装时的不均匀沉降，保证导管架的底座稳定。防沉垫属于浅基础，将载荷分布到海床上，以减小结构的沉降。防沉垫是永久性基础结构，一般设有裙板，用于穿透海底，提供横向抗剪强度并防止冲刷。而整体滑移的管道终端，即结构框架随防沉垫一起滑动，其基础则不设置裙板。

（步玉环　柳华杰　杨　欣）

【吸力桩基盘 suction pile template】 用吸力桩方式固定的水下基盘。吸力桩基盘由桩基础、导向筒和基盘组成，其特征在于桩基础采用吸力桩基础，吸力桩与基盘通过导向筒连接。

（步玉环　杨　欣）

【自由站立式隔水管 free-standing riser】 能够依靠自身的浮力独立站立于海水中的隔水管柱。自由站立式隔水管以钢性立管作为主体部分，通过顶部浮力筒的张力作用，垂直站立在海底，通过软管与海上浮体相连接。由垂直立管、海底基桩、浮力筒、柔性软管、柔性接头和鹅颈弯管组成。鹅颈弯管处于浮力筒之下的布置，垂直立管与浮力筒则要通过系链进行连接；鹅颈弯管处于浮力筒之上的布置，在浮力筒龙骨处则应设有龙骨节，以防弯矩过大。

（步玉环　郭胜来　杨　欣）

【应急供液管线 emergency supply line】 水下防喷器组的液控管线故障时或起下水下防喷器组过程中所用的临时供液管线。是在主控制系统上配置的一套小管径软管供液管线，以便在刚性主供液管线不能正常工作时或防喷器组起下过程中能够提供控制液，提高超深水防喷器控制系统的可靠性。

（步玉环　杨　欣）

【快速连接器 fast connector】 正常作业时用于连接和密封隔水管下部总成、水下防喷器组、水下井口装置等水下结构物、应急解脱作业时可快速脱开上述水下结构物的水下专用连接器具。

（步玉环　杨　欣）

【事故安全阀 fail safe valve】 位于水下防喷器组两侧的内外放喷阀和压井阀的统称。发生应急解脱等事故时该阀自动关闭。事故安全阀安装在闸板防喷器的侧出口，结构与阻流管汇一致，采用液压控制，并且为常闭阀（配置平衡腔，利用海水的压力，帮助事故安全阀处于关闭位置），发生井喷后，通过事故安全阀来实施压井或放喷。

（步玉环　郭胜来　杨　欣）

【固井船 well cementing ship】 海上固井作业专用船舶。设有水泥储存舱、水泥搅拌机、水泥泵以及配套安装管具、填料用的机械设备，带有足够的水泥与淡水，一般水泥浆添加剂采用固体添加剂，采用干混的方式混拌在水泥里面备用。

（步玉环　杨　欣）

【浅层气基盘 hydrate mat】 位于泥线附近、固定于导管柱外部具有密封结构的钢制板状构件。在钻遇浅层气或水合物时，可防止游离气体或水合物在水下井口装置处聚集。

（步玉环　杨　欣）

【转盘分流器 diverter】 顶部坐挂在浮式钻井装置转盘底部的具有大口径侧向出口的分流装置。在钻井开始阶段，由于尚未安装防喷器，采用转盘分流器进行分流浅层气。它安装在转盘下面、伸缩接头和上挠性接头顶部，内部有一个液压操纵的胶芯，关闭时能抱住钻杆或方钻杆，把天然气或含气井液通过专门管线引导到钻井船尽头的安全地带或下风向侧排出。

（步玉环　郭胜来　杨　欣）

【桩基平台 pile-supported platform 】　用桩作为支承结构的平台，一般指固定式平台。桩基式平台钢桩穿过导管打入海底，并由若干根导管组合成导管架。导管架先在陆地预制好后，拖运到海上安放就位，然后顺着导管打桩，桩是打一节接一节的，最后在桩与导管之间的环形空隙里灌入水泥浆，使桩与导管连成一体固定于海底。这种施工方式，使海上工作量减少。平台设于导管架的顶部，高于作业的波高，具体高度须视当地的海况而定，一般高出 4～5m，这样可避免波浪的冲击。桩基式的整体结构刚性大，能适用于各种土质，是最主要的固定式平台。但其尺度、重量随水深增加而急骤增加，所以在深水中的经济性较差。

（步玉环　柳华杰　杨　欣）

【钻井辅助船 drilling tender ship 】　不具备独立的钻井能力，为海洋钻井工程提供现场支持服务的浮式工作船。一般载有海上钻探所必须的辅助设备（动力机、钻井液系统等）、器材并提供人员生活设施。它与安有井架、钻机等主要设备的钻井平台配合进行作业。

（步玉环　杨　欣）

【钻柱补偿器 drill string compensator 】　海上钻井过程中，维持浮式钻井装置大钩载荷基本恒定的装置。用于使全套钻具在钻进时不受海水升沉影响。由主油缸、蓄能器、气体平衡罐以及相应的阀和管路等部分组成，通常安装在大钩和游动滑车之间，有时也安装在天车井架间。钻柱补偿器可根据钻具的重量来调整气体平衡罐中的气体压力，使蓄能器和主油缸保持一定的油压。当钻井装置作升沉运动时，就会带动主油缸上下运动。此种运动所引起的油压变化，带动主油缸进行排油或充油，使蓄能器中的气体发生胀缩，从而使主油缸的活塞保持不动，以达到钻具不受钻井装置升沉影响的目的。

（步玉环　柳华杰　杨　欣）

【隔水管 marine riser 】　安装在浮式钻井装置的井口甲板和海底井口之间，由数段管子连接而成的大口径管柱。钻井时可以导入钻柱及各种钻具，进行钻井液循环，同时与海水隔绝，故称隔水管。隔水管柱可以在一定范围上下伸缩，并能转动一定角度，以适应浮式钻井装置的升沉及摇摆运动。隔水管单根一般

15～16m，用快速拆装式接箍相连接。隔水管的下端通过万向球形接头和液力连接器与防喷器组顶端相连，顶部则通过伸缩式滑脱接头延伸至钻机下部。通常靠隔水管张紧器保持张紧状态，以避免因海水压力而弯折。各连接处均能快速释放，以便发生事故时能方便撤离。

（步玉环　柳华杰　杨　欣）

【滑道 skid rail】 甲板上可使悬臂梁或井架底座纵向、横向移动的轨道。滑道可以使得悬臂梁按规定的方向前进与后退，吊起不同位置堆放的备用设备及材料到指定位置进行启用，或者将废弃的设备悬吊到不影响其他设备运转或人员通行的地方；井架底座滑轨可以保证同一钻井平台井架在纵向及横向的移动，从而满足丛式井井口位置的移动。

（步玉环　杨　欣）

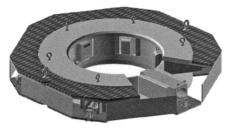

隔水管卡盘

【隔水管卡盘 riser spider】 安放在转盘上用于固定和悬挂隔水管的井口工具（见图）。放置在转盘上，当提起隔水管或连接隔水管时，将隔水管柱和 BOP 组件坐在卡盘上，可以夹紧隔水管便于快速连接和拆卸隔水管接头。

（步玉环　杨　欣）

【隔水管张力器 riser tensioner】 维持浮式钻井装置隔水管柱拉伸载荷基本恒定的装置。隔水管张力器使隔水管永远受拉力，以防止水深超过一定深度时隔水管被压垮。由张力器缸筒、活塞总成、滑轮组、高压压风机及管线、储能器、高压空气瓶和控制板等组成。张力器钢丝绳通过滑轮和伸缩节外筒相连接，此外，还对钻井船的升沉运动进行补偿。

（步玉环　郭胜来　杨　欣）

【隔水管伸缩接头 riser telescopic joint】 安装在隔水管顶部，保证在风浪条件下隔水管能与井口连接的位置补偿接头。用于消除浮式钻井装置升沉运动对隔水管张力的影响，可以补偿浮式钻井装置与隔水管之间的相对位移。由内管和外管组成，内管不承重，外管具有一定的承重（见图）。

隔水管伸缩接头

（步玉环　郭胜来）

【隔水管挠性接头 riser flex joint】 装在隔水管柱下端与防喷器组顶部之间的万向接头。隔水管连接是刚性的，最大允许角度是 2° 左右（也是工作允许角度），而钻井船或钻井平台经常会遇到各种危险情况，比如大浪、台风等，为了避免隔水管断裂，会在上下两端都安装一个隔水管挠性接头（见图）。它的角度摆动通常可偏离 10°，从而减少钻井船偏离井口和摇摆

隔水管挠性接头

运动时，在隔水管上引起的弯曲力矩和应力集中。挠性接头的旋转刚度使之在控制隔水管角度时比球形接头更有效。

（步玉环　杨　欣　柳华杰）

【隔水管浮力块 riser buoyancy module】 附着在隔水管外围用于控制隔水管浮重的浮体。安装在在隔水管外面，一般采用合成泡沫材料制成两个半圆筒形，可以减少隔水导管在水中的重量，从而降低隔水导管张力器的张力。

（步玉环　杨　欣）

【隔水管填充阀 riser fill up valve】 隔水管内液面意外降到一定程度时可自动打开并灌入海水的单向阀。又称隔水管过渡短节、隔水管安全阀。隔水管填充阀装在隔水管柱顶端（见图）。由于地层或其他状况造成钻井液漏失，隔水管内的液面就会降低，使得隔水管内外形成压差，当隔水管内外压差达到预定值时，此阀自动打开，让管外海水快速注满隔水管柱，防止隔水管被外部海水挤坏。

隔水管填充阀

（步玉环　杨　欣）

鹅颈管短节

【鹅颈管短节 termination joint】 安装在隔水管和隔水管伸缩接头之间的弯管短节。用于将节流、压井、增流等高压软管连接，并固定于隔水管外侧（见图）。

（步玉环 杨 欣）

【增流管线 boost line】 附着在隔水管外围的高压管线。安装在整体组装的隔水管的外围（见图），下部与隔水管过渡短节连接，用于向隔水管内注入流体。

（步玉环 杨 欣）

隔水管外围的增流管线

【守护船 stand-by ship】 海洋钻井作业过程中，为了保证正常的作业不受外界的干扰，安排对钻井平台或钻井船保护作业的舰船。守护船日夜巡逻在海上油田设施周围，用来对付火灾、泄油事故，外来侵犯、对受伤人员进行急救以及撤离人员等。配有通信设备、救生艇、高压消防水枪、防污染设施、小型医院等，要求船员均经过海上救护训练。

（步玉环 杨 欣）

三用拖船

【三用拖船 three-purpose tugboat】 拖曳钻井平台转移井位，协助就位和起、抛锚作业，以及向钻井平台与生产平台供应钻杆、钻井液、水泥、燃油、钻井用水等生产物品和食品、淡水等生活补给品的特种工程船舶（见图）。

（步玉环 杨 欣）

【供应船 supply boat】 向船舶和海上设施运送供应物质的船只。需要定期向钻井作业平台进行生活物资的供给，并对钻井过程中需要临时调拨的设备工具、工具附件、应用物资材料进行运输，除此之外钻井平台上更换下来的旧设备工具及附件需要利用供应船及时撤离平台。

（步玉环 杨 欣）

【遥控潜水器 remotely operated vehicle；ROV】 由外部提供遥控操作信息、具有水下观察和作业能力的活动深潜水装置。又称深潜器、可潜器、遥控潜水机械手。主要用来执行水下考察、海底勘探、海底打捞、救生等任务，并可以作为潜水员活动的水下作业基地。

（步玉环　杨　欣）

【值班船 duty boat】 海上石油开采时给值班工作人员提供上下交接班的交通的船只。可同时监控生产状况以及周围环境。

（舒腾飞　杨　欣）

【海底动力举升钻井液钻井 subsea mud lift drilling】 由水下井口处安装的钻井液举升装置承担隔水管内液柱压力的钻井技术。在进行钻井作业时，钻井液经过钻杆、钻柱阀和钻头进入井眼环空。在海底井口的海底旋转隔离装置分隔开井眼环空和隔水管环空，钻井液转而进入固相处理装置，然后进入放置在海底的钻井液举升泵，钻井液举升泵通过单独回流管线循环钻井液和钻屑至平台进入钻井液循环池。

（步玉环　杨　欣）

【连续循环钻井 continuous circulation drilling】 利用坐于转盘面上的钻井液循环控制装置，实现接单根或立柱过程中继续用钻井泵维持正常井下钻井液循环的钻井技术。也就是在钻井过程中，起下钻、接卸单根时，可以不停泵而保持井眼处于钻井液连续循环状态的技术。该技术可有效克服因开/停泵造成的井下压力波动，减少因压力波动造成的井下复杂情况及事故，尤其适用于压力敏感井、长水平段水平井、大位移井、深水井、欠平衡井和窄密度窗口井。

（步玉环　杨　欣）

【动态压井钻井 dynamic kill drilling；DKD】 在无隔水管的上部井段钻进过程中，使用自动监控混浆设备将加重钻井液与海水快速混合得到所需密度的压井液，利用压井液钻穿有浅层地质灾害地层的钻井技术。此时，在井底压力的控制及计算时，考虑静液柱压力与压井液流动摩阻之和来平衡地层压力来平衡无隔水管的上部井段地层压力及地层破裂压力。大多针对浅层地质灾害的地层的快速钻进。这种方法要求平台上有足够的加重钻井液和良好的后勤保障。

（步玉环　杨　欣）

【套管回接 casing tie-back】 在海洋钻井过程中，将套管柱从海底或水下接到水面以上适当位置的作业。海洋钻井中，各层套管本身需要固定在泥线面的水下井口处，但距离钻井平台有一定的距离，这就需要把各层套管从水下井口系统或泥线悬挂系统回接到导管架、平台等设施上。回接作业顺序一般是从大尺寸套管到小尺寸套管，即从导管开始由外至内依次回接。

（步玉环　杨　欣）

【压载 loading】 为达到钻井作业条件，向压载舱泵注海水的作业。半潜式钻井平台或钻井船压载舱中随海水加入量的不同，船体沉入水中的深度不同，船体的稳定性具有较大差异。加入海水量大，沉入水中深度较深，稳定性就越好。为了满足钻井过程中，半潜式钻井平台或钻井船保持稳定，需要向压载舱中冲加一定量海水，以增强抗风浪能力；在起航时要将一定量的海水放出，以便使船体吃水深度减小，有利于航行或拖航。

（步玉环　杨　欣　郭胜来）

【导管静候 soaking】 喷射法下导管作业完成后，将导管静置等候土壤对导管外壁粘附力恢复的过程。海洋钻井时，导管依靠喷射的方法形成孔眼并跟随进入到海底泥线以下的弱胶结地层。喷射法安装导管依靠周围海底土与导管间的摩擦、吸附等给导管提供承载力，当导管到设计位置后，打开补偿器，停泵，静置一段时间（一般 4h），以确保导管外部的弱胶结地层在回淤条件下使地层与导管紧密结合，以便稳定导管。

（步玉环　杨　欣）

【应急解脱 emergency disconnect】 浮式钻井装置超过了预定的偏离极限时或应急作业需要时，应急系统自动关闭相关阀件、剪断钻具、封闭井筒，使隔水管从水下井口装置解脱的一系列动作过程。钻井船的应急解脱程序分为初级和终级两个级别，也可以直接由终级按钮同时完成初级和终级应急解脱。初级程序主要完成中闸板及事故安全阀的关闭，下闸板及井口连接器的处于中位。终级程序完成的功能主要是：剪切闸板，水下储能器隔离阀的关闭后再到中位及事故安全阀的中位，并且打开隔水管灌注阀，收回重力接头后解锁隔水管连接器。

（步玉环　杨　欣　柳华杰）

【沉垫 mat】 为减少自升式钻井装置桩腿对地基的压力而采用的密封箱体或坐底式钻井装置立柱对地基的压力而采用的密封箱体结构物。可以是船舱型，分隔成若干压载舱；也可以是浮筒型。利用充水排气或排水充气实现沉浮。

（步玉环　杨　欣）

【定位 positioning】 海洋钻井装置在预定位置插桩、布锚或维持位置相对固定的作业。依据预定的井口位置，根据拟采用的钻井装置，进行钻井平台的固定，可以采用插桩式定位，也可以系泊定位、动力定位。

（步玉环　杨　欣）

【定位信标 positioning beacon】　安装在水下井口装置四周并向海洋钻井装置发送水下井口装置位置信息的设备。海洋钻井过程中，由于水深及海洋附着物的存在，在钻井平台上作业时不能有效看到泥线井口的位置，这就需要知道水下井口的具体位置，从而在不同风浪时及时调整定位系统，保证钻井平台井口与水下井口的偏差在可控范围内。另外，一旦海上遇到台风，为了保证人员及设备的安全，钻井平台需要撤离到安全的港口躲避，风浪过后钻井平台重新回到原来钻井的地方进行继续钻井，这就需要通过定位信标找到撤离时的井口位置。

（步玉环　杨　欣）

【拔桩 pulling out pile】　通过自升式钻井装置升降系统将桩腿拔出泥面的作业。当自升式钻井装置撤离井位时，通过喷冲装置用大量海水对桩下土壤进行喷冲以消除土的吸附力进而拔出桩腿，从而在拖航船舶的牵引下离开。

（步玉环　杨　欣）

【拖航 towing】　用拖船将钻井平台或生产平台从某一地理位置向另一地理位置的迁移作业。又称拖带。通常用于半潜式钻井平台、自升式钻井平台、桩基式钻井平台等没有自主自航能力的钻井装置的搬家迁移。

（步玉环　杨　欣）

【开路循环 pump and dump】　无隔水管钻井作业期间，井筒内返出的钻井液直接排海的作业。海上钻井作业过程中，一开和二开作业时没有连接防喷器和隔水管，钻井液未形成闭路循环，而且此时的钻井液一般采用海水，钻进循环后没有污染海洋环境的物质。开路循环可以将携带岩屑的循环液从海底泥线处直接排海，既经济又不污染环境。

（步玉环　杨　欣　郭胜来）

【冲桩 jetting out pile】　对桩靴、桩腿、沉垫周围和底部的土壤进行喷冲以减少土壤粘附力的作业。在沉垫型自升式钻井装置、桩靴型自升式钻井装置或者桩腿式自升式钻井装置安装定位时，桩靴、桩腿、沉垫需要沉入深埋，喷冲装置用大量海水对桩腿或沉垫下面的土壤进行喷冲，以消除土壤对结构的吸附力，使桩腿容易进入到海底泥线以下固定；或者作业完成后，自升式钻井装置需要撤离，此时桩靴、桩腿、沉垫需要拔起或沉垫浮起，冲桩作业同样可以消除土壤对结构的吸附力，从而使得桩靴、桩腿、沉垫脱离泥土，便于撤离。

（步玉环　杨　欣）

【降船 jacking down ship】 将自升式钻井装置的船体下降的作业。在作业期间与自升式平台作业结束后，考虑不同的海域、不同季节海浪高低的不同，为了满足钻井平台不被海浪浸没，降船使作业平台位置下降到合适的位置，或把船体降回水面，升起桩腿，使平台重新恢复成漂浮状态，便于拖航。

（步玉环　杨　欣）

【浸锚 soaking anchor】 海洋钻井装置的锚头吃入海床后静置的过程。对于系泊定位式钻井装置来说，钻井装置移动至井口位置后需要定位固定，进行浸锚作业使锚头吃入泥底，形成有效地锚抓力，通过锚缆固定系泊定位钻井装置，使装置可以相对固定，便于钻井作业的实施。

（步玉环　杨　欣）

【钻入法下导管 running conductor by drilling】 采用钻头钻出井眼后再下入隔水管或结构导管并固井的下导管方法。钻入法下导管适用于：海底泥线下地层强度较大；对水深没有严格要求；锤入法和喷射法不能进行隔水管施工的地层。但对于地层强度低和井底温度低固井质量难以保证的地层等是不太适用的。

（步玉环　杨　欣）

【喷射法下导管 running conductor by jetting】 海洋钻井过程中，一种边喷射边下导管的开钻方法。结构导管内安装有钻头、动力钻具、喷射管柱送入工具等组成的钻具组合，通过专用工具将钻柱与导管锁定在一起，并利用管柱自身重量、喷射水力能量等使导管柱下放到预定位置。该种下导管的技术依靠土壤和导管外壁的粘附力支撑导管。

（步玉环　杨　欣）

【锤入法下导管 running conductor by hammer】 依靠隔水管自重和桩锤的冲击力将隔水管锤入地层的下导管方法。当隔水管进入地层时，为了承载因井身大、套管串、生产管串长带来的巨大的井口载荷，要确定合适的隔水管入泥深度。深度确定后才能选择合适的打击能力，防止在施工过程中出现溜桩、拒锤，在钻井施工过程中出现管鞋处漏失，在钻井完成后出现隔水管下沉等风险。锤入法下导管深度相对较浅。

（步玉环　杨　欣　柳华杰）

【增流循环 boost circulating】 通过增流管线向隔水管内连续泵入额外钻井液的过程。从增流管线把钻井液泵入到隔水管底部之间进行循环，加大钻井液的上返速度。其作用是可以有效地携带岩石碎屑，避免大尺寸隔水管循环由于过流截面增大，造成钻井液上返流速小，致使岩屑不能有效携带，造成机械钻速降低。

（步玉环　杨　欣）

【桩腿插桩 pitching of pile】　自升式钻井平台桩腿插入泥线以下地层的插桩操作。桩腿插桩入泥基本上采用静压载插桩。在自升式钻井平台拖航就位后，桩腿下放，船体上浮，桩靴支撑在海底土中。在进行预压载插桩作业之前，船体浮出水面一定高度，通过往加载水箱内注入海水使桩靴基础预压荷载加至设计荷载。根据压载流程可分整体压载和单桩压载。整体压载采用单桩一次压载到位，完成预压载的桩腿会对未进行预压载的桩腿带来群桩效应的影响，而且桩腿插入深度越深，相邻桩腿处土体受到的扰动越显著，越不利于插桩作业；单桩压载采用各桩分级循环压载，即一个桩腿压载到一定载荷便进行另外一个桩的压载，这样会在较小的土体扰动下完成所有桩腿的预压载，各桩压载过程中的群桩效应会随着各桩的下入得到逐步消散，从而降低了群桩效应带来的插桩困难和插入深度不一致性问题。

（步玉环　杨　欣　郭胜来）

【消防控制系统 fire control system】　钻井平台一旦发生火灾，能够做出应急报警、处理等一系列措施的消防联动控制系统。火灾探测器探测到火灾信号后，能够及时给出报警信号，能自动切除报警区域内有关的空调器，关闭管道上的防火阀，停止有关换风机，开启有关管道的排烟阀，自动关闭有关部位的电动防火门、防火卷帘门，按顺序切断非消防用电源，接通事故照明及疏散标志灯，停运除消防电梯外的全部电梯，并通过控制中心的控制器，立即启动灭火系统，进行自动灭火。

（步玉环　杨　欣）

【火情探测系统 fire detection system】　当火灾发生后能够及时探测火情危机状况的探测系统。火情探测系统也就是常说的火灾自动侦测预警系统，是基于火灾发生后火光、烟雾、热能的变化，用电子器件捕捉，然后反馈给值班人员，并发出警报，告诉人们发生了火灾。

（步玉环　杨　欣）

【泡沫灭火系统 foam fire extinguishing system】　通过泡沫比例混合器将泡沫灭火剂与水按比例混合成泡沫混合液，再经泡沫产生装置形成空气泡沫后施放到着火对象上实施灭火的消防设备总成由消防水泵、消防水源、泡沫灭火剂储存装置、泡沫比例混合装置、泡沫产生装置及管道等组成。按泡沫产生倍数的不同，

– 491 –

分为高、中、低倍数三种系统。低倍数泡沫系统的主要灭火机理是通过泡沫层的覆盖、冷却和窒息等作用，实现扑灭火灾的目的。高倍数泡沫系统的主要灭火机理是通过密集状态的大量高倍数泡沫封火灾区域，以淹没和覆盖的共同作用阻断新空气的流入达到窒息灭火。中倍数泡沫系统的灭火机理取决于其发泡倍数和使用方法，当以较低的倍数用于扑救甲、乙、丙类液体流淌火灾时，其灭火机理与低倍数泡沫相同。当以较高的倍数用于全淹没方式灭火时，其灭火机理与高倍数泡沫相同。

（步玉环　杨　欣　柳华杰）

【救生艇 life boat】 设于钻井船或其他海洋钻井装置上，供船失事时救护乘员用的专用救生小艇。救生艇可利用划桨、驶帆、动力机等推进。艇内常装有空气箱，使艇在进水后仍有足够浮力以保证艇及艇上人员的安全。救生艇上还备有一定量的淡水、食物和生活用品等。

（步玉环　杨　欣）

【救生筏 life raft】 钻井船或其他海洋钻井装置上供救生用的无自航能力的舟具。救生筏内备有一定数量的食品和淡水，供乘员在海上漂流待援使用。

救生筏按其结构形式可分为刚性救生筏和充气救生筏两类。充气救生筏又分为气胀式救生筏、气胀式救生浮具以及气胀式自扶正救生筏等。

气胀式救生筏由用橡胶材料制成的上下浮胎提供浮力，以双层防水尼龙布制成篷帐，用气体充胀成圆形、椭圆形或多边形等带有篷帐的小筏，是常用的一种类型。救生筏体叠起后和属具一起存放在玻璃钢存放筒内。气胀式救生筏的施放形式有两种，即机械吊放式和抛投式。机械吊放式筏在入水前已充气完毕；抛投式救生筏则在海面充气成形，在充气成形过程中救生筏可能呈倾覆状态，这样一来则需要人工下水扶正后才能供人员登乘使用。

气胀式救生筏

（步玉环　杨　欣）

【逃生路线 escape routes】 当发生危险情况时，人员安全迅速撤离的路线，包括安全通道和安全出入口。在逃生路线上不能有障碍物，且不能有坑洼不平的崎岖起伏，同时需要有反光或明显提示的灯光引导，有明显的导引提示牌。对于海洋钻井装置由于处于海洋之中，需要定时进行撤离演练，以便熟悉逃生路线。

（杨　欣　柳华杰）

【气体探测系统 gas detection system 】海洋钻井装置上检测天然气的存在及浓度大小的检测及报警系统。主要由传感器和控制系统组成，作用是检测到天然气泄漏或危险将要发生时发出警报，提醒有关人员采取相关措施保护现场工作人员、生产设备的安全运转以及周围环境。

（步玉环　杨　欣）

【防风警戒线 tropic cyclone alert circle 】由热带气旋引起的八级或以上强度的大风前沿进入影响海洋钻井装置正常作业的响应半径范围。这个半径范围主要指响应半径的外缘线。防风警戒线分为蓝、黄、红三级防风警戒线。

防风蓝色警戒线　由热带气旋引起的八级或以上强度的大风前沿进入以海洋钻井装置为中心、1500km 为半径的圆周线。当八级或以上强度的大风前沿行进至防风蓝色警戒线时，海洋钻井装置应进入三级防风应急作业状态，作防台风准备。

防风黄色警戒线　以海洋钻井装置为中心、1000km 为半径的圆周线。热带气旋引起的八级或以上强度的大风前沿行进至此线时，海洋钻井装置应进入二级防风应急作业状态。二级防风应急作业包括：（1）用飞机或拖轮撤离非必要人员。（2）固定甲板货物。（3）不同的钻井作业，采用紧急的处理手段，停止目前作业程序，根据处理时间，气旋强度以及到达平台的时间进行起出管具、或固定、或拆除连接管线，关防喷器、替隔水管为海水、解锁隔水管组上连接器等。（4）卸载货物到拖轮。甲板、钻台固定，平台升船至航行吃水。（5）航行至安全区域。

防风红色警戒线　以海洋钻井装置为中心、500km 为半径的圆周线。热带气旋引起的八级或以上强度的大风前沿行进至此线时，海洋钻井装置应进入一级防风应急作业状态。三级防风应急作业包括：（1）向应急指挥中心汇报平台防台风工作进展情况；（2）完成井下安全处理工作，完成固定平台剩余设备及器材；（3）根据当时所处的海区以及当时的移动路径，选择避风区域和最佳路径将平台驶离台风影响区域；（4）开动平台驶离台风影响区域。

（赵学战　杨　欣）

【防冰警戒线 ice alert circle 】浮冰前沿进入影响海洋钻井装置正常作业范围的外缘线。防冰警戒线分为蓝、黄、红三类。防冰警戒线的作业主要是在比较寒冷的海洋区域，在冬季海洋有可能形成冰冻区域。

防冰蓝色警戒线　以海洋钻井装置为中心、15km 为半径的圆周线。浮冰前沿进至此线时，海洋钻井装置应进入三级防冰应急作业状态。

防冰黄色警戒线　以海洋钻井装置为中心、10km 为半径的圆周线。浮冰前沿进至此线时，海洋钻井装置应进入二级防冰应急作业状态。

防冰红色警戒线　以海洋钻井装置为中心、5km 为半径的圆周线。浮冰前沿进至此线时，海洋钻井装置应进入一级防冰应急作业状态。

（步玉环　杨　欣）

【蓝黄控制盒 blue and yellow pod】　位于隔水管下部总成上的水下防喷器组控制电缆快速接头盒。蓝色为正常工作盒，黄色为备用盒。俗称蓝盒和黄盒，属于防喷器控制系统中的核心部件。

（步玉环　杨　欣）

附　录

石油科技常用计量单位换算表

物理量名称及符号	法定计量单位名称及符号		非法定计量单位名称及符号		单位换算
	名称	符号	名称	符号	
长度 L	米 海里	m n mile	英寸	in	1in=25.4mm（准确值） 单位密耳（mil）或英毫（thou）有时用于代表"毫英寸"
			英尺	ft	1ft=12in=0.3048m（准确值） 1ft（美测绘）=0.3048006m
			码	yd	1yd=3ft=0.9144m
			英里	mile	1mile=5280ft=1609.344m（准确值） 1mile（美）=1609.347m
			密耳	mil	1mil=2.54×10^{-5}m
			海里（只用于航程）	n mile	1n mile=1852m
			杆	rd	1rd=5.0292m
			费密		1 费密=10^{-15}m
			埃	Å	1Å=0.1nm=10^{-10}m

物理量名称及符号	法定计量单位名称及符号		非法定计量单位名称及符号		单位换算
	名称	符号	名称	符号	
面积 $A,(S)$	平方米	m^2	平方英寸	in^2	$1in^2=645.16mm^2$（准确值）
			平方英尺	ft^2	$1ft^2=0.09290304m^2$（准确值）
			平方码	yd^2	$1yd^2=0.83612736m^2$（准确值）
			平方英里	$mile^2$	$1mile^2=2.589988km^2$ $1mile^2$（美测绘）$=2.589998km^2$
			英亩	acre	$1acre=4046.856m^2$ $1acre$（美测绘）$=4046.873m^2$
			公顷	ha	$1ha=10^4m^2$
体积 容积 V	立方米 升	m^3 L	立方英寸	in^3	$1in^3=16.387064cm^3$（准确值）
			立方英尺	ft^3	$1ft^3=28.31685L^3$（准确值）
			立方码	yd^3	$1yd^3=0.7645549m^3$（准确值）
			加仑	gal	$1gal$（英）$=277.420in^3=4.546092L$ （准确值）$=1.20095gal$（美） $1gal$（美）$=3.785412L$
			品脱（英） 液品脱（美）	pt liq pt	$1pt$（英）$=0.56826125L$（准确值） $1liq\ pt$（美）$=0.4731765L$
			液盎司	fl oz	$1fl\ oz$（英）$=28.41306cm^3$ $1fl\ oz$（美）$=29.57353cm^3$
			桶	bbl	$1bbl$（美石油）$=9702in^3=158.9873L$
			蒲式耳（美）	bu	$1bu$（美）$=2150.42in^3=35.23902L$ $=0.968939bu$（英）
			干品脱（美）	dry pt	$1dry\ pt$（美）$=0.5506105L^3$ $=0.968939pt$（英）
			干桶（美）	bbl	$1bbl$（美）（干）$=7056in^3=115.6271L$

续表

物理量名称及符号	法定计量单位名称及符号		非法定计量单位名称及符号		单位换算
	名称	符号	名称	符号	
速度 u，v，w，c	米每秒 节	m/s kn	英尺每秒	ft/s	1ft/s=0.3048m/s（准确值）
			英里每小时	mile/h	1mile/h=0.44704m/s（准确值）
			英寸每秒	in/s	1in/s=0.0254m/s
加速度 a 重力加速度 g	米每二次方秒	m/s^2	英尺每二次方秒	ft/s^2	1ft/s^2=0.3048m/s^2（准确值）
质量 m	千克（公斤） 吨	kg t	磅	lb	1lb=0.45359237kg（准确值）
			格令	gr	1gr=1/7000lb=64.78891mg（准确值）
			盎司	oz	1oz=1/16lb=437.5gr（准确值） =28.34952g
			英担	cwt	1cwt（英国）=1 长担（美国） =112lb（准确值）=50.80235kg 1cwt（美国）=100lb（准确值） =45.359237kg
			英吨	ton	1ton（英国）=1 长吨（美国） =2240lb=1.016047t 1ton（美国）=2000lb=0.9071847t
			脱来盎司或金衡盎司	oz（troy）	1oz（troy）=480gr=31.1034768g（准确值）
			［米制］克拉	metric carat	1metric carat=200mg（准确值）
体积质量，［质量］密度 ρ	千克每立方米 克每立方厘米	kg/m^3 g/cm^3	磅每立方英尺	lb/ft^3	1lb/ft^3=16.01846kg/m^3
			磅每立方英寸	lb/in^3	1lb/in^3=27679.9kg/m^3， 1g/cm^3=1000kg/m^3
力 F	牛［顿］	N	达因	dyn	1dyn=10^{-5}N（准确值）
			磅力	lbf	1lbf=4.448222N
			千克力	kgf	1kgf=9.80665N（准确值）
			吨力	tf	1tf=9.80665 × 10^{3}N

续表

物理量名称及符号	法定计量单位名称及符号		非法定计量单位名称及符号		单位换算
	名称	符号	名称	符号	
力矩 M	牛［顿］米	N·m	英尺磅力	ft·lbf	1ft·lbf=1.355818N·m
			千克力米	kgf·m	1kgf·m=9.80665N·m（准确值）
压力，压强 p	帕 兆帕	Pa MPa	标准大气压	atm	1atm=101325Pa（准确值）
			工程大气压	at	1at=1kgf/cm²=0.967841atm =98066.5Pa（准确值）
			磅力每平方英寸	lbf/in² （psi）	1lbf/in²=6894.757Pa
			千克力每平方米	kgf/m²	1kgf/m²=9.80665Pa（准确值）
			托	Torr	1Torr=1/760atm=133.3224Pa
			约定毫米水柱	mm H₂O	1mm H₂O=10⁻⁴at=9.80665Pa （准确值）
			约定毫米汞柱	mm Hg	1mm Hg=13.5951mm H₂O =133.3224Pa
［动力］黏度 μ	帕秒	Pa·s	泊	P	1P=0.1Pa·s（准确值）
			厘泊	cP	1cP=10⁻³Pa·s
			千克力秒每平方米	kgf·s/m²	1kgf·s/m²=9.80665Pa·s
			磅力秒每平方英尺	lbf·s/ft²	1lbf·s/ft²=47.8803Pa·s
			磅力秒每平方英寸	lbf·s/in²	1lbf·s/in²=6894.76Pa·s
运动黏度 ν	米二次方每秒	m²/s	斯［托克斯］	St	1St=10⁻⁴m²/s（准确值）
			厘斯	cSt	1cSt=10⁻⁶m²/s
			二次方英尺每秒	ft²/s	1ft²/s=0.09290304m²/s
			二次方英寸每秒	in²/s	1in²/s=6.4516×10⁻⁴m²/s

续表

物理量名称及符号	法定计量单位名称及符号		非法定计量单位名称及符号		单位换算
	名称	符号	名称	符号	
能量 E（W） 功 W（A）	焦［耳］ 千瓦［小］时	J kW·h	尔格	erg	1erg=1dyn·cm=10^{-7}J（准确值）
			英尺磅力	ft·lbf	1ft·lbf=1.355818J
			千克力米	kgf·m	1kgf·m=9.80665J（准确值）， 1J=1N·m
			英马力小时	hp·h	1hp·h=2.68452MJ
			电工马力小时		1 电工马力小时 =2.64779MJ
功率 P	瓦［特］	W	英尺磅力每砂	ft·lbf/s	1ft·lbf/s=1.355818W
			马力	hp	1hp=745.6999W
			［米制］马力	metric hp	1metric hp=735.49875W（准确值）
			电工马力		1 电工马力 =746W
			卡每秒	cal/s	1cal/s=4.1868W
			千卡每小时	kcal/h	1kcal/h=1.163W
			伏安	V·A	1V·A=1W
			乏	var	1var=1W
热力学温度 T 摄氏温度 t	开［尔文］ 摄氏度	K ℃	兰氏度	°R	$1°R=\dfrac{5}{9}$ K
			华氏度	°F	$\dfrac{t_F}{°F}=\dfrac{9}{5}\dfrac{t}{℃}+32=\dfrac{9}{5}\dfrac{T}{K}-459.67$
热，热量 Q	焦［耳］	J	英制热单位	Btu	1Btu=778.169ft·lbf=1055.056J
			15℃卡	cal_{15}	$1cal_{15}$=4.1855J
			国际蒸汽表卡	cal_{IT}	$1cal_{IT}$=4.1868J $1Mcal_{IT}$=1.163kW·h（准确值）
			热化学卡	cal_{th}	$1cal_{th}$=4.184J（准确值）
热流量 Φ	瓦［特］	W	英制热单位每小时	Btu/h	Btu/h 1Btu/h=0.2930711W

物理量名称及符号	法定计量单位名称及符号		非法定计量单位名称及符号		单位换算
	名称	符号	名称	符号	
热导率（导热系数）λ，(κ)	瓦［特］每米开［尔文］	$W/(m \cdot K)$	英制热单位每秒英尺兰氏度	$Btu/(s \cdot ft \cdot °R)$	$1Btu/(s \cdot ft \cdot °R)=6230.64W/(m \cdot K)$
			卡每厘米秒开尔文	$cal/(cm \cdot s \cdot K)$	$1cal/(cm \cdot s \cdot K)=418.68W/(m \cdot K)$
			千卡每米小时开尔文	$kcal/(m \cdot h \cdot K)$	$1kcal/(m \cdot h \cdot K)=1.163W/(m \cdot K)$
			英热单位每英尺小时华氏度	$Btu/(ft \cdot h \cdot °F)$	$1Btu/(ft \cdot h \cdot °F)=1.73073W/(m \cdot K)$
传热系数 K，(k) 表面传热系数 h，(α)	瓦［特］每平方米开［尔文］	$W/(m^2 \cdot K)$	英制热单位每秒平方英尺兰氏度	$Btu/(s \cdot ft^2 \cdot °R)$	$1Btu/(s \cdot ft^2 \cdot °R)=20441.7W/(m^2 \cdot K)$
			卡每平方厘米秒开尔文	$cal/(cm^2 \cdot s \cdot K)$	$1cal/(cm^2 \cdot s \cdot K)=41868W/(m^2 \cdot K)$
			千卡每平方米小时开尔文	$kcal/(m^2 \cdot h \cdot K)$	$1kcal/(m^2 \cdot h \cdot K)=1.163W/(m^2 \cdot K)$
			英热单位每平方英尺小时兰氏度	$Btu/(ft^2 \cdot h \cdot °R)$	$1Btu/(ft^2 \cdot h \cdot °R)=5.67826W/(m^2 \cdot K)$
热扩散率 a	平方米每秒	m^2/s	平方英尺每秒	ft^2/s	$1ft^2/s=0.09290304m^2/s$（准确值）
质量热容，比热容 c 质量定压热容，比定压热容 c_p 质量定容热容，比定容热容 c_v 质量饱和热容，比饱和热容 c_{sat}	焦［耳］每千克开［尔文］	$J/(kg \cdot K)$	英制热单位每磅兰氏度	$Btu/(lb \cdot °R)$	$1Btu/(lb \cdot °R)=4186.8J/(kg \cdot K)$（准确值）

续表

物理量名称及符号	法定计量单位名称及符号		非法定计量单位名称及符号		单位换算
	名称	符号	名称	符号	
质量熵，比熵 s	焦［耳］每千克开［尔文］	J/（kg·K）	英制热单位每磅兰氏度	Btu/（lb·°R）	1Btu/（lb·°R）=4186.8J/（kg·K）（准确值）
质量能，比能 e 质量焓，比焓 h	焦［耳］每千克	J/kg	英制热单位每磅	Btu/lb	1Btu/lb=2326J/kg（准确值）
电流 I 交流 i	安［培］	A	毫安	mA	1mA=10^{-3}A
电压，电位 U 电动势 E	伏［特］	V			1V=W/A
电容 C	法［拉］	F			1F=1C/A
电荷 Q	库［仑］	C			1C=1A·s 1A·h=3.6kC（用于蓄电池）
磁场强度 H	安［培］每米	A/m			
磁通量 Φ	韦［伯］	Wb			1Wb=1V·s
渗透率 K	二次方微米毫达西	μm^2 mD	达西	D	1D=1μm^2（准确值） 1mD=1×10^{-3}D
物质浓度 c	摩［尔］每立方米 摩［尔］每升	mol/m^3 mol/L	体积摩尔浓度	M	1M=1mol/L =1000mol/m^3

条目汉语拼音索引